2020
北京建设年鉴

北京市住房和城乡建设委员会　主办
北京市住房和城乡建设史志编纂委员会　编

北京工业大学出版社

图书在版编目（CIP）数据

2020 北京建设年鉴/北京市住房和城乡建设史志编纂委员会编. —北京：北京工业大学出版社，2020.12

ISBN 978-7-5639-7689-8

Ⅰ. ①2… Ⅱ. ①北… Ⅲ. ①城市建设-北京-2020-年鉴 Ⅳ. ①TU984.21-54

中国版本图书馆 CIP 数据核字（2020）第 204201 号

2020 北京建设年鉴

2020 BEIJING JIANSHE NIANJIAN

编　　者：北京市住房和城乡建设史志编纂委员会
责任编辑：丁　娜
封面设计：星河博文
出版发行：北京工业大学出版社
（北京市朝阳区平乐园 100 号　邮编：100124）
010-67391722（传真）　bgdcbs@sina.com
经销单位：全国各地新华书店
承印单位：三河市元兴印务有限公司
开　　本：787 毫米×1092 毫米　1/16
印　　张：39.25
字　　数：663 千字
版　　次：2020 年 12 月第 1 版
印　　次：2020 年 12 月第 1 次印刷
标准书号：ISBN 978-7-5639-7689-8
定　　价：180.00 元

北京建设年鉴
主要编辑人员名单

编　　辑：（按姓氏笔画排序）

于　剑	卫海红	马天航	马姗姗	王　奇
王　思	王　敏	王力可	王永青	王海余
王海潮	王媛媛	王德志	尹文竹	尹海龙
石　晴	石春兰	田相伟	朱　玓	朱志根
朱京辉	刘　拓	刘　勃	刘　娟	刘　婵
刘　鹏	刘　瞻	刘玉秀	刘冰冰	刘思慧
齐彦博	关　卉	汤娟娟	许瑞雪	苏　虹
李　畅	李　恒	李　琴	李政清	李俊良
李海成	李雪雁	杨　杰	杨国宏	杨海洋
肖　彤	肖宝琦	吴　涛	何　钦	何　鑫
邸雪峰	沈　鑫	张　俞	张　崇	张　智
张　强	张　媛	张　颖	张　蕊	张　鑫
张乃允	张丽娅	张娇娇	张晓莉	张海鹏
张梦丝	陆旭雅	陈　波	陈　剑	陈　露
陈剑雄	范　坤	林　茂	郅童童	罗莉莉
罗源源	周　阳	周　蓉	庞　茜	郑元军
郑学忠	孟煜騉	赵　培	赵　晗	赵　甦
郝青青	胡　静	胡晓娇	胡晚潇	南　音
钟　薇	姚　颖	徐宝平	高　放	高春霞
高雅琪	郭　洋	郭立洪	郭晓璇	黄素格
鹿　冰	梁　田	梁尔海	彭锦晨	董海舰
董琳静	韩化冰	韩爱新	温　慧	谢佳宁
楼焕琳	蔡　陆	廖全霞	谭晓曦	潘　籙

编辑说明

一、《北京建设年鉴》是由北京市住房和城乡建设委员会主持编纂的一部大型的综合性资料工具书和史料文献。年鉴编辑工作实行在北京市住房和城乡建设史志编纂委员会领导下的主编（执行主编）负责制。

二、本年鉴以马克思列宁主义、毛泽东思想、邓小平理论、“三个代表”重要思想、科学发展观和习近平新时代中国特色社会主义思想为指导，遵循实事求是的原则，科学、客观地反映年度北京市住房和城乡建设工作情况。

三、本年鉴采用文章、条目、图片、图表等体裁，用规范的语体文、记述体，直陈其事，力求言简意赅。

四、本年鉴从2007年开始，逐年编纂。当年出版的年鉴，记述上一年1月1日至12月31日期间的北京城市建设的重大历史事件和各项重要工作情况，为领导决策提供可参考的依据，为建设志书的编纂提供有价值的资料，为国内外各方人士了解北京、研究北京提供最新信息。

五、本年鉴的文字内容，采用分类编纂法。设有特载、大事记、综述、房屋工程建设、基础设施建设、住房保障工作、行业管理服务、市场监督管理、基础工作建设、机关自身建设、各区城乡建设、行业协会建设、企业发展简介、附录共14个类目。

六、本年鉴的文章、条目，均为各行政部门、企业单位专人撰写或提供，并经其主要负责人审核，年鉴编辑部统一编辑、整理收录。

七、本年鉴的工程图片主要是竣工或在建的市、区重点工程，由市住房城乡建设委机关处室、各区住房城乡（市）建设委和承建施工企业提供。

八、本年鉴的统计资料主要包括北京市固定资产投资完成情况的数据，由综合部门提供。

九、本年鉴中国家级奖项只收录了北京市获奖的工程和单位。

十、本年鉴反映2019年1月1日至12月31日期间情况（部分内容依据实际情况时限略有前后延伸，凡2019年事项，均直书月、日，不再写年份）。

目　　录

特 载

北京市住房城乡建设系统工作会报告

北京市住房和城乡建设委员会主任 王 飞

同志们：

2019年是不平凡的一年，大事多、喜事多，住建系统工作任务艰巨而光荣。全系统干部职工坚持以习近平新时代中国特色社会主义思想为指导，认真贯彻落实党的十九大精神，深入学习贯彻习近平总书记视察北京重要讲话精神，坚定不移落实中央和市委市政府决策部署，提高政治站位，勇于担当作为，圆满完成各项工作任务。

一、2019年工作回顾

（一）全面从严治党向纵深发展，党建引领住建系统各项工作顺利推进

扎实开展“不忘初心，牢记使命”主题教育活动，积极配合市委巡视工作，不断加强党的政治建设，持续深化党风廉政建设，自觉落实“看北京首先从政治上看”的要求，牢固树立“四个意识”，坚定“四个自信”，坚决做到“两个维护”。全系统干部队伍凝聚力、战斗力和住建事业改革发展活力、动力进一步增强，为房地产调控、住房保障、老旧小区综合整治、物业管理、重点工程建设等各项工作提供了有力保障。

（二）努力稳地价稳房价稳预期，房地产市场保持平稳运行

保持调控政策的连续性和稳定性。坚持“房住不炒”定位，落实城市主体责任和“一城一策”要求，积极推动长效机制工作方案落地。强化房地产开发企业、租赁企业、中介机构及从业人员管理，加强预售、交易环节的风险防控和舆情监测，确保市场秩序良好。各区认真落实属地责任，其中，朝阳区将商品房价格引导纳入一站式窗口受理，缩短了审批时间；丰台区针对上市地块数量多、高地价项目多的特点，对拟售项目提供价格咨询，引导房企合理定价，确保市场价格平稳。据统计数据，房地产开发建安投资完成1289.1亿元，同比增长11.1%，完成投资计划107.4%；新建商品房销售938.9万平方米，同比增长34.9%，其中住宅销售789万平方米，同比增长49.8%；新建商品住房价格指数和二手住房价格指数均处于合理区间。

培育发展住房租赁市场。健全租赁市场管理制度，发布租赁合同示范文本，规范互联网租赁信息发布。制定应对租金上涨预案，组织中介行业协会按月发布市场信息，积极开展毕业季租赁进校园活动。进一步完善租赁平台功能，全市租赁合同备案量突破230万笔。大力规范中介市场，加大执法检查力度，市场秩序明显好转。通州、昌平等区通过提前摸排、定期约谈、联合执法等方式，切实整顿租赁市场，取得良好效果。

加快住宅项目建设和入市供应。2018年成交的43宗、511万平方米商品住宅用地，开工41个，面积418.9万平方米，开工率82%，超额完成60%的任务。政策性住房建设筹集11.7万套，竣工8.03万套，超额完成全年任务。稳妥推进闲置厂房、商办改建租赁型宿舍工作，全市正在实施的项目共计18个，可提供宿舍5000余套（间）。积极推进集体土地租赁住房建设，共确定试点项目68个，可提供租赁房4.2万套。大兴区集体土地租赁住房全年新开工1.1万套，为全市政策性租赁住房建设做出贡献。

（三）完善租购并举住房保障体系，持续解决保障家庭住房困难

加强制度体系建设。研究起草了完善本市市场租房补贴有关政策、共有产权住房配套政策以及集体土地租赁住房建设管理、非居住建筑改建租赁住房政策等。积极争取金融财政政策支持，实现国家开发银行、建设银行集体土地租赁住房贷款发放，本市申请中央财政支持住房租赁市场发展试点获批。

加大审核分配管理力度。提升公共租赁住房精准保障能力和水平，重点面向低保、低收入等特困家庭分配，全年配租1.45万套。大力推进共有产权住房上市申购，全市累计申购46个项目、4.5万套。全力推进3000套人才公寓建设分配工作。

加强保障性住房建设和后期管理。坚持高起点规划、高品质设计、高质量建设，加强项目规划设计方案审查，全面实现全装修成品交房。2019年全市长城杯评选中，保障性住房项目达78个，占住宅项目的24%。公共租赁住房近九成项目完成人脸识别设备安装，精细化、智能化管理水平持续提升。

（四）积极推进物业管理改革、老旧小区综合整治、棚户区改造等各项工作，群众居住环境不断改善

全面开展物业管理改革。落实市委市政府工作部署和全市街道工作会议精神，加快推进《北京市物业管理条例》立法进程，启动“10+1”试点工作。积极推进弃管、失管老旧小区引进物业管理试点。开展住宅小区物业项目负责人到社区报到工作。实施群众关注的物业管理突出问题专项整治，将媒体曝光和12345（政府服务热线）反映的13类问题纳入专项治理范围。扩大“北京业主”APP使用范围，已上线2100个小区，覆盖全市16个区，已有43个小区通过手机投票系统发起业主共同决策事项投票。

全力开展老旧小区综合整治工作。2018年确定的100个老旧小区试点项目

整治类内容已全面实施，80个项目实现进场施工，32个项目已完工；2019年确认的第一批53个项目正组织实施，第二批80个项目正进行前期准备。老楼增设电梯新开工693部，完工555部，超额完成任务目标。建立老旧小区管理长效机制，全市210个项目改造后将实施专业化物业管理，其中，西城区改造后小区全部建立了长效管理机制。

加强老城整体保护和棚户区改造。按照申请式改善、“共生院”改造的思路，坚持“保障对保障”，着力推进核心区平房院落有机更新。东城区雨儿胡同、西城区菜市口西两个试点项目基本完成。全年落实棚户区改造1.63万户，超额完成任务。完善直管公房信息管理系统，完成600户直管公房清理整治任务。实现普通地下室散租住人动态清零。开展城镇房屋安全检查7.2亿平方米。

（五）强化联动协调和现场监管，全市重大工程顺利推进

全力做好重大项目服务保障。北京世园会工程克服“时间紧、任务急”难题，市住房城乡建设委领导带队，会同延庆区住房城乡建设委一起奋战100个昼夜，保障园区各场馆按时顺利验收。北京大兴国际机场如期建成通航，未发生施工亡人事故，创造了安全生产的新标杆，完工项目质量一次验收合格率达到100%，多项工程被评为“建筑结构长城杯金奖”“中国钢结构金奖”。积极服务协调中央在京重点项目建设，解决各类问题300余项。

完成重点工程建设投资任务。加大协调支持力度，区政府全力推进征地拆迁进程，各单位通力合作，300项重点工程完成建安投资1296亿元，其中6个续建铁路项目122亿元，均超额完成全年计划。京张铁路、京雄城际铁路北京西至新机场段如期通车运营。

（六）落实责任、守牢底线，工程质量安全整体受控

建立健全质量安全管理制度。制定房屋建筑和市政基础设施工程施工安全风险分级管控和隐患排查治理暂行办法，修订工程施工安全监督实施办法等多项规范性文件，推进《北京市城市轨道交通建设工程安全质量管理办法》立法工作。加快推进工程质量双重预防机制建设，推动质量管理从事后查处向事前预防转变。

强化突出问题专项治理。深入开展“建筑施工安全专项治理行动”和“城市安全隐患综合治理三年行动”，大力开展住宅工程质量提升专项行动，持续做好预拌混凝土质量管理。全市住建系统共计发生生产安全事故14起，死亡14人，未发生死亡两人以上的生产安全事故。在住建部全国房建、市政工程安全质量监督执法检查中，安全质量总体符合率名列前茅。

实现“平稳承接消防验收职责”工作目标。从零开始，克服困难，稳妥推进消防验收工作，不断完善消防验收、备案及抽查审批服务平台操作功能。自承接消防验收职责以来，市区住建部门共受理消防验收及备案1488项，办结1343项，所做工作得到市委市政府领导

高度肯定和表扬。

全力严控施工工地扬尘。实现扬尘监控系统平台共享，加强部门联合执法，全年开展扬尘执法检查7.3万项次，通过远程视频监控检查67.7万项次，对43家企业停止在京投标资格30—90天，同时移送城管执法部门处罚。

（七）持续加大改革力度，建筑市场秩序更加规范

全力做好工程领域优化营商环境工作。进一步优化完善建筑工程许可审批流程，施工许可申报材料由原有的13项调整为4项，办理时限由15天压缩为5个工作日，在全国率先实现建筑工程许可证全程网上办理，真正做到“全程网办，一次不跑”。加强联合验收信息平台建设，实现“一个窗口受理，一张表确定”。全面推行电子化招标，开展“当天抽取专家，当天评标”改革试点工作，全面放开社会投资房屋建筑工程招标。推进建筑工程企业资质电子化申报和审批，实现部分变更事项全过程网上办理；二级建造师执业资格注册和建设行业从业人员考试报名等工作实现全过程网上办理，建设行业从业人员证书全部实现电子化。2019年度世界银行对我市营商环境评价中，办理建筑许可指标排名由121位提升至33位，大幅提升了88位，“施工许可证全程网上办”及“推行工程招投标交易全过程电子化”改革措施被国务院办公厅列为“供全国借鉴的改革举措”。

推动建筑市场管理再上新台阶。建立本市建筑市场监管信息系统，项目、企业、人员和信用信息全面公开，实时对建筑市场行为进行信用评价。积极开展造价管理市场化改革试点，稳步推进京津冀工程计价体系一体化。建立建设单位工程款结算与支付信用承诺制。推进外省市来京企业备案管理和施工人员实名制。开展工程款劳务费支付情况排查，稳妥处置群体性讨薪事件。

（八）大力发展建筑节能和绿色建筑，行业发展质量效益不断提高

稳步推进建筑节能工作。继续组织超低能耗建筑示范，共评审项目32个、66万平方米。公共建筑节能绿色化改造实施体系基本形成，累计完成改造综合验收188万平方米。继续加强公共建筑电耗限额管理，2014—2018年共节约用电19.7亿度。

大力发展绿色建筑和装配式建筑。全市通过绿色建筑标识认证项目402项，建筑面积达4590万平方米，二星级及以上建筑面积达到93%。提升装配式建筑项目信息化管理水平，保障装配式部品供应，全年新开工装配式建筑面积1413万平方米，占全市房屋建筑新开工面积的26.9%，超额完成25%的既定目标。

积极开展建筑科技和工程建设地方标准研究。围绕重点工程项目开展技术攻关，组织完成重点科技成果鉴定项目95项，其中26项达到国际领先水平，32项达到国际先进水平。持续推进建筑信息模型（BIM）工作，开展智慧工地建设。京津冀共同发布全国首部施工类区域协同工程建设标准《城市综合管廊工程施工及质量验收规范》，发布《京津

冀区域协同工程建设标准体系（2019—2021）合作项目清单》。

做好农村住房建设指导服务。加快落实农村4类重点对象和低收入群众危房改造工作，全面完成2019年阶段性工作目标。继续推进抗震节能农宅建设工作，全市开工1.05万户，竣工2421户。加强技术服务，超额完成农村工匠培训计划。

推动砂石绿色供应和建筑垃圾资源化。发布《北京市建筑砂石绿色供应链建设指导意见》，打通绿色运输通道，全年通过铁路运输砂石203万吨、水泥21.5万吨。全市正在运行的建筑垃圾资源化综合利用设施107个，年处置能力约9000万吨，资源化再生产品累计已使用超过8200万吨。

回顾2019年，住建系统工作呈现出以下特点：

一是提高政治站位，国庆70周年庆祝活动等重大服务保障工作取得良好成效。市区住建部门全力以赴、周密安排，圆满完成庆祝新中国成立70周年和其他重大活动重要节日保障任务，积极推进“平安北京建设”，积极应对空气重污染天气，做好汛期防汛工作，全系统全行业安全稳定运行。继续做好信访、维稳工作，先后两次开展矛盾纠纷大排查，重大敏感时期安全稳控坚强有力，依法分类处理信访事项方面初见成效，来信来访总体呈下降趋势。

二是扎实推进主题教育和巡视整改，党建和业务工作深度融合、齐头并进。按照全市统一安排，对标对表开展主题教育活动，积极配合市委第六轮巡视和规自领域专项巡视，对发现的问题和反馈意见进行认真整改、立行立改。市区住建部门领导班子大力开展调查研究，着力解决首都建设发展中的热点难点问题。不断加强党风廉政建设和反腐败工作，强化干部日常监督管理和执纪问责，作风建设成效显著。

三是践行“以人民为中心”发展理念，尽职尽责办好群众身边事。认真落实蔡奇书记关于市民热线诉求“接诉即办、闻风而动”工作指示精神，加强领导，完善机制，开展督导督查。加大物业管理接诉量排名靠前及“疏整促”33个重点街乡镇的指导力度，调研走访梳理难题，妥善解决群众投诉问题。讲政治、顾大局，坚持把扫黑除恶作为一项重要政治任务来抓，以整治行业乱象为突破口，以深挖彻查问题线索为关键点，认真办理中央扫黑除恶督导组转办的举报线索，查处曝光一批中介机构、物业企业，依法严惩一批涉黑涉恶人员，全市住建系统共开展房屋租赁市场执法检查9800余次，检查物业管理项目4000余次，涉及3300个物业管理项目，市场乱象得到明显遏制。

四是深化改革、依法行政，管理效能治理能力稳步提升。推进“双随机一公开”行政检查，市区两级全年执法检查共计5.4万件，人均检查量140件；行政处罚8359件，人均处罚量22.7件；履行处罚职权共计134项，职权履行率35.5%，均达到年度执法考核满分要求。把优化营商环境作为提高工作水平的重要契机，市区住建房管部门加强联动，先后出台10余项“9＋N”2.0版政策。做好政务服务工作，提升窗口服务质量，全面推行“一窗通办”；市住房城乡建设委2019年政务服务事项为215项，各类事项办件总量为109.5万件，全部按时办结。牢牢把握宣传工作正确导向，加强政策解读，回应社会关切，及时有效处置重大舆情，打造立体多样、融合发展的传播体系。同时，开展业务培训，强化服务保障，关心职工生活，凝聚人心、增进团结，营造首都住建事业发展良好氛围。

总的来看，2019年住房城乡建设各项工作推进平稳、成效显著，发展改革迈出新步伐，监管服务跨上新台阶，为2020年更加奋发有为地开展工作奠定了坚实基础。去年工作取得的成绩是全委、各区共同努力的成果，在此，我代表市住房城乡建设委领导班子，对全系统干部职工的辛勤付出致以崇高的敬意，对各区、各部门和社会各界的大力支持表示衷心的感谢！

二、当前存在的问题

同志们，成绩来之不易，我们必须保持冷静和清醒，深刻认识和把握宏观经济形势，认真查找分析老问题、新情况，为更好地开展工作做好充分思想准备、工作准备和队伍准备。要结合两轮巡视，对标对表，按照中央决策部署和市委市政府工作要求，认真查找、深度剖析工作中存在的问题。

一是保持房地产市场平稳工作压力大。稳地价、稳房价、稳预期的任务依然十分繁重，土地、住房价格总体处于高位，中心城区房屋租金上涨压力较大，需要继续会同有关部门、各区政府进一步强化联动机制、调控合力。市场不确定性因素较多，房企资金面偏紧，居住用地供应不足、区位不佳，公共租赁住房建设积极性不高，集体土地租赁住房项目开工率相对较低，住宅供应结构与市民需求不匹配。政策性住房的配套政策、运行机制有待进一步完善，改建转化租赁型职工集体宿舍存在建设、运营成本问题，推进难度大。

二是城市更新、社区治理等方面问题突出。老旧小区综合整治和物业管理工作市委市政府高度重视，是今年工作的重中之重。老旧小区综合整治工作需要进一步加强政策研究，引入社会力量，鼓励公众参与。违法群租房、普通地下室散租住人、直管公房违规转租转借“动态清零”任务持久、繁重。棚户区改造、危楼和简易楼拆除重建、申请式退租、直管公房管理改革等工作涉及历史遗留问题，征拆安置滞留项目推进难度大，保障性住房建设筹集压力大。物业管理模式亟待完善，老旧小区、弃管失管小区等管理问题突出。

三是建筑业改革发展任务艰巨。全市在施工程数量多、面积大，质量安全监管任务艰巨。工程建设事中事后监管机制有待进一步完善，信用、担保保险等市场机制作用发挥还不够充分。工程项目消防验收、备案、抽查等工作机制尚不完善。工程质量问题原因复杂。绿色发展、建筑节能还需要更强有力的政策激励。工程质量安全是建筑业发展改革的底线，中央及市委市政府领导高度关注，特别是政策性住房设计品质和建筑质量是今年有关工作的重点。

四是工作中深入研究、整体谋划不足。对党中央国务院和市委市政府的会议精神和政策文件系统学习不够，培训机制还不完善，研究氛围不够浓厚，特别是结合住建领域工作实际研讨还不深入，工作整体性谋划还有不足。偏重管理思维，治理思维不足。在给市委市政府当参谋、出主意，统筹协调委办局方面能力还较欠缺，工作稍显被动。

五是高素质专业化队伍建设需要进一步加强。住建系统干部队伍水平总体是好的，最大的特点就是敢于担当、作风踏实，能够较好完成市委市政府各项部署，是一支敢打胜仗、能打胜仗的铁军。但有的领导干部主动思考、主动研究、主动学习精神还有所欠缺，活力稍显不够，敢于牵头的魄力不足；队伍建设缺少顶层设计及长远规划，年轻干部培养不够，干部选拔任用程序有待进一步规范，轮岗交流等方面还没有成熟的机制。

六是党风廉政建设还存在薄弱环节。权力运行风险防控意识不强，廉政风险排查存在走过场现象，围绕重点部门和关键岗位监督还不够。工程建设领域腐败易发多发，执行制度严肃性、执行力度仍然不够，需要提高思想认识、研究落实意见。

三、今年的重点工作任务

2020年总的工作思路是，以习近平新时代中国特色社会主义思想为指导，深入学习贯彻习近平总书记视察北京重要讲话精神，认真贯彻落实市委十二届十次、十一次全会、市“两会”和全国住房和城乡建设工作会议精神，贯彻落实中央和市委市政府决策部署，坚定不移贯彻新发展理念，践行“以人民为中心”要求，坚持稳中求进工作总基调，要主动作为，深化住房供给侧结构性改革，服务好“四个中心”功能建设，推动行业高质量发展、绿色发展，为决胜全面建成小康社会、推动首都新发展作出更大贡献。

重点做好以下工作。

（一）坚持房地产调控目标不动摇、力度不放松，持续规范和发展租赁市场

要坚持“房子是用来住的、不是用来炒的”定位，全面落实因城施策，稳地价、稳房价、稳预期的长效管理调控机制，促进房地产市场平稳健康发展。市场调控要稳字当头，防止大起大落。主要防涨，也要防降。要注重调控精细化，根据形势发展，围绕问题加以微调。要确保完成稳地价、稳房价、稳预期的工作任务和年度调控目标。

加快推动房地产市场平稳健康发展长效机制工作方案落地，落实属地主体责任，并做好评价考核。关于考核工作，希望各区积极参与，围绕“考什么”“怎么考”“如何考出效果”等提出意见建

议。抓好总规住房专项规划和“十四五”住房建设规划编制，开展规划前期研究，住房需求、住房使用情况等调查研究成果要随时转化。会同有关部门落实好土地、金融、财税等调控政策措施，强化统筹、联动、协调，共同落实好城市主体责任。

切实加强房地产市场监管服务，抓好供给侧结构性改革，维护好市场秩序。推进共有产权住房和限竞房建设供应，以开发项目动态监测监管平台为依托，市级层面做好政策及产品的持续优化完善，区级住建部门应积极协调，做好供地规模、结构、时序安排。要加强市区联动，建立定期分析研判制度，把前期工作做好。

加快培育发展租赁市场，加快推进本市住房租赁条例等立法工作。健全房屋租赁管理体制，有条件的区尽快成立房屋租赁管理专门机构。持续保持执法高压态势，有序推进违法群租房专项整治，稳定住房租赁市场秩序。

强化市场监管的基础性工作，围绕新房、存量房、租赁三个市场，与土地供应、宏观经济、金融紧密结合，加强监测分析、形势研究和专题研究。

（二）优化住房保障政策体系，强化政策性住房建设管理

进一步完善政策体系，坚持公共租赁住房、共有产权住房、市场租房补贴“租购补”并举。调整市场租房补贴标准和申请条件，实物房源优先面向低保家庭、分散供养特困人员等家庭分配。完善共有产权住房相关政策，修订共有产权住房建设导则，加大金融信贷政策支持，简化销售审核流程。

做好政策性住房申请审核分配管理。坚持困难优先的分配导向，精准保障城镇中低收入住房困难家庭、新市民、各类人才等住房需求，落实“七有”“五性”监测指标与任务。支持“三城一区”等重点功能区建设，努力满足在京就业创业人才、城市运行保障人口租赁需求，促进职住平衡。强化人才住房支持服务，继续做好筹集和分配工作。关于公共租赁住房，希望各区要加大工作力度。要加强前期政策研究，并做好后续跟进。关于人才住房保障问题，要结合产业发展进行系统研究。

保持政策性住房建设筹集力度，建设筹集各类政策性住房 4.5 万套，竣工 9 万套以上。多渠道、多方式筹集公共租赁住房房源，下达各区政府解决轮候家庭指标，各区要保障每年的公共租赁住房土地供应量。通过集中建设、配建和利用国有企业自有用地等方式新增建设一批，梳理剩余经济适用房、限价商品住房、安置房房源应转尽转一批，同时做好集体土地租赁房建设与公共租赁住房衔接工作。加快集体土地租赁住房建设，建立健全集体土地租赁住房建设推进长效机制，出台进一步加强规划建设管理的意见和建设导则，加大财税金融支持力度，适当增加商业配套规模，引导社会各方积极参与。请各区就支持政策多提建议，政策上要有创新、有突破。建立部门联席会议机制，各区政府落实土地供应及工程建设的主体责任，加强新开工项目

调度。加大改建租赁型职工集体宿舍工作力度，探索将批准权限下放各区。加强财政补贴引导，降低运营税负，研究改建类项目执行民用水、电、气收费标准，提高建设、租住积极性。要加大试点深度，政策有突破，既要支持社会投资，也要规范改建工作。同时，稳步开展中央财政支持住房租赁市场发展试点工作，发挥财政补贴资金杠杆作用。

（三）加大老旧小区综合整治工作力度，全力做好物业服务管理工作

继续按照“基层组织、居民申请、社会参与、政府支持”的方式，各区要加快推进实施已确认在施和未进场施工项目，2020 年要实现新开工 80 个小区以上，老楼加装电梯实现开工 400 部以上，完成 200 部以上。围绕住建部提出的老旧小区改造九项机制内容，研究出台具有可操作性、可落地、可执行的指导意见或若干措施，对工作整体推进提供政策支持。推广“劲松模式”，探索引导社会资本参与老旧小区运营管理。加快出台老旧小区综合整治工作手册，为工作开展和手续办理提供指导规范，并配合国管局做好中央国家机关老旧小区综合整治工作。

提前谋划贯彻实施《北京市物业管理条例》系列工作，要多总结好经验，将其制度化。市区两级要共同发力，前期认真研究群众工作怎么做，推进组建业委会、物管会，还要注重后期长效机制建设，除“劲松模式”外，今年再推出几个好的典型模式。做好宣传贯彻落实，加强居住小区垃圾分类、停车管理，拟订配套政策，完善物业管理政策框架体系。继续牵头推进物业管理“10＋1”试点工作，持续抓好“接诉即办”，同步推进专项治理，并与 12345 数据统计相结合，深入投诉量大的重点物业项目开展监督指导。从今年开始，制定实施“三年行动计划”，稳步提高业委会（物管会）覆盖率、物业服务覆盖率、党的组织和工作覆盖率。提高“三率”是市委市政府部署的重要任务，市区要尽快通过购买服务的方式，引入第三方参与，与街道社区共同做好业委会组建等工作。对央属、市属产权单位失管小区、房改售房小区分类研究，指导建立物业管理长效机制。推进住宅专项维修资金改革工作，坚持问题导向，着力解决本市维修资金管理机构、维修资金续筹和补建困难、支取不便、维修资金的保值增值、增值收益分配、信息透明度不高等问题。总结各区履约考评试点经验，加快研究制定物业服务企业信用评价管理办法，探索建立物业服务企业信用管理体系。在党建引领下规范业主自治，推动实施物业管理的住宅小区新增业主委员会（或其他业主自治组织）600 个以上。继续加大对“北京业主”APP 推广使用，完成 1000 个小区楼盘底层数据的整理维护工作。

同时，继续做好城市有机更新、“疏整促”各项工作。进一步加强老城整体保护工作，形成可持续的保护更新模式。统筹老城平房修缮，完善申请式退租、共生院改造相关政策，扩大试点范围。更大力度实施危房和简易楼改造，继续

做好棚户区改造。高标准完成直管公房清理整治三年工作计划扫尾工作，坚持实行动态清零，同时稳妥研究制定公有住房租金标准动态调整方案。巩固普通地下室综合整治成果，确保散租住人动态清零。依法完善征地拆迁管理体制机制，加强信息系统建设，统筹推动各区征收拆迁补偿安置水平总体协调平衡。征拆滞留项目及逾期安置项目清理是群众关注的热点难点问题，要强化市区统筹，合力推进，分期、分批次逐项解决。

（四）完善质量安全监督执法长效监管模式，为重大工程建设保驾护航

2020年城乡建设发展任务仍然十分繁重。要继续加大对京津冀协同发展、北京城市副中心、冬奥会场馆等重点工程和中央国家机关建设工程的协调服务力度，抓好副中心行政办公区二期、雁栖湖国家会都扩容、国家会议中心二期、丽泽商务区等重点项目建设，确保所有冬奥竞赛场馆全部完工，非竞赛场馆加快建设，积极推进丰台站、京唐城际等国铁建设，确保京沈客专建成通车。要做到主动靠前服务，事后加强协调，在依法依规基础上加快办事手续，促进项目早日开工、平稳建设。

工程建设质量管理是百年大计，要持续抓紧抓好。严守工程质量生命线，认真贯彻落实住建部关于完善质量保障体系提升建筑工程品质的指导意见，深入开展住宅工程质量专项提升行动，继续以贯彻落实《北京市建设工程质量条例》为抓手，全面落实质量主体责任，不断完善本市质量保障体系，加大责任追究力度，严厉打击违法违规行为，确保建设工程结构质量安全，大力提升工程质量水平。

继续推进房屋建筑和市政基础设施工程施工安全风险分级管控和隐患排查治理，促进“双控系统”在全行业使用、取得实效。推行保障性住房建设工程差别化监管。强化危大工程、危险部位、有限空间作业安全管理。

完善消防验收工作制度，着手编制消防验收北京市地方标准，逐步深度整合消防验收与质量验收工作，确保消防验收、备案及抽查职责平稳履行。要力争在平稳过渡的基础上，进一步提升优化消防验收工作，尤其是重大项目验收，市区要加强联动，要善于总结问题、解决问题。

同时，要高度重视农村建设工作，着力改善农村住房条件和居住环境。继续加强农宅抗震节能改造，做好农村危房改造收尾工作，并确保工程质量。开展“美丽乡村”绿色农房研究及应用，继续做好农村工匠指导培训工作。

（五）着力深化建筑业发展改革，持续优化营商环境

要加快构建以信用为基础的新型监管机制，在加强建筑市场行为监管、健全建筑市场信用体系上下功夫、见成效，推动首都建筑市场健康发展。充分发挥监管职能，在工程招投标、工程造价、合同履约、施工现场实名制管理等市场行为方面，面向社会、企业加大对新出台政策规定的宣传贯彻力度，构建具有首都特色的建筑市场信用体系。强化对

建筑市场主体信用管理工作的研究，不断丰富信用管理内容，加强结果应用，构建以信用为基础的建筑市场新型监管机制，激发建筑市场主体活力，确保工程建设质量和效益。加强工作统筹，强化部门联动，加大联合惩戒力度。

继续推进建筑业“放管服”改革，落实优化营商环境 3.0 版改革政策，全面完成优化营商环境三年行动计划各项任务。做好行政审批改革相关政策修订，加强和规范施工许可审批事中事后监管。制定联合验收工作实施细则，进一步优化联合验收工作部门职责、验收程序、申报材料。进一步加强对招投标相关工作的研究。要多倾听企业意见，尤其是关注中小企业对政策的满意度，不断做好优化营商环境工作。

着力健全标准体系，促进科技进步和京津冀协同发展，重点推进绿色建筑、智慧工地、建筑节能、施工现场安全、综合管廊建设等重要标准的编制进度，推动 BIM 技术在本市建设工程中的应用。稳步推进工程造价管理“四化”改革试点工作，建立健全工程造价指数指标体系。

加强建筑市场监督执法工作，聚焦住宅工程质量安全、建筑起重机械安全管理等突出问题，全面履行住建领域各项职权，严肃查处违法违规行为，着力规范建筑市场秩序。要不断自查，堵住漏洞，严防发生此类问题。

（六）贯彻绿色发展理念，推进行业持续健康发展

住建领域是贯彻落实新发展理念、推动绿色发展的主要载体，要全面推动致力于绿色发展的城乡建设，形成绿色发展方式和生活方式。

继续强化建筑节能运行管理，持续推进超低能耗建筑示范工作，大力推进公共建筑节能绿色化改造和能耗限额管理，2020 年底之前完成 600 万平方米公共建筑节能绿色化改造任务。

继续深入推进绿色建筑高质量发展行动。做好京津冀协同标准《绿色建筑评价标准》修订工作，构建新时代的绿色建筑高质量发展技术支撑体系。加大对绿色建筑实施全过程的事中事后监督检查力度，确保绿色指标落到实处。推进绿色建筑性能责任保险试点工作，着力完善绿色建筑金融保险机制。稳步推进装配式建筑工作，力争 2020 年实现装配式建筑占新建建筑面积比例达到 30％以上。持续强化装配式建筑项目管理要求，严抓工程质量，加强装配式建筑项目监督检查和全过程管控。研究制定包括装配式混凝土建筑的构件生产、施工质量及验收的京津冀协同标准。

继续推进京津冀建材领域战略合作。巩固砂石绿色供应链建设成果，大力推进建筑砂石绿色基地建设，研究装配式建筑部品京津冀协同布局和绿色供应链建设。搭建全市统一的扬尘视频监控系统平台，进一步加强全市住建系统扬尘治理管理工作。继续加强夜间施工扰民治理，加大建筑垃圾资源化综合利用力度。

做好上述工作，必须加强党的建设和党建引领，牢记“看北京首先要从政

治上看”，巩固拓展主题教育成果，扎实落实巡视整改措施，提高政治站位，强化责任担当。要坚定不移贯彻新发展理念，切实转变观念，积极主动作为，把新发展理念落实到住建工作的各方面、各环节。要把民生改善放在首位，聚焦“七有”“五性”，从民生实事和“接诉即办”两头发力，真正做到“民有所呼、我有所应”。“接诉即办”工作，市区两级要协同作战，共同抓好。要不断提高依法行政、改革创新能力和水平，进一步做好优化营商环境、放管服改革各项工作，推动舆情监测服务与业务工作有机结合，深入推进“平安北京建设”，打造高素质干部队伍，发扬优良传统和作风，在推进治理体系和治理能力现代化方面做出新成绩。特别是要认真学习、深刻理解蔡奇书记关于“七个怎么看、七个怎么干”的要求，改善工作方法，提高工作标准，真刀真枪抓改革，真抓实干谋发展。强调几点：

一是要深。开展工作要深入、深化，研究问题要有深度。领导班子要加强调查研究，科学制定对策，提升执行力落实力，提升战略性前瞻性。在保质保量完成各项工作任务基础上，要围绕全市全系统重点工作，积极开展政策研究。不能就事论事，要在综合研究的基础上，开阔眼界，加强运用科技手段解决问题的能力，谋划长远发展。

二是要实。要实事求是、求真务实，讲实际，求实效，说实话。以问题为导向，注重小切口、微改革，杜绝形式主义，反对作风漂浮、工作不实，文山会海、表面文章。问题要找准，解决措施要“实”。今年要有突破，市区住建部门都要围绕“接诉即办”、优化营商环境等主题，研究推出一批惠民政策和改革措施，以小切口、短平快方式，迅速解决一批领导重视、社会关注、基层呼吁的难点热点问题。

三是要细。开展工作要讲求细化、细致，尽量把工作做具体、做到位，切实提高精细化管理水平。如执法工作要做到标准化手册化，最大限度限制自由裁量权。要突出精治共治法治和精细化管理，注意分出层级，找准领导关心、群众关注的具体问题，拿出相应的解决措施。如物业管理工作中，不仅要提炼出群众反映集中的十三类问题，还要分出二级、三级目录。

四是要统。加强工作统筹和主动谋划，强化制度建设、机制建设，同时也要学会抓住重点、突出特色，以点带面、整体推进。要强化市区两级的沟通协调，做到全市一盘棋、一条心，联系紧密、运转顺畅、反馈准确。市住房城乡建设委各部门要多到各区了解情况、解决问题。继续规范和强化专班工作制度，在房地产调控、老旧小区综合整治、物业管理改革、质量安全等重点工作中有效有力地加以推行，协同作战、综合执法，提高工作的计划性和系统性。

五是要严。要坚决贯彻市委市政府决策部署，贯彻落实市纪委十二届五次全会精神，贯彻全面从严治党的要求。进一步改进工作作风，力戒形式主义和官僚主义。要结合主题教育和巡视整改，加强党风廉政和反腐败工作，建立健全权力运行制约和监督体系。特别是社会关注度高、涉及群众切身利益的民生工程和实事项目，要重点加强督办和监管。

同志们，2020年是决胜全面建成小康社会和“十三五”规划收官之年，做好全年工作意义重大。我们既要做到聚焦重点精准发力，又要做好各方面基础工作。对于老旧小区综合整治、物业管理、房地产调控与市场监管、住房保障、老城保护与修复、工程质量安全强化、建筑市场规范、建筑业绿色发展、重点工程服务保障、扫黑除恶专项斗争、优化营商环境等重点工作，一定要高标准、严要求，自我加压，持续发力。让我们以更加坚定的信心、更加饱满的干劲、更加扎实的行动，坚决完成市委市政府部署的各项任务，推动住房和城乡建设事业迈上新台阶。

大事记

1月

1日，北京市施工许可证办理实现“最多跑一次”。审批部门在办理施工许可证时，将先通过网上查看材料、反馈意见，让办事单位补齐纸质材料后，到现场一次办好。这是优化营商环境、落实行政审批改革的一项举措，真正实现“让数据多跑路，群众少跑腿”。

4日，《北京城市副中心控制性详细规划（街区层面）（2016年—2035年）》正式发布，为未来城市副中心建设的总纲领、总指南。

7日，北京冬奥会延庆赛区“生命线”综合管廊隧道全线贯通。这是国内首次在山岭隧道中建设的综合管廊，南起佛峪口水库，北至延庆赛区核心区，全长7.9千米，将为延庆赛区冬奥赛事和冬奥会后开展大众冰雪运动，实现冬奥场馆的可持续利用提供市政保障。

11日，市住房城乡建设委会同市规划自然资源委等部门联合印发《关于开展北京市工程建设领域专业技术人员职业资格“挂证”等违法违规行为专项整治工作的通知》，开展工程建设领域专业技术人员职业资格“挂证”等违法违规行为专项整治工作。

15日，市住房城乡建设委联合东城、西城区政府发布《关于做好核心区历史文化街区平房直管公房申请式退租、恢复性修建和经营管理有关问题的通知》，推进核心区平房院落有机更新。

18日，中共中央总书记、国家主席、中央军委主席习近平到北京城市副中心视察，详细了解副中心重大工程项目规划建设情况，主持召开京津冀协同发展座谈会并发表重要讲话。习近平充分肯定京津冀协同发展战略实施以来取得的显著成效，并对推动京津冀协同发展提出6个方面的要求。

20日，北京市建设工程质量监督执法信息系统APP正式上线运行，应用信息化手段实现对房屋建筑和市政基础设施工程以及三类企业的移动监督执法管理。

本月，2022北京冬奥会延庆赛区重点工程建设加速推进。延庆赛区涉及的35项工程中，高山滑雪中心、雪车雪橇中心24个项目已实现开工，占延庆赛区总体工程的近七成，工程总体进展顺利。

2月

1日，市住房城乡建设委印发《北京市房屋建筑和市政基础设施工程施工安全风险分级管控和隐患排查治理暂行办法》，全面启动建筑施工领域“双控系统”应用工作。

20日，位于北京市北三环中路的北京电影制片厂大院正式启动保护修缮。北影厂大院建筑群始建于1949年，其规划布局和建筑风格结合了苏联和传统中式建筑两种特色，具有独特的历史文化价值，曾于2007年被列入市文物局和市规划委的首批《北京优秀近现代建筑保护名录》。

27日，市发展改革委、市住房城乡建设委联合发布《北京市2019年重点工程计划》，共确定交通设施、城市副中心建设、教育医疗三大类300项，其中续建180项，计划新开120项，力争竣工87项，完成投资2354亿元。

28日，市规划自然资源委会同市住房城乡建设委、国家税务总局北京市税务局正式推出北京市不动产登记领域线上“一网通办”（存量房屋买卖）服务，不动产登记、房屋交易及税收征管领域办事实现“一网通办”、线下“只进一扇门”“最多跑一次”。

本月，北京市近20年来新建的首座现代化公交保养场、公交车的“三甲医院”——王佐公交保养场正式开工建设。项目建成后，将大幅提升公交车硬件维修水平，同时为周围居民提供224个小客车车位。该项目预计2020年年底完工。

3月

6日，《北京经济技术开发区绿色工业建筑设计指引》正式发布，由北京经济技术开发区管理委员会和住房城乡建设部科技与产业化发展中心会同相关单位共同研究编制，是我国工业建筑领域第一部绿色设计指导技术文件。

15日，位于大兴区西红门镇的鲁能领寓集体土地租赁房项目正式开工，工程包括10栋建筑物，总建筑面积11.7万平方米。这是北京市首批39个集体土地租赁房项目之一，也是当前北京市开工面积最大、提供房源最多的集体土地租赁房项目。

同日，2019年全市首个启动申购的共有产权住房项目——石景山区东下庄1605-630地块共有产权住房项目开放申购。该项目规划地上建筑面积7.13万平方米，其中共有产权住房地上建筑面积约6.95万平方米，房源总套数849套。

16日，北京地铁12号线大钟寺站至蓟门桥站区间成功下穿京张高铁隧道，标志着全线技术难度最大、安全风险等级最高的重点控制性工程顺利完成，为12号线全线建成通车打下坚实的基础。

20日，连接北京通州与河北燕郊的燕潮大桥通车，该桥全长1118.6米，双向6车道设计，为斜拉索式大桥，是打通燕郊与北京快速连接的关键性工程。

本月，由北京城奥置业公司投资建设，北京城建亚泰集团施工的城奥大厦项目通过了北京市建筑信息模型（BIM）应用示范工程验收，并成为北京市首个全生命周期BIM应用示范工程。

4月

8日，市住房城乡建设委印发《北京市建设工程安全文明施工费管理办法(试行)》，该办法的出台有利于保障安全生产、文明施工的各项措施落实到位，进一步提高安全管理水平。

10日，市住房城乡建设委和市规划自然资源委联合制定了《北京市房屋建筑和市政基础设施工程危险性较大的分部分项工程安全管理实施细则》，管控施工现场较大及以上安全风险，为北京市住建系统预防群死群伤事故发生提供有力保障。

16日，北京世园会综合管廊工程全部完工并进入试运营状态，入廊管线总长度约54千米。

24日，北京市印发《北京市住宅工程质量潜在缺陷保险暂行管理办法》，在全市住宅工程范围内全面推行工程质量潜在缺陷保险。

本月，市住房城乡建设委发布了《北京市住房和城乡建设委员会关于推行安全生产许可证电子化证书的通知》，自4月15日起对北京市建筑施工企业安全生产许可证换发电子证书，极大减轻了企业办事负担。

5月

18日，市委书记蔡奇到北京大兴国际机场检查工程承接、配套建设情况。强调要深入贯彻落实习近平总书记关于新机场建设的重要指示精神，精益求精抓好收官阶段工作，坚决如期完成各项任务，为通航运营管理做充分准备，建设世界一流绿色、智慧、人文、平安的国际枢纽机场。陈吉宁一同检查。

22日，北京市被列为全国工程造价管理市场化改革试点城市。试点工作的目标是建立健全北京市工程造价市场化形成机制，为全国工程造价市场化形成机制提供经验。

5月22日至26日，住房城乡建设部第一检查组对北京市进行建筑市场和工程质量安全监督执法检查。北京市工程符合率在全国范围内名列第一。

28日，台湾同胞在京申请公共租赁住房政策落地，将符合条件的台湾同胞纳入北京市人才公共租赁住房配租计划，由各区、各产业园区结合本区产业发展、人口资源环境承载力及住房保障能力等实际确定配租条件、程序和房源。

同日，北京大兴国际机场南方航空基地国际货运站工程竣工。这是南航基地配套设施首个竣工的项目，也标志着北京大兴国际机场首个货运站建设项目完工，总建筑面积25172平方米。

6月

10日，西城区菜市口西片申请式退租试点工作启动，这是北京市第一例申请式退租实施项目。住在平房区直管公房的居民可以按照个人意愿，退还房屋使用权，并获得补偿及安置。

25日，国内首部施工类区域协同工

程建设标准《城市综合管廊工程施工及质量验收规范》发布。发布会上，京津冀三地还就共同制定“京津冀区域协同工程建设标准”达成战略合作框架协议，全力推进京津冀工程建设标准协同发展。协议中明确提出要建立京津冀三地工程建设标准共同组织编制、统一标准文本、分别报批发布的工作模式；建立京津冀协同工程建设标准长效合作机制，明确牵头部门职责，定期轮流组织召开合作会议。

30日，北京大兴国际机场主要工程项目正式竣工。该机场为国家重点工程，是我国规模最大的一体化综合交通枢纽，其航站楼是全球首个“双进双出”航站楼，采用中央放射五指廊构型。

7月

1日，北京大兴国际机场高速和大兴机场北线高速中段正式放行通车，标志着北京市服务北京大兴国际机场运营的“五纵两横”外围交通骨干网中全部四条高速（京开高速、京台高速和大兴机场高速、大兴机场北线高速中段工程）全部建成通车，由建设期全面转入运行保障期。

28日，丰台区花乡樊家村劳动力安置用地项目正式启动建设，这是城六区最大的由村集体自筹自建的劳动力安置项目。项目落成后，将解决樊家村村民就业以及后续村集体经济组织的发展问题，并为新天坛医院和口腔医院提供完善的区域配套服务，全面提升区域品位。

29日，北京市正式启动面向在京台胞公共租赁住房专项配租工作。首批筹集40套房源，分别位于昌平区的冠芳园、保利芳园、悦府家园、溪城家园4个公共租赁住房项目，房源周边配套设施齐备，交通便利。

本月，北京市获批中央财政支持住房租赁市场发展试点城市，新增房源资金主要用于集体土地租赁房建设资金补贴，鼓励多主体新建、改建租赁住房，增加住房租赁房源有效供给。

8月

1日，长安街西延跨永定河的新首钢大桥钢梁实现零误差贯通、主体结构完工。新首钢大桥为五跨双塔双索面斜拉钢结构组合桥，大桥的主桥长639米，宽度达54.9米，是当前我国桥梁中最宽的一座钢桥梁，也是北京地区最大跨径桥梁，主跨跨径达到了280米。

6日，首趟满载散装水泥的专列由内蒙古呼和浩特沙良货运站到达北京丰台西货运站，标志着北京市建设领域大宗建材绿色供应链建设在水泥材料供应方面取得了新突破。

12日，延崇高速公路玉渡山隧道双线全面贯通。这次贯通为延崇高速公路（北京段）全面建成通车奠定基础，并为2020年冬奥测试赛提供了重要交通保障。玉渡山隧道工程是延崇高速公路（北京段）单线最长隧道，也是全线控制性工程。

20日，首钢滑雪大跳台中心项目主

体结构施工正式完成，该项目是2022冬奥会正式比赛场地，位于首钢园区北区西南部，总用地面积约13.5万平方米，地上建设规模约11.7万平方米。

29日，中国中医科学院中药科技园一期工程青蒿素研究中心在北京大兴生物医药基地奠基。这是全国首个青蒿素研究中心，建成后将为青蒿素药用价值的进一步研究深化创造基础条件。

本月，市住房城乡建设委启动住宅工程质量提升专项行动，对在建以及交付两年以内的住宅工程开展为期一年的质量专项治理。

9月

1日起，北京市存量房购房资格审核和异议复核实现全城通办。自行成交的购房家庭申请存量房购房资格审核、对购房资格审核结果有异议的购房家庭申请复核（不含对个人所得税审核结果有异议的情况），可就近至任一区的交易服务窗口提交材料申请办理。

20日，东城段南中轴御道正式贯通。至此，连接正阳门和永定门的石砌御道全线基本恢复。南中轴御道是2019年版《北京中轴线保护规划》的重点路段，同时也是北京中轴线申报世界遗产项目的重要组成部分。

20日，北京援建雄安“三校一院”项目全部开工。

30日，市住房城乡建设委会同市市场监督管理局、市互联网信息办公室、市通信管理局、市公安局正式出台《关于规范互联网发布本市住房租赁信息的通知》，从源头规范房屋租赁信息发布。

本月，首开房地豆各庄第一项目主体结构已全部完成，该项目为农租房腾退安置用房，是北京市首个非经营性资产处置落地新建项目，实现了非经处置探索中的重大突破。

本月，位于北京奥林匹克公园中心区的亚洲基础设施投资银行总部大楼暨亚洲金融大厦竣工，这是首个由中国倡议设立的多边金融机构总部大楼落户北京。该项目占地6.1万平方米，总建筑面积约39万平方米，由5座写字楼组成，地上外围区域12层，中央区域16层。

10月

3日，天安门城楼自2018年6月启动修缮以来，历时一年多的施工，正式恢复开放，装饰一新迎接游客。

28日，副市长隋振江主持召开电视电话会议，全面部署围绕物业管理立法展开的物业管理试点工作，在全市范围内正式启动物业管理问题工作试点，并纳入全市街道工作和“吹哨报到”改革工作专班，在专班的统筹下开展工作。

29日，朝阳区发布了《朝阳区住宅项目物业服务基础标准（试行）》，这是全市首个老旧小区物业服务标准，为物业公司的服务和政府的监督考核提供依据。

本月，市住房城乡建设委与中国人民银行营业管理部签订《关于金融信用信息基础数据库采集公租房违规信息的合作备忘录》，首次将公共租赁住房违规家庭信息纳入金融体系征信平台，强化对公共租赁住房违规家庭的信用约束，对违规家庭形成制度威慑。

本月，市住房城乡建设委配合市规划自然资源委颁布了北京市《超低能耗居住建筑设计标准》，这是北京市首部超低能耗建筑设计地方标准。

11 月

12 日，密云区新农村刘林池棚户区改造项目开工，这是北京市第一个在集体土地上建设的棚户区改造回迁安置房项目，预计 2022 年竣工交付。

16 日，国家体育馆 2022 冬奥改建项目实现混凝土结构封顶。这标志着“冰砖”造型的新建场馆将全面转入钢结构安装及二次结构施工阶段，并同步展开国内首例大面积双层压花玻璃幕墙龙骨安装施工。

22 日，市住房城乡建设委、市市场监督管理局联合发布《北京市公共租赁住房租赁合同》示范文本，该文本细化了合同解除条款，且首次写入对违规转租转借行为的惩戒。

12 月

3 日，北京冬奥村项目主体结构全部封顶。该项目是北京 2022 年冬奥会重点工程项目之一，赛时为各国运动员及随队官员提供住宿、餐饮、医疗等保障服务，赛后将作为北京市人才公共租赁住房，面向符合首都城市战略定位的人才配租。

10 日起，注册在北京市的建筑业企业申报由市区两级住房城乡建设委许可的建筑工程、市政公用工程施工总承包资质（包括首次申请、增项、升级和简单变更事项），实行告知承诺制，改变了过去“先审后批”模式。

12 日，市住房城乡建设委印发《北京市房屋建筑和市政基础设施工程质量风险分级管控技术指南（试行）》，通过实施分级管控，进一步提高工程质量风险预控能力和水平，保证建设工程质量。

18 日，市住房城乡建设委印发《关于进一步简化保障性住房申请手续有关工作的通知》，启用新版的保障性住房资格申请表，需由申请家庭填写的内容简化至“一页”；取消全部纸质证明材料，申请家庭到办理窗口即可完成申请，实现“最多跑一次”。

24 日，市规划自然资源委联合市住房城乡建设委、市发展改革委等 11 个部门正式发布《关于完善简易低风险工程建设项目审批服务的意见》及 9 个配套文件。简易低风险工程建设项目适用范围扩容，审批效率提升，在办理环评手续、供排水接入等方面也能享受多项便利。

25 日，京礼高速北京段全线建成。该路段建成不仅对完善北京西北部高速公路路网具有重要意义，也会成为通往北京 2020 年高山滑雪世界杯测试赛、2022 年冬奥会的重要快速通道。

30日，京张铁路全线正式开通运营。京张铁路起自北京北站，止于张家口站，正线全长174千米，其中北京市境内70.5千米，最高设计时速为350千米。铁路开通后，从北京到张家口崇礼冬奥赛场可在1小时内抵达。

31日，国家速滑馆屋面单元板和外立面曲面幕墙单元全部安装完成，实现封顶封围，“冰丝带”整体亮相。该工程位于奥林匹克森林公园南园西北侧，场馆共设置座席约12000个，北京2022年冬奥会期间将承担速度滑冰项目比赛。

综　　述

2019年，全社会固定资产投资同比下降2.4%，降幅较上年回落7.5个百分点。全市房地产开发投资同比减少0.9%，增速比上年下降4.3个百分点。全市有资质的施工总承包、专业承包建筑业企业完成总产值11999.4亿元，同比增长9.7%。全年建筑业实现增加值1513.7亿元，同比增长18.7%。房地产开发施工面积12515万平方米，同比减少3.5%；新开工面积2073.2万平方米，同比减少10.7%；竣工面积1343.3万平方米，同比减少13.8。其中，住宅施工面积5640.1万平方米，同比减少4%；新开工面积1003.7万平方米，同比减少18.6%；竣工面积583.2万平方米，同比减少20.2%。新建商品住房上市8.73万套，同比增加3.2%；商品住房成交20.23万套，同比增加4.9%；住宅销售价格总体平稳，新建商品住宅价格小幅波动，二手住宅价格稳中有降。共建设筹集政策性租赁住房50186套（间），建设政策性产权住房66763套，竣工验收政策性住房80262套，实现棚户区改造1.63万户，超额完成年度任务。

一、完善租购并举住房保障体系，强化政策性住房计划供给，住房保障工作成效显著

住房是民生之本。2019年，北京市继续把解决好人民群众的基本住房保障问题作为大事要事和民生实事来抓，完善租购并举住房保障体系，坚持高起点规划、高品质设计、高质量建设，做好审核分配和后期监管，推进老城有机更新和棚户改造，群众获得感、幸福感不断提升。

加快健全住房保障政策体系。统一公共租赁住房实物配租和市场租房补贴申请条件，推动保障方式由实物配租为主向实物与补贴相结合转变。建立与房屋市场租金相匹配的租房补贴调整机制。完善共有产房住房相关政策，修订共有产权住房建设导则，加大金融信贷政策支持，简化销售审核流程，引导中心城区人口向新城地区疏解。支持“三城一区”等重点功能区建设，努力满足在京就业创业人才、城市运行保障人口租赁需求，促进职住平衡。

优化审核分配机制。精准保障城镇中低收入住房困难家庭、新市民、各类人才的住房需求，实物房源优先面向低保家庭、分散供养特困人员等家庭分配，城镇中低收入住房困难家庭通过市场租房补贴应保尽保。年内公共租赁住房新增申请3.3万户，通过审核备案3.32万户，同比分别减少31%、10%。新增公共租赁住房实物房源分配1.45万套，累

计分配总量 17.5 万套，超额完成 2017 年 12 月 31 日前备案的低保、低收入家庭“应保尽保”任务目标。截至 12 月底，全市共有产权住房项目 69 个、可提供房源约 7.1 万套；年内共有 14 个项目启动网申，可提供房源约 1.3 万套。发放租赁补贴 4.32 万户，金额 5.41 亿元。

提升保障性住房设计质量和居住品质。坚持高起点规划、高品质设计、高质量建设，从设计方案入手，坚持合规性审查和优化审查有机融合，推进审查工作标准化。保障性住房全面实现全装修成品交房。在项目销售前指导开发建设单位搭建好样板间，切实做到“所见即所得”，方便百姓对照监督。针对群众较为关注的窗洞尺寸、厨卫布局、部件材料选型、储藏空间等环节，引导开发建设单位按照高标准设计、选材、装修。推进保障性住房产业化，新建保障性住房全部采用装配式建筑，建设过程中推广应用 BIM 技术，其中共有产权住房达到绿色建筑二星级及以上标准。截至 12 月底，实施装配式建筑的保障性住房项目累计超过 3200 万平方米，设计达到绿色建筑二星级及以上标准的保障性住房项目累计超过 1200 万平方米。

完善保障性住房精细化管理。全市九成已入住公共租赁住房项目，完成技防设备安装，涉及房源 10 万余套，进一步提高了公共租赁住房精细化、智能化管理水平。简化经济适用住房上市出售流程，将申请改为提交承诺，并可通过市住房城乡建设委官网查询结果，实现群众少跑路。稳步推进公共租赁住房调换工作，依托市保障房中心的调换房源信息系统，海淀区率先开展不同产权单位间调换试点。优化住房保障咨询服务，年内住房保障咨询热线接听电话 1 万余通，特别是接到群众反映问题后，立行立改，实现由接诉即办向未诉先办转变。加强信息公开，在市住房城乡建设委官网公开首批公共租赁住房项目的产权单位、地址、举报电话等信息，方便群众精准查找公共租赁住房项目及提供违法线索。

推进核心区平房院落有机更新。发布《关于做好核心区历史文化街区平房直管公房申请式退租、恢复性修建和经营管理有关问题的通知》，推进核心区平房院落有机更新；初步完成《北京老城房屋修缮与保护技术导则（2019 版）》，编制申请式退租补偿价值评估技术指引。同时，做好申请式退租、“共生院”改造试点，确定东城区雨儿胡同、西城区菜市口西为试点项目，指导东西城区继续巩固扩大试点成果。此外，注重精准对接，加大房源支持，支持开展文物腾退、历史文化街区和文化带保护建设工作。

做好棚户区改造工作。开展棚户区改造项目数据摸底工作，为棚户区改造管理提供数据支持；通过多种渠道，协调棚户区改造项目进程；搭建全过程计划管理体系，将征收拆迁、安置房建设回迁、入市地块整理纳入计划管控范围，明确了全生命周期的推进计划；推进 2019 年部分棚户区改造项目实施扫尾拔点，延庆南菜园 1—5 巷等 8 个项目完成房屋征收收尾、实现净地，通州张家湾六小村（一片区）等 8 个项目完成全部住宅拆迁。全市累计完成棚户区改造（征收、拆迁、腾退协议签订）1.63万户，为全年任务的142%。涉及人口约5.26万人，为全年任务的191%。

二、保持调控政策稳定，培育发展住房租赁市场，确保房地产市场“三稳”局面

2019年，北京市保持调控政策稳定，不放松、不加码，积极培育发展住房租赁市场，推进京津冀协同发展，全年房地产市场呈现了地价稳、房价稳、预期稳的良好局面。

完善房地产市场调控措施。推进房地产市场长效机制落地，《北京市房地产市场平稳健康发展长效机制工作方案》获国务院批复后，北京市立即启动任务分解、报市政府专题会、分区考核指标等有关工作。根据长效机制工作方案和当前市场形势，与热点区域区政府和有关部门保持持续关注，指导各区制订分区方案。提前制定工作预案和政策储备，抑制投机型购房、遏制炒房牟利，保护刚需家庭购房需求。贯彻落实京津冀协同发展要求，与北京市通州区、河北省廊坊市政府成立协调工作小组，逐步推进解决中国人民大学教职工职住平衡问题；推动通州区与“北三县”房地产市场协同发展。继续从严执行房屋限购政策，完善购房资格联网审核机制，全年审核商品住房购房资格核验业务33.4万笔，同比增加4.9%。全年新建房屋共计上市1799.6万平方米、成交1040.6万平方米，其中新建商品住房上市1018.2万平方米（8.7万套），成交697.5万平方米（6.0万套）；存量房成交1347.4万平方米，其中商品住房1220.9万平方米（14.2万套）。

规范房地产市场秩序。坚持商品房预售项目售前约谈，通过约谈和宣讲，进一步规范房地产市场销售行为；严查开发企业捂盘惜售、无资质经营、哄抬房价、违规代理、虚假宣传等违法违规行为；重点围绕商品房项目预售方案、建设方案、规划图纸、合同协议和宣传文案等问题开展专项执法检查；组织开展房地产经纪机构联合执法检查，以及预售资金和媒体报道“‘商改住’再抬头”现象专项执法检查，确保市场秩序稳定。

培育发展住房租赁市场。健全租赁市场管理制度，发布租赁合同示范文本；持续开展网络房源信息“周周查”行动，规范互联网租赁信息发布。完善租赁平台功能，全市租赁合同备案量突破230万笔，居于全国首位，先后两次被住房城乡建设部作为典型经验在全国推广。制定应对租金上涨预案，组织中介行业协会按月发布市场信息，积极开展毕业季租赁进校园活动。争取金融财政政策支持，实现国家开发银行、建设银行集体土地租赁住房贷款发放，北京市申请中央财政支持住房租赁市场发展试点获批。稳步推进违法群租房整治，全市整治违法群租房14307处，顺利完成违法群租房“动态清零”的既定任务。年内北京市住房租赁供需矛盾趋于缓解，租

金变化符合传统淡旺季波动规律，市场运行总体保持平稳。全年住房租赁市场累计交易 214.9 万套次，同比下降 15.4%，近 8 年来首次出现下降；全市整租平均租金 87.1 元/平方米·月，同比上涨 5.6%，分租平均租金 2703 元/间·月，同比涨 8%。

三、强化工程协调，力促项目开工，重点工程建设提速升级

2019 年共确定 300 项重点工程，其中计划新开工项目 120 项，续建项目 180 项，力争当年竣工项目 87 项，总投资 1.39 万亿元，本年计划投资 2353 亿元，其中建安计划投资 1242 亿元。年内，市住房城乡建设委协调加快重点工程前期工作，力促项目及早开工；主动对接行业主管部门，掌握重点教育、能源、交通、医疗卫生、文化旅游、便民服务设施、科技创新等板块项目进展情况；深入各区政府主责项目现场，与在施项目参建单位直接沟通，及时解决工程存在问题；参加工作专班，入驻世园会项目现场，开展综合协调，会同世园局及相关审批部门召开 20 余次验收专项协调会，提前指导参建单位完成资料整理、实地查验等工作，确保园区内各场馆于 4 月 19 日前顺利通过验收，建立重点工程台账，每月根据重点工程调度服务平台数据、现场核验、协调工作开展情况予以更新。

截至年底，重点工程完成建安投资 1296 亿元，完成年度计划的 104%，其中 100 项基础设施项目完成建安投资 601 亿元，100 项重点民生改善项目完成建安投资 441 亿元，100 项高精尖产业项目完成建安投资 254 亿元。基础设施建设成效明显，北京大兴国际机场如期建成通航，京张铁路正线、京雄城际铁路（大兴国际机场以北段）、城市副中心东延支线实现通车，轨道交通 7 号线东延、新机场线一期、八通线南延、亦庄新城现代有轨电车 T1 线投入运营，全市轨道交通运营总里程达到 699.3 千米。政策性住房、教育、医疗、养老、文化、体育、便民设施等民生改善项目提速升级，交叉研究平台及大科学装置、先进制造业、文化旅游等高精尖产业项目工程加快推进。世园会园区各场馆如期建成，亚投行总部大楼圆满交付使用，冬奥会工程建设稳步推进、部分场馆 2019 年底具备冬奥会测试赛要求，丽泽 SOHO、中关村集成电路设计园、大栅栏历史文化展览馆保护利用项目、融坤养老中心、顺义区中医医院迁建项目等一大批重点项目按时顺利验收。

四、推进“双控”体系建设，提升行业监管效能，实现工程质量安全目标

安全生产形势平稳可控。推进住建系统“双控”体系建设，“安全风险分级管控与隐患排查治理双重预控管理平台”上线运行，全面启动建筑施工领域“双控系统”应用工作，截至 12 月 31 日全市建设工程施工现场通过“双控平台”

填报施工安全风险共 43985 条。印发《北京市房屋建筑和市政基础设施工程危险性较大的分部分项工程安全管理实施细则》等文件，健全危大工程安全监管体系。扎实开展安全生产月活动，先后举行安全生产月活动启动仪式、安全生产先进个人评选、体验式安全教育开放日等活动，营造安全生产氛围。提升建筑施工安全生产标准化水平，印发施工现场安全生产标准化管理图集，在安全防护、绿色施工等 11 个方面推广应用标准化、现代化的设备设施和管理模式；印发安全文明施工费管理办法（试行），为施工企业积极创建“北京市绿色安全工地”，提高施工现场安全标准化水平提供资金保障。全面排查施工现场安全隐患，共检查工地 28428 项次，对施工安全管理不到位、存在安全隐患的工地责令限期整改 3536 项，责令停工整改 583 项。狠抓绿色施工，发布施工工地扬尘视频监控和数据传输技术规范，开展“建筑垃圾产生源头治理专项行动”，进行施工现场扬尘执法检查 72945 项次，有效打击震慑了施工扬尘违法违规行为。全市住建系统共发生生产安全事故 14 起，死亡 14 人，较 2018 年下降 36.4% 和 39.1%，实现了事故起数和死亡人数的“双下降”，且全年未发生两人及以上生产安全事故，安全生产形势总体平稳。

建设工程质量稳步提升。印发《北京市房屋建筑和市政基础设施工程质量风险分级管控技术指南》，督促各参建单位对工程质量风险常态化自辨自控，对事故隐患常态化自查自治，逐步健全工程质量风险分级管控工作机制，推动工程质量管理工作从事后查处向事前预防转变；开展政策性住房质量专项检查，全面排查北京市在建安置住房和保障性住房项目 372 个；启动住宅工程质量提升专项行动，对在建以及交付两年以内的住宅工程开展为期一年的质量专项治理；在全市住宅工程范围内全面推行工程质量潜在缺陷保险，截至 12 月底已有 42 个住宅工程项目投保缺陷保险；成立大兴国际机场工程竣工验收协调领导小组，制定竣工验收工作方案，建立竣工验收协调工作机制，圆满完成工程竣工验收工作，确保北京大兴国际机场具备投运条件。在住房城乡建设部第一检查组对北京市进行建筑市场和工程质量安全监督执法检查中，北京市工程符合率在全国范围内名列第一。全市共有 18 个建筑工程项目获得国家级大奖，其中获得中国建设工程鲁班奖（国家优质工程）3 大项（6 个子项），国家优质工程奖 7 项，中国土木工程詹天佑奖优秀住宅小区金奖 5 项。共表彰结构“长城杯”工程 283 项，其中金奖 144 项、银奖 139 项；表彰竣工“长城杯”工程 78 项，其中金质奖 36 项、银质奖 42 项。

五、创新建筑市场监管方式，健全建筑市场信用体系，引导建筑业健康发展

年内，北京市深入推进建筑业“放管服”改革，创新建筑市场监管方式，持续深化行政审批改革，加强建筑市场

执法工作，推进市场信用体系建设，促进建筑业持续健康发展。

深化行政审批改革。研究落实企业资质申请全程网上办理，逐步实现“一次不用跑”，推动资质审批从分级审批向“当场决定”、全面实行告知承诺制转变。围绕施工许可证审批，研究立法修法建议，提高办理施工许可的房屋建筑和市政基础设施工程限额。加强和规范施工许可审批事中事后监管，以“双随机、一公开”为基本手段，以承诺事项落实情况为监管重点，以“互联网＋监管”为改革方向，惩治违法违规和失信行为，营造公平诚信的营商环境。2019年，全市共审批建设工程企业新设立、晋级、增项等各类业务11539起。

加强建筑市场执法。贯彻落实《住房和城乡建设部关于印发建筑工程施工发包与承包违法行为认定查处管理办法的通知》；组织召开全市住建系统建筑市场执法人员培训会；召开全市视频会议，部署建筑工程市场行为执法检查工作，严肃查处违法发包、转包、违法分包、挂靠等各类违法违规行为；通过专项整治与全面排查，遏制工程建设领域专业技术人员职业资格“挂证”现象。全年市住房城乡建委执法总队开展建筑市场行政执法检查1072项次，做出行政处罚510起。

健全建筑市场信用体系。为构建以信用为核心的监管与服务机制，研究建立失信联合惩戒对象名单管理制度，起草《北京市建筑市场主体失信联合惩戒对象名单管理暂行办法》，将违反行政审批事项告知承诺等9种严重失信行为列入失信联合惩戒对象名单。为加强建筑市场信用信息管理，起草《北京市建筑市场信用信息管理暂行办法》，对建筑市场信用信息的记录、归集、公开、共享和使用及其相关管理做出规定。

六、落实房屋管理各项政策，力推老旧小区综合治理，群众居住环境不断改善

加强房屋安全使用监督管理。组织全市城镇房屋安全检查，实查城镇房屋73390万平方米，检查电梯101599部、高层二次供水水泵39412台、避雷装置203763个系统，保障房屋住用安全。做好城镇房屋防汛准备、汛期检查和应急抢险工作，确保房屋安全度汛。在全市普通地下室违规住人“动态清零”的基础上，加大检查力度，同时探索普通地下室统筹使用、合理再利用的有效途径。

推进老旧小区综合整治工作。出台老旧小区综合整治资金政策，形成“1＋5”政策体系。明确基础类内容以政府出资为主实施定额补助，自选类内容由居民自愿选择实施，采取社会投资、居民付费和政府补贴方式筹集资金；对房改房小区和商品房小区制定了不同的补助标准。新一轮老旧小区综合整治工作启动以来，2017—2019年北京市已累计确认243个老旧小区综合整治项目，实现改造类进场施工98个项目，完成44个项目。年内，老楼加装电梯工作被列为

市政府重要民生实事项目，截至12月底，全市老楼加装电梯在施750部（其中新开工693部），完成555部，超额完成年度工作目标。

加强征收拆迁管理。加强棚户区改造项目征拆补偿方案统筹管理及重点工程指导与服务，推动项目在政策收紧、前后衔接下平稳有序推进。加大征拆滞留项目清理，加强与法院系统沟通衔接，破解收尾难。同时应对新修订的《土地管理法》对北京市集体土地拆迁工作造成的影响，加强集体土地征地拆迁管理体制机制梳理，促进北京市征拆工作依法健康有序开展。全市共启动房屋征收拆迁项目19个，征收拆迁住宅户数7848户，涉及住宅建筑面积约168万平方米。房屋征收拆迁共签约住宅户数4072户，涉及住宅建筑面积约38万平方米。

提升物业服务管理水平。加快推进物业管理立法进程，在全市范围内推进涉及物业管理重点问题10＋1项试点；探索老旧小区推行物业管理，形成一系列好的经验做法；牵头推进街道重点任务，落实“民有所呼、我有所应”，提高了人民群众的幸福感和获得感；严格住宅专项维修资金监管，截至12月底，全市已累计归集商品住宅专项维修资金509.37亿元，归集套数381.2万套；商品住宅专项维修资金累计使用54.79亿元；累计划转资金30.05亿元。全市物业管理项目监管系统备案7030个，总建筑面积约6.75亿平方米；物业企业总量3140家。

七、加快建设科技创新，完善节能建材管理，推动行业集约高质量发展

推进建设领域科技创新。年内新发布工程建设地方标准15项，发布全国首部施工类区域协同标准；组织完成重点科技成果鉴定项目95项，其中26项达到国际领先水平，32项达到国际先进水平，特别是大型复杂超高层建筑群建造、复杂地下空间结构与综合管廊系统建造等方面实现了重大集成创新和关键技术突破。12项建筑业新技术应用示范工程通过验收，其中北京新机场、亚投行总部等10个项目新技术应用整体达到国内领先水平，部分创新技术达到国际先进水平。123项工法通过北京市工法评审，大部分工法关键技术水平达到国内领先，北京市企业“一带一路”建设技术成果首次通过工法评审，助力施工企业积极参与“一带一路”建设、开拓国际市场。继续开展BIM应用示范工程建设工作，共28个项目入选，BIM示范阶段从单纯的施工发展到以全生命期应用为主，充分发挥了示范工程的引领作用。围绕建筑业转型升级，开展“智慧工地”建设等相关工作，发布北京市首部智慧工地地方标准《智慧工地技术规程》。完成10期公益讲座，共有5000余名建筑行业管理、技术人员参加。

加大建筑节能工作力度。颁布北京市《超低能耗居住建筑设计标准》，积极推动超低能耗建筑试点示范，年内共有

5个超低能耗建筑示范项目通过专家评审。公共建筑节能绿色化改造工作成效显著，既有公共建筑节能绿色化改造62.97万平方米。公共建筑电耗限额管理取得较大成效，发布了2019年年度公共建筑电耗限额，实施电耗限额考核，公共建筑用户节能意识逐步提高。全市累计建成城镇节能住宅51165.79万平方米，占全部既有住宅的93.70%。大力发展绿色建筑，105个项目通过绿色建筑评价标识认证，建筑面积共计1191.59万平方米。全年新开工装配式建筑面积1413万平方米，超额完成25%的既定目标。

加强建材行业管理。促进混凝土搅拌站行业减量集约高质量发展，明确通过产能减量置换、兼并重组等手段减少混凝土搅拌站数量；推进建筑砂石绿色供应链建设，提升砂石骨料铁路运输比例，签订砂石绿色生产基地战略合作备忘录，打通绿色运输通道。组织建材使用管理专项检查，建材质量状况抽检合格率87.5%。北京市及周边地区已建成29家以上装配式建筑部品生产企业，生产基地超过38个。全年共计使用装配式混凝土结构部品超过122万立方米；使用装配式钢结构部品超过17.9万吨。推动建筑垃圾资源化综合利用，全市正在运行建筑垃圾现场资源化综合利用设施点位110个，年设计处置能力超过9000万吨。全年累计使用建筑垃圾再生产品5000余万吨，形成的再生产品在市政道路、园林绿化、人行步道和河道治理等政府投资的公共设施项目得到有效应用。为提高建筑外墙质量，积极推广居住建筑产业化装配式轻质混凝土复合外墙板技术及蒸压加气混凝土外墙板技术等新型墙体材料技术，墙体材料抽检合格率为81%。

八、优化机关基础工作，落实依法行政要求，提高行业管理服务水平

年内，市住房城乡建设委坚持以习近平新时代中国特色社会主义思想为指导，以“不忘初心、牢记使命”主题教育为主线，强化“四个意识”，坚定“四个自信”，做到“两个维护”，在强化思想理论武装、夯实基层组织基础、加强党风廉政建设等方面取得突出成绩。全面部署落实依法行政工作要求，有序推进立法、执法监督、行政复议及应诉、法治宣传、多元调解等工作开展。贯彻执行干部任用政策法规，完善干部选拔任用机制，加强人才队伍建设，强化干部监督管理，不断提高选人用人公信度和群众满意度，同时做好成立施工扬尘事务中心、建设工程消防验收职责划转、机构改革后的人员调整、经营类事业单位改革等相关工作。围绕重点工程建设、房地产市场调控、保障性住房建设分配、优化营商环境、施工安全和工程质量监管等开展宣传工作，牢牢把握正确导向，加强政策解读和正面宣传，主动回应社会关切，为首都住房和城乡建设事业发展营造了良好舆论氛围。开展“扫黑除恶”“平安北京建设”等专项工作，圆满

完成重大活动（节日）值守应急、空气重污染应对、安全度汛等各项任务，较好地实现了全系统全行业安全稳定运行。落实信访工作制度改革措施，深化阳关信访、责任信访、法治信访，全力做好信访矛盾纠纷化解工作，维护群众合法权益和社会和谐稳定，不断夯实风险防范能力。深化网络安全基础工作，推进优化营商环境业务系统改造，大数据行动计划有序落地，领导驾驶舱接入体系建设进展良好，信息化服务保障能力明显提升。关注行业重点、热点、前沿问题，积极开展政策调研，完成《建设志》出版，为科学决策、推进行业发展提供了积极支持。

截至2019年12月31日北京市住房和城乡建设委员会领导班子成员

党组书记、主任：王　飞

副主任：冯可梁　李荣庆　赵英杰　陈卫东　许春声（挂职，2月任）

纪检组长：刘　壮

二级巡视员（副局级）：赵　成　陶　泳　王　鑫　牛文勋

北京市城建研究中心主任：倪　娜

房屋工程建设

概　述

2019 年，全市共办理施工许可 3580 项，其中房屋建设工程共 975 项，总规模 5272.26 万平方米，同比增长 8.7%；装饰改造工程共 2225 项，总规模 1259.05 万平方米，同比增长 41.56%。房地产开发施工面积 12515 万平方米，同比减少 3.5%；年内新开工面积 2073.2 万平方米，同比减少 10.7%；竣工面积 1343.3 万平方米，同比减少 13.8%。其中，住宅施工面积 5640.1 万平方米，同比减少 4%；住宅新开工面积 1003.7 万平方米，同比减少 18.6%；住宅竣工面积 583.2 万平方米，同比减少 20.2%。年内，政策性住房、教育、医疗、养老、文化、体育、便民设施等民生改善项目提速升级，交叉研究平台及大科学装置、先进制造业、文化旅游等高精尖产业项目工程加快推进，100 项重点民生改善项目完成建安投资 441 亿元，100 项高精尖产业项目完成建安投资 254 亿元。世界园艺博览会园区各场馆如期建成，亚洲基础设施投资银行总部大楼圆满交付使用，冬奥会工程建设稳步推进、部分场馆 2019 年底具备冬奥会测试赛要求，丽泽 SOHO、中关村集成电路设计园、大栅栏历史文化展览馆保护利用项目、融坤养老中心、顺义区中医医院迁建项目等一大批重点项目按时顺利验收。

（张丽娅　王德志）

商品住房

【望京 K7 区（C3-C7）C03—C05 号住宅楼工程竣工】 工程位于朝阳区南湖北一街，建筑面积 39455.35 平方米。C03 号楼地下 4 层、地上 18 层，檐高 54 米；C04 号楼地下 3 层、地上 14 层，檐高 44.2 米；C05 号楼地下 3 层、地上 19 层，檐高 58 米。剪力墙结构，工程总投资 21065.76 万元。2015 年 6 月 4 日开工，2018 年 12 月 18 日竣工。北京城市开发集团有限责任公司建设，北京市建筑设计研究院有限公司设计，北京金港建设股份有限公司施工，北京北辰工程建设监理有限公司监理。

（林　湖　高雅琪　赵名芳）

【孙河乡北甸西村2902-18、19、27地块社区配套服务设施、住宅混合公建、二类居住用地项目7项工程竣工】 工程位于朝阳区孙河乡，建筑面积23528.19平方米，本期竣工7项工程。其中，4—9号住宅楼地下2层、地上3层，剪力墙结构；1号地下车库地下1层、地上1层，框架剪力墙结构。工程总投资7727.39万元。2017年11月开工，2018年12月竣工。北京昭泰房地产开发有限公司建设，北京天鸿圆方建筑设计有限责任公司设计，北京城建北方建设有限责任公司施工，北京中城建建设监理有限公司监理。

（赵名芳）

【新星花园7项工程竣工】 工程位于朝阳区孙河乡，包括1—3、5—6、8—9号住宅楼，建筑面积1.49万平方米。其中，1—3号住宅楼地下2层、地上2层，檐高8.1米；5—6、8—9号住宅楼均地下2层、地上2层，檐高8.9米。现浇混凝土剪力墙结构，工程总投资15813.94万元。2016年5月6日开工，2019年1月10日竣工。北京诚通华亿房地产有限公司建设，中国建筑技术集团有限公司设计，北京诚通新新建设有限公司施工，北京方圆工程监理有限公司监理。

（李笑颜　高雅琪）

【房山区阎村镇04-0084地块项目1号住宅楼等30项二标段工程竣工】 工程位于房山区阎村镇南梨园村，包括1、9—12、20—23、29、30号住宅楼，2号商业楼，建筑面积3万平方米。住宅楼均为地下2层、地上4层；2号商业楼地下2层、地上3层。框架剪力墙结构，工程总投资9821万元。2015年1月5日开工，2019年1月7日竣工。北京天恒乐活城置业有限公司建设，北京市建筑设计研究院设计，北京国际建设集团有限公司施工，北京中集大房建设监理有限公司监理。

（廖全霞　王　爽）

【国瑞熙院家园19号住宅楼等4项工程竣工】 工程位于昌平区北七家镇沟自头村，东至海德花园东路，西至GZT-05-1（二类居住用地）地块，南至八仙别墅南侧路及岭上北路，北至定泗路，建筑面积109899.37平方米。包括19—22号住宅楼，均地下3层、地上16层。剪力墙结构，工程总投资23851.17万元。2016年12月25日开工，2019年1月14日竣工。国瑞兴业（北京）投资有限公司建设，北京地矿工程建设有限责任公司勘察，北京维拓时代建筑设计股份有限公司设计，中国建筑第五工程局有限公司施工，北京鸿厦基建工程监理有限公司监理。

（郅童童）

【1号商业用房、居住公共服务设施等2项和6号住宅楼（商品房）等2项工程竣工】 工程位于海淀区西北旺镇，属于海淀北部地区整体开发中关村永丰产业基地HD-0402-0030地块F1住宅混合公建用地（配建公共租赁住房）项目，建筑面积3.56万平方米。1号、2号商业

用房地下2层，框架结构；6号、7号住宅楼地下2层、地上25层，剪力墙结构。工程总造价9112.49万元。2017年4月21日开工，2019年1月22日竣工。北京旭嘉置业有限公司建设，北京市住宅建筑设计研究院有限公司设计，北京城建六建设集团有限公司施工，北京高屋工程咨询监理有限公司监理。

（楼焕琳）

【朝阳区孙河乡北甸西村11项工程竣工】 工程位于朝阳区孙河镇西甸村，为2902-18、2902-19、2902-27地块社区配套服务设施、住宅混合公建、二类居住用地项目二期总承包工程，包括1—11号楼，建筑面积6.08万平方米。其中，4—9号楼地下2层、地上3层；1号、2号楼地下2层、地上8层；3号、10号楼地下2层、地上7层；11号楼地下2层、地上3层。框架结构，工程总造价11243.05万元。2017年4月15日开工，2019年2月1日竣工。北京昭泰房地产开发有限公司建设，北京天鸿圆方建筑设计有限责任公司设计，北京城建北方集团有限公司施工，北京中城建建设监理有限公司监理。

（楼焕琳）

【1号住宅楼等13项（延庆温泉花园小区改造工程）工程竣工】 工程位于延庆区妫水北街2号，本次备案内容为1—5、7—11号住宅楼，12号配套用房，地下车库，建筑面积35525.68平方米。其中，1号、2号住宅地上4层，框架剪力墙结构；7号住宅楼地下1层、地上4层，框架剪力墙结构；12号配套用房地上3层，框架剪力墙结构；其他住宅楼均地下1层、地上5层，框架剪力墙结构；地下车库为地下1层，框架结构。工程造价8262.99万元。2012年6月9日开工，2019年2月25日竣工。北京中源凯佳房地产开发有限公司建设，北京奥思得建筑设计有限公司设计，北京市建雄建筑集团有限公司施工，北京安华建设监理有限责任公司监理。

（熊于男）

【长辛店项目住宅楼及配套项目竣工】 工程位于丰台区长辛店镇张郭庄村，总建筑面积32.68万平方米，分为B46、B47、B49、B50、B52地块5个标段。其中B46地块均为商品住房，包括1—6号住宅楼，1号楼地下1层、地上19层；2—6号楼均地下3层，地上分别为19、14、12、17、19层。2016年8月19日开工，2019年7月19日竣工。B47地块为商品住房和两限房，1—6号楼为商品住房，7号、8号楼为限价商品住房；均地下3层，其中1—3号楼地上15层，4—8号楼地上分别为13、12、14、22、18层。2015年12月1日开工，2019年7月18日竣工。B49地块为两限房和商品住房，其中1—4号为限价商品住房，5号、6号为商品住房；1号、3号、4—6号楼均地下3层，地上分别为22、22、19、14、13层，2号楼地上3层。2015年12月1日开工，2019年3月21日竣工。框架、剪力墙结构，工程总投资660472万元。北京金隅房地置业有限公司建设，清华大学建筑设计院、北京建都设计研究院有限责任公司设计，中天建设集团有限公司、红旗渠建设集团有限公司、北京市建筑装饰设计工程有限公司施工，北京新森智业工程咨询有限公司、北京建拓工程管理有限公司监理。

（周　阳）

【世园村A地块项目（住宅楼）工程竣工】 工程位于延庆区，建筑面积3.58万平方米，包括A1—A3号楼，均为地下2层、地上9层，框架剪力墙结构。工程总造价75000万元。2017年9月20日开工，2019年4月4日竣工。北京世园投资发展有限责任公司建设，北京市建筑设计研究院有限公司设计，北京城建集团有限责任公司施工，北京华城建设监理有限责任公司监理。

（楼焕琳）

【农业高科技示范园二期F-1号住宅楼等29项工程竣工】 工程位于昌平区小汤山镇马坊村，东至立汤路，西至温榆河，南至G组团北侧已建围挡处，北至CD组团已建围挡处，包括F-1—20，E-37、39—43、45—46号住宅楼，E-44号配电室，建筑面积29256.7平方米。除E-44号配电室地上1层外，其他工程均地下1层、地上2层，剪力墙结构，工程总投资10552.43万元。2013年9月26日开工，2019年4月8日竣工。北京天成天房地产开发有限公司建设，北京市勘察设计研究院有限公司勘察，九源（北京）国际建筑顾问有限公司设计，安徽三建工程有限公司施工，北京兴电国际工程管理有限公司监理。

（郅童童）

【首城东郡家园2项竣工】 工程位于朝阳区东坝乡1105-657号地，包括3号、4号住宅楼，建筑面积0.58万平方米，均为地下1层、地上6层，檐高60米，剪力墙结构，工程总投资2971万元。2016年1月25日开工，2019年4月11日竣工。北京首城置业有限公司建设，北京维拓时代建筑设计股份有限公司设计，北京城建亚泰建设集团有限公司施工，北京中外建工程管理有限公司监理。

（林　湖　高雅琪）

【台湖镇2号住宅楼等8项工程竣工】 工程位于通州区台湖镇，为通州区台湖镇4-1-008、4-1-009地块F2公建混合住宅用地项目，包括2—7号住宅楼、1号商业办公楼及商业裙房、CK-02号地下车库，总建筑面积7.01万平方米。其中，2、3、6、7号楼地下2层、地上4层，4、5号楼地下1层、地上9层，1号商业办公楼及商业裙房底商地下1层、地上14层，CK-02号车库地下1层。剪力墙结构，工程造价11064.08万元。2016年11月15日开工，2019年4月19日竣工。北京首开万科置业有限公司建设，北京市通州区建筑勘察设计所勘察，北京市住宅建筑设计研究院有限公司设计，中天建设集团有限公司施工，北京赛瑞斯国际工程咨询有限公司监理。

（李云胜）

【北辰·红橡墅F-1号住宅楼等29项工程竣工】 工程位于昌平区小汤山镇立汤路7号院，属于北京小汤山农业高科技示范园住宅小区二期工程，建筑面积29256.7平方米，共计29栋单体。住宅楼均为地下1层、地上2层，钢筋混凝土剪力墙结构。其中，F-1、F-2号住宅楼檐高7.1米；F-3—F-20、E-37、E-39—E-43、E-45、E-46号住宅楼檐高7.3米；E-44号配电室地上1层，钢筋混凝土剪力墙结构，檐高4.5米。工程总投资10552.43万元，2013年9月26日开工，2019年4月22日竣工备案。北京天成天房地产开发有限公司建设，九源（北京）国际建筑顾问有限公司设计，安徽三建工程有限公司施工，北京兴电国际工程管理有限公司监理。

（连　森）

【柏阳景园1项工程竣工】 工程位于朝阳区王四营道口，为8号住宅楼，建筑面积3.11万平方米，地下2层、地上21层，檐高60米，剪力墙结构，工程总投资11068.71万元。2016年9月30日开工，2019年4月24日竣工。北京柏基置业有限公司、北京市朝阳王四营农工商总公司建设，北京凯帝克建筑设计有限公司设计，江苏圣通建设集团有限公司施工，北京北辰工程建设监理有限公司监理。

（林　湖　高雅琪）

【前门东区三里河周边B1地块棚户区改造项目（1—14号楼等4项）竣工】 工程位于东城区前门东区，总建筑面积35372.4平方米。1—14号楼建筑面积16974.52平方米，地上2层、檐高7.6米，地下1层、高度－3.3米；15号楼建筑面积1520.58平方米，地上2层、檐高8.87米，地下1层、高度－3.9米；16号楼建筑面积2819.05平方米，地上2层、檐高8.4米，地下1层、高度－3.3米—－4.2米；汽车库、库房、设备用房建筑面积14058.25平方米，地下1层、高度－8.1米—－9.55米。框架剪力墙结构，造价29165.52万元。2017年6月12日开工，2019年4月29日竣工。北京大前门投资经营有限公司建设，北京市建筑设计研究院有限公司设计，北京城建集团有限责任公司施工，北京五环国际工程管理有限公司监理。建成后1—14号楼为普通商品住宅，15号、16号楼为商业用房，汽车库、库房、设备用房位于地下2层。

（赵琳艳）

【观唐云鼎24栋住宅楼工程竣工】 工程位于密云区溪翁庄镇，分别为8、9、32、33、128—133、135—139、150—153、155—159号住宅楼，总建筑面积10077平方米，均地下1层、地上2层，框架剪力墙结构，工程总造价7960万元。2010年10月9日开工，2019年4月29日竣工。北京世纪光华房地产开发有限公司建设，北京市地质工程勘察院勘察，北京中天元工程设计有限责任公司设计，北京高士达建筑工程有限责任公司施工，北京华夏工程项目管理有限责任公司监理。

（鹿　冰）

【东海花园一期L6户型390号住宅工程竣工】 工程位于宋庄镇葛渠村，工程包括47栋住宅楼，均为多层别墅，总建筑面积49656平方米，工程造价17132.42万元，框架剪力墙结构。2015年3月27日开工，2019年5月8日竣工。北京海港房地产开发有限公司建设，中国建筑技术集团有限公司勘察，悉地（北京）国际建筑设计顾问有限公司设计，江苏省国立建设发展有限公司施工，北京市顺金盛建设工程监理有限责任公司监理。

（李云胜）

【古北水镇15—23号住宅楼工程竣工】 工程位于密云区古北口镇司马台村，为密云区古北水镇国际休闲度假旅游区二期GS-22、GS-23、GS-25、GS-26地块住宅小区（GS-26地块）15—23号住宅楼工程（密云区古北水镇国际休闲度假旅游区二期）。包括15—23号住宅楼，总建筑面积24157平方米，地下1层、地上4层，剪力墙结构，工程总造价5649万元。2016年10月21日开工，2019年5月27日竣工。北京古北水镇房地产开发有限公司建设，北京市勘察设计研究院有限公司勘察，上海联创建筑设计有限公司设计，北京城建北方建设有限责任公司施工，北京仁泽建设监理有限公司监理。

（鹿　冰）

【润景名苑5项工程竣工】 工程位于朝阳区来广营乡清河营村，包括B1—4号住宅楼，D1汽车库，建筑面积3.14万平方米。其中，B1—4号住宅楼地下2层、地上5层，檐高16.4米；D1汽车库地下1层。框架剪力墙结构，工程总投资9471.32万元。2011年1月27日开工，2019年5月29日竣工。北京春光置地房地产开发有限公司建设，北京墨臣工程咨询有限公司设计，北京城建二建设工程有限公司施工，建通工程建设监理有限公司监理。

（林　湖　高雅琪）

【北七家镇HQL-02地块17-3号住宅楼等5项工程竣工】 工程位于昌平区北七家镇海鹊落，东至海鹊落新村3号路，西至望都东路，南至海鹊落新村1号路，北至名佳花园北路，包括17-1—3号楼、17-G1—2号楼，总建筑面积43975.77平方米。其中，17-1—3号楼均地下3层、地上20层，17-G1—2号楼均地上1层。框架剪力墙结构，工程总投资7108.04万元。2016年12月21日开工，2019年5月29日竣工。北京昌业房地产开发有限公司建设，建设综合勘察研究设计院有限公司勘察，中国建筑设计研究院有限公司设计，中兴建设有限公司施工，北京共筑天成工程建设监理有限公司监理。

（郅童童）

【东王化营村A-1号至A-8号住宅楼、甲7号配套楼工程竣工】 工程位于延庆区沈家营镇东王化营村，建筑面积48619.98平方米。A-1—A-8号住宅楼均为地下1层、地上9层，甲7号配套楼地下1层、地上1层。均为框架剪力墙结构，工程造价6913.43万元。2017年7月19日开工，2019年5月30日竣工。北京城建万科天运置业有限公司建设，北京市住宅建筑设计研究院有限公司设计，北京城建亚泰建设集团有限公司施工，北京方恒基业工程咨询有限公司监理。

（熊于男）

【西局村旧村改造项目二期3号商品房住宅楼等9项工程竣工】 工程位于丰台区西局村，为丰台区城乡一体化卢沟桥乡西局村旧村改造项目二期XJ-03-1、XJ-08地块二类居住、商业金融用地项目，包括1、2号限价商品住房住宅楼，3—8号商品房住宅楼，9号公共设施楼和地下车库，总建筑面积12.38万平方米。其中，1号楼地下3层、地上29层，地下－9.75米、地上79.25米；2号楼地下3层、地上23层，地下－9.75米、地上63.05米；3号楼地下3层、地上20层，地下－9.75米、地上67.05米；4—8号楼地下3层、地上18层，地下－9.75米、地上60.45米；9号楼地上1层，地上6.9米。住宅楼及公共设施楼为剪力墙结构，地下室为框架结构。工程总造价为69308.47万元。2015年6月开工，2019年5月竣工备案。北京中维房地产开发公司建设，北京京澳凯芬斯设计有限公司设计，中城建设集团有限公司施工，北京首建工程咨询集团有限公司监理。

（杨宝文）

【半壁店住宅小区153号住宅等41项工程竣工】 工程位于昌平区兴寿镇半壁店村，东至半壁店村村委会东侧现状路，西至半壁店村村界，南至京密引水渠绿化带，北至京通铁路绿化带，包括153—186、289—295号住宅楼，建筑面积48671.68平方米。均地下1层、地上2层，剪力墙结构，工程总投资16509.94万元。2017年4月30日开工，2019年6月18日竣工。北京升和房地产开发有限公司建设，北京市建平工程勘察有限责任公司勘察，北京市住宅建筑设计研究院有限公司设计，中建六局土木工程有限公司施工，北京中建协工程咨询有限公司监理。

（郅童童）

【兴创荣墅项目一期竣工】 工程位于大兴区采育镇。项目一期中建三局标段包括36—54号住宅楼、地下车库、配套服务用房C、配套服务用房D，总建筑面积约8.4万平方米。项目一期中建八局标段包括6—8、10—16、24、27号住宅楼，43、44号居住公共服务设施用房及配电室，1号地下车库，总建筑面积约6.5万平方米。住宅均为地上4层、地下2层。框架剪力墙结构，2016年6月开工，2019年6月竣工，工程总投资5.2亿元。北京兴创中和房地产开发有限公司建设，北京市建筑设计研究院有限公司设计，中建三局集团有限公司、中国建筑第八工程局有限公司施工，北京建工京精大房工程建设监理公司、北京正远监理咨询有限公司监理。

（郑　革）

【肖村（熙悦安郡）商品房标段11项工程竣工】 工程位于朝阳区小红门乡，建筑面积98972平方米，包括1—4号商品房、10—11号地下配电室、1号地下车库、1—3号出入口、8号配套服务设施。其中，1—4号商品房地下3层，地上均为26层，剪力墙结构。工程总投资71924万元。2016年11月开工，2019年7月竣工。北京首开住总安泰置业有限公司开发建设，北京城市开发设计研究院有限公司设计，北京城建北方集团有限公司施工，北京金海城工程监理有限公司监理。

（周霏霏）

【密云新城0102街区6023地块3号住宅楼等8项工程竣工】 工程位于密云镇密云新城0102街区，属于密云新城0102街区MY00-0102-6021、6022、6023、6024地块R2二类居住、A33基础教育用地配建“回迁安置房”项目。包括3—5号住宅楼，S2号配套公建，6号配电室，4、5号出入口，地下车库，建筑面积71658平方米。其中，3—5号住宅楼地下3层、地上15层；S2配套共建地下1层，6号配电室地下1层、地上1层，4、5号出入口地上1层，车库地下3层；剪力墙结构。工程总造价19337万元，2017年4月10日开工，2019年7月5日竣工。北京宝驰通置业有限公司建设，北京地矿工程建设有限责任公司勘察，北京中机一院工程设计有限公司设计，北京城建六建设集团有限公司施工，北京日日豪工程建设监理有限责任公司监理。

（鹿　冰）

【延庆镇东关村6、7、12、15号（商品房）及20号（商业用房）工程竣工】 工程位于延庆区延庆镇东关村，建筑面积42847.75平方米。其中，6、7、12、15号（商品房）均地下3层、地上9层，20号（商业用房）地上4层，甲7号配套楼地下1层、地上1层；均为框架剪力墙结构，工程造价7208.41万元。2016年9月1日开工，2019年7月26日竣工（6号商品房2019年8月15日竣工）。北京天润诚泽房地产开发有限公司建设，武汉东艺建筑设计有限公司设计，北京环宇建筑有限公司施工，北京安华建设监理有限公司监理。

（熊于男）

【台湖镇1号商品房等7项工程竣工】 工程位于通州区台湖镇，属于通州区台湖镇B-07地块R2二类居住用地（配建“限价商品住房”）项目，总建筑面积6.44万平方米。工程包括1、2、6、7、12、13号住宅楼，地下车库B段。1号楼地下3层、地上8层，2号楼地下3层、地上9层，6、7、12、13号楼地下3层、地上4层，车库地下2层。剪力墙结构，工程造价16984.46万元。2017年1月17日开工，2019年8月12日竣工。北京鑫博泰来房地产开发有限公司建设，北京市勘察设计研究院有限公司勘察，北京三磊建筑设计有限公司设计，名筑建工集团有限公司施工，北京方恒基业工程咨询有限公司监理。

（李云胜）

【台湖镇8、9号商品房工程竣工】 工程位于通州区台湖镇，属于通州区台湖镇B-07地块R2二类居住用地（配建“限价商品住房”）项目，建筑面积0.86万平方米，包括8、9号住宅楼。地下3层、地上4层，工程造价2251.78万元，剪力墙结构。2017年1月17日开工，2019年8月12日竣工。北京鑫博泰来房地产开发有限公司建设，北京市勘察设计研究院有限公司勘察，北京三磊建筑设计有限公司设计，名筑建工集团有限公司施工，北京方恒基业工程咨询有限公司监理。

（李云胜）

【金玉府 26 项工程竣工】 工程位于海淀区田村山南路，总建筑面积 35.86 万平方米，包括 24 栋住宅楼、1 座学校和 1 个幼儿园。1—12 号住宅楼为公共租赁住房，建筑面积 12.98 万平方米，其中 1—4 号宅楼地下 1 层、地上 14 层，6、7、9、10、11 号住宅楼地下 1 层、地上 15 层，5、8 号住宅楼地下 2 层、地上 15 层，12 号住宅楼地下 1 层、地上 16 层；为被动式超低能耗建筑。13—24 号住宅楼为商品住房，建筑面积 11.19 万平方米，其中 13 号楼地上 13 层，15、16、20、21、23、24 号楼地上 14 层，14、17、18、19 号楼地上 15 层；均为地下 3 层。学校地下 2 层、地上 4 层，幼儿园地上 3 层。框架剪力墙结构。工程总投资 184052 万元。2015 年 11 月 17 日开工，2019 年 9 月 4 日竣工。北京金隅嘉业房地产开发有限公司建设，北京城建设计发展集团有限公司、北京建都设计研究院有限责任公司设计，中天建设集团有限公司、北京市顺兴达建筑工程有限责任公司、北京汇达通建设集团有限公司施工，北京建拓工程管理有限公司、北京赛瑞斯国际工程咨询有限公司监理。

（周　阳）

【北七家镇 49-1 号住宅楼等 9 项工程竣工】 工程位于昌平区北七家镇（未来科技城南区），东至规划绿地和未来城南区加密九号路，西至昌平未来城南区四路，南至昌平未来城南区三路，北至昌平未来城南区二路、加密十一号路，包括 49-1、49-2、62-1—4 号住宅楼，62-1、62-2 号车库出入口，62-D1 号地下车库，总建筑面积 82221 平方米。其中，49-1 号、49-2 号、62-1 号住宅楼均为地下 3 层、地上 21 层，62-2 号住宅楼地下 3 层、地上 17 层，62-3 号住宅楼地下 3 层、地上 8 层，62-4 号住宅楼地下 3 层、地上 11 层，62-1 号、62-2 号车库出入口均为地上 1 层，62-D1 号地下车库地下 2 层。框架剪力墙结构，工程总投资 22448.85 万元。2016 年 11 月 4 日开工，2019 年 9 月 6 日竣工。北京未来科技城昌金置业有限公司建设，中兵勘察设计研究院有限公司勘察，中国建筑设计研究院有限公司设计，中国新兴建筑工程有限责任公司施工，北京银建建设工程管理有限公司监理。

（郅童童）

【融尚未来（A49）项目竣工】 工程位于昌平区未来科学城一期，东至规划绿地和未来科学城加密九号路，南至未来城南区三路，西至未来城南区四路，北至未来城南区三路，建筑面积约 12.31 万平方米。包括 49-1、49-2、62-1—4 号住宅楼，49-G1、62-G1 号商业及办公，49-D1、62-D1 号地下车库，62-1、62-2 号车库出入口。其中 49-1、49-2、62-1 号住宅楼地下 3 层、地上 21 层，62-2 号住宅楼地下 3 层、地上 17 层，62-3 号住宅楼、9-G1 号商业及办公地下 3 层、地上 8 层，62-4 号住宅楼、62-G1 号商业及办公地下 3 层、地上 11 层，49-D1、

62-D1号地下车库均地下2层，62-1、62-2号车库出入口均地上1层。工程总投资183648万元。剪力墙、框架、框架剪力墙结构。2017年1月25日开工，2019年9月16日竣工。北京未来科技城昌金置业有限公司建设，中国建筑设计研究院有限公司设计，中国新兴建筑工程总公司施工，北京银建建设工程管理有限公司监理。

（郅童童）

【观唐云鼎26栋住宅楼及1地下车库工程竣工】 工程位于密云区溪翁庄镇，分别为60—63、65—73、75—83、85—88号楼、89号地下车库，建筑面积64416平方米。地下1层、地上4层。剪力墙结构，工程总造价44065万元。2017年7月11日开工，2019年9月20日竣工。北京世纪光华房地产开发有限公司建设，北京市一零一地质大队勘察，北京中天元工程设计有限责任公司设计，北京高士达建筑工程有限责任公司施工，北京华夏工程项目管理有限责任公司监理。

（鹿　冰）

【回龙观F05北区配套（国风美唐/朗观）工程竣工】 工程位于昌平区回龙观镇，建筑面积4422平方米，包括F0532公建，1号、3号配电室，开闭站，锅炉房。其中，F0532公建地下1层、地上2层，框架剪力墙结构；1号、3号配电室地上1层，开闭站地上1层，锅炉房地上1层，均为剪力墙结构。工程总投资816万元。2012年7月开工，2019年9月竣工。北京城市开发集团有限责任公司建设，北京建院约翰马丁国际建筑设计有限公司设计，北京鑫基建筑工程有限责任公司施工，北京方正建设工程管理有限公司监理。

（许　晶）

【古北水镇50—54号住宅楼工程竣工】 工程位于密云区古北口镇司马台村，属于密云区古北水镇国际休闲度假旅游区二期GS-22、GS-23、GS-25、GS-26地块住宅小区（GS-22地块）50—54号住宅楼工程（密云区古北水镇国际休闲度假旅游区二期），分别为50—54号住宅楼，总建筑面积3853平方米。地上2层，剪力墙结构，工程总造价1024万元。2017年3月24日开工，2019年10月16日竣工。北京古北水镇房地产开发有限公司建设，北京市勘察设计研究院有限公司勘察，上海联创建筑设计有限公司设计，北京城建北方建设有限责任公司施工，北京仁泽建设监理有限公司监理。

（鹿　冰）

【古北水镇55—63号住宅楼工程竣工】 工程位于密云区古北口镇司马台村，属于密云区古北水镇国际休闲度假旅游区二期GS-22、GS-23、GS-25、GS-26地块住宅小区（GS-25地块）55—63号住宅楼工程（密云区古北水镇国际休闲度假旅游区二期），分别为55—63号住宅楼，建筑面积6956平方米。地上2层，剪力墙结构，工程总造价1843万元。2017年3月24日开工，2019年10月16日竣工。北京古北水镇房地产开发有限公司建设，北京市勘察设计研究院有限公司勘察，上海联创建筑设计有限公司设计，北京城建北方建设有限责任公司施工，北京仁泽建设监理有限公司监理。

（鹿　冰）

【回龙观镇居住及公共设施项目 D-18 号住宅楼竣工】 工程位于昌平区回龙观镇朱辛庄，东至新增规划路，西至朱辛庄西二路，南至规划七路，北至朱辛庄中路，建筑面积 8315.52 平方米。地下 3 层、地上 13 层。钢混剪力墙结构，工程总投资 1123.8 万元。2017 年 4 月 1 日开工，2019 年 10 月 25 日竣工。北京科技园建设（集团）股份有限公司建设，北京市勘察设计研究院有限公司勘察，北京新纪元建筑工程设计有限公司设计，中建八局第一建设有限公司施工，中咨工程建设监理有限公司监理。

（郅童童）

【和悦园 19 号住宅楼竣工】 工程位于朝阳区东坝乡，建筑面积 0.15 万平方米，地下 1 层、地上 3 层，檐高 10.5 米，剪力墙结构，工程总投资 419.31 万元。2016 年 7 月 10 日开工，2019 年 11 月 15 日竣工。北京知泰房地产开发有限责任公司建设，北京市住宅建筑设计研究院有限公司设计，中建三局集团有限公司、富利建设集团有限公司施工，北京双圆工程咨询监理有限公司监理。

（林　湖　高雅琪）

【北七家镇 GZT 地块 5 号住宅楼等 11 项工程竣工】 工程位于昌平区北七家镇沟自头村，东至 GZT-05-2 地块，西至北七家村中路，南至八仙别墅南侧及柏林在线小区，北至晨浩花园，包括 1—10 号住宅楼，CKII 地下车库二期，总建筑面积 130076.06 平方米。其中，1—2 号住宅楼均为地下 3 层、地上 16 层，3—4、6 号住宅楼均为地下 2 层、地上 6 层，5、7—10 号住宅楼均为地下 2 层、地上 4 层，CKII 地下车库二期地下 2 层。剪力墙结构，工程总投资 22624.06 万元。2016 年 1 月 28 日开工，2019 年 11 月 22 日竣工。北京文华盛达房地产开发有限公司建设，北京地矿工程建设有限责任公司勘察，北京维拓时代建筑设计股份有限公司设计，中国建筑第五工程局有限公司施工，北京鸿厦基建工程监理有限公司监理。

（郅童童）

【孙河乡西甸村 HIJ 地块 2 项工程竣工】 工程位于朝阳区孙河乡西甸，包括 1 号、2 号住宅楼，建筑面积 0.39 万平方米，地下 1 层、地上 4 层，檐高 15.95 米，剪力墙结构，工程总投资 1386.95 万元。2014 年 12 月 23 日开工，2019 年 11 月 25 日竣工。北京正德兴合房地产开发有限公司建设，华通设计顾问工程有限公司设计，中国建筑第八工程局有限公司施工，建研凯勃建设工程咨询有限公司监理。

（李笑颜　高雅琪）

【北七家镇 4 号住宅楼等 13 项工程竣工】 工程位于昌平区北七家镇未来科技城南区，东至未来科技城路，西至步行道路九厂路，南至未来科技城南区二路，北至未来科技城南区一路，包括 4、6、8 号住宅楼，1、2、5、7 号办公楼，022、

039、040地块地下室，3号楼人才公共租赁住房，总建筑面积138377平方米。其中，4、6、8号住宅楼均地上11层，1、2、5、7号办公楼均为地上10层，3号楼人才公共租赁住房地上16层，039地块地下室地下5层，022、040地块地下室均为地下4层。框架剪力墙结构，工程总投资48179.18万元。2016年6月24日开工，2019年12月2日竣工。北京东方蓝海置业有限责任公司建设，北京市勘察设计研究院有限公司勘察，北京炎黄联合国际工程设计有限公司设计，中铁二十一局集团第六工程有限公司施工，北京共筑天成工程建设监理有限公司监理。

（郅童童）

【小汤山镇A-02号住宅楼等3项工程竣工】 工程位于昌平区小汤山镇（未来科技城北区），东至鲁疃西路，西至未来科技城核心区五号路，南至昌平神华规划五路，北至昌平未来科技城北区一号路，包括A-05号地下车库，A-01—03、B-01、B-03号住宅楼，B-05号开闭站，总建筑面积11496.05平方米。其中，B-05号开闭站地下1层、地上2层，A-01、A-02、B-01号住宅楼均为地下2层、地上10层，A-03、B-03号住宅楼地下2层、地上11层，A-05号车库地下2层、地上1层。剪力墙、框架剪力墙、板柱-抗震墙结构，工程总投资33787.41万元。2017年8月19日开工，2019年12月20日竣工。北京未来科技城润昌置业有限公司建设，北京地矿工程建设有限责任公司勘察，北京弘石嘉业建筑设计有限公司设计，中国建筑第五工程局有限公司施工，北京诺士诚国际工程项目管理有限公司监理。

（郅童童）

【蓬莱温泉科艺苑住宅A-13号住宅楼等99项工程竣工】 工程位于昌平区小汤山镇，东至北七家四号路，西至北亚花园东路，南至北七家二号路，北至北七家六号路，包括A-13—44、B-17—36、C-9—27、D-1—6号住宅楼，L—N、P—Z、AA—AC、AJ—AM、D区地下车库，总建筑面积207168.86平方米。其中，A-13—44号住宅楼均为地下1层、地上3层，B-17—36、C-9—27号住宅楼均为地下1层、地上4层，D-1—6号住宅楼均为地下1层、地上6层，L—N、P—V、X—Z、AB—AC、AJ—AM、D区车库均为地下1层，W、AA区车库均为地下2层。框架剪力墙结构、剪力墙结构，工程总投资78993.78万元。2018年2月7日开工，2019年12月24日竣工。北京大成昌润置业有限公司建设，中材地质工程勘查研究院有限公司勘察，方略建筑设计有限责任公司设计，北京城建北方集团有限公司施工，北京中集协工程管理有限公司监理。

（郅童童）

【6015-1号住宅楼等7项（平谷区平谷镇、王辛庄镇PG00-0002-6011、6013、6014、6015、6018等地块）竣工】 工程位于平谷区平谷新城02街区西北部，总建筑面积36312.07平方米，共7个单体。其中，6015-1、6015-2号住宅楼地

下2层、地上16层，6015-3、6015-5号住宅楼地下2层、地上18层，6015-7号住宅楼地下2层、地上13层，6015-1号配电室地下1层、地上1层，6015-1号车库（一段）地下1层、地上1层。框架剪力墙结构，工程总投资10380.57万元，2016年12月26日开工，2019年12月2日竣工。北京京投兴平置业有限公司建设，北京新纪元建筑工程设计有限公司设计，中国新兴建筑工程总公司施工，北京百信今典工程监理有限公司监理。

（艾　竞）

【新燕都家园C区5项工程竣工】 工程位于朝阳区霄云路，包括C区3—5号住宅楼，建筑面积5.34万平方米。其中，3—5号住宅楼地下2层、地上31层，檐高99.95米。框架剪力墙结构，工程总投资25229.74万元。2010年3月11日开工，2019年12月12日竣工。北京新京润房地产有限公司建设，天津美新建筑设计有限公司设计，中国建筑第四工程局有限公司施工，广东珠江建设工程监理有限公司监理。

（林　湖　高雅琪）

【平谷新城02街区6015-4号住宅楼等6项、6015-11号商业办公楼等2项竣工】 工程位于平谷区平谷新城02街区西北部，平谷区平谷镇、王辛庄镇PG00-0002-6011、6013、6014、6015、6018等地块。总建筑面积51766.59平方米，共8个单体。其中，6015-4、5、8、9号住宅楼地下2层、地上7层，6015-10号住宅楼地下2层、地上12层，6015-11、12号商业办公楼地下2层、地上14层；6015-1号车库（二段）地下1层、地上1层。框架剪力墙结构，工程总投资14513.88万元，2017年9月6日开工，2019年12月2日竣工。北京京投兴平置业有限公司建设，北京新纪元建筑工程设计有限公司设计，中国新兴建筑工程总公司施工，北京百信今典工程监理有限公司监理。

（艾　竞）

【四路通住宅小区1号住宅楼等17项工程（17号住宅楼）竣工】 工程位于朝阳区弘燕路，建筑面积1.66万平方米，本期竣工1项，为17号住宅楼。地下2层、地上19层，剪力墙结构，工程总造价5051.07万元。2008年11月4日开工，2019年12月25日竣工。山水文园凯亚房地产开发有限公司建设，北京世纪安泰建筑工程设计有限公司设计，北京城建五建设集团有限公司施工，广州广保建设监理有限公司监理。

（楼焕琳）

【顺义金成雅苑保障性住房、上城庄园商品住房及配套医院工程竣工】 工程位于顺义区后沙峪镇，含自住型商品住房、共有产权住房、商品住房及配套医院工程。其中1—3号楼及7号楼为共有产权住房，4—6号楼、8—10号楼为自住型商品住房，11—35号楼为商品住房，总建筑面积20.94万平方米。1—3号楼均地下3层，1号楼地上12层，2号、3号楼地上15层；2016年11月2日开工，2019年9月27日竣工。4—10号楼均地下2层，4号楼地上13层，5、8—

10号楼地上12层，6、7号楼地上15层；2016年11月2日开工，2019年5月27日竣工。11—35号商品住房均地下2层、地上3层，2017年6月5日开工，2019年12月25日竣工。医院1栋，地上3层，2017年8月31日开工，2019年9月27日竣工。工程总投资239658万元。北京金隅地产开发集团公司建设，华通设计顾问工程有限责任公司设计，北京市顺建工程有限公司施工（1—3号楼）、北京城建北方集团有限公司施工（其他部分），北京铁城建设监理有限责任公司监理。

（赵　昕）

【东小口镇住宅混合公建用地B-11号住宅楼竣工】 工程位于昌平区东小口镇，东至平西府车辆段东征地界，西至站前东街道路中线，南至回南北路道路中线，北至车辆段厂区（办公配套）南边界，建筑面积81092.9平方米，地下3层、地上27层，钢混剪力墙结构，工程总投资21480.42万元。2015年11月27日开工，2019年12月26日竣工。北京京投银泰尚德置业有限公司建设，中航勘察设计研究院有限公司勘察，北京市建筑设计研究院有限公司设计，中航天建设工程集团有限公司施工，北京方达工程管理有限公司监理。

（郅童童）

【上城郡二期工程竣工】 工程位于昌平区小汤山镇，为昌平区蓬莱温泉科艺苑住宅项目（D-1号安置房住宅楼等7项），建筑面积84706.23平方米，包含住宅楼6栋，车库1项。住宅楼D-1—D-6号楼地下1层、地上6层，框架、剪力墙结构。车库地下1层，框架剪力墙结构。2018年11月19日开工，2019年12月27日竣工备案。工程总投资26287.8012万元。北京大成昌润置业有限公司建设，方略建筑设计有限责任公司设计，北京城建北方集团有限公司施工，北京中集协工程管理有限公司监理。

（侯西明）

【上城郡三期工程竣工】 工程位于昌平区小汤山镇，工程名称为A-13号住宅楼等92项（昌平区蓬莱温泉科艺苑住宅项目），建筑面积122462.63平方米，包含住宅楼71栋，车库21项，住宅楼A-13—A-44号楼地下1层、地上3层，B-17—B-36号楼地下1层、地上4层，C-9—C-27号楼地下1层、地上4层，框架、剪力墙结构。2017年2月7日开工，2019年12月27日竣工备案。工程总投资52705.98万元。北京大成昌润置业有限公司建设，方略建筑设计有限责任公司设计，北京城建北方集团有限公司施工，北京中集协工程管理有限公司监理。

（侯西明）

【朝阳区平房乡新村建设（三期）项目3项工程竣工】 工程位于朝阳区平房乡黄渠村，包括A-5号楼、A-6号楼及2号地下车库，建筑面积4.56万平方米。其中，A-5号楼地下2层、地上16层，A-6号楼地下2层、地上22层，2号车库地下1层。框架剪力墙结构，工程总投资14956万元。2015年9月15日开工，

2019年12月28日。北京市聚鑫城房地产开发有限责任公司建设，北京国科天创建筑设计院设计，北京建工四建工程建设有限公司施工，北京首建工程咨询监理有限公司监理。

（廖全霞　王　爽）

【房山区良乡镇1号住宅楼等12项工程竣工】 工程位于房山区良乡镇，属于房山区良乡镇水1号住宅楼等12项（房山区良乡镇01-13-02、01-13-03、01-15-01地块市场、住宅混合公建及二类居住用地项目）项目，建筑面积105115.86平方米。包括1号、2号住宅楼，3号配套物业商业楼，4号变配电室，5—11号住宅楼，地库A。其中，1、2、5—10号住宅楼地上15层，3号配套物业商业楼、4号变配电室地上1层，11号住宅楼地上6层，地库A地下3层、地上1层。框架剪力墙结构，工程总投资22462.51万元。2017年11月1日开工，2019年12月31日竣工。北京盛鹏置业有限公司建设，中兵勘察设计研究院勘察，北京维拓时代建筑设计股份有限公司设计，中建二局第一建筑工程有限公司施工，北京方恒基业工程咨询有限公司监理。

（张海燕）

【于家务（缇香郡）C12地块18项工程竣工】 工程位于通州区于家务乡乡中心C12地块，建筑面积89094平方米，包括1—12、14—16号住宅楼，13号配套托幼，17号配电室，地下车库。其中，1—10号楼地下1层、地上5层，11号楼地下1层、地上9层，12号、14—16号住宅楼地下1层、地上10层，13号配套托幼地上3层，17号配电室地下1层、地上1层，车库地下2层、地上1层。1—12、14—16号楼及地下车库为框架剪力墙结构，13、17号楼为框架结构。工程总投资25398.45万元。2014年9月取得开工手续，2019年12月取得竣工备案。北京首都开发股份有限公司建设，中国建筑设计咨询有限公司设计，北京住总第三开发建设有限公司施工，建研凯勃建设工程咨询有限公司监理。

（王一纯）

【通州台湖005、008、009地块（城市之光）工程竣工】 工程位于通州区台湖镇，建筑面积70140平方米，包括009地块的2—7号住宅，1号商业，地下车库。其中，009地块2—7号住宅楼地下2层、地上9层，剪力墙结构；1号商业楼地下1层、地上14层，框架剪力墙结构；地下车库地下1层、地上1层，框架剪力墙结构。工程总投资11064万元。2015年12月开工，2019年12月竣工。北京首开万科置业有限公司建设，北京市住宅建筑设计研究院有限公司设计，中天建设集团有限公司施工，北京赛瑞斯国际工程咨询有限公司监理。

（许　晶）

办公房屋

【朝阳区北土城中路北侧 OS-10B 地块办公商业楼工程竣工】 工程位于朝阳区奥体文化商务园区，属于朝阳区北土城中路北侧 OS-10B 地块 B4 综合性商业金融服务业用地项目，建筑面积 9.66 万平方米，地上 19 层，钢框架-钢筋混凝土核心筒结构，工程总造价 59452.85 万元。2017 年 5 月 26 日开工，2019 年 3 月 14 日竣工。北京城奥置业有限公司建设，北京市建筑设计研究院有限公司设计，北京城建亚泰建设集团有限公司施工，北京兴电国际工程管理有限公司监理。

（楼焕琳）

【世园会园区综合管理中心项目工程竣工】 工程位于延庆区，属于延庆区延庆新城 YQ00-0300-0004 等地块（世园会一期）建设项目，建筑面积 2.98 万平方米，地下 2 层、地上 6 层，筏板＋钢框架结构，工程总造价 14639 万元。2018 年 4 月 25 日开工，2019 年 3 月 31 日竣工。北京世园投资发展有限责任公司建设，北京建院约翰马丁国际建筑设计有限公司设计，北京城建集团有限责任公司施工，北京华城建设监理有限责任公司监理。

（楼焕琳）

【世园会综合数字中心工程竣工】 工程位于延庆区，属于延庆区延庆新城 YQ00-0300-0004 等地块（世园会一期）建设项目，建筑面积 1.39 万平方米，地下 2 层、地上 4 层，筏板＋钢框架结构，工程总造价 14639 万元。2018 年 4 月 25 日开工，2019 年 3 月 31 日竣工。北京世园投资发展有限责任公司建设，北京建院约翰马丁国际建筑设计有限公司设计，北京城建集团有限责任公司施工，北京华城建设监理有限责任公司监理。

（楼焕琳）

【平谷区卫生局综合业务楼工程竣工】 工程位于平谷区府前街 25 号，建筑面积 9415 平方米，地下 1 层、地上 9 层，框架剪力墙结构，工程总造价 4508.74 万元。2014 年 1 月 20 日开工，2019 年 5 月 17 日竣工。北京市平谷区卫生局建设，北京建兴宏图工程监理有限公司设计，北京城建远东建设投资集团有限公司施工，中外建工程设计与顾问有限公司监理。

（楼焕琳）

【延庆区卫生局后勤科研办公楼等 2 项工程竣工】 工程位于延庆区医院院内，本次备案内容为后勤科研办公楼，建筑面积 16893.9 平方米，地下 1 层、地上 5 层，框架结构，工程造价 4877.78 万元。2011 年 5 月 21 日开工，2019 年 6 月 3 日竣工。延庆区卫生局建设，中国建筑设计研究院有限公司设计，北京朝林建设集团有限公司施工，北京建院金厦工程管理有限公司监理。

（熊于男）

【实兴大街1605-639地块B23办公楼等7项工程竣工】 工程位于石景山区实兴北街，为（中关村科技园区石景山园北Ⅰ区）1605-639地块B23研发设计用地项目，规模100060平方米，包括1—5号办公楼、D号地下车库、自行车库出入口。1号办公楼地上5层，2号办公楼地上7层，3号办公楼地上3层，4号办公楼地上6层，5号办公楼地上6层，D号地下车库地下2层，自行车库出入口地上1层。框架剪力墙结构，工程总造价38608.68万元。2017年8月7日开工，2019年6月5日竣工。北京保汇置业发展有限公司建设，中国建筑设计院有限公司设计，北京市石景山区建筑公司施工，北京市双利工程建设监理有限责任公司监理。

（何为 王蕊）

【大兴区公安分局执法办案管理中心工程竣工】 工程位于大兴区，办公用房，总建筑面积9375平方米，地上3层，局部地下1层，框架结构，工程总造价4200.08万元。2017年6月16日开工，2019年6月10日竣工。北京市公安局大兴分局建设，北京建都设计研究院有限责任公司设计，北京城建七建设工程有限公司施工，北京方正建设工程管理有限公司监理。

（楼焕琳）

【1号商业楼等5项（顺义区仁和镇梅沟营村北侧地块住宅混合公建项目）工程竣工】 工程位于顺义新城第四街区，包括2、3、5号办公楼，1号商业楼，地下车库，建筑面积13.40万平方米。其中，5号办公楼地下3层、地上10层，框架结构；2、3号办公楼地下2层、地上10层，框架结构；1号商业楼地下3层、地上3层，框架结构；地下车库地下3层，框架结构。工程总造价46890.91万元。2018年3月29日开工，2019年6月18日竣工。北京仁和燕都房地产开发有限公司建设，中国建筑科学研究院设计，北京城建亚泰建设集团有限公司施工，北京市顺金盛建设工程监理有限责任公司监理。

（楼焕琳）

【北京市公安局通州分局行政办公区警务中心工程竣工】 工程位于通州区，建筑面积4.98万平方米，地下2层、地上14层，框架结构，工程总造价44997万元。2017年10月10日开工，2019年6月28日竣工。北京市公安局通州分局建设，北京市弘都城市规划建筑设计院设计，北京城建集团有限责任公司施工，泛华建设集团有限公司监理。

（楼焕琳）

【东土城路5号科研楼（A座科研楼）工程竣工】 工程位于朝阳区，建筑面积2.46万平方米，地上14层，框架结构，工程总造价27030万元。2018年8月20日开工，2019年7月10日竣工。北京城建集团有限责任公司建设，北京城建设计发展集团股份有限公司设计，北京城建集团有限责任公司施工，北京双圆工程咨询监理有限公司监理。

（楼焕琳）

【东土城路5号科研楼（1号出入口等6项）工程竣工】 工程位于朝阳区，建筑面积3.4万平方米，地下4层、地上12层，框架结构，工程总造价27030万元。2015年11月18日开工，2019年7月10日竣工。北京城建集团有限责任公司建设，北京城建设计发展集团股份有限公司设计，北京城建集团有限责任公司施工，北京双圆工程咨询监理有限公司监理。

（楼焕琳）

【北京现代汽车有限公司生产服务办公用房（综合楼）等2项工程竣工】 工程位于顺义区汽车生产基地（北京现代第二生产厂区）内，包括综合楼、污水处理站，建筑面积1.64万平方米。其中，综合楼地下1层、地上4层，钢框架结构；污水处理站地下1层、地上2层，钢框架结构。工程总造价11379万元。2017年4月11日开工，2019年7月15日竣工。北京现代汽车有限公司建设，北京市工业设计研究院有限公司设计，北京城建亚泰建设集团有限公司施工，北京市顺金盛建设工程监理有限责任公司监理。

（楼焕琳）

【1号楼（研发实验中试楼A座）等7项（医药科技中心项目）工程竣工】 工程位于昌平区中关村生命科学园东北部，建筑面积9.7042万平方米，为研发试验用房，建成后作为北京市第一个脑科学研究中心。其中，1号楼（研发实验中试楼A座）建筑面积15126.32平方米，地下1层、地上8层；4号楼（研发实验孵化楼）建筑面积18874.94平方米，地上9层；5号楼（研发实验中试楼B座）建筑面积15245.69平方米，地下1层、地上8层；6号楼（研发实验中试楼C座）建筑面积15190.55平方米，地下1层、地上8层；2号主要出入口总建筑面积58.9平方米；3号主要出入口总建筑面积45.87平方米；地下车库-B建筑面积32499.53平方米，地下2层。主体建筑为钢筋混凝土框架-抗震墙结构，工程总造价48660.07万元。2017年2月12日开工，2019年8月1日竣工。北京中关村生命科学园发展有限责任公司建设，清华大学建筑设计研究院有限公司设计，北京城建集团有限责任公司施工，北京兴电国际工程管理有限公司监理。2018年获“北京市建筑结构长城杯”金质奖和“北京市绿色安全样板工地”，2019年获“北京市建筑信息模型（BIM）应用示范工程”。

（楼焕琳）

【北京锦绣绿都园林绿化有限公司国企综合办公楼装修改造工程竣工】 工程位于平谷区旧城街10号，总建筑面积4825.66平方米，地上3层，工程总投资1258.65万元。2018年12月20日开工，2019年8月19日竣工。北京锦绣绿都园林绿化有限公司建设，北京世纪中天国际建筑设计有限公司设计，建峰建设集团股份有限公司施工，北京乾坤鑫峰建设工程监理有限公司监理。

（艾　竞）

【实兴大街 1605-649 地块 B23 办公楼 4 项工程竣工】 工程位于石景山区实兴北街，为（中关村科技园区石景山园北 I 区）1605-649 地块 B23 研发设计用地项目，规模 142179 平方米。包括 1—4 号办公楼，均为地下 3 层、地上 8 层，框架剪力墙结构，工程总造价 57220.30 万元。2017 年 7 月 14 日开工，2019 年 8 月 28 日竣工。北京保汇置业发展有限公司建设，华东建筑设计研究院有限公司设计，北京市石景山区建筑公司施工，北京五环国际工程管理有限公司监理。

（何　为　王　蕊）

【亚洲基础设施投资银行总部永久办公场所竣工】 项目位于朝阳区奥林匹克公园 B27-2 地块，北侧与奥林匹克森林公园衔接、南至科荟南路、东至天辰东路、西至天辰西路，为亚投行总部办公场所，占地面积 6.1 万平方米，总建筑面积约 39 万平方米。五组中庭建筑群围合出四个外部广场，寓意中国古代九宫格的城市格局。地上外围区域 12 层，中央区域 16 层，楼高约 80 米，建筑面积 25.69 万平方米，结构类型为钢及混凝土组合结构框架核心筒体系，结构耐久性年限为 100 年。地下办公部分 3 层，深约 −18 米，建筑面积 13.31 万平方米，框架-钢板墙核心筒结构。工程总投资 971752 万元。2016 年 11 月开工，2019 年 9 月竣工。北京城市副中心投资建设集团有限公司建设，清华大学建筑设计研究院有限公司设计，北京建工集团责任有限公司、北京城建集团有限责任公司、中国建筑第八工程局有限公司施工，北京华城建设监理有限责任公司监理。该项目已取得国家绿色建筑三星级认证设计标识证书和国际最高标准 LEED 铂金级认证，并获得“北京市建筑结构长城杯金奖”“北京市安全文明样板工地”“全国建筑业绿色施工示范工程”“中国建筑工程钢结构金奖”“中国安装工程优质奖”称号。

（张延明　刘　鹏　王丽伟）

【北京现代汽车生产服务办公用房（综合楼）等 2 项（综合楼项目）竣工】 工程位于顺义区顺义新城第 6 街区，由 2 个单体工程组成，总建筑面积 16381.98 平方米。其中，综合楼 14132.85 平方米，地下 1 层、建筑面积 878.66 平方米，地上 4 层、局部 5 层，建筑面积 13254.19 平方米。污水处理站 2249.13 平方米，地下 1 层，建筑面积 1562.65 平方米；地上 2 层，建筑面积 686.48 平方米。钢结构，工程总造价 11379 万元。2017 年 4 月 11 日开工，2019 年 10 月 9 日竣工。北京现代汽车有限公司建设，北京市工业设计研究院有限公司设计，北京城建亚泰建设集团有限公司施工，北京市顺金盛建设工程监理有限责任公司监理。

（陈　玮）

【中国航油集团国际控股有限公司新办公室装修改造工程竣工】 工程位于朝阳区安定路 5 号院 5 号楼，工程规模 0.25 万平方米，主要工作内容包括地面工程、吊顶工程、墙饰面工程的装饰装修工程和机电安装工程等。工程总造价 829.41

万元，单方造价 3317.64 元/平方米。2019 年 6 月 10 日开工，2019 年 9 月 25 日竣工。中国航油集团国标控股有限公司建设，杭州光明建筑设计院有限公司设计，北京城建九建建设工程有限公司施工，北京新森智业工程咨询有限公司监理。

（楼焕琳）

【永丰产业基地 HD-0402-0030 地块 11 号办公楼（变更）等 3 项和幼儿园等 2 项工程竣工】 工程位于海淀区西北旺镇，属于海淀区北部地区整体开发中关村永丰产业基地 HD-0402-0030 地块 F1 住宅混合公建用地（配建公共租赁住房）项目，建筑面积 6.79 万平方米。其中，11 号办公楼地下 3 层、地上 17 层，框架-核心筒结构；12 号、13 号办公楼地下 2 层、地上 13 层，框架-核心筒结构；幼儿园及值班室地上 3 层，框架结构。工程总造价 16286.63 万元。2017 年 3 月 10 日开工，2019 年 9 月 26 日竣工。北京旭嘉置业有限公司建设，北京市住宅建筑设计研究院有限公司设计，北京城建六建设集团有限公司施工，北京高屋工程咨询监理有限公司监理。

（楼焕琳）

【中国石化塑料技术中心 PTC1 号综合实验楼等 3 项工程竣工】 工程位于通州区台湖镇、北京光机电基地园区内，属于中国石化塑料技术中心实验室及配套工程，建筑面积 1.92 万平方米，其中 1 号楼建筑面积 0.60 万平方米，2 号楼建筑面积 0.32 万平方米，3 号楼建筑面积 1.00 万平方米。均为地上 4 层，框架结构。工程总造价 12749.25 万元。2015 年 11 月 15 日开工，2019 年 12 月 30 日竣工。中国石油化工股份有限公司北京化工研究院建设，中国中轻国际工程有限公司设计，北京城建九建设工程有限公司施工，北京和平诚信工程建设监理有限公司监理。

（楼焕琳）

【神州数码环保园项目竣工】 项目位于海淀区中关村环保科技园，包括办公楼及配套，建设规模约 5.3 万平方米。工程总投资 96821 万元，2018 年 1 月开工，2019 年 12 月竣工。北京神州数码置业发展有限公司建设，华诚博远工程技术集团有限公司设计，吉林省新土木建设工程有限责任公司施工，北京日日豪工程建设监理有限责任公司监理。

（张延明）

商业房屋

【绿隔产业项目 3 项工程竣工】 工程位于朝阳区大屯小营北路 51 号，包括绿隔产业项目（商业、办公）。绿隔产业项目（商业、办公）地下 3 层、地上 12 层，檐高 59.5 米。框架结构，工程总投资 20435.1 万元。2013 年 1 月 9 日开工，

2018年12月26日竣工。北京华汇房地产开发中心建设，中国建筑设计研究院有限公司设计，中城投集团第五工程局有限公司施工，北京时创工程项目管理有限责任公司监理。

（林　湖　高雅琪）

【优士阁二期工程竣工】 工程位于朝阳区双井路1号，建筑面积1.4万平方米，地下2层、地上7层，檐高32米，框架结构，工程总投资4495.81万元。2013年3月1日开工，2018年12月28日竣工。北京常业盛景房地产开发有限公司建设，中国建筑科学研究院有限公司设计，中国建筑第六工程局有限公司施工，北京兴电国际工程管理有限公司监理。

（林　湖　高雅琪）

【隆福13号商业原翻原建等两项工程竣工】 工程位于北至钱粮胡同、南至隆福大厦主楼、西至人民市场西巷、东至人民市场东巷，建筑面积2810平方米。其中，13号楼地下1层、地上2层，框架结构；14号楼地上5层，框架结构。工程总造价3052.44万元。2018年5月1日开工，2019年2月15日竣工。北京新隆福文化投资有限公司建设，中国建筑设计院有限公司设计，北京城建集团有限责任公司施工，中航工程监理（北京）有限公司监理。

（楼焕琳）

【北土城中路北侧OS-10B地块办公商业楼工程竣工】 工程位于朝阳区北土城中路北侧OS-10B地块，建筑面积7万平方米，地上19层，檐高95米。框架剪力墙结构，工程总投资59452.85万元。2017年5月26日开工，2019年3月21日竣工。北京城奥置业有限公司建设，北京市建筑设计研究院有限公司设计，北京城建亚泰建设集团有限公司施工，北京兴电国际工程管理有限公司监理。

（林　湖　高雅琪）

【延庆区延庆新城YQ00-0300-0004等地块（世园会一期）世园酒店及住宅项目（A1号住宅楼等7项）工程竣工】 工程位于延庆区延庆镇，包括A1号至A3号住宅楼，A4号配电室，1、2号车库，酒店及温泉区，建筑面积12.30万平方米，其中酒店及温泉区建筑面积7.9万平方米。A1号至A3号住宅楼地下2层、地上9层，A4号配电室地上1层，1、2号车库地上1层、地下1层，酒店及温泉区地下2层、地上7层。框架结构，工程造价98971.04万元。2018年8月8日发证，2019年4月4日联合验收办结。北京世园投资发展有限责任公司建设，北京市建筑设计研究院有限公司设计，北京城建集团有限责任公司施工，北京华城建设监理有限责任公司监理。

（熊于男　楼焕琳）

【CBD核心区Z13地块商业金融项目工程竣工】 工程位于朝阳区光华路国贸桥东北角，建筑面积4.25万平方米，地下5层、地上39层，檐高180米。框架剪力墙结构，工程总投资127387.07万元。2014年6月6日开工，2019年4月10日竣工。国寿远通置业有限公司建设，北京市建筑设计研究院有限公司设计，中建一局集团建设发展有限公司施工，北京双圆工程咨询监理有限公司监理。

（林　湖　高雅琪）

【接待服务中心 A1—A11 号、接待服务中心地下室工程竣工】 工程位于延庆区，其中 A1、A2 号楼建筑面积 0.89 万平方米，地下 1 层、地上 2 层，框架结构；A3、A8、A10 号楼建筑面积 0.18 万平方米，地下 1 层、地上 1 层，框架/木结构；A4—A7、A9、A11 号楼建筑面积 1.51 万平方米，地下 1 层、地上 1 层，框架结构。工程总造价 33616 万元。2018 年 5 月 31 日开工，2019 年 4 月 18 日竣工。北京世园投资发展有限责任公司建设，上海现代建筑装饰环境设计研究院有限公司设计，北京城建集团有限责任公司施工，中咨工程建设监理有限公司监理。

（楼焕琳）

【产业带商业用房工程竣工】 工程位于延庆区新城 YQ00-0300-0007 地块，建筑面积 10000 平方米，地下 1 层、地上 2 层，钢结构，工程造价 6949.94 万元。2018 年 8 月 6 日开工，2019 年 4 月 19 日竣工。北京世园投资发展有限责任公司建设，中国建筑设计院有限公司设计，北京城建集团有限责任公司施工，北京华城建设监理有限责任公司监理。

（熊于男）

【T8 商务综合楼等 7 项（A18 地块商务综合体项目）工程竣工】 工程位于北京经济技术开发区东区 A18C-1 地块，建筑面积 72829.80 平方米。4 号地下车库及附属用房地下 3 层，地下车库及出入口地上 1 层，2 号地下通道地下 3 层，T9 商务综合楼地上 12 层，T8 商务综合楼地上 14 层，Q5、Q6 商业裙房地上 2 层。框架剪力墙结构，工程总造价 33292.09 万元。2016 年 3 月 29 日开工，2019 年 6 月 4 日竣工。北京亦庄盛元投资开发有限公司建设，北京中建建筑设计院有限公司设计，北京城建远东建设投资集团有限公司施工，北京伟泽工程项目管理有限公司监理。

（楼焕琳）

【商业用地（餐饮服务）（新城服务楼翻、扩建项目）工程竣工】 工程位于延庆区高塔街 67 号，建筑面积 7180.36 平方米，地下 1 层、地上 4 层，框架结构。工程造价 3176.86 万元。2017 年 4 月 2 日开工，2019 年 6 月 18 日竣工。北京市延庆区新城服务楼建设，北京妫谷博维建筑设计有限公司设计，北京八达岭金宸建筑有限公司施工，北京星舟工程管理有限公司监理。

（熊于男）

【CBD 核心区 Z14 地块商业金融项目工程竣工】 工程位于朝阳区 CBD 核心区 Z14 地块，建筑面积 31.6 万平方米，地下 1 层、地上 45 层，檐高 238 米。框架剪力墙结构，工程总投资 95228.66 万元。2014 年 4 月 10 日开工，2019 年 6 月 18 日竣工。正大侨商房地产开发有限公司建设，中国建筑科学研究院有限公司设计，中建三局集团有限公司施工，北京希地环球建设工程顾问有限公司监理。

（林　湖　高雅琪）

【观唐云鼎8、9号商业楼工程竣工】 工程位于密云区溪翁庄镇，建筑面积4792平方米。8号楼地下1层、地上3层，9号楼地下1层、地上1层。框架结构，工程总造价13500万元。2018年4月16日开工，2019年7月1日竣工。北京世纪光华房地产开发有限公司建设，北京市一零一地质大队勘察，北京中天元工程设计有限责任公司设计，北京高士达建筑工程有限责任公司施工，北京华夏工程项目管理有限责任公司监理。

（鹿　冰）

【A区综合楼等3项（北京数字电视产业园配套服务中心建设项目）竣工】 工程位于北京经济技术开发区路东区E2F1地块，工程包括2栋综合楼及2栋商业楼，建筑面积100022.5平方米。A区、C区综合楼均为地下2层、地上14层，B区、D区商业楼均为地下2层、地上3层，框架剪力墙结构，工程造价48102.414万元。2016年8月3日开工，2019年6月12日竣工。北京亦庄数字显示产业管理有限公司建设，北京航天勘察设计研究院有限公司勘察，中国建筑设计院有限公司设计，北京博大经开建设有限公司、河北建设集团有限公司施工，北京方正建设工程管理有限公司监理。

（徐存柱）

【密云新城0102街区6023地块S1号配套商业楼工程竣工】 工程位于密云镇密云新城0102街区，属于密云新城0102街区MY00-0102-6021、6022、6023、6024地块R2二类居住、A33基础教育用地（配建“回迁安置房”）项目，总建筑面积71658平方米。地下1层、地上2层，剪力墙结构。工程总造价32655万元，2016年9月13日开工，2019年7月5日竣工。北京宝驰通置业有限公司建设，北京地矿工程建设有限责任公司勘察，北京中机一院工程设计有限公司设计，北京城建六众城建设工程有限公司施工，北京日日豪工程建设监理有限责任公司监理。

（鹿　冰）

【东小口镇陈营村CY-10-02地块酒店项目竣工】 工程位于昌平区东小口镇陈营村，东至陈家营西路5号院，西至祥安南街，南至清河北滨河路，北至陈家营西路3号院。酒店地下2层、地上4层，建筑面积14659平方米，框架结构，工程总投资6206.59万元。2018年4月8日开工，2019年7月12日竣工。招商局嘉铭（北京）房地产开发有限公司建设，北京城建勘测设计研究院有限责任公司勘察，北京中建恒基工程设计有限公司、惟邦环球建筑设计（北京）事务所（普通合伙）设计，正太集团有限公司施工，北京国金管理咨询有限公司监理。

（郅童童）

【3-7号配套公共服务设施、地库南段（豆各庄3、4号地通惠灌渠西侧地块东城区旧城保护定向安置房项目）竣工】 工程位于朝阳区豆各庄乡，建筑面积15216.18平方米。3-7号配套公共服务设施地上2层、地下1层，檐高10.2米；地下车库南段地下2层，高度−9.6

米。剪力墙结构，工程造价5844.51万元。2014年1月28日开工，2019年8月14日竣工。北京佳源投资经营有限责任公司建设，北京墨臣工程咨询有限公司设计，北京城乡建设集团有限责任公司施工，北京磐石建设监理有限责任公司监理。建成后，地上为配套公共服务设施，地下为机动车车库及设备用房。

（赵琳艳）

【3-1号、3-4号配套公共服务设施、地下车库北段（豆各庄3、4号地通惠灌渠西侧地块东城区旧城保护定向安置房项目）竣工】 工程位于朝阳区豆各庄乡。总建筑面积29254.79平方米，3-1号配套公共服务设施建筑面积8667.83平方米，地上4层、地下1层，檐高21.9米；3-4号配套公共服务设施建筑面积2654.9平方米，地上2层、地下1层，檐高10.2米；地下车库北段地下2层，高度－9.6米。剪力墙结构，工程造价10394.05万元。2014年1月28日开工，2019年8月14日竣工。北京佳源投资经营有限责任公司建设，北京墨臣工程咨询有限公司设计，北京住总第二开发建设有限公司施工，建研凯勃建设工程咨询有限公司监理。建成后，地上为配套公共服务设施，地下为机动车车库及设备用房。

（赵琳艳）

【国锐广场项目7号、8号、9号、10号楼工程竣工】 工程位于北京经济技术开发区，荣华南路和荣京西街两条城市主要道路的交叉口南侧，与文昌大道及地盛西路相毗邻，包括7—10号办公楼，建筑面积12.7万平方米。其中，7号办公楼地下2层，地上39层；8、9号办公楼地下2层，地上27层；10号办公楼地下2层，地上39层。框架剪力墙结构，工程总投资47408万元。2014年11月1日开工，2019年8月27日竣工。北京国锐房地产开发有限公司建设，北京远骥都市建筑工程设计事务所设计，北京建工路桥集团有限公司施工，北京国建工程监理公司监理。

（廖全霞　王　爽）

【1-01号公共服务配套设施及1号地下车库A段（豆各庄一号地块东城区旧城保护定向安置房项目）竣工】 工程位于朝阳区豆各庄乡，建筑面积8519.26平方米，地上4层、地下2层，檐高18.65米、高度－8.25米。剪力墙结构，工程造价2015.09万元。2016年2月5日开工，2019年8月28日竣工。北京佳源投资经营有限责任公司建设，北京中联环建文建筑设计有限公司设计，中铁电气化局集团北京建筑工程有限公司施工，北京宏远工程建设管理有限责任公司监理。建成后，地上为配套商业、公厕、开闭站、社区卫生监督所、社区服务中心、街道办事处、室内文体活动中心，地下为机动车车库及设备用房。

（赵琳艳）

【T8商务综合楼等7项（A18地块商务综合体项目）竣工】 工程位于北京经济技术开发区路东区A18C-1地块，工程包括5栋商务综合楼，3栋商业裙房，1座共享大厅，建筑面积23.71万平方米。

其中，T5—T7 商务综合楼地下 3 层、地上 18 层，框架-核心筒结构；T8 商务综合楼地下 3 层、地上 14 层，框架-核心筒结构；T9 商务综合楼地下 3 层、地上 12 层，框架-核心筒结构；Q4—Q6 商业裙房均为地下 3 层、地上 2 层，框架结构；Q3 共享大厅，地上 3 层，一、二层架空，钢结构。工程造价 111921.74 万元。2016 年 3 月 29 日开工，2019 年 8 月 28 日竣工。北京亦庄盛元投资开发有限公司建设，中基发展建设工程有限责任公司勘察，北京中建建筑设计院有限公司设计，北京博大经开建设有限公司、北京大龙建设集团有限公司、北京城建远东建设投资集团有限公司施工，北京中城建建设监理有限公司、北京筑都方圆建筑设计有限公司、北京伟泽工程项目管理有限公司监理。

（徐存柱）

【新青海大厦工程竣工】 工程位于丰台区丽泽商务区，为酒店、办公用房，地下 4 层、地上 18 层，楼高 83.5 米，建筑面积 13 万平方米，框架剪力墙结构，工程总造价为 39935.84 万元。2013 年 1 月开工，2019 年 9 月竣工。北京西矿建设有限公司建设，中国建筑设计研究院设计，中国建筑一局（集团）有限公司施工，北京帕克国际工程咨询有限公司监理。

（杨宝文）

【延庆区胡家营村酒店工程竣工】 工程位于延庆区胡家营村东，建筑面积 31306.64 平方米，酒店地下 2 层、地上 4 层，框架结构。工程造价 4091.02 万元。2009 年 9 月 15 日开工，2019 年 10 月 21 日竣工。北京辉煌益境房地产开发有限公司建设，北京华茂中天建筑设计有限公司设计，北京住总第一开发建设有限公司施工，北京中城工程监理有限责任公司监理。

（熊于男）

【和盈商务楼等五项工程竣工】 工程位于海淀区毛纺路临甲 68 号，属于海淀区清河路（三建平房宿舍区危旧房改造土地一级开发项目）C2 商业金融用地项目，为商业办公楼。总建筑面积 97739 平方米，其中地下建筑面积 39647 平方米，地上建筑面积 58092 平方米。地下 3 层、地上 10 层，檐高 45 米，框架剪力墙结构，工程总造价 2.61 亿。2016 年 7 月 24 日开工，2019 年 10 月 23 日竣工。北京和盈置业有限公司建设，北京市建筑设计研究院有限公司第七建筑设计院设计，北京城乡建设集团有限责任公司工程承包总部施工，北京中协成工程管理有限公司监理。

（何　鑫）

【七里渠南北村 007-1 号等 9 项工程竣工】 工程位于昌平区沙河镇七里渠，东至七里渠一号路，西至七里渠中路，南至朱辛庄中路，北至朱辛庄北路，包括 007 地下车库北区、南区，007-2、4—6 号办公楼，007-7—9 号商业楼，总建筑面积 122093.87 平方米。其中，007 地下车库北区、南区均为地下 3 层、地上 1 层，007-2、4、6 号办公楼均为地下 3 层、地上 18 层，007-5 号办公楼地下 2

层、地上13层，007-7—9号商业楼均地上2层、地上1层。框架、框架剪力墙结构，工程总投资21152.4万元。2016年4月21日开工，2019年11月27日竣工。北京祥业万科房地产开发有限公司建设，北京京岩工程有限公司勘察，北京市住宅建筑设计研究院有限公司设计，中建三局集团有限公司施工，北京兴电国际工程管理有限公司监理。

（郅童童）

【中华保险大厦工程竣工】 工程位于丰台区丽泽商务区中心区域，地处北京西二、三环路之间，建筑面积5.44万平方米，地下4层，地上22层，工程总造价31373.02万元。2015年11月开工，2019年11月竣工。中华联合保险控股股份有限公司建设，北京城建集团有限责任公司施工，北京市建筑设计研究院有限公司设计，中咨工程建设监理公司监理。

（杨宝文）

【光环新网房山绿色云计算基地工程竣工】 工程位于房山区窦店产业园区，北临规划北一街，南临规划北三街，包括1—4号计算中心、6—8号研发试验楼、9号宿舍楼，建筑面积4.8万平方米。其中，1—4号计算中心地上4层；6—8号研发试验楼地下1层，地上5层；9号宿舍楼地上5层。框架剪力墙结构，工程总投资17842万元。2016年12月27日开工，2019年12月2日竣工。北京德信致远科技有限公司建设，北京市建筑设计研究院有限公司设计，北京市第三建筑工程有限公司施工，北京纵横工程监理有限公司监理。

（廖全霞　王　爽）

【小汤山镇B-02号商业及办公楼竣工】 工程位于昌平区小汤山镇（未来科技城北区），东至鲁疃西路，西至未来科技城核心区五号路，南至昌平神华规划五路，北至昌平未来科技城北区一号路，建筑面积22066.19平方米。地下2层、地上7层，框架剪力墙结构，工程总投资7919.97万元。2017年8月19日开工，2019年12月20日竣工。北京未来科技城润昌置业有限公司建设，北京地矿工程建设有限责任公司勘察，北京弘石嘉业建筑设计有限公司设计，中国建筑第五工程局有限公司施工，北京诺士诚国际工程项目管理有限公司监理。

（郅童童）

【京燕饭店业务综合楼竣工】 工程位于石景山路29号，为中国铁建电气化局京燕饭店业务综合楼，规模58156平方米。地下4层、地上24层。框架剪力墙结构、框架核心筒结构，工程总造价23737.79万元。2016年4月6日开工，2019年12月25日竣工。北京京燕饭店有限公司建设，北京市建筑设计研究院有限公司设计，中铁建设集团有限公司施工，北京中建工程顾问有限公司监理。

（何　为　王　蕊）

【顺义区仁和镇05-02-15-1地块6号商业用房等10项工程竣工】 工程位于顺义新城第5街区，属于顺义区仁和镇05-02-15-1地块R2二类居住用地限价商品住房项目，建筑面积1.27万平方米。其中，6、7号商业用房地下3层、地上1

层，8号商业用房地下2层、地上1层，12号配套公建地下3层、地上1层，13、14、15号商业用房地下3层，16号托老所地上2层，19、20号配电室地下1层、地上1层。框架结构，工程总造价4547.94万元。2018年8月1日开工，2019年12月27日竣工。北京首开中晟置业有限责任公司建设，北京中夏建筑设计研究院有限公司设计，北京城建六建设集团有限公司施工，北京市顺金盛建设工程监理有限责任公司监理。

（楼焕琳）

【上都首府酒店工程竣工】 工程位于延庆区妫水南街55号，建筑面积30625平方米。地下1层、地上6层。框架剪力墙结构，工程造价3583.13万元。2013年8月16日开工，2018年12月27日竣工。北京八达岭海洋巨龙房地产开发有限公司建设，北京炎黄联合国际工程设计有限公司设计，北京八达岭金宸建筑有限公司施工，北京磐石建设监理有限责任公司监理。

（熊于男）

【丽泽SOHO－商业办公楼工程竣工】 工程位于丰台区丽泽商务区，为丰台区丽泽金融商务区E-04地块商业金融用地项目，建筑面积17.28万平方米，为综合类公建。楼高200米，地下4层、地上45层，型钢混凝土结构，工程总造价75538.86万元。2015年10月开工，2019年12月竣工。北京丰石房地产开发有限公司建设，北京市建筑设计研究院有限公司设计，中国建筑第八工程局有限公司施工，北京双圆工程咨询监理有限公司监理。

（杨宝文）

工业用房

【系统配套厂房1（1号楼）等6项工程竣工】 工程位于北京经济技术开发区C11M1地块，属于数字电视产业园配套LED封装厂项目，建筑面积36265平方米，地下1层、地上5层，框架结构，工程总造价12802.42万元。2017年3月28日开工，2019年1月30日竣工。京东贝（北京）光电科技有限公司建设，中国电子工程设计院世源科技工程有限公司设计，北京城建八建设发展有限责任公司施工，北京吉地西方建设工程顾问有限公司监理。

（楼焕琳）

【京东贝厂房竣工】 工程位于北京经济技术开发区C11M1地块，属于数字电视产业园配套LED封装厂项目，建筑面积15900平方米，地下1层、地上5层，框架结构，工程总造价4295.6万元。2017年6月5日开工，2019年1月30日竣工。京东贝（北京）光电科技有限公司建设，中国电子工程设计院世源科技工程有限公司设计，北京城建八建设发展有限责任公司施工，北京吉地西方建设工程顾问有限公司监理。

（楼焕琳）

【北京今特莱尔厂房建设工程（3号楼）竣工】 工程位于大兴区榆垡镇，建筑面积1.57万平方米，地下1层、地上8层，全现浇钢筋混凝土框架剪力墙结构，工程总造价9338.58万元。2017年7月28日开工，2019年2月7日竣工。北京榆垡工贸公司建设，北京本土建筑设计有限公司设计，北京城建道桥建设集团有限公司施工，北京精正兴工程建设监理有限公司监理。

（楼焕琳）

【北京博澜华威科技有限公司试验检测及销售基地1、2号试验车间工程竣工】 工程位于密云区西田各庄镇西田各庄村，包括1、2号试验车间，总建筑面积4030平方米，地上1层，钢结构，工程总造价850万元。2017年8月23日开工，2019年3月15日竣工。北京博澜华威科技有限公司建设，北京市城乡建设勘察设计院勘察，北京中奥建工程设计有限公司设计，河北天宏建筑工程有限责任公司施工，北京云湖工程监理站监理。

（鹿　冰）

【北京中宏运医疗器械生产基地1号丙类厂房工程竣工】 工程位于密云区果园街道恒通路南侧，总建筑面积9085平方米。地下1层、地上5层，框架结构，工程总造价1990万元。2018年3月16日开工，2019年3月26日竣工。北京中宏运汽车部件制造有限公司建设，北京市城乡建设勘察设计院有限公司勘察，北京东方华脉建筑设计咨询有限责任公司设计，玉宽建筑工程（北京）有限公司施工，北京云湖工程监理。

（鹿　冰）

【华兴长泰物联网技术研究院1号厂房等4项工程竣工】 工程位于北京经济技术开发区路东区A13米3地块，属于药品信息化智能管控系统和导航经颅刺激医学治疗系统产业化项目，包括1号厂房、2号配套楼、3号门卫室及地下室，总建筑面积1.01万平方米。其中，1号厂房地上5层，2号配套楼地上3层，3号门卫室地上1层，地下室地下1层。均为框架支撑结构，工程总造价3829.28万元。2017年4月15日开工，2019年4月15日竣工。北京华兴长泰物联网技术研究院有限责任公司建设，北京世纪千府国际工程设计有限公司设计，北京城建亚泰建设集团有限公司施工，北京建扶工程建设监理有限责任公司监理。

（楼焕琳）

【北京知蜂堂1号生产厂房等6项工程竣工】 工程位于昌平区南卲镇，属于北京知蜂堂蜂产品有限公司以及茶色素、膳食纤维生产基地项目，包括1、2号生产厂房、中试车间、出入口、蜂巢展厅、地下车库，总建筑面积5.71万平方米。其中，1、2号生产厂房地下1层、地上4层；中试车间地下2层、地上5层；出入口、蜂巢展厅地上1层；地下车库地下2层。钢混结构，工程总投资23966万元。2015年9月26日开工，2019年6月28日竣工。北京知蜂堂健康科技股份有限公司建设，北京炎黄联合国际工程设计有限公司设计，北京城建亚泰建设集团有限公司施工，北京中城工程监理有限责任公司监理。

（郅童童　楼焕琳）

【生物全降解血管支架3D打印重大技术突破及产业化项目竣工】 项目位于大兴区中关村医疗器械园，建设三类植入医疗器械生产和研发试验室，建成后可实现年产10万套可降解冠脉支架、5万套可降解外周血管支架。工程总投资20000万元。2017年6月开工，2019年6月竣工。北京阿迈特医疗器械有限公司建设。

（张延明）

【1号车间等8项（高性能钕铁硼永磁材料产业化项目）竣工】 工程位于平谷区马坊镇马坊工业园E18-02，总建筑面积28882.08平方米，共8个单体。其中，1号车间地上2层，2号车间地下1层、地上5层，3号车间地上6层，4号车间地下1层、地上4层，6、7号车间地上1层，门卫地上1层，雨水调蓄池地下1层。钢结构，工程总投资6137.19万元。2017年1月4日开工，2019年7月3日竣工。北京京磁电工科技有限公司建设，北京世纪中天国际建筑设计有限公司设计，江苏省苏中建设集团股份有限公司施工，北京市驰跃翔工程监理有限责任公司监理。

（艾　竞）

【C-1号厂房等3项（甘李药业股份有限公司生物信息项目）竣工】 工程位于通州区漷县镇，包括C-1、C-4号厂房和C-10号库房，建筑面积2.9万平方米。其中，C-1号厂房地上2层；C-4号厂房地下1层、地上5层；C-10号库房地上1层。框架剪力墙结构，工程总投资10037万元。2016年10月10日开工，2019年6月1日竣工。甘李药业股份有限公司建设，北京市建筑设计研究院有限公司设计，北京建工博海建设有限公司施工，北京大正建设监理有限公司监理。

（廖全霞　王　爽）

【B-6号厂房（甘李药业股份有限公司生物中试研究项目）竣工】 工程位于通州区漷县镇，建筑面积2.2万平方米，地下1层、地上5层。框架剪力墙结构，工程总投资6720万元。2016年11月1日开工，2019年6月1日竣工。甘李药业股份有限公司建设，北京市建筑设计研究院有限公司设计，北京建工博海建设有限公司施工，北京大正建设监理有限公司监理。

（廖全霞　王　爽）

【开发区N12M1地块1号厂房等8项工程竣工】 工程位于北京经济技术开发区N12M1地块，包括1—4号厂房、1—2号配套、1—2号门卫房，建筑面积77200.39平方米，均为地上1层。钢结构，工程造价26870.14万元。2018年12月5日开工，2019年7月9日竣工。北京亦庄盛元投资开发有限公司建设，中航勘察设计研究院有限公司勘察，航天建筑设计研究院有限公司设计，北京博大经开建设有限公司施工，北京中城建建设监理有限公司监理。

（徐存柱）

【B3厂房（集成电路生产厂房建设项目）工程竣工】 工程位于北京经济技术开发

区47M1地块，建筑面积89555.3平方米，地上3层局部4层，框架剪力墙结构，工程造价59246.65万元。2015年12月31日开工，2019年7月15日竣工。中芯北方集成电路制造（北京）有限公司建设，建研地基基础工程有限责任公司勘察，信息产业电子第十一设计研究院科技工程股份有限公司设计，北京博大经开建设有限公司施工，北京方正建设工程管理有限公司监理。

（徐存柱）

【12英寸集成电路标准厂房（一期）项目竣工】 项目位于北京经济技术开发区文昌大道，建设内容为两条45/40纳米到32/28纳米集成电路生产线，月总产能7万片12英寸晶圆；新建厂房、研发楼等，建设规模约28.6万平方米。项目总投资4860000万元（含设备费等）。2012年9月开工，2019年7月竣工。中芯北方集成电路制造（北京）有限公司建设，信息产业电子第十一设计研究院科技工程股份有限公司设计，北京博大经开建设有限公司施工，北京伟泽工程项目管理有限公司监理。

（张延明）

【1号厂房等4项（固定式消防泵组系统项目）工程竣工】 工程位于延庆区康庄镇工业开发区，建筑面积19228.38平方米。1号厂房地上1层，钢结构；2号厂房地上1层，钢结构；3号厂房地上4层，框架结构；4号厂房地上4层，框架结构。工程造价6057.65万元。2017年10月27日开工，2019年8月12日竣工。北京欧罗科技发展有限公司建设，中外建工程设计与顾问有限公司设计，北京八达岭金宸建筑有限公司施工，北京安华建设监理有限责任公司监理。

（熊于男）

【交通运输部科学研究院研发实验中心用房等五项生产车间改造项目竣工】 工程位于顺义区金马工业园区内，包括研发实验中心、检测楼、环境实验室、门卫室及生产车间改造五个单体，建筑面积2.5万平方米。其中，研发实验中心地下1层、地上4层；检测楼、生产车间地上1层（局部2层）；环境实验室、门卫室地上1层。框架结构＋钢结构，工程总投资11803万元。2017年1月10日开工，2019年9月20日竣工。交通运输部科学研究院建设，中交水运规划设计院有限公司设计，北京建工博海建设有限公司施工，北京国金管理咨询有限公司监理。

（廖全霞　王　爽）

【朝阳区建筑废弃物资源化利用中心竣工】 工程位于朝阳区循环经济产业园内，包括生产主厂房、混凝土制品车间、综合楼、宿舍楼、消防泵房及消防水池，建筑面积4.5万平方米。其中，生产主厂房地上2层，混凝土制品车间地上1层，综合楼地上4层，宿舍楼地上3层，消防泵房及消防水池地下1层。框架剪力墙结构，局部单层钢结构，工程总投资12000万元。2018年3月22日开工，2019年11月20日竣工。北京首建环保有限责任公司建设，中国城市建设研究院有限公司设计，北京建工集团有限责任公司施工，北京华厦工程项目管理有限责任公司监理。

（廖全霞　王　爽）

【立体库等 2 项（北京红星股份有限公司怀柔厂区升级改造项目联合厂房、立体库）工程竣工】 工程位于怀柔区红星路 1 号，包括联合厂房、立体库，建筑面积 2.79 万平方米。其中，联合厂房地下 1 层，地上 2 层；立体库地上 1 层。框架结构，工程总投资 13894 万元。2018 年 4 月 2 日开工，2019 年 11 月 21 日竣工。北京红星股份有限公司建设，北京市工业设计研究院有限公司设计，北京建工四建工程建设有限公司施工，北京银建建设工程管理有限公司监理。

（廖全霞　王　爽）

【云计算数据中心项目工程竣工】 工程位于房山区琉璃河镇，属于房山区云计算数据中心项目（50 号数据中心）工业用房项目，建筑面积 30770 平方米。50 号数据中心地下 1 层、地上 5 层，框架结构，工程总投资 7915.57 万元。2018 年 11 月 2 日开工，2019 年 11 月 26 日竣工。中粮（北京）农业生态谷发展有限公司建设，中材地质工程勘查研究院有限公司勘察，北京墨臣工程咨询有限公司设计，中天建设集团有限公司施工，建研凯勃建设工程咨询有限公司监理。

（张海燕）

【北京奔驰汽车有限公司纯电动乘用车技术改造项目工程竣工】 项目位于北京经济技术开发区北京奔驰现有厂区，工程内容包括对现有车间内对原生长线增设改造，购置冲压、焊装、涂装总装生产设备等共 7651 台（套），完成电力、热力等公用动力设施和基础配套设施建设。工程总投资 227100 万元。2019 年 3 月开工，2019 年 11 月竣工。北京奔驰汽车有限公司建设。

（张延明）

【北京奔驰动力电池装配联合厂房等 5 项（动力电池工厂建设项目）竣工】 工程位于北京经济技术开发区路南区 N13M1 地块，包括动力电池装配联合厂房，3-1、3-2、4 号门卫，1、2 号室外钢梯，建筑面积 5.6 万平方米。其中，动力电池装配联合厂房地下 1 层、地上 1 层（局部 3 层）；3-1、3-2、4 号门卫地上 1 层。钢结构，工程总投资 36769 万元。2018 年 6 月 1 日开工，2019 年 12 月 1 日竣工。北京奔驰汽车有限公司建设，北京市工业设计研究院有限公司设计，北京建工集团有限责任公司施工，北京京龙工程项目管理公司监理。

（廖全霞　王　爽）

【1 号工业厂房等 11 项（高端智能制造研发及产业化项目）竣工】 工程位于房山区窦店镇北京高端制造业基地 03 街区，包括 1—10 号工业厂房及 11 号地下车库，建筑面积 5.9 万平方米。其中，1—4、7—10 号工业厂房地下 1 层、地上 5 层；5 号工业厂房地下 1 层、地上 3 层；6 号工业厂房地下 1 层、地上 4 层；11 号地下车库地下 1 层、地上 1 层。框架剪力墙结构，工程总投资 25523 万元。2018 年 5 月 1 日开工，2019 年 12 月 1 日竣工。北京中关村前沿技术产业发展有限公司建设，深圳市建筑科学研究院股份有限公司设计，北京建工集团有限责任公司施工，

中咨工程建设监理有限公司监理。

（廖全霞　王　爽）

【发动机联合厂房等9项（发动机二厂区建设项目）竣工】 工程位于北京经济技术开发区路南区N13M1地块，包括发动机联合厂房、污水处理站、油泵房、1号门卫室、2号门卫室、1—3号室外钢梯、围墙，建筑面积8.7万平方米。其中，发动机联合厂房地上1层、局部3层；污水处理站地下1层、地上1层；油泵房、1号门卫室、2号门卫室均地上1层。钢结构，工程总投资53796万元。2017年5月10日开工，2019年12月2日竣工。北京奔驰汽车有限公司建设，北京市工业设计研究院有限公司设计，北京建工集团有限责任公司施工，北京京龙工程项目管理公司监理。

（廖全霞　王　爽）

【有研亿金新材料有限公司2号主体厂房等3项工程竣工】 工程位于昌平区超前路33号，东至北京化工大学（科技园），西至昌盛路，南至超前路，北至巴可伟视（北京）电子有限公司，包括门卫室、2号附属厂房、2号主体厂房，建筑面积13932.07平方米。其中，门卫室、2号附属厂房均地上1层，2号主体厂房地上4层。框架、钢框架结构，工程总投资5530.27万元。2016年4月30日开工，2019年12月2日竣工。有研亿金新材料有限公司建设，北京市建平工程勘察有限责任公司勘察，中国中元国际工程有限公司设计，江苏扬建集团有限公司施工，鑫诚建设监理咨询有限公司监理。

（郅童童）

【高端汽车及新能源汽车关键零配件产业园N20-1地块建设项目（1号厂房等6项）竣工】 工程位于北京经济技术开发区N20M1地块，包括1号厂房、1号配套、1—2号门卫、1—2号大门。均为地上1层，建筑面积57736.16平方米，钢结构，工程造20958.55万元。2019年4月30日开工，2019年12月6日竣工。北京博大经开建设有限公司施工，中航勘察设计研究院有限公司勘察，航天建筑设计研究院有限公司设计，北京华达建业工程管理股份有限公司监理。

（徐存柱）

【研发生产楼（总部营销中心项目、研发中心项目、项目管理信息平台建设项目、设计中心项目）竣工】 工程位于北京开发区80M10-1地块，包括研发生产楼、研发生产楼项目A号机房层增加屋面电梯机房项目（出屋面电梯机房）。其中，研发生产楼地下2层、地上6层，研发生产楼项目A号机房层增加屋面电梯机房项目（出屋面电梯机房）地上1层。建筑面积48311.25平方米，钢结构，工程造价31299.60万元。2017年9月30日开工，2019年12月20日竣工。森特士兴集团股份有限公司建设，建设综合勘察研究设计院有限公司勘察，华诚博远工程技术集团有限公司设计，中建八局天津建设工程有限公司施工，建研凯勃建设工程咨询有限公司监理。

（徐存柱）

【燕山石化4万支/年纳滤反渗透项目竣工】 项目位于房山区燕山岗南路，新建一条4万支/年纳滤反渗透膜生产线。工程总投资20007万元，2019年6月开工，2019年12月竣工。中国石油化工股份有限公司北京燕山分公司建设，中国石化工程建设有限公司设计，北京燕华工程建设有限公司施工，山东齐鲁石化工程有限公司监理。

（张延明）

【经纬纺织新能源汽车电池电机电控产品产业化项目竣工】 项目位于北京经济技术开发区永昌中路，为新建新能源商用汽车电池电机电控产品研发中试楼。工程总投资13000万元。2018年7月开工，2019年12月竣工。经纬纺织机械股份有限公司建设，北京都林国际工程设计咨询有限公司设计，江苏省建筑工程咨询有限公司施工，建研凯勃建设工程咨询有限公司监理。

（张延明）

【燕山石化连续重整联合装置油品升级改造项目竣工】 项目位于房山区中国石化燕山分公司场内，建设内容为对项目现有100万吨/年连续重整装置、70000N·m^3/h氢气提纯装置及配套设施进行改造。工程总投资82524万元。2018年6月开工，2019年12月竣工。中国石油化工股份有限公司北京燕山分公司建设，中国石化工程建设有限公司、北京燕山玉龙石化工程股份有限公司设计，北京燕华工程建设有限公司、北京燕化天钲建筑工程有限责任公司施工，燕山玉龙石化有限公司、镇海石化工程股份有限公司监理。

（张延明）

【西式低温肉制品加工车间开工】 工程位于平谷区兴谷工业开发区平谷北街13号院，总建筑面积8379.61平方米，地上2层，砖混结构。工程总投资3398万元，2019年8月26日开工。北京千喜鹤食品有限公司建设，中国建筑科学研究院有限公司设计，北京首钢建设集团有限公司施工，广州市城市建设工程监理公司监理。

（艾　竞）

【高精密电子元器件产业化基地扩产项目（3号通用生产车间）开工】 工程位于平谷区马坊镇马坊大街32号院，总建筑面积34342.08平方米，地下1层、地上5层。框架剪力墙结构，工程总投资20058万元，2019年4月8日开工。北京飞行博达电子有限公司建设，世源科技工程有限公司设计，中国电子系统工程第四建设有限公司施工，北京华建恒工程建设监理有限公司监理。

（艾　竞）

文化用房

【北京市第十七中学分校2项工程竣工】 工程位于朝阳区百子湾家园404号，包括学生宿舍楼，出入口，建筑面积0.92万平方米。学生宿舍楼地下2层、地上

5层，檐高18米；出入口地上1层，檐高3.4米。框架结构，工程总投资5284.97万元。2016年10月12日开工，2018年12月3日竣工。北京市朝阳区教育国有资产管理中心建设，北京中帝恒成建筑设计有限公司设计，中城建第五工程局集团有限公司施工，北京中建协工程咨询有限公司监理。

（林　湖　高雅琪）

【北京汇文中学朝阳垂杨柳分校教学综合楼等10项工程竣工】 工程位于朝阳区松榆里14号，包括教学综合楼、行政办公楼、报告厅、风雨操场、1—4号出入口、地下汽车库、地下自行车库，建筑面积3.18万平方米。教学综合楼地下1层、地上5层，檐高23.5米；行政办公楼地下2层、地上4层，檐高16.65米；报告厅地下1层、地上3层，檐高13.5米；风雨操场地下2层、地上5层，檐高16.45米；1—4号出入口地上1层，檐高3米；地下自行车库、汽车库地下1层。框架剪力墙结构，工程总投资15194.82万元。2015年11月13日开工，2018年12月28日竣工。北京市朝阳区教育国有资产管理中心建设，北京燕华建筑设计有限公司设计，北京城建亚泰建设集团有限公司施工，北京中外建工程管理有限公司监理。

（林　湖　高雅琪）

【中央美术学院留学生宿舍等3项工程竣工】 工程位于朝阳区花家地南街8号，包括留学生宿舍、行政用房加建、生活福利及附属用房，建筑面积0.43万平方米。留学生宿舍地下1层、地上6层，檐高18米；行政用房加建地上4层，檐高18米；生活福利及附属用房地下1层、地上2层，檐高7.95米。框架剪力墙结构，工程总投资1809.2万元。2016年10月28日开工，2018年12月29日竣工。中央美术学院建设，北京市建筑设计研究院有限公司设计，北京城建道桥建设集团有限公司施工，北京国建工程监理公司监理。

（林　湖　高雅琪）

【北京中医药大学良乡校区管理学院和人文学院楼（B4、B5）工程竣工】 工程位于房山区良乡高教园北京中医药大学良乡校区西院，建筑面积1.68万平方米，地下1层、地上5层，框架结构，工程总造价7359.65万元。2017年10月30日开工，2019年1月25日竣工。北京中医药大学建设，清华大学建筑设计研究院有限公司设计，北京城建五建设集团有限公司施工，北京中建工程顾问有限公司监理。

（楼焕琳）

【北京市第五十五中学地下学生食堂及附属用房工程项目竣工】 工程位于东城区新中街12号。总建筑面积12150.79平方米；地下2层，建筑面积11629.53平方米，高度－11.35米；地上1层，建筑面积521.26平方米，檐高3.5米。工程造价8289.70万元，2015年7月22日开工，2019年1月25日竣工。框架结构。北京市东城区教育委员会建设，泛华建设集团有限公司设计，北京东兴建设有限责任公司施工，北京博建工程监理有限公司监理。建成后，地上为车库出入口及通道，地下一层为餐厅及办公室，地下二层为车库。

（赵琳艳）

【中央戏剧学院学生宿舍1号楼等4项竣工】 工程位于昌平区北七家镇郑各庄村，东至上承路，西至宏福大道，南至平西府，北邻北京邮电大学软件学院，包括食堂，学生宿舍1、2号楼，后勤综合楼，总建筑面积45673平方米。其中，学生宿舍1号楼地下1层、地上5层，学生宿舍2号楼地上5层，食堂地下1层、地上3层，后勤综合楼地上2层。钢混剪力墙、剪力墙结构、框架剪力墙结构、框架结构，工程总投资14400.08万元。2009年8月18日开工，2019年3月14日竣工。中央戏剧学院建设，建设综合勘察研究设计院有限公司勘察，北京市建筑设计研究院有限公司设计，北京六建集团有限责任公司施工，北京中联环建设工程管理有限公司监理。

（郅童童）

【北京教育学院文兴街部分教学楼改造工程竣工】 工程位于西城区文兴街2号，属于改善办学保障条件-基础设施改造项目。改造部分包括全楼及室外工程整体拆除、主体结构加固、院内给水、热力、消防、雨污、配电及道路绿化等；装饰部分包括楼内外装修施工，包括保温、防水、门窗、外立面装饰、室内装饰；安装工程部分包括电气、水暖、通风、空调、电梯、消防及弱电工程等内容。工程规模8900平方米，工程总造价5623万元，单方造价6318元/平方米。2017年3月14日开工，2019年3月20日竣工。北京教育学院建设，北京建工建筑设计研究院设计，北京城建二建设工程有限公司施工，北京建院金厦工程管理有限公司监理。

（楼焕琳）

【北京理工大学良乡校区文化体育中心工程竣工】 工程位于房山区拱辰街道良乡高教园区内，包括主场馆、游泳馆以及其他文化活动场所，建筑面积1.63万平方米，地下1层、地上4层。钢结构，工程总投资11985万元。2016年8月1日开工，2019年4月6日竣工。北京理工大学建设，中国中元国际工程有限公司设计，北京建工集团有限责任公司施工，中国中元国际工程有限公司监理。

（廖全霞　王　爽）

【密云新城0102街区6022地块幼儿园工程竣工】 工程位于密云区密云镇密云新城0102街区中部，属于密云新城0102街区MY00-0102-6021、6022、6023、6024地块R2二类居住、A33基础教育用地（配建“回迁安置房”）项目，建筑面积0.31万平方米，地上3层，框架剪力墙结构。工程总造价753.52万元。2018年4月16日开工，2019年4月20日竣工。北京宝驰通置业有限公司建设，北京中机一院工程设计有限公司设计，北京城建六建设集团有限公司施工，北京日日豪工程建设有限责任公司监理。

（楼焕琳）

【北京市档案馆新馆工程竣工】 工程位于朝阳区广渠路36号地，由1个单体工程组成，总建筑面积 114988 平方米，地上 87595 平方米、地下 27393 平方米。地下 2 层，地上 11 层，框架剪力墙结构，工程总造价 59356.15 万元。2014 年 4 月 1 日开工，2019 年 4 月 25 日竣工。北京市档案局建设，北京市建筑设计研究院有限公司设计，北京住总集团有限责任公司施工，北京双圆工程咨询监理有限公司监理。

（段　允）

【教学楼等 2 项工程竣工】 工程位于朝阳区崔各庄乡崔各庄村，包括教学楼、综合楼，建筑面积 2.31 万平方米，均为地下 2 层、地上 4 层，檐高 18 米，框架剪力墙结构。工程总投资 12835.11 万元。2016 年 8 月 29 日开工，2019 年 4 月 26 日竣工。北京东方瑞平房地产开发有限公司建设，北京中天元工程设计有限责任公司设计，北京高士达建筑工程有限责任公司施工，北京康迪建设监理咨询有限公司监理。

（林　湖　高雅琪）

【顺义区尹家府中心小学校教学楼等 2 项工程竣工】 工程位于顺义区大孙各庄镇，由 2 个单体组成，总建筑面积 12094 平方米。其中，教学楼建筑面积 8117 平方米，地上 4 层；风雨操场及食堂建筑面积 3977 平方米，地上 2 层。混凝土框架剪力墙结构，工程总造价 6615.93 万元。2017 年 1 月 9 日开工，2019 年 5 月 17 日竣工验收。北京市顺义区尹家府中心小学校建设，北京市顺义区工程勘察所勘察，北京市建筑设计研究院有限公司设计，北京顺义建筑企业集团公司施工，北京市顺金盛建设工程监理有限责任公司监理。

（任立伟）

【顺义区李遂镇文化体育活动中心用房工程竣工】 工程位于顺义区李遂镇，建筑面积 3714.96 平方米。地下 1 层，建筑面积 377 平方米；地上 4 层，建筑面积 3337.96 平方米。混凝土框架剪力墙结构，抗震设防烈度为 8 度，耐火等级为二级，工程总造价 1430.90 万元。2016 年 3 月 25 日开工，2019 年 5 月 16 日竣工。北京市顺义区李遂镇人民政府建设，北京炎黄联合国际工程设计有限公司设计，北京潮东鑫宇建筑工程有限公司施工，北京市顺金盛建设工程监理有限责任公司监理。

（陈　玮）

【平谷新城 02 街区 6013 地块平谷小学工程竣工】 工程位于平谷区平谷新城 02 街区西北部，由 1 个单体工程组成，总建筑面积 20022 平方米，地上 17956 平方米、地下 2066 平方米，地下 1 层，地上 4 层。校内由教学楼、行政用房、体育馆等构成连体结构。工程结构为框架结构，工程总造价 4901 万元。2018 年 3 月 21 日开工，2019 年 6 月 22 日竣工。北京京投兴平置业有限公司建设，北京新纪元建筑工程设计有限公司设计，北京住总第六开发建设有限公司施工，北京百信金典监理有限公司监理。

（刁艾萍）

【昌平区北七家镇九年一贯制学校等 5 项工程竣工】 工程位于昌平区北七家镇翡

翠公园内，东至海鹊落新村3号路，西至望都东路，南至名佳花园北路，北至海鹊落新村5号路。包括幼儿园，九年一贯制学校门卫室、幼儿园门卫室，出入口，九年一贯制学校，总建筑面积32458.43平方米。其中，幼儿园地上3层，九年一贯制学校门卫室、幼儿园门卫室均地上1层，出入口地下1层、地上1层，九年一贯制学校地下2层、地上4层，框架结构，工程总投资6376.93万元。2017年9月27日开工，2019年7月19日竣工。北京昌业房地产开发有限公司建设，建设综合勘察研究设计院有限公司勘察，华通设计顾问工程有限公司设计，上海绿地建筑工程有限公司施工，北京精正兴工程建设监理有限公司监理。

（郅童童）

【昌平区巩华中心小学教学楼A号等6项工程竣工】 工程位于昌平区沙河镇，东至住宅区，西至北沙河西一路，南至于善街，北至于善一街。包括1—2号出口、车库出入口、门卫室、教学楼A号、附属教学楼B号，建筑面积18836.67平方米。其中，教学楼A号工程地上4层，框架剪力墙结构，建筑面积10579.15平方米；附属教学楼B号工程地上4层，框架结构，建筑面积8116.58平方米；门卫室上1层，混凝土结构，建筑面积11平方米；车库出入口地上1层，框架剪力墙结构，建筑面积78.55平方米。工程总投资7342.24万元。2017年11月15日开工，2019年7月22日竣工。昌平区教育委员会建设，中铁华铁工程设计集团有限公司勘察，建设综合勘察研究设计院有限公司设计，北京城建二建设工程有限公司施工，北京鸿厦基建工程监理有限公司监理。

（郅童童　楼焕琳）

【国家检察官学院香山校区恢复教学培训功能建设工程竣工】 工程位于石景山区香山南路111号，由4个单体工程组成，总建筑面积17000平方米，框架结构，工程总造价3162.27万元。2018年9月1日开工，2019年7月31日竣工。国家检察官学院建设，华诚博远工程技术集团有限公司设计，北京住总装饰有限责任公司施工，北京中外建工程管理有限公司监理。

（俞洪涛）

【出土文献研究和保护中心大楼工程竣工】 工程位于海淀区清华园，建筑面积2.05万平方米，地下3层、地上5层，框架剪力墙结构。工程总造价10160.98万元。2017年2月23日开工，2019年8月6日竣工。清华大学建设，清华大学建筑设计研究院有限公司设计，北京城建六建设集团有限公司施工，北京双圆工程咨询监理有限公司监理。

（楼焕琳）

【科研楼（含实验室及研发办公室）等8项（时翼航化）工程竣工】 工程位于北京经济技术开发区河西区X54F1地块，工程包括1栋科研楼，含实验室及研发办公室，地下2层、地上11层，框架剪力墙结构，建筑面积89645.03平方米，工程造价49370.13万元。2015年3月

10日开工，2019年8月9日竣工。北京时翼航化科技有限公司建设，泛华建设集团有限公司勘察，中国电子工程设计院设计，中建三局集团有限公司施工，北京京航联工程建设监理有限责任公司监理。

（徐存柱）

【教学办公楼、E1号女生宿舍楼等5项（北京汇佳职业学院新建教学办公区项目）竣工】 工程位于昌平区创新路20号，包括教学楼，E1、E2、F1、F2号宿舍楼，建筑面积11.4万平方米。教学楼地下2层、地上3层，宿舍楼地下1层、地上5层。框架剪力墙结构，工程总投资47249万元。2015年6月24日开工，2019年8月10日竣工。北京汇佳职业学院建设，北京市建筑设计院有限公司设计，北京建工集团有限责任公司施工，北京高屋工程咨询监理有限公司监理。工程获北京市结构长城杯金奖。

（廖全霞　王　爽）

【北七家镇沟自头村储备开发项目西侧地块学校总承包工程竣工】 工程位于昌平区北七家镇沟自头村，建筑面积1.84万平方米，地下2层、地上4层，剪力墙结构，工程总造价5300万元。2018年6月30日开工，2019年8月15日竣工。北京文华盛达房地产开发有限公司建设，北京维拓时代建筑设计股份有限公司设计，北京城建北方集团有限公司施工，北京鸿厦基建工程监理有限公司监理。

（楼焕琳）

【16-02-01地块1号本科生宿舍楼等4项工程竣工】 工程位于房山区良乡高教园区北京工商大学校区，属于北京工商大学良乡校区二期新建工程，由4个单体工程组成，总建筑面积42288平方米，地上38472平方米、地下3816平方米。其中，1号宿舍楼地下1层、地上9层，10626平方米；2号宿舍楼地下1层、地上9层，10669平方米；3号宿舍楼地下1层、地上9层，10625平方米；4号宿舍楼地下1层、地上9层，10368平方米。剪力墙结构，工程总造价20074.97万元。2018年2月27日开工，2019年8月25日竣工。北京工商大学建设，中国中轻国际工程有限公司设计，北京住总集团有限责任公司施工，中航工程监理（北京）有限公司监理。

（刘　健）

【顺义区赵全营镇镇中心幼儿园用房等2项工程竣工】 工程位于顺义区赵全营镇，属于顺义区赵全营镇镇中心E1-02、F3-01、F3-02等地块（配建限价商品住房）（原板桥三期）项目，由2个单体工程组成，总建筑面积5120平方米。其中，幼儿园用房地上3层，建筑面积5096.24平方米；门卫室地上1层，建筑面积23.76平方米。钢筋混凝土框架结构，工程总造价1424.82万元。2016年3月24日开工，2019年8月27日竣工。北京华垣盛兴置业有限公司建设，北京墨臣工程咨询有限公司设计，中北华宇建筑工程公司施工，北京市顺金盛建设工程监理有限责任公司监理。

（段爱东）

【教学楼（北京工业大学耿丹学院教学楼建设工程项目）工程竣工】 工程位于顺义新城第16街区，属于北京工业大学耿丹学院教学楼建设工程项目，由1个单体组成，建筑面积26021.94平方米，地下2层、地上10层，混凝土框架剪力墙结构，工程总造价7241.45万元。2017年2月13日开工，2019年8月28日竣工。北京工业大学耿丹学院建设，华诚博远工程技术集团有限公司设计，河北建设集团股份有限公司施工，北京中联环建设工程管理有限公司监理。

（刘　洋）

【幼儿园等2项（大望京商务区配套拖幼园）工程竣工】 工程位于朝阳区大望京村，建筑面积3082.3平方米，地下1层、地上3层，框架结构，工程总造价2257.69万元。2018年9月25日开工，2019年8月30日竣工。北京市朝阳区教育国有资产管理中心建设，中国建筑技术集团有限公司设计，北京城建十建设工程有限公司施工，北京中建协工程咨询有限公司监理。

（楼焕琳）

【北京学校小学部工程竣工】 工程位于通州区宋梁路以东片区现状大营村以东，建筑面积5万平方米，地下1层、地上4层。地上钢框架＋黏滞阻尼墙结构，地下钢筋混凝土结构，工程总投资34789万元。2018年8月18日开工，2019年9月6日竣工。中国人民大学附属中学通州学校建设，同济大学建筑设计研究院（集团）有限公司设计，北京建工集团有限责任公司施工，北京双圆工程咨询监理有限公司监理。

（廖全霞　王　爽）

【中央财经大学新建沙河校区学院楼等3项工程竣工】 工程位于昌平区沙河镇高教园区，东至沙河高教园区C8地块东侧路，西至规划沙河高教园区C8地块内部南北路，南至沙河高教园区C8地块东西路，北至沙河高教园区C8地块北侧路，为中央财经大学新建沙河校区二期工程，包括C8-10—11、13学院楼，总建筑面积21340.7平方米。其中，C8-10学院楼地上5层，C8-11学院楼地上4层，C8-13学院楼地下1层、地上5层。框架结构，工程总投资11038.34万元。2017年4月1日开工，2019年9月10日竣工。中央财经大学建设，北京市建平工程勘察有限责任公司勘察，中广电广播电影电视设计研究院设计，北京城建集团有限责任公司施工，北京中集协工程管理有限公司监理。

（郅童童）

【北京航空航天大学沙河校区能源与动力学院用房改造工程竣工】 工程位于昌平区沙河高教园南三街9号，工程包括拆除工程、室内装修、机电-电气、给排水工程、空调与通风工程、弱电工程、消防工程及其他专业工程项目，工程总造价3457.7万元。2019年5月30日开工，2019年9月11日竣工。北京航空航天大学建设，北京东方华脉工程设计有限公司设计，北京城建亚泰建设集团有限公司施工，北京燕京工程管理有限公司监理。

（楼焕琳）

【顺义区滨河幼儿园用房（滨河幼儿园翻建工程）竣工】 工程位于顺义新城第3街区（顺义滨河小区内），建筑面积2278平方米，工程总造价679.99万元，使用功能为幼儿园，共设9个班级。结构类型为框架结构，地上3层；抗震设防为8度，抗震等级为二级；基础为独立基础（柱下采用CFG桩复合地基）。2017年3月28日开工，2019年9月11日竣工。北京市顺义区滨河幼儿园建设，北京建都设计研究院有限责任公司设计，北京大龙顺发建筑工程有限公司施工，北京仁泽建设监理有限公司监理。

（段爱东）

【大学生公寓5号楼A等10项（北京理工大学良乡校区二期、三期）竣工】 工程位于房山区良乡高教园区北京理工大学良乡校区内，由大学生公寓5号楼A、B，大学生公寓7号楼A—D，4号学生食堂、地下车库、首层地面疏散出入口及风井、室外连廊10个单体组成，总建筑面积99268平方米。其中，大学生公寓5号楼A地下1层、地上8层，剪力墙结构，檐高33.6米；大学生公寓5号楼B地下1层、地上10层，剪力墙结构，檐高40.8米；大学生公寓7号楼A—D地下2层、地上10层，剪力墙结构，檐高40.8米；4号学生食堂地下1层、地上3层，框架结构，檐高19米；车库地下2层，框架结构。工程总造价39151万元。工程用途学生公寓。2017年9月14日开工，2019年9月17日竣工。北京理工大学建设，中国中元国际工程有限公司设计，北京城乡建设集团有限责任公司施工，北京希地环球建设工程顾问有限公司监理。

（何 鑫）

【清华大学A-1号楼等8项工程竣工】 工程位于昌平区南口镇虎峪村，为尖端科技厂房和综合科研实验区。建筑面积49999.99平方米，钢结构、框架结构，工程总投资26418.18万元。尖端科技厂房区由3栋建筑组成，其中A-1、A-3号建筑均为单层双跨钢结构厂房，檐口高度均为21.9米，A-2号建筑为多层厂房，地上3层。综合科研实验区由3栋建筑组成，其中A-4号楼、A-5号楼均为地下2层、地上3层，A-6号楼为L型，地下2层、地上3层。2017年11月29日开工，2019年9月20日竣工。清华大学建设，清华大学建筑设计研究院有限公司设计，中铁建设集团有限公司施工，北京中外建工程管理有限公司监理。

（张晓莉）

【教学楼等2项（延庆区第七幼儿园新建工程）工程竣工】 工程位于延庆区庆园街82号，建筑面积3630.13平方米，教学楼地下1层、地上1层，框架结构；门卫地上1层，框架结构。工程造价1771.46万元。2016年3月3日开工，2019年10月11日竣工。延庆区第七幼儿园建设，北京筑福建筑事务有限责任公司设计，中北华宇建筑工程公司施工，北京中景恒基工程管理有限公司监理。

（熊于男）

【2-11号幼儿园（豆各庄3、4号地通惠灌渠西侧地块东城区旧城保护定向安置房项目）竣工】 工程位于朝阳区豆各庄乡，建筑面积2500平方米，地上3层，檐高12米，框架结构，工程造价1018.47万元。2016年2月18日开工，2019年10月29日竣工。北京佳源投资经营有限责任公司建设，亚瑞建筑设计有限公司设计，河北建设集团股份有限公司施工，北京方正建设工程管理有限公司监理。建成后，为幼儿园。

（赵琳艳）

【北京社会管理职业学院回迁一期工程二标工程竣工】 工程位于大兴区团河，由4个单体工程组成，总建筑面积78903平方米，其中地上67362平方米，地下11541平方米。1号楼地下2层、地上7层，建筑面积28878平方米；2号楼地下1层、地上7层，建筑面积20599平方米；3号楼地上6层，建筑面积13294平方米；4号楼地上6层，建筑面积16072平方米。框架剪力墙结构，工程总造价2.8亿元。2015年11月25日开工，2019年11月6日竣工。北京社会管理职业学院建设，中国建筑技术集团有限公司设计，北京住总集团有限责任公司施工，北京北咨工程管理有限公司监理。

（王　奇）

【教学楼等4项（顺义区李桥中学翻建工程）竣工】 工程位于顺义区李桥镇，由4个单体组成，总建筑面积20897平方米。其中，教学楼建筑面积11040平方米，地上5层；实验楼建筑面积5699平方米，地下1层、地上4层；风雨操场及食堂建筑面积4118平方米，地上2层；传达室建筑面积40平方米，地上1层。混凝土框架剪力墙结构，总造价9679.93万元。2016年5月26日开工，2019年11月11日竣工。北京市顺义区李桥中学建设，北京市建筑设计研究院有限公司设计，中北华宇建筑工程公司施工，北京市顺金盛建设工程监理有限责任公司监理。

（刘　洋）

【清华大学光华路校区大楼工程竣工】 工程位于朝阳区光华路CBD核心区Z1b地块，建筑面积15万平方米，地下4层、地上48层，檐高230.9米。其他结构，工程总投资78863.2万元。2014年6月1日开工，2019年11月11日竣工。清华大学建设，清华大学建筑设计研究院有限公司公司设计，中国建筑第二工程局有限公司施工，北京远达国际工程管理咨询有限公司监理。

（林　湖　高雅琪）

【幼儿园工程竣工】 工程位于朝阳区双桥街西巷6号，建筑面积0.99万平方米，地下2层、地上5层，檐高21.6米。钢混框架结构，工程总投资7905.64万元。2018年8月20日开工，2019年11月13日竣工。乐成集团有限公司建设，中国建筑科学研究院有限公司设计，上海堡华建筑工程有限公司施工，中国中轻国际工程有限公司监理。

（李笑颜　高雅琪）

【中国政法大学教学图书综合楼竣工】 工程位于海淀区西土城路25号，建筑面积8.14万平方米，地下3层、地上10

层（局部6层），框架剪力墙结构，工程总投资31600万元。2013年12月24日开工，2019年11月18日竣工。中国政法大学建设，北京东方畅想建筑设计有限公司设计，北京建工集团有限责任公司施工，北京鸿厦基建工程监理有限公司监理。

（廖全霞　王　爽）

【北京服装学院分校区商学院改造工程竣工】 工程位于朝阳区芍药居甲1号，属于改善办学保障条件-基础设施改造-定额管理项目，建筑面积10239.31平方米，框架结构，工程总造价3483.44万元。图书实验楼地上6层；综合培训楼地下1层、地上6层。工程内容包括商学院楼的室内装饰装修，不包括但不限于地面、墙面、吊顶、楼梯等部位拆除及新做，水暖电拆除改造等。2019年4月27日开工，2019年11月27日竣工。北京服装学院建设，中科院建筑设计研究院有限公司设计，北京城建远东建设投资集团有限公司施工，中经国际工程监理集团有限公司监理。

（楼焕琳）

【北京体育大学幼儿园工程竣工】 工程位于海淀区北京体育大学院内，属于教育用房，建筑面积37777平方米，地上1层，框架结构，工程总造价1868万元。2018年12月1日开工，2019年12月20日竣工。北京体育大学建设，中科建（北京）建筑规划设计有限公司设计，北京城建十六建筑工程有限责任公司施工，华体建设发展股份有限公司监理。

（楼焕琳）

【北京中医药大学良乡校区西院学生宿舍(B11）工程竣工】 工程位于房山区良乡高教园区，北京中医药大学良乡校区院内，由1个单体工程组成，总建筑面积51255平方米，地上41820平方米、地下9435平方米，地下1层（局部2层）、地上10/12层。框架剪力墙结构，工程总造价23052.01万元。2018年8月1日开工，2019年12月25日竣工。北京中医药大学建设，中国建筑标准设计研究院有限公司设计，北京住总集团有限责任公司施工，万宇国际工程咨询（北京）有限公司监理。

（刘　健）

【法源寺文保区保护提升项目竣工】 项目位于西城区牛街，为对项目范围内的部分住宅及非住宅进行腾退，对院落进行修缮整治，完善市政基础设施等，工程总投资507861万元，2018年12月开工建设，2019年12月竣工。北京宣房大德置业投资有限公司建设，中铁建工集团有限公司设计，北京市鑫宣市政工程有限公司施工，北京华夏工程项目管理有限责任公司监理。

（邸茂林）

【大栅栏历史文化展览馆保护利用项目竣工】 项目位于西城区樱桃斜街，为大栅栏护国观音寺进行保护修缮工程，工程总投资37641万元。修缮过程中砖、瓦、脊件、石活、雕刻构件均尽量收集旧料，添配的材料也按旧构建尺寸、样式定制，按照原有工艺进行修缮施工，最大限度恢复了原有风格和样式。2018年8月开工，2019年12月竣工。西城区文物保护研究所建设，北京市古代建筑设计研究所有限公司设计，北京万兴建筑集团有限公司施工，北京方亭工程监理有限公司监理。

（邸茂林）

【北京城市副中心剧院开工】 工程位于通州区永顺镇大运河南岸、城市绿心西北部，属于文化休闲组团和城市副中心“一带、一轴、两环、一心”规划格局的重要组成部分，总建筑面积12.5万平方米。地上5层，高度49.5米，地上建筑面积8.3万平方米；地下2层，基坑深度16.2米，地下建筑面积4.2万平方米。2019年10月28日项目土护降工程开工。项目对标世界级一流剧院标准进行设计、建设，包含歌剧院、音乐厅和戏剧院三个表演艺术的“文化容器”，分别设有座位1800个、1600个和1000个。北京市文化和旅游局建设，北京城市副中心投资建设集团有限公司负责代建，北京市建筑设计研究院有限公司设计，北京建工集团有限责任公司实施土护降工程，北京华城建设监理有限责任公司监理土护降工程。

（刘　鹏　高　翔）

【北京城市副中心图书馆开工】 工程位于通州区永顺镇大运河南岸、城市绿心西北部，属于文化休闲组团和城市副中心“一带、一轴、两环、一心”规划格局的重要组成部分，总建筑面积7.5万平方米。地上3层，高度22.3米，地上建筑面积5万平方米；地下1层，基坑深度16米，地下建筑面积2.5万平方米。2019年10月28日项目土护降工程开工。项目定位为现代大型省级公共图书馆，设有古籍文献馆、非物质文化遗产馆、开架阅览区、智慧书库、报告厅等功能分区，日接待量约为5000至8000人次。北京市文化和旅游局建设，北京城市副中心投资建设集团有限公司负责代建，华东建筑设计研究院有限公司设计，中铁建工集团有限公司实施土护降工程，北京帕克国际工程咨询股份有限公司监理土护降工程。

（刘　鹏　高　翔）

【北京城市副中心博物馆开工】 工程位于通州区永顺镇大运河南岸、城市绿心西北部，属于文化休闲组团和城市副中心“一带、一轴、两环、一心”规划格局的重要组成部分，总建筑面积9.7万平方米。地上3层，高度35米，地上建筑面积6.2万平方米；地下2层，基坑深度11.7米，地下建筑面积3.5万平方米。2019年10月28日项目土护降工程开工。项目定位为智慧型综合博物馆，集收藏保管、开放式展陈、科学研究、社会教育、文保修复等功能于一体，日接待量约为6000人次。首都博物馆建设，北京城市副中心投资建设集团有限公司负责代建，中国建筑设计研究院有限公司、AREP VILLE联合体设计，北京城建集团有限责任公司实施土护降工程，北京双圆工程咨询监理有限公司监理土护降工程。

（刘　鹏　高　翔）

【北京城市绿心三大公共建筑共享配套设施建设项目开工】 工程位于通州区永顺镇大运河南岸、城市绿心西北部，属于文化休闲组团和城市副中心“一带、一轴、两环、一心”规划格局的重要组成部分，总建筑面积25.5万平方米（不含轨道交通预留车站），含地面广场与景观绿化、地下共享停车设施等。2019年10月28日土护降工程开工。北京城市副中心投资建设集团有限公司建设，中国建筑设计研究院设计，北京建工集团有限责任公司、上海宝冶集团有限公司、中铁建工集团有限公司、中铁十四局有限公司、北京城建集团有限责任公司实施土护降工程，北京华城建设监理有限责任公司、北京百事百达工程管理有限公司、北京帕克国际工程咨询股份有限公司、北京方正建设工程管理有限公司、北京双圆工程咨询监理有限公司监理土护降工程。

（刘　鹏　高　翔）

【青少年校外活动基地和教育研修中心等2项（平谷区青少年校外活动基地和教育研修中心建设工程）开工】 工程位于平谷区新平北路，总建筑面积33862平方米，共2个单体。其中，青少年校外活动基地和教育研修中心地下1层、地上9层；青少年活动中心文体中心地上3层。框架剪力墙结构，工程总投资14007.37万元。2019年3月25日开工。北京市平谷区教育委员会建设，北京华创天中工程设计咨询有限公司设计，中国建筑一局（集团）有限公司施工，北京中城工程项目管理有限公司监理。

（艾　竞）

其他用房

【北京沃尔玛昌平东关分店室内装修改造工程竣工】 工程位于昌平区昌崔路203号楼，东至天运通大厦，西至昌平城北街道办事处，南至昌崔路，北至果岭小区，建筑面积2403平方米。地上3层，框架剪力墙结构，工程总投资346.36万元。2016年11月20日开工，2018年8月9日竣工。北京沃尔玛百货有限公司建设，哈尔滨中建建筑设计有限公司设计，建峰建设集团股份有限公司施工，中外天利（北京）工程管理咨询有限公司监理。

（郅童童）

【中玉金标记中关村生命科学园实验室装修工程竣工】 工程位于昌平区中关村生命科学园路20号1号楼3、4层，东至科学园路，西至生命园路，南至科学园路，北至生命园中路，建筑面积3890.1平方米。地上2层，框架结构，工程总投资1175.87万元。2014年9月5日开工，2018年12月25日竣工。中玉金标记（北京）生物技术股份有限公司建设，河北建设集团装饰工程有限公司施工，北京中景恒基工程管理有限公司监理，北京丽贝亚建筑装饰工程有限公司设计。

（郅童童）

【北京市商业学校服务楼抗震加固工程竣工】 工程位于昌平区北七家镇曹八西路28号北京市商业学校院内，东至学校快递站，西至学校实训楼B座，南至学校南围墙，北至学校图书馆，建筑面积3080.8平方米。地上4层，砖混结构，工程总投资801.81万元。2017年8月22日开工，2018年12月28日竣工。北京市商业学校建设，正东空间实业有限公司设计，中地长泰建设有限公司施工，北京中景恒基工程管理有限公司监理。

（郅童童）

【中国石油化工股份有限公司新能源试验中心等2项竣工】 工程位于昌平区白浮泉路1号，东至永安路，西至京藏高速，南至白浮泉路，北至超前路，包括新能源试验中心、冷模试验中心，总建筑面积30179平方米。其中，新能源试验中心地下1层、地上8层，局部4层；冷模试验中心地上4层。框架结构，工程总投资15782.56万元。2016年3月22日开工，2018年12月24日竣工。中国石油化工股份有限公司石油化工科学研究院建设，中兵勘察设计研究院勘察，中石化南京工程有限公司设计，中国建筑第二工程局有限公司施工，北京中景恒基工程管理有限公司监理。

（郅童童）

【孙河乡北甸西村2902-18、19、27地块社区配套服务设施、住宅混合公建、二类居住用地项目4项工程竣工】 工程位于朝阳区孙河乡，建筑面积21647.97平方米，本期竣工4项工程。其中，3号、10号社区配套楼地下2层、地上7层，剪力墙结构；11号社区配套楼地下2层、地上3层，剪力墙结构；2号地下车库地下1层、地上1层，框架剪力墙结构。工程总投资7331.88万元。2017年11月开工，2018年12月竣工。北京昭泰房地产开发有限公司建设，北京天鸿圆方建筑设计有限责任公司设计，北京城建北方建设有限责任公司施工，北京中城建建设监理有限公司监理。

（赵名芳）

【中国科学院1号集体宿舍等6项工程竣工】 工程位于朝阳区科学园南里802—803号，包括1、2号集体宿舍，1号竖井，2号换热站出入口，3号公共服务配套设施，地下部分，建筑面积4.13万平方米。其中，1号集体宿舍地上11层，檐高31.7米；2号集体宿舍地上26层，檐高73.7米；1号竖井地上1层，檐高4米；2号换热站出入口地上1层，檐高3.4米；3号公共服务配套设施地上1层，檐高4米；地下部分均为地下3层。框架剪力墙结构，工程总投资16229.18万元。2015年4月22日开工，2019年1月9日竣工。中国科学院行政管理局建设，中科院建筑设计研究院有限公司设计，中国新兴建设开发有限责任公司施工，北京双圆工程咨询监理有限公司监理。

（林　湖　高雅琪）

【沙河高教园区社区卫生服务中心内部装修改造工程竣工】 工程位于昌平区沙河镇高教园北四街5号院12号楼，东至北沙河西三路，西至北沙河西五路，南至高教园八号楼，北至百葛路，地上2层，建筑面积1513平方米，框架结构，工程总投资280.38万元。2018年6月28日开工，2019年1月10日竣工。北京市昌平区沙河高教园区社区卫生服务中心建设，北京本土建筑设计有限公司设计，河北建设集团股份有限公司施工，北京中建协工程咨询有限公司监理。

（郅童童）

【方正医药研究院1号实验楼等7项竣工】 工程位于昌平区回龙观镇中关村生命医疗园内，东至科学园路，西至城市公共绿地，南至生命科学园中路，北至医疗园路，包括设备用房，3—5号科研楼，1、2号实验楼，出口，总建筑面积57980.32平方米。其中，1、2号实验楼地下2层、地上7层，3—5号科研楼地下1层、地上5层，设备用房地下1层、地上1层，出口地上1层。框架剪力墙结构，工程总投资3064.57万元。2015年3月16日开工，2019年1月18日竣工。北大医疗产业园科技有限公司建设，北京市勘察设计研究院有限公司勘察，悉地（北京）国际建筑设计顾问有限公司设计，中国建筑一局（集团）有限公司施工，北京中盛利和工程咨询有限公司监理。

（郅童童）

【天津银行北京昌平支行装修工程竣工】 工程位于昌平区龙水路12号2号楼一层西侧、二层西北侧，东、南至部队大院，西、北至龙水路，建筑面积880平方米。地下1层、地上8层，框架剪力墙结构，工程总投资188.8万元。2018年3月1日开工，2019年1月18日竣工。天津银行股份有限公司北京分行建设，华诚博远工程技术集团有限公司设计，北京中建华腾装饰工程有限公司施工。

（郅童童）

【世园村A地块项目（配电室及车库）工程竣工】 工程位于延庆区，建筑面积0.81万平方米，地下1层，框架剪力墙结构，工程总造价75000万元。2018年10月3日开工，2019年1月28日竣工。北京世园投资发展有限怎公司建设，北京市建筑设计研究院有限公司设计，北京城建集团有限责任公司施工，北京华城建设监理有限责任公司监理。

（楼焕琳）

【林奥嘉园配套用房地下部分工程竣工】 工程位于朝阳区奥运村5号地，建筑面积6.62万平方米，地下5层，框架剪力墙结构，工程总投资22872.07万元。2014年10月15日开工，2019年1月30日竣工。北京运达通汇文化产业有限公司建设，北京东方筑中建设规划设计有限公司设计，中铁建设集团有限公司施工，中航工程监理（北京）有限公司监理。

（李笑颜　高雅琪）

【孙河乡北甸西村2902-18、19、27地块社区配套服务设施、住宅混合公建、二类居住用地项目2项工程竣工】 工程位于朝阳区孙河乡，包括1号公服及社区配套楼、2号居住及商业楼，建筑面积15636.74平方米，均地下2层、地上8层，剪力墙结构，工程总投资5441.4万元。2017年11月开工，2019年2月竣工。北京昭泰房地产开发有限公司建设，北京天鸿圆方建筑设计有限责任公司设计，北京城建北方建设有限责任公司施工，北京中城建建设监理有限公司监理。

（赵名芳）

【北京民用飞机技术研究中心综合实验室等7项竣工】 工程位于昌平区北七家镇，东至未来科学城东路，西至酸枣岭路，南至英才北一街，北至英才北二街，包括1号出口及地下通道、205号多电航电综合实验室、208号门房、1—3号室外口及通道、201号国际合作中心，总建筑面积49524平方米。其中，1号出口及地下通道、1—3号室外口及通道均地下1层、地上1层，205号多电航电综合实验室地下1层、地上3层，208号门房地上1层，201号国际合作中心地下1层、地上16层。钢混框架、混凝土柱钢网架结构，工程总投资31629.23万元。2016年2月25日开工，2019年3月11日竣工。中国商用飞机有限责任公司北京民用飞机技术研究中心建设，中航勘察设计研究院有限公司勘察，中国航空规划设计研究总院有限公司设计，中国建筑第八工程局有限公司施工，中航工程监理（北京）有限公司监理。

（郅童童）

【顺义新城第17街区01-1号养老用房等8项工程竣工】 工程位于顺义区，属于顺义新城第17街区17-12-09、SY-1713-L02 R2二类居住用地、SY-1713-L01 A61机构养老设施用地（配建限价商品住房）项目，由8个单体组成，总建筑面积48842.32平方米。其中，01-1、01-2号养老用房均为5773.97平方米，地下2层、地上8层；01-3号养老用房9853.33平方米，地下2层、地上8层；01-4号养老用房3837.77平方米，地下1层、地上5层；01-5号、01-6号养老配套用房均为3323.52平方米，地下1层、地上5层；01-7号养老用房6772.31平方米，地下1层、地上6层；01-1号地下车库10183.93，地下1层、地上1层。混凝土框架剪力墙结构，总造价11547.45万元。2017年3月27日开工，2019年3月18日竣工。北京天智盈置业有限公司建设，华通设计顾问工程有限公司设计，河北建设集团股份有限公司施工，北京市顺金盛建设工程监理有限责任公司监理。

（刘　洋）

【北京兴源时代置业有限公司3号科研楼等6项工程竣工】 工程位于昌平区兴寿镇暴峪泉村，包括3—8号科研楼，总建筑面积9896.17平方米，均地下2层、地上3层，框架剪力墙结构，工程总投资1963.19万元。2014年10月17日开工，2019年3月19日竣工。北京兴源时代置业有限公司建设，北京市勘察设计研究院有限公司勘察，北京建工建筑设计研究院设计，北京恒业源建筑工程有限公司施工，北京坤恩国际工程管理咨询有限公司监理。

（郅童童）

【中国科学院动物研究所2项工程竣工】 工程位于朝阳区大屯路甲3号，科研用房，建筑面积3.28万平方米。科研用房地下2层、地上10层，檐高45米。剪力墙结构，工程总投资 13467.48 万元。2015 年 5 月 4 日开工，2019 年 3 月 20 日竣工。中国科学院动物研究所建设，建设综合勘察研究设计院有限公司设计，中国新兴建设开发有限责任公司施工，北京中科国金工程管理咨询有限公司监理。

（林　湖　高雅琪）

【延庆镇妫水北街 1 号 19 幢装修工程竣工】 工程位于延庆区妫水北街 1 号 19 幢，建筑面积 7821.64 平方米，地上 6 层，框架剪力墙结构，工程造价 3260.63 万元。2018 年 7 月 16 日发证，2019 年 3 月 27 日联合验收办结。北京金隅八达岭温泉度假村有限责任公司建设，北京市建筑设计研究院有限公司设计，北京市建筑装饰设计工程有限公司施工，北京磐石建设监理有限责任公司监理。

（熊于男）

【中关村集成电路设计园工程竣工】 工程位于海淀区中关村永丰产业基地，建设内容为办公、商业及配套等，建设规模约 22 万平方米。工程总投资 393885.00 万元，2016 年 10 月开工，2019 年 3 月竣工。北京中关村集成电路设计园发展有限责任公司建设，北京墨臣工程咨询有限公司设计，北京城建集团有限责任公司、中国建筑一局（集团）有限公司施工，北京高屋工程咨询监理有限公司监理。

（张延明）

【北京世界园艺博览会中国馆项目竣工】 项目位于延庆区世园会园区中部，为北京世界园艺博览会标志性建筑，是中国园艺的集中展区。占地 4.8 万平方米，建设规模约 2.3 万平方米，包括建筑工程、机电工程、室外工程等，外观设计为半环形，主场馆地下 1 层、地上 2 层，最高处高 36 米，框架剪力墙结构。工程总投资 33040 万元。2017 年 11 月开工，2019 年 3 月竣工。北京世界园艺博览会事务协调局建设，中国建筑设计研究院有限公司设计，北京城建集团有限责任公司施工，北京方恒基业工程咨询有限公司监理。

（张延明）

【常营乡公园管理用房等 2 项工程竣工】 工程位于朝阳区常营乡，包括公园管理用房（西园）、公园管理用房（东园）。建筑面积 0.53 万平方米，均为地下 1 层、地上 1 层，檐高 5.8 米。框架剪力墙结构，工程总投资 1670.2 万元。2017 年 1 月 24 日开工，2019 年 4 月 16 日竣工。北京市朝阳区园林绿化局建设，信息产业电子第十一设计研究院科技工程股份有限公司设计，中地长泰建设有限公司施工，北京思创建设监理有限责任公司监理。

（林　湖　高雅琪）

【北京世界园艺博览会国际馆项目竣工】 项目位于延庆区世园会园区东部，包括建筑工程、机电工程、室外工程等，建设规模约 2.2 万平方米，地下 1 层、地上 2 层。与临近的中国馆和演艺中心，3 组建筑环妫汭湖而立，共同组成了园区的核心建筑群。建筑地上包括 3 个相互串联的展厅，地下包括登录厅、多功能厅、餐厅和机房、库房等辅助空间。钢结构，工程总投资 38588 万元。2017 年 11 月开工，2019 年 3 月竣工。北京世界园艺博览会事务协调局建设，北京市建筑设计研究院有限公司设计，北京建工五建集团有限公司施工，北京中联环建设工程管理有限公司监理。

（张延明　廖全霞）

【北京世界园艺博览会生活体验馆项目竣工】 项目位于延庆区世园会园区东北部，包括建筑工程、机电工程、室外工程等，建设规模约 2.1 万平方米，地下 1 层、地上 2 层。整个场馆被设计成 16 个相对独立的单元模块，每个模块都是 27 米见方、6 米层高的方正空间。16 个模块再由纵横交织的街巷网络组织起来，形成棋盘状的平面格局。其中 8 个模块由室内街巷组成一个功能联系更紧密的展馆；6 个独立展馆模块分布在它的周围；2 个模块被作为室外集会的景观广场。钢框架结构，工程总投资 26055 万元。2017 年 11 月开工，2019 年 3 月竣工。北京世界园艺博览会事务协调局建设，中国建筑设计研究院有限公司设计，北京城建集团有限责任公司施工，北京华建项目管理有限公司监理。

（张延明　楼焕琳）

【北京世界园艺博览会植物馆（一期）项目工程竣工】 工程位于延庆区新城世园会一期用地 YQ00-0300-0004 地块内，建筑面积 9669 平方米，地下 1 层、地上 4 层，钢结构，工程造价 14580.98 万元。2017 年 12 月 31 日开工，2019 年 4 月 18 日竣工。北京世园投资发展有限责任公司建设，北京市建筑设计研究院有限公司设计，赤峰宏基建筑（集团）有限公司施工，沈阳市振东建设工程监理股份有限公司监理。

（王海余　熊于男）

【延庆新城 YQ00-0300-0004 等地块（世园会一期）建设项目（园区综合管理中心项目、综合数字中心）工程竣工】 工程位于延庆区延庆镇，建筑面积 43654.66 平方米。园区综合管理中心为地下 2 层、地上 6 层，综合数字中心为地下 2 层、地上 6 层，均为钢结构，工程造价 29939.81 万元。2018 年 4 月 25 日开工，2019 年 4 月 19 日竣工。北京世园投资发展有限责任公司建设，北京建院约翰马丁国际建筑设计有限公司设计，北京城建集团有限责任公司施工，北京华城建设监理有限责任公司监理。

（王海余　熊于男）

【接待服务中心 A1—A11 号、接待服务中心地下室工程竣工】 工程位于延庆区新城世园会一期上市用地范围 YQ00-0300-0005 地块内，建筑面积 25851 平方米。接待服务中心 A1、A2 号为地下 1 层、地上 2 层，A3 号至 A11 号为地上 1 层，地下室地下 1 层。框架结构，工程造价 27313.69 万元。2018 年 5 月 31 日开工，2019 年 4 月 19 日竣工。北京世园投资发展有限责任公司建设，上海现代建筑装饰环境设计研究院有限公司设计，北京城建集团有限责任公司施工，中咨工程建设监理有限公司监理。

（熊于男）

【YQ00-0300-0010、0012 地块管理用房等 3 项，YQ00-0300-0015 地块管理用房一期项目工程竣工】 工程位于延庆区延庆镇世园会一期上市用地，建筑面积 10160.93 平方米。YQ00-0300-0010 地块管理用房地下 1 层、地上 1 层，YQ00-0300-0011 地块管理用房项目地下 1 层、地上 2 层，YQ00-0300-0012 地块管理用房地下 1 层、地上 1 层，YQ00-0300-0013 地块管理用房项目 A 楼等 3 项地下 1 层、地上 2 层，YQ00-0300-0015 地块管理用房一期项目地下 1 层、地上 1 层，YQ00-0300-0017 地块管理用房项目地下 1 层、地上 1 层。均为框架结构，工程造价 6323.25 万元。2018 年 7 月 25 日开工，2019 年 4 月 19 日竣工。北京世园投资发展有限责任公司建设，中国建筑设计研究院有限公司设计，北京顺鑫天宇建设工程有限公司施工，中咨工程建设监理有限公司监理。

（熊于男）

【办公 B1—B2、艺术中心 C1、大师工坊 C2—C6、文创中心 D1、访客中心 D2、原乡居民体验馆 D3—D4 工程竣工】 工程位于延庆区世园会一期上市用地范围 YQ00-0300-0005 地块内，建筑面积 11649 平方米。其中，办公 B1—B2 均为地上 2 层；艺术中心 C1 地下 1 层；大师工坊 C2—C6 均为地下 1 层、地上 2 层；文创中心 D1、访客中心 D2 地下 2 层、地上 1 层；原乡居民体验馆 D3—D4 均为地上 1 层。均为框架结构，工程造价 11734.81 万元。2018 年 7 月 20 日开工，2019 年 4 月 19 日竣工。北京世园投资发展有限责任公司建设，中国建筑设计研究院有限公司设计，北京城建八建设发展有限责任公司施工，中咨工程建设监理有限公司监理。

（熊于男）

【北京世界园艺博览会园区公共绿化景观一期（演艺广场）工程竣工】 工程位于延庆区世园会园区内，建筑面积 4500 平方米，地上 2 层。剪力墙结构、悬挑平面钢桁架体系，工程总投资 4850 万元。2018 年 12 月 20 日开工，2019 年 4 月 20 日竣工。北京世界园艺博览会事务协调局建设，中国建筑设计研究院有限公司设计，北京市第五建筑工程集团有限公司施工，北京华建项目管理有限公司监理。

（廖全霞　王　爽）

【新建手机软件设计研发中心 1 号楼等 2 项工程竣工】 工程位于延庆区迎泉街 4 号，建筑面积 4592.86 平方米。1 号楼地上 3 层，2 号楼地上 2 层，框架结构，工程造价 528.84 万元。2017 年 8 月 28 日发证，2019 年 4 月 26 日联合验收办结。北京普照天际科技有限责任公司建设，北京丽贝亚建筑设计研究院有限公司设计，北京玉森建筑有限公司施工，北京磐石建设监理有限责任公司监理。

（熊于男）

【顺义区马坡镇中晟新城 K 邮政楼 1 项工程竣工】 工程位于顺义区顺义新城第 12 街区，属于西马坡政策性住房项目，建筑面积 2296 平方米。K 邮政楼地上 4 层，框架剪力墙结构，工程总投资 4202

万元。2017 年 4 月开工，2019 年 4 月竣工。北京首开中晟置业有限责任公司建设，华诚博远（北京）建筑规划设计有限公司设计，北京顺鑫天宇建设工程有限公司施工，北京市顺金盛建设工程监理有限责任公司监理。

（辛宇龙）

【世园村酒店、园艺小镇等配套服务设施工程竣工】 项目位于延庆区延庆镇、康庄镇，建设内容为世园村酒店、园艺小镇及配套服务设施等。工程总投资 863416 万元，2017 年 9 月开工，2019 年 4 月竣工。北京世界园艺博览会事务协调局建设，北京市建筑设计研究院有限公司、上海现代建筑装饰环境设计研究院有限公司、中国建筑设计院有限公司、北京建院约翰马丁国际建筑设计有限公司、清华大学建筑设计研究院有限公司设计，北京城建集团有限责任公司、赤峰宏基建筑（集团）有限公司、北京城建八建设发展有限责任公司、中国建筑一局（集团）有限公司、北京顺鑫天宇建设工程有限公司施工，北京华城建设监理有限责任公司、中咨工程建设监理有限公司、沈阳市振东建设工程监理股份有限公司、北京高屋工程咨询监理有限公司监理。

（张延明）

【朝阳区来广营乡医疗综合楼等 5 项工程竣工】 工程位于朝阳区，包括 B1-1 号医疗综合楼，B1-2 号后勤用房，B1-3 号煎药房。其中，B1-1 号医疗综合楼地下 2 层、地上 7 层，檐高 29.9 米；B1-2 号后勤用房地下 1 层、地上 1 层，檐高 5.1 米；B1-3 号煎药房地上 1 层，檐高 4.8 米。剪力墙结构，工程总投资 16126.44 万元。2017 年 5 月 5 日开工，2019 年 5 月 22 日竣工。北京方兴融创房地产开发有限公司建设，北京中外建建筑设计有限公司设计，中国建筑一局（集团）有限公司施工，北京中城建建设监理有限公司监理。

（林　湖　高雅琪）

【朝阳区东坝公建楼等 5 项工程竣工】 工程位于朝阳区，包括 AP02-1—5 号公建楼，建筑面积 0.54 万平方米。其中，AP02-1 号公建楼地下 1 层、地上 2 层，檐高 10.2 米；AP02-2—5 号公建楼地上 3 层，檐高 11.6 米。框架结构，工程总投资 1199.08 万元。2011 年 8 月 13 日开工，2019 年 5 月 20 日竣工。北京首开天成房地产开发有限公司建设，北京东方华脉工程设计有限公司、凯里森建筑设计（北京）有限公司设计，北京金港机场建设有限责任公司施工，北京金海城工程建设监理公司监理。

（林　湖　高雅琪）

【太阳宫消防站工程竣工】 工程位于朝阳区太阳宫二街南侧，包括综合楼，训练塔，建筑面积 0.35 万平方米。其中，综合楼地下 1 层、地上 3 层，檐高 13.95 米；训练塔地上 5 层，檐高 17.95 米。框架结构，工程总投资 1451.03 万元。2017 年 1 月 2 日开工，2019 年 5 月 28 日竣工。北京市朝阳区公安消防支队建设，中铁华铁工程设计集团有限公司设计，北京房建建筑股份有限公司施工，北京集东建设工程监理有限责任公司监理。

（林　湖　高雅琪）

【天坛家具厂消防站工程竣工】 工程位于朝阳区育慧东路，包括综合楼，训练塔，建筑面积0.4万平方米。其中，综合楼地下1层、地上4层，檐高17.55米；训练塔地上5层，檐高17.95米。框架结构，工程总投资1629.91万元。2016年11月8日开工，2019年5月28日竣工。北京市朝阳区公安消防支队建设，中铁华铁工程设计集团有限公司设计，北京房建建筑股份有限公司施工，北京集东建设工程监理有限责任公司监理。

（林　湖　高雅琪）

【空间科学有效载荷总装测试试验楼竣工】 工程位于北京怀柔雁栖经济开发区，建筑面积22029平方米，地下1层、地上6层，框架结构，工程总造价12075万元。2017年8月1日开工，2019年5月31日竣工。中国科学院国家空间科学中心建设，清华大学建筑设计研究院有限责任公司设计，北京城建建设工程有限公司施工，北京双圆工程咨询监理有限公司监理。

（楼焕琳）

【常青藤AP01号公建楼等6项中AP02-1—AP02-5公建楼工程竣工】 工程位于朝阳区东坝乡单店，包括AP02-1—AP02-5公建楼，建筑面积5448.5平方米。AP02-1号公建楼地下1层、地上2层，AP02-2—AP02-5公建楼地上3层。框架结构，工程总投资1199.09万元。2011年8月开工，2019年5月竣工。北京首开天成房地产开发有限公司建设，北京京岩工程有限公司勘察，北京东方华脉工程设计有限公司设计，北京金港建设股份有限公司施工，北京金海城工程建设监理公司监理。

（王一纯）

【顺义新城第5街区养老院用房工程竣工】 工程位于顺义区，属于卫生服务中心用房等2项、顺义区仁和镇SY00-0005-6001等地块（配建“限价商品住房”）项目，建筑面积0.39万平方米、地上3层，框架结构，工程总造价1069万元。2018年4月1日开工，2019年6月3日竣工。北京城建兴顺房地产开发有限公司建设，华通设计顾问工程有限公司设计，北京城建一建设发展有限公司施工，北京市顺金盛建设工程监理有限公司监理。

（楼焕琳）

【综合病房楼工程竣工】 工程位于延庆区东顺城街28号，建筑面积29606平方米，地下1层、地上7层，框架剪力墙结构，工程造价11888.82万元。2011年1月21日开工，2019年6月3日竣工。延庆区卫生局建设，中国建筑设计研究院设计，北辰正方建设集团有限公司施工，北京建院金厦工程管理有限公司监理。

（熊于男）

【顺义新城第6街区卫生服务中心用房工程竣工】 工程位于顺义区，属于卫生服务中心用房等2项、顺义区仁和镇SY00-0005-6001等地块（配建“限价商品住房”）项目，建筑面积0.18万平方米，地上3层，框架结构，工程总造价593万元。2018年3月26日开工，2019年6月3日竣工。北京城建兴顺房地产开发有限公司建设，华通设计顾问工程有限公司设计，北京城建一建设发展有限公司施工，北京市顺金盛建设工程监理有限公司监理。

（楼焕琳）

【中关村医院改扩建及综合楼工程竣工】 工程位于海淀区中关村南路12号，建筑面积3.49万平方米，地下3层、地上6层。框架剪力墙结构，工程总投资19157万元。2015年8月24日开工，2019年6月4日竣工。北京市中关村医院建设，中国中元国际工程公司设计，北京建工集团有限责任公司施工，北京华厦工程项目管理有限责任公司监理。

（廖全霞　王　爽）

【广华新城居住区615和621地块职工安置住宅工程竣工】 工程位于朝阳区大郊亭4号，包括1-3至1-6号住宅楼及地下车库，建筑面积17.8万平方米。其中，1-3号住宅楼地下5层、地上29层（局部15层）；1-4号住宅楼地下5层、地上25层；1-5号住宅楼地下5层、地上29层（局部15层）；1-6号住宅楼地下5层、地上16层；地下车库地下4层。住宅楼均为剪力墙结构，地下车库为框架结构。工程总投资55305万元。2013年10月17日开工，2019年6月18日竣工。中国石化集团北京燕山石油化工有限公司建设，北京新纪元建筑工程设计有限公司设计，北京建工集团有限责任公司施工，北京燕山玉龙石化工程股份有限公司监理。

（廖全霞　王　爽）

【三新产业研发中心科研楼（一期）竣工】 工程位于昌平区北七家镇，东至岭上路，西至北七家东路，南至北清路，北至蓬莱苑南路，建筑面积66000平方米。科研楼地下3层、地上15层，框架剪力墙结构，工程总投资31310.93万元。2012年11月10日开工，2019年6月25日竣工。中建材创新科技研究院有限公司建设，北京市勘察设计研究院有限公司勘察，北京市建筑设计研究院有限公司设计，中铁建工集团有限公司施工，中航工程监理（北京）有限公司监理。

（郅童童）

【回龙观镇南店村劳动力就业用房等2项工程竣工】 工程位于昌平区回龙观镇南店村，东至文华东路，西至回龙观办事处，南至回龙观西大街，北至龙锦苑东西小街，包括劳动力就业用房、出入口，总建筑面积30717平方米。劳动力就业用房地下2层、地上5层，出入口地上1层，框架剪力墙结构，工程总投资9802.09万元。2017年10月24日开工，2019年6月27日竣工。北京海光新型建筑材料集团建设，北京京岩工程有限公司勘察，华通设计顾问工程有限公司设计，北京市昌平一建建筑有限责任公司施工，北京中城工程监理有限责任公司监理。

（郅童童）

【太极研发楼项目工程竣工】 项目位于

海淀区中关村软件园二期 N4 地块，建设内容为办公楼及配套等，建设规模约 4 万平方米。工程总投资 70000 万元，2016 年 1 月开工，2019 年 6 月竣工。北京太极傲天技术有限公司建设，北京市建筑设计研究院有限公司设计，中建一局集团建设发展有限公司施工，北京同发建设工程监理有限公司监理。

（张延明）

【空间科学卫星系列及有效载荷研制测试保障平台工程竣工】 项目位于怀柔区怀柔科学城，建设内容为科学有效载荷集成与测试平台、科学卫星有效载荷定标试验平台、空间辐射效应分析试验平台、科学卫星可靠性及环境试验平台、科学卫星大数据应用承载平台及空间环境研究预报平台等 6 大平台及配套等，建设规模约 2 万平方米。工程总投资 42599 万元。2017 年 8 月开工，2019 年 6 月竣工。中国科学院国家空间科学中心建设，清华大学建设设计研究院设计，北京城建建设工程有限公司施工，北京双圆工程咨询监理有限公司监理。

（张延明）

【密云新城 0102 街区 6022 地块幼儿园工程竣工】 工程位于密云镇密云新城 0102 街区，为密云新城 0102 街区 MY00-0102-6021、6022、6023、6024 地块 R2 二类居住、A33 基础教育用地（配建“回迁安置房”）项目。建筑面积 3121 平方米，地上 3 层，框架结构，工程总造价 753 万元。2018 年 4 月 16 日开工，2019 年 7 月 5 日竣工。北京宝驰通置业有限公司建设，北京地矿工程建设有限责任公司勘察，北京中机一院工程设计有限公司设计，北京城建六建设集团有限公司施工，北京日日豪工程建设监理有限责任公司监理。

（鹿　冰）

【北京电子城科研楼等 6 项工程竣工】 工程位于朝阳区酒仙桥路万红里，包括 1—2 号科研楼，3 号科研楼（地上部分），建筑面积 10.31 万平方米。1—2 号科研楼地上 14 层，檐高 55.92 米；3 号科研楼（地上部分）地上 15 层，檐高 59.77 米。框架剪力墙结构，工程总投资 45969.10 万元。2016 年 2 月 5 日开工，2019 年 7 月 9 日竣工。北京电子城有限责任公司建设，北京构易建筑设计有限公司设计，北京市第三建筑工程有限公司施工，北京京龙工程项目管理有限公司监理。

（林　湖　高雅琪）

【天仁道和高速列车基础制动材料研究院及智能制造示范项目工程竣工】 项目位于房山区高端制造业（房山）基地，包括制动材料研究院及技术研发中心、试验检测中心、员工中心（食堂及宿舍）、生产厂房、工艺装备、厂区配套设施等，建设规模约 4 万平方米。钢结构、框架结构，工程总投资 57000 万元，2017 年 9 月开工，2019 年 7 月竣工。北京天仁道和新材料有限公司建设，北京市工业设计研究院有限公司设计，北京市第三建筑工程有限公司施工，北京诺士诚国际工程项目管理有限公司监理。

（张延明）

【中关村生命科学园医药科技中心 2 号研发实验办公楼等 11 项工程竣工】 工程位于昌平区回龙镇中关村生命科学园东北部，东至生命园一号路，西至生命园支路，南至科学园路，北至玉河南路。包括地下车库 A—B，3 号楼（研发实验楼），2 号楼（研发实验办公楼），研发实验中试楼 A—C 座、研发实验孵化楼、1—3 号主要出入口，总建筑面积 195835.26 平方米。其中，地下车库 A—B 均地下 2 层，3 号研发实验楼地下 1 层、地上 6 层，1 号主要出入口地上 1 层，2 号研发实验办公楼地下 1 层、地上 10 层，研发实验中试楼 A—C 座均地下 1 层、地上 8 层，研发实验孵化楼地上 9 层，2—3 号主要出入口地上 3 层。框架、框架剪力墙结构，工程总投资 97757.06 万元。2016 年 12 月 23 日开工，2019 年 8 月 1 日竣工。北京中关村生命科学园发展有限责任公司建设，北京市勘察设计研究院有限公司勘察，清华大学建筑设计研究院有限公司设计，北京城建一建设发展有限公司、北京城建集团有限责任公司施工，北京远达国际工程管理咨询有限公司、北京兴电国际工程管理有限公司监理。

（楼焕琳　郅童童）

【解放军总医院军休所附属用房及车库改扩建工程】 工程位于海淀区太平路甲 25 号院内，建筑面积 15247 平方米，地下 3 层、地上 4 层，框架结构，工程造价 5319.23 万元。2017 年 9 月 25 日开工，2019 年 7 月 31 竣工。中国人民解放军总医院建设，中国建筑技术集团有限公司设计，北京房修一建筑工程有限公司施工，北京华达建业工程管理股份有限公司监理。

（南　霞）

【北京世界园艺博览会园区公共绿化景观一期永宁阁、文人园等仿古建筑工程竣工】 工程位于延庆区世园会园区内，建筑面积 10143 平方米，地下 1 层、地上 3 层，钢筋混凝土框架结构，工程总造价 8683.49 万元。其中，永宁阁高约 27 米，建筑面积 2025 平方米，采用辽金时期的建筑风格，呈“高台阁院”式布局，屋顶重檐歇山十字脊，“永宁阁”斗匾放置于南侧上下檐之间。2017 年 12 月 20 日开工，2019 年 8 月 9 日竣工。北京世界园艺博览会事务协调局建设，北京市园林古建设计研究院有限公司设计，北京市园林古建工程有限公司施工，中咨工程建设监理有限公司监理。

（楼焕琳）

【发电厂小学临时周转用房项目工程竣工】 工程位于通州区永顺镇，建筑面积 0.69 万平方米，地上 3 层，钢结构，工程总造价 4829.89 万元。2019 年 4 月 29 日开工，2019 年 8 月 11 日竣工。北京城市副中心投资建设集团有限公司建设，北京北方设计研究院有限公司设计，北京城建五建设集团有限公司施工，北京方圆工程监理有限公司监理。

（楼焕琳）

【司法部干警与武警训练场工程竣工】 工程位于朝阳区朝阳门南大街 6 号，建筑面积 0.16 万平方米，地上 2 层，檐高 14.2 米。框架结构，工程总投资

1365.81 万元。2019 年 6 月 20 开工，2019 年 8 月 13 日竣工。中华人民共和国司法部建设，北京市建筑设计研究院有限公司设计，北京城建深港建筑装饰工程有限公司施工，北京远东工程项目管理有限公司监理。

（李笑颜　高雅琪）

【回龙观医院医疗综合楼等 14 项工程竣工】 工程位于昌平区回龙观镇回龙观村，东至龙域西二路，西至龙域环路，南至绿地，北至公交用地，为西城区旧城保护定向安置房配套项目。包括医疗综合楼，高压氧舱，液氧站，污水处理站，1 号主要出口，1—9 号风井，总建筑面积 143053 平方米。其中，医疗综合楼地下 3 层、地上 14 层，高压氧舱地下 1 层、地上 1 层，液氧站、污水处理站、1 号主要出口、1—9 号风井均地上 1 层。框架剪力墙结构，工程总投资 87332.73 万元。2015 年 12 月 30 日开工，2019 年 8 月 16 日竣工。西城区卫生健康委员会建设，北京市勘察设计研究院有限公司勘察，中国中元国际工程有限公司设计，中国新兴建设开发有限责任公司施工，北京帕克国际工程咨询股份有限公司监理。

（郅童童）

【2015 年鼓楼大街（糖房大院）及以北地区景观提升项目施工—鼓西大街以南部分工程竣工】 工程位于西城区鼓楼西大街以南，施工内容包括玻璃钢仿古雨搭新做，拆除违章建筑，透水砖路面更换，路牙石拆除与新做，挖土方，土方回填，混凝土浇筑，墙面贴仿古面砖，外墙粉刷，更换窗，铁艺钢板门更换，商铺更换断桥铝门，花池更新，架空线梳理，金属面油漆清理与新做，古建屋面修缮及结构修复，石材台阶、花池更新，商铺外立面铝板更换，广告牌匾整治更新，廊架、绿化种植、胡同标牌及景观小品等。工程总造价 3780.92 万元，2018 年 7 月 5 日开工，2019 年 8 月 18 日竣工。北京市西城区城市管理委员会建设，北京九合正中建筑设计事务所设计，北京城建远东建设投资集团有限公司施工，北京正宏监理咨询有限公司监理。

（楼焕琳）

【东长安街 6 号楼外立面及夜景照明改造提升工程竣工】 工程位于东城区长安街 6 号楼，建筑面积 1.47 万平方米，地上 6 层，砖混结构，工程包括拆除工程（包含屋面、门窗、外立面、内装修、室外工程）；新做工程（包含屋面、门窗、外立面、内装修、室外工程）；绿化工程；电气工程（包含景观照明、VRV 空调系统）等。工程总造价 3209.1 万元。2019 年 4 月 2 日开工，2019 年 8 月 20 日竣工。北京市东城区城市管理委员会建设，中外建华诚工程技术集团有限公司设计，北京城建亚泰建设集团有限公司施工，中科金石（北京）工程咨询有限公司监理。

（楼焕琳）

【中国科学院北京纳米能源与系统研究所科研楼等 9 项工程竣工】 工程位于怀柔区，属于中国科学院北京纳米能源与系统研究所园区建设项目，本期竣工 9 项。其中科研楼、中试孵化楼建筑面积 8.3 万平方米，地上 6 层，框架剪力墙结构；

1—3 号宿舍楼及地下工程建筑面积 2.22 万平方米，地下 1 层、地上 12 层，框架剪力墙结构；门卫、气体站建筑面积 0.02 万平方米，地上 1 层，框架结构；食堂建筑面积 0.25 万平方米，地上 3 层，框架结构。工程总造价 54885 万元。2016 年 12 月 20 日开工，2019 年 8 月 21 日竣工。北京中关村微纳能源投资有限公司建设，深圳市建筑科学研究院股份有限公司设计，北京城建集团有限责任公司施工，北京致远工程建设监理有限责任公司监理。

（楼焕琳）

【国家人类遗传资源中心科研楼等 2 项（国家人类遗传资源中心）工程竣工】 工程位于昌平区中关村生命科学园 A-4-3，包括人类遗传资源库及实验中心、国家公益性脐带血库及实验中心、网络信息数据服务管理中心、开放合作与创新研究中心、行政后勤等，建筑面积 2.3 万平方米。地下 1 层、地上 6 层（局部 3 层、5 层），框架结构，工程总投资 13832 万元。2016 年 5 月 9 日开工，2019 年 8 月 22 日竣工。国家卫生计生委科学技术研究所建设，中科院建筑设计研究院有限公司设计，北京建工集团有限责任公司施工，北京国金管理咨询有限公司监理。工程荣获北京市结构长城杯金奖、建筑长城杯金奖，北京市绿色安全样板工地，北京市第三批建筑业绿色施工示范工程。

（廖全霞　王　爽）

【首信云计算数据中心装修项目竣工】 工程位于昌平区回龙观镇高新三街 7 号，东至嘉吉亚太食品系统公司，西至高新二街，南至玖而美有限公司，北至北京骏一人工智能产业园，包括 1、3—6 幢，建筑面积 14967.72 平方米。其中 1、3、5 幢均地上 3 层，4、6 幢均地上 1 层。钢、其他结构，工程总投资 1900.33 万元。2018 年 7 月 1 日开工，2019 年 8 月 23 日竣工。首信云（北京）科技有限公司建设，信息产业电子第十一设计研究院科技工程股份有限公司设计，中航天建设工程有限公司施工，北京高屋工程咨询监理有限公司监理。

（郅童童）

【广华新城居住区 615 和 621 地块职工安置住宅项目 4-9 至 4-11 号楼及地下车库工程竣工】 工程位于朝阳区大郊亭，包括 4-9、4-10、4-11 号住宅楼及 3 号地下车库，建筑面积 13.65 万平方米。其中，4-9 号住宅楼地下 5 层、地上 33 层；4-10 号住宅楼地下 5 层、地上 34 层；4-11 号住宅楼地下 5 层、地上 30 层；3 号地下车库地下 5 层。框架剪力墙结构，工程总投资 40698 万元。2013 年 8 月 20 日开工，2019 年 8 月 27 日竣工。中国石化集团北京燕山石油化工有限公司建设，北京新纪元建筑工程设计有限公司设计，北京市第五建筑工程集团有限公司施工，中国石化集团中原石油勘探局工程建设监理中心监理。

（廖全霞　王　爽）

【昌平区沙河镇 1 号地下车库竣工】 工程位于昌平区沙河镇，东至北沙河西三路，西至北沙河西四路，南至高教园北二街，北至高教园北三街，建筑面积

38578.9平方米。地下2层，钢混框架剪力墙结构。工程总投资6593.61万元。2009年6月1日开工，2019年8月29日竣工。北京罗顿沙河建设发展有限公司建设，北京市地质工程勘察院勘察，海南罗顿建筑设计有限公司、北京中天元工程设计有限责任公司设计，北京城建四建设工程有限责任公司施工，北京共筑天成工程建设监理有限公司监理。

（郅童童）

【5号研发楼（北京炼焦化学厂能源研发科技中心项目）】 工程位于朝阳区化工路东口南侧（A-02）地块，建筑面积34434平方米，主要包括地基与基础、主体结构、建筑装饰装修、屋面工程、建筑节能、建筑给水排水及采暖、通风与空调、建筑电气、智能建筑、电梯工程及室外工程。研发楼地下2层、地上14层，框架剪力墙结构。工程总投资13989万元。2017年11月开工，2019年8月分期竣工。北京炼焦化学厂建设，清华大学建筑设计研究院有限公司设计，北京首华建设经营有限公司施工，北京远东工程项目管理有限公司监理。

（蒋文平）

【生命科学园医药科技中心工程竣工】 工程位于昌平区生命科学园，包括企业总部、中小企业研发楼、孵化器、定制企业研发楼、配套服务楼等，建设规模约20万平方米，工程总投资225170万元。2016年12月开工，2019年8月竣工。北京中关村生命科学园发展有限责任公司建设，清华大学建筑设计研究院有限公司设计，北京城建一建设发展有限公司、北京城建集团有限责任公司施工，北京远达国际工程管理咨询有限公司、北京兴电国际工程管理有限公司监理。

（张延明）

【石景山区铸造村集资建房遗留项目—10号公建竣工】 工程位于石景山区铸造村，为石景山区铸造村集资建房遗留项目，规模2490平方米，地上3层，框架剪力墙结构，工程总造价941.23万元。2014年7月30日开工，2019年9月23日竣工。首钢集团有限公司建设，北京首钢国际工程技术有限公司设计，北京首钢建设集团有限公司施工，北京建院金厦工程管理有限公司监理。

（何为　王蕊）

【北京银行顺义科技研发中心项目竣工】 项目位于顺义区顺义新城，建设内容为办公楼等。工程总投资408832万元，2014年11月开工，2019年7月竣工。北京银行股份有限公司建设，北京市建筑设计研究有限公司设计，北京建工集团、北京住总集团施工，北京双圆工程监理有限公司、北京银建建设工程管理有限公司监理。

（张延明）

【首钢总公司集资建房4号住宅楼等3项工程竣工】 工程位于石景山区铸造村，为石景山区铸造村集资建房遗留项目重新核准的工程项目，规模36166平方米。包括4、7号住宅楼，11号公建。4号楼地下2层，地上13层；7号楼地下2层，地上15层；11号公建地上2层。钢结构，工程总造价10830.35万元。2016年9月18日开工，2019年9月23

日竣工。首钢集团有限公司建设，北京首钢国际工程技术有限公司设计，北京首钢建设集团有限公司施工，北京建院金厦工程管理有限公司监理。

（何　为　王　蕊）

【正元地理信息集团股份有限公司大楼八、九楼装修改造工程竣工】 工程位于机场东路2号正元地理信息楼，工程规模0.21万平方米，主要工程内容为室内装修、隔墙、地面地毯、墙面乳胶漆和硬包布、天棚石膏板和矿棉板。工程总造价326.33万元，单方造价1553.95元/平方米。2019年6月10日开工，2019年9月25日竣工。正元地理信息集团股份有限公司建设，北京城建九建建设工程有限公司施工，北京福麟玖工程项目管理有限责任公司监理。

（楼焕琳）

【顺义区马坡镇中晟新城J地块等3项竣工】 工程位于顺义区顺义新城第12街区，属于西马坡政策性住房项目，包括J1办公用房、J2商业用房、J6地下车库，建筑面积27932.34平方米。其中，J1办公用房地下2层、地上8层，J2商业用房地下2层、地上2层；J6地下车库地下2层、地上1层。均为框架剪力墙结构，工程总投资9672.64万元。2016年8月开工，2019年9月竣工。北京首开中晟置业有限责任公司建设，华诚博远（北京）建筑规划设计有限公司设计，北京大龙顺发建筑工程有限公司施工，北京市顺金盛建设工程监理有限责任公司监理。

（辛宇龙）

【G1号医院用房［顺义区后沙峪镇后沙峪村SY-0019-076、079地块二类居住、医院用地（配建“限价商品住房”）项目］工程竣工】 项目位于顺义区后沙峪镇，顺义新城第19街区，东至规划二路，南至双裕街，西至裕庆路，北至双裕北街。总建筑面积1583平方米，地上3层，框架剪力墙结构。2017年8月31日开工，2019年9月26日竣工。工程总造价为423.9008万元。北京金隅地产开发集团有限公司建设，北京中材地质工程勘察研究院有限公司勘察，华通设计顾问工程有限公司设计，北京城建北方集团有限公司施工，北京铁城建设监理有限责任公司监理。

（马建平）

【密云区古北水镇国际休闲度假旅游区二期GS-26地块二、三组团，GS22地块、GS25地块】 工程位于密云区古北水镇，建筑面积9.52万平方米，地上3层，剪力墙结构，工程总造价14079.8万元。2016年8月30日开工，2019年10月16日竣工。北京古北水镇房地产开发有限公司建设，上海联创建筑设计有限公司设计，北京城建北方集团有限公司施工，北京仁泽建设监理有限公司监理。

（楼焕琳）

【北京新能源汽车股份有限公司创新科技中心项目二期工程竣工】 工程位于北京经济技术开发区46号街区，建筑面积3.98万平方米，地上2层，钢结构，工程总造价9813万元，包含地基与基础、装饰装修、给排水及采暖、电气、通风与空调、职能建筑、建筑节能等。2018

年3月1日开工，2019年10月18日竣工。北京新能源汽车股份有限公司建设，北京市工业设计研究院有限公司设计，北京城建一建设发展有限公司施工，北京京龙工程项目管理有限公司监理。

（楼焕琳）

【北京市羊坊店医院建设工程竣工】 工程位于海淀区双贝子坟路1号，包括门诊楼和污水处理站，建筑面积2.01万平方米。门诊楼地下3层、地上10层，框架剪力墙结构；污水处理站地上1层，框架结构。工程总投资10757万元。2013年2月6日开工，2019年10月23日竣工。北京市羊坊店医院建设，中国中元国际工程有限公司设计，北京建工集团有限责任公司施工，北京华建项目管理有限公司监理。

（廖全霞　王　爽）

【小米移动互联网产业园项目竣工】 项目位于海淀区安宁庄路，建设内容为科研楼，建设规模约34.8万平方米。工程总投资466600万元，2015年9月开工，2019年10月竣工。小米科技有限责任公司建设，北京市建筑设计研究院有限公司设计，中国建筑第八工程局有限公司施工，北京双圆工程咨询监理有限公司监理。

（张延明）

【首都体育学院气膜滑冰馆项目竣工】 工程位于海淀区北三环西路首都体育学院院内，总建筑面积7010平方米，地上2层，装配式结构，建设内容包括两块标准奥林匹克冰场及相应的配套用房，总造价3738.77万元。2019年8月21日开工，2019年11月5日竣工。首都体育学院建设，北京森磊源建筑规划设计有限公司设计，北京城建亚泰建设集团有限公司施工，中科金石（北京）工程咨询有限公司监理。

（楼焕琳）

【延崇高速公路（北京段）附属设施建筑工程一标竣工】 工程位于延庆区妫川路匝道收费站南侧，包括综合办公楼、宿舍楼、生态环保研发中心、养护工区办公楼及设备用房，建筑面积1.14万平方米，地上3层（局部2层）。框架结构，工程总投资8569万元。2018年4月20日开工，2019年11月8日竣工。北京市首都公路发展集团有限公司建设，中咨泰克交通工程集团有限公司设计，北京建工路桥集团有限公司施工，北京正远监理咨询有限公司监理。

（廖全霞　王　爽）

【毛纺北小区养老服务及综合文化楼改造工程】 工程位于海淀区清河街道安宁庄东路30号，建筑面积0.43万平方米，地下1层、地上3层，框架结构，工程总造价2163.69万元。2018年10月1日开工，2019年11月12日竣工。北京市海淀区人民政府清河街道办事处建设，北京清华同衡规划设计研究院有限公司设计，北京城建十建设工程有限公司施工，北京新森智业工程咨询有限公司监理。

（楼焕琳）

【延庆区养老服务中心工程竣工】 工程位于延庆区光荣院院内，建筑面积12671.95平方米，地下1层、地上5

层，框架结构，工程造价 3574.29 万元。2012 年 6 月 25 日开工，2018 年 11 月 21 日竣工。北京市延庆区光荣院建设，中国市政工程东北设计研究总院设计，中城建第五工程局有限公司施工，北京中城工程监理有限责任公司监理。

（熊于男）

【北京大学第六医院异地扩建工程竣工】 工程位于昌平区回龙观镇中关村国际生命医疗园，包括科研楼和门诊楼，建筑面积 3.4 万平方米。其中，科研楼地下 2 层、地上 5 层；门诊楼地下 2 层、地上 8 层。框架结构，工程总投资 18387 万元。2016 年 2 月 25 日开工，2019 年 12 月 2 日竣工。北京大学第六医院建设，中国中元国际工程有限公司设计，北京市第三建筑工程有限公司施工，泛华建设集团有限公司监理。

（廖全霞　王　爽）

【北京城市副中心行政办公区机关配送中心 C5 项目竣工】 工程位于通州区潞城镇东夏园地铁向北 300 米，建筑面积 3.33 万平方米，地下 4 层、地上 5 层。剪力墙＋框架剪力墙结构，工程总投资 24952 万元。2018 年 9 月 1 日开工，2019 年 12 月 16 日竣工。北京市保障性住房建设投资中心建设，北京市建筑设计研究院有限公司设计，北京六建集团有限责任公司施工，北京光华建设监理有限公司监理。

（廖全霞　王　爽）

【北京城市副中心职工周转房（南区）项目竣工】 工程位于通州区北京城市副中心东南部，包括 1、2、6—12 号配套职工周转房，4—5 号配套服务楼，地下车库，建筑面积 3.99 万平方米。其中，1 号配套职工周转房地下 1 层、地上 2 层；2 号配套职工周转房地下 1 层、地上 3 层；6—12 号配套职工周转房为地下 2 层、地上 3 层；4—5 号配套服务楼地下 2 层、地上 3 层；地下车库地下 1 层。剪力墙结构，工程总投资 21408 万元。2018 年 9 月 1 日开工，2019 年 12 月 16 日竣工。北京市保障性住房建设投资中心建设，北京市建筑设计研究院有限公司设计，北京六建集团有限责任公司施工，北京光华建设监理有限公司监理。

（廖全霞　王　爽）

【新华夏都技术培训学员宿舍等 4 项工程竣工】 工程位于延庆区湖南东路 16 号，本次备案单体为大堂、学员宿舍，建筑面积 11335 平方米。其中，学院宿舍地上 4 层、地下 1 层；大堂地上 1 层。框架结构，工程造价 4305.31 万元。2013 年 5 月 6 日开工，2018 年 12 月 18 日竣工。新华夏都技术培训（北京）有限公司建设，中国中建设计集团有限公司设计，北京市建雄建筑集团有限公司施工，北京光华建设监理有限公司监理。

（熊于男）

【国家体育总局冬季训练中心及配套设施项目竣工】 工程位于石景山路 68 号长安街西延北侧新首钢高端产业综合服务区内，规模 82042.35 平方米，包括 1607-737 地块网球场及配套楼，1607-745 地块精煤车间改造（西段）及训练中心配套 1、2、4 号楼，1607-746 地块冰球馆、精煤车间改造（东段）、训练中心配套3号楼。1607-737地块网球场及配套楼地下1层、地上7层；1607-745地块精煤车间改造（西段）地上2层；1607-745地块训练中心配套1号楼地下1层、地上7层；1607-745地块训练中心配套2号楼地下2层、地上7层；1607-745地块训练中心配套4号楼地下1层、地上7层；1607-746地块冰球馆地下1层、地上3层；1607-746地块精煤车间改造（东段）地上2层；1607-746地块训练中心配套3号楼地下1层、地上7层。钢结构，工程总造价94103.29万元。2017年3月20日开工，2019年12月19日竣工。北京首奥置业有限公司建设，杭州中联筑境建筑设计有限公司、北京首钢国际工程技术有限公司设计，北京首钢建设集团有限公司施工，北京诚信工程监理有限公司监理。

（何　为　王　蕊）

【国家体育总局冬季训练中心及配套设施项目秀池及地下车库竣工】 工程位于石景山路68号长安街西延北侧新首钢高端产业综合服务区内，规模31934.62平方米，包括1607 728地块秀池及地下车库改造，均为地下1层，钢筋混凝土结构，工程总造价17574.29万元。2017年2月22日开工，2019年12月19日竣工。北京首奥置业有限公司建设，北京首钢国际工程技术有限公司、杭州中联筑境建筑设计有限公司设计，北京首钢建设集团有限公司施工，北京诚信工程监理有限公司监理。

（何　为　王　蕊）

【京桥国际公馆商业102、202、302装饰装修及机电安装专业分包工程竣工】 工程位于西城区车公庄北街新华里16号院2号楼，工程规模4511平方米，内容包括首层至三层，装修方案设计、施工图设计、装修施工和机电施工。工程总造价1479.47万元，单方造价3279.69元/平方米。2019年8月25日开工，2019年12月20日竣工。中民信房地产开发有限公司建设，北京卓建国际建筑设计有限公司设计，北京城建长城建筑装饰工程有限公司施工。

（楼焕琳）

【西城区综合养老服务中心项目竣工】 项目位于西城区广安门外红莲北里，新建综合养老服务中心1座，工程总投资18236万元，2017年3月开工，2019年8月竣工。北京华融基础设施投资有限责任公司建设，北京中筑天和建筑设计有限公司设计，中煤建设集团工程有限公司施工，北京帕克国际工程咨询股份有限公司监理。

（邸茂林）

【中国康复研究中心13号教职工宿舍楼等2项工程竣工】 工程位于丰台区马家堡晨光路15号，建筑面积3.67万平方米，地下2层、地上15层，框架剪力墙结构，工程总投资11798万元。2013年12月18日开工，2019年12月20日竣工。中国康复研究中心建设，马建国际建筑设计顾问有限公司设计，北京市第五建筑工程集团有限公司施工，北京中景恒基工程管理有限公司监理。

（廖全霞　王　爽）

【中关村科技园区电子城西区 8 项工程竣工】 工程位于朝阳区望京西区 E5 地块，包含 3A—3D 研发楼，地下车库，3E—3G 地下室出入口，建筑面积为 14.19 平方米。其中，3A、3B 研发楼地上 19 层，檐高 79.9 米；3C、3D 研发楼地上 4 层，檐高 21.5 米；车库地下 4 层；3E、3F、3G 地下室出入口地上 1 层，檐高 4.75 米。框架剪力墙结构，工程总投资 72003.73 万元。2016 年 11 月 24 日开工，2019 年 12 月 27 日竣工。北京中关村电子城建设有限公司建设，悉地（北京）国际建筑设计顾问有限公司设计，中国新兴建筑工程有限责任公司施工，北京方正建设工程管理有限公司监理。

（林　湖　高雅琪）

【1 号门诊楼等 7 项（怀柔区中医医院迁建工程项目）竣工】 工程位于怀柔区青春路 1 号。包括 1 号门诊楼，2 号西病房楼，3 号北病房楼，4 号教学科研楼，5 号药剂楼，6 号液氧站及负压吸引站，7 号楼分界室，8 号楼 999 急救站及垃圾站、自行车棚，9 号楼污水处理站和地下车库，建筑面积 5.32 万平方米。其中，1 号门诊楼地上 5 层，2 号西病房楼地上 8 层，3 号北病房楼地上 4 层，4 号教学科研楼、5 号药剂楼地上 3 层，6 号液氧站及负压吸引站、7 号楼分界室地上 1 层，8 号楼 999 急救站地上 2 层，9 号楼污水处理站地上 1 层，车库地下 2 层。框架剪力墙结构，工程总投资 31850 万元。2016 年 10 月 9 日开工，2019 年 12 月 31 日竣工。北京市怀柔区卫生和计划生育委员会建设，圣帝国际建筑工程设计有限公司设计，北京建工集团有限责任公司施工，北京伟泽工程项目管理有限公司监理。

（廖全霞　王　爽）

【顺义区中医医院迁建项目竣工】 项目位于顺义区顺义新城第 13 街区，新建中医院 1 座，建设规模约 13.8 万平方米，设置床位 800 张。工程总投资 97379 万元，2016 年 12 月开工，2019 年 12 月竣工。顺义区卫生和计划生育委员会建设，中国中元国际工程有限公司设计，北京市顺建工程有限公司施工，北京市顺金盛建设工程监理有限责任公司监理。

（郝青青）

【石景山区实验中学新建综合楼工程竣工】 项目位于石景山区八角路，新建综合楼 1 座，建设规模约 1 万平方米。工程总投资 6445 万元，2018 年 9 月开工，2019 年 12 月竣工。石景山区教育委员会建设，中国航天建设集团有限公司设计，中铁建设集团有限公司施工，北京建宇工程管理股份有限公司监理。

（郝青青）

【融坤养老项目竣工】 项目位于东城区地坛公园 13 号，为养老设施及病房等，工程总投资 46809 万元。2015 年 10 月开工，2019 年 12 月竣工。北京方泽融坤投资发展有限公司建设，北京市建筑设计研究院有限公司设计，北京国际建设集团有限公司施工，北京银建建设工程管理有限公司监理。

（邸茂林）

【悦康药业生物医药产业集群项目（一期）工程竣工】 项目位于大兴区生物医药基地，为生物医药产业研发用房，建设规模约19万平方米。工程总投资126000万元，2017年4月开工，2019年12月竣工。北京悦康凯信制药有限公司建设，北京建谊高能建筑设计研究院有限公司设计，河北建设集团股份有限公司施工，北京京朋工程监理有限责任公司监理。

（张延明）

【合众思壮北斗高精度定位与位置服务产业基地项目竣工】 项目位于海淀区永丰基地，建设内容为科研楼等，建设规模约3.5万平方米。工程总投资24000万元，2017年4月开工，2019年12月竣工。北京合众思壮科技股份有限公司建设，北京唯美工程设计有限公司设计，北京房建建筑股份有限公司施工，北京建扶工程建设监理有限责任公司监理。

（张延明）

【航空发动机用单晶叶片产业化项目】 项目位于海淀区丰贤中路，建设内容为改造蜡模、熔炼、热处理、检测车间，建设规模约2000平方米。工程总投资12072万元，2017年10月开工，2019年12月竣工。北京钢研高纳科技股份有限公司建设。

（张延明）

【通州口岸（YZ00-0606-0019地块）项目竣工】 项目位于通州区马驹桥物流基地内，包括海关仓库、配套管理用房、装卸平台及门卫房等，建设规模约20万平方米。工程总投资128061.53万元，2017年2月开工，2019年12月竣工。北京北建通成国际物流有限公司建设，上海勘测设计研究院有限公司设计，北京建工集团有限责任公司、北京城建道桥建设集团有限公司施工，建研凯勃建设工程咨询有限公司监理。

（张延明）

【小米互联网电子产业园工程竣工】 项目位于北京经济技术开发区路东区，建设内容包括研发楼、研发试制检测平台、高维实验楼、云计算中心等，建设规模约18.9万平方米。工程总投资135000万元，2017年2月开工，2019年12月竣工。北京小米电子产品有限公司建设，北京市工业设计研究院有限公司设计，河北建设集团有限公司施工，北京赛瑞斯国际工程咨询有限公司监理。

（张延明）

【中科院科研信息化基础设施及国家互联网安全运行环境保障平台竣工】 项目位于海淀区中关村，为科研办公楼，建设规模约6.7万平方米，地下3层、地上15层，框架结构，工程总投资50098万元。2016年9月开工，2019年12月竣工。中国科学院计算机网络信息中心建设，中国建筑设计院有限公司设计，中航建设集团有限公司施工，北京中科国金工程管理咨询有限公司监理。

（张延明）

整治改造

【首都宾馆地下车库建设与庭院整治项目竣工】 工程位于东城区前门东大街3号，建筑面积11810平方米，地上1层、檐高3.95米，地下3层、高度－15.2米。框架结构，工程造价8289.737万元。2017年6月16日开工，2018年12月25日竣工。首都宾馆建设，中国建筑设计院有限公司设计，中国建筑第八工程局有限公司施工，北京远东工程项目管理有限公司监理。建成后，为配套公建，地上为车库出入口，地下为车库。

（赵琳艳）

【隆福大厦后院及一商办公楼改造项目（16、17、18、19、24号楼）工程竣工】 工程位于东城区，北至钱粮胡同，南至隆福大厦主楼，西至人民市场西巷，东至人民市场东巷。16号楼建筑面积254.1平方米，地上1层，砖混结构，工程总造价63.76万元，2019年6月15日开工，2019年7月30日竣工。17号楼建筑面积604.6万平方米，地上1层，框架结构，工程总造价175.28万元，2019年1月1日开工，2019年5月15日竣工。18号楼建筑面积178.6平方米，地上2层，砖混结构，工程总造价164.51万元，2019年1月31日开工，2019年3月31日竣工。19号楼建筑面积228.3万平方米，地上1层，砖混结构，工程总造价62.93万元，2018年11月1日开工，2019年1月31日竣工。24号楼建筑面积4159.8平方米，地下1层、地上5层，砖混结构，工程总造价536.49万元，2019年3月16日开工，2019年7月15日竣工。北京新隆福文化投资有限公司建设，中国建筑设计院有限公司设计，北京城建集团有限责任公司施工，中航工程监理（北京）有限公司监理。

（楼焕琳）

【西十冬奥广场N3-3转运站等7项工程竣工】 工程位于石景山路68号，为首钢老工业区改造项目，规模51343.95平方米。包括N3-2、N3-3转运站，N1-2转运站，85平方米除尘及料仓除尘机房，主控室，一三高炉车间联合泵站，一高炉空压机站及返矿仓。N3-3转运站地上11层；N3-2转运站、N1-2转运站地上9层；85平方米除尘及料仓除尘机房地上3层；主控室地上4层；一三高炉车间联合泵站地下1层、地上5层；一高炉空压机站及返矿仓地上7层。框架结构，工程总造价25795.90万元。2016年4月15日开工，2019年3月20日竣工。首钢集团有限公司建设，杭州中联筑境建筑设计有限公司、北京首钢国际工程技术有限公司设计，北京首钢建设集团有限公司施工，北京诚信工程监理有限公司监理。

（何　为　王　蕊）

【中国石油安全环保技术公司实验室升级装修改造项目竣工】 工程位于昌平区黄河北街1号院1号楼，东至黄河北街1号院2号楼，西至太行路，南至黄河北街，北至能源北街，建筑面积6050平方米。地上3层，钢混结构，工程总投资365万元。2018年9月30日开工，2019年4月3日竣工。中国石油集团安全环保技术研究院有限公司建设，北京戴纳实验科技有限公司设计，中国核工业中原建设有限公司施工，青岛华油工程建设监理有限公司监理。

（郅童童）

【友谊宾馆3号楼装修改造项目工程竣工】 工程位于海淀区中关村南大街1号，由主楼和东西两侧配楼组成，主楼为地上7层砌体结构，东、西两侧配楼（结构相同）共7层，地下1层为混凝土剪力墙结构，地上6层为砌体结构，建筑总面积约2.2万平方米，工程造价15335.27万元。2018年5月17日开工，2019年4月22日竣工。北京友谊宾馆建设，中国船舶重工集团国际工程有限公司设计，北京住总装饰有限责任公司施工，中咨工程建设监理有限公司监理。

（俞洪涛）

【万寿路15号院节能改造工程竣工】 工程位于海淀区万寿路15号院，包括1—6号住宅楼及11、12、17、18号宿舍楼，建筑面积5.43万平方米。其中，1—4号住宅楼地下1层、地上6层；5、6号住宅楼地下1层、地上6层（局部7层）；11、12、17、18号宿舍楼地上2层。砖混结构，工程总投资12549万元。2016年5月10日开工，2019年4月22日竣工。中共中央对外联络部基建管理办公室建设，北京房地中天建筑设计研究院有限责任公司设计，北京建工集团有限责任公司施工，北京伟泽工程项目管理有限公司监理。

（廖全霞　王　爽）

【西十冬奥广场N3-17转运站等2项工程竣工】 工程位于石景山路68号，为首钢老工业区改造项目，规模3432.73平方米。包括N3-17转运站、一三高炉压差发电综合楼。其中N3-17转运站地上9层；一三高炉压差发电综合楼地上1层。框架结构，工程总造价1344.8882万元。2016年5月15日开工，2019年5月8日竣工。首钢集团有限公司建设，杭州中联筑境建筑设计有限公司、北京首钢国际工程技术有限公司设计，北京首钢建设集团有限公司施工，北京诚信工程监理有限公司监理。

（何　为　王　蕊）

【北京国际俱乐部改扩建工程竣工】 工程位于朝阳区建外大街21号，包括宴会厅、网球场、咖啡厅、外交服务用房（办公），建筑面积7万平方米。其中，宴会厅、网球场和咖啡厅地上7层；外交服务用房（办公）地下3层，地上23层。框架核心筒结构，工程总投资51466.70万元。2015年11月9日开工，2019年7月31日竣工。北京国际俱乐部有限公司建设，香港华艺设计顾问（深圳）有限公司设计，北京建工集团有限责任公司施工，北京中联环建设工程管理有限公司监理。

（廖全霞　王　爽）

【朝阳区常营民族家园（G）区 14—19 号楼、连心园东区（G）区 1—11 号楼增设电梯试点项目竣工】 工程位于朝阳区常营民族家园、连心园，工程内容为加装 15 栋单元式住宅楼电梯共计 89 部，以及因增设电梯造成的对住宅楼本体的局部改造，室外电力、燃气、管线改造；对场地道路、绿化、自行车棚、灯杆、座椅、停车位等拆除，道路、自行车棚、灯杆的恢复、绿化补植等改造。工程总造价 15152.08 万元。2018 年 8 月 1 日开工，2019 年 6 月 12 日竣工。北京常赢房地产开发有限公司建设，北京方地建筑设计有限公司设计，北京城建亚泰建设集团有限公司施工，北京中建工程顾问有限公司监理。

（楼焕琳）

【海淀区五路商务楼（双裕东楼）装修改造工程竣工】 工程位于海淀区彰化南路五路停车场北侧，建筑面积 2.25 万平方米，地下 3 层、地上 6 层，框架结构，工程总造价 4049 万元，包含建筑及结构、结构加固、室内装修、给排水、通风空调、电气、拆除、信息化、燃气工程等。2018 年 5 月 25 日开工，2019 年 6 月 30 日竣工。北京市海淀区人民政府机关事务管理处建设，北京中筑天和建筑设计有限公司设计，北京城建一建设发展有限公司施工，北京方圆工程监理有限公司监理。

（楼焕琳）

【原军委后勤保障部六一幼儿园翻建改造工程竣工】 工程位于丰台区西三环南路 63 号院，建筑面积 5209 平方米，局部地下 1 层、地上 3 层，框架结构，工程总造价 2380 万元。2017 年 10 月 31 日开工，2019 年 7 月 5 日竣工。中央军委机关事务管理总局丰台 63 号院项目代建办公室建设，中共中央军委后勤保障部建设工程规划设计研究院设计，北京城建十建设工程有限公司施工，北京高屋工程咨询监理有限公司监理。

（楼焕琳）

【西城区 2018 年老旧小区综合整治工程安德路小区竣工】 工程位于西城区安德路小区，建筑面积为 13057.3 平方米。包括外墙保温修补，重做外墙涂料，空调规整，增加空调护栏和冷凝水管，外窗更换，屋面防水，楼内公共区域电气改造，架空线入地，雨水和污水及给水管线改造，路面硬化铺装翻新，布置小区安防监控系统，小区路灯照明改造等。工程总投资 2998.78 万元。2019 年 3 月 15 日开工，2019 年 7 月 22 日竣工。北京西城区房屋土地经营管理中心建设，华诚博远工程技术集团有限公司设计，北京韩建集团有限公司施工，中航工程监理（北京）有限公司监理。

（齐彦博）

【石油勘探研究院工字楼改造装修工程竣工】 工程位于海淀区学院路 20 号石油大院，工程规模 8225.7 平方米，工程总造价 1638.4 万元，单方造价 1991.8 元/平方米。2019 年 4 月 10 日开工，2019 年 8 月 8 日竣工。中国石油天然气股份有限公司勘探开发研究院建设，华诚博远工程技术集团有限公司设计，北京城建十六建筑工程有限责任公司施工，北京兴油工程项目管理有限公司监理。

（楼焕琳）

【外交部街卫生站装修改造工程竣工】 工程位于外交部街甲1号，主要工作内容为建筑、结构、电气等装修改造，工程总造价300.40万元。2019年5月15日开工，2019年8月10日竣工。东城区卫生服务中心建设，华城博远工程技术集团有限公司设计，北京城建九建建设工程有限公司施工，北京新森智业工程咨询有限公司监理。

（楼焕琳）

【中科院黄庄小区综合整治项目竣工】 工程位于海淀区中关村黄庄小区，包括801—816、817甲、817乙、817丙、818—826号等28栋楼建筑节能综合改造，给排水、电气、暖通、消防、安防系统更新改造，热力站改造，更换16部电梯、增设9部电梯，地下空间及相关基础设施改造，增设电动汽车充电设施、环境整治等。砖混结构，工程总投资19167万元。2016年6月15日开工，2019年8月12日竣工。中国科学院建设，中科院建筑设计研究院有限公司设计，北京建工集团有限责任公司施工，北京百事百达工程管理有限公司监理。

（廖全霞　王　爽）

【红莲中里6、8号楼老旧小区综合整治工程竣工】 工程位于西城区广安门外红莲中里6、8号，包括楼内公共部分其装饰、建筑工程，室外庭院道路、绿化等。工程总投资418.74万元。2019年7月1日开工，2019年8月27日竣工。北京市西城区政府投资项目建设中心建设，北京中京惠建筑设计有限责任公司设计，北京建工双兴建筑工程有限责任公司施工，北京中城建建设监理有限公司监理。

（齐彦博）

【盆儿胡同62号院老旧小区综合整治工程竣工】 工程位于西城区盆儿胡同62号院，建筑面积为28769.00平方米。包括改造采暖、给排水、屋面改造、装饰改造、外立面改造工程，电气、室外给水与强电、燃气工程，室外热力、弱电、雨污水工程，外园林景观工程。工程总投资11053.01万元。2019年7月1日开工，2019年8月27日竣工。北京宣房投资管理集团有限公司建设，北京筑福建筑事务有限责任公司设计，北京城建八建设发展有限责任公司施工，北京中建协工程咨询有限公司监理。

（齐彦博）

【密云区分公司危旧房改造项目竣工】 工程位于密云区鼓楼东大街36号，为中国邮政集团有限公司密云区分公司危旧局房改造项目。建筑面积4067平方米，地上5层，框架结构，工程总造价294万元。2018年11月15日开工，2019年8月29日竣工。中国邮政集团公司北京市分公司建设，北京世纪中天国际建筑设计有限公司设计，中城投集团第五工程局有限公司施工，北京方圆工程监理有限公司监理。

（鹿　冰）

【雍和宫大街环境整治提升项目竣工】 工程位于东城区雍和宫大街，建筑面积约4.5万平方米，包括115个栋号房屋，地上均为单层，砖木结构（新建工程）。工程合同价5882万元。2019年4月开工，2019年8月竣工。东城区人民政府北新桥街道办事处建设，中规院（北京）规划设计公司设计，北京房修一建筑工程有限公司施工，北京佳德建设监理有限责任公司监理。

（南　霞）

【友谊宾馆院内道路改造工程（二期）竣工】 工程位于海淀区，为友谊宾馆院内道路改造，主要包括道路铣刨加铺、步道砖和路缘石更换等内容，道路面积约14324.5平方米。工程造价396万元。2018年7月20日开工，2019年9月20日竣工。北京友谊宾馆建设，中国中建设计集团有限公司设计，北京市市政一建设工程有限责任公司施工，中咨工程建设监理公司监理。

（何　鑫）

【朝阳区延静里中街3号院综合整治项目竣工】 工程位于朝阳区东四环中路41号，建筑面积40518.96平方米，为21层高层塔式住宅，地下2层，檐高58.07米。框架-剪力墙结构，工程总投资4286.67万元。2018年8月20日开工，2019年9月23日竣工。国家机关事务管理局房地产管理司建设，北京方洲基业建筑设计有限公司设计，中铁建设集团有限公司施工，北京方正建设监理有限责任公司监理。

（张晓莉）

【永乐里10号院老旧小区综合整治工程竣工】 工程位于西城区白纸坊永乐里10号，包括楼内上下水及其装饰、建筑工程，室外上下水、庭院道路、绿化等。工程总投资873.21万元。2019年7月1日开工，2019年9月30日竣工。北京市西城区政府投资项目建设中心建设，保定建业集团有限公司施工，北京国科天创建筑设计院有限责任公司设计，北京中城建建设监理有限公司监理。

（齐彦博）

【十里居装修改造项目工程竣工】 工程位于朝阳区南十里居院内13号，建筑面积1961.69平方米。北楼地上2层，框架结构；西楼地上1层，砌体结构。施工内容包括两栋建筑外立面装修、内部平面改造及室内装修（包括建筑、结构、装修、给排水、暖通、电气、建筑智能化等），室外工程（小市政、园林景观、道路、围墙及大门），结构加固等工程内容。工程总造价1492.35万元。2019年3月15日开工，2019年10月14日竣工。北京市新华书店连锁有限责任公司建设，北京城建设计发展集团股份有限公司设计，北京城建远东建设投资集团有限公司施工，北京新森智业工程咨询有限公司监理。

（楼焕琳）

【西直门南小街16号楼老旧小区综合整治工程竣工】 工程位于西城区西直门南小街16号，包括楼内上下水及屋面改造及其装饰、建筑工程，室外上下水等。工程总投资451.47万元。2019年7月1日开工，2019年10月16日竣工。北京市西城区政府投资项目建设中心建设，北京坦程建筑设计有限公司设计，北京筑基兴业建设工程有限公司施工，北京日日豪工程建设监理有限公司监理。

（齐彦博）

【2018年通州区梨园镇小街之春小区综合整治工程】 工程位于通州区梨园镇，建筑面积27365.6平方米，包括结构、装饰、门窗、上下水、弱电等。工程总投资8356.5万元。2019年1月开工，2019年11月竣工。北京市通州区梨园镇人民政府开发建设，中国电子工程设计有限公司设计，北京首华建设经营有限公司施工，北京市潞运建设工程管理服务中心监理。

（蒋文平）

【2018年海淀区青龙桥街道圆明园东里小区老旧小区综合整治】 工程位于海淀区圆明园东里小区，建筑面积12843.98平方米，施工内容为圆明园东里小区1、2、3号楼楼本体及小区公共区域综合整治。包括外墙装修及保温、外门窗改造、屋面防水、室内上下水改造、热计量改造、电梯工程、楼内公共区域改造、室外管网改造、绿化工程、路面硬化工程、公共照明设施、自行车棚翻新、信报箱更换、文化活动用房及门卫室改造等。工程总投资3001.17万元。2019年6月4日开工，2019年11月27竣工。中咨海外咨询有限公司建设，通用（北京）建筑设计院有限公司设计，北京首华建设经营有限公司施工，京兴国际工程管理有限公司监理。

（蒋文平）

【铁狮子巷15号楼老旧小区综合整治工程竣工】 工程位于西城区西直门玉桃园一区。包括楼内上下水及暖气管线改造及装饰、建筑工程，室外上下水、暖所管线、电力架空线入地、围墙及道路等。工程总投资1299.39万元。2019年7月26日开工建设，2019年12月10日竣工。北京市西城区政府投资项目建设中心建设，北京坦程建筑设计有限公司设计，中国新兴建筑工程有限责任公司施工，北京日日豪工程建设监理有限公司监理。

（齐彦博）

【西城区山西街6号院2号楼103、203、205及206号装修工程竣工】 工程位于西城区山西街6号院底商，建筑面积3440.76平方米，地上1层。工程内容包括装修工程、给排水工程、暖通工程、电气工程、室外改造工程等图纸所示范围内的全部施工。工程总造价1197.87万元。2019年2月20日开工，2019年12月23日竣工。北京市西城区机关事务服务中心建设，北京中建建筑设计院有限公司设计，北京城建远东建设投资集团有限公司施工，北京五环国际工程管理有限公司监理。

（楼焕琳）

【西城区2018年老旧小区综合整治工程万明园小区竣工】 工程位于西城区万明园小区，建筑面积49168.9平方米。包括南河沿1、2号楼加固节能综合整治，外窗更换，楼内公共区域整治，外墙饰面翻新粉刷，空调规整，增加空调护栏，楼外线缆规整，绿化补建，道路修补，完善安防设施，弱电入地等。工程总投资 4586.82 万元。2019 年 5 月 10 日开工建设，2019 年 12 月 31 日竣工。北京西城区房屋土地经营管理中心建设，北京筑福建筑科学研究院有限责任公司设计，北京首华建设经营有限公司施工，北京鼎信建业工程建设监理有限公司监理。

（齐彦博）

【2018 年海淀区中关村街道老旧小区综合整治项目】 工程位于海淀区东南小区，建筑面积 12211.5 平方米，工程内容为东南小区 946、947 号楼本体及小区公共区域综合整治。包括外墙装修及保温、外门窗改造、屋面防水、室内上下水改造、热计量改造、电梯工程、楼内公共区域改造、室外管网改造、绿化工程、路面硬化工程、公共照明设施、自行车棚翻新、信报箱更换、文化活动用房及门卫室改造等。工程总投资 3001.85 万元。2019 年 5 月开工，2019 年 12 月竣工。中咨海外咨询有限公司建设，通用（北京）建筑设计院有限公司设计，北京首华建设经营有限公司施工，京兴国际工程管理有限公司监理。

（蒋文平）

【2018 年延庆区老旧小区综合整治工程】 工程共涉及南菜园北二区、南菜园二区、康安小区、香苑小区、颖泽州小区（51 号、53 号）等 5 个小区、95 栋楼，总建筑面积 50.2 万平方米、总投资 39205.11 万元。其中，市级财政出资 26205.11 万元、区级财政出资 13000 万元。年末，康安小区综合整治已完成。

（王海余）

重点工程建设

2019年，北京市共确定300项重点建设项目，完成建安投资1296亿元，完成年度计划的104%。年内，基础设施建设稳步推进，北京大兴国际机场如期建成通航，京张铁路等3条铁路实现通车，轨道交通7号线东延等4条轨道交通线路投入运营。

延崇高速公路（北京段）。该工程位于延庆区大浮坨村至市界，全长约33.2千米，12月竣工

（图片由市住房城乡建设委史志办提供）

图为延崇高速西羊坊隧道

（图片由北京住总集团提供）

重点工程建设

▲ 长安街西延道路工程。该工程跨石景山区、门头沟区，古城大街至三石路，为城市主干路，全长6.46千米，9月竣工

◀ 回龙观至上地自行车专用路项目。该项目位于昌平区、海淀区，文华路至上地西路，全长6.5千米，6月竣工

（以上图片由市住房城乡建设委史志办提供）

重点工程建设

2019年，协调推进铁路项目共计9项，其中前6项纳入北京市年度重点工程，年度建安投资计划100.1亿元，实际完成建安投资122亿元。京张铁路正线、京雄城际铁路（大兴国际机场以北段）、城市副中心东延支线如期通车。

京雄城际铁路（北京段）。该工程位于大区兴，北京段全长37千米，12月竣工。图为北京大兴站

（图片由市住房城乡建设委史志办提供）

京张高铁清河站 京张高铁起于北京北站，止于张家口站，全长173.96千米。其中，北京市境内70.5千米。12月30日开通运营

（图片由海淀区住房城乡建设委提供）

重点工程建设

2019年，轨道交通7号线东延、新机场线一期、八通线南延、亦庄新城现代有轨电车T1线投入运营，全市轨道交通运营总里程达到699.3千米。

轨道交通八通线南延工程。该工程位于轨道交通八通线通州区土桥站至环球影城站，全长4.5千米，12月竣工。图为环球度假区站内景

图为环球度假区站外景

（以上图片由北京市轨道交通建设管理有限公司提供）

重点工程建设

▲ 大兴机场站

▲ 大兴机场线车辆

北京大兴国际机场线一期工程。该工程南起大兴国际机场，北至中心城区草桥站，途经丰台、大兴两区，是北京市第一条快速轨道交通线路。9月26日正式投入运营

（以上图片由北京市轨道交通建设管理有限公司提供）

重点工程建设

2019 年，服务好“四个中心”功能建设，持续加大京津冀协同发展、北京城市副中心、冬奥会场馆、世界园艺博览会等重点工程和中央国家机关建设工程的协调服务力度，各项工程建设进展有序。

▲ 北京冬奥会标志性场馆国家速滑馆，12 月底实现封顶封围

（图片由北京市建设工程安全质量监督总站提供）

▲ 国家游泳中心冬奥会冰壶场馆改造项目。该项目于 12 月底投入使用

（图片由中国建筑一局集团提供）

重点工程建设

▲ 2019年中国北京世界园艺博览会中国馆项目。该项目位于延庆区世园会园区中部，为北京世界园艺博览会标志性建筑，是中国园艺的集中展区，3月竣工

▲ 世园会永宁阁。该工程位于延庆区世园会园区内，高约27米，采用辽金时期的建筑风格，呈“高台阁胱”式布局，8月竣工

（以上图片由北京城建集团提供）

重点工程建设

▲ 2019 年中国北京世界园艺博览会国际馆。该工程位于延庆区世园会园区东部，3 月竣工

▲ 北京世界园艺博览会园区公共绿化景观一期（演艺广场）妫汭剧场，4 月竣工

（以上图片由北京建工集团提供）

重点工程建设

▲ 北京城市副中心行政办公区机关配送中心 C5 项目。该项目位于通州区潞城镇东夏园地铁向北 300 米，12 月竣工

▲ 北京学校小学部。该工程位于北京城市副中心行政办公区宋梁路以东片区，9 月竣工

（以上图片由北京建工集团提供）

重点工程建设

▲ 亚洲基础设施投资银行总部永久办公场所项目。该项目位于奥林匹克公园中心区 B27-2 地块，总建筑面积 39 万平方米，9 月竣工

亚洲基础设施投资银行总部永久办公场所内景 ▶

（以上图片由北京建工集团提供）

重点工程建设

2019年，教育、医疗、养老、文化、体育、便民设施等民生改善项目提速升级，100项重点民生改善项目完成建安投资441亿元。

昌平区回龙观西城区旧城保护定向安置房配套医院工程。建设规模约14.3万平方米，8月竣工

融坤养老项目。该项目位于东城区地坛公园13号，包括养老设施及病房等，12月竣工

（以上图片由市住房城乡建设委史志办提供）

重点工程建设

▲ 顺义区中医医院迁建项目。该项目位于顺义新城第13街区，建设规模约13.8万平方米，12月竣工

（图片由市住房城乡建设委史志办提供）

▲ 朝阳区建筑废弃物资源化利用中心项目。该项目位于朝阳区金盏乡，新增垃圾处理能力123万吨/年，8月竣工

（图片由北京建工集团提供）

重点工程建设

▲ 东小口城市休闲公园。项目位于东小口镇，建设面积 110.5 万平方米，6 月竣工

▲ 亮马河四环以上段景观廊道建设工程。该工程位于朝阳区麦子店街道，12 月竣工

（以上图片由市住房城乡建设委史志办提供）

重点工程建设

2019 年，交叉研究平台及大科学装置、先进制造业、服务业扩大开放、文化旅游等高精尖产业加快推进，100 项高精尖产业项目完成建安投资 254 亿元。

▲ 丽泽 SOHO 工程。该工程位于丰台区丽泽金融商务区，为商业、办公综合体，建设规模约 17 万平方米，12 月竣工

丽泽 SOHO 中庭钢结构仰视图 ▶

（以上图片由丰台区住房城乡建设委提供）

重点工程建设

中关村集成电路设计园。该工程位于海淀区中关村永丰产业基地，建设规模约22万平方米，3月竣工

（图片由市住房城乡建设委史志办提供）

小米移动互联网产业园。该项目位于海淀区安宁庄路，建设规模约34.8万平方米，10月竣工

（图片由市住房城乡建设委史志办提供）

生命科学园医药科技中心项目。该项目位于昌平区中关村生命科学园东北部，建筑面积9.70万平方米，建成后为北京市第一个脑科学研究中心

（图片由昌平区住房城乡建设委提供）

重点工程建设

2019年，完善租购并举住房保障体系，持续解决保障家庭住房困难。全市建设筹集政策性租赁住房50186套、政策性产权住房66763套，竣工各类政策性住房80262套，住房保障年度任务超额完成。

▲ 通州区台湖公共租赁住房项目。该项目位于台湖镇亦庄站前区，2019年在施

（图片由北京市保障性住房建设投资中心提供）

▲ 百子湾公共租赁住房项目（燕保·百湾家园）。该项目位于朝阳区百子湾地区，总建筑面积47.33万平方米，可提供房源4000套。12月竣工

（图片由北京市保障性住房建设投资中心提供）

重点工程建设

2019年，纳入全市计划的243个老旧小区综合整治项目中，实现改造类进场施工98个项目，完成44个项目，涉及住宅楼395栋，建筑面积293万平方米，居民3.8万户。

综合整治完工后的延庆区康安小区

（图片由延庆区住房城乡建设委提供）

朝阳区常营民族家园（G）区14—19号楼、连心园东区（G）区1—11号楼增设电梯试点项目。项目位于朝阳区常营民族家园、连心园，加装15栋单元式住宅楼电梯，共计89部，6月竣工

（图片由朝阳区住房城乡建设委提供）

重点工程建设

2019年，加大老城保护政策支持，开展申请式退租、“共生院”改造试点工作，支持开展文物腾退、历史文化街区和文化带保护建设工作。全年累计完成棚户区改造1.63万户，涉及人口约5.26万人。

共生院落民宿酒店，位于西城区菜西片区永庆胡同17号

（图片由市住房城乡建设委老城保护与修复处提供）

枫桦社区“红色四合院”党建活动室，位于西城区菜西片区西砖胡同8号

（图片由市住房城乡建设委老城保护与修复处提供）

护国观音寺保护修缮工程。该工程位于西城区樱桃斜街，12月竣工

（图片由市住房城乡建设委史志办提供）

重点工程建设

2019年，全市共有18个建筑工程项目获得国家级大奖。其中，获得中国建设工程鲁班奖（国家优质工程）3大项（6个子项），国家优质工程奖7项，中国土木工程詹天佑奖优秀住宅小区金奖5项。

北京化工大学昌平新校区图书馆。该工程位于昌平区南口镇，获得2018—2019年度第二批国家优质工程奖

嘉德艺术中心综合楼（嘉德艺术中心项目）。该工程位于东城区王府井大街，获得2018—2019年度第二批国家优质工程奖

（以上图片由市住房城乡建设委史志办提供）

重点工程建设

▲ 中国卫星通信大厦。该工程位于海淀区知春路，获得 2018—2019 年度中国建设工程鲁班奖

▲ 融创·北京壹号院 1 号住宅楼等 10 项工程。该工程位于朝阳区农展馆北路，获得 2019 年度中国土木工程詹天佑奖优秀住宅小区金奖

（以上图片由市住房城乡建设委史志办提供）

基础设施建设

概 述

2019年，北京市市政基础设施工程共办理施工许可380项，合同价260.45亿元，同比增长129.8%。共确定300项重点工程，完成建安投资1296亿元，其中100项基础设施项目完成建安投资601亿元。机场、铁路、公路、轨道交通、城市道路、能源工程、环保工程等基础设施建设成效明显，北京大兴国际机场如期建成通航，京张铁路正线、京雄城际铁路（大兴国际机场以北段）、城市副中心东延支线实现通车，长安街西延道路工程实现开放交通，轨道交通7号线东延、新机场线一期、八通线南延、亦庄新城现代有轨电车T1线投入运营，全市轨道交通运营总里程达到699.3千米。

（张丽娅 陈立民 郝青青）

道路桥梁

【中关村科技园区石景山园北Ⅰ区实兴东街（中园路—三号路）供热管线竣工】 工程位于石景山区，包括土建及热机。其中土建新建钢筋混凝土检查室3座，新建钢筋混凝土隧道（2.6米×2.3米）377米，新建钢筋混凝土通行地沟（2.6米×1.8米）162.5米。热机新建DN500热力管线长539.5米。工程造价2459.89万元。2017年8月25日开工，2019年1月17日竣工。北京京石科园置业发展有限公司建设，北京市热力工程设计有限责任公司设计，北京易成市政工程有限责任公司施工，北京百事百达工程管理有限公司监理。

（何 鑫）

【大兴新城东环路（清源路—黄亦路）道路、给水、排水、再生水工程（一标段）竣工】 工程位于大兴区，为市政道路（长度1178.06米）及其相关市政管线。工程造价6718万元。2017年3月15日开工，2019年3月1日竣工。北京兴城顺通投资有限公司建设，北京市市政专业设计院股份公司设计，北京市政建设集团有限责任公司第二工程处施工，北京中建工程顾问有限公司监理。

（何 鑫）

【北京世界园艺博览会世园村基础设施与市政设施项目竣工】 项目位于延庆区延庆新城西南部，包含世园村规划一至六路、知荣街等 7 条市政道路，总长 3.8 千米。工程总投资 26928 万元，2017 年 12 月开工，2019 年 3 月竣工。北京世园投资发展有限责任公司建设，北京市市政工程设计研究总院有限公司、北京煤气热力工程设计院有限公司、北京金电联供用电咨询有限公司设计，北京城建道桥建设集团有限公司施工，北京华城建设监理有限责任公司监理。

（刘述林　秦　斌）

【站前街次石路（通马路—次渠中路）道路、雨水、给水、再生水管线工程竣工】 工程位于通州区台湖镇，站前街次石路（通马路—次渠中路）道路，全长 910 米，包括道路工程及雨水、给水、再生水、交通、照明、绿化工程及与上下游管线的接驳等（污水除外）。工程总造价 2928 万元。2016 年 10 月 11 日开工，2019 年 4 月 15 日竣工。北京星湖投资开发公司建设，北京市市政工程设计研究总院有限公司设计，北京城建一建设发展有限公司施工，北京双圆工程咨询监理有限公司监理。

（楼焕琳）

【京开高速公路（六环路—魏永路段）大修及（魏永路—西黄垡桥段）通道桥加固工程第 1 标段工程竣工】 工程位于大兴区京开高速公路六环路—魏永路段，全长 2150 米，主要施工项目分为道路工程、排水工程、绿化工程、桥梁工程、交通工程等图纸内容，属于高速公路大修性质，工程总造价 5258.84 万元。2018 年 9 月 12 日开工，2019 年 4 月 22 日竣工。北京市首都公路发展集团有限公司建设，北京国道通公路设计研究院股份有限公司设计，北京城建道桥建设集团有限公司施工，北京正远监理咨询有限公司监理。

（楼焕琳）

【肖家河南街西段道路工程竣工】 工程为肖家河地区周边配套项目，位于北五环肖家河桥北侧，地块范围：北起农大南路、南至肖家河南街、西起肖家河西路、东至圆明园西路，全长 330 米，规划道路等级为城市次干路，项目总投资 22130.58 万元。2018 年 11 月开工，2019 年 4 月竣工。北京海融达投资建设有限公司建设，北京市市政专业设计院股份公司设计，北京城建一建设发展有限公司施工，北京正宏监理咨询有限公司监理。

（王宇佳）

【延庆新城康河路（西玉路—龙庆路）道路工程竣工】 工程位于延庆新城北部，西起延崇高速（原规划西玉路），终点与龙庆路相接，是新城北部居民出行的重要交通通道，也是世园会期间北部交通进入园区重要联系通道，全长 5346 米，规划为城市主干路，红线宽 40 米。包括道路工程、排水工程、给水工程、再生水工程、桥梁工程、交通工程、照明工程、绿化工程等。工程总投资 17462 万元。2018 年 3 月 5 日开工，2019 年 5 月 27 日竣工。北京市延庆区市政容管理委员会建设，中铁第五勘察设计院集团有限公司设计，北京建工路桥集团有限公司施工，北京京博通工程咨询有限公司监理。

（廖全霞　王　爽）

【昌平北郊农场桥改建工程竣工】 工程位于昌平区回龙观，为改建工程，维持原有线性不变，在两侧加宽。改造后回龙观西大街跨京藏高速处道路由一进一出实现两进两出。南侧新建道路全长720米，宽10米，布设一条单向机动车道、一条非机动车道及一条步道。桥梁部分长180米，桥梁结构形式为（3×30）米预应力混凝土连续梁加（18+36+36）米钢混凝土组合梁；北侧新建道路全长601米，宽6.5米，仅供非机动车道及行人单向使用。桥梁部分长90米，桥梁结构形式为（36+36+18）米钢混凝土组合梁。同时对京藏高速东、西辅路、龙冠大厦门前路及南向东匝道等位置进行渠化加宽，并在相关位置新建挡墙。2017年7月31日开工，2019年5月30日竣工。工程造价4317.18万元。北京市交通委员会昌平公路分局公司建设，北京国道通公路设计研究院公司设计，北京鑫实路桥建设有限公司施工，北京顺通公路交通技术咨询有限公司监理。

（何　鑫）

【丰台区宋家庄路（南四环—石榴庄一号路）道路工程竣工】 工程位于丰台区南三环东铁匠营桥西侧，南四环榴乡桥东侧，全长1257.04米。本项目随道路工程，于凉水河处新建四跨预制箱梁一座，桥梁全长101.5米，全宽42米，桥梁面积4641平方米；于凉水河南侧新建宽2米、高1.64米、长335.5米的雨水方沟；D600改移管线64米；沿线随道路同步建设绿化、交通、照明等附属工程。工程总造价3169.28万元。2016年6月10日开工，2019年5月30日竣工。北京恒盛宏大道路投资有限公司建设，泛华建设集团有限公司设计，北京城建远东建设投资集团有限公司施工，北京市曙晨工程建设监理有限责任公司监理。

（楼焕琳）

【北部山区浅山旅游休闲带昌平段工程施工（三标段）竣工】 工程位于昌平区，包括道路工程、交通工程、信号灯工程、排水工程、盖板涵工程、桥涵工程等。工程造价4664.51万元。2015年12月9日开工，2019年6月28日竣工。北京市昌平区市政市容管理委员会建设，北京科智成市政设计咨询有限公司设计，北京市市政六建设工程有限公司施工，北京中景恒基工程管理有限公司监理。

（何　鑫）

【北京新机场军航西侧路道路及市政工程竣工】 工程位于大兴区大礼路至环场公路，建设内容为城市次干路，全长约11千米；同步实施12条连接路，全长约5.5千米。工程总投资76000万元，2018年12月开工，2019年6月竣工。北京新航城控股有限公司建设，北京市规划设计院设计，北京建工集团有限责任公司施工，北京双圆工程咨询监理有限公司监理。

（刘述林　秦　斌）

【回龙观至上地自行车专用路竣工】 项目位于昌平区、海淀区，文华路至上地西路。建设内容为自行车专用路，全长6.5千米。工程总投资37000万元，2018年9月开工，2019年6月竣工。北京市交通委员会建设，北京市市政工程设计研究总院有限公司设计，中交路桥建设有限公司、中交一公局五公司施工，北京逸群工程咨询有限公司监理。

（刘述林　秦　斌）

【康定街、荣昌东街东延、大羊坊桥及京沪高速拓宽改造工程1标段竣工】 工程位于北京经济技术开发区，荣昌东街东延起于东环路荣昌街路口，道路向东下穿京沪高速后与经海一路科创街路口相接，全长638米，等级为城市主干路，设计速度50千米/小时，路基宽59.5米。包括荣昌东街东延道路工程、桥梁工程、排水工程、给水工程、再生水工程、电力工程、电信工程、燃气工程、新建绿化工程、照明工程、雨水泵站等。工程总投资9524万元。2017年9月17日开工，2019年7月1日竣工。北京经济技术开发区基建办公室建设，北京国道通公路设计研究院股份有限公司设计，北京建工路桥集团有限公司施工，北京中城建建设监理有限公司监理。

（廖全霞　王　爽）

【旧宫镇五福堂五号路（五福堂二号路—西毓顺路）及五福堂六号路（五福堂二号路—西毓顺路）市政工程竣工】 工程位于北京经济技术开发区，旧宫镇五福堂五号路（五福堂二号路—西毓顺路），全长516米，含道路、雨水、污水、再生水、给水、电力管线、照明、绿化工程；五福堂六号路（五福堂二号路—西毓顺路），全长516米，含道路、雨水、污水、再生水、给水、电力管线、照明、绿化工程。工程总造价3112万元。2016年8月1日开工，2019年7月10日竣工。北京经济技术开发区基建办公室建设，北京市市政工程设计研究总院有限公司设计，北京城建一建设发展有限公司施工，达华工程管理（集团）有限公司监理。

（楼焕琳）

【航天城营区道路新建及改造工程竣工】 工程位于海淀区，包含邓庄北路及北区道路改造工程（一期），四栋高层周边景观工程。合同造价1496.89万元。2019年5月13日开工，2019年7月15日竣工。中国人民解放军战略支援部队航天系统部后勤部工程代建管理办公室建设，北京国道通公路设计研究院股份有限公司设计，北京市政路桥股份有限公司施工，北京铁城建设监理有限责任公司监理。

（何　鑫）

【北京终端管制中心周边道路及市政配套工程竣工】 工程位于顺义区李桥镇西路及规划一路，全长1120.87米，工程总造价2886.2万元。其中，道路工程内容包括二灰稳定碎石底基、二灰稳定碎石基层、二灰稳定碎石底基层、二灰稳定碎石中基、二灰稳定碎石上基层、粗粒式沥青底面层、细粒式沥青底面层、中粒式沥青混凝土AC-16C底面层、细粒式沥青混凝土AC-10C上面层、人行步道等施工，2019年5月5日开工，2019年7月19日竣工。排水工程内容包括雨水管线长度1408米、雨水方沟长度767.3米、雨水检查井49座、出水口2座、雨水口61座、雨水支管长度386.5米、污水管线长度1687.7米、污水检查井56座，2018年11月23日开工，2019年7月22日竣工。北京市顺义区市政市容建设服务中心建设，中国华西工程设计建设有限公司、北京市市政工程设计研究总院有限公司设计，北京城建远东建设投资集团有限公司施工，北京明鉴同建工程管理有限公司监理。

（楼焕琳）

【车公庄大街（官园桥—三里河路）大修工程竣工】 工程位于西城区（官园桥—三里河路），全长1900米，道路大修（夜间施工），包括路面铣刨加铺、人行道、路缘石更换、检查井加固。工程总造价2208万元。2019年4月25日开工，2019年7月23日竣工。北京市城市道路养护管理中心建设，北京中领工程设计咨询有限公司设计，北京城建道桥建设集团有限公司施工，北京四方工程建设监理有限责任公司监理。

（楼焕琳）

【车公庄西路（三里河路—花园桥）大修工程竣工】 工程位于海淀区（三里河路—花园桥），全长2000米，道路大修（夜间施工），包括路面铣刨加铺、人行道、路缘石更换、检查井加固。工程总造价2248万元。2019年4月25日开工，2019年7月23日竣工。北京市城市道路养护管理中心建设，北京中领工程设计咨询有限公司设计，北京城建道桥建设集团有限公司施工，北京四方工程建设监理有限责任公司监理。

（楼焕琳）

【2019年第一批市管城市道路、桥梁中修工程施工（第1标段）——马连洼北路车辙专项工程竣工】 工程位于海淀区马连洼北路（黑山扈路—上地信息产业大道）、玉泉路（莲玉桥—阜玉路口）、学院路主路（蓟门桥—学院桥）、朝阳区北土城东路（健德桥—京承高速东）、来广营东路（京顺路—马泉营西路）、双龙路（四方桥—西大望路）、丰台区蒲黄榆路（玉蜓桥—刘家窑桥）、大灰厂路（牤牛河桥—京原铁路）、丰北路辅路（丽泽桥—京港澳高速）、京开路左辅路（新发地北桥左辅路步道及隔离带等）、长青路（中国航天科工对面路口—南宫路）、石景山区阜石路辅路（铸造村公交车站、喜隆多购物中心步道），全长25112米，道路中修（夜间施工），包括路面铣刨加铺、检查井加固、人行道、路缘石更换。工程总造价1206万元。2019年5月24日开工，2019年7月25日竣工。北京市城市道路养护管理中心建设，北京城建设计发展集团股份有限公司、北京特希达交通勘察设计院有限公司设计，北京城建道桥建设集团有限公司施工，北京磐石建设监理有限责任公司、北京恒远志诚监理咨询有限公司、北京顺通公路交通技术咨询有限责任公司监理。

（楼焕琳）

【通州区孔兴路大修工程第1标段工程竣工】 工程位于通州区孔兴路，起点桩号K0＋000，终点桩号K4＋640，全长4640米，本工程为二级公路，工程内容为拆除旧路缘石，铣刨旧路基层及面层，路面铺厂拌热再生沥青混合料 4 厘米和 7 厘米，局部面层铺泡沫沥青冷再生，检查井加固，硬化路肩及边坡修整。工程总造价 1129.18 万元。2019 年 6 月 1 日开工，2019 年 7 月 31 日竣工。北京市交通委员会通州公路分局建设，西安长安大学工程设计研究院有限公司设计，北京城建道桥建设集团有限公司施工，北京正宏监理咨询有限责任公司监理。

（楼焕琳）

【通州区张采路大修工程竣工】 工程位于通州区，为通州区通往河北廊坊的一条市级干线公路，等级为二级公路。道路北起通州区土桥路口，与京塘（103 国道）公路相连，向南跨越六环路、萧太后河，在张家湾镇中心地带穿过。道路全长 7 千米，路面宽 16 米，路基宽 18.5 米—24.5 米，路面双向排水，横坡 1.5%，过村路段两侧设有人行步道，村外段均为土路肩。主要内容为路基、路面及附属工程、排水工程、交通工程，工程造价 2000.80 万元。2019 年 6 月 10 日开工，2019 年 8 月 6 日竣工。北京市交通委员会路政局通州公路分局建设，西安长安大学工程设计研究院有限公司设计，北京市政路桥股份有限公司施工，北京炬桓工程项目管理有限公司监理。

（何　鑫）

【通州区台湖镇惠民路二标段道路工程竣工】 工程位于通州区台湖镇（达昌路—生态公园西路），为城市主干路。本标段范围为 K0＋785—K0＋1553.21，长度 768.21 米。工程造价 3581.74 万元。2018 年 6 月 15 日开工，2019 年 8 月 7 日竣工。北京星湖投资开发公司建设，长春市市政工程设计研究院设计，北京市市政六建设工程有限公司施工，北京中协成工程管理有限公司监理。

（何　鑫）

【静安西街等道路大修工程施工 4 标竣工】 工程位于丰台区成寿寺路（南四环东路—亦庄西环北路），为城市主干路，总长 3.36 千米。包括道路工程、桥梁维修工程、交通工程等内容，总面积 96680.51 平方米。工程造价 3283 万元。2019 年 4 月 30 日开工，2019 年 8 月 16 日竣工。北京市城市道路养护管理中心建设，北京中领工程设计咨询有限公司设计，北京市市政一建设工程有限责任公司施工，北京磐石建设监理有限责任公司监理。

（何　鑫）

【北京未来科学城南区加密一号路道路及管线工程竣工】 工程位于北京未来科学城南区，道路工程同步实施交通、绿化、照明等工程以及管线工程（包括雨水管线、给水管线）。工程造价 1258 万元。2019 年 3 月 16 日开工，2019 年 8 月 19 日竣工。北京未来科学城发展集团有限公司建设，北京市市政工程设计研究总院有限公司设计，北京市市政三建设工程有限责任公司施工，北京致远工程建设监理有限责任公司监理。

（何　鑫）

【海淀区香泉南路及杰王府西路市政工程竣工】 工程位于海淀区香山，全长 895 米。其中，香泉南路长 595 米，起于北辛村南路，止于香山南路；杰王府西路长300米，起于杰王府北路，止于香泉南路。施工内容为道路工程、雨污水工程、缆线廊工程、热力工程，工程总造价4512万元。2019年6月1日开工，2019年8月22日竣工。北京海融达投资建设有限公司建设，中国华西工程设计建设有限公司设计，北京城建二建设工程有限公司施工，中科金石（北京）工程咨询有限责任公司监理。

（楼焕琳）

【房山区国道234大修工程第一标段竣工】 工程位于房山区，房山区国道234（紫码路—周新路）大修工程第一标段（K376＋540K384＋640），道路技术等级为一级公路，设计速度为80千米/小时，道路桩号里程范围为K376＋540—K384＋640段，路段全长8.1千米。道路标准横断面为两幅路，整体式路基，路面总宽度21米，路基宽度24.5米，红线宽60米。施工内容为对道路进行补强及病害维修处理，并完善道路附属设施。2019年4月25日开工，2019年8月25日竣工。工程造价5789.87万元。北京市交通委员会房山公路分局建设，北京京博通工程咨询有限公司监理，北京国道通公路设计研究院股份有限公司设计，北京路桥瑞通养护中心有限公司施工。

（何　鑫）

【2019年天宁寺桥系（18座桥）等3项桥梁大修工程施工1标竣工】 工程位于北京城区西南角天宁寺西便门地区，本立交为四层式交通枢纽，本次大修范围为天宁寺桥系的18座桥，分别为天宁寺东南匝道桥、天宁寺立交南向西跨河桥、天宁寺西向北匝道跨河桥、天宁寺南向东匝道跨河桥、天宁寺立交宣西大街北桥、天宁寺立交宣西大街南桥、天宁寺宣西大街北跨河桥、天宁寺宣西大街南跨河桥、天宁寺拱桥、天宁寺南向西匝道东桥、天宁寺南向西匝道西桥、天宁寺立交东向南匝道桥、天宁寺立交二环路至西客站匝道桥、天宁寺立交西向南匝道桥、天宁寺立交二环路外环主路桥、天宁寺立交二环路内环主路桥、天宁寺立交辅路跨河桥、天宁寺立交北跨河桥；立交桥系总面积为45210平方米。2019年6月15日开工，2019年8月28日竣工。工程造价3400万元。北京市城市道路养护管理中心建设，北京致远工程建设监理有限责任公司监理，北京市政路桥管理养护集团有限公司施工，北京市市政工计研究总院有限公司设计。

（何　鑫）

【香泉南路道路工程竣工】 工程位于海淀区西部地区，道路西起北辛村南路，东至香山南路，全长591.42米，规划等级为城市支路，项目总投资27168.44万元。2019年4月开工，2019年8月竣工。北京海融达投资建设有限公司建设，中国华西工程设计建设有限公司设计，北京城建集团二公司施工，中科金石（北京）工程咨询有限公司监理。

（王宇佳）

【杰王府西路道路工程竣工】 工程位于海淀区西部地区，道路南起杰王府北路，北至香泉南路，全长298.19米，规划道路等级为城市支路，项目总投资

16621.44万元。2019年4月开工，2019年8月竣工。北京海融达投资建设有限公司建设，中国华西工程设计建设有限公司设计，北京城建集团二公司施工，中科金石（北京）工程咨询有限公司监理。

（王宇佳）

【长安街西延道路工程竣工】 项目位于石景山区、门头沟区，起于古城大街，止于三石路，为城市主干路，全长6.46千米。工程总投资221445万元，2013年11月开工，2019年9月竣工。北京市首都公路发展集团有限公司建设，北京市市政工程设计研究总院有限公司设计，北京城建五建设工程、北京城建道桥建设集团、北京市市政一、中铁十八局集团第五工程有限公司、北京城乡建设集团、北京市公路桥梁建设集团、中交第一公路工程局、北京城建集团施工，北京华城建设监理有限责任公司、北京正远监理咨询有限公司、铁科院（北京）工程咨询有限公司监理。

（刘述林 秦 斌）

【旧宫镇五福堂二号路道路及管线工程、东营房南路道路及管线工程竣工】 工程位于大兴区旧宫镇，本标段共施工两条路，其一东营房南路（五福堂二号路—德贤路）设计起点桩号K0+516.91，设计终点桩号K0+8181.26，道路长度301.35米，红线宽30米，新建雨污水、给水、再生水、燃气、电力管线，道路总面积9040.5平方米，规划等级为城市次干路。其二五福堂二号路设计起点与南大红门路相交为平交灯控字路口，设计终点位置与东营房南路相交为平交灯控丁字路口，路长477.71米，路宽40米，新建雨污水、给水、再生水、燃气、电力管线，道路面积19108.4平方米，工程造价4128万元。2015年5月23日开工，2019年10月28日竣工。北京市大兴区旧宫镇人民政府建设，北京市市政工程设计研究总院有限公司、北京三吉利电力工程设计有限责任公司、北京市自来水设计有限责任公司、北京市公用工程设计监理有限公司设计，北京市市政一建设工程有限责任公司施工，达华工程管理（集团）有限公司监理。

（何 鑫）

【2019北京世界园艺博览会世园村基础设施与市政设施项目（管线综合及城市道路）工程竣工】 工程位于延庆新城西南部，本次备案内容热力管线，燃气管线，再生水管线，给水管线。总规模9248.5米，工程造价2206.7万元。2017年12月20日开工，2019年10月16日竣工。北京世园投资发展有限责任公司建设，北京市煤气热力工程设计院有限公司、北京金电联供用电咨询有限公司、北京市市政工程设计研究总院有限公司设计，北京城建道桥建设集团有限公司施工，北京华城建设监理有限责任公司监理。

（熊于男）

【2019北京世界园艺博览会世园村基础设施与市政设施项目（管线综合及城市道路）工程竣工】工程位于新城西南部，本次备案内容包括污水管线，雨水管线，

7条市政道路。1起点：延康路，止点：规划二路；2起点：阜康路，止点：规划二路；3起点：百康路，止点：规划五路；4起点：百康路，止点：规划三路；5起点：百康路，止点：规划三路；6起点：阜康路，止点：规划二路；7起点：延康路，止点：规划二路。总长9703.84米，工程造价7112.83万元。2017年12月20日开工，2019年10月31日竣工。北京世园投资发展有限责任公司建设，北京市煤气热力工程设计院有限公司、北京金电联供用电咨询有限公司、北京市市政工程设计研究总院有限公司设计，北京城建道桥建设集团有限公司施工，北京华城建设监理有限责任公司监理。

（熊于男）

【门头沟区石担路预防性养护工程竣工】 工程位于门头沟区，设计范围为K0＋000—K13-000，起点为石门营路口，终点为陈家庄，道路全长13千米。现况道路一级公路段为三/四幅路形式，二级公路段为一幅路形式，标准路基宽15米—53.5米，路面宽13.5米—2×12.25米。此次预防性养护一级公路段道路主路总面积201238平方米，辅路总面积71412平方米；二级公路段道路总面积74756平方米。本道路主要病害为修补、横纵缝、车辙、龟裂、沉陷及网裂等。工程造价3374.69万元。2019年5月1日开工，2019年11月15日竣工。北京市交通委员会门头沟公路分局建设，北京国道通公路设计研究院股份有限公司设计，北京路桥瑞通养护中心有限公司施工，北京市七环工程技术咨询有限责任公司监理。

（何　鑫）

【安宁庄西路北延道路工程竣工】 工程位于海淀区，作为区域内南北向的一条重要道路，南起安宁庄路，北至西二旗大街，全长798.03米，规划等级为城市次干路，项目总投资8428.55万元。2018年11月开工，2019年11月竣工。北京海融达投资建设有限公司建设，北京市市政专业设计研究院股份公司设计，北京住总正通市政工程有限公司施工，北京致远工程建设监理有限责任公司监理。

（王宇佳）

【颐西路北延道路工程竣工】 工程位于海淀区西部地区，道路南起颐西路终点，向北上跨北长河，沿现状道路向西再折向北，终点与现状玉泉山路相交，全长399.70米，设计道路等级为城市支路，项目总投资1937.24万元。2018年10月开工，2019年11月竣工。北京海融达投资建设有限公司建设，北京市市政专业设计院股份公司设计，北京市时代市政工程有限公司施工，北京恒达诚信工程咨询有限公司监理。

（王宇佳）

【潞城中路、张凤路中修工程竣工】 工程位于通州区潞城镇。张凤路工程全长4.26千米，道路等级为二级公路，设计速度50千米/小时，路面宽16米，路基宽19米，主要施工内容：铣刨旧路、加铺面层、基层、病害处理。潞城中路全长4千米，主要施工内容：拉毛路面、病害处理、面层摊铺。工程造价1502.60万元。2019年10月8日开工，2019年12月10日竣工。北京市交通委员会通州公路分局建设，西安长安大学工程设计研究院有限公司设计，北京市政路桥股份有限公司施工，北京顺通公路交通技术咨询有限责任有限公司监理。

（何　鑫）

【郎辛庄北路工程竣工】 工程位于朝阳区，为城市次干路，红线宽度为40米，道路实施全长1.4千米。跨越现况通惠排干渠及通惠灌渠河道处各设置跨河桥一座，并设置慢行系统通道一座，沿线随道路工程一同修建雨水、燃气、电信等管线工程。钢筋混凝土闭合框架式桥涵2座；钢筋混凝土地下慢行系统人行通道1座；雨水管道工程约1.4千米；道路工程1.4千米，包括路基、路面、路缘石、人行步道等项目；现况通信杆线、电力杆线、上水管道、中水管道、燃气管道、通信管块拆改移工程。工程造价7900万元，2019年10月20日开工，2019年12月28日竣工。北京市公联公路联络线有限责任公司建设，北京国道通公路设计研究院股份有限公司设计，北京京博通工程咨询有限公司监理，北京市政路桥股份有限公司施工。

（何　鑫）

【延崇高速公路（北京段）竣工】 项目位于延庆区大浮坨村至市界，为高速公路，全长约33.2千米，包含路段高架桥、康河路立交、路基挖方、路基填方、路面（不含主路沥青混凝土面层）、排水防护等。工程总投资1539493万元。2016年12月开工，2019年12月31日竣工。北京市首都公路发展集团有限公司建设，北京市市政工程设计研究总院有限公司、北京国道通公路设计研究院股份有限公司设计，北京市政集团、中交路桥建设有限公司、北京城建集团、北京市政一公司、中铁六局集团有限公司、中铁十六局集团有限公司、北京住总集团联合体，中铁十四局集团有限公司、中铁十五局集团有限公司、中交一公局施工，北京逸群工程咨询有限公司、中咨公路工程监理咨询有限公司监理。

（刘述林　秦　斌）

【2019年市级疏堵工程第4标段-五环路上清桥疏堵工程竣工】 工程位于五环路上清桥，全长2500米，工程内容包括新建恢复道路、完善交通设施及相关附属设施等。工程总造价873.21万元。2019年10月25日开工，2019年12月31日竣工。北京市路政局道路建设工程项目管理中心建设，北京国道通公路设计研究院股份有限公司设计，北京城建远东建设投资集团有限公司施工，北京恒达诚信工程咨询有限公司监理。

（楼焕琳）

【北京大兴国际机场高速公路（南五环-北京新机场）工程竣工】 工程位于大兴区南五环至北京新机场，为高速公路，全长约27千米。工程总投资1710138万元，2016年12月开工，2019年12月竣工。北京市基础设施投资有限公司建设，北京市市政工程设计研究总院有限公司设计，北京城建道桥建设集团有限公司、中铁一局集团有限公司、北京市政路桥股份有限公司等单位施工，中咨公路工程监理咨询有限公司、北京逸群工程咨询有限公司监理。

（刘述林　秦　斌）

【新机场北线高速公路（北京段）PPP项目竣工】 项目位于大兴区京冀涿州界至京冀廊坊界，为高速公路，全长约24.59千米。工程总投资1100070万元，2017年12月开工，2019年6月竣工。北京华北投新机场北线高速公路有限公司建设，北京国道通公路设计研究院股份有限公司设计，中铁十六局总承包部、中国铁建大桥局总承包部施工，北京京博通工程咨询有限公司监理。

（刘述林　秦　斌）

【环球主题公园增设六环路立交工程竣工】 项目位于通州区台湖镇，在六环路新建立交1座。工程总投资27000万元，2017年12月开工，2019年12月竣工。北京市首都公路发展集团有限公司建设，北京市市政工程设计研究总院有限责任公司设计，北京城建集团有限责任公司施工，北京京博通工程咨询有限公司监理。

（刘述林　秦　斌）

城市轨道

【北京轨道交通新机场线磁各庄地铁工程竣工】 工程位于大兴区。磁各庄站为明挖、全地下岛式车站，总建筑面积25251.3平方米。主体结构尺寸为425.5米×26米×（17.54—19.64）米，有效站台长度为186米，根据施工需求将车站共分为16仓，平均每仓长度约26米，主体支护采用ϕ1000毫米灌注桩＋ϕ800毫米钢支撑＋桩间网喷组成支护体系，用竖向分层，水平分段，中间拉槽、两侧留台的开挖原则，其中灌注桩共550根，钢支撑共350根。工程造价31300万元。2016年11月1日开工，2019年9月20日竣工。北京城市铁建轨道交通投资发展有限公司建设，中铁第五勘察设计院集团有限公司设计，北京市市政四建设工程有限责任公司施工，北京双圆工程咨询监理有限公司监理。

（何　鑫）

【北京大兴国际机场线一期工程竣工】 工程南起大兴国际机场，北至中心城草桥站，途经丰台、大兴两区，是北京市第一条快速轨道交通线路。该线路全长41.36千米，其中地下段22.4千米，高架段16.3千米（与机场高速共构段长7.9千米），路基及U型槽2.66千米。全线共设三座车站，分别为大兴机场站、大兴新城站、草桥站。同时设置磁各庄车辆段，规划预留新机场北停车场。车辆首次采用基于城际平台的宽体市域车型，最高运行速度达到160千米/小时，采用了世界最高等级、具有完全自主知识产权的全自动驾驶系统，不仅可以实现无人驾驶，还可实现列车自动唤醒、自检、运行、休眠等全过程。列车品质对标航空，为乘客提供舒适便捷的乘坐体验。大兴机场线是北京市轨道交通“十三五”规划中的一条骨干线路，是京津冀一体化发展战略建设项目的重要组成部分，是北京大兴国际机场“五纵两横”配套交通工程中的快速、直达、大运量的公共交通服务专线、快线，对加速京津冀地区经济融合、助力新引擎建设将起到积极推进作用。该项目是北京市在轨道交通领域首次通过政府和社会资本合作方式（PPP）吸引社会投资人参与建设、投资、运营管理的城市轨道线路。项目总投资约 292.63 亿元。2016 年 12 月 26 日施工进场，2019 年 9 月 26 日正式投运。北京市轨道交通建设管理有限公司建设，北京城建设计发展集团股份有限公司、北京市建筑设计研究院有限公司、中铁隧道勘测设计院有限公司、中铁工程设计咨询集团有限公司、中铁第五勘察设计院集团有限公司、北京城建设计发展集团股份有限公司、天津市市政工程设计研究院、北京市轨道交通设计研究院有限公司、中铁工程设计咨询集团有限公司、中铁电气化勘测设计研究院有限公司、北京全路通信信号研究设计院有限公司、中国中元国际工程有限公司、中国电子工程设计院设计，北京城建集团有限责任公司、北京市政路桥股份有限公司、中国铁建股份有限公司负责总包施工，中咨工程建设监理有限公司、北京双圆工程咨询监理有限公司、北京逸群工程咨询有限公司负责工程监理。

（尹文竹）

【北京轨道交通 7 号线二期（东延）工程竣工】 工程敷设于朝阳、通州两个城区，线路从焦化厂站站后折返线至终点，全长约 16.7 千米，全部为地下线，共设车站 9 座，平均站间距 1.84 千米，其中 5 座换乘站：规划线路换乘 3 座（豆各庄站与 M30 换乘、万盛南街西口站与 S6 换乘、云景东路与 M102 换乘），同步实施线路换乘 2 座（施园站和环球影城站与八南换乘）。7 号线东延是横穿北京南城的东西向重要骨干线路，建成后与 7 号线一期贯通运营，可直接实现东西城区乘客去副中心。7 号线列车车型采用标准 B 型车，8 辆编组，远期最小行车间隔 2 分钟。在六环内，群芳南街南侧设置张家湾车辆段一座。工程总投资 141.9 亿元。2016 年 4 月开工，2019 年 12 月实现通车初期运营。北京市基础设施投资有限公司建设，北京市轨道交通建设管理有限公司代建，北京市市政工程设计研究总院有限公司设计，北京城乡建设集团有限责任公司、北京住总集团有限责任公司、北京城建轨道交通建设工程有限公司、中铁二局集团有限公司、中铁电气化局集团有限公司施工，铁科院（北京）工程咨询有限公司、北京赛瑞斯国际工程咨询有限公司、北京四方工程建设监理有限责任公司、中咨工程建设监理有限公司监理。

（尹文竹　刘述林　秦　斌）

【北京轨道交通八通线南延工程竣工】 工程起自既有八通线终点土桥站（不含），向南敷设，终点为环球影城站，建成后与八通线贯通运营。线路全长4.5千米，新设车站2座，分别为施园站与环球影城站，全部与7号线换乘。该线列车车型采用标准B型车，6辆编组，最小行车间隔2分钟。八通线南延为北京城市副中心交通出行服务的重要轨道交通线路，为副中心文化旅游区以及环球影城项目提供了轨道交通支撑。工程总投资42.4亿元。2017年12月开工，2019年12月实现通车初期运营。北京市基础设施投资有限公司建设，北京市轨道交通建设管理有限责任公司代建，北京城建设计发展集团股份有限公司总体设计，北京住总集团有限责任公司施工，中咨工程管理咨询有限公司监理。

（尹文竹　刘述林　秦　斌）

【亦庄新城现代有轨电车T1线工程竣工】 项目位于北京经济技术开发区核心区、路南区等，全长13.1千米。全线设站15座，全部为地面站，其中岛式车站10座，交错侧式车站4座，标准侧式车站1座。南端设车场一处，占地约10.3万平方米，北端设停车线。工程总投资286710万元，2018年4月开工，2019年12月竣工。北京亦庄公交有轨电车有限责任公司建设，北京市市政工程设计研究总院有限公司设计，河北建设集团股份有限公司、北京市第五建筑工程集团有限公司、北京城建轨道交通建设工程有限公司、北京市市政六建设工程有限公司、中铁十九局集团有限公司、中铁建设集团有限公司、中国新兴建设开发有限责任公司、江苏南通二建集团有限公司施工，中铁华铁工程设计集团有限公司监理。

（刘述林　秦　斌）

铁路建设

【铁路工程进展情况】 2019年，市住房城乡建设委协调推进的铁路项目共计9项，分别是京张、京雄城际、京沈客专、城际联络线一期、京唐城际、丰台火车站改建、京通、京原铁路电气化改造，城市副中心线东延支线，其中前6项纳入北京市年度重点工程，年度建安投资计划100.1亿元，实际完成建安投资122亿元，完成率121.9%。年内，京张铁路正线、京雄城际铁路（大兴国际机场以北段）、城市副中心东延支线如期通车。

（马天航）

【京张高铁正式运营通车】 京张高铁是我国《中长期铁路网规划》“四纵四横”客运专线的重要组成部分，是铁路“十三五”规划的重大项目，是2022年北京—张家口冬季奥运会的重要交通配套设施。京张高速铁路起自北京北站，途经海淀区、昌平区和延庆区，由延庆区康庄镇入河北省境内，最终到达张家口站，呈东西走向，全长173.964千米，其中北京市境内70.503千米，海淀段全长16.39千米，设计速度350千米/小时。2016年4月29日开工，2019年12月30日正式开通运营。中国铁路北京局集团有限公司建设，中铁工程设计咨询集团有限公司设计，中铁建工集团有限公司施工，北京铁建工程监理有限公司监理。

（王宇佳）

【京张铁路北京段】 京张高铁北京段从北京枢纽北京北站引出，途经北京市海淀、昌平、延庆三个区，全长70.5千米，沿线设北京北、清河、沙河、昌平、八达岭长城5座车站。2019年6月，京张高铁北京段实现全线轨道铺通，9月站后“四电”工程全部实现进地施工，10月初开始联调联试，12月30日正线正式开通运营。京张高铁北京段工程于2016年4月开工，历时3年8个月，累计完成宅基地拆迁10.9万平方米、非宅拆迁23.2万平方米、迁移坟茔1735座、树木伐移84.93万棵，顺利完成了30处220千伏及以上电力迁改以及28处站后“四电”等工程。

（马天航）

【京雄城际铁路北京段】 京雄城际铁路北京段约37.6千米，起自丰台李营向南至京冀省市界，途径丰台区、大兴区，沿线设黄村站、大兴国际机场站。采用分段建设，其中，李营至大兴国际机场段约34千米，2019年4月开始铺轨，5月初完成，7月开始联调联试，9月27日开通运营。大兴国际机场至京冀省市界长约3.6千米，全部为隧道形式，截至2019年12月31日，隧道工程已全部贯通，线下主体工程完成约90%。按照建设单位的施组计划，大兴国际机场以南段预计2020年底开通运营。

（马天航）

【京沈客运专线北京段】 北京段全长98.4千米。2019年6月，涉及铁科院非宅拆迁全部完成，保障了7月份动车所的建设。7月31日，北京朝阳站既有铁路范围内铁路房屋拆迁完成。12月初，梨花顶隧道贯通，标志着京沈客专北京段隧道工程全部贯通。截至12月底，站前工程完成86%，四电工程完成45%。沿线4座车站中顺义西、怀柔南、密云站站房基础建设基本完成，北京朝阳站站房主体结构完成83%

（马天航）

【京唐城际铁路北京段】 北京段正线全长约8.86千米（其中北京城市副中心站约4千米）。北京段于9月份全面进地施工。线路涉及新征用地约10.67万平方米，截至2019年12月31日红线范围内征地拆迁已完成98%。

（马天航）

【城际联络线一期北京段】 一期工程北京段全长15.4千米。2019年1月，城际铁路联络线一期站前工程完成施工、监理招标投标工作，3月份各施工单位全面进场施工，6月份完成下穿北京大兴机场高速至永兴河段站前工程主体结构施工，9月份完成北京大兴机场站装修及站后消防工程验收工作，10月份完成下穿京台高速公路。截至12月底，城际联络线一期北京段红线内征拆完成99%。

（马天航）

【丰台火车站改建工程】 新建站房建筑面积40万平方米，站区配套房屋35.7万平方米。1月办理站房工程施工许可手续，2月国铁集团北京局与丰台区政府签订实施协议，4月份完成了丰台站改建工程京沪线第二次拨线。8月拆除影响站房工程建设的违建房屋。截至12月底，新征城市建设施工用地交付使用8.73万平方米，房屋拆迁20万平方米，铁路既有用地范围内生产房屋全部拆除，生活房屋拆除80%。

（马天航）

【京通、京原铁路电气化改造工程】 京通电气化改造涉及新征用地38块，约5.47万平方米。截至12月底，怀柔、密云区境内的新征34块用地全部交付；昌平区4块新征用地已交付1块，剩余3块正在推进中。12月底，京通铁路电气化改造工程（市郊铁路怀密线）已实现进清河站。京原铁路电气化改造工程规划尚未稳定，前期手续正在办理中。

（马天航）

【城市副中心东延支线】 城市副中心线东延支线，起始于通州西站，止于乔庄东站，全长3.1千米。2019年4月18日开工建设，6月18日工程完工，6月20日通车运营。

（马天航）

【推动工程顺利实施】 市住房城乡建设委针对2019年计划通车的京雄城际、京张、城市副中心东延支线3个铁路项目，集中解决正线征拆遗留和“四电”工程进地问题，城市副中心线东延支线、京雄城际（大兴国际机场以北段）、京张铁路已分别于2019年6月底、9月底、12月底按期通车运营。针对其他在建线路，围绕工程断点等重难点问题展开攻坚，有效保障了工程进度。

（马天航）

【推动铁路项目年度投资落地】 根据年度建安投资目标，市住房城乡建设委采取了任务分解、定点跟踪、定期调度等方式方法，及时化解制约影响投资任务落地的突出矛盾。截至12月底，累计完成建安投资122亿元，完成率121.9%，顺利完成全年建安投资任务。其中，京张铁路北京段完成建安投资35亿元，完成率125%；京雄城际铁路北京段完成建安投资15亿元，完成率100%；京沈客专北京段完成建安投资40亿元，完成率121%；丰台站改建工程完成建安投资22亿元，完成率110%；城际铁路联络线一期完成建安投资9亿元，完成率250%。

（马天航）

【集中解决重难点问题】 年内，针对困扰项目建设的重难点问题，市住房城乡建设委深入调查，摸清底数，研提针对性解决办法，采取宣传发动、压力传导、政策引导、发函督促、督察督导等综合措施，先后解决了京雄城际涉及树木伐移手续衔接、市自来水集团锅炉房迁建；京张铁路“四电”工程涉及林地“未批先伐”、新增北京北11户铁路房屋拆迁；

京沈客专星火站6户滞留铁路房屋拆迁，铁科院铁路既有用地范围内非宅拆除，温榆河特大桥跨河及汛期施工手续办理，怀牛线高压电力临时迁改；丰台站李文强等78户滞留户房屋拆迁；城际铁路联络线一期涉及佃子村养殖基地、绿茵溪谷苗木基地两处滞留非宅拆迁等问题。

（马天航）

【主动为参建单位提供服务】 年内，市住房城乡建设委深入一线、主动服务，建立动态管理台账，研提针对性方案，及时专题调度，解决问题。此外，在完成市住房城乡建设委征地拆迁主责事项的基础上，协调推进沿线环境整治、相交道路节点预留、市政管线配套、重大活动期间火工品运输使用等影响工程建设的相关问题。此外，市住房城乡建设委采取组会、发函、约谈等方式督促建设单位加快解决影响沿线群众生产生活的道路压损、房屋震裂、噪音扰民等问题。

（马天航）

【完善工作机制】 年内，市住房城乡建设委编辑成册《铁路建设协调法规文件汇编》，组织专题讲座，开展征收拆迁经验交流，促进协调业务水平提升；建立了协同推进工作机制，针对工程建设协调事项，按照缓急程度、分类管理原则，建立市、区、建设单位各自的任务台账，分别推进，定期跟踪；会同市委市政府督察部门，督促属地政府履职尽责，推动棘手、疑难问题的解决。

（马天航）

能源工程

【康延杏西支、岭杏西支110kV线路迁改工程竣工】 工程位于延庆区，工程内容包括L2线桩号0＋000—0＋980之间暗挖2.0米×2.3米电力隧道以及电力竖井、电缆支架、监控井盖、接地、防火隔板等。工程造价3027万元。2018年9月30日开工，2019年3月30日竣工。国网北京市电力公司建设，北京电力经济技术研究院有限公司设计，北京市市政三建设工程有限责任公司施工，北京吉北电力工程咨询有限公司监理。

（何　鑫）

【天津南蔡-房山500 kV送出工程（北京段）竣工】 项目位于房山区、大兴区，新建500 kV架空线54千米。工程总投资197744万元，2017年12月开工，2019年6月竣工。国网北京市电力公司建设，中国电力工程顾问集团华北电力设计院设计，北京电力工程有限公司施工，北京吉北电力工程咨询有限公司监理。

（田利民）

【北京丽泽金融商务区智慧清洁能源系统供热管网工程七标段工程竣工】 工程位

于丰台区丽泽金融商务区，地处西南二环与西南三环之间，莲花河两侧，管沟结构长 243.2 米；主管道 DN900 长 158.8 米，DN700 长 86.95 米，DN350 长 245.75 米；投料口一座。工程总造价 1574.19 万元。2018 年 6 月 1 日开工，2019 年 7 月 1 日竣工。北京华源热力管网有限公司建设，中国城市建设研究所有限公司设计，北京城建远东建设投资集团有限公司施工，北京国电德胜工程项目管理有限公司监理。

（楼焕琳）

【国家体育总局服务中心热力管线工程竣工】 工程位于东城区体育馆路，包括检查小室 3 座；暗挖隧道 527.1 米；DN60 热力管线 1136 米；固定支架 5 处，滑动支墩 136 个。工程造价 2073.10 万元。2016 年 3 月 20 日开工，2019 年 7 月 19 日竣工。国家体育总局机关服务局建设，北京冠亚伟业民用建筑设计有限公司设计，北京易成市政工程有限责任公司施工，北京百事百达工程管理有限公司监理。

（何　鑫）

【玉渊潭 220 kV 送电工程（电力隧道）第三标段竣工】 工程位于海淀区，隧道走向为沿玉渊潭南路南红线以北 5 米至西三环西侧，下穿西三环，然后沿玉渊潭南路北红线以南 3 米向东至本标段终点。包括 L1 线 2＋110—2＋407、L2 线 0＋000—0＋256 及穿越地铁段 0＋000—0＋136.916。2.6 米×2 米暗挖电力隧道：L1 线 2＋110—2＋407 段、穿越地铁段 0＋000—0＋136.916；2.6 米×5.1 米暗挖电缆隧道：L2 线 0＋000—0＋256 段；其中 L1 线的 16 号、17 号、18 号竖井为 3 米×4 米直线井，穿越地铁段的 19 号竖井为 6 米×6.6 米四通井，20 号、21 号竖井为直径 5.2 米双层直线井。17 号、19 号、21 号竖井为通风井，在 L1 线桩号 2＋320 处设接地装置一组。工程造价 3273 万元。2018 年 8 月 9 日开工，2019 年 7 月 25 日竣工。国网北京市电力公司建设，北京电力经济技术研究院、北京城建设计发展集团股份有限公司设计，北京易成市政工程有限责任公司施工，北京吉北电力工程咨询有限公司监理。

（何　鑫）

【涿州—房山供热工程输热主干线石夏路—鸿顺园锅炉房段 DN1200 供热管网工程竣工】 工程位于房山区良乡镇，全长 15951.761 米。包含热力小室 22 座，竖井 5 座，结构类型为直埋管道。工程总造价 13297.681 万元。2017 年 6 月 15 日开工，2019 年 7 月 25 日竣工。北京华源热力管网有限公司建设，北京市煤气热力工程设计院有限公司设计，北京城建道桥建设集团有限公司施工，北京百事百达工程管理有限公司监理。

（楼焕琳）

【玉渊潭 220 kV 送电工程（电力隧道）（第四标段）竣工】 工程位于海淀区玉渊潭南路，新建 2.6 米×5.1 米双层暗挖隧道 360 米，2.0 米×2.3 米暗挖隧道 52.7 米，2.6 米×2.9 米暗挖隧道 98.1 米。工程造价 3458.47 万元。2018 年 7 月 17 日开工，2019 年 8 月 27 日竣工。国网北京市电力公司建设，北京电力经济技术研究院设计，北京市政建设集团有限责任公司第四工程处施工，北京吉北电力工程咨询有限公司监理。

（何　鑫）

【凤凰岭旅游设施土地一级开发项目电力外线工程——L2 绕行标段竣工】 工程位于海淀区苏家坨镇聂各庄村，包括新建 12ϕ150＋2ϕ150 电缆管井，长度 1409 米。工程造价 1218.61 万元。2019 年 3 月 15 日开工，2019 年 9 月 10 日竣工。北京海开房地产集团有限责任公司建设，北京金电联供用电咨询有限公司设计，北京市常青市政工程有限公司施工，北京东方华太建设监理有限公司监理。

（何　鑫）

【速滑 110 kV 输变电工程（电力隧道工程）（第二标段）竣工】 工程位于沿现状奥林西路西红线以东 6 米由北向南，包括 2 米×2.3 米隧道 923 米，包括直径 4 米竖井 6 座（2—7 号）。工程造价 3210 万元。2019 年 3 月 15 日开工，2019 年 10 月 7 日竣工。国网北京电力公司建设，北京电力经济技术研究院设计，北京市常青市政工程有限公司施工，北京中景恒基工程管理有限公司监理单位。

（何　鑫）

【石龙 220 kV 电缆隧道工程竣工】 工程位于石景山区阜石路，新建电缆隧道 1380 米，主线路径全长 1216.4 米。其中包括 ϕ8.5 米暗挖四通竖井 2 座、ϕ5.2 米暗挖直线竖井 4 座，2.6 米×2.9 米暗挖电力隧道 1047.6 米；15.0 米×6.6 米明开三通井 4 座，2.6 米×2.4 米单孔明开电缆隧道 168.8 米。工程造价 4696 万元。2018 年 11 月 30 日开工，2019 年 10 月 15 日竣工。国网北京市电力公司建设，北京电力经济技术研究院有限公司设计，北京市市政三建设工程有限责任公司施工，北京吉北电力工程咨询有限公司监理。

（何　鑫）

【景山前街至五四大街热力管线工程竣工】 工程位于由东城区五四大街与北河沿街交汇处到东城区景山前街、北长街、文津街交汇处，工程内容为暗挖敷设 DN500 热力管线，管线总长 1496.2 米。其中，支线 DN800 管线共 2 米，干线 DN500 管线共 1434.9 米，支线 DN400 管线共 35.3 米，支线 DN300 管线共 14 米，支线 DN200 管线共 10 米。新建钢筋混凝土检测室 7 座。工程造价 4577 万元。2016 年 12 月 23 日开工，2019 年 10 月 25 日竣工。北京市热力集团有限责任公司建设，北京特泽热力工程设计有限责任公司设计，北京市市政三建设工程有限责任公司施工，北京致远工程建设监理有限责任公司监理。

（何　鑫）

【电力外线（凤凰岭旅游设施土地一级开发项目）工程竣工】 工程位于海淀区苏家坨镇聂各庄村，为凤凰岭旅游设施土地一级开发项目电力外线工程，包括新建 2.0 米×2.3 米暗挖电缆隧道，全线长度 1178.22 米，分设 11 座竖井，局部下穿京密引水渠。工程造价 7338.64 万元。2019 年 4 月 1 日开工，2019 年 10 月 27 日竣工。北京海开房地产集团有限责任公司建设，北京金电联供用电咨询有限公司设计，北京市常青市政工程有限公司施工，北京东方华太建设监理有限公司监理。

（何　鑫）

【北京丽泽金融商务区智慧清洁能源系统供热管网工程五标段工程竣工】 工程位于丰台区丽泽金融商务区，地处西南二环与西南三环之间，莲花河两侧，管沟结构长 333 米；主管道 DN600 长 229.76 米，DN500 长 101.8 米，DN350 长 331.56 米；新建投料口一座。工程总造价 2627.86 万元。2018 年 6 月 1 日开工，2019 年 11 月 6 日竣工。北京华源热力管网有限公司建设，中国城市建设研究所有限公司设计，北京城建远东建设投资集团有限公司施工，北京国电德胜工程项目管理有限公司监理。

（楼焕琳）

【府右街复线热力管线工程竣工】 工程位于西城区，起于长安街，止于西安门大街，管线全长 2065.45 米。其中，干线长 1719.8 米，管径：DN500；支线长 345.65 米，管径：DN300、DN250、DN200、DN125、DN100。新建检查井 14 座，分支井 10 座。工程总造价 7060.11 万元。2017 年 7 月 9 日开工，2019 年 11 月 20 日竣工。北京市热力集团有限责任公司建设，北京特泽热力工程设计有限责任公司设计，北京城建亚泰建设集团有限公司施工，北京百事百达工程管理有限公司监理。

（楼焕琳）

【国网北京电力中心库（二期）工程竣工】 工程位于大兴区黄村镇孙村组团，包括 1—4 号库，建筑面积 3.93 万平方米，地上 1 层。钢结构，工程总投资 17279 万元。2018 年 9 月 14 日开工，2019 年 11 月 21 日竣工。国网北京市电力公司建设，北京东方华脉工程设计有限公司设计，北京建工博海建设有限公司施工，北京吉北电力工程咨询有限公司监理。

（廖全霞　王　爽）

【张北可再生能源柔性直流电网示范工程竣工】 项目位于延庆区八达岭镇，新建 500 kV 直流换流站。工程总投资 309926 万元，2017 年 12 月开工，2019 年 12 月竣工。国网北京市电力公司建设，中国电力工程顾问集团中南电力设计院有限公司设计，中国能源建设集团天津电力建设有限公司施工，湖南电力工程咨询有限公司监理。

（田利民）

【京台高速公路天然气工程竣工】 项目位于大兴区京台高速沿线，从南六环至礼贤镇新建 DN1000 高压 A 管线 20 千米，从新建城南高压 A 站至安定镇新建 DN500 次高压 A 管线 10 千米。工程总投资 39000 万元，2017 年 7 月开工，2019 年 12 月竣工。北京市燃气集团有限责任公司建设，北京市煤气热力工程设计院设计，北京泰德市政工程有限公司、中国能源建设北京泰德市政工程有限公司施工，北京四方工程建设监理有限责任公司监理。

（田利民）

【通州河东 5 号调峰热源工程竣工】 工程位于通州区永顺镇，新建燃气调峰热源厂 1 座，总供热面积约 550 万平方米，新建 DN800 热力管线 1.2 千米。工程总投资 31472.00 万元，2018 年 11 月开工，2019 年 12 月竣工。北京能源投资（集团）有限公司建设，中国中元国际工程有限公司设计，北京城建亚泰建设集团有限公司施工，北京四方工程建设监理有限责任公司监理。

（田利民）

环保工程

【高安屯再生水厂二期工程竣工】 工程位于朝阳区高安屯，包括生物池、沉淀池、砂滤池、臭氧接触池及分变电室五个单体。框架结构，工程总投资 21960 万元。2017 年 10 月 10 日开工，2019 年 1 月 29 日竣工。北京城市排水集团有限责任公司建设，北京市市政工程设计研究总院有限公司设计，北京建工土木工程有限公司施工，北京四方工程建设监理有限责任公司监理。

（廖全霞　王　爽）

【房山区乡镇污水处理厂建设运营项目青龙湖镇污水处理（一期）工程竣工】 工程位于房山区青龙湖镇大马村东南侧，处理规模为 3500 吨/日，总建筑面积 3308.9 平方米，工程总造价 2171.99 万元。2018 年 1 月 15 日开工，2019 年 3 月 15 日竣工。北京北排京房环保科技有限公司建设，北京市市政工程设计研究总院有限公司设计，北京城建集团有限责任公司施工，北京磐石建设监理有限责任公司监理。

（楼焕琳）

【密云区垃圾综合处理中心工程竣工】 工程位于密云区巨各庄镇水峪村，建筑面积 3.29 万平方米，焚烧发电厂综合主厂房地上 5 层，排架结构、其他框架结构；焚烧发电厂烟筒地上 1 层，抗震墙结构。焚烧发电厂园区 10 kV 配电室、工业废水处理及中水处理站、综合水泵房、地泵房、油泵房均为地上 1 层，框架结构；焚烧发电厂工业消防水池剪力墙结构；焚烧发电厂冷却塔剪力墙结构；污水处理厂门房、调节池、综合处理车间、蒸发预处理水池、生化池、综合水池均为地上 1 层，框架结构；污水处理厂蒸发处理车间地上 1 层，钢结构；管理区办公楼、综合楼均为地上 2 层，框架结构；管理区主出入口地泵房、洗车槽均为地上 1 层，框架结构；粪便及餐厨垃圾处理厂处理车间、门房均为地上 1 层，框架结构；粪便及餐厨垃圾处理厂浆液储存池为剪力墙结构。工程总造价 29234.67 万元。2016 年 7 月 11 日开工，2019 年 4 月 16 日竣工。密云区市政市容管理委员会建设，中国城市建设研究院有限公司设计，北京城建六建设集团有限公司施工，北京五环国际工程管理有限公司监理。

（楼焕琳）

【北京市定福庄再生水厂工程竣工】 工程位于朝阳区黑庄户乡定辛庄东村南侧、京沈高速公路北侧和双桥东路东侧，占地面积29.98万平方米，钢筋混凝土结构，设计处理规模30万立方米/天。主要建、构筑物数量55座，总建筑面积约19716.15平方米；厂区综合管线敷设约19367米；厂区道路及甬路总面积约33400平方米。工程总造价70293.12万元。2014年5月15日开工，2019年5月27日竣工。北京城市排水集团有限责任公司建设，北京市市政工程设计研究总院有限公司设计，北京城建集团有限责任公司施工，北京鸿祥工程建设监理有限责任公司监理。

（楼焕琳）

【朝阳区建筑废弃物资源化利用中心项目竣工】 项目位于朝阳区金盏乡，建筑废弃物资源化利用中心新增垃圾处理能力123万吨/年。工程总投资37659万元，2018年3月开工，2019年8月竣工。北京首建环保有限责任公司建设，中国城市建设研究院有限公司设计，北京建工集团有限责任公司施工，北京华厦工程项目管理有限责任公司监理。

（田利民）

【朝阳区北小河流域（北湖渠路—京承高速公路、五环路—坝河）截污管线工程竣工】 工程位于朝阳区北小河沿岸，包括北小河（北湖渠路—京承高速公路）截污管线工程，北小河（五环路—首都机场高速公路）截污管线工程，北小河（首都机场高速公路—滨河路南侧）截污管线工程，北小河（滨河路南侧—坝河）截污管线工程，黑桥三干沟（现状铁路—北小河右岸）截污管线工程和北小河左岸支干线（北皋村路—北小河左岸）污水管线工程共6条线路，管线总长约11000米，管径D200—D1000。工程总投资10068万元。2016年12月30日开工，2019年11月11日竣工。北京城市排水集团有限责任公司建设，北京城建设计发展集团股份有限公司设计，北京建工土木工程有限公司施工，北京磐石建设监理有限责任公司监理。

（廖全霞　王　爽）

【新航城再生水厂（一期）工程竣工】 项目位于大兴区礼贤镇，建成后东区新增再生水处理能力3万吨/日，西区新增再生水处理能力5万吨/日。工程总投资35135.55万元，2018年12月开工，2019年12月竣工。北京新航城水务有限公司建设，北京市市政工程设计研究总院有限公司设计，中建三局集团有限公司施工，北京燕波工程管理有限公司监理。

（田利民）

机场建设

【北京新机场东航基地项目一阶段工程第Ⅳ标段竣工】 工程位于大兴区，为东方航空公司的航空食品区和地面服务区，建筑面积 61660 平方米，地下 1 层、地上 3 层，檐高 24 米，框架-剪力墙结构，工程总投资 39805 万元。2018 年 1 月 25 日开工，2019 年 5 月 15 日竣工。中国东方航空股份有限公司建设，中国航空规划设计研究总院有限公司设计，中铁建设集团有限公司施工，北京希达建设监理有限责任公司监理。

（张晓莉）

【大兴国际机场航站区工程竣工】 工程位于大兴区永定河北岸，大兴区礼贤镇、榆垡镇和河北省廊坊市广阳区之间，北距天安门 46 千米，西距京九铁路 4.3 千米，南距永定河北岸大堤约 1 千米，距首都机场 68.4 千米，是国家重点工程。本期按 2025 年旅客吞吐量 7200 万人次、货邮吞吐量 200 万吨、飞机起降量 62 万架次的目标设计，建设 4 条跑道、建筑面积 140 万平方米。2015 年 9 月开工，2019 年 6 月竣工。2019 年 9 月 25 日正式投入运营。北京新机场建设指挥部建设，北京市建筑设计研究院有限公司设计，北京城建集团、北京建工集团、中国建筑第八工程局施工，北京华城建设监理有限责任公司监理。

（邸雪峰　陈前丞）

【北京新机场工程（航站楼及换乘中心）（核心区）工程竣工】 工程位于大兴区榆垡镇、礼贤镇和河北省廊坊市广阳区之间，建筑面积 53.317 万平方米，地下 2 层、地上 5 层。北京新机场航站楼造型新颖，功能先进，结构复杂，主体结构为全现浇钢筋混凝土框架结构，屋盖钢结构采用空间网架结构体系。工程总造价 696400 万元（合同额）。2015 年 9 月 26 日开工，2019 年 9 月 12 日竣工。首都机场集团公司建设，北京市建筑设计研究院有限公司、中国民航机场建设集团公司设计，北京城建集团有限责任公司施工，北京华城建设监理有限责任公司监理。北京新机场航站楼为全球单体面积最大的建筑，在国内首次有高铁从地下穿行，首次采用双层出发、双层到达设计，地下设有高铁、地铁、城际铁路共 5 条铁路线。

（楼焕琳）

【大兴国际机场东航基地项目核心工作区一期工程竣工】 工程位于大兴区礼贤镇、榆垡镇与河北省廊坊市广阳区之间，北京新机场用地红线范围内，包括 F03-1—4 号后勤楼、F05-1 号运行楼、F05-2 号培训会议楼、F05-3 号和 F05-4 号综合业务楼、地下室共计 8 个单体工程，总建筑面积 162705 平方米。地下 2 层；1—3 号后勤楼地上 11 层，4 号后勤楼地上 3 层；1 号运行楼地上 9 层，2 号培训会议楼地上 4 层，3 号、4 号综合业务楼地上 9 层。框架剪力墙结构，工程总投资 7.78 亿元。2017 年 12 月开工，2019 年 6 月竣工。中国东方航空股份有限公司建设，航天建筑设计研究院有限公司设计，中国建筑第八工程局有限公司施工，北京中建工程顾问有限公司监理。

（邸雪峰　陈前丞）

【大兴国际机场南航基地航空食品设施项目竣工】 工程位于大兴区榆垡镇、礼贤镇和河北廊坊市广阳区之间，北京新机场工程红线范围内A-01-01地块与A-02-01地块。主要功能为南航基地航空食品设施，总建筑面积69380平方米。其中，航食地块配餐中心（含高架库）建筑面积53192平方米，业务配餐用房建筑面积15253平方米，洗车房及垃圾处理用房建筑面积737平方米，1号门卫室24平方米，2号门卫室89平方米，自行车棚85平方米。框架剪力墙/框架-剪力墙/门式钢架结构，工程总投资约7亿元。2017年11月开工，2019年6月竣工。中国南方航空股份有限公司建设，中国中元国际工程有限公司设计，中国建筑一局（集团）有限公司施工，北京兴电国际工程管理有限公司监理。

（郳雪峰　陈前丞）

【北京新机场工作区工程（市政交通）-道桥及管网工程GZQ-DQJGW-SG-007标竣工】 工程位于永定河北岸，北京市大兴区榆垡镇、礼贤镇和河北省廊坊市广阳区之间，由14个单位工程构成，施工红线面积45万平方米。其中包含：道路6.9千米，主干一路跨河桥1座，主干四路跨河桥1座，综合管廊0.91千米，燃气管线4.06千米，热力管线2.59千米，给水管线8.9千米，再生水管线5.48千米，10 kV电力管线7.2千米，通信管线5.08千米，雨水管线11.65千米，雨水方沟2.47千米，污水管线4.47千米，道路照明工程及交通工程。工程总造价5.69亿元。2016年11月21日开工，2019年6月26日竣工。北京新机场建设指挥部建设，北京市市政工程设计研究总院有限公司、中国中元国际工程有限公司、北京市煤气热力工程设计院有限公司设计，北京住总集团有限责任公司施工，北京华城建设监理有限责任公司监理。

（张振东）

【北京新机场工作区工程（市政交通）-道桥及管网工程GZQ-DQJGW-SG-001标段竣工】 工程位于永定河北岸、北京市大兴区榆垡镇、礼贤镇和河北省廊坊市广阳区之间，包含道路与交通工程、桥梁工程、给水工程、排水工程、再生水工程、固体废弃物工程、综合管廊工程、电气工程、管线综合工程。其中，综合管廊全长1311米；道路全长约7.27千米；桥梁工程全长809.5米，桥梁面积25952平方米。工程总投资67558.69万元。2016年12月10日开工，2019年9月20日竣工。北京新机场建设指挥部建设，北京市市政工程设计研究总院有限公司设计，中铁建设集团有限公司施工，北京希达建设监理有限责任公司监理。

（张晓莉）

【大兴国际机场工作区工程（市政交通）-道桥及管网工程GZQ-DQJGW-SG-006标段竣工】 工程位于大兴区榆垡镇、礼贤镇和河北廊坊市广阳区之间，包括出场路高架桥1.88千米、道路7.8千米；201—204号4座10 kV开闭站；道路下综合管廊、雨水方沟、热力方沟、电力隧道和直埋雨污水管线、给水管线、再生水管线、热力管线、燃气管线、通信管线。工程造价约6.5亿元。2016年10月13日开工，2019年6月竣工。北京新机场建设指挥部建设，北京市市政工程设计研究总院有限公司、北京市煤气热力工程设计院有限公司、中国中元国际工程有限公司设计，北京城建集团有限责任公司施工，北京华城建设监理有限责任公司监理。

（邸雪峰　陈前丞）

【北京新机场东航基地项目一阶段工程第III标段竣工】 工程位于大兴区榆垡镇、礼贤镇和河北省廊坊市广阳区之间，北京新机场用地红线范围内，包括北区机库、北区机库附楼、机库业务楼、食堂、北区值班用房、工装设备厂房、航材库、北区能源动力中心、特种车库、空侧机动车辆维修厂房、空侧非机动车辆维修厂房、机务油料库、化工品库、机务维修卡扣及附属配套，建筑面积8.5万平方米。其中，北区机库地上1层，北区机库附楼地上4层，机库业务楼地上4层，食堂地上3层，北区值班用房地上5层，工装设备厂房地上2层，航材库地上4层，北区能源动力中心地下1层、地上1层，特种车库地上1层，空侧机动车辆维修厂房地上2层，空侧非机动车辆维修厂房地上1层，机务油料库、化工品库、机务维修卡扣及附属配套地上1层。框架结构，工程总投资49672万元。2017年11月21日开工，2019年6月20日竣工。中国东方航空股份有限公司建设，中国航天建设集团有限公司设计，北京建工集团有限责任公司施工，西安西北民航项目管理有限公司监理。

（廖全霞　王　爽）

【北京新机场西塔台工程竣工】 工程位于大兴区北京大兴国际机场航站楼西侧指廊南端，总建筑面积3795平方米，其中地上3310平方米，地下485平方米。地下结构1层，地上结构20层。工程结构为钢筋混凝土核心筒结构（高耸结构）。工程总造价6227.26万元。2017年5月27日开工，2019年6月25日竣工。中国民用航空华北地区空中交通管理局建设，中国民航机场建设集团公司设计，北京住总集团有限责任公司施工，北京希达工程管理咨询有限公司监理。

（王　奇）

【北京新机场航食配餐工程竣工】 工程位于永定河北岸，北京市大兴区榆垡镇、礼贤镇和河北省廊坊市广阳区之间，建筑面积1.8534万平方米，地下1层、地上3层，框架结构，工程总造价16337万元。2018年9月6日开工，2019年6月27日竣工。北京新机场建设指挥部建设，中国航空规划设计研究总院有限公司设计，北京城建十建设工程有限公司施工，北京伟泽工程项目管理有限公司监理。

（楼焕琳）

【北京新机场货运区工程一标段竣工】 工程位于大兴区榆垡镇、礼贤镇和河北廊坊市广阳区之间，分国际货运区和国内货运区两部分。国际货运区包括国际货运站1—3号、空侧门卫、检疫处理中心1和2号、陆侧门卫及设备用房1和2号、特运库、国际室外工程；国内货运区包括国内货运站、空侧门卫、路侧门卫及设备用房、国内室外工程，联检现场业务用房及现场查验中心和海关卡口区，建筑面积9.11万平方米。其中，国际货运区：国际货运站1—3、室外工程地上1层（局部3层）；陆侧门卫及设备用房1号地下1层、地上1层；空侧门卫、检疫处理中心1和2号、陆侧门卫及设备用房2、特运库地上1层；国内货运区：国内货运站地上1层（局部3层）；空侧门卫地上1层；路侧门卫及设备用房、室外工程地下1层、地上1层；联检现场业务用房及现场查验中心地上1层（局部2层）；海关卡口区地上1层。钢结构＋框架结构，工程总投资58382万元。2018年5月29日开工，2019年6月29日竣工。北京新机场建设指挥部建设，中国中元国际工程有限公司设计，北京建工集团有限责任公司施工，北京帕克国际工程咨询股份有限公司监理。

（廖全霞　王　爽）

【北京新机场南航基地第一标段机务维修设施项目竣工】 工程位于大兴国际机场西北侧，包括1号机库大厅及附楼、2号航材库、3号安检用房、4号食堂、5号倒班用房、6号暂存库、7号航材危险品库、8号油化库、9号特种车库、10号三站和7个连廊，建筑面积20万平方米。其中，1号机库大厅地上1层；1号机库附楼地下1层、地上3层；2号航材库地上3层；3号安检用房、4号食堂地下2层、地上2层；5号倒班用房地下2层、地上5层；6号暂存库地下1层、地上1层；7号航材危险品库、8号油化库、9号特种车库和10号三站地上1层。排架柱＋空间网架结构＋框架结构＋钢结构，工程总投资146772万元。2017年11月3日开工，2019年6月29日竣工。中国南方航空股份有限公司建设，中国航空规划设计研究总院有限公司设计，北京建工集团有限责任公司施工，北京双圆工程咨询监理有限公司监理。

（廖全霞　王　爽）

【北京终端管制中心工程竣工】 工程位于顺义区，为机场配套办公、训练、宿舍用房。框架结构，部分剪力墙结构，地上6层，地下2层，檐高24.75米，建筑面积66079.94平方米，工程总投资48280万元。2017年8月5日开工，2019年6月30日竣工。中国民用航空华北地区空中交通管理局建设，中国民用机场建设集团公司设计，中铁建设集团有限公司施工，北京鸿厦基建工程监理有限公司监理。

（张晓莉）

【北京新机场旅客航站楼及综合换乘中心（指廊）竣工】 工程位于大兴区榆垡镇、礼贤镇和河北省廊坊市广阳区之间，包括中南指廊、西南指廊、西北指廊、东南指廊和东北指廊，建筑面积30万平方米。其中，中南指廊地下3层，地上3层；西南、西北、东南和东北指廊地下1层，地上2层。框架结构＋钢结构，工程总投资338458万元。2016年3月15日开工，2019年6月30日竣工。北京新机场建设指挥部建设，中国民航机场建设集团有限公司、北京市建筑设计研究院有限公司设计，北京建工集团有限责任公司施工，北京华城建设监理有限责任公司监理。荣获北京市建筑结构长城杯、2018年度钢结构金奖、中国钢结构金奖杰出工程大奖。

（廖全霞　王　爽）

【北京新机场航站楼中国园古建工程竣工】 工程位于大兴国际机场航站楼中南指廊南端三层室外，建筑面积为401.3平方米，建筑形式为中式仿古建筑，包括1号北房、2号房敞轩、3号敞厅、4号房、5号六角亭、6号垂花门、7号八角亭、8号游廊及9号曲桥。工程总投资674万元。2019年2月12日开工，2019年8月5日竣工。北京新机场建设指挥部建设，北京市园林古建设计研究院有限公司设计，北京六建集团有限责任公司施工，北京华城建设监理有限责任公司监理。

（廖全霞　王　爽）

【北京新机场口岸非现场设施项目（海关国检综合办公楼及国检口岸疾控中心综合楼）竣工】 工程位于北京新机场航站楼东北侧的规划D-02地块内，建筑面积10.4423万平方米。其中，海关国检综合办公楼（A01综合行政办公楼等16项）施工区域包括1—4号隔油池、A01综合行政办公楼、A02检验检疫综合试验楼、A03检验检疫大空间实验室、A04海水储备间、A05气瓶间、B01食堂、C01检验检疫宿舍楼、D01海关宿舍楼、1号和2号雨水调蓄池、废水池、地库，总建筑面积94132平方米，地下1层、地上最高8层，采用梁、板式筏形基础；口岸疾控中心项目（疾控中心办公楼等4项）施工区域为废水池、疾控中心办公楼、疾控中心门诊综合楼、雨水调蓄池，建筑面积10291平方米，地上最高4层，无地下室，采用梁、板式筏形基础。主体建筑为钢筋混凝土框架及抗震墙结构，工程总造价55839.57万元。2017年11月15日开工，2019年9月12日竣工。北京市人民政府口岸办公室建设，北京城建设计发展集团股份有限公司设计，北京城建集团有限责任公司施工，北京赛瑞斯国际工程咨询有限公司监理。根据《建筑业10项新技术》内容，本工程共推广应用新技术7大项21子项，具有较好的科技示范作用。

（楼焕琳）

【北京新机场空防安保培训中心工程竣工】 工程位于大兴国际机场红线范围内东北角区域，包括A区培训教学楼和B区宿舍楼，建筑面积2.67万平方米。其中，A区培训教学楼地下1层，地上6层，局部7层；B区宿舍楼地上5层，局部6层。框架结构，工程总投资18325万元，2017年9月8日开工，2019年9月12日竣工。首都机场集团公司建设，中国航空规划设计研究总院有限公司设计，北京建工集团有限责任公司施工，北京华城建设监理有限责任公司监理。

（廖全霞　王　爽）

【北京大兴国际机场口岸非现场设施——边检项目工程竣工】 工程位于大兴国际机场航站楼东北侧1.5千米处，建筑面积6.5842万平方米，包括综合办公楼、服务保障楼、业务技术综合楼、宿舍综合楼、出入口及门卫6个单体建筑。综合办公楼建筑面积29960平方米，地下1层、地上6层；服务保障楼建筑面积7791平方米，地下1层、地上3层；业务技术综合楼建筑面积12892平方米、地上6层，局部地下1层；宿舍综合楼建筑面积10327平方米、地上7层，局部地下1层；门卫建筑面积57平方米。综合办公楼、业务技术综合楼、宿舍综合楼等高层建筑采用框架-剪力墙结构体系，服务保障楼属多层建筑，采用框架结构。工程总造价34432万元。2017年11月12日开工，2019年9月12日竣工。北京市人民政府口岸办公室建设，北京城建设计发展集团股份有限公司设计，北京城建集团有限责任公司施工，北京赛瑞斯国际工程咨询有限公司监理。根据《建筑业10项新技术》内容，本工程共推广应用新技术7大项18子项，具有较好的科技示范作用。本工程是北京市大兴国际机场配套的非现场设施之一，供北京市出入境边防检查总站在大兴国际机场的办公、备勤、遣返审查之需，承担着大兴国际机场安全保障的第一道“关口”，是“维护国民生命安全、保障国际旅客出行”最重要的防线，被誉为大兴国际机场的“国门”。

（楼焕琳）

【北京新机场（1-A号1TC办公楼等6项）工程竣工】 工程位于大兴区榆垡镇、礼贤镇和河北省廊坊市广阳区之间，建筑面积3.2217万平方米，包括ITC办公楼、AOC办公楼、AOC指挥大厅、ITC数据机房楼、地下室工程、雨水蓄水池等6项。1号建筑包括ITC办公楼、AOC办公楼、AOC指挥大厅及地下室工程，建筑面积20864平方米，地下1层、地上8层，采用平板筏基；2号建筑为ITC数据机房楼，建筑面积11353平方米、地上6层，无地下室，采用桩基础。主体建筑为钢筋混凝土框架及抗震墙结构，工程总造价32673.20万元。2017年12月25日开工，2019年9月12日竣工。首都机场集团公司建设，中国电子工程设计院设计，北京城建集团有限责任公司施工，北京华城建设监理有限责任公司监理。根据《建筑业10项新技术》内容，本工程共推广应用新技术8大项17子项，具有较好的科技示范作用。本工程是整个新机场运行控制的枢纽，承载着新机场范围内所有弱电、信息系统的运算、存储、信息交互共享、远程控制等数据处理工作，是各系统核心设备的运行场地。运用先进成熟的设备和技术将全场的监控、各类信息呈现在各工作席位或大屏幕上用于指挥调度；承担着新机场对外展示窗口的功能，是各类保障活动或处理突发应急事件的处置和会商中心，被誉为新机场的“最强大脑”。

（楼焕琳）

【北京新机场（急救病房及后勤用房、门诊楼等3项，1号办公、备勤楼等5项，1号办公综合楼等4项）工程竣工】 工程位于大兴区榆垡镇、礼贤镇和河北省廊坊市广阳区之间，总建筑面积43222平方米。北京新机场1号办公、备勤楼等5项建筑面积16701平方米，其中1号办公、备勤楼地下1层、地上5层，2、3号宿舍楼地上3层。北京新机场1号办公综合楼等4项总建筑面积19394平方米，其中1号办公综合楼地下1层、地上7层。北京新机场急救病房及后勤用房、门诊楼等3项建筑面积7127平方米，分两期施工，一期为门诊楼，二期为急救病房及后勤用房，其中门诊楼地下1层、地上2层，框架结构；急救病房及后勤用房地下1层、地上2层，框架结构。主体建筑为钢筋混凝土框架剪力墙结构，工程总造价34361.51万元。2018年6月1日开工，2019年9月12日竣工。首都机场集团公司建设，中国中元国际工程有限公司设计，北京城建集团有限责任公司施工，北京华城建设监理有限责任公司监理。根据《建筑业10项新技术》内容，本工程共推广应用新技术8大项17子项，具有较好的科技示范作用。2019年获“北京市建筑结构长城杯”金质奖和“北京市绿色安全样板工地”。本工程是新机场运行控制的安全保障，是武警部队、公安机关、医疗救护人员的入驻和训练场地。承担着新机场和谐稳定、安全保卫工作，是各类保障活动、突发事件的处置中心。

（楼焕琳）

【北京新机场工程（货运综合业务楼等7项）工程竣工】 工程位于大兴区榆垡镇、礼贤镇和河北省廊坊市广阳区之间，本期竣工7项，包括1号门卫、2号门卫、货运综合业务楼、4号雨水调蓄池、5号雨水调蓄池、1号化粪池、2号化粪池，建筑面积50031平方米。综合业务楼地下1层、地上8层，采用平板筏基，主体建筑为钢筋混凝土框架剪力墙结构，工程总造价30096.31万元。2018年5月29日开工，2019年9月12日竣工。首都机场集团公司建设，中国中元设计研究院设计，北京城建集团有限责任公司施工，北京帕克国际工程咨询股份有限公司监理。根据《建筑业10项新技术》内容，本工程共推广应用新技术10大项24子项，具有较好的科技示范作用。本工程是大兴机场的重要组成部分，是客货并举的重要推手。

（楼焕琳）

【首都机场集团公司员工倒班宿舍竣工】

工程位于朝阳区首都机场西路3号，建筑面积2.17万平方米，地下2层、地上12层。框架剪力墙结构，工程总投资9963万元。2017年7月26日开工，2019年9月26日竣工。首都机场集团公司建设，中国民航机场建设集团公司设计，北京建工集团有限责任公司施工，中船重工海鑫工程管理（北京）有限公司监理。

（廖全霞　王　爽）

北京大兴国际机场

北京大兴国际机场为国家重点工程，位于永定河北岸，地跨北京市大兴区礼贤镇、榆垡镇，以及河北省廊坊市广阳区，距天安门直线距离约46千米。按照2025年旅客吞吐量7200万人次、货邮吞吐量200万吨、飞机起降量62万架次的目标设计，建设“三纵一横”4条跑道、70万平方米航站楼等设施。2014年12月开工建设，2019年6月30日主要工程项目正式竣工。

▲ 北京大兴国际机场航站楼鸟瞰图

（图片由北京城建工集团提供）

北京大兴国际机场航站楼。建筑面积70万平方米，为全球单体面积最大的建筑，也是全球首个“双进双出”的航站楼，采用中央放射五指廊构型，可满足本期4500万旅客使用需求。9月12日竣工 ▶

（图片由北京城建集团提供）

北京大兴国际机场

本着可持续发展的原则，北京大兴国际机场采用滚动发展、分期建设的模式。2010 年 12 月 1 日，北京新机场建设指挥部成立；2012 年 12 月 20 日，国务院、中央军委正式批复项目建议书；2013 年 2 月 26 日，北京新机场建设领导小组成立；2014 年 12 月 26 日，北京新机场正式开工建设；2015 年 9 月 26 日，航站区工程建设全面启动。

北京大兴国际机场旅客航站楼及综合换乘中心（指廊）。该工程包括中南指廊、西南指廊、西北指廊、东南指廊和东北指廊，建筑面积 30 万平方米，6 月 30 日竣工

（图片由北京建工集团提供）

北京大兴国际机场西塔台。该工程位于机场航站楼西侧指廊南端，总建筑面积 3795 平方米，6 月竣工

（图片由华北空管局提供）

北京大兴国际机场

▲ 北京大兴国际机场跑道。新建4条跑道，“三纵一横”构型，其中东跑道长3400米，其他跑道长3800米，6月竣工

▲ 北京大兴国际机场空防安保培训中心。该工程位于大兴国际机场红线范围内东北角区域，9月12日竣工

（以上图片由市住房城乡建设委史志办提供）

北京大兴国际机场

▲ 北京大兴国际机场中国园古建工程。该工程位于机场航站楼中南指廊南端三层室外，建筑面积 401.3 平方米，8 月 5 日竣工

▲ 北京大兴国际机场航站楼中国园古建工程近景

（以上图片由北京建工集团提供）

北京大兴国际机场

2016 年 10 月 12 日，市政配套工程开工。2017 年 3 月 6 日，廊涿城际铁路联络线北京新机场段工程正式开工。2018 年 5 月 25 日，北京新机场配套工程工作区进出场高架桥主体结构贯通，高架桥全线通车。2018 年 9 月 12 日，北京新机场飞行区场道工程首条下穿通道通车。

▲ 大兴国际机场工作区工程（市政交通）。该工程包含道路与交通、桥梁、给水、排水、综合管廊等工程，9 月竣工

（图片由大兴区住房城乡建设委提供）

◀ 北京大兴国际机场临空经济区市政交通配套工程永兴河北路（大广高速—磁大路）道路及综合管廊工程（五标段）

（图片由中国建筑一局集团提供）

北京大兴国际机场

2018 年 9 月 14 日，北京新机场名称正式确定为“北京大兴国际机场”。2019 年 6 月 30 日，北京大兴国际机场主要工程项目正式竣工，该机场成为我国规模最大的一体化综合交通枢纽。

▲ 北京大兴国际机场东航基地项目核心工作区一期工程。该工程包括 F03-1—4 号后勤楼、F05-1 号运行楼等 8 个单体工程，6 月竣工

（图片由市住房城乡建设委史志办提供）

▲ 北京大兴国际机场东航基地项目一阶段工程第Ⅳ标段（东方航空公司的航空食品区和地面服务区）。该工程建筑面积 61660 平方米，5 月 15 日竣工

（图片由中国铁建股份有限公司提供）

北京大兴国际机场

▲ 北京大兴国际机场东航基地项目一阶段工程第 III 标段。该工程包括北区机库、北区机库附楼、机库业务楼等 14 个单体，建筑面积 8.5 万平方米，6 月 20 日竣工。图为机库业务楼

▲ 北京大兴国际机场南航基地航空食品设施项目航食地块配餐中心。该工程位于北京大兴国际机场工程红线范围内 A-01-01 地块，6 月竣工

（以上图片由北京建工集团提供）

北京大兴国际机场

▲ 北京大兴国际机场南航基地倒班宿舍项目，2019 年竣工

（图片由市住房城乡建设委史志办提供）

▲ 北京大兴国际机场生活保障基地首期人才公共租赁住房项目 1 标段。该工程位于大兴区榆垡镇，由 18 个单体工程组成，总建筑面积 14.29 万平方米，8 月 31 日竣工

（图片由北京住总集团提供）

其他工程

【北京世界园艺博览会园区公共绿化景观一期工程项目竣工】 项目位于延庆区延庆镇，建设内容为绿化工程及配套约153万平方米。工程总投资178500万元，2016年12月开工，2019年3月竣工。北京世界园艺博览会事务协调局建设，中国建筑设计研究院有限公司、北京市园林古建设计研究院有限公司、北京山水心源景观设计院有限公司设计，北京金都园林绿化有限责任公司、江苏澳洋园林科技发展有限公司、北京乾景园林股份有限公司、北京朝园弘园林绿化有限责任公司等单位施工，北京燕波工程管理有限公司、北京华林源工程管理有限公司、达华工程管理（集团）有限公司等单位监理。

（张延明）

【北京世界园艺博览会园区公共绿化景观二期工程项目竣工】 项目位于延庆区世园会围栏区内，建设内容为绿化工程及配套约114万平方米。工程总投资23842万元，2017年11月开工，2019年3月竣工。北京世界园艺博览会事务协调局建设，北京山水心源景观设计院有限公司、北京中国风景园林规划设计研究中心、北京创新景观园林设计有限责任公司设计，北京市花木有限公司、北京三元绿化工程公司、北京市园林绿化集团有限公司等，监理单位北京燕波工程管理有限公司施工。

（张延明）

【北京丽泽金融商务区（南区）地下交通环廊工程一标段工程竣工】 工程位于丰台区丽泽金融商务区，共计25个仓段，全长809米。闭合框架结构，工程总投资17719万元。2016年8月1日开工，2019年4月6日竣工。北京丽泽金都置业有限公司建设，北京市市政工程设计研究总院有限公司设计，北京建工集团有限责任公司施工，北京方正建设工程管理有限公司监理。

（廖全霞　王　爽）

【综合管廊（沟）工程竣工】 工程位于延庆区，由延庆区百康路地下综合管廊经世园会围栏区内部道路到延庆区延康路地下综合管廊，全长3407.6米，工程造价14195.35万元。2017年3月10日开工，2019年4月23日竣工。北京京投城市管廊投资有限公司建设，北京市市政工程设计研究总院有限公司设计，北京市政路桥股份有限公司施工，中咨工程建设监理公司监理。

（熊于男）

【综合管廊监控中心工程竣工】 工程位于由延庆区百康路地下综合管廊经世园会围栏区内部道路到延庆区延康路地下综合管廊，总规模1198.42平方米，地下2层、地上1层，工程造价884.99万元。2018年4月16日开工，2019年4

月 23 日竣工。北京京投城市管廊投资有限公司建设，北京市市政工程设计研究总院有限公司设计，北京市政路桥股份有限公司施工，北京逸群工程咨询有限公司监理。

（熊于男）

【世园会园区外围地下综合管廊工程竣工】 工程位于由延庆区莱园南街经延庆区到延庆区百康路，总规模 3700 米，工程造价 24849.16 万元。2017 年 9 月 8 日开工，2019 年 4 月 23 日竣工。北京京投城市管廊投资有限公司建设，北京市市政工程设计研究总院有限公司设计，北京市政路桥股份有限公司施工，中咨工程建设监理公司监理。

（熊于男）

【北京世界园艺博览会“智慧世园”项目竣工】 项目位于延庆区世园会园区，建设内容包括信息化基础设施、游客大数据分析与应用支撑平台、安全体系、园区管理、园区服务、交互体验等。工程总投资 11259 万元，2018 年 8 月开工，2019 年 4 月竣工。北京世界园艺博览会事务协调局建设，北京市亚太安设备安装有限责任公司设计，北京中通服科信信息技术有限公司施工，北京北咨信息工程咨询有限公司监理。

（张延明）

【东小口城市休闲公园项目竣工】 项目位于昌平区东小口镇，实施绿化面积约 99.6 万平方米。工程总投资 23992 万元，2018 年 6 月开工，2019 年 6 月竣工。昌平区园林绿化局建设，北京清华同衡规划设计研究院有限公司设计，北京天房绿茵园林绿化工程有限公司、江苏天开景观工程有限公司、北京碧海怡景园林绿化有限公司、北京五环清馨园林绿化有限公司、北京绿迪源园林绿化有限责任公司、北京阳光美景园林绿化工程有限公司、胜利园林有限公司、北京福森园林绿化工程有限公司、北京奥尔环境艺术有限公司施工，北京政泰隆工程管理有限公司监理。

（田利民）

【北京大学人民医院西直院区无负压供水设备改造工程竣工】 工程位于西城区西直门南大街 11 号，本工程为供水设备改造，工程总造价 106.15 万元。2019 年 6 月 28 日开工，2019 年 7 月 29 日竣工。北京大学人民医院建设。

（楼焕琳）

【北京城市副中心行政办公区启动区综合管廊工程（一标段）竣工】 工程位于通州区潞城镇，包括能源舱、电力舱、水信舱、燃气舱，入廊管线包含电力、电信、有线电视、给水、再生水、燃气、深层地热井供热管道、气力垃圾管、地埋出水管、高温热水、低温冷水管道、生活热水管，全长 1198 米。闭合框架结构，工程总投资 41157 万元。2017 年 1 月 18 日开工，2019 年 8 月 19 日竣工。北京城市副中心投资建设集团有限公司建设，北京市市政工程设计研究总院有限公司设计，北京建工集团有限责任公司施工，北京中城建建设监理有限公司监理。工程荣获北京市政基础设施结构长城杯金奖、北京市级绿色安全工地。

（廖全霞　王　爽）

【新机场高速公路地下综合管廊项目完工】 工程位于大兴区，全线均与北京新机场轨道线路轨共构结构共线，是新机场高速公路地下综合管廊（南四环—新机场）工程一期土建施工 GLS04 项目土建施工。该项目是北京市城市综合管廊规划网的重要组成部分，规划定位于干线型综合管廊，直接服务于大兴新机场，是连接北京市区与北京新机场的重要“能源动脉”，与机场内部能源供给管廊相连，主要为北京新机场及北京南部地区提供能源供给保障，也是新机场对外通信线路敷设的主要通道，作为北京市大兴区新机场的重要配套设施之一，与大兴新机场同时投入使用。本标段全线与新机场轨道交通路轨共构段、团河路项目及京张铁路项目，“三线共构，四线共位，五线共走廊”布设，全长 7808.404 米，结构形式主要为综合水信舱＋双电力舱的三舱框架结构，廊内净宽 9 米，高 3 米，其中电力舱宽为 2.6 米、2 米；水信舱宽为 3.9 米。标段主体结构全部处于新机场轨道共构段正下方，位于其两承台之间，平均埋深约 7 米，距离轨道结构最小间距 1.25 米。合同造价 5.4 亿元，2017 年 12 月 30 日开工，2019 年 8 月 15 日竣工。北京京投城市管廊建设投资有限公司建设，中铁工程设计咨询集团有限公司设计，北京市政路桥股份有限公司施工，北京正远监理咨询有限公司监理。

（何　鑫）

【商业便民服务设施建设（打捆项目）】 项目位于各相关区，建设内容为建设提升蔬菜零售、便利店、早餐、家政、美容美发等基本便民商业网点 1000 个，总投资 1000 万元。2019 年 1 月开工建设，2019 年 8 月竣工。

（郄茂林）

【石景山景观公园工程竣工】 项目位于石景山区首钢主厂区，建设内容为占地面积 18.91 万平方米，建设内容包括山体绿化和景观提升，车行及人行步道铺装，配套设施等。工程总投资 22330 万元，2018 年 12 月开工，2019 年 9 月竣工。首钢集团有限公司建设，北京首钢国际工程技术有限公司设计，北京首钢建设集团有限公司施工，北京诚信工程监理有限公司监理。

（田利民）

【冬奥会延庆赛区应急水源保障工程竣工】 项目位于延庆区张山营镇、香营乡，新建泵站、输水管线约 34 千米，维修改造约 14.2 千米的白河堡水库北干渠。工程总投资 62480 万元，2017 年 12 月开工，2019 年 9 月竣工。延庆区水务局建设，北京市水利规划设计研究院设计，北京金河水务建设集团有限公司、华北水利电工程集团有限公司、北京翔鲲水务建设有限公司、北京通成达水务建设有限公司、北京京水建设集团有限公司、北京泽通水务建设有限公司、北京鑫旺路桥建设有限公司、北京鑫实路桥建设有限公司、北京睿亿通电力工程咨询有限公司施工，北京燕波工程管理有限公司、上海宏波工程咨询管理有限公司、北京中城建建设监理有限公司、北京市七环工程技术咨询有限责任公司、北京吉盛安电力工程咨询有限公司监理。

（田利民）

【北苑北综合交通枢纽工程竣工】 项目位于昌平区地铁5号线天通苑北站西侧，建设内容为综合交通枢纽，建设规模约9万平方米。工程总投资94673万元，2016年11月开工，2019年10月竣工。北京市首都公路发展集团有限公司建设，北京市市政工程设计研究总院有限公司设计，中国建筑一局（集团）有限责任公司施工，北京市华城监理有限责任公司监理。

（刘述林　秦　斌）

【永定河南大荒水生态修复工程竣工】 项目位于石景山区古城街道，建设31.03万平方米功能性湿地，配套建设林水相依的园林景观。工程总投资41844.42万元，2018年4月开工，2019年10月竣工。北京市永定河休闲森林公园管理处建设，北京市水利规划设计研究院设计，北京通成达水务建设有限公司、北京京水建设集团有限公司施工，北京建工京精大房工程建设监理公司监理。

（田利民）

【国家游泳中心冬奥会冰壶场馆改造项目投入使用】 工程位于朝阳区天辰东路11号，地处奥林匹克公园中心区。改造面积50000平方米，总建筑面积100533平方米；场馆内包含奥林匹克比赛大厅、热身池、戏水乐园、展厅及办公楼等设施，主体结构为框架剪力墙结构，楼盖为普通钢筋混凝土梁板体系，幕墙及屋面为膜结构（ETFE）；属公共建筑工程，是2008年北京奥运会水上项目比赛场馆，改造后将作为北京2022年冬奥会冰壶项目比赛场馆。合同额18000万元。2018年12月26日开工；2019年12月3日率先投入使用。北京市国有资产经营有限责任公司建设；北京市建筑设计研究院有限公司设计；中建一局集团建设发展有限公司施工；北京双圆工程咨询监理有限公司监理。国家游泳中心（水立方）工程建造技术创新与实践于2011年获得国家科技进步一等奖，工程还曾获得2009年度国际桥梁及结构工程协会杰出结构大奖、2008年度鲁班奖（国家优质工程）、第八届中国土木工程詹天佑奖等荣誉。工程入选中华人民共和国成立70周年经典工程。

（刘冰冰）

【2019年通州区非现场执法监测系统设备建设工程竣工】 工程位于通州区，该项目施工点位于张采路K4+477处及德觅路K2+816处前60米至后60米，进行水泥混凝土路面整体路面硬化，两侧铣刨现有沥青混凝土面层各30米，工程造价198.03万元。2019年7月7日开工，2019年12月5日竣工。北京市交通委员会通州公路分局建设，北京海路达工程设计有限公司设计，北京市政路桥股份有限公司施工，北京恒远志诚监理咨询有限公司监理。

（何　鑫）

【北京市南水北调配套工程黄村水厂工程竣工】 工程位于大兴区黄村，建设规模为18193.94平方米，造价34552万元。2017年9月1日开工，2019年12月16

日竣工。北京兴淼水务有限公司建设，北京市市政工程设计研究总院有限公司设计，北京市政建设集团有限责任公司第二工程处施工，北京鸿祥工程建设监理有限责任公司监理。

（何　鑫）

【兴延高速（昌平段）绿色通道建设工程项目竣工】 工程位于阳坊镇、马池口镇、流村镇和南口镇（含南口农场），造林面积9463.1亩（1亩≈666.67平方米）。工程总投资36890万元。2019年3月开工，2019年12月竣工。北京市昌平区园林绿化局建设，北京景观园林设计有限公司设计，北京北发生态园林有限公司、北京园中园园林景观工程有限公司、创景园林建设有限公司、江苏天开景观工程有限公司、北京宜然园林工程有限公司、北京润安园林绿化有限公司、北京天房绿茵园林绿化工程有限公司、京誉生态建设有限公司施工，北京德轩工程管理有限公司监理。

（郅童童）

【昌平区平原地区重点区域绿化建设工程项目竣工】 工程位于阳坊镇、沙河镇、南口镇、流村镇、南邵镇、百善镇、崔村镇、回龙观镇、大北街道办事处、小汤山镇等镇，造林面积3968亩。工程总投资51024万元。2019年3月开工，2019年12月竣工。北京市昌平区园林绿化局建设，北京北发生态园林有限公司设计，北京花乡花木集团有限公司、北京五环清馨园林绿化有限公司、河南坤越园林绿化工程有限公司、北京园中园园林景观工程有限公司、北京欣风景生态园林工程有限公司、北京福森园林绿化工程有限公司、北京金玉丹园林绿化工程有限公司施工，北京硕华泰工程咨询有限公司监理。

（郅童童）

【冬奥会延庆赛区造雪引水及集中供水工程竣工】 项目位于延庆区张山营镇，新建两级泵站及输水管线及佛峪口供水厂1座。工程总投资47634万元，2017年12月开工，2019年12月竣工。延庆区水务局建设，北京市水利规划设计研究院设计，中铁十八局集团有限公司、中铁十四局集团有限公司施工，北京赛瑞斯国际工程咨询有限公司监理。

（田利民）

【昌平区城市森林绿化建设建设工程项目竣工】 工程位于北七家、百善等镇街，造林面积1615亩。工程总投资9690万元。2019年3月开工，2019年12月竣工。北京市昌平区园林绿化局建设，北京易景道景观设计工程有限公司设计，江苏尧唐园林绿化集团有限公司、北京福森园林绿化工程有限公司、北京阳光美景园林绿化工程有限公司施工，北京硕华泰工程咨询有限公司监理。

（郅童童）

【十三陵镇平原重点区域造林绿化工程项目竣工】 工程位于昌平区十三陵镇，造林面积3018亩。工程总投资9054万元。2019年3月开工，2019年12月竣工。昌平区十三陵镇政府建设，北京易景道景观设计工程有限公司公司设计，京誉生态建设有限公司、北京三好园林景观工程有限公司、河南翰墨园林工程有限公司、北京福森园林绿化工程有限公司施工，北京硕华泰工程咨询有限公司监理。

（郅童童）

【马池口镇平原重点区域造林绿化工程项目竣工】 工程位于昌平区马池口镇，造林面积 1223 亩。工程总投资 4845 万元。2019 年 3 月开工，2019 年 12 月竣工。昌平区马池口镇政府建设，北京北发生态园林有限公司设计，常州市神州园林建设有限公司、北京宜然园林工程有限公司、北京鼎通祥安园林绿化工程有限公司、北京绿迪源园林绿化有限责任公司施工，北京硕华泰工程咨询有限公司监理。

（郅童童）

【兴寿镇平原重点区域造林绿化工程项目竣工】 工程位于昌平区兴寿镇，造林面积 1176 亩。工程总投资 7827 万元。2019 年 3 月开工，2019 年 12 月竣工。昌平区兴寿镇镇政府建设，北京北发生态园林有限公司设计，北京金都园林绿化有限责任公司、胜利园林有限公司、北京三元绿化工程有限公司施工，北京硕华泰工程咨询有限公司监理。

（郅童童）

【冬奥会延庆赛区外围配套综合管廊工程竣工】 项目位于延庆区张山营镇，建设内容为全长约 8 千米的地下综合管廊。工程总投资 180806 万元，2017 年 9 月开工，2019 年 12 月竣工。北京市基础设施投资有限公司建设，2022 年冬奥会延庆赛区外围配套综合管廊设计联合体设计，中铁十八局集团有限公司、中铁十四局集团有限公司、中铁一局集团有限公司与中铁一局集团建筑安装工程有限公司联合体施工，北京赛瑞斯国际工程咨询有限公司监理。

（刘述林　秦　斌）

【北京大兴国际机场高速公路地下综合管廊（南四环—新机场）一期工程竣工】 项目位于大兴区南五环至新机场，建设内容为全长约 28 千米的随路地下综合管廊。工程总投资 850000 万元，2017 年 9 月开工，2019 年 12 月竣工。北京市基础设施投资有限公司建设，北京市市政工程设计研究总院有限公司设计，中铁一局、中铁十二局、中铁六局、市政路桥、中建三局、住总-中交三公局联合体施工，北京正远监理公司监理。

（刘述林　秦　斌）

【门头沟永定河滨水森林公园项目竣工】 项目位于门头沟区永定镇，实施绿化面积 61.4 万平方米。工程总投资 11472.51 万元，2018 年 10 月开工，2019 年 12 月竣工。门头沟区园林绿化局建设，岭南园林设计有限公司、北京住总博地园林发展有限公司设计，北京中厚建设有限公司、北京城市之光生态环境有限公司、北京金诚园林绿化工程有限公司、北京鑫众智远新能源科技有限公司施工，北京华林源工程咨询有限公司、北京环乔咨询有限公司监理。

（田利民）

【顺义区舞彩浅山郊野公园一期建设工程竣工】 项目位于顺义区龙湾屯镇、木林镇，实施绿化面积约 1289 万平方米。工程总投资 65664 万元，2017 年 11 月开工，2019 年 12 月竣工。顺义区推进浅山区建设办公室建设，北京创新景观园林设计有限责任公司、北京盛佳捷电力工程设计有限公司设计，北京天房绿茵园林绿化工程有限公司、北京顺力成电力设备安装维修有限公司施工，北京市顺金盛建设工程监理有限责任公司监理。

（田利民）

【亮马河四环以上段景观廊道建设工程竣工】 项目位于朝阳区麦子店街道，为河道水利水生态及两岸绿化工程、夜景照明工程、拆改移工程等，疏挖整治河道 5.57 千米。工程总投资 96490 万元，2019 年 4 月开工，2019 年 12 月竣工。北京市朝阳区水务建设管理办公室建设，北京易景道景观设计工程有限公司设计，朝阳水利工程公司、北京建工集团有限责任公司、北京城建集团有限责任公司施工，北京帕克国际工程咨询股份有限公司监理。

（田利民）

【城市绿心园林绿化建设工程项目在施】 工程位于通州区，北至大运河森林公园已建成区域，南至京津公路北侧红线，东至规划宋梁路西侧红线，西至六环路东侧红线，是北京城市副中心“一带、一轴、两环、一心”绿色空间布局的重要组成部分。项目建设面积 555.85 万平方米，工程总投资 22.97 亿元。2018 年 12 月 26 日开工，2019 年 12 月完成了 8000 亩的乔木种植及星型园路的闭合。北京城市副中心投资建设集团有限公司建设，北京市园林古建设计研究院有限公司、北京北林地景园林规划设计院有限公司、中外园林建设有限公司、北京山水心源景观设计院有限公司、北京清华同衡规划设计研究院有限公司、北京市建筑设计研究院有限公司及法国 TER（岱禾）景观与城市规划设计事务所（Agenceter）联合体、中国城市规划设计研究院、北京禹冰水利勘测规划设计有限公司设计，北京市花木有限公司、北京金都园林绿化有限公司、北京市绿美园林工程服务中心、北京市首发天人生态景观有限公司、北京市京发园林绿化有限公司、北京都润生态环境工程有限公司、北京北发生态园林有限公司、北京龙腾园林绿化工程公司、北京三元绿化工程有限公司、北京天房绿茵园林绿化工程有限公司、北京路桥海威园林绿化有限公司、北京市天竺林业开发公司、北京市园林绿化集团有限公司、北京金三环园林绿化工程有限公司、北京韩建水利水电工程有限公司、北京金河水务建设集团有限公司、北京通成达水务建设有限公司施工，北京德轩工程管理有限公司、北京方圆工程监理有限公司、北京政泰隆工程管理有限公司、北京中城建建设监理有限公司、北京华厦工程项目管理有限责任公司、北京华城建设监理有限责任公司、北京华朔工程管理有限公司、河南润安工程管理服务有限公司监理。

（刘　鹏　杨　珊）

住房保障工作

概　述

年内，北京市加快健全住房保障政策体系，坚持公共租赁住房、共有产权住房、市场租房补贴并举，调整市场租房补贴标准和申请条件，完善共有产房住房相关政策，强化人才住房支持服务。加大房源建设筹集力度，全年共建设筹集政策性租赁住房50186套（间），建设政策性产权住房66763套，竣工验收政策性住房80262套，超额完成年度任务。坚持高起点规划、高品质设计、高质量建设，保障性住房全面实现全装修成品交房，实施装配式建筑的保障性住房项目累计超过3200万平方米，设计达到绿色建筑二星级及以上标准的保障性住房项目累计超过1200万平方米。全面加强后期使用监管，完成九成入住公共租赁住房项目技防设备安装，建立公共租赁住房金融信用约束机制，稳步推进公共租赁住房调换工作，公共租赁住房管理的精细化、智能化水平进一步提升。有序推进老城保护和棚户区改造，做好申请式退租、“共生院”改造试点，开展文物腾退、历史文化街区和文化带保护建设工作，全年实现棚户区改造1.63万户，完成1.15万户年度任务的142%，切实改善了群众的住房条件。

（田相伟　马姗姗　张　蕊）

综合管理

制度建设

【完善人才住房支持政策体系】 年内，加快督促各区人才住房政策出台，截至12月31日，已有海淀、丰台、门头沟、通州、顺义、平谷、密云、延庆等区出台人才住房实施政策。针对“三城一区”等重点园区进行专项指导，多次赴怀柔科学城、未来科学城、沙河及良乡高教园区等现场服务，中关村科学城、经济技术开发区、大兴新机场住房实施方案已印发。

（关　卉　温　慧）

【研究促进副中心职工职住平衡方案】 按照分类保障、租购并举、分步实施、长短结合原则，研究促进副中心搬迁职工住房保障工作方案，配合市机管局研究制定了应急周转宿舍、共有产权住房定向销售方案以及副中心职工宿舍管理办法，对副中心地区搬迁教育、医疗、科技、产业等转移主体的住房支持需求进行摸底。

（关　卉　温　慧）

【加大集体土地租赁住房金融政策支持】 年内，丰台区南苑乡成寿寺集体土地租赁房项目获得国家开发银行授信3.1亿元，是北京市首个获批贷款的集体土地租赁房项目。此外，中国建设银行、中国农业银行已向北京市7个集体土地租赁房项目授信，总额度为52.56亿元。7月，北京市获批中央财政支持住房租赁市场发展试点城市，新增房源资金主要用于集体土地租赁房建设资金补贴，鼓励多主体新建、改建租赁住房，增加住房租赁房源有效供给。

（关　卉　温　慧）

【研究起草市场租房补贴调整政策】 年内，市住房城乡建设委联合市财政局研究起草《关于完善本市市场租房补贴政策的实施方案》，计划综合考虑北京市经济社会发展水平、财政承受能力、房屋市场租金水平等因素，进一步放宽市场租房补贴申请条件，提高市场租房补贴标准，并于2019年11月12日通过市长陈吉宁专题会。

（关　卉　温　慧）

【强化市区两级保障性住房平台公司管理】 年内，打造北京市保障性住房建设投资中心、北投集团市级“双平台”，发挥北京市保障性住房建设投资中心“以租为主”的保障性住房建设管理运营定位，落实北投集团市级人才住房平台定位，加强相关政策、资金支持。指导各区加快推动区级平台公司组建工作，年内全市16区已全部成立区级保障性住房专业平台公司。

（关　卉　温　慧）

【全面落实低收入无房农户解困工作】 按照“一户一档”的要求，建立农村低收入无房群众帮扶台账，全市农村低收入无房群众共涉及10个区、1274户。截至12月底，各区通过农村宅基地、集体土地租赁房、公共租赁住房、结合现有搬迁政策等多种方式，已帮扶1267户，完成率99%。

（关　卉　温　慧）

【发布公共租赁住房租赁合同示范文本】 11月12日，市住房城乡建设委、市市场监管局联合发布《北京市公共租赁住房租赁合同》示范文本，合同分为基础版和社会单位版两个版本，基础版主要适用于面向备案家庭分配的情形，社会单位版主要适用于面向人才分配和社会单位集体租赁的情形。与2011年12月印发的《北京市公共租赁住房租赁合同（试行）》示范文本相比，新文本增加合同说明、特别提示等内容，便于承租人知晓公共租赁住房相关政策，符合条件的及时申领补贴，自觉规范租赁行为；增加权利义务关系和续租条款，明确承租人要求出租人及时安排维修的权利，保障承租人正常使用房屋；细化合同解除与终止条款，对承租人违规使用公共租赁住房及拒不配合管理、调查等情形，出租人有权单方解除合同并收回房屋，保障公共租赁住房合规使用；细化违约责任条款，对违规转租、转借、从事营利活动等行为的惩戒，包括记入不良信息档案、五年内限制保障性住房申请资格、向社会曝光违规信息、联合惩戒等。

（关　卉　赵　培）

【优化保障性住房办事服务流程】 11月20日，市住房城乡建设委、市规划自然资源委联合印发《关于简化经济适用住房上市出售工作流程等有关问题的通知》，明确将回购申请改为提交承诺，无需申请人领取纸制的经济适用住房上市出售意见，直接通过网络即可查询优先回购权确认结果。12月18日，市住房城乡建设委印发《关于进一步简化保障性住房申请手续有关工作的通知》，启用新版的保障性住房资格申请表，需由申请家庭填写的内容简化至“一页”；取消全部纸质证明材料，申请家庭到办理窗口即可完成申请，实现“最多跑一次”。

（关　卉　赵　培）

建设协调

【政策性租赁住房开工建设筹集情况】 2019年，全市共开工建设筹集公共租赁住房约1.5万套，集体土地租赁住房约3万套，企业自持租赁住房0.08万套，改建租赁型宿舍0.2万套（详见表1）。

（田相伟）

表1　2019年北京市政策性租赁住房开工建设筹集项目一览表

序号	项目所属区	项目名称	房屋类型	房源数量/套
1	朝阳区	北京冬季奥运村公共租赁住房项目	公共租赁住房	866
2		北京东站货场铁路职工住房项目（公共租赁住房）		180
3	丰台区	丰台区南苑乡石榴庄村0517-659等地块［丰台区城乡一体化石榴庄村旧村改造项目（二期）］住宅混合公建、基础教育及医疗卫生（配建公共租赁住房）项目		335
4	海淀区	筹集（趸租）		1306
5	顺义区	友谊医院公共租赁住房项目		3700
6	通州区	市场筹集		932
7		通州区丁各庄公共租赁住房项目		2855
8	昌平区	昌平区天通中苑B、G、I区地块项目		4600
9	门头沟区	门头沟站货场铁路职工住房项目（公共租赁住房）		96

续表

序号	项目所属区	项目名称	房屋类型	房源数量/套
10	朝阳区	十八里店乡西直河集体土地租赁房项目	集体土地租赁住房	6580
11	丰台区	长辛店镇张郭庄村租赁房项目		2044
12		花乡葆台村租赁房项目		2314
13		卢沟桥乡西局村租赁住房项目（地块一）		216
14	顺义区	牛栏山地区官志卷村项目		483
15		张镇张各庄村集体土地建租赁住房		901
16		临河村和河南村集体土地租赁住房项目		432
17	通州区	宋庄镇疃里村集体土地租赁住房		1677
18	大兴区	西红门3号地租赁住房项目		1005
19		大兴区西红门镇“创业之家”集体租赁住房		432
20		瀛海镇西一村		3256
21		旧宫镇租赁住房项目		1600
22		瀛海镇区级统筹租赁住房项目		4589
23	房山区	房山区西潞街道夏庄村集体租赁住房项目		963
24		窦店镇下坡店村租赁住房项目		469
25		窦店集租房项目		1070
26	门头沟区	永定镇租赁房项目		635
27	平谷区	平谷区大兴庄镇白各庄村租赁住房项目		951
28	海淀区	海淀区四道口地区I地块F1住宅混合公建用地	企业自持租赁住房	79
29		海淀区“海淀北部地区整体开发”翠湖科技园HD00-0303-6019、6020地块R2二类居住用地		264
30	房山区	房山区青龙湖镇东部局部FS16-0201-0012等地块二类居住及基础教育用地		282
31		房山区琉璃河镇中粮健康科技园配套宿舍		140
32	朝阳区	朝阳区北苑家园莲葩园4号楼	转化、改建租赁房	40
33		丰台区外环西路26号院		55
34	顺义区	顺义新城第26街区		116
35		顺义区裕安路29号院1号楼		293
36	大兴区	顺义区北石槽府前西街17号		126
37		大兴区魏善庄镇兴融中心龙达大街1号院1号楼		629
38	房山区	大兴区西红门镇金业大街9号		354
39		房山区良乡高教园区中央设施区西区北侧		293
40	西城区	西城区西直门外大街新兴中巷6号楼		48
41	平谷区	平谷区盘龙西路23号院		100

【政策性产权住房开工建设情况】 2019年，全市共开工建设共有产权住房约1.6万套，定向安置住房约5万套（详见表2）。

（田相伟）

表 2　2019 年北京市政策性产权住房开工建设项目一览表

序号	项目所属区	项目名称	房屋类型	房源数量/套
1	朝阳区	朝阳区孙河前苇沟组团棚户区改造土地开发项目	定向安置住房	7370
2		朝阳区三间房乡新村二期 C1 区安置房项目		455
3		北京东站货场铁路职工住房项目（定向安置）		290
4		华纺星海家园棚户区改造安置房（二期）（安置房）		990
5		朝阳区石佛营东里 129 号院棚户区改造定向安置房项目		224
6	丰台区	丰台区五里店 275 号棚户区改造定向安置房项目		284
7		小屯西路棚户区改造项目		1223
8		丰台区卢沟桥棚户区改造安置房项目		1656
9		丰台区看丹村回迁安置住宅工程项目		3813
10		丰台区花乡榆树庄村 A 区棚户区改造项目		1486
11		丰台区长辛店镇辛庄村一期 A—41 地块配建限价商品住房项目		1643
12	海淀区	海淀区北部翠湖科技园 HD00-0303-6019、6020 地块 R2 二类居住用地项目		855
13		海淀区香山一期安置房项目		1442
14		双新村棚户区改造项目回迁安置房		192
15		四季青镇常青回迁安置房项目		999
16	石景山区	石景山衙门口棚户区改造土地开发项目		926
17		石景山区北辛安棚户区改造 A 区土地开发项目		1526
18	顺义区	顺义区高丽营镇夏县营村棚户区改造土地开发项目安置房项目		1280
19		顺义区仁和镇临河村棚户区改造土地开发 C 片区项目（临河村棚户区改造安置房）		3976
20		东城区棚户区改造定向安置房项目（临河村地块）		1610
21	通州区	东方厂周边棚户区改造安置房项目		3565
22		孙各庄二期安置房项目		1156
23	房山区	房山区城关中心区棚户区改造土地开发项目二期安置地块 FS00—YF06—0071、0105 等地块		659
24		房山区城关中心区棚户区改造土地开发项目二期安置地块 FS00-YF06-0043、0045、0068、0172 等地块		224
25		房山区长阳镇 06、07 街区棚户区改造土地开发四片区项目		1926
26		房山区长阳镇 06、07 街区棚户区改造土地开发五片区项目		531
27		房山区长阳镇 06、07 街区棚户区改造土地开发六片区项目		1434
28		房山区长阳镇 06、07 街区棚户区改造土地开发七片区项目		1359
29		房山区城关中心区棚户区改造土地开发项目二期安置地块 FS00-YF06-0071 等地块		536
30		房山区城关中心区棚户区改造土地开发项目二期安置地块 FS00-YF06-0045 等地块		148
31		房山区长阳镇 06、07 街区棚户区改造土地开发三片区项目		888

续表

序号	项目所属区	项目名称	房屋类型	房源数量/套
32	门头沟区	门头沟区永定镇南区棚户区改造和环境整治项目安置房工程	定向安置住房	995
33		门头沟区永定镇冯村、何各庄地区 3751-C 地块棚户区改造及环境整治项目（一期）		658
34		龙泉镇大峪化工厂及周边地块棚户区改造及环境整治项目		1845
35		门头沟区潭柘寺镇定向安置房项目二期		601
36		门头沟站货场铁路职工住房项目（安置房）		286
37	密云区	密云区长安新村和南菜园新村旧城改建棚户区改造项目 MY00-0104-0079 地块		544
38	延庆区	延庆区南辛堡村、民主村、百眼泉村棚户区改造项目		1334
39	朝阳区	朝阳区豆各庄乡马家湾村 1306-606 地块 R2 二类居住用地	共有产权住房	866
40	石景山区	石景山区古城南街东侧 1612-819、820 地块 R2 二类居住用地项目		887
41		石景山区东下庄 1605-630 地块 R2 二类居住用地		849
42	顺义区	顺义区后沙峪镇 SY00-0019-6014 地块 R2 二类居住用地、SY00-0019-6013 地块 A33 基础教育用地项目		1400
43		顺义区顺义新城第 13 街区 SY00-0013-6010 地块 R2 二类居住用地项目		806
44	通州区	通州区台湖镇北神树村 B-30 地块 R2 二类居住用地项目		1072
45		通州区台湖 TZ09-0100-6016 地块、6019 地块 R2 二类居住用地、TZ09-0100-6018 地块 A33 基础教育用地项目		626
46		通州新城 0204 街区 TZ00-0024-0006、0007 地块 R2 二类居住用地项目		1685
47	大兴区	大兴区黄村镇 DX00-0103-1304 地块 R2 二类居住用地项目		360
48	北京经济技术开发区	北京经济技术开发区河西区 X90R1、X90S1 地块共有产权住房项目		994
49	昌平区	昌平区北七家镇（未来科技城南区）C-52 地块 R2 二类居住用地项目（1＃住宅楼等 25 项）		999
50		昌平区北七家镇（未来科学城南区）C-16 地块 R2 二类居住用地项目		1084
51		昌平区北七家镇 009 地块 R2 二类居住用地项目		982
52	怀柔区	怀柔区富密路 289 号 HR-0014-0022 地块 R2 二类居住用地建设项目		1065
53	门头沟区	门头沟区永定镇曹各庄桥户营村 MC00-0016-063 地块 F1 住宅混合公建用地、MC00-0016-064 地块 R2 二类居住用地项目		936
54	平谷区	平谷区夏各庄镇 PG11-0100-6103 等地块 R2 二类居住用地项目		1223

【政策性住房竣工验收情况】 2019 年，全市共竣工验收公共租赁住房约 1.1 万套，自住型商品住房（含限价商品住房）2.7 万套，定向安置住房约 3.9 万套，经济适用住房 0.3 万套（详见表 3）。

（田相伟）

表 3　2019 年北京市政策性住房竣工验收项目一览表

序号	项目所属区	项目名称	房屋类型	房源数量/套
1	朝阳区	朝阳区东坝南区 1106-657 地块住宅混合公建用地（配建“限价商品住房”）	限价商品住房	1280
2	丰台区	亚林西居住区一期（0501-613、614、660 地块）配建 限价商品住房项目		735
3		长辛店北区居住区一期（北区）B 地块配建限价商品住房项目		418
4		长辛店北区居住区一期（北区）A 地块配建限价商品住房项目		557
5	石景山区	首钢铸造村南区限价商品住房		2261
6	通州区	武夷花园项目		1000
7		北京市通州区 TZ07-0103-0012 等地块 R2 二类居住用地、TZ07-0103-0027 等地块 B1 商业用地、TZ07-0103-L001 地块 A61 机构养老设施用地（限价商品住房）		1506
8		北京市通州区台湖镇 B-07 地块 R2 二类居住用地（配建“限价商品住房”）项目		630
9	顺义区	仁和镇平各庄村两限房项目		1344
10		大龙公司顺平路南侧胡各庄地块自建两限房项目		720
11		后沙峪 A 地块限价商品住房		969
12		胡各庄 A 地块集中建设两限房项目		1500
13	昌平区	金隅集团南口采石场项目		861
14		北七家镇中心起步区（海鹊落新村建设）土地一级开发项目（一期）		1454
15		百善三角地项目 CP00-0600-0041 地块 R2 二类居住用地、CP00-0600-0042 地块 B1 商业用地（限价商品住房项目）		920
16	大兴区	瀛海镇西区 C5 组团 DX08-0002-0301 地块限价商品住房项目		1236
17		瀛海镇西区 C5 组团 DX08-0002-0304 地块限价商品住房项目		1260
18		大兴区庞各庄镇 PGZ01-05 地块限价商品住房项目		682
19		旧宫镇 DX-07-0201-0040 等地块限价商品住房项目		360
20	房山区	房山区阎村镇 04 街区 04-0005 等地块综合性商业金融服务业、二类居住用地及体育用地（配建“限价商品住房”）项目		430
21	通州区	通州区于家务乡 A-06 等地块居住用地、A-11 地块托幼用地、A-27 地块社会停车场库用地、A-28 地块商业金融用地（配建经济适用住房）项目	经济适用住房	670
22		西马庄经济适用房		604
23		通州区西集镇综合配套区 F 地块经济适用房项目		903
24	昌平区	金隅南口采石场项目		484
25	房山区	东关伟业嘉园经济适用住房		355

续表

序号	项目所属区	项目名称	房屋类型	房源数量/套
26	海淀区	中关村永丰产业基地 HD-04020030 地块 F1 住宅混合公建用地（配建公共租赁住房）	公共租赁住房	150
27		西砂公共租赁住房海淀区田村山（西郊砂石厂西地块）配建公共租赁住房项目		5000
28		海淀区田村路 39 号 R2 二类居住用地配建公共租赁住房项目		134
29		中关村西三旗金隅软件园		2411
30	丰台区	丰台桥南王庄子配建公共租赁住房项目		130
31	北京经济技术开发区	X91 公共租赁住房项目		969
32		X13 公共租赁住房项目		1487
33	怀柔区	怀柔新城 14 街区 14A-01、03 地块人才公共租赁住房项目		576
34	西城区	西城区华嘉胡同 0110-633 地块 C2 商业金融用地、0110-634 地块 R2 二类居住用地项目	定向安置房	402
35	朝阳区	东郊农场棚户区改造安置房		3270
36		将台乡农民回迁安置房项目		3960
37		太阳宫乡回迁安置房		452
38		动感花园棚户区改造安置房		1166
39	丰台区	长辛店镇东河沿村回迁房		3930
40		周庄子回迁房		1632
41	石景山区	西黄村棚户区改造土地开发安置房项目		2762
42	通州区	北京市通州区路城镇棚户区改造土地开发项目 A 区后北营西南角及东侧地块安置房项目		1807
43	顺义区	后沙峪村安置房		1098
44		仁和镇平各庄村回迁安置房项目		1254
45		小左各庄安置房		321
46	大兴区	首创团河定向安置房项目		3214
47		旧宫镇 DX-07-0201-0040 等地块安置房项目		1984
48	房山区	河北镇棚户区改造水泥一厂片区土地开发项目（回迁安置房地块）		1689
49	怀柔区	怀柔新城 03 街区下元、钓鱼台及东关棚户区改造安置房项目		1050
50		怀柔区庙城村棚户区改造土地开发安置房项目		769
51	门头沟区	石门营经济适用房部分转为采空棚户区定向安置房		4782
52		曹各庄 A 地块定向安置房项目		2108
53		小园 3A 号地块定向安置房项目		968
54		小园 8 号地块定向安置房项目		978

续表

序号	项目所属区	项目名称	房屋类型	房源数量/套
55	海淀区	中关村永丰产业基地HD-04020030地块F1住宅混合公建用地（自住型商品房项目）	自住型商品住房	712
56	丰台区	王佐镇魏各庄村A01、A02公建混合住宅用地项目		837
57	通州区	通州区台湖镇B-07地块R2二类居住用地（配建“限价商品住房”）项目		463
58	顺义区	后沙峪A地块自住型商品房		524
59	大兴区	旧宫镇DX-07-0201-0040等地块自住型商品房项目		207
60	房山区	房山区拱辰街道16-03-04、16-01-05等地块（良乡高教园区西部生活区西区）二类居住、综合性商业服务业等用地项目		1576
61		中粮稻田雅筑		260
62	门头沟区	门头沟区永定镇MC00-0015-0068等地块R2二类居住用地、F2公建混合居住用地、A33基础教育用地（原门头沟冯村、何各庄地区土地一级开发项目A地块部分地块南区）		2091

品质管理

【保障性住房规划设计方案审查】 年内，从设计方案入手，坚持合规性审查和优化审查有机融合，推进审查工作标准化，以高水平的规划设计为精品保障性住房的建设保驾护航。2019年，全市累计审查保障性住房项目规划设计方案50个，涉及住房967万平方米，11.6万套；全市累计审查保障性住房项目全装修方案29个，涉及住房336万平方米，4万套。

（胡晚潇）

【保障性住房全面实现全装修成品交房】 年内，在项目销售前指导开发建设单位搭建好样板间，切实做到“所见即所得”，方便百姓对照监督。坚持问题导向，针对群众较为关注的窗洞尺寸、厨卫布局、部件材料选型、储藏空间等环节，引导开发建设单位按照高标准设计、选材、装修。在坚持全装修方案专家审查的基础上，不断创新审查方式，以开放日形式，邀请人大代表、政协委员、新闻媒体、普通市民参与样板间审查。

（胡晚潇）

【推进保障性住房产业化】 自2017年起，新建保障性住房全部采用装配式建筑，建设过程中推广应用BIM技术，其中共有产权住房达到绿色建筑二星级及以上标准。截至2019年，实施装配式建筑的保障性住房项目累计超过3200万平方米，设计达到绿色建筑二星级及以上标准的保障性住房项目累计超过1200万平方米。其中，2019年度有138万平方米保障性住房获得绿色建筑二星级及以上设计标识。

（胡晚潇）

【创新政策宣传解读方式】 年内，进一步做好保障性住房相关标准政策的解读，创新保障性住房政策宣传工作。3 月，市住房城乡建设委参加北京卫视《向前一步》之《当理想照进现实——共有产权房》的节目录制，针对海淀区永靓家园共有产权住房准业主提出的疑问，进行了诚恳、专业、有效的沟通讨论。通过全新的宣传方式解读了政策，为解决群众关心的共有产权住房项目共性问题提供了有效方案。

（胡晚潇）

配租配售

【公共租赁住房资格审核情况】 全年公共租赁住房新增申请 3.3 万户，通过审核备案 3.32 万户，同比分别减少 31%、10%（见图 1）；其中，公共租赁住房实物申请 2.45 万户、通过审核备案 2.48 万户，同比分别减少 33%、36%。

（马姗姗　张　蕊）

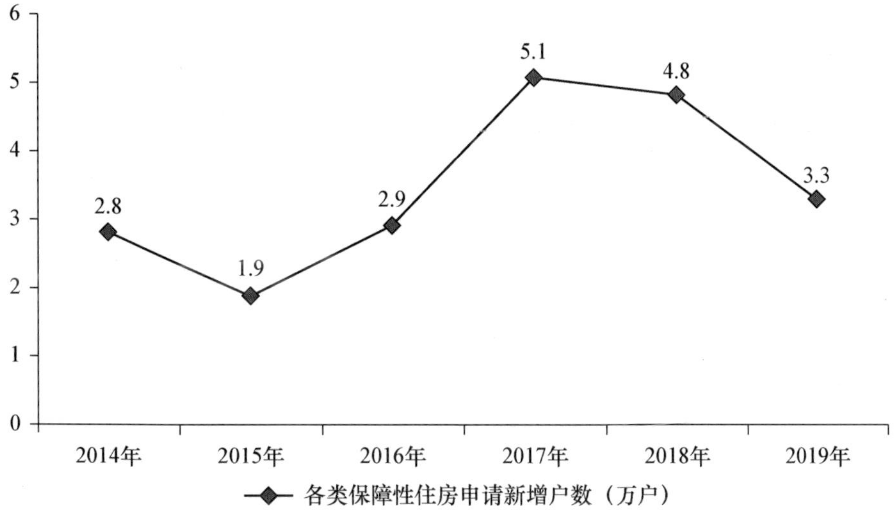

图 1　2014—2019 年北京市保障性住房新增申请户数

【公共租赁住房配租配售情况】 2019 年新增公共租赁住房实物房源分配 1.45 万套，累计分配公共租赁住房实物房源总量 17.5 万套，超额完成 2017 年 12 月 31 日前备案的低保、低收入家庭"应保尽保"任务目标。截至 12 月底，全市共有产权住房项目 69 个、可提供房源约 7.1 万套；其中启动网申项目共 45 个、可提供房源约 4.5 万套。2019 年全年共有 14 个项目启动网申，可提供房源约 1.3 万套。

（马姗姗　张　蕊）

使用监督

【公共租赁住房入住及补贴情况】 截至 2019 年 12 月 31 日，全市公共租赁住房项目累计入住 207 个、房源 14.2 万套，发放补贴 4.32 万户，金额 5.41 亿元，其中公共租赁住房租金补贴发放2.54万户，发放金额3.28亿元；市场租房补贴发放1.78万户，发放金额2.13亿元。

（张　强）

【完善保障性住房违规线索处理机制】 全年保障性住房涉嫌违规家庭共计7542户，已受理7395户，受理率98.05%；受理3个月以上的达6282户，其中已核实处理5473户，核实处理率达87.12%。

（张　强）

【加大公共租赁住房执法检查力度】 年内，按照工作部署、产权单位自查、管理部门抽查、问题整改、跟踪整改五个阶段，从政策落实、制度建设、运营管理、使用监管、技防应用、社会管理、物业安全七个方面开展检查。从总体情况看，产权单位基本能够按照“谁持有，谁管理”的要求，将监管职责落实到位；近九成项目能够对周边经纪机构定期巡查和网络平台违规发布信息进行检查，并做好记录，管理水平持续提升。同时，不断完善公共租赁住房双随机检查内容，在检查过程中增加对产权单位的政策宣讲环节，并将原先一月一检查增加至两周一检查。

（张　强）

【建立公共租赁住房金融信用约束机制】 10月，市住房城乡建设委与中国人民银行营业管理部签订《关于金融信用信息基础数据库采集公租房违规信息的合作备忘录》，首次将公共租赁住房违规家庭信息纳入金融体系征信平台，强化对公共租赁住房违规家庭的信用约束，对违规家庭形成制度威慑。

（张　强）

【建立司法行政互动机制】 年内，与北京市第一中级人民法院签订合作协议，加强住房保障领域案件的专题研究和会商，特别是针对公共租赁住房转租转借、欠缴租金、法院受理等案例，建立司法与行政良性互动机制。

（张　强）

【技防设备安装基本完成】 年内，在各区住房保障部门及产权单位的努力下，绝大多数已入住公共租赁住房项目落实了安装资金，人脸识别等技防设备安装工作取得阶段性成果。除少数插花类房源外，全市九成入住公共租赁住房项目完成技防设备安装，涉及房源10万余套，进一步提高了公共租赁住房精细化、智能化管理水平。

（张　强）

【简化办事流程】 年内，会同市规划自然资源委发布通知，简化经济适用住房上市出售流程，将申请改为提交承诺，并可通过市住房城乡建设委官网查询结果，实现群众少跑路。稳步推进公共租赁住房调换工作，依托北京市保障性住房建设投资中心的调换房源信息系统，海淀区率先开展不同产权单位间调换试点。

（张　强）

【住房保障咨询服务】 年内，住房保障咨询热线接听电话1万余通。特别是接到群众反映产权单位退押金时间长、公共租赁住房合同备案编号查询难等问题后，多方努力，立行立改，实现由接诉即办向未诉先办转变。

（张　强）

【加强信息公开】 年内，为方便群众精准查找公共租赁住房项目及提供违法线索，在市住房城乡建设委官网通过地图方式公开首批公共租赁住房项目的产权单位、地址、举报电话等信息。为落实市场租房补贴发放信息列入公开目录的要求，各区主动作为，迅速落实，确保信息公开工作有序开展。

（张　强）

【落实公共租赁住房属地公共服务责任】 年内，落实市住房城乡建设委、市发展改革委等十部门联合出台的《关于加强本市公共租赁住房社会管理和服务的意见》，促进公共租赁住房家庭共享属地均等化的社会公共服务。贯彻落实《北京市街道办事处条例》，梳理已入住公共租赁住房小区居委会建设情况，并协调民政部门对未筹备居委会的公共租赁住房项目，加快推进居委会组织建设。

（张　强）

老城保护和棚改

【加大老城保护政策支持】 年内，研究形成“一主三辅”四个配套性规范文件。1月15日，市住房城乡建设委联合东城、西城区政府发布《关于做好核心区历史文化街区平房直管公房申请式退租、恢复性修建和经营管理有关问题的通知》，推进核心区平房院落有机更新；初步完成《北京老城房屋修缮与保护技术导则（2019版）》，明确修缮等级、工艺标准、细部要点等技术要求；编制申请式退租补偿价值评估技术指引，明确估价原则、方法、程序等，统筹退租补偿标准；草拟老城保护性修缮工作管理机制的意见，建立平台，加强对房屋修缮、环境整治提升、文物保护修缮整治等各类项目的统筹管理，做到规划标准统一、实施时序合理、过程监管有力、资金使用高效。

（董琳静）

【开展申请式退租、“共生院”改造试点工作】 年内，确定东城区雨儿胡同、西城区菜市口西为试点项目，会同两区政府及相关部门，就试点项目的工作组织、修缮标准、政策制定等问题多次进行研究指导。东城区雨儿胡同试点院落修缮工程已于6月底基本完成；西城区菜市口西项目截至8月9日已完成“申请式退租”工作，居民退租申请累计完成275户，其中公房234户，私房41户，退租率为60%。

（董琳静）

【巩固扩大试点成果】 在全面总结东城区雨儿胡同、西城区菜市口西两个试点项目的基础上，指导东西城区继续巩固扩大试点成果，东城区南锣地区正在开展福祥、帽儿、蓑衣等三条胡同的修缮整治提升工作。西城区于11月8日启动砖塔胡同城市保护更新项目，为第二个申请式退租项目，共涉及居民239户，直管公房居民169户。

（董琳静）

【加大房源支持】 年内，支持开展文物腾退、历史文化街区和文化带保护建设工作。截至12月31日，已为核心区调配安置房源816套，用于重点文物保护腾退和申请式退租工作，其中现房416套、期房400套，房源主要分布在朝阳、昌平、大兴、房山四区——朝阳区百子湾（116套，现房）、昌平区溪城家园和朝阳区富力阳光美园（300套，现房）、大兴区瀛海及魏善庄（200套，期房）、房山区阎村（200套，期房）。

（董琳静）

【超额完成年度任务】 年内，围绕“疏解整治促提升”和新总规要求，扎实推进各项工作，提前超额完成年度工作任务。1—12月，全市累计完成棚户区改造（征收、拆迁、腾退协议签订）1.63万户，为全年任务的142%。涉及人口约5.26万人，为全年任务的191%。全市共有127个项目启动居民签约，26个项目完成征拆收尾，19宗入市地块完成土地整理，3.52万套安置房实现回迁入住。

（陈剑雄）

【下达2019年首批棚户区改造计划】 按照落实总规、回归初心，严控规模、减量集约，提升质量、分类推进的要求，在充分调查研究的基础上，2019年安排棚户区改造项目138个，任务1.15万户。3月份，报市政府批准正式印发，确保各区根据任务情况，及时早筹划、早动手、早开工。

（董琳静）

【做好棚户区改造项目数据摸底工作】 4月初，组织市发展改革委、市财政局、市规划自然资源委、市重大项目办、十六个区住房城乡建设部门、区财政局、2019年首批棚户区改造项目实施主体等部门召开工作部署会。会后，逐区对标核实填报数据，摸清既有棚户区改造项目的任务、资金、用地等情况底数，并与土地入市、政府债务数据进行比对，形成报告专题上报市政府，为推动棚户区改造精细化管理提供翔实准确的数据支持。

（董琳静）

【加强棚户区改造项目收尾力度】 年内，发挥绩效考核作用，制订棚户区改造征收拆迁收尾工作计划，各区至少完成1个项目收尾；以回迁安置房和入市地块收尾为重点，深入调研，精准调度，逐项协调，力促安置房尽快开工，推动土地尽快完成整理；协调市国资委督促相关市属企业，做好产权认定，支持配合项目征收拆迁收尾；市重大项目办加强与市住房城乡建设委配合，发挥府院联动机制作用，依法快裁、快执，破解签约不交房的执行难题。截至12月31日，延庆南菜园1—5巷等8个项目完成房屋征收收尾、实现净地；通州张家湾六小村（一片区）等8个项目完成全部住宅拆迁。

（陈剑雄　董琳静）

【有效防范化解棚户区改造资金风险】 年初，按照住房城乡建设部和市政府要求，市住房城乡建设委会同市重大项目办、市财政局、国开行和市保障性住房中心，深入全市16个区开展调研，逐个项目听取资金落实情况、融资手段、偿债情况等内容，并随机抽取了13个棚户区改造项目进行了棚户区改造全周期摸底调查。8月，按照市领导提出的化解政府隐形债要求，组织各区填报4大类

600余项的棚户区改造项目基础数据，为精准化解棚户区改造隐形债提供数据支撑。9月，会同市财政局、市发展改革委、市规划自然资源委、市重大项目办等部门，对申请2020年提前下达新增地方政府债券项目进行联审，为棚户区改造项目继续推进提供资金保障。

（董琳静）

【整理编印棚户区改造项目图册文件】 年内，市重大项目办完成《北京市棚户区改造项目册》和《北京市棚户区改造项目清册》编印，汇集全市2019年138个实施项目在土地性质、实施主体、控规情况等方面的基本信息。

（陈剑雄）

【协调棚户区改造项目进程】 年内，市重大项目办通过月报制度、定期调度会议、重点项目过程跟踪、投资在线平台监测、现场实地调研等多种渠道，及时充分掌握项目进展。经全面梳理，认真分析，全年共形成书面简报、专项评估报告或相关材料30余份，其中“北京市棚户区改造攻坚工作开展情况、存在的问题及建议”信息被国办要情采用。年内推动加快西城区百万庄北里规划方案确定、石景山区北辛安项目污染土治理等难题解决，成效显著。

（陈剑雄）

【探索全过程计划管理体系】 在2020年计划编制过程中，探索加强全过程计划管理体系，搭建“1个任务＋3个计划”的全过程计划管控体系。将征收拆迁、安置房建设回迁、入市地块整理纳入计划管控范围，逐个项目明确了全生命周期的推进计划和2020年的形象进度目标。

（陈剑雄）

项目建设

公共租赁住房

【X91-1号住宅楼等16项［北京经济技术开发区河西区X91R1地块二类居住（配建公共租赁住房）项目］竣工】 工程位于北京经济技术开发区河西区X91R1地块，包括3栋住宅楼，均为配建公共租赁住房，建筑面积64890.64平方米，剪力墙结构，工程造价15828.3319万元。2015年11月20日开工，2019年2月18日竣工。北京方兴拓赢房地产开发有限公司建设，中航勘察设计研究院有限公司勘察，北京天鸿圆方建筑设计有限责任公司设计，中建二局第三建筑工程有限公司施工，北京帕克国际工程咨询股份有限公司监理。

（徐存柱）

【王庄子居住配建公共租赁住房项目5号住宅楼工程竣工】 工程位于丰台区花乡王庄子村，东至马场东路，南至富丰园路，西至王庄子西路，北至看丹路。建筑面积 0.86 万平方米，可提供房源 130 套。地下 1 层，地上 15 层，剪力墙结构，工程总造价 8400 万元。2016 年 3 月开工，2019 年 4 月竣工。北京丰南嘉业房地产开发有限公司建设，中国建筑设计院有限公司设计，江苏省苏中建设集团股份有限公司施工，北京中集协工程管理有限公司监理。

（孙兴国）

【北京城市副中心职工周转房（北区）项目（3-1 号楼周转房）等 47 项竣工】 工程位于通州区潞城镇，东至通济路，南至兆善大街，由 18 栋 6—15 层不等的周转房（住宅楼）、10 栋配套商业组成，总建筑面积 25 万平方米。其中，3-5、4-2、4-7、5-4、5-5 号地下 3 层、地上 6 层，檐高 21.0 米；3-1、3-2、3-4、4-3、4-5、4-6、5-2 号地下 3 层、地上 9 层，檐高 30.6 米；3-3、4-4、5-3、5-6 号地下 3 层、地上 12 层，檐高 40.20 米；4-1、5-1 号地下 3 层、地上 15 层，檐高 49.80 米；3-G1 号地下 1 层、地上 2 层，檐高 9.30 米；5-G1、5-G4 号地下 1 层、地上 2 层，檐高 9.75 米；3-G2、3-G3 号地下 1 层、地上 1 层，檐高 5.70 米；4-G2、4-G3、5-G3 号地下 1 层、地上 1 层，檐高 5.85 米；4-G1 号地下 1 层、地上 3 层，檐高 12.90 米；5-G2 号地上 4 层，檐高 16.95 米。工程总造价 11 亿元。2017 年 5 月 20 日开工，2019 年 6 月 28 日竣工。北京市保障性住房建设投资中心建设，中国建筑设计院有限公司设计，北京城乡建设集团有限责任公司施工，北京光华建设监理有限公司监理。该工程取得北京市结构长城杯，北京市建筑长城杯，北京市绿色安全样板工地。

（何　鑫）

【肖村公共租赁住房（配建商品房）1 号、3 号住宅楼等 11 项工程竣工】 工程位于朝阳区小红门乡，建筑面积 9.8 万平方米，本期竣工 5 项，包括 1、2、8、10、11 号楼。其中，1 号、2 号楼地下 3 层，地上 26 层，框架剪力墙结构；8 号楼地下 2 层、地上 3 层，框架结构；10 号、11 号楼地下 1 层，框架结构。工程总造价 29262.70 万元。2016 年 8 月 20 日开工，2019 年 7 月 12 日竣工。北京首开住总安泰置业有限公司建设，北京城市开发设计研究院有限公司设计，北京城建北方集团有限公司施工，北京金海城工程建设监理公司监理。

（楼焕琳）

【北京新机场生活保障基地首期人才公共租赁住房项目 1 标段工程竣工】 工程位于大兴区榆垡镇，项目用地东至昌平街、南至榆平路、西至祥和街、北至榆纬三路，由 18 个单体工程组成，总建筑面积 142925 平方米，地上 90056 平方米、地下 52869 平方米。其中，0037 地块：1 号楼地下 3 层、地上 15 层，12298 平方米；2 号楼地下 3 层、地上 15 层，8488 平方米；3 号楼地下 3 层、地上 15 层，8334 平方米；4 号楼地下 3 层、地上 15 层，12463 平方米；5 号楼地下 2 层、地上 15 层，8044.15 平方米；1 号配套地上 2 层，789 平方米；2 号配套地下 1 层、地上 2 层，1974 平方米；3 号配套地上 1 层，31 平方米；地下车库地下 2 层，17921 平方米。0039 地块：1 号楼地下 3 层、地上 15 层，7674 平方米；2 号楼地下 3 层、地上 15 层，8293 平方米；3 号楼地下 2 层、地上 15 层，4274 平方米；4 号楼地下 2 层、地上 15 层，4274 平方米；5 号楼地下 3 层、地上 15 层，8333 平方米；6 号楼地下 3 层、地上 15 层，8064 平方米；7 号楼地下 2 层、地上 15 层，7119 平方米；地下车库地下 2 层，20352 平方米。0038 地块：幼儿园地下 1 层、地上 3 层，4200 平方米。工程结构为装配整体式剪力墙结构，工程总造价 59846.97 万元。2018 年 1 月 16 日开工，2019 年 8 月 31 日竣工。北京兴航空港置业有限公司建设，北京市住宅建筑设计研究院有限公司设计，北京住总集团有限责任公司施工，北京英诺威建设工程管理有限公司监理。

（李燕鹏）

【朝阳区垡头地区焦化厂公共租赁住房项目第二标段竣工】 工程位于东五环内侧，化工路与五环的交汇处，由 10 栋公共租赁住房，8 栋商业和地下车库组成，建筑面积 22.73 万平方米，分为东西两个区域。其中，西区 6、7、10 号高层公共租赁住房地下 4 层、地上 31 层，建筑高度 83.38 米；结构为现浇混凝土墙，产业化预制叠合楼板。11 号公共租赁住房地下 4 层、地上 11 层，1 层以下为现浇结构，2 层以上内外墙为产业化预制内外墙，楼板为叠合楼板。G1、G3、G4、G5 共 4 栋 4—5 层的配套商业，框架结构。G6 裙房 1、2 层为配套商业，3、4 层为公共租赁住房，框架结构。西区地下室共 3 层，B1、B2 层为商业，B3 层为地下车库。东区 15、18、19 号高层公共租赁住房楼地下 5 层、地上 29 层，建筑高度 78.9 米，地上 4 层以上为装配式外墙，4 层及以下为现浇结构，预制叠合楼板。17 号公共租赁住房为超低能耗建筑，地下 5 层、地上 19 层，建筑高度 54 米，3 层以上为装配式剪力墙结构，3 层及以下为现浇结构，预制叠合楼板。21、22 号为超低能耗建筑，地下 5 层，地上 27 层，建筑高度为 76.28 米；结构形式为现浇剪力墙，预制叠合楼板。G7、G8 公共服务配套地上 2 层。G9 为开闭站、G10 为密闭清洁站，地上 1 层。东区地下车库地下 3 层。工程总造价 9.11 亿元。2016 年 9 月 26 日开工，2019 年 5 月 2 日竣工。北京市保障性住房建设投资中心建设，中国建筑设计院有限公司设计，北京城乡建设集团有限责任公司施工，北京逸群工程咨询有限公司监理。工程运用的 VIP-岩棉复合保温板的安装技术。

（何　鑫）

【西三旗科技园配套公共租赁住房及小学幼儿园项目 6 号住宅楼等 31 项、教学楼等 2 项竣工】 工程位于海淀区建材城西路，属于中关村西三旗科技园配套公共租赁住房及小学幼儿园项目，包括 6—12 号住宅楼、2 号地下车库及教学楼，建筑面积 11.5 万平方米。其中，6 号住宅楼地下 1 层、地上 17 层，7 号住宅楼地下 1 层、地上 19 层，9 号楼住宅地下 1 层、地上 21 层，8 号、10—12 号住宅楼地下3层、地上21层，2号地下车库地下2层，教学楼地下1层、地上4层。住宅楼均为剪力墙结构，2号地下车库、教学楼为框架结构，工程总投资49307万元。2017年2月16日开工，2019年6月3日竣工。北京金隅程远房地产开发有限公司建设，北京建都设计研究院有限责任公司设计，北京市第五建筑工程集团有限公司施工，北京吉地四方建设工程顾问有限公司监理。

（廖全霞　王　爽）

【西三旗科技园配套公共租赁住房及小学幼儿园项目1号住宅楼等21项、幼儿园等2项竣工】 工程位于海淀区建材城西路，属于中关村西三旗科技园配套公共租赁住房及小学幼儿园项目，由23个单体工程组成，总建筑面积77762.29平方米，地上55878.29平方米、地下21884.00平方米。其中，1号、2号、4号楼地下1层、地上21层；3号、5号楼地下3层、地上21层，55018.84平方米；1号地下车库地下2层，17334.84平方米；13号楼养老院地上2层，1471.48平方米；幼儿园地上3层，3360平方米；14号、15号配电室地上1层，地下1层，577.13平方米。框架-剪力墙结构，工程总造价32507.29万元。2017年2月16日开工，2019年8月26日竣工。北京金隅程远房地产开发有限公司建设，北京建都设计研究院有限责任公司设计，北京住总集团有限责任公司施工，北京吉地四方建设工程顾问有限公司监理。

（王　奇）

【1号楼（公共租赁住房）等3项（河西区X13R2地块居住项目）竣工】 工程位于北京经济技术开发区河西区X13R2地块，包括5栋住宅楼，均为配建公共租赁住房，建筑面积121255.11平方米。1—5号楼均为地上16层、地下3层，剪力墙结构，其中4层及以上为装配式混凝土结构。工程造价29248.6946万元。2015年10月30日开工，2019年8月30日竣工。北京首开住总房地产开发有限公司建设，北京市建平工程勘察有限责任公司勘察，北京市住宅建筑设计研究院有限公司设计，北京怀建集团有限公司、北京住总第三开发建设有限公司施工，北京精正兴工程建设监理有限公司、北京赛瑞斯国际工程咨询有限公司监理。

（徐存柱）

【通州台湖公共租赁住房项目一标段竣工】 工程位于通州区台湖镇站前街与通马路交叉口东南角，台湖站前街区东北角。由1—11、14—18号公共租赁住房，19—22、24—26号配套公建，P1、P2、P4配电室，C1、C2、C4地下车库组成，总建筑面为197047.70平方米。其中，1、3、6、16号楼地下2层、地上28层，檐高79.6米；2、7、8、15、18号楼地下2层、地上24层，檐高68.4米；4号楼地下3层、地上16层，檐高46米；5号楼地下3层，地上24层，檐高68.4米；9号、10号楼地下2层，地上14层，檐高40.4米；11号楼地下2层，地上18层，檐高51.6米；14号楼地下3层，地上28层，檐高79.6米；17号楼地下3

层，地上19层，檐高54.4米；以上均为装配式剪力墙结构。19、20、22、26号楼地上1层，框架结构，檐高5.3米；21号楼地上2层，框架结构，檐高10米；24、25号楼地上2层，框架结构，檐高9.4米；P1、P2、P4配电室地上1层，框架结构，檐高6米；C1、C4地下车库地下2层，板-柱结构；C2地下车库地下1层，板-柱结构。工程总造价为78792.81万元。2015年12月30日开工，2019年9月10日竣工。北京市保障性住房建设投资中心建设，中国建筑设计研究院有限公司设计，北京城乡建设集团有限责任公司施工，中船重工海鑫工程管理（北京）有限公司监理。

（何　鑫）

【西砂8栋公共租赁住房项目】 工程位于田村山南路，包括1—4号、9—12号楼，建筑面积8.35平方米。其中，1—4号公共租赁住房地下1层，地上14层；9—11号公共租赁住房地下1层，地上15层；12号公共租赁住房地下1层，地上16层。剪力墙结构，工程总投资74697.33万元。2017年9月8日开工，2019年9月24日竣工。北京金隅嘉业房地产开发有限公司建设，北京建都设计研究院有限责任公司设计，中天建设集团有限公司施工，北京赛瑞斯国际工程咨询有限公司监理。

（周　阳）

【朝阳区北焦家园公共租赁住房项目等35项工程竣工】 工程位于朝阳区东南部垡头地区原北京焦化厂厂址内，项目南至化工路，西至祈东家园二期，北至规划焦化厂二街，东至规划焦化厂东五路。包括1—22号共22栋住宅楼，13栋商业和配套楼，分东西两个区域。其中，西区有14栋住宅：1、6、7、10号楼地上31层，2、4、8、11、13号楼地上11层，3、9、12号楼地上29层，5、14号楼地上28层；东区8栋住宅：15、16、18、19、20号楼地上29层，17号楼地上19层，21、22号楼地上27层，其中17、21、22号楼为超低能耗住宅楼。G1、G3、G4、G5为商业楼，G2、G6为商住楼，G7、G8为配套服务楼，G9为开闭站，G10配套楼为物业管理用房和密闭式垃圾清洁站，G11为展览厅，G12为养老院，G13为幼儿园。工程配套建设内容还包括有效容积约4.5万立方米的城市雨水调蓄池。西区地下3层，其中B1-B2为商业，B3为地下车库；西区公共租赁住房地下4层，设有地下夹层；东区地下3层均为地下停车库；东区公共租赁住房地下5层。总建筑面积约为552774平方米，地上建筑面积292396平方米，地下建筑面积260378平方米，可提供房源4646套。装配式剪力墙结构，工程总造价约为218000万元。2016年11月7日开工，2019年11月30日竣工。北京市保障性住房建设投资中心建设，中国建筑设计院有限公司设计，中国新兴工程总公司、北京城乡建设集团有限责任公司、北京城建建设集团有限公司分别负责一标段、二标段、三标段施工，北京逸群工程咨询有限公司监理。

（佟　义）

【朝阳区百子湾公共租赁住房项目第二标段竣工】 工程位于朝阳区百子湾广渠东路，包括地下车库，3号楼双廊式公共租赁住房，4号楼被动式公共租赁住房，5号、7号楼柯布式公共租赁住房，6号、8号楼单廊式公共租赁住房，PT2—4号配套设施，建筑面积18.85万平方米。其中，3号楼地下3层，地上27层；4号楼地下3层，地上6层；5号楼地下3层，地上11层；7号楼地下2层，地上11层；6号、8号楼地下2层，地上27层；PT2、PT4号配套设施地上1层，PT3号配套设施地上2层。剪力墙结构，工程总投资71711万元。2016年4月24日开工，2019年12月16日竣工。北京市保障性住房建设投资中心建设，北京市建筑设计研究院有限公司设计，北京建工集团有限责任公司施工，北京英诺威建设工程管理有限公司监理。

（廖全霞　王　爽）

【朝阳区百子湾公共租赁住房地块第一标段竣工】 工程位于朝阳区百子湾地区，东四环与东五环之间，在广化大街、地铁7号线化工站旁，由1、2、9、10-1—10-3号公共租赁住房，PT1、PT5、PT6配套，锅炉房，车库等13个单体工程组成，总建筑面积229161平方米，地上137061平方米、地下92100平方米。其中，1号楼地下3层、地上27层，45239平方米；2号楼地下3层、地上6层，2416平方米；9号楼地下3层、地上27层，29682平方米；10-1号楼地下3层、地上11层，4986平方米；10-2号楼地下3层、地上27层，19280平方米；10-3号楼地下3层、地上26层，19103平方米；PT1配套地上1层，9645平方米；PT5配套地上1层，6238平方米；PT6配套地上1层，8979平方米；锅炉房地下1层，1000平方米；1号架空廊地上2层，562平方米；2号架空廊地上2层2037平方米；车库地下3层，79994平方米。1、9、10-1—10-3号公共租赁住房为装配整体式剪力墙结构；2号公共租赁住房，车库，PT1、PT5、PT6配套，锅炉房为框架剪力墙结构；1号、2号架空廊为钢结构。工程总造价89373.87万元。2015年12月1日开工，2019年12月20日竣工。北京市保障性住房建设投资中心建设，北京市建筑设计研究院有限公司及中国MAD（马岩松）建筑设计咨询有限公司联合设计，北京住总集团有限责任公司施工，北京英诺威建设工程管理有限公司监理。

（李燕鹏）

【北京冬季奥运村人才公共租赁住房项目完成钢结构封顶】 工程位于朝阳区奥体文化商务园区内，占地面积约5.94万平方米，总建筑面积约33.1万平方米。项目分为11、12两个地块。11地块用地面积约3.32万平方米，总建筑面积约18.76万平方米，包括9-1、9-2、9-3、10-12、13-1、13-2、13-3、14-1、14-2、14-3、15-19号楼，其中9-1、12、13-1、13-2、15、17号楼地上16层，9-2、14-1、16号楼地上14层，9-3、11、13-3、14-3、18号楼地上2层，10、14-2号楼地上15层，19号楼幼儿园地上3层；12地块用地面积约2.62万平方米，总建筑面积约14.26万平方米，包括1-1、2-1、2-2、2-3、3、4、5-1、5-2、5-3、6-1、6-2、6-3、7、8号楼，其中1-1、4、6-2号楼地上15层，2-2、5-1、6-1、7号楼地上14层，2-1号楼地上16层，2-3、3、5-3、6-3、8号楼地上2层，5-2号楼地上13层。住宅楼为钢结构装配式，配套公建及幼儿园为钢筋混凝土框架结构。工程总投资617263万元。2018年9月27日开始动工，2019年7月28日完成全部地下结构工程，2019年12月3日提前完成主体钢结构封顶。北京城市副中心投资建设集团有限公司建设，北京市建筑设计研究院有限公司设计，北京建工集团有限责任公司、北京城建投资发展股份有限公司施工，北京方正建设工程管理有限公司、北京方圆工程监理有限公司监理。

（刘　鹏　李晓冬）

经济适用住房

【翠城经济适用房3项工程竣工】 工程位于朝阳区垡头，包括D-16、D-17、D-22居住公共服务楼，建筑面积1.47万平方米。其中，D-16楼地下1层、地上5层，檐高23.7米；D-17、D-22楼地下1层、地上3层，檐高12.3米。工程总投资9682.69万元，2015年6月30日开工，2019年8月23日竣工。北京住总房地产开发有限责任公司建设，北京市住宅建筑设计研究院有限公司设计，北京住总第一开发建设有限公司施工，北京旭日明工程管理有限公司监理。

（李笑颜　高雅琪）

【西马庄经济适用住房项目1号楼等8项工程竣工】 工程位于通州区永顺镇西马庄，总建筑面积42495.53平方米，包括1—3号住宅楼，4号楼配套用房、配电室、换热站、地下车库及出入口。其中，1号、2号住宅楼地下2层、地上29层，3号住宅楼地下2层、地上4层，配电室地上1层，4号楼配套用房地上3层，换热站地下1层，车库地下1层，出入口地上1层。框架剪力墙、砌体结构，工程造价19733万元。2016年2月1日开工，2019年7月25日竣工。北京铭通房地产开发有限公司建设，北京中化东方工程勘察设计有限公司勘察，华诚博远（北京）建筑规划设计有限公司设计，国都建设（集团）有限公司施工，北京和平诚信工程建设监理有限公司监理。

（李云胜）

【西集镇综合配套区F地块经济适用房项目竣工】 工程位于通州区西集镇，建筑面积68815平方米，包括1—5号住宅楼，地下车库、6、7号公共服务设施。其中1—3号住宅楼地下1层、地上18层，4、5号住宅楼地下1层、地上17层，6、7号公共服务设施地下1层、地上1层，车库地下2层、地上1层。框架剪力墙结构。工程造价24981万元。2017年3月15日开工，2019年10月12日竣工。北京运潮和房地产开发有限公司建设，北京潞城建筑有限公司、北京大龙建设集团有限公司施工，中基发展建设工程有限责任公司勘察，中国建筑技术集团有限公司设计，北京津京建设工程监理有限公司监理。

（李云胜）

【19—24 号住宅楼（经济适用房）等（通州区两站一街 E5、E6 地块东城区旧城保护定向安置房项目）竣工】 工程位于通州区台湖镇，总建筑面积 121936 平方米。其中，19 号住宅楼建筑面积 20595 平方米，地上 28 层、檐高 79.95 米，地下 1 层、高度 −5.2 米；20 号住宅楼建筑面积 20532 平方米，地上 28 层、檐高 79.9 米，地下 2 层、高度 −6.95 米；21 号住宅楼建筑面积 20595 平方米，地上 28 层、檐高 79.9 米，地下 1 层、高度 −5.2 米；22 号住宅楼建筑面积 20532 平方米，地上 28 层、檐高 79.5 米，地下 2 层、高度 −6.95 米；23 号住宅楼建筑面积 20528 平方米，地上 28 层、檐高 79.5 米，地下 1 层、高度 −4.8 米；24 号住宅楼建筑面积 19154 平方米，地上 26 层、檐高 73.9 米，地下 2 层、高度 −6.95 米。均为钢筋混凝土剪力墙结构。工程造价 29521.81 万元，2015 年 11 月 6 日开工，2019 年 10 月 18 日竣工。建成后，地上为东城区定向安置房，地下 1、2 层为自行车库及设备用房。北京正阳恒瑞置业公司建设，北京东方华脉工程设计有限公司设计，北京崇建工程有限公司施工，建研凯勃建设工程咨询有限公司监理。

（赵琳艳）

共有产权住房[①]

【后沙峪金隅大成 11 项工程竣工】 工程位于顺义后沙峪镇，包括 4 号住宅楼（自住型商品房）、7 号住宅楼（限价商品住房）及 1 号地下车库 B 区等 11 项，建筑面积 8.3 万平方米，住宅楼地下 1 层、地上 12—15 层，框架剪力墙结构，工程总造价 22317.52 万元。2016 年 10 月 31 日开工，2019 年 3 月 19 日竣工。北京金隅大成开发有限公司建设，华通设计顾问工程有限公司设计，北京城建北方集团有限公司施工，北京铁城建设监理有限责任公司监理。

（楼焕琳）

【魏各庄村 A01、A02 地块房 7 栋住宅楼工程竣工】 工程位于丰台区王佐镇魏各庄村，东至洛平东路、西至规划青龙湖地区九号路、南至规划青龙湖地区十七号路、北至云岗西路；为王佐镇魏各庄村 A01、A02 地块公建混合住宅用地项目配建自住型商品房项目。包括 9—12 号、15—17 号住宅楼，建筑面积 8.22 万平方米，可提供房源 837 套。其中，9、10、16 号地下 1 层、地上 12 层，12 号地下 1 层、地上 6 层，11、15、17 号地下 1 层、地上 11 层。剪力墙结构，工程总造价 99500 万元。2015 年 6 月开工，2019 年 3 月竣工。北京青龙湖腾实房地产开发有限公司建设，华通设计顾问有限公司设计，中国建筑一局（集团）有限公司施工，北京市曙晨工程建设监理有限公司监理。

（孙兴国）

【1 号住宅楼（限价商品住房）等 5 项［顺义区仁和镇 SY00-0005-6001 等地块

① 含限价商品住房和自住型商品房。

（配建“限价商品住房”）项目］工程竣工】 工程位于顺义新城第5街区，总建筑面积47195.11平方米，其中住宅33611.2平方米，公共服务设施13583.91平方米。包括1—4号住宅楼（限价商品住房）、2号地下车库。其中1、2、4号楼地下2层、地上15层，剪力墙结构；3号楼地下1层、地上15层，剪力墙结构；车库地下1层、地上1层，其他结构。工程造价11815.522万元，2016年6月30日开工，2019年1月28日竣工。北京城建兴顺房地产开发有限公司建设，北京城建设计发展集团股份有限公司设计，北京城建一建设发展有限公司施工，北京市顺金盛建设工程监理有限责任公司监理。

（马建平）

【张郭庄地区B-46、B-49地块3栋住宅楼工程竣工】 工程位于丰台区卢沟桥乡张郭庄地区，东至规划长辛店北二十路、南至规划芦井路、西至规划长辛店北九路、北至规划哑巴河，为长辛店张郭庄地区［原生态城一期（北区）A地块］B-46、B-49地块二类居住用地配建限价商品住房项目。包括49-01、03、04号住宅楼，建筑面积3.53万平方米，可提供房源557套。其中，01、03号楼地下3层、地上22层，04号楼地下3层、地上19层。剪力墙结构，工程总造价108821万元。2016年3月开工，2019年3月竣工。北京金隅房地置业有限公司建设，北京建都设计研究院有限责任公司设计，北京市建筑装饰有限公司施工，北京新森智业工程咨询有限公司监理。

（孙兴国）

【张郭庄地区B-47、B-48地块2栋住宅楼工程竣工】 工程位于丰台区卢沟桥乡张郭庄地区，东至规划长辛店北十一路、北十路，南至规划芦井路，西至规划长辛店北九路、长辛店B-49地块，北至规划长辛店北十八路、B-50地块；为长辛店张郭庄地区［原生态城一期（北区）B地块］B-47、B-48地块二类居住用地及基础教育用地配建限价商品住房项目。包括47-7、8号住宅楼，建筑面积2.77万平方米，可提供房源418套。其中，47-7号地下3层、地上22层，47-8号地下3层、地上18层。剪力墙结构，工程总造价90332万元。2016年3月开工，2019年3月竣工。北京金隅房地置业有限公司建设，北京建都设计研究院有限责任公司设计，河南红旗渠建设集团有限公司施工，北京建拓工程管理有限公司监理。

（孙兴国）

【4号住宅楼（自住型商品房）、7号住宅楼（限价商品住房）及1号地下车库B段等8项竣工】 项目位于顺义区后沙峪镇，顺义新城第19街区，东至规划二路，南至双裕街，西至裕庆路，北至双裕北街，属于顺义区后沙峪镇后沙峪村SY-0019-076、079地块二类居住、医院用地（配建“限价商品住房”）项目一期工程。总建筑面积8.3万平方米，地上住宅及配套公建面积4.7万平方米，共6栋住宅楼，提供房屋套数524套。其中，4号楼地下2层、地上13层，5号

楼地下2层、地上12层，6、7号楼地下2层、地上15层，8—10号楼地下2层、地上12层，均为剪力墙结构。工程总造价22317.5147万元。2016年11月2日开工，2019年5月24日竣工。北京金隅地产开发集团有限公司建设，北京中材地质工程勘察研究院有限公司勘察，华通设计顾问工程有限公司设计，北京城建北方集团有限公司施工，北京铁城建设监理有限责任公司监理。

（马建平）

【亚林西居住区613-12、13、14号住宅楼工程竣工】 工程位于丰台区玉泉营桥东北侧，东至现状医院、西至京开高速路东红线、南至规划亚林西中路北红线、北至规划凉水河南侧路北红线，为亚林西居住区一期二类居住、其他类多功能及基础教育用地配建限价商品住房项目。包括613-12、13、14号住宅楼，建筑面积4.91万平方米，可提供房源735套。12号楼地下2层、地上29层，13号楼地下2层、地上25层，14号楼地下1层、地上23层。剪力墙结构，工程总造价11304万元。2015年11月开工，2019年5月竣工。北京亚林西房地产开发有限公司建设，北京弘石嘉业建筑设计有限公司设计，中天建设集团有限公司施工，北京赛瑞斯国际工程咨询有限公司监理。

（孙兴国）

【石景山首钢铸造厂南区限价商品住房项目竣工】 工程位于石景山区金顶街，规模242842.71平方米。包括1、2、4—6、8—10号住宅楼，11、12配套公建，地下车库及地下商业。1、2号住宅楼地下4层，地上28层；4号住宅楼地下4层，地上25层；5号住宅楼地下4层，地上23层；6号住宅楼地下2层，地上21层；8号住宅楼地下3层，地上21层；9号、10号住宅楼地下3层，地上28层；11号配套公建地上2层；12配套公建地上1层；车库及地下商业地下3层，地上1层。剪力墙结构，工程总造价58338.23万元。2016年8月29日开工，2019年6月13日竣工。北京首钢房地产开发有限公司建设，华诚博远（北京）建筑规划设计有限公司设计，北京首钢建设集团有限公司施工，北京诚信工程监理有限公司监理。

（何　为　王　蕊）

【首钢铸造厂南区3号住宅楼等2项工程竣工】 工程位于石景山区金顶街，为石景山区首钢铸造厂南区限价商品住房项目，规模30607.29平方米，包括3号、7号住宅楼。3号楼地下1层、地上23层，7号楼地下2层、地上23层。钢结构，工程总造价6427.53万元。2017年11月16日开工，2019年6月24日竣工。北京首钢房地产开发有限公司建设，华诚博远工程技术集团有限公司设计，北京首钢建设集团有限公司施工，北京诚信工程监理有限公司监理。

（何　为　王　蕊）

【和悦园18项工程竣工】 工程位于朝阳区东坝乡，包括14—18、20—22、24、26、27、29号限价商品住房，23、25、28号配套商业，30、31-1号地下车库。建筑面积16.71万平方米，其中14—16

号限价商品住房地下 2 层、地上 3 层，檐高 10.5 米；20—22 号限价商品住房地下 2 层、地上 16 层，檐高 44.9 米；23 号配套商业地下 1 层；24、26、29 号限价商品住房地下 3 层、地上 16 层，檐高 44.9 米；25、28 号配套商业地上 1 层，檐高 4.8 米；27 号限价商品住房地下 3 层、地上 13 层，檐高 36.35 米；30、31-1 号车库地下 1 层。剪力墙结构，工程总投资 37743.08 万元。2016 年 7 月 10 日开工，2019 年 7 月 4 日竣工。北京知泰房地产开发有限责任公司建设，北京市住宅建筑设计研究院有限公司设计，中建三局集团有限公司、富利建设集团有限公司施工，北京双圆工程咨询监理有限公司、北京津京建设工程监理有限公司监理。

（林　湖　高雅琪）

【2、3、5、16 号（自住型商品房）及地下室工程竣工】 工程位于延庆区延庆镇东关村，建筑面积 118344.84 平方米。2、3、5 号（自住型商品房）地下 3 层、地上 16 层，16 号（自住型商品房）地下 3 层、地上 11 层，均为框架剪力墙结构。地下室地下 3 层，框架结构。工程造价 20088.4 万元。2016 年 9 月 1 日开工，2019 年 7 月 26 日竣工。北京天润诚泽房地产开发有限公司建设，武汉东艺建筑设计有限公司设计，北京环宇建筑有限公司施工，北京安华建设监理有限公司监理。

（熊于男）

【1 号住宅楼（限价商品住房）及 1 号地下车库 A 段等 4 项竣工】 项目位于顺义区后沙峪镇，顺义新城第 19 街区，东至规划二路，南至双裕街，西至裕庆路，北至双裕北街，属于顺义区后沙峪镇后沙峪村 SY-0019-076、079 地块二类居住、医院用地（配建“限价商品住房”）项目一期工程。总建筑面积 8.9 万平方米，地上住宅及配套公建面积 7.9 万平方米，共 4 栋住宅楼，提供房屋套数 969 套。其中，1 号楼地下 3 层、地上 12 层，剪力墙结构；2、3 号楼地下 3 层、地上 15 层。剪力墙结构，总造价 22815.31 万元。2016 年 11 月 2 日开工，2019 年 9 月 26 日竣工。北京金隅地产开发集团有限公司建设，北京中材地质工程勘察研究院有限公司勘察，华通设计顾问工程有限公司设计，北京市顺建工程有限公司施工，北京铁城建设监理有限责任公司监理。

（马建平）

【04-0016 地块 3 号楼等 11 项竣工】 工程位于房山区阎村镇南梨园村，属于房山区阎村镇 04 街区 04-005 等地块综合性商业金融服务业，二类居住及体育用地（配建“限价商品住房”）项目。由 3、4、8、9、10、11、12、13 号楼，22 号配电室，23 号物业用房及 2 号车库组成，建筑面积 64196.83 平方米。其中 3、4 号楼地下 3 层、地上 12 层，剪力墙结构，檐高 35.7 米；8、9 号楼地下 3 层、地上 11 层，剪力墙结构，檐高 32.55 米；10 号楼地下 3 层、地上 9 层，剪力墙结构，檐高 26.75 米；11、12、13 号楼地下 2 层、地上 6 层，剪力墙结构，檐高 19.2 米，22 号配电室地下 1

层、地上1层，框架-剪力墙结构，檐高4.05米；23号物业用房地上1层，框架结构，檐高3.55米；2号车库地下2层，框架-剪力墙结构。工程总造价15120.67万元。2017年5月18日开工；9号楼、10号楼、22号配电室、23号物业用房及2号车库2019年9月29日竣工，3号楼、4号楼、8号楼2019年11月18日竣工。北京恒乐置业有限公司建设，北京建筑设计研究院有限公司设计，北京城乡建设集团有限责任公司施工，北京东方华太建设监理有限公司监理。

（何　鑫）

【9号住宅楼（限价商品住房）等4项（顺义区仁和镇05-02-15-1地块R2二类居住用地限价商品住房项目）竣工】 工程位于顺义区仁和镇，由9、10、11号楼和18号车库组成，建筑面积66338.1平方米。其中，9号楼地下2层、地上15层，剪力墙结构，檐高43.4米；10号楼地下3层、地上14层，剪力墙结构，檐高40.6米；11号楼地下3层、地上15层，剪力墙结构，檐高43.4米；18号车库，地下2层，框架结构。工程总造价2.08亿元。工程用途是住宅楼、地下车库。2016年12月20日开工，2019年10月25日竣工，北京首开中晟置业有限责任公司建设，北京中厦建筑设计研究院有限公司设计，北京城乡建设集团有限责任公司施工，北京市顺金盛建设工程监理有限责任公司监理。

（何　鑫）

【门头沟04地块（四季怡园、欢乐大都汇）14项工程竣工】 工程位于门头沟区永定镇，为自住型商品住房项目，含商业、商务办公楼，建筑面积106105平方米，包括16号住宅楼，14、15、17、19-1、19-2、19-3、20商业楼，18、21、22商业、商务办公楼，3号地下车库A、B、C。其中，16号住宅楼地下2层，地上28层，剪力墙结构；商业楼14、20号楼地上3层，15、19-1、19-3号楼地下2层、地上3层，17、19-2号楼地下2层、地上2层，18号楼地下2层、地上4层；以上为框架剪力墙结构。商业、商务办公楼21、22号为地下2层、地上15层，剪力墙结构；3号车库A、B地下2层、地上1层，3号车库C地下2层，剪力墙结构。工程总投资28330万元。2016年11月、2017年3月分期开工，2019年1月、5月、10月分期竣工。北京屹泰房地产开发有限公司建设，筑博设计股份有限公司设计，中建三局集团有限公司-富利建设集团有限公司（联合体）施工，北京津京建设工程监理有限公司监理。

（黄玉佳）

【和光尘樾项目住宅、限价商品住房及配套29项工程竣工】 工程位于朝阳区东坝乡，属于朝阳区东坝南区1106-657地块住宅混合公建用地（配建“限价商品住房”）项目，建筑面积168638.3平方米，包含14—19号住宅楼，20—29号限价商品住房及配套商业，1号出入口，30号车库，31-1号车库。其中，14—16号住宅楼地下2层、地上8层，17—19

号住宅楼地下1层、地上3层，20—22号限价商品住房地下3层、地上16层，27号限价商品住房地下3层、地上13层，24、26、29号限价商品住房地下2层、地上16层，23、25、28号配套商业地上1层；均为剪力墙结构。30号车库地下2层，框架剪力墙结构；31-1号车库地下1层为框架剪力墙结构。工程总投资38162.4012万元。2016年10月开工，2019年11月竣工。北京知泰房地产开发有限责任公司建设，北京市勘察设计研究院有限公司勘察，北京市住宅建筑设计研究院有限公司设计，中建三局集团有限公司、富利建设集团有限公司施工，北京津京建设工程监理有限公司、北京双圆工程咨询监理有限公司监理。

（王一纯）

【顺义区仁和镇限价商品住房项目竣工】 工程位于顺义新城第五街区东北部，建筑面积195780.36平方米，共8栋住宅楼，均为剪力墙结构，提供限价商品住房1200套、共有产权住房300套。其中1、4、9号住宅楼地下2层、地上15层；3、11号住宅楼地下3层、地上15层；2号住宅楼地下1层、地上16层；5号住宅楼地下2层、地上14层；10号住宅楼地下3层、地上14层；17号、18号车库地下2层、地上1层；6号、7号商业用房地下3层、地上1层；8号商业用房地下2层、地上1层；13—15号商业用房地下3层；12号配套公建地下3层、地上1层，内包括物业服务用房、社区管理服务用房、社区助残服务中心、再生资源回收站、公厕工程、商业用房；16号托老所地上2层；19、20号配电室地下1层，地上1层。项目总投资243528万元。2016年12月20日开工，2019年12月30日竣工。北京首开中晟置业有限责任公司建设，北京中厦建筑设计研究院有限公司设计，北京城建六建设集团有限公司（西标段）、北京城乡建设集团有限责任公司（东标段）施工，北京市顺金盛建设工程监理有限责任公司监理。

（辛宇龙）

【房山区长阳镇04-0016地块5号楼等4项工程竣工】 工程位于房山区阎村镇，属于房山区长阳镇04—0016地块5号楼等4项［房山区阎村镇04街区04-0005等地块综合性商业金融服务业、二类居住及体育用地（配建“限价商品住房”）项目］，建筑面积51714.65平方米，包括04-0016地块5—7号楼、1号车库、设备用房及配套。其中，04-0016地块5号、7号楼地下3层、地上12层，04-0016地块6号楼地下3层、地上9层，1号车库、设备用房及配套地下2层、地上1层。剪力墙结构，工程总投资11842.28万元。2017年3月7日开工，2019年12月30日竣工。北京恒乐置业有限公司建设，中基发展建设工程有限责任公司勘察，北京市建筑设计研究院有限公司设计，江苏江都建设集团有限公司施工，北京东方华太建设监理有限公司监理。

（张海燕）

定向安置住房

【轻轨 L2 线通州段两站一街定向安置房项目工程竣工】 工程位于通州区台湖镇，为轻轨 L2 线通州段两站一街定向安置房项目南区 A1-9 地块（9-1 号—9-5 号楼）、A1-11 地块（11-1 号—11-8 号楼、地下车库）项目。包括 13 栋住宅楼，1 个地下车库，建筑面积 14.95 万平方米。其中，9-1 号、9-2 号、9-5 号、11-1—11-8 号楼地下 1 层、地上 18 层，9-3 号楼地下 1 层、地上 16 层，9-4 号楼地下 1 层、地上 14 层，车库地下 1 层，工程造价 24648.82 万元，框架剪力墙结构。2010 年 2 月 22 日开工，2019 年 1 月 8 日竣工。北京星湖投资开发公司建设，北京市勘察设计研究院有限公司勘察，北京中联环建文建筑设计有限公司，北京冠亚伟业民用建筑设计有限公司设计，中建一局集团第五建筑有限公司施工，北京和平诚信工程建设监理有限公司监理。

（李云胜）

【朝阳区东郊农场保障性住房 ABCD 地块（棚户区改造定向安置房）B 区一标段工程竣工】 工程位于朝阳区崔各庄乡，建筑面积 7.91 万平方米。B1、B2、B7 号住宅楼地下 2 层、地上 28 层，全现浇结构；B7 号西段配套公建地下 1 层、地上 3 层，框架结构。工程总造价 23240 万元。2017 年 2 月 20 日开工，2019 年 1 月 28 日竣工。北京东方瑞平房地产开发有限公司建设，北京中天元工程设计有限责任公司设计，北京城建一建设发展有限公司施工，北京希地环球建设工程顾问有限公司监理。

（楼焕琳）

【东郊农场定向安置房 19 项工程竣工】 工程位于朝阳区崔各庄村，包括 B2—B7、C1、C4、C6、C8 号住宅及配套楼，B1、C2、C3、C5、C7 号住宅楼，B9、B10 号配套楼，B11、C10 号车库，建筑面积 34.7 万平方米。其中，C1 号住宅及配套楼地下 2 层、地上 24 层，檐高 66.5 米；B1、C2、C7 号住宅楼、B2、B4 号住宅及配套楼地下 2 层、地上 28 层，檐高 77.3 米；B3、B5、C4 号住宅及配套楼地下 3 层、地上 18 层，檐高 51.0 米；B6 号住宅及配套楼地下 2 层、地上 20 层，檐高 57.05 米；B7 号住宅及配套楼地下 2 层、地上 28 层，檐高 78.65 米；B9 号配套楼地上 1 层，檐高 6.3 米；B10 号配套楼地下 1 层、地上 2 层，檐高 9.6 米；C3 号住宅楼地下 1 层、地上 18 层，檐高 51.0 米；C5 号住宅楼地下 3 层、地上 18 层，檐高 20.3 米；C6 号住宅及配套楼地下 2 层、地上 14 层，檐高 38.8 米；C8 号住宅及配套楼地下 2 层、地上 24 层，檐高 75.95 米；B11、C10 号车库地下 2 层、地上 1 层，檐高 3.8 米。剪力墙结构，工程总投资 129890.72 万元。2016 年 3 月 17 日开工，2019 年 1 月 30 日竣工。北京东方瑞平房地产开发有限公司建设，北京中天元设计有限责任公司设计，北京天恒建设工程有限公司、北京城建一建设发展有限公司、北京顺鑫天宇建筑工程有限公司、北京高士达建筑工程有限责任公司施工，北京康迪建设监理咨询有限公司、北京希地环球建设工程顾问有限公司监理。

（李笑颜　高雅琪）

【怀柔区庙城镇庙城村棚户区改造土地开发项目】 工程位于怀柔区庙城镇庙城村，总建筑面积46893.48平方米，共12项，本期竣工项目为1—4、6、7号住宅楼、商业楼、地下车库（ⓐ1-A—ⓐ2-A/①—㉛轴）。其中1号、3号楼地下2层、地上9层，全现浇剪力墙结构；2号、6号楼地下2层、地上11层，全现浇剪力墙结构；4号楼地下2层、地上13层，全现浇剪力墙结构；7号楼地下2层、地上6层，全现浇框架剪力墙结构；商业楼地下1层、地上2层，框架结构；车库地下1层，全现浇结构。工程总造价20387.67万元。2016年7月30日开工，2019年2月25日竣工。北京银地房地产开发有限责任公司建设，北京华通建筑设计院设计，北京城建八建设发展有限责任公司施工，北京东方华太建设监理有限公司监理。

（楼焕琳）

【门头沟区采空棚户区改造石门营定向安置房项目（4号地块2标段）竣工】 工程位于门头沟区石门营小园，包括4-5、4-6、4-12、4-13、4-14号楼，建筑面积8.06万平方米。其中，4-5、4-6、4-12、4-13号楼地下2层、地上29楼；4-14号楼地下2层、地上28楼。剪力墙结构，工程总投资24264万元。2014年7月25日开工，2019年3月10日竣工。北京市门头沟区采空棚户区改造中心建设，北京通程泛华建筑工程顾问有限公司设计，北京建工路桥集团有限公司施工，北京园磊工程管理有限公司监理。

（廖全霞　王　爽）

【顺义区仁和镇1号住宅楼（回迁安置房）等8项工程竣工】 工程位于顺义新城第5街区，属于顺义区仁和镇SY00-0005-6001等地块（配建“限价商品住房”）项目，总建筑面积55765.5平方米，其中住宅41204.89平方米、公共服务设施14560.61平方米。包括1—4号住宅楼（回迁安置房）、1号地下车库、6号开闭站、门卫室1和门卫室2。其中，1、2、3、4楼地下2层、地上15层，剪力墙结构；地下车库地下2层、地上1层，框架剪力墙结构；门卫室地上1层，钢结构。工程造价14466.18万元，2016年7月11日开工，2019年3月22日竣工。北京城建兴顺房地产开发有限公司建设，华通设计顾问工程有限公司设计，北京城建建设工程有限公司施工，北京市顺金盛建设工程监理有限责任公司监理。

（马建平）

【密云新城回迁安置房1号住宅楼工程竣工】 工程位于密云镇密云新城0102街区，为密云新城0102街区MY00-0102-6021、6022、6023、6024地块R2二类居住、A33基础教育用地（配建“回迁安置房”）项目6024地块回迁安置房，建筑面积13650平方米。地下3层、地上16层，剪力墙结构，工程总造价3400万元，2017年7月1日开工，2019年3月28日竣工。北京宝驰通置业有限公司建设，北京地矿工程建设有限责任公司勘察，北京本土建筑设计有限公司设计，河北建设集团有限公司施工，北京日日豪工程建设监理有限责任公司监理。

（鹿　冰）

【密云新城回迁安置房2号住宅楼工程竣工】 工程位于密云镇密云新城0102街区，为6024地块回迁安置房2号住宅楼等11项（密云新城0102街区MY00-0102-6021、6022、6023、6024地块R2二类居住、A33基础教育用地配建“回迁安置房”）项目工程，建筑面积65220平方米。地下1层、地上10层，剪力墙结构，工程总造价18646万元，2016年10月31日开工，2019年3月28日竣工。北京宝驰通置业有限公司建设，北京地矿工程建设有限责任公司勘察，北京本土建筑设计有限公司设计，河北建设集团有限公司施工，北京日日豪工程建设监理有限责任公司监理。

（鹿　冰）

【顺义区仁和镇SY00-0005-6007、6005地块1号安置房住宅等5项工程竣工】 工程位于顺义区顺义新城5街南部，建筑面积5.16万平方米。其中，1号楼建筑面积1.37万平方米，地下1层、地上14层；4号楼，建筑面积1.29万平方米，地下1层、地上14层；5号楼0.72万平方米，地下1层、地上15层；8号楼0.84万平方米，地下1层、地上15层；9号楼0.94万平方米，地下1层、地上15层。框架剪力墙结构，工程总造价10912.90万元。2016年7月26日开工，2019年4月1日竣工。北京城建兴顺房地产开发有限公司建设，北京市城建建设发展集团股份有限公司设计，北京城建九建设工程有限公司施工，北京华城建设监理有限责任公司监理。

（楼焕琳）

【1号住宅楼（回迁安置房）等5项工程竣工】 工程位于顺义区仁和镇，属于顺义区仁和镇SY00-0005-6007、6005地块R2二类居住用地（配建“限价商品住宅”）项目，总建筑面积51647.5平方米，包括1、4、5、8、9号住宅楼（回迁房）。其中，1、4号住宅楼地下1层、地上14层；5、8、9号住宅楼地下1层、地上15层。混凝土剪力墙结构，工程造价10912.90万元。2016年7月21日开工，2019年4月1日竣工。北京城建兴顺房地产开发有限公司建设，北京城建设计发展集团股份有限公司设计，北京城建九建设工程有限公司施工，北京华城建设监理有限责任公司监理。

（马建平）

【顺义区仁和镇2号住宅楼（回迁安置房）等7项工程竣工】 工程位于顺义新城第5街区，属于顺义区仁和镇SY00-0005-6007、6005地块R2二类居住用地（配建“限价商品住房”）项目，总建筑面积73080.69平方米，其中住宅45488.62平方米、公共服务设施27592.07平方米。包括2、3、6、7号住宅楼（回迁房），5号车库，1、2号门卫室。其中，2、3楼地下3层、地上14

层，剪力墙结构；6、7楼地下3层、地上15层，剪力墙结构；5号车库地下2层、地上1层，框架结构；门卫室地上1层，砌体结构。工程造价16868.38万元。2016年7月21日开工，2019年4月1日竣工。北京城建兴顺房地产开发有限公司建设，北京城建设计发展集团股份有限公司设计，河北建设集团有限公司施工，北京华城建设监理有限责任公司监理。

（马建平）

【西黄村回迁安置房一期7项工程竣工】 工程位于石景山区西黄村，为石景山区西黄村棚户区改造土地开发项目，规模77125.24平方米。包括10号（A、B、C区）和11号楼，配电室3，3号门房，1606-645地下车库。其中，10号（A区）地下2层、地上28层，10号（B区）地下3层、地上28层，10号（C区）地下1层、地上1层，11号地下3层、地上12层，配电室3地下1层、地上1层，3号门房地上1层，1606-645车库地下2层、地上1层。剪力墙结构，工程总造价18749.21万元。2016年4月21日开工，2019年4月3日竣工。北京鎏金置业有限责任公司建设，北京首都工程建筑设计有限公司设计，中国建筑第二工程局有限公司施工，北京双圆工程咨询监理有限公司监理。

（何　为　王　蕊）

【西黄村回迁安置房二期7项工程竣工】 工程位于石景山区西黄村，为石景山区西黄村棚户区改造土地开发项目回迁安置房二期，规模42961.01平方米。包括12号—14号楼、配套商业、配电室4、4号门房、车库。其中，12号楼地下2层、地上11层，13号楼地下2层、地上21层，14号楼地下2层、地上16层，配套商业地上2层，配电室4地下1层、地上2层，4号门房地上1层，车库地下2层。剪力墙结构，工程总造价10443.86万元。2016年4月21日开工，2019年4月3日竣工。北京鎏金置业有限责任公司建设，北京首都工程建筑设计有限公司设计，中国建筑第二工程局有限公司施工，北京双圆工程咨询监理有限公司监理。

（何　为　王　蕊）

【西黄村回迁安置房一期16项工程竣工】 工程位于石景山区西黄村，为石景山区西黄村棚户区改造土地开发项目回迁安置房一期，规模196215.41平方米。包括1—9号楼、服务配套设施、垃圾站、开闭站/配电室1、配电室2、1—2号门房、1606-644车库。其中，1号楼地下2层，地上26层；2号楼地下2层，地上17层；3、4、5号楼地下2层，地上28层；6号楼地下3层，地上9层；7号地下3层，地上10层；8号地下2层，地上12层；9号地下2层，地上27层；服务配套设施地上4层；垃圾站地上2层；开闭站/配电室1地下1层，地上2层；配电室2地下1层，地上1层；1号、2号门房地上1层；1606-644车库地下2层，地上1层。剪力墙结构，工程总造价47700.13万元。2016年4月21日开工，2019年4月3日竣工。北京鎏金置业有限责任公司建设，北京首都工程建筑设计有限公司设计，中国建筑第二工程局有限公司施工，北京双圆工程咨询监理有限公司监理。

（何　为　王　蕊）

【6023地块3号住宅楼等8项工程竣工】 工程位于密云区密云镇密云新城0102街区中部，属于密云新城0102街区米Y00-0102-6021、6022、6023、6024地块R2二类居住、A33基础教育用地（配建"回迁安置房"）项目，建筑面积7.17万平方米。其中，3号住宅楼地下3层、地上15层，剪力墙结构；4号住宅楼地下3层、地上14层，剪力墙结构；5号住宅楼地下3层、地上10层，剪力墙结构；S2号配套公建地上3层，框架结构；6号配电室地下1层、地上1层，框架结构；车库地下3层，剪力墙结构。工程总造价19337.33万元。2017年4月10日开工，2019年4月20日竣工。北京宝驰通置业有限公司建设，北京中机一院工程设计有限公司设计，北京城建六建设集团有限公司施工，北京日日豪工程建设有限责任公司监理。

（楼焕琳）

【首城东郡家园2项竣工】 工程位于朝阳区东坝乡1105-657号地，包括3号、4号住宅楼。建筑面积0.58万平方米，均为地下1层、地上6层，檐高60米。剪力墙结构，工程总投资2971万元。2016年1月25日开工，2019年4月11日竣工。北京首城置业有限公司建设，北京维拓时代建筑设计股份有限公司设计，北京城建亚泰建设集团有限公司施工，北京中外建工程管理有限公司监理。

（林　湖　高雅琪）

【柏阳景园1项工程竣工】 工程位于朝阳区王四营道口，为8号住宅楼。建筑面积3.11万平方米，地下2层、地上21层，檐高60米。剪力墙结构，工程总投资11068.71万元。2016年9月30日开工，2019年4月24日竣工。北京柏基置业有限公司、北京市朝阳王四营农工商总公司建设，北京凯帝克建筑设计有限公司设计，江苏圣通建设集团有限公司施工，北京北辰工程建设监理有限公司监理。

（林　湖　高雅琪）

【焦化厂棚户区改造安置房10项工程竣工】 工程位于朝阳区化工路甲一号，包括1号、3—11号住宅楼，建筑面积17.29万平方米。其中1号、3号、5—10号住宅楼地上28层，檐高80.8米；4号住宅楼地上20层，檐高58.4米；11号住宅楼地上21层，檐高61.2米。剪力墙结构，工程总投资81229.11万元。2014年5月10日开工，2019年6月3日竣工。北京市保障性住房建设投资中心建设，北京中联环建文建筑设计有限公司设计，北京建工集团有限责任公司施工，北京蔷薇工程监理有限责任公司监理。

（林　湖　高雅琪）

【新干线住宅小区E区回迁房等8项工程竣工】 工程位于昌平区东小口镇霍营，东至建材城东侧路，西至霍营东路，南至黄平东路，北至新干线家园二期，包括E-K1地下车库、E5—7公共服务设施楼、E-G1锅炉房、E-R1—3出口，建筑面积34711平方米。其中，E-K1地下车库地下2层；E5—7公共服务设施楼均地下1层，地上3层；E-G1锅炉房、E-R1—2出口均地下1层，地上1层；E-R3出口地下2层，地上1层。框架剪力墙结构，工程总投资7662.18万元。2014年12月25日开工，2019年7月18日竣工。北京新领域房地产开发有限公司建设，北京市建平工程勘察有限责任公司勘察，北京筑都方圆建筑设计有限公司设计，中铁建设集团有限公司施工，北京精正兴工程建设监理有限公司监理。

（郅童童）

【延庆新城05街区1号（回迁住宅）等8项工程竣工】 工程位于延庆区延庆镇东关村，属于延庆新城05街区05-043地块R2二类居住用地项目，建筑面积83222.89平方米。1号（回迁住宅）地下2层，地上10层；9号（回迁住宅）地下2层，地上9层；11号（回迁住宅）地下2层，地上9层；17号（回迁住宅）地下2层，地上11层；19号（回迁住宅）地下2层，地上10层；8号（回迁商铺）地下1层，地上2层；10号（回迁商铺）地上2层；18号（回迁商铺）地下1层，地上2层。均为框架剪力墙结构，工程造价14173.97万元。2016年9月1日开工，2019年7月26日竣工。北京天润诚泽房地产开发有限公司建设，武汉东艺建筑设计有限公司设计，北京明泰建筑工程有限公司施工，北京安华建设监理有限公司监理。

（熊于男）

【2-6号住宅楼（豆各庄3、4号地通惠灌渠西侧地块东城区旧城保护定向安置房项目）竣工】 工程位于朝阳区豆各庄乡，建筑面积45186.1平方米，地上29层、檐高80米，地下3层、高度－9.6米。剪力墙结构，工程造价9350万元。2017年2月15日开工，2019年8月23日竣工。北京佳源投资经营有限责任公司建设，北京中筑天和建筑设计有限公司设计，中航天建设工程有限公司施工，北京磐石建设监理有限责任公司监理。建成后，地上为东城区定向安置房，地下为自行车库及设备用房。

（林　湖　高雅琪）

【潞城镇棚户区改造土地开发项目A区杨坨三号地安置房（北区）竣工】 工程位于通州新城0506街区，东至东六环铺路、南至杨坨东街、西至杨坨中路、北至杨坨四街。包括7—14号住宅楼，配套3号楼，开闭站及地下车库，建筑面积18.9万平方米。7—14号住宅楼及配套3号楼均为地下4层；其中7、9、13、14号住宅楼地上21层；8、12号住宅楼地上24层；10号住宅楼地上17层；11号住宅楼地上8层；配套3号楼地上2层。开闭站地下1层、地上1层；地下车库地下3层、地上1层。框架剪力墙结构，工程总投资177117万元。2017年3月9日开工，2019年8月30日完成单位工程质量竣工验收。北京城市副中心投资建设集团有限公司建设，北京市勘察设计研究院有限公司基坑设计，北京市弘都城市规划建筑设计院主体结构设计，北京住总集团有限责任公司施工，北京百事百达工程管理有限公司监理。

（刘 鹏 彭 金）

【首钢二通厂南区棚户区改造定向安置房项目竣工】 工程位于丰台区梅市口路，东至首钢二通厂边界，南至梅市口路，西至张仪村东三路，北至首钢二通厂基础教育用地，由 11 个单体工程组成，总建筑面积 223211.13 平方米，地上 154542.69 平方米、地下 68668.44 平方米。其中，2-1 号住宅楼地下 2 层、地上 22 层，19604.80 平方米；2-2 号住宅楼地下 2 层、地上 26 层，24544.50 平方米；2-3 号住宅楼地下 2 层、地上 19 层，15837.26 平方米；2-4 号住宅楼地下 2 层、地上 28 层，20009.48 平方米；2-5 号住宅楼地下 2 层、地上 24 层，19566.10 平方米；2-6 号住宅楼地下 4 层、地上 17 层，6660.18 平方米；2-7 号住宅楼地下 2 层、地上 28 层，29029.70 平方米；2-8 号住宅楼地下 2 层、地上 28 层，26286.72 平方米；2-9 号配套楼地上 4 层，5742.23 平方米；2-10 号配套楼地上 1 层，300 平方米；2-11 号地下汽车库地下 3 层、地上 1 层，55630.16 平方米。住宅楼为钢筋混凝土剪力墙结构，配套楼为框架结构，地下汽车库为板柱剪力墙结构。工程总造价 68877.618121 万元。2017 年 1 月 1 日开工，2019 年 9 月 20 日竣工。北京首钢二通建设投资有限公司建设，北京凯帝克建筑设计有限公司设计，北京住总第三开发建设有限公司施工，北京中建协工程咨询有限公司监理。

（李燕鹏）

【小红门乡肖村安置房项目 12 项工程竣工】 工程位于朝阳区小红门乡肖村，包括 1—4 号住宅楼，8 号配套服务设施，9 号锅炉房，10、11 号配电室，1 号车库，建筑面积 9.9 万平方米。其中，1—4 号住宅楼地下 3 层、地上 26 层，檐高 80 米；8 号配套服务设施地下 2 层、地上 3 层，檐高 30 米；9 号锅炉房地下 1 层、地上 1 层，檐高 3.3 米；10、11 号配电室地下 2 层；1 号车库地下 1 层。工程总投资 29518.76 万元，2016 年 8 月 12 日开工，2019 年 9 月 23 日竣工。北京首开住总安泰置业有限公司建设，北京城市开发设计研究院有限公司设计，北京城建北方建设有限责任公司、北京住总集团有限责任公司施工，北京金海城工程建设监理公司监理。

（林 湖 高雅琪）

【动感嘉园 4 项工程竣工】 工程位于朝阳区来广营乡来广营村，包括 3 号、4 号棚户区改造定向安置房，6 号、8 号居住公共服务服务设施，建筑面积 4.94 万平方米。其中，3 号棚户区改造定向安置房地下 3 层、地上 28 层，檐高 79.9 米；4 号棚户区改造定向安置房地下 3 层、地上 26 层，檐高 74.3 米；6 号居住公共服务设施地上 1 层，檐高 6.9 米；8 号居住公共服务服务设施地上 3 层，檐高 12.85 米。剪力墙结构，工程总投资 14929.19 万元。2017 年 6 月 19 日开工，2019 年 9 月 27 日竣工。北京城建投资发展股份有限公司建设，华通设计顾问工程有限公司设计，北京城建六建设集团有限公司施工，北京华城建设监理有限责任公司监理。

（林　湖　高雅琪）

【豆各庄 2-8 号、2-9 号住宅及配套楼工程竣工】 工程位于朝阳区豆各庄乡，属于豆各庄 3、4 号地通惠灌渠西侧地块东城区旧城保护定向安置房项目。均地下 2 层、高度 -6.4 米，地上 27 层、檐高 77.3 米；框架剪力墙结构。2-8 号楼建筑面积 33591.9 平方米，工程造价 7982.49 万元，2016 年 3 月 16 日开工；2-9 号楼建筑面积 43878.89 平方米，工程总造价 9926.57 万元，2016 年 3 月 25 日开工；均 2019 年 10 月 9 日竣工。北京佳源投资经营有限责任公司建设，亚瑞建筑设计有限公司设计，2-8 号楼由北京东兴建设有限责任公司施工、北京磐石建设监理有限责任公司监理，2-9 号楼由北京城建十建设工程有限公司施工、北京方正建筑工程管理有限公司监理。建成后，地上为东城区定向安置房和配套，地下为自行车库及设备用房。

（赵琳艳　楼焕琳）

【潞城镇棚户区改造土地开发项目 BCD 区后北营东侧二期地块及西北角地块安置房竣工】 工程位于通州新城 0604 街区，东至运潮南路、南至兆善大街、西至通济路、北至运潮南路。包括东侧二期地块 1—9 号住宅楼、10 号配套设施、11—13 号配电室、14 号配套设施、1 号车库；西北角地块 1—7 号住宅楼、8—9 号配套设施、1—2 号配电室、开闭所、2 号车库，建筑面积 57.6 万平方米。其中，东侧二期地块 1—4 号住宅楼地上 28 层，5 号住宅楼地上 27 层（部分 17 层），6、8 号住宅楼地上 27 层，7 号住宅楼地上 23 层，9 号住宅楼地上 26 层，10 号配套设施地上 3 层，11—13 号配电室地上 1 层；西北角地块 1、4、5 号住宅楼地上 27 层，2、3 号住宅楼地上 28 层，6 号住宅楼地上 18 层，7 号住宅楼地上 19 层；以上均为地下 3 层。14 号配套设施地上 1 层；1 号车库地下 2 层、地上 1 层；8 号配套设施地上 2 层；9 号配套设施地下 1 层、地上 2 层；1—2 号配电室地下 1 层、地上 1 层；开闭所地下 1 层、地上 2 层；2 号车库地下 2 层、地上 1 层。框架剪力墙结构。工程总投资 385608 万元，2017 年 6 月 8 日开工，2019 年 10 月 12 日完成单位工程质量竣工验收。北京城市副中心投资建设集团有限公司建设，中国建筑设计院有限公司、北京市建筑设计研究院有限公司设计，北京建工集团有限责任公司、北京城建集团有限责任公司、北京城建道桥建设集团有限公司、中国建筑一局（集团）有限公司施工，北京市潞运建设工程监理服务中心、北京方圆工程监理有限公司、北京赛瑞斯国际工程咨询有限公司、北京伟泽工程项目管理有限公司监理。

（刘　鹏　彭　金）

【房山区城关中心区棚户区改造土地开发项目二期安置地块 8 号、11 号及 2 号地

下车库工程竣工】 工程位于房山区城关街道北庄路，属于FS00-YF06-0004地块1号住宅楼等17项（房山区城关中心区棚户区改造土地开发项目二期安置地块）项目。由3个单体工程组成，总建筑面积46680.8平方米，地上17455.45平方米、地下29007.71平方米。其中，8号楼地下3层、地上11层，9755.48平方米；11号楼地下3层、地上11层，12371.57平方米；2号车库地下2层，24336.11平方米。主楼工程结构为钢筋混凝土剪力墙结构，车库工程结构为框架剪力墙结构，工程总造价16331.53万元。2017年8月30日开工，2019年10月28日竣工。北京燕房新城投资有限公司建设，北京筑福建筑科学研究院有限责任公司设计，北京住总第一开发建设有限公司施工，北京中科国金工程管理咨询有限公司监理。

（雷 泉 曹纪青）

【北辛安棚户区改造A区项目1号楼等8项工程竣工】 工程位于石景山区北辛安，为石景山区北辛安棚户区改造A区1608-668地块项目，规模84048.90平方米。包括1—5号楼、S-1—3号楼。1、2、4号楼地上26层；3号楼地上22层；5号楼地上25层；S-1号楼地下1层，地上1层；S-2号楼地上2层；S-3号楼地下1层，地上1层。剪力墙结构，工程总造价32000万元。2017年12月25日开工，2019年10月28日竣工。北京安泰兴业置业有限公司建设，中国建筑设计院有限公司设计，北京市石景山区建筑公司施工，北京思创建设监理有限责任公司监理。

（何 为 王 蕊）

【朝阳区黑庄户保障性住房项目12号住宅楼等7项工程竣工】 工程位于朝阳区黑庄户乡，南邻万通路、西邻双桥西路，属于朝阳区黑庄户保障性住房项目（棚户区改造定向安置房），由7个单体工程组成，总建筑面积97077平方米，地上75231平方米、地下21846平方米。其中，12号住宅楼地下1层、地上26层，27872平方米；14号住宅楼地下1层、地上26层，27872平方米；15号住宅楼地下1层、地上26层，16604平方米；17号车库地下2层、地上1层，18992平方米；25号商业地上2层，2125平方米；26号商业地下2层、地上2层，3114平方米；27号商业地上3层，498平方米。工程结构为剪力墙结构，工程总造价24099万元。2016年8月9日开工，2019年10月31日竣工。北京住总房地产开发有限责任公司建设，北京市住宅建筑设计研究院有限公司设计，北京住总第六开发建设有限公司施工，北京光华建设监理有限公司监理。

（刁艾萍）

【牛栏山镇居住（配建村民回迁房）及商业金融项目0518地块12号住宅楼等6项工程竣工】 工程位于顺义新城第16街区，建筑面积42029.77平方米，工程总造价14274.11万元。其中，12号住宅楼地下2层、地上8层，剪力墙结构；13号住宅楼地下2层、地上7层，剪力墙结构；15、16号住宅楼地下2层、地上9层，剪力墙结构；17号住宅楼地下2层、地上3层，剪力墙结构；地下车库C段地下1层、地上1层，框架剪力墙结构。2017年3月15日开工，2019年11月6日竣工。北京顺鑫佳宇房地产开发有限公司建设，北京市住宅建筑设计研究院有限公司设计，北京城建远东建设投资集团有限公司施工，北京市顺金盛建设工程监理有限责任公司监理。

（楼焕琳）

【北辛安回迁安置房1608-677地块14项工程竣工】 工程位于石景山区北辛安，为石景山区北辛安棚户区改造B区土地开发项目回迁安置房1608-677地块建设工程，规模127707.04平方米。包括1—6号楼、S-1—7号楼、车库及设备配套。1号楼地上27层；2、3、5号楼地上28层；4号楼地上21层；6号楼地上25层；S-1号楼地上1层；S-2号楼地上4层；S-3号楼地上1层；S-4号楼地下1层，地上1层；S-5号楼地上1层；S-6号楼地上2层；S-7号楼地下1层，地上2层；车库及设备配套地下2层，地上1层。剪力墙结构，工程总造价58540.49万元。2017年7月26日开工，2019年11月18日竣工。北京安泰兴业置业有限公司建设，中国建筑标准设计研究院有限公司设计，中建国际建设有限公司施工，北京五环国际工程管理有限公司监理。

（何为 王蕊）

【北辛安回迁安置房1608-678地块13项工程竣工】 工程位于石景山区北辛安，为石景山区北辛安棚户区改造B区土地开发项目回迁安置房1608-678地块建设工程，规模127146.85平方米。包括1—6号楼、S-1—6号楼、车库及设备配套。1号楼地上27层；2、3、4号楼地上28层；5号楼地上25层；6号楼地上20层；S-1号楼地上1层；S-2号楼地下1层，地上1层；S-3号楼地上1层；S-4号楼地下1层，地上2层；S-5号楼地上1层；S-6号楼地下1层，地上1层；车库及设备配套地下2层，地上1层。剪力墙结构，工程总造价58087.84万元。2017年7月26日开工，2019年11月18日竣工。北京安泰兴业置业有限公司建设，中国建筑标准设计研究院有限公司设计，中建国际建设有限公司施工，北京五环国际工程管理有限公司监理。

（何为 王蕊）

【北辛安回迁安置房1608-679地块13项工程竣工】 工程位于石景山区北辛安，为石景山区北辛安棚户区改造B区土地开发项目回迁安置房1608-679地块建设工程，规模118285.56平方米。包括1—6号楼、S-1—6号楼、车库及设备配套。1号楼地上27层；2号楼地上28层；3号楼地上28层；4号楼地上9层；5号楼地上23层；6号楼地上28层；S-1、S-2号楼地下1层，地上1层；S-3、S-4、S-6号楼地上1层；S-5号楼地上2层；车库及设备配套地下3层，地上1层。剪力墙结构，工程总造价54236.27万元。2017年7月26日开工，2019年11月18日竣工。北京安泰兴业置业有限公司建设，北京市天地都市建筑设计有限公司设计，中建国际建设有限公司施工，北京五环国际工程管理有限公司监理。

（何 为 王 蕊）

【北京市通州区潞城镇棚户区改造土地开发项目竣工】 工程位于通州区后北营村，包括1—4、12、13号住宅楼及地下车库，建筑面积16万平方米。其中，1—4号住宅楼地上28层，12、13号住宅楼地上2层，车库地下3层。框架结构，工程总投资52942万元。2017年12月1日开工，2019年11月22日竣工。北京新奥集团有限公司建设，中国建筑设计院有限公司设计，北京建工集团有限责任公司施工，北京市潞运建设工程监理服务中心监理。

（廖全霞 王 爽）

【北京丽泽金融商务区北区菜户营（D地块）“三定三限三结合”定向安置房工程竣工】 工程位于丰台区菜户营西路与菜户营西街交叉口，建筑面积33618.99平方米，包括5、6号住宅楼，15号公共服务设施楼，21号配电室，27号车库。其中，6号住宅楼地下3层、地上18层，剪力墙结构；5号住宅楼地下3层、地上13层，剪力墙结构；15号公共服务设施楼地下2层、地上3层，框架结构；27号车库地下2层、地上1层，框架结构；21号配电室地上1层，框架结构。工程总造价10582.48万元。2017年12月1日开工，2019年11月25日竣工。北京丽泽金都置业有限公司建设，北京中景昊天工程设计有限公司设计，北京城建远东建设投资集团有限公司施工，北京银建建设工程管理有限公司监理。

（楼焕琳）

【北京丽泽金融商务区北区菜户营（F地块）“三定三限三结合”定向安置房工程竣工】 工程位于丰台区丽泽金融商务区北区菜户营F地块，包括10—13号住宅楼，17、18号服务楼及29号车库，建筑面积10.2万平方米。其中，10—12号住宅楼地下3层、地上28层；13号住宅楼地下3层、地上18层；17号服务楼地下2层、地上3层；18号服务楼地下1层、地上2层；29号车库地下2层、地上1层。框架结构，工程总投资31833万元。2018年3月1日开工，2019年11月25日竣工。北京丽泽金都置业有限公司建设，北京中景昊天工程设计有限公司设计，北京市第三建筑工程有限公司施工，北京方正建设工程管理有限公司监理。

（廖全霞 王 爽）

【丽泽金融商务区C地块安置房项目竣工】 工程位于丰台区丽泽桥东北，菜户营西路与三路居路交会处，包括1—4号住宅楼、14号公建及地下车库，建筑面积10.58万平方米。其中，1—4号住宅楼地上28层，14号公建地上3层，车库地下3层。剪力墙结构，工程总投资31855万元。2017年8月12日开工，2019年11月26日竣工。北京丽泽金都置业有限公司建设，北京中景昊天工程设计有限公司设计，北京建工集团有限责任公司施工，北京方正建设工程管理有限公司监理。

（廖全霞　王　爽）

【水泥一厂片区土地开发项目工程竣工】 工程位于房山区河北镇半壁店村，属于房山区河北镇棚户区改造水泥一厂片区土地开发项目，建筑面积104983.56平方米，包括8—16号回迁住宅楼、19号开闭站、20—21号配套楼、22号托老所、23号变电室、27号地下车库、28号锅炉房。其中8、10号回迁住宅楼地下1层、地上15层，9、11—12号回迁住宅楼地下3层、地上15层，12—16号回迁住宅楼地下2层、地上15层，19号开闭站地下1层、地上2层，20—21号配套楼、22号托老所地上2层，23号变电室、28号锅炉房地下1层、地上1层。剪力墙结构，工程总投资51000.9523万元。2018年11月16日开工，2019年11月29日竣工。北京启迪茂华科技产业发展有限公司建设，信息产业部电子综合勘察研究院勘察，北京市建筑工程设计有限责任公司设计，北京城建北方集团有限公司施工，北京英诺威建设工程管理有限公司监理。

（张海燕）

【海淀区上庄N35-N46地块定向安置房项目竣工】 工程位于海淀区上庄镇，包括1—20号住宅楼、21—22号商业、23号居民公共服务设施、24号配套幼儿园、25—29号大型停车场、开闭站及变配电室，建筑面积34万平方米。其中，1、3—7、11、15、17号住宅楼地下2层、地上12层；2、8、10、20号住宅楼地下2层、地上10层；9、12、16号住宅楼地下2层、地上8层；13号住宅楼地下1层、地上12层；14号住宅楼地上6层；18号住宅楼地下2层、地上11层；19号住宅楼地下2层、地上9层；21号商业楼地上2层；22号商业楼地上1层；23号居民公共服务设施地上2层；24号配套幼儿园地上3层；25—29号大型停车场、开闭站及变配电室地下1层、地上1层。剪力墙结构，工程总投资97781万元。2017年6月9日开工，2019年12月10日竣工。北京西郊悦居房地产开发有限责任公司建设，北京市建筑工程设计有限责任公司设计，北京市第三建筑工程有限公司施工，北京光华建设监理有限公司监理。

（廖全霞　王　爽）

【丰台区南苑植物油厂保障性住房项目】 工程位于丰台区南四环外槐房路175号，东至槐房路，南至盛华印刷厂及瑞鹏长城建筑涂料厂，西至北京燕广置业有限责任公司南苑保障性住房项目及槐房110千伏变电站，北至规划南公路环。项目总用地面积136724.23平方米，其中：建设用地77292.21平方米、代征道路41253.22平方米、代征绿地18178.80平方米。总建筑面积为402533.86平方米，其中地上建筑面积254832.74平方米主要是住宅及配套公建，地下建筑面积147701.12平方米，主要是配套服务用房、设备用房及地下车库。包括15栋住宅楼，3座地下车库及4栋地区级配套商业楼。住宅建筑结构形式为剪力墙结构，地下1层、4层，地上15层、16层、17层不等，建筑高度 47.1 米；商业建筑结构形式为框架结构，地下 1 层，地上 1—7 层，檐口高度 23.4 米。项目总投资 42 亿元。2016 年 11 月 10 日开工，2019 年 12 月 11 日完成竣工。北京京粮置业有限公司建设，北京世纪千府国际工程设计有限公司设计，中国新兴建筑工程总公司、北京城建建设工程有限公司施工，北京方正建设工程管理有限公司监理。该项目为北京市 2016 年第一批保障性住房建设项目，也是落实市政府关于旧城保护利用和人口疏解相关工作的重点项目，为对接西城区菜园街及光源里拆迁百姓定向安置用房；具有一次性建设，一次性竣工的特点。

（陆旭雅）

【丽景嘉苑 22 项工程竣工】 工程位于朝阳区黑庄户乡郎辛庄村，包括 7 号、9—15 号住宅楼（定向安置房），24 号、28 号配套商业，25—27 号居住公服，17 号车库，17-1—4 号车库出口，17-5 号车库坡道，建筑面积 23.46 万平方米。其中，7 号、11—15 号住宅楼（定向安置房）地下 1 层、地上 26 层，檐高 74.3 米；9 号、10 号住宅楼（定向安置房）地下 1 层、地上 28 层，檐高 79.9 米；24 号配套商业地上 6 层，檐高 23.25 米；25 号、26 号居住公服地上 2 层，檐高 8.85 米；27 号居住公服地上 3 层，檐高 12 米；28 号配套商业地下 1 层、地上 3 层，檐高 12.85 米；17 号车库地下 2 层；17-1—4 号车库出口，17-5 号车库坡道，檐高 3.6 米。剪力墙结构，工程总投资 56501.56 万元。2016 年 9 月 30 日开工，2019 年 12 月 17 日竣工。北京住总房地产开发有限责任公司建设，北京市住宅建筑设计研究院有限公司设计，北京住总第三开发建设有限公司施工，北京光华建设监理有限公司监理。

（林　湖　高雅琪）

【丽景嘉苑 18 项工程竣工】 工程位于朝阳区黑庄户乡郎辛庄村，包括 31 号锅炉房、16 号车库、16-1—8 号车库出口、16-1—7 号出口、16-9—10 号车库坡道，建筑面积 4.16 万平方米。其中，31 号锅炉房地下 1 层、地上 1 层，檐高 3.6 米；16 号车库地下 2 层；16-1—8 号车库出口，16-1—7 号出口地上 1 层，檐高 3.6 米；16-9—16-10 号车库坡道地上 1 层，檐高 3 米。剪力墙结构，工程总投资 12936 万元。2016 年 9 月 30 日开工，2019 年 12 月 17 日竣工。北京住总房地产开发有限责任公司建设，北京市住宅建筑设计研究院有限公司设计，北京住总第三开发建设有限公司施工，北京光华建设监理有限公司监理。

（林　湖　高雅琪）

【黄渠 8 项工程竣工】 工程位于朝阳区平房乡黄渠村，包括 A-2、3、5 号住宅楼，3 号配套公建，建筑面积 3.48 万平方米。其中，A-2 号住宅楼地下 2 层、地上 21 层，檐高 60 米；A-3 号住宅楼地下 2 层、地上 9 层，檐高 26.4 米；A-5 号住宅楼地下 2 层、地上 11 层，檐高 33.6 米；3 号配套公建地下 1 层、地上 2 层，檐高 11.05 米。框架剪力墙结构，工程总投资 6407.35 万元。2012 年

11月1日开工，2019年12月25日竣工。北京城建房地产开发有限公司建设，华通设计顾问工程有限公司设计，北京城建一建设发展有限公司、北京城建六建设集团有限公司施工，北京华城建设监理有限责任公司监理。

（林 湖 高雅琪）

【朝阳区豆各庄安置用房项目工程竣工】 工程位于朝阳区豆各庄乡，包括1—5号住宅楼、配套楼和车库。建筑面积8.65万平方米，其中1、2、4号住宅楼地下3层、地上18层，檐高51.9米；3号住宅楼地下3层、地上10层，檐高29.5米；5号住宅楼地下3层、地上17层，檐高49.1米；配套楼地下1层、地上1层，檐高5.6米；车库地下2层、地上1层，檐高3.5米。钢筋混凝土剪力墙、框架结构，工程总投资30929.08万元。2017年7月17日开工，2019年12月25日竣工。北京房地集团有限公司建设，北京首都工程建筑设计有限公司设计，北京房修一建筑工程有限公司施工，北京市顺金盛建设工程监理有限责任公司监理。

（李笑颜 高雅琪）

【豆各庄乡4-1号住宅楼竣工】 工程位于朝阳区豆各庄乡，属于豆各庄3、4号地通惠灌渠东侧地块东城区旧城保护定向安置房项目，4区1号楼建筑面积4.8万平方米，地下3层、地上29层。框架剪力墙结构，工程总投资11255万元。2016年9月25日开工，2019年12月25日竣工。北京佳源投资经营有限责任公司建设，北京墨臣工程咨询有限公司设计，北京建工集团有限责任公司施工，建研凯勃建设工程咨询有限公司监理。

（廖全霞 王 爽）

【豆各庄3、4号地5-07号、5-08号住宅通惠灌渠东侧地块东城区旧城保护定向安置房项目竣工】 工程位于朝阳区豆各庄乡，包括7、8号住宅楼，建筑面积5.06万平方米。其中，7号住宅楼地下3层、地上29层；8号住宅楼地下3层、地上25层。剪力墙结构，工程总投资11680万元。2018年4月16日开工，2019年12月27日竣工。北京佳源投资经营有限责任公司建设，北京凯帝克建筑设计有限公司设计，北京市第五建筑工程集团有限公司施工，北京中景恒基工程管理有限公司监理。

（廖全霞 王 爽）

行业管理服务

概　述

年内，全市住房城乡建设系统牢固树立安全发展理念，建立健全质量安全管理制度，深入推进质量安全领域安全风险分级管控和隐患排查治理双重预防体系建设，持续完善质量安全监督执法长效监管模式，实现了全市建设工程施工安全和工程质量总体平稳可控。在全国工程质量安全监督执法检查中，北京市受检工程检查项符合率为94.65%。加强房屋安全管理，做好城镇房屋防汛准备、汛期检查和应急抢险工作，实现房屋安全度汛；严格普通地下室使用管理，实现全市普通地下室违规住人“动态清零”；继续推进新一轮老旧小区综合整治工作，完善老旧小区综合整治政策机制，形成“1+5”政策体系；有序推进老楼加装电梯工作，截至12月底，全市老楼加装电梯完成555部，超额完成年度工作目标。进一步提升物业服务管理水平，加快推进物业管理立法进程，探索老旧小区推行物业管理，严格住宅专项维修资金监管，牵头推进街道重点任务，落实“民有所呼、我有所应”，提高了人民群众的幸福感和获得感。稳步推进建筑节能工作，积极发展绿色建筑和装配式建筑，继续开展建筑科技和工程建设地方标准研究，推动砂石绿色供应和建筑垃圾资源化，行业发展质量效益不断提高。

（王　艳）

建筑行业

施工安全

【全年安全生产形势平稳可控】　2019年，全市住建系统共发生生产安全事故14起，死亡14人，较2018年（22起，23人）分别下降36.4%和39.1%，实现了事故起数和死亡人数的“双下降”，且全年未发生两人及两人以上的生产安全事故，安全生产形势总体平稳。

（凌振军　于　剑）

【"双控"体系建设】 1月1日，市住房城乡建设委开发的"安全风险分级管控与隐患排查治理双重预控管理平台"上线运行；2月1日，市住房城乡建设委印发《北京市房屋建筑和市政基础设施工程施工安全风险分级管控和隐患排查治理暂行办法》，全面启动建筑施工领域"双控系统"应用工作。年内，全市建设工程施工现场通过"双控平台"填报施工安全风险共43985条，其中重大风险907条，较大风险3368条；填报事故隐患数据128247条，其中重大隐患2664条，所有上账隐患均按期整改。

（凌振军　于　剑）

【重大活动服务保障】 针对2019年全市"大事多、喜事多"的特点，住建系统全力做好庆祝中华人民共和国成立70周年、第二届"一带一路"国际合作高峰论坛、世界园艺博览会等重大活动服务保障工作。按照市委、市政府有关工作部署，全市住建系统严格落实各项服务保障工作措施，对会场、住地及途经路线周边200米范围内在施工程进行摸排并建立了在建工程台账，督促相关工程在活动期间严格落实安全保卫措施，加强应急值守和日常巡查。各项重大活动期间，全市所有在监工程安全平稳，未发生生产安全事故和突发事件，圆满完成了各项重大活动的服务保障任务。

（凌振军　于　剑）

【危大工程监管】 4月10日，市住房城乡建设委、市规划自然资源委联合印发《北京市房屋建筑和市政基础设施工程危险性较大的分部分项工程安全管理实施细则》。4月1日，市住房城乡建设委印发《关于加强建筑起重机械安全风险管控工作的通知》。6月13日，市住房城乡建设委印发《北京市房屋建筑和市政基础设施工程有限空间作业安全管理规定》。以上文件对施工现场易造成群死群伤事故的部位和环节制定针对性措施。

（凌振军　于　剑）

【开展安全生产月活动】 5月20日，市住房城乡建设委印发《2019年北京市建设系统"安全生产月"活动方案》。6月，全市建筑施工领域先后开展安全生产月活动启动仪式、安全生产先进个人评选、体验式安全教育开放日等活动，通过悬挂宣传标语、张贴宣传挂图等多种形式，营造安全生产氛围。安全生产月期间，市住房城乡建设委开展《北京市房屋建筑和市政基础设施工程危险性较大的分部分项工程安全管理实施细则》培训活动10余次，全市住建系统累计受训人数达3000余人次。

（凌振军　于　剑）

【安全生产条件检查】 12月底，市住房城乡建设委印发《北京市建筑施工企业安全生产条件监督检查规定（试行）》（以下简称"规定"），通过采取市、区住房城乡建设委联动的方式，分别对施工企业的安全生产制度建立和落实情况，以及施工现场安全文明施工情况进行核查。《规定》细化了施工企业不符合安全生产条件的具体情形，规范市、区住房城乡建设委开展监督执法和执法联动的流程，为暂扣和吊销施工企业安全生产许可证的处罚裁量基准提供明确依据。

（凌振军　于　剑）

【提升安全生产标准化水平】 1月4日，市住房城乡建设委印发《北京市建设工程施工现场安全生产标准化管理图集》，通过图文并茂的形式在安全防护、绿色施工、消防安全、安全智慧化等11个方面推广应用标准化、现代化的设备设施和管理模式。4月10日，市住房城乡建设委进一步印发《北京市建设工程安全文明施工费管理办法（试行）》，为施工企业积极创建"北京市绿色安全工地"，提高施工现场安全标准化水平提供资金保障。

（凌振军　于　剑）

【推行绿色文明施工】 年内，市住房城乡建设委发布《施工工地扬尘视频监控和数据传输技术规范》（DB11/T1708—2019），修订《绿色施工管理规程》及《北京市建筑业企业违法违规行为记分标准》，进一步提高施工扬尘违法违规成本。5月至10月，组织全市住建系统开展"建筑垃圾产生源头治理专项行动"，会同城市管理、城管执法等部门开展夜查，严厉查处"多拉快跑"及随意倾倒建筑垃圾等违法违规行为。年内全市施工现场安装900余套车牌识别系统，有效减少无资质的"黑渣土车"进入施工现场。全年市、区住房城乡建设委开展施工现场扬尘执法检查72945项次，通过远程视频监控开展非现场执法检查67.7万余项次，对117家扬尘治理不达标单位采取约谈告诫处理，对142家企业进行全市通报批评，对问题较为严重的45家企业停止在京投标资格30—90天，有效打击震慑了施工扬尘违法违规行为。

（凌振军　于　剑）

【开展隐患排查治理】 年内，市住房城乡建设委在全市建筑施工领域组织开展了"在用塔式起重机安全生产大检查"、火灾风险"自知自查自改"活动、"建筑施工安全专项治理行动"和"城市安全隐患综合治理三年行动"，持续开展以危大工程为重点的安全隐患排查，加大施工现场安全生产违法违规行为的处理力度。全年市、区住房城乡建设委共检查工地28428项次，对施工安全管理不到位、存在安全隐患的工地责令限期整改3536项，责令停工整改583项，依法处罚3179起，罚款1408.007万元。

（凌振军　于　剑）

工程质量

【完成建设工程竣工验收备案情况】 2019年，全市共完成建设工程竣工验收备案1132项，较上年下降11.77%。其中，房屋建筑工程648项，建筑面积2728.44万平方米，备案规模较上年下降12.3%；装饰装修工程444项，建筑面积382.8万平方米，备案规模较上年下降4.24%；市政基础设施验收备案40项，工程总造价约15.5亿元，较上年同期增长46%。

（王永青　陈　剑）

【开展全市住宅工程质量提升专项行动】 8月，启动住宅工程质量提升专项行动，对在建以及交付两年以内的住宅工程开展为期一年的质量专项治理。专项行动重点针对外墙外保温等住宅工程突出质量问题，重点抓好落实参建主体及相关人员质量责任、规范住宅工程建筑市场秩序、加强施工关键环节质量管理、落实质量保修责任、完善治理保障机制等5个方面21项工作任务。加大责任追究力度，依法严厉打击存在的违法违规行为，力争通过专项行为促进北京市住宅工程质量形势根本性好转。

（王永青　陈　剑）

【深入推进工程质量管理领域“双控体系”建设】 12月20日，市住房城乡建设委印发《北京市房屋建筑和市政基础设施工程质量风险分级管控技术指南》，督促各参建单位对工程质量风险常态化自辨自控，对事故隐患常态化自查自治，逐步健全工程质量风险分级管控工作机制，推动工程质量管理工作从事后查处向事前预防转变。

（王永青　陈　剑）

【全面推进住宅工程质量潜在缺陷保险制度实施】 4月24日，北京市印发《北京市住宅工程质量潜在缺陷保险暂行管理办法》（以下简称《办法》），在全市住宅工程范围内全面推行工程质量潜在缺陷保险。7月10日，市住房城乡建设委、市金融监管局、市规划自然资源委、中国银行保险监督管理委员会北京监管局联合印发《关于公布北京市住宅工程质量潜在缺陷保险承保机构名单的通知》，公布入围保险机构名单，明确保险机构、建设单位的相关责任。7月25日，市住房城乡建设委、市规划自然资源委、市金融监管局、北京银保监局组织各区住房城乡建设委、中标保险机构、再保险机构、保险经纪机构、风险管理机构、房地产开发企业、监理企业等单位三百余人，召开《办法》全市实施动员部署会议，对《办法》贯彻实施工作进行安排部署，并提出具体工作要求，截至12月底，全市已有42个住宅工程项目投保缺陷保险。

（王永青　陈　剑）

【完成北京大兴国际机场工程竣工验收工作】 年内，组织协调大兴国际机场工程竣工验收工作，成立大兴国际机场工程竣工验收协调领导小组，制定竣工验收工作方案，建立竣工验收协调工作机制，实行周例会、专题会、周通报制度，及时解决竣工验收困难和问题。经过连续昼夜奋战，9月15日前圆满完成了工程竣工验收工作，确保北京大兴国际机场具备投运条件。

（王永青　陈　剑）

【18个建筑工程项目获得国家级大奖】 年内，北京市住房和城乡建设系统鼓励和引导建筑企业积极参与各项创优申报活动，全市共有18个建筑工程项目获得国家级大奖。其中，获得中国建设工程鲁班奖（国家优质工程）3大项（6个子项），国家优质工程奖7项，中国土木工程詹天佑奖优秀住宅小区金奖5项。

（王永青　陈　剑）

【北京市在住房城乡建设部全国建筑市场和工程质量安全监督执法检查成绩名列第一】 5月22日至26日，住房城乡建设部第一检查组对北京市进行建筑市场和工程质量安全监督执法检查。此次检查涵盖了建筑市场、勘察设计、工程质量、施工安全、建筑节能等多个方面，共抽查北京市朝阳区、海淀区、大兴区、顺义区的5个房屋建筑工程项目、11个建筑节能项目和4个城市轨道交通工程项目。此次检查，北京市工程符合率在全国范围内名列第一。

（王永青　陈　剑）

【开展政策性住房质量专项检查】 根据住房城乡建设部办公厅《关于开展在建安置住房和保障性住房质量专项排查的通知》要求，3月18日，市住房城乡建设委印发《关于开展在建安置住房和保障性住房质量专项排查的通知》，全面排查北京市在建安置住房和保障性住房项目372个，建筑面积3790.3万平方米，发现工程承发包违法违规行为55起，发现工程质量问题232起，责令6个项目停工整改，下发行政处罚决定书15份，对责任单位和个人实施行政处罚共处罚金9.545万元。

（王永青　陈　剑）

现场监督

【安全质量监督执法工作情况】 年内，监督在施单体工程640项/标段，比上年同期（568项）上升12.7%。其中，房建单体工程178项，建筑面积784.68万平方米；市政单体工程356项，投资额155.5亿元；轨道交通工程共计106个标段。轨道交通在监的17条线路进展顺利，里程共计339.1千米，创历史新高；新机场线一期于9月底与北京大兴国际机场同步开通，7号线东延和八通线南延两条线路于12月28日开通试运营，全市轨道交通运营总里程达到699.3千米。北京大兴国际机场工程按计划通航，亚投行工程圆满交付使用，冬奥会工程建设稳步推进、部分场馆2019年底具备冬奥会测试赛要求，长安街西延道路工程实现开放交通，重点工程建设顺利推进，安全质量稳定受控。

（余　森）

【承接建设工程消防验收工作】 5月13日至6月30日为消防验收职责移交承接过渡期。在过渡期内，市住房城乡建设委向市政府报送《建设工程消防验收职责划转工作方案》，与市消防总队联合印发《关于本市建设工程消防验收移交承接有关工作的通知》，经与市委编办多次沟通，协调明确了市区两级消防验收编制，妥善平稳完成了过渡期相关工作。6月26日，市住房城乡建设委印发《关于开展建设工程消防验收、备案及抽查有关工作的通知》，明确职责承接初期市区两级分工原则、消防验收工作依据和工作程序，统一规范了消防验收工作所需的相关法律文书式样，该通知自7月1日起实施。7月1日，住建部门正式承接消防验收职责。同日，北京市建设工程消防验收、备案及抽查审批服务平台及移动终端APP正式上线，实现了在线申报、在线流转、在线审批、验收结果下载公示等全流程网上办理，配套文件《关于北京市建设工程消防验收、备案及抽查服务平台上线运行的通知》于6月27日印发。同年，组织全市消防验收业务培训，历时6个月，共计12期，累计2000余人次参加。培训采取聘请行业专家授课和模拟验收实地演练的方式，从行政许可的系统梳理，到消防验收组织实施、结论评定、消防产品和设施，以及建筑防火等方面，多层次、有针对性地设置培训内容，使参加培训人员基本掌握了消防验收工作规程、设计规范以及技术标准，有效提升监督人员消防验收业务水平。年内，起草了《北京市住房和城乡建设委员会关于进一步加强消防验收、备案及抽查行政执法工作的通知》，在积极推进消防验收相关处罚职权在北京市行政执法信息服务平台中划转程序的同时，要求市、区住建部门不断加大对消防验收违法违规行为的查处力度，并采取“线下操作+平台补录”的模式，依法实施行政处罚，确保程序合法、流程规范。自7月1日至12月31日，全市消防验收共受理981项，办结924项，其中出具合格意见书661项、不合格意见书263项；全市消防备案共受理522项，办结503项，其中出具备案凭证442项、出具补正材料通知书61项。

（赵　通　郑士杰　贾墨林　张　芃）

【开展全市重点工程消防验收工作】 年内，市住房城乡建设委对亚洲基础设施投资银行总部、北京大兴国际机场项目、北京轨道交通新机场线一期工程、北京轨道交通7号线二期（东延）工程、北京轨道交通八通线二期（南延）工程、北京香山革命纪念馆建设工程、北京学校等重点工程进行了消防验收。对消防验收中涉及的建筑总平面布置、装修材料、安全疏散、防火防烟分隔等10个大项63个子项进行了抽查；对消火栓系统、自动喷水灭火系统、火灾自动报警系统、防烟排烟系统等8个大项52个子项进行了联动测试。其间，共发现并整改问题629项，收集归档各类图纸、资料共42套、525份。

（聂俊珑　张　芃　李　剑）

【开展施工资料平台建设工作】 年内，持续推进北京市建设工程施工资料管理平台建设工作，要求试点运行项目所属区监督机构加强监管。梳理资料平台试点运行项目所属区域和预计竣工时间等情况，起草《市监督总站2019年推进施工资料平台试运行工作方案》，合理延长项目试运行期限。组织召开2019年度资料平台推进工作会，研究解决资料平台试运行存在的各项问题。安排相关负责人分7次前往各试点运行项目工地现场，调研走访资料平台试运行中发现需要改进的情况。根据调研情况会同软件开发单位汇总整理共计131条问题和建议，协调解决系统自身存在故障问题（bug类问题）25条和操作类问题35条。配合城建档案馆开展电子化组卷调研，为下一步推进资料平台建设做好基础工作。

（单科华）

【完善质量监督执法终端APP】 1月，为实现监督人员的移动监督执法，市住房城乡建设委印发《北京市住房和城乡建设委员会关于北京市建设工程质量监督执法信息系统 APP 上线运行的通知》，明确了 APP 服务对象、登录方式、主要功能、保障措施及工作要求，市、区工程质量监督机构的监督人员均可通过手机下载安装 APP 实现质量监督移动执法。

（单科华）

【开展工程安全质量监督执法抽测工作】 年内，采取公开招标的方式，委托检测机构对城市副中心、新机场、冬奥会、CBD 核心区等重点工程以及保障性住房工程的建筑材料、结构强度、起重机械安全性能等进行抽测，全年完成检测任务 56 项 2029 组（台），发现 10 项 88 组（台）检测不合格项目并督促工程责任主体对其进行处理。通过利用抽测结果开展监督执法工作，有效地提高了安全质量监管效能，增强了监督执法工作的科学性、公正性，为北京市重点工程建设提供了有力保障。

（赵　通）

【完成行政执法考核各项指标】 年内，市监督总站实施检查 5105 件，人均检查量为 108.62 件，完成满分标准的 157.42％。实施处罚 1629 件（其中责令停业整顿 2 件，暂扣安全生产许可证 40 件），人均处罚 34.66 件，完成满分标准的 495.14％。罚款 970.85 万元，其中安全类 1114 件，罚款 448.24 万元；质量类 515 件，罚款 522.61 万元。按照一般程序处罚 831 件，罚款 904.13 万元；按照简易程序处罚 798 件，罚款 66.72 万元。共有行政处罚职权 144 项，履行职权 58 项，履职率 40.28％，完成满分标准的 175.13％。行政检查立案 630 件，撤销立案 3 件，处罚案件撤案率 0.32％，远超出撤案率满分评价标准（≤10％）。

（郑士杰）

【建立健全综合风险管理制度】 为持续加强北京市房屋建筑和市政基础设施工程质量安全事中事后监管，最大限度发挥监管执法效能，提高质量安全风险和隐患整体管控能力，建立北京市基于风险管理的工程质量安全执法检查制度。4 月 11 日，发布《北京市住房和城乡建设委员会关于建立健全基于风险管理的工程质量安全执法检查制度的通知》。按照文件要求，建立了综合风险管理平台，并设置综合风险指标模型、施工单位等 12 类综合管理能力风险指标信息归集模块、质量事故等 82 项指标以及综合管理能力风险的排列规则等。对于综合管理能力风险较大的对象列入“负面清单”正式公布，并实施加大日常检查力度等差别化监管措施，发挥最大执法效能。

（郑士杰）

【开展全市建设工程监督系统业务培训】 4 月 24 日，开展 2019 年全市建设工程监督系统业务培训，市区两级监督执法机构 300 余人参加了培训。培训对市住房城乡建设委新出台的有关质量监管、联合验收等优化营商环境方面的政策文件进行了宣传贯彻，深层次解读了如何全面贯彻落实优化营商环境要求，进一步推进建设工程竣工联合验收工作开展，实现政府对社会投资建设项目的科学合理监管，最大限度发挥监管执法效能。

（贾墨林）

【专家委员会开展各项工作】 年内，市监督总站专家委员会各专业委员按照《北京市建设工程安全质量监督总站关于正式成立总站专家委员会的通知》《北京市建设工程安全质量监督总站2019年现场专业培训总体方案》等文件的要求，以引领技术、紧贴时代、促进交流、整体提升为工作目标，在咨询交流、组织培训等方面开展各项工作。土建、市政、电气、水暖通风、安全、检测、法律各专业委员会相继开展了7场课堂理论授课与工程现场实地操作相结合的现场培训，通过参观、座谈、组织征文、参与标准规范编制等活动，为各专业人才交流与发展搭建成长舞台。同时，发挥总站7个专家委员会的技术优势，组织或参与编制技术标准3个，其中总站参与编写的《城市综合管廊工程施工及质量验收规范》为首部京津冀区域工程建设标准，该标准全面系统描述了综合管廊工程全过程施工要求。

（贾墨林）

【加强保温材料检测管理工作】 6月18日，市住房城乡建设委印发《北京市住房和城乡建设委员会关于加强保温材料检测管理工作的通知》，要求各检测机构进一步加强工程质量检测机构监督管理，确保保温材料检测数据准确、客观、真实，打击弄虚作假，规范保温材料检测工作。

（田　野）

【夯实混凝土监管制度基础】 年内，草拟了《预拌混凝土生产质量监督工作规定》（以下简称《规定》），并和各区预拌混凝土日常生产质量监督机构召开了关于《规定》具体内容的研讨会，进一步细化预拌混凝土生产质量监督工作，明确责任分工以及监督流程，强化预拌混凝土生产安全质量监管。

（田　野）

【严格“三类企业”执法检查】 年内，共检查预拌混凝土企业190家次，下发《责令改正通知书》120份，处罚82起。对北京正富混凝土有限公司未按配合比通知单生产的行为给予罚款20万元、停业整顿60日的行政处罚。专项检查混凝土预制构件企业26家次，针对不合格的2组保温板材，要求预制构件生产企业未使用的要坚决退场，并约谈了企业相关负责人。专项检查检测机构101家次，下发《责令改正通知书》7份，处罚16起，并建立检测机构视频巡查机制，定期对检测机构混凝土抗压试验和钢筋试验监控视频进行检查，每月抽查15家次，全年共计抽查企业183家次。

（田　野）

【开展预拌混凝土企业联合检查】 年内，与各区监管部门对其辖区内预拌混凝土生产企业进行质量监督联合检查，全年共联合检查24家次，覆盖全市具有预拌混凝土企业的所有区。检查内容包括原材料质量管理、生产过程质量控制、出厂检验等影响混凝土质量的关键环节和关键点。同时，指导各区监督人员掌握预拌混凝土生产企业的监管要点，并帮助其探索适合本区的监管模式，推进落实属地监管责任。

（田　野）

【完成预拌混凝土质量状况评估】 年内，完成北京市预拌混凝土质量状况评估（2016—2019 年）工作，并在财政部门组织的绩效评价中获得优秀。1—3 季度，委托 2 家监理单位和 2 家检测机构开展评估及抽检预拌混凝土企业 3 次，实施评估及抽检 333 家次，抽检原材料 2016 组、混凝土试块（拌合物）672 组，保质保量完成了评估任务。每季度发布评估通报，对全市及各区的预拌混凝土质量状况进行分析、总结，提出工作建议和要求，并及时移送评估中发现的质量隐患和各类违法违规行为。同时，对质量管理体系和资质符合等相关指标进行合并调整，调整北京市预拌混凝土生产使用管理信息平台生产数据抽查得分权重，加强了对评估监理单位和检测机构的履约考核，提升评估工作的科学性，确保评估工作公平、公正。

（田　野）

【开展新一轮预拌混凝土质量状况评估】 年内，完成后续 3 年评估项目的申请工作，在 9 月份接受了财政部门的绩效评审，成功申请财政资金，并于 11 月份完成招标，12 月份正式开展 2019—2022 年质量评估项目。在本次评估项目中，将装配式构件生产企业纳入评估范围，实现了制度创新、指标创新、管理创新，促使预拌混凝土质量状况评估更加公正，公平，确保北京市混凝土结构工程质量安全。

（田　野）

【及时流转检测不合格数据预警信息】 年内，每月及时将预警信息流转至工程所属监督机构，对不合格检测数据进行跟踪处理，对出现预警的工程实施重点监管，并依法严格查处各类违法违规行为。全年总站发现工程预警共计 475 项次，包括混凝土 28 天抗压强度项目 320 项次，混凝土 7 天抗压强度项目 66 项次，钢筋项目 89 项次。建立不合格数据预警约谈机制及排查机制，对每季度不合格预警次数较多的工程参建各方进行约谈，并每月要求各区住房城乡（市）建设委对不合格部位较为集中的预警工程进行排查，做到差别化监管，切实防范质量风险。

（田　野）

【提升信息化监管能力】 年内，升级检测监管系统，开发远程试验委托功能，实现样品委托的无纸化开端，提升检测机构的工作效率，解决委托方信息获取的时效性问题。利用技术手段，实现检测报告的无纸化，同时在检测报告上增加二维码防伪标识，进一步增加报告的防伪手段；完善预拌混凝土生产使用管理信息平台，按照原材料技术指标对混凝土性能影响程度建立分级预警机制，设置相应的水胶比、胶凝材料用量、计量偏差等预警值，实时发现问题；对“三类企业”执法平台进行升级改造，加强信息化执法，在监督执法过程中使用APP制定检查计划填写监督记录，并优化相关功能，提升监督执法工作效率；实现检测不合格数据预警平台与北京市建设工程质量监督执法工作管理信息系统的对接，将不合格数据预警信息通过监督执法信息系统直接推送至各区平台，代替过去纸质流转，实现全程网上流转。

（田　野）

【组织预拌混凝土质量监督执法人员业务培训】　年内，组织全市涉及预拌混凝土日常监管的共计12个区的监督执法人员赴北京市高强混凝土有限责任公司丰台西道口分站进行现场监督执法培训。培训邀请了预拌混凝土行业专家李彦昌为各区参训人员讲解新修订的北京市地方标准《预拌混凝土质量管理规程》（DB11/T385—2019），并邀请了广州粤建三和软件公司的技术人员讲解北京市预拌混凝土生产使用信息管理平台相关操作问题，解答监督执法人员在监督执法工作中遇到的问题，提升了各区监督执法人员的专业素质，为进一步落实日常监管属地责任打下良好基础。

（田　野）

【开展轨道交通工程安全质量月活动】　3月，按照《北京市住房和城乡建设委员会关于开展2019年轨道交通工程“安全质量月”活动的通知》要求，组织开展了以“深化‘双控’机制建设，提升‘班组’安全意识”为主题的一系列“安全质量月”活动。主要包括：以暗挖初支结构钢筋加工安装质量、二衬结构防水施工质量及高空作业、有限空间作业等为主要项目的第八届岗位技能竞赛；以盾构司机及操作手专业技能、盾构施工风险管控、轨道交通工程建设典型案例为主要课程的专题培训；以节后复工、“两会”保障、施工现场关键节点施工前条件核查为主要内容的专项检查；以及质量安全标准化示范项目观摩、“安全示范班组”交流评比等。安全质量月活动进一步提高了轨道交通从业人员安全质量意识，提升了岗位技能水平，夯实了安全质量管理基础。

（刘　鹏）

【开展轨道交通工程项目安全质量标准化考评】　12月，按照《北京市住房和城乡建设委员会关于北京市城市轨道交通工程项目安全质量标准化考评的通知》要求，组织开展了2019年轨道交通工程项目质量安全标准化考评。市监督总站联合建设单位、评估单位，结合监督检查、合同履约、日常评估及工程实际进展情况等对轨道交通建设工程项目进行了初评，并组织相关区住房城乡建设委和考评专家开展了项目标准化考评复评工作。复评涵盖施工安全风险协同防控、隐患排查治理、绿色安全工地标准化、工程质量标准化等4个板块共37项检查内容。最终核定了3个2019年度北京市绿色安全工地。通过开展安全质量标准化考评，促进施工企业落实主体责任，加大标准化投入，形成争创全市“绿色安全工地”和“绿色安全样板工地”称号的氛围，推动实现轨道交通工程项目绿色文明施工的标准化、质量关键节点控制的精细化、安全风险管控的制度化和施工现场安全质量隐患排查治理的规范化。

（刘　鹏）

【轨道交通工程明挖基坑防尘隔离棚试点项目完工】 年内，19 号线一期积水潭站、17 号线一期香河园站、12 号线 14 标三元桥站、机场线西延北新桥站等 4 个项目完成了明挖基坑全封闭试点工作。经检测，明挖基坑全封闭施工可有效降低施工噪音、扬尘污染，扬尘削减率可达到 80％。同时对于减少大风、雨雪、低温、空气重污染预警等恶劣环境条件对施工连续性和施工质量带来的不利影响，也起到重要作用。

（刘　鹏）

【轨道交通工程质量安全稳定可控】 年内，开展轨道交通质量安全抽查 1092 项次，下发监督检查记录 1527 份。实施行政处罚 404 起，其中一般处罚 180 件、简易处罚 224 件。下发责令改正通知书 65 份。开展各类质量安全专项执法检查 8 次。对违反《危险性较大的分部分项工程安全管理规定》（住房和城乡建设部令第 37 号）实施暂扣安全生产许可证 3 起。实现了不发生结构垮塌、不发生群死群伤质量安全事故的监管目标，延续了连续 12 年杜绝较大以上质量安全事故的良好态势，轨道交通建设工程质量安全状态持续稳定受控。

（刘　鹏）

【轨道交通建设里程和运营里程再创新高】 年内，北京市轨道交通在建线路有 3 号线、7 号线东延、12 号线、16 号线、17 号线、房山线北延、昌平线南延、新机场线一期等 17 条（段），共 116 个标段，里程共计 339.1 千米，创历史新高。2019 年开通了新机场线一期、7 号线东延、八通线南延等 3 条线路，共计 62.5 千米。其中，新机场线一期已于 9 月 26 日与北京大兴国际机场同步开通；7 号线东延和八通线南延两条线路已于 12 月 28 日开通试运营。全市轨道交通运营总里程达到 699.3 千米。

（刘　鹏）

【开展轨道交通工程安全质量状况评估】 年内，继续采取购买服务方式开展轨道交通安全质量状况评估工作，坚持实施在建工作面施工信息动态收集、安全风险诊断和预报、评估结果对施工企业（北京指挥部）通报等工作制度、机制，强化夜间和节假日安全质量评估检查，强化作业面安全质量隐患排查督导；加强评估工作监管，实施分模块、分专业周评议、月评审制度，落实评审发现问题闭环管理，提高评估结果的精准度。截至 12 月 31 日，轨道交通安全质量状态评估共检查了 17 条在施线路 903 标次，其中工作日检查 379 标次、夜间检查 379 标次、节假日检查 145 标次。检查覆盖全部在施的 265 个明挖基坑，1471 个暗挖工作面，213 个盾构掘进工作面，213 个模板支架体系和 4287 台大型机械。共发现质量安全不合格项 11417 项，开展安全风险诊断预报 24 次，印发季度报告、安全生产形势分析报告 4 份，对管理薄弱的 20 个施工单位、4 个监理单位进行通报批评并开展差别化监管。评估结果与土建施工标段的招标投标结合，实现施工现场和建筑市场“两场联动”，有效推动了主体责任的落实。

（刘　鹏）

【建立健全轨道交通工程监督制度机制】 年内，继续完善监管制度，规范监督管理，夯实监督执法基础。推进《北京市城市轨道交通建设工程安全质量管理办法》立法工作，填补北京市在轨道交通建设工程领域地方性规章的空白，以更高层面的法规来指导轨道交通工程安全质量管理。起草《北京市城市轨道交通建设工程安全风险分级管控和隐患排查治理双重预防机制实施暂行办法》，规范轨道交通建设工程各参建单位的双控职责，加强各参建单位管控风险和隐患排查治理整改能力。起草《加强轨道交通盾构施工安全质量管理的通知》，制定盾构施工时关键环节和关键部位的安全质量管控措施，确保盾构施工安全性和准确性。9月，市监督总站印发《北京市轨道交通建设工程安全质量状态评估与监督执法对接暂行办法》，进一步加强轨道交通工程评估检查发现问题的闭合管理，强化评估检查与监督执法对接工作，落实评估成果应用，实现项目安全质量差别化监管。11月，市住房城乡建设委印发《北京市住房和城乡建设委员会关于北京市城市轨道交通工程项目安全质量标准化考评的通知》，进一步细化完善轨道交通建设工程项目安全质量标准化考评的流程、评选比例等内容，引导施工单位积极参与安全质量标准化建设，提高施工现场标准化水平。

（刘　鹏）

【轨道交通工程安全生产预控能力显著提高】 年内，继续开展安全风险分级管控和隐患排查治理工作，突出完善责任主体自辨自控、自查自治制度，进一步提升安全生产整体预控能力。全市轨道交通工程共计通过各类风险源1003处，其中特级13处、一级252处、二级500处、三级238处。其中，穿越地铁既有线及铁路23处，重要桥梁及过街通道15处，河湖4处，重要建筑物及平房群44处。共发布监测预警58873项（红色2637项），发布巡视预警1219项（红色11项）。质量安全隐患排查管理系统共排查出隐患71308项，其中一级隐患2项、二级隐患2290项、三级隐患44606项、四级隐患24120项。参建各方通过开展治理工作，及时整改消除了各类隐患。

（刘　鹏）

【强化质量监管确保北京大兴国际机场如期通航】 按照习近平总书记全力打造“精品工程、样板工程、平安工程、廉洁工程”的指示要求，强化北京大兴国际机场工程质量监管工作。2019年，市监督总站建立健全监督机制、创新监管模式、提高监管效能，进一步加大监督频次和监督执法力度，对北京大兴国际机场工程开展监督执法检查121项次，针对检查发现的违法违规行为下发《责令改正通知书》2份，实施行政处罚12起。北京新机场航站楼及综合换乘中心（核心区）工程等8项房建工程于9月13日完成工程竣工验收，保障了北京大兴国际机场9月30日顺利通航。

（胡向东　高　珊）

【加强监督执法保障冬奥会工程建设顺利进行】　按照北京市委书记蔡奇“一刻也不能停、一步也不能错、一天也误不起”的工作要求，强化冬奥会工程质量安全监督工作。针对冬奥会工程规模大、工期紧、专业性强、标准高的特点，精心组织，抽调经验丰富、专业性强的专业监督人员，制定科学的监督方案，编制抽查计划，积极开展冬奥工程专项检查，督促冬奥会各参建单位落实主体责任。年内，市监督总站对北京冬奥会工程开展监督执法检查82项次，针对检查发现的违法违规行为下发《责令改正通知书》30份，实施行政处罚7起。加强市区联动、形成监管合力，通过对延庆、朝阳、海淀区住房城乡建设委质量监督机构的业务指导，市区两级住房城乡建设委既分工负责又协同联动，全力做好冬奥会工程的质量监督工作。创新监管理念，开展建设工程监理报告制度试点工作，健全监理监督协同监管机制，7项冬奥工程均开展了监理报告制度试点工作。科学监管，督促参建各方开展施工安全风险分级管控和隐患排查工作，7项冬奥工程施工、监理单位均按要求使用了“北京市房屋建筑和市政基础设施工程施工安全风险分级管控与隐患排查治理双重预控平台”。积极谋划，全力保障冬奥会工程验收工作有序开展，12月10日B1、F、C三条索道基础已顺利完成验收。

（胡向东　许志强）

【持续加强北京城市副中心工程监督执法工作】　按照“世界眼光、国际标准、中国特色、高点定位”的要求，为更好地对在施副中心工程开展质量监管工作，2019年市监督总站认真总结一期监管经验，坚持“高标准、严要求”，提升监督执法检查效能，重点对A5、北京学校等工程开展监督执法检查111项次，针对检查发现的违法违规行为下发《责令改正通知书》1份，实施行政处罚17起。

（胡向东　高　蕊）

【顺利通过国务院安委会安全生产督察】　3月底，国务院安全生产委员会办公室第8督导组来京督导，督察内容涉及国家和北京市安全生产决策部署落实情况、安全生产监管（管理）体制机制运行情况、安全生产综合治理情况、重点专项工作推进情况等。在迎检筹备过程中，市监督总站严格遵循督导组、市住房城乡建设委的相关要求，对照督察工作要点，缜密梳理了安全生产监管工作档案资料，形成安全生产自查报告，积极组织材料形成汇报文件及备查资料，并在督导组来京督导期间积极配合相关部门工作。同时，在督查应答和延伸督查阶段，市监督总站有关各部积极应对督察组的各项询问，及时提供印证材料，保质保量地完成了本次安全生产督察迎检任务。在督查工作结束后，针对督察组反馈存在的问题，全面配合相关部门的整改工作，完善制度，强化了工程安全监管工作。

（王伟超　朝泽东）

【完成住房和城乡建设部质量安全提升行动迎检工作】 5月22日至26日，住房和城乡建设部督查组对北京市进行了工程质量安全提升行动督查。督查组重点督查北京市部署开展工程质量安全提升行动情况，贯彻落实国家工程质量安全法律法规、规范性文件情况，以及工程质量安全监督机构建设情况等内容。为与各区住房城乡建设委、在京承建工程的各集团公司排查自查迎检工作形成合力，市监督总站于5月初启动迎检排查工作。迎检期间，共抽查工程54项次，下发《责令改正通知书》1份，进行一般程序立案处罚1起，简易程序行政处罚1起。督查组随机抽查北京市6个结构在施工程项目，市监督总站各相关科室积极配合住房和城乡建设部督查专家组开展施工现场安全质量检查工作，检查结果创造了历史最好成绩，安全质量的检查得分在全国排名蝉联第一。

（王伟超　朝泽东）

【开展巡查执法检查】 年内，以推动企业主体责任落实为核心，以测评为基础、以抽查为主要方式、以行政执法为基本特征，以保障性住房工程为主要检查对象，根据不同施工阶段、施工环境、季节变化、安全形势等特点，针对性地开展了深基坑、高支模及高大脚手架、临时用电、建筑起重机械等安全专项检查，机电设备安装工程，双随机、差别化监管，市区联合大检查，冬奥会、世园会服务保障，北京大兴国际机场、北京城市副中心、重点时段服务保障、防汛、消防、扬尘检查等多类专项执法检查工作。全年开展各类巡查执法检查工程共1227项次，总建筑面积6734.17万平方米，针对检查发现的违法违规行为，进行一般程序立案处罚360起，简易程序行政处罚425起。

（朝泽东　贾沛霖）

【开展低挥发性有机物含量产品情况抽查】 4至9月份，市监督总站开展在施房屋市政工程使用低挥发性有机物含量产品情况抽查，共抽查55项工程，对不符合要求的14项工程当场要求施工单位整改。

（王晓彦　宋志光）

【推进全市安全监督管理信息平台正式应用】 2月1日，全市安全监督管理信息平台正式运行，市监督总站对全市17个区安全监督机构组织开展了两期集中培训。市住房城乡建设委于4月22日印发了《北京市住房和城乡建设委员会关于进一步优化北京市房屋建筑和市政基础设施工程质量监督和施工安全监督手续办理流程的通知》，优化了安全监督手续办理工作；依据《住房和城乡建设部关于修改有关文件的通知》，对《北京市房屋建筑和市政基础设施工程施工安全监督实施办法》进行了修订，11月13日印发了《北京市住房和城乡建设委员会关于修订〈北京市房屋建筑和市政基础设施工程施工安全监督实施办法〉的通知》，并同步对安全监督管理信息平台功能进行了更新。

（蔡　斌　齐　琳）

【开展安全质量状况测评】 年内，全市17个区开展测评工作的在施房屋建筑工程共计4059项、19004个单体、在建面积19586.3万平方米，涉及1417家建设开发企业、1018家施工企业、266家监理企业；开展测评的市政基础设施工程共计689项、4894个单体（道路、桥梁、雨污水），涉及131家建设开发企业、192家施工企业、116家监理企业。基本实现对全市建设工程安全质量状况的动态掌控。

（程　诚　来　阳）

【实施暂扣企业安全生产许可证处罚】 年内，依据《建筑施工企业安全生产许可证管理规定》和《北京市住房城乡建设系统行政处罚裁量基准》，共对因发生亡人生产安全事故实施暂扣企业安全生产许可证处罚33起。其中，因北京市发生亡人生产安全事故实施暂扣企业安全生产许可证处罚17起，因北京市注册施工企业在外省发生亡人生产安全事故实施暂扣企业安全生产许可证处罚16起。完成2起由市住房城乡建设委施工安全处移转因在安全生产条件动态核查过程中发现企业降低安全生产条件的案件。

（程　诚　齐　琳）

【扬尘治理事务中心正式挂牌成立】 5月，经市委编办批准，在市监督总站加挂北京市建设工程施工扬尘治理事务中心，增加编制22名。另外，经市财政局批复同意，通过购买第三方服务的方式聘用26名外聘人员配合市监督总站监督执法人员完成部分技术性和辅助性工作。市监督总站通过对外公开招标的方式，于11月20日确定北京市京才实业开发总公司为中标单位，双方于12月13日签订了合同，外聘人员已于12月陆续上岗。扬尘治理事务中心的主要职责是负责研究提出北京市各类工地施工扬尘控制标准、规范的建议；负责相关扬尘监控平台的运行和维护；承担房屋建筑和市政基础设施工程的新建、改建、扩建及拆除过程中施工现场扬尘（含施工现场建筑垃圾）治理方面的辅助性、事务性工作。

（陶　潜）

【加大施工现场扬尘检查力度】 年内，为贯彻落实市委市政府蓝天保卫战行动计划要求，确保首都建筑业扬尘治理工作成效，结合日常巡查执法工作，市监督总站开展了施工现场扬尘治理专项抽查，共查工程924项，检查发现的扬尘治理不达标项目均已移转相关单位处理。在北京市发布橙色预警期间，收到上级单位应急检查通知后，市监督总站安排检查组在全市范围内进行扬尘治理抽查，共抽查工程总计100项。针对扬尘治理存在问题的工程，责令责任单位立即整改，并将扬尘治理不达标工程移转相关部门进行后续处理。

（王晓彦　宋志光）

【加大扬尘治理力度】 年内，为贯彻落实市委市政府蓝天保卫战行动计划要求，确保首都建筑业扬尘治理工作成效，北京市共对2050个施工现场安装了远程视频监控系统，通过远程视频监控系统开展非现场巡查67.7万余项次。2019年市住房城乡建设委共收到市级预警部门发布的空气重污染橙色预警3次，均按要求及时通过应急值守平台和短信平台传达给各区住房城乡（市）建设委、房管局和有关单位，并会同有关部门提出具体工作要求，保证系统内各单位在第一时间组织开展预警应对，及时采取针对性措施。空气重污染期间，市、区两级住建部门共出动检查人员8585人次，现场检查工地5125项次，利用远程视频监控系统非现场巡查4.5万余项次，检查中共发现176项工程施工现场存在较重扬尘治理问题，执法人员均已及时责令责任单位进行了整改。

（陶　潜　张向宇）

【加强监督执法宣传】 年内，围绕建设工程安全质量监督执法中心工作，不断强化宣传工作，加大对违法违规行为的曝光力度，形成监督执法工作良好舆论态势。全年市监督总站在市住房城乡建设委内、外网发布相关工作信息418条，通过委政务微博、微信“安居北京”发布微博47条、微信7条，组织开展新闻宣传3次。

（韩爱新）

建筑劳务

【外省市来京企业备案情况】 截至12月31日，外省市进京施工企业总量为4281家，持有资质证书6755本，其中含旧版资质证书（含劳务分包资质、一体化资质）713本，资质数量18895项次。外省市来京工程监理企业总量为176家，其中具备综合资质31家、专业甲级资质134家、专业乙级资质11家。

（唐世娟　邹　琼）

【发布企业在京市场行为评价结果】 4月8日，市住房城乡建设委发布3306家外省市建筑施工企业2018年度在京市场行为的评价结果，其中优秀企业92家、合格企业1344家、基本合格企业82家、不合格企业30家、无报送业绩企业1758家，同时公布479家为2016—2018年度连续三年无报送业绩企业。与上年度相比，不合格企业比例下降1.06个百分点。对30家不合格企业的网上企业备案信息进行屏蔽。

（罗莉莉　唐世娟）

【落实失信联合惩戒相关措施】 年内，通过“信用中国”网站筛查申请进京企业和随企业进京的注册执（从）业人员是否存在严重失信行为记录，提醒企业要切实履行法定责任和义务。全年暂停8家存在严重失信行为记录的企业办理进京备案；敦促已进京的企业开展了自查自纠。

（唐世娟　邹　琼）

【加强建筑劳务施工队长信用管理和服务】 年内，发布2018年在京劳务企业共18333名施工队长的备案业绩、获奖情况以及违法违规行为记分情况，供劳务作业发包方选择劳务队伍和劳务企业聘任施工队长时予以参考，旨在通过信用信息数据发布共享，加强对规范守信施工队长的正向激励和对违规失信施工队长的惩戒作用。

（马　岩　王　霖）

【加快办理农民工工资保证金退还手续】 年内，为加快办理原农民工工资保证金退还手续，会同市人力社保局协调3家保证金开户银行研究商讨，通过设立专门窗口、专职人员和专项资金，开通快速办理通道。6—8 月累计为 293 家企业办理了保证金退还手续，涉及金额 1.77 亿元。

（马　岩）

【施工现场人员实名制备案情况】 2019 年，全市实名制系统累计备案 791017 人次，涉及 436152 人，同比上升 6.11%；报送劳务分包合同 14185 份，同比下降 3.58%；相应合同价款 510.06 亿元，同比上升 16.07%；施工总承包、专业承包企业直接用工备案 38737 人次，同比下降 15.88%。施工人员数量保持基本稳定。

（谢　锟）

【劳务分包合同履约监管情况】 年内，开展 12 期履约报送工作，涉及 699 家劳务企业，接报履约信息 31.69 万条。核查履约信息真实性 12 次，涉及企业 157 家。通过履约信息平台发现 24 份合同存在矛盾隐患，涉及合同金额 2.8 亿元、人员 541 人，均通过约谈、调解等方式得到稳控和化解。

（谢　锟　付　宸）

【施工现场人员管理服务信息平台建设工作】 年内，为推进建筑工人实名制管理，牵头开发北京市施工现场人员管理服务信息平台，完成了对新系统开发需求的确认等系列工作。6 月新系统上线与旧系统并行，旧系统 2019 年末退出运转，新系统 2020 年 1 月 1 日正式上线启用。

（谢　锟）

企业荣誉名录

2018—2019 年度第二批“北京市建筑工程先进企业”名单

（排名不分先后）

北京住总集团有限责任公司
北京城建一建设发展有限公司
北京城建八建设发展有限责任公司
北京市第三建筑工程有限公司
北京建工土木工程有限公司
北京市市政一建设工程有限责任公司
北京市政路桥管理养护集团有限公司
北京城乡建设集团有限责任公司
北京市建筑工程装饰集团有限公司
北京市永兴世纪建筑有限公司
北京政平建设投资集团有限公司
北京金通远建筑工程公司
北京当代创新建设工程有限责任公司
中联皓建集团有限公司
中建一局集团第五建筑有限公司
中航天建设工程集团有限公司

2019 年度全国建筑业 AAA 级信用企业名单（8 家）

（排名不分先后）

北京城建集团有限责任公司
北京市政建设集团有限责任公司
北京城建道桥建设集团有限公司
中北华宇建筑工程公司
北京韩建集团有限公司
北京城建亚泰建设集团有限公司
中建一局集团第五建筑有限公司
中铁建工集团有限公司

（北京市建筑业联合会）

房屋管理

住房改革

【公有住房出售情况】 2019 年，全市出售公有住房 101.58 万平方米、1.38 万套，其中中央单位 393 家、面积 41.7 万平方米、住房 4801 套，市属单位 261 家、面积 44.79 万平方米、住房 6536 套，区属单位 151 家、面积 15.09 万平方米、住房 2447 套，其余为军队售房和部级干部售房备案（近 5 年北京市房改售房情况见图 2）。

（韩化冰）

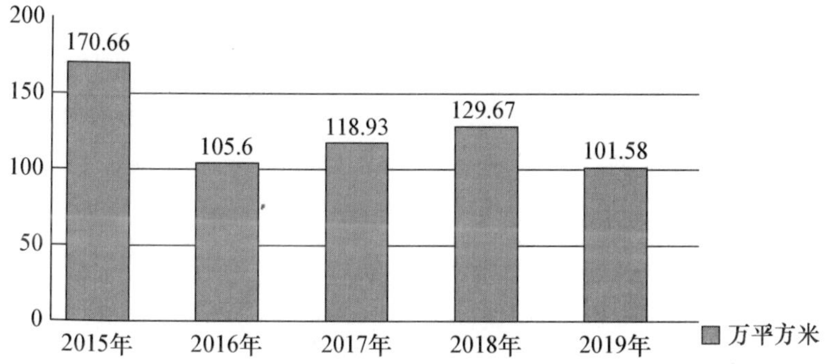

图 2　近 5 年北京市房改售房情况

【公有住房调整情况】 年内，各区房改部门累计核准 306 家单位调整公有住房方案，涉及住房 1700 套，面积 12.26 万平方米。其中，293 家中央单位分配职工住宅后按经济适用住房价格为职工调整住房，涉及住房 1695 套，面积 12.17 万平方米，占当年调房总量的 99.27%；8 家市属单位涉及住房 9 套，面积 0.06 万平方米，占当年调房总量的 0.52%；5 家区属单位涉及住房 5 套，面积 0.026 万平方米，占当年调房总量的 0.21%。

（韩化冰）

【公有住房售房款归集】 按市房改办与市财政局、市住房资金管理中心出台的《关于按房改政策出售住房售房款存储使用等有关问题的通知》规定，单位出售公有住房售房款在市住房资金管理中心专户存储、专项使用。截至 12 月 31 日，全市累计归集公有住房售房款 574.82 亿元，支取 489.84 亿元，余额 84.98 亿元。2019 年度归集公有住房售房款 4.82 亿元，支取 5.07 亿元，净增额 −0.25 亿元。

（韩化冰）

【企业单位售房款使用管理】 截至 12 月 31 日，全市累计有 1248 家企业支取售房款76989.54万元（近5年北京市单位售房款用于修缮支取情况见图3）。年内，21家企业支取售房款2331.26万元。上述资金主要用于电梯更新维修、电路整改、楼面及屋顶防水维修等事项。

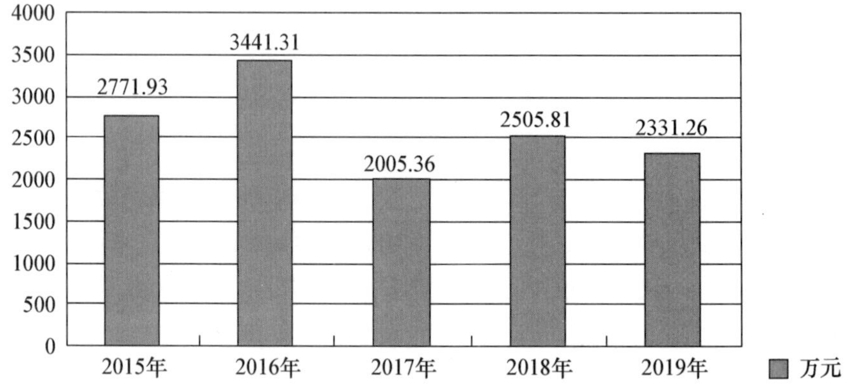

图3　近五年北京市单位售房款用于修缮支取情况

【北京住房公积金管理中心机构设置】 北京住房公积金管理中心（以下简称住房公积金管理中心）为北京市政府直属的副局级事业单位。截至12月31日，设置3个分中心：中共中央直属机关分中心、中央国家机关分中心、北京铁路分中心；内设11个处室和机关党委（党建工作处）、机关纪委、工会；垂直管理20个分支机构（18个管理部和住房公积金贷款中心、结算中心）；下设2个直属事业单位：北京住房公积金客户服务中心、北京市住房贷款担保中心。

（苏　虹）

【住房公积金年度归集使用情况】 截至12月31日，北京地区建立住房公积金单位27.47万个，建立住房公积金职工1127.06万人，全年新增住房公积金缴存职工83.93万人。北京地区全年归集住房公积金2213.55亿元，提取1612.64亿元，净增600.91亿元。累计归集15309.92亿元，累计提取10464.94亿元，余额4844.98亿元。全年发放住房公积金个人贷款7.15万笔、557.56亿元，回收金额301.03亿元，净增256.53亿元。支持职工购房面积611.23万平方米。累计发放住房公积金个人贷款117.99万笔、6916.21亿元，回收金额2623.38亿元，余额4292.83亿元。年末个人住房贷款余额占缴存余额的88.6%，住房公积金个人住房贷款市场占有率为29.2%。累计发放支持保障性住房建设贷款36笔，发放金额291.28亿元，实际资金到位金额201.09亿元，项目贷款余额2.4亿元。

（苏　虹）

【调整住房公积金缴存上下限并执行灵活缴存比例】 2019年度北京地区住房公积金月缴存基数上限由25401元上调为27786元；缴存基数下限按年最低工资计算由2120元上调为2200元；领取基本生活费职工的月缴存基数下限由1484元上调为1540元。当年继续执行住房公积金缴存比例为5%—12%，由单位自主选择。对生产经营困难的企业，可申请降低缴存比例或缓缴。全年共有47727家企业缴存比例为5%—11%。

（苏　虹）

【"接诉即办"工作情况】 年内，住房公积金管理中心通过组建专班、梳理渠道、明确时限、主动联办等方式，不断提升"接诉即办"工作响应率、解决率和满意率。全年共受理12345市民热线转办工单520件，办结首都之窗"政风行风"热线转办信件114封，回复政风行风等其他渠道咨询9500余件，接听12329热线电话约201万次，主动回拨咨询电话达10万次。组织领导干部职工接听咨询电话，共接答电话逾5万次。积极做好"街乡吹哨、部门报到"工作，赴西城区广外街道等实地调研，解决难点问题。

（苏　虹）

【住房公积金行政执法检查工作】 年内，住房公积金管理中心全面启动住房公积金执法重心下移。办案时间压缩60%，执法文书精简32%。2019年执法受理案件总数7562件，同比增长76%；办结案件7486件，占全部受理案件的99%。对32家企业进行了处罚，对不缴或少缴住房公积金的528个单位申请人民法院强制缴存，追缴住房公积金10464.6万元，维护了职工合法权益。加大执法检查工作力度和精准度，对629家单位进行主动检查。

（苏　虹）

【住房公积金管理中心信息化建设情况】 年内，住房公积金管理中心《2018年—2022年信息化发展规划和顶层设计方案》通过专家评审，新系统功能以全国最高分通过住房城乡建设部"双贯标"验收，顺利实现中直分中心新旧系统平稳切换升级，接入全国住房公积金数据服务平台，推动全国住房公积金数据大集中。同年，向市大数据平台汇聚政务服务数据，完成70周年国庆信息化安全保障，在北京市电子政务网络安全现场检查评比中获得"优秀"。

（苏　虹）

物业服务

【2019年北京市物业服务企业及项目分类情况】 截至12月底，北京市物业管理项目监管系统备案7030个，总建筑面积约6.75亿平方米。其中，居住类项目3991个，建筑面积约4.84亿平方米；非住宅项目3039个，建筑面积约1.91亿平方米。全市物业企业总量为3140家，其中原一级企业166家、二级企业405家、三级企业2236家、三级企业（暂定）198家；外埠在京企业135家。

（张　媛）

【加快推进物业立法进程】 年内，根据市人大常委会的提议，市人大常委会、市司法局、市住房城乡建设委成立了市级工作专班，加快了物业管理条例立法进度。市住房城乡建设委主要负责人多次召集会议，集中讨论修改草案，及时向北京市委书记蔡奇报送了《关于物业管理条例修订涉及重点问题的情况分析报告》。在条例起草过程中，多次向各区、街道、物业企业及物业管理专家等多方征求意见，并借鉴国内外先进经验不断修改完善条例草案，形成过程稿40余稿。10月22日，《北京市物业管理条例（草案）》面向社会进行为期一个月的公开征求意见。11月12日，市政府召开常委会，审议《条例（草案）》，原则通过。11月19日，市委书记蔡奇专门听取《条例》立法汇报。11月20日，市委常委会审议《条例（草案）》。11月25日，市人大常委会对《条例（草案）》进行审议。

（张　媛）

【推进涉及物业管理重点问题10+1项试点】 根据北京市委书记蔡奇批示要求，市住房城乡建设委制定了《物业管理重点问题试点方案》，就物业立法涉及的主要问题开展先行先试。10月28日，副市长隋振江主持召开电视电话会议，向全市各区全面部署围绕物业管理立法展开的物业管理试点工作，在全市范围内正式启动物业管理问题工作试点，并纳入全市街道工作和“吹哨报到”改革工作专班，在专班的统筹下开展工作。过程中，市住房城乡建设委多次召开物业重点问题试点工作推进会，落实隋振江电视电话会议精神，通报各区落实情况，推进试点工作深入开展。市住房城乡建设委成立4个专项督导组，持续对全市16个区住房城乡建设委（房管局）、1个经济技术开发区及相关街道、社区进行全面深入的现场督导，了解工作进展及存在的问题，指导各区扎实推进工作。

（张　媛）

【开展物业管理专项治理工作】 为切实解决好群众关心的身边事，提升物业服务管理水平，市住房城乡建设委组织开展了物业管理专项治理工作。4月，印发《2019年群众关注的物业管理突出问题专项治理工作方案》，加强组织领导，指导各区全部部署、扎实推进，督促各物业企业主动自查、积极整改。市区两级住建房管部门加大对物业项目的检查力度，重点检查物业企业规范服务、群众诉求处置、公共区域养护和设施设备管理情况，对发现的物业服务不规范行为现场责令整改，对拒不整改或整改不彻底的企业，计入企业信用信息并公开曝光。同时，对于媒体曝光和12345群众反映集中的问题纳入专项治理范围，先后将僵尸车治理、自动售水机治理、高空坠物等七类新增问题纳入专项治理行动，重点指导集中治理，全市普查普改。结合“回天计划”，加大对“回天地区”物业管理指导和检查力度，督促物业企业规范服务。截至12月底，市区两级共出动检查人员8165人次，检查4444项次，涉及3878个物业管理项目，针对不合规物业行为作出责令整改等处理决定1461件，公开物业企业不良信息270条。同时，组织开展高空坠物、建国70周年大庆保障等专项检查，围绕企业自查及问题整改、重点工作要求落实、重要节点值班保障和群众诉求处置等方面开展检查，督促企业落实管理责任。

（钟　薇）

【加大“北京业主”APP系统推广使用力度】 年内，市住房城乡建设委组织开展了面向区街的培训、宣传和指导工作，组织专题培训十余场，并结合各区物业项目的数量及业委会数量，对“北京业主”APP认证任务进行了分解，督促各区加大宣传推广力度，鼓励更多有需求的小区使用“北京业主”APP进行业主共同投票决定。截至12月底，“北京业主”APP已上线2200个小区，覆盖全市十六个区。其中，已有业主完成实名认证的小区750余个，注册用户8万余个。已有44个小区通过手机投票系统发起业主共同决策事项投票。

（钟　薇）

【加强重点街道乡镇监督指导】 年内，密切监测媒体报道和12345市民热线投诉的物业管理问题，建立问题台账，指导督促各区住房城乡建设委（房管局）落实市委市政府“闻风而动、接诉即办”的要求，会同属地街道，深入现场，调查了解情况，采取有力措施，及时处理舆情报道和市民反映的物业管理问题。会同市政务服务局建立各区、各街乡镇12345市民热线物业管理群众诉求情况月度排名通报制度，指导各区、各街乡镇积极妥善解决群众反映的物业管理问题。对接12345来电排名前20的街乡镇和“12345”治理类街乡镇，对33个重点街乡镇加强指导，市住房城乡建设委分管负责人带队深入重点街乡镇开展调研，深入了解群众诉求，掌握属地管理实情。通过调研走访，梳理上述33个街镇物业管理重点难点问题，对物业服务质量差、开发建设遗留、老旧小区物业管理不规范等问题分类研提解决措施和处理意见，印发《关于加快解决33个重点街乡镇物业管理类问题的工作方案》，并召开专题培训暨动员部署会，指导各街乡镇妥善解决群众投诉问题，提升物业管理水平，同时对上述街乡镇辖区内的物业小区开展重点执法检查，督促物业企业加强服务。

（钟　薇）

【加强数据分析】 年内，发挥社会监督作用，及时与市政务服务局对接，梳理“12345”市民热线中反映的物业管理问题，建立月报制度，每月向北京市委书记蔡奇报送，并抄送北京市物业管理专班单位。对各区、街乡镇物业管理类诉求数量、三率（响应率、解决率、满意率）情况进行排名，并通过媒体对物业管理类来电诉求排名靠前的小区及物业公司进行集中通报，从起初通报前30名到2019年底通报前100名。督促上述重点小区物业服务企业及开发单位全面加以整改解决，要求各区房管局会同属地街道加强对重点物业项目的现场指导、督促和检查，确保问题整改到位，提高物业服务水平和人民群众满意度。

（钟　薇）

【出台市民热线群众集中反映物业管理问题办理的指导意见】 年内，贯彻落实街道工作会议精神，结合日常工作，加强政策研究，针对12345市民热线、媒体曝光和信访投诉物业管理类问题进行分类梳理，共梳理出群众反映最为集中的13类问题，并研究破解办法和处理措施，于4月30日印发了《市民热线群众集中反映物业管理问题办理的指导意见》，对小区物业服务不到位、小区停车管理、电梯管理、管道维修等共性问题提出了解决建议，指导街道和各区房管部门妥善处理物业矛盾纠纷，回应人民群众诉求。

（钟　薇）

【探索建立物业管理长效机制】　年内，强化党建引领，推动物业管理纳入社区治理，破解基层治理“最后一公里”难题。试点开展物业管理执法权下沉、物业项目备案权下放等工作；会同市委社会工委、市民政局下发住宅项目负责人到社区报到的通知，要求全市所有实际在岗的住宅项目负责人必须到社区居委会报到，接受社区指导监督，参与社区共建共治共商；加快研究制定物业服务企业履约考评办法，建立考评体系，细化考评内容，完善考评标准，赋予街道社区对辖区内物业企业和物业项目更大的考核权限，以此为抓手，推动街道社区切实加强对物业企业的监督指导。会同市委组织部对全市物业服务企业和业委会党建情况进行摸底调查，掌握底数，为后续开展在物业企业和业委会中建立党组织工作奠定基础。

（钟　薇）

【开展全市物业管理业务培训工作】　为进一步落实物业管理区域各项工作，年内组织全市各区物业管理工作人员、项目负责人、企业负责人等开展物业管理专题培训。培训内容围绕物业管理实务、常见诉讼案件解析、信访处理答复规范及技巧、物业服务规范及业主诉求处置等展开。累计组织培训12场，共培训人员约5600人。

（钟　薇）

【业主大会相关情况】　截至12月31日，全市业主大会数量1283个，业主委员会数量945个，业主委员会成立党组织的数量78个，业主委员会人数6644个，业委会主任为党员的数量578个，业委会党员人数2631个。年内组织各区业主大会相关政策培训，分析街道在政策指导方面遇到的困惑和难题，指导协调属地街道、乡镇发挥党建引领作用，做好住宅区业主大会成立及业委会选举的监管工作，共同研讨解决方案，促进问题解决。提倡居委会代行业委会职责，推广使用业主APP决策系统，鼓励社区居委会党员到业委会任职。会同属地街道办事处推广社区合伙人工作机制，构建社区党建引领工作新平台，搭建社会多元主体参与社区治理合伙人新机制，提升城市治理能力，解决实际问题，提升居民幸福指数。

（钟　薇）

【出台安全生产管理措施】　4月8日，市住房城乡建设委发布《关于〈2019年群众关注物业管理突出问题专项治理工作方案〉的通知》，明确在全市范围内实施专业化物业管理区域开展专项治理行动，依法治理群众关注的物业管理类突出问题。4月18日，发布《关于做好物业行业安全生产工作的通知》，规定各物业企业建立随查立改机制，落实对安全隐患和违法违规等不良行为发现、告知和报告的责任；各区房屋行政主管部门应加大检查力度，严厉惩处违法违规行为，定期开展安全生产培训等。7 月 11 日，发布《关于进一步加强物业管理区域高空坠物安全防范工作的通知》，要求物业企业增强责任意识和安全意识，集中开展高空坠物隐患排查整改和宣传指引工作；市区两级房屋行政主管部门加强对辖区内物业服务企业高空坠物防范工作的检查指导。另外，还发布了《关于 2019 年度物业管理综合楼宇项目二级安全生产标准化评审工作的通知》《关于对 2019 年群众关注物业管理突出问题专项治理工作开展督查的通知》《市民热线群众集中反映物业管理问题办理的指导意见（试行）》等文件。

（钟　薇）

【开展安全生产培训】 年内，会同市消防救援总队、市律协、各区房屋行政主管部门开展安全生产实务培训，通过各区房屋行政主管部门现场部署、行业专家现场授课等模式集中培训，旨在进一步指导物业服务企业落实各项安全生产责任，做好物业管理区域安全生产工作。培训主要围绕专项治理、安全生产实务、物业管理法律实务等内容开展，各区属地街镇、社区、物业企业负责人及项目负责人参加，累计开展 20 余场，约 10000 人参与。

（钟　薇）

【开展安全生产标准化二级评审工作】 年内，根据相关评审要求，共对 61 个项目现场考评，其中 57 个项目通过区房屋行政主管部门初核后向北京市物业服务指导中心提交了申请。经现场评审，42 个项目达到“北京市物业管理综合楼宇项目二级安全生产标准化”标准。另对 2018 年度及 2017 年度已达标的 4 个项目进行复审，由北京金隅物业管理有限责任公司服务的金隅大厦、北京仲量联行物业管理服务有限公司服务的启皓北京因未通过复审，决定撤销原颁发的安全生产标准化二级证书及牌匾。

（钟　薇）

【协调物业服务企业做好扶贫工作】 年内，先后四次组织在京物业企业召开专题座谈会，研究物业行业在精准对口帮扶方面可开展的工作，引导和动员物业企业积极参与行业帮扶，赴内蒙古住建厅、河北省住建厅就行业精准帮扶工作进行对接，全面梳理在蒙和在冀有项目的物业管理企业和在管项目，建立当地就业资源库，共计约 60 家企业，约 140 个项目。项目管理中涉及保安、工程、保洁及客服人员可优先聘用建档立卡家庭成员。组织在京物业企业围绕消费帮扶和产业帮扶全面对接河北省重点地区，物业企业将利用自有社区电子商务平台代销、集团定点采购和社区集中设点销售等方式帮助唐县在京销售特色农产品，积极做好扶贫工作。

（钟　薇）

【做好典型示范宣传】 年内，加大统筹指导力度，鼓励各个街道（乡镇）因地制宜探索物业管理工作新模式、新办法，挖掘各区在实践中涌现的先进典型，提炼总结行之有效的经验做法，加大宣传力度，形成示范效应，先后围绕“北京业主”APP 推广使用、街道加强党建引领助物业管理水平提升等工作开展了系列宣传，对西城区新街口街道、东城区朝阳门街道、海淀区中关村街道、顺义区空港街道、丰台区怡海花园社区、朝阳区六里屯街道等创新社区治理体制机制、提升物业服务管理水平的创新做法进行了重点宣传，为全市物业管理工作顺利开展营造良好的舆论环境。

（钟　薇）

【配合相关部门做好重点专项工作】 年内，开展自动售水机专项治理，制定了《小区“自动售水机”管理相关工作机制》和《2019 年自动售水机综合治理专项行动工作任务》，并上报市政府督查室。推进“雪亮工程”，督促全市居住小区、普通地下室、写字楼公共区域视频监控建设工作，督促各区住房城乡建设委（房管局）以及物业服务企业配合区公安部门、街道、乡镇在居住小区停车场卡口安装视频监控系统。做好扫黑除恶工作，将扫黑除恶专项斗争工作纳入物业服务企业和物业服务项目的日常监管范围，加强对物业企业的监督指导，完成中央扫黑除恶督导组交办的各项任务，累计收到中央扫黑除恶第 11 督导组转办的五批线索共 205 件，去重后 173 件，全部核查完毕。

（钟　薇）

【推进住宅维修资金深化改革工作】 年内，推进北京市住宅专项维修资金深化改革工作，会同市财政局、市规划自然资源委、市住房资金管理中心等部门多次召开住宅专项维修资金制度改革工作研讨会，重点解决维修资金管理机构、维修资金续筹和补建困难、支取不便、维修资金的保值增值、增值收益分配、信息透明度不高等问题。提出北京市住宅专项维修资金深化改革要坚持问题导向、资金安全、改革创新和积极稳妥的原则，明确了成立统一的维修资金管理机构，摸清全市住房维修资金基础数据等深化住宅维修资金改革的 12 项具体工作任务及牵头单位、配合单位，明确了各项工作的完成时限。委托专业机构对各区 2018 年住宅专项维修资金使用情况进行专项检查，包括物业项目管理、资金支取范围、使用审核程序、工程质量追溯、业主满意度等情况，进一步强化事中事后监管，保证资金使用安全和效率，切实维护业主利益。从 7 月上旬至 10 月上旬，完成了对消防系统、屋面防水、电梯维修等 160 个小区维修资金使用的检查任务。对于检查中发现的问题，除责令立即整改外，采取相关措施予以严肃处理。截至 12 月底，全市已累计归集商品住宅专项维修资金 509.37 亿元，归集套数 381.2 万套；商品住宅专项维修资金累计使用 54.79 亿元；累计划转资金 30.05 亿元。

（张　媛　钟　薇）

房屋安全

【组织全市城镇房屋安全检查工作】 依据《城市危险房屋管理规定》《北京市房屋建筑使用安全管理办法》，为掌握北京市城镇房屋安全状况，保障房屋住用安全，市住房城乡建设委印发了《关于开展 2020 年度北京市城镇房屋安全检查工作的通知》，各区住房城乡建设委、房管局及各管房单位按照市住房城乡建设委统一部署，组织实施城镇房屋安全检查。从2019年11月至2020年2月，实查城镇房屋73390万平方米，为应查（不包括军产、外事用房及厂矿工业用房等）75874万平方米的96.73%。检查电梯101599部，电梯检查率为98.83%，比上年上升0.11个百分点。检查高层二次供水水泵39412台，检查率为97.94%，比上年上升0.08个百分点。检查避雷装置203763个系统，检查率为99.32%，比上年上升0.1个百分点。

（周　岩）

【检查房屋结构完损状况】　在实查城镇房屋73390万平方米中，查出疑似危险房屋（未鉴定，以下同）17.95万平方米，占实查房的0.02%；严重破损房屋255.22万平方米，占实查房屋的0.35%；一般破损房屋2283.15万平方米，占实查房屋的3.11%。按房屋类型划分：疑似危险平房（含中式旧楼）3.71万平方米，占疑似危险房屋总量的20.67%；严重破损平房（含中式旧楼）124.73万平方米，占严重破损房屋总量的48.87%；一般破损平房（含中式旧楼）271万平方米，占一般破损房屋总量的11.87%。疑似危险楼房14.24万平方米，占疑似危险房屋总量的79.33%；严重破损楼房130.49万平方米，占严重破损房屋总量的51.13%；一般破损楼房2012.15万平方米，占一般破损房屋总量的88.13%。按房屋区域划分：东城区和西城区查出疑似危险房屋1.22万平方米，占疑似危险房屋总量的6.8%；东西城严重破损房屋122.13万平方米，占严重破损房屋总量的47.85%；东西城一般破损房屋435.24万平方米，占一般破损房屋总量的19.06%。疑似危险房屋分布情况：疑似危险房屋中所占比例较多的是：海淀区7.41万平方米，占总量的41.28%；大兴区5.14万平方米，占总量的28.64%（城镇房屋完损状况见表4）。

（周　岩）

【检查设备完损状况】　年内，检查电梯101599部，其中完好电梯92579部，完好率91.12%，比上年上升0.26个百分点；电梯状况一般的7240部，占7.13%，比上年下降0.05个百分点；电梯状况较差的1780部，占1.75%，比上年下降0.21个百分点。检查二次供水设备39412台，其中供水设备完好的36816台，完好率93.41%，比上年上升0.03个百分点；供水设备状况一般的2303台，占5.84%，比上年上升0.03个百分点；供水设备状况较差的293台，占0.74%，比上年下降0.08个百分点。检查避雷设备218276个系统，其中避雷完好的211802个系统，完好率97.03%，比上年上升0.9个百分点；避雷设备状况一般的6002个系统，占2.75%，比上年下降0.74个百分点；避雷设备状况较差的472个系统，占0.22%，比上年下降0.16个百分点（城镇房屋设备完好状况见表5）。

（周　岩）

表4　北京市城镇房屋完损状况分析表

		应查房屋建筑面积/万平方米	实查房屋建筑面积/万平方米												危旧房小计（三四五类）		危破房小计（四五类）	
			合计		完好房屋		基本完好房		一般破损房		严重破损房		疑似危险房					
			面积/万平方米	占应查/%	面积/万平方米	占实查/%	面积/万平方米	占实查/%	面积/万平方米	占实查/%	面积/万平方米	占实查/%	面积/万平方米	占实查/%	面积/万平方米	占实查/%	面积/万平方米	占实查/%
合计		75874	73390	96.73	58083	79.14	12751	17.37	2283	3.11	255	0.35	17.95	0.02	2556	3.48	273	0.37
按房屋类型分	楼房	74048	71654	96.77	57316	79.99	12180	17.00	2012	2.81	130	0.18	14.24	0.02	2157	3.01	145	0.20
	平房（含中式旧楼）	1826	1736	95.02	766	44.12	571	32.87	271	15.61	125	7.20	3.71	0.21	399	23.00	128	7.40
按区域分	东城西城	9780	7714	78.88	4982	64.59	2173	28.17	435	5.64	122	1.58	1.22	0.02	558	7.23	123	1.60
	朝海丰石	35820	35644	99.51	29562	82.93	5495	15.42	538	1.51	41	0.12	9.08	0.03	588	1.65	51	0.14
	其他区	26891	26649	99.10	22841	85.71	3392	12.73	404	1.52	5	0.02	6.82	0.03	416	1.56	12	0.04
	房地集团	3383	3383	100	698	20.62	1691	50.00	906	26.79	87	2.56	0.83	0.02	994	29.38	87	2.58

表 5　北京市城镇房屋设备完好状况

		应查	实查							
			合计		完好		一般		较差	
			数量	占应查/%	数量	占实查/%	数量	占实查/%	数量	占实查/%
合计	电梯设备（部）	102903	101699	98.83	92679	91.13	7240	7.12	1780	1.75
	二次供水（台）	40286	39448	97.92	36834	93.37	2313	5.86	301	0.76
	避雷设备（个）	219381	217462	99.13	210979	97.02	6002	2.76	481	0.22
直管	电梯设备（部）	732	732	100	501	68.44	165	22.54	66	9.02
	二次供水（台）	500	493	98.60	412	83.57	34	6.90	47	9.53
	避雷设备（个）	2293	2138	93.24	1938	90.65	164	7.67	36	1.68
自管和物业	电梯设备（部）	102171	100967	98.82	92178	91.30	7075	7.01	1714	1.70
	二次供水（台）	39786	38955	97.91	36422	93.50	2279	5.85	254	0.65
	避雷设备（个）	217088	215324	99.19	209041	97.08	5838	2.71	445	0.21

【城镇房屋防汛准备情况】　年内，市住房城乡建设委依据国家和北京市有关防洪防汛法规，落实北京市人民政府防汛抗旱指挥部《关于做好2019年北京市防汛抗旱工作的通知》，制发《2019年北京市城镇房屋防汛工作要点》。5月10日上午，市住房城乡建设委联合海淀区海房投资集团，在苏家坨镇管家岭村组织召开2019年房屋防汛演习观摩会。各区住房城乡建设委、房管局、直管房屋管理单位主管领导、主管部门负责人等200余人参加了观摩会。海淀区海房投资集团，市房地集团，东城区、西城区直管公房管理单位以及大兴区、通州区、延庆区住房城乡建设委13支房屋防汛抢险队参加了演习，分别针对人员转移、屋内承重结构加固、屋顶漏雨苫盖、外墙支护、雨水倒灌拦挡、房屋积水区域排水等6种预想情况进行演练。汛前，全市组建房屋防汛抢险队256支、4785人（其中市住房城乡建设委直属房屋防汛抢险队2支、55人），并按照从实战出发就近准备、统一使用的要求进行物资储备，共储备苫盖材料1338捆、木材356立方米、水泵1006台、发电机141台、运输车260辆。

（王保青）

【组织落实上汛后各项工作】 2019年汛期降雨次数和降雨量偏少，按照市委、市政府和市防办的决策部署，抓好检查督促，及时收集雨情，协调解决隐患，成功应对了“7.5”“7.23”“7.28”“8.4”“8.9”“9.12”等强降雨过程。转发北京市委书记蔡奇、市长陈吉林、副市长卢彦在市防汛抗旱工作电视电话会议暨市防汛抗旱指挥部第一次会议上的讲话，以及关于认真做好防汛工作科学应对等传真电报；及时传达市防汛会商会精神，要求各区房屋防汛分指挥部和担负房屋防汛任务的相关单位积极行动起来，提前筹划部署，将工作要求落实到位。严格落实24小时手机开通和值（带）班制度，加强信息报送工作。汛期，做好7次暴雨蓝色预警和5次暴雨黄色预警应对工作。6月1日上汛到9月15日下汛期间，市住房城乡建设委电话检查值班情况9次，各区参加值班、抢险备勤人员6.55万人次，雨中巡查重点平房14.33万间次、楼房9.71万栋（幢）次。经巡查发现或居民报修积水院落125处，雨水进屋10间，地下室倒灌33处，平房漏雨899间，楼房漏雨434栋（幢）；雨中抢修苫盖或加固房屋829间，督促其他漏雨房屋在雨后修缮解决。

（王保青）

【汛期检查和应急抢险工作】 6月5日，对宣房投资公司所属平房施工工地及防汛工作落实情况进行实地查看，先后检查了天桥蜡烛胡同52号、74号平房大修和白纸坊双槐里小区院内排水情况。7月1日，赴大兴区清源街道枣园尚城社区调研，实地了解该小区通过发挥社区党建引领作用，建立协商议事平台，公开服务管理事项，透明费用收支，解决了业主关心的漏雨和积水问题等情况。7月19日，赴房山区碧桂园调研，实地查看2012年“7.21”后小区排水管线改造情况，检查了小区排水设施、单元门设置挡水沙袋等情况，并与长阳镇镇政府相关负责人进行座谈。7月31日，检查首华物业公司防汛应急物资储备情况，对西城区崇善里胡同8号院房顶防水老化、油毡破损漏雨问题修缮情况进行了督查。8月5日凌晨，顺义区局地强降雨造成滟澜山小区、名都园小区严重积水，导致23个地下车库不同程度积水。市区住房城乡建设委收到险情信息后，立即组织市级抢险队首华物业和房修一物业，派出四支抢险队分别于11：10分、11：30分到达现场，对1、2、19、20、21、22、23、24号车库进行抽排水，顺义区水务局也迅速安排抢险队采用大功率设备投入抢险。截至当天18：00，滟澜山小区共参与防汛抢险人员117人，投入水泵21台。截至20：30，所有车库积水基本排完，抢险工作圆满完成，参与抢险人员撤出现场。

（王保青）

【抓好房屋安全度汛宣传工作】 针对部分业主在汛期房屋漏雨不知道如何解决的问题，市住房城乡建设委通过媒体进行宣传报道，利用“安居北京”微信公众号公示各区房屋防汛值班电话，对业主在汛期可能遇到的房屋安全问题一一解答。各区房管局利用媒体、社区宣传栏、社区报等发布“图解防汛知识”和抢险报修以及相关负责人电话，开展“防汛咨询进社区”等多种活动，发放宣传资料10万余份。各区认真落实《市长电话要情》《今日舆情要闻》、委领导批转报刊关于汛期房屋漏雨问题等，及时安排相关人员到现场核查，及时解决群众反映的房屋漏雨问题。

（王保青）

【普通地下室使用管理情况】 在实现全市普通地下室违规住人“动态清零”的基础上，加大检查力度，全年市区两级累计检查43542次（包含街、乡日常检查）。为保障国庆70周年庆祝活动期间普通地下室使用安全，市住房城乡建设委深入一线检查督导，相关部门细化措施、严密组织，市、区两级形成合力、全面摸排，确保了国庆70周年期间普通地下室的绝对使用安全。清理整治的同时，普通地下室再利用水平也有较大提高，经统计，全市普通地下室再利用共计231处，主要用于仓储、宣教、公益便民服务等。为规范普通地下室再利用工作，市住房城乡建设委深入一线调研普通地下室再利用现状及自用性宿舍使用情况，了解掌握当前面临的困难和问题，探索普通地下室统筹使用、合理再利用的有效途径。

（冯红吉）

【超限高层建筑工程抗震设防审查工作】 年内，依据《国务院对确需保留的行政审批项目设定行政许可的决定》《超限高层建筑工程抗震设防管理规定》《建设部关于纳入国务院决定的十五项行政许可的条件的规定》及《超限高层建筑工程抗震设防专项审查技术要点》等文件的要求，对东坝国际商业中心，北京电影学院怀柔新校区二期工程体育馆项目，北京通州运河核心区III-05地块2号、3号公寓楼等17项超限高层建筑工程进行了抗震设防专项审查。

（张海明）

【全市老旧小区综合整治进展情况】 新一轮老旧小区综合整治工作启动以来，2017—2019年北京市已累计确认243个老旧小区综合整治项目，涉及2303栋住宅楼、17.8万户、建筑面积1275.4万平方米，预计投资214.9亿元。截至12月底，实现改造类进场施工98个项目，完成44个项目，涉及住宅楼395栋，建筑面积293万平方米，居民3.8万户。完成拆除违法建设4.5万平方米，节能改造353.42万平方米，抗震加固0.4万平方米，楼内上下水立管改造2582根，拆除外窗护栏6.9万个，楼体清洗粉刷241.2万平方米；绿化补建15.9万平方米，硬化路面23.3万平方米，铺装透水砖27.8万平方米；小区给水管线改造1.3万米，雨水管线改造3.1万米，污水管线改造4.2万米，架空线入地管廊建设14.1万米；完善路灯公共照明2071套，完成监控安防848套。

（周　蓉）

【老楼加装电梯进展情况】 2017年全市完成加装电梯274部；2018年完成加装

378 部；2019 年老楼加装电梯工作被列为市政府重要民生实事项目，要求全年开工 400 部以上，完成 200 部以上。截至 2019 年 12 月底，全市老楼加装电梯在施 750 部（其中新开工 693 部），完成 555 部，超额完成年度工作目标。

（周　蓉）

【完善老旧小区综合整治政策机制】 为贯彻落实市政府办公厅制发的《北京市老旧小区综合整治工作方案（2018—2020 年）》（京政办发〔2018〕6 号）精神，市住房城乡建设委会同市有关委办局陆续出台了相关配套文件。2018 年共出台 4 个配套文件，涉及规划建设、工程管理、长效机制建设、增设电梯等内容。2019 年 2 月，经市政府批准，市财政局会同市住房城乡建设委、市发展改革委、市城市管理委出台了老旧小区综合整治资金政策，形成“1+5”政策体系。在资金政策中，明确基础类内容以政府出资为主实施定额补助，自选类内容由居民自愿选择实施，采取社会投资、居民付费和政府补贴方式筹集资金；对房改房小区和商品房小区制定了不同的补助标准，明晰了政府、市场、业主责任边界。此外，围绕住房城乡建设部提出的 9 项工作机制，进一步梳理北京市老旧小区综合整治工作中制度创新相关需求，为下一步完善工作机制、破解政策难题做好准备。

（周　蓉）

【配合做好国务院老旧小区综合整治调研工作】 2019 年，国务院多部门对北京市老旧小区综合整治工作开展了密集调研。6 月 20 日至 21 日，国务院研究室对北京市老旧小区综合整治工作进行调研，高度评价了北京市老旧小区综合整治工作。经副市长隋振江同意，市住房城乡建设委向国务院研究室上报了北京市有关经验。7 月中下旬，国务院组织开展全国老旧小区综合整治大调研，由国管局、住房城乡建设部、公安部、教育部组成的第 5 调研组于 7 月 23 日至 25 日对北京市进行调研，市住房城乡建设委会同市有关部门向国务院调研组进行了专题汇报，并陪同到西城、朝阳、丰台、通州等 4 区 7 个已完成或在施项目实地调研，同街道社区和居民代表进行了座谈交流，国务院调研组对北京市老旧小区综合整治工作给予较高评价。7 月 25 日上午，住房城乡建设部部长王蒙徽带队到京，开展了主题为“‘美好环境与幸福生活共同缔造’活动开展情况”调研活动，此次调研以老旧小区综合整治和垃圾分类为载体，先后到西城区大乘巷小区、白云路 7 号院，海淀区翠微西里小区，实地查看节能改造，加装电梯，增建立体停车设施，自行车棚改造、便民餐厅改造等老旧小区综合整治内容，查看了垃圾分类回收箱，听取街道、社区工作汇报，询问了党建引领、发动群众的具体情况，充分肯定了北京市的工作做法和成效。

（周　蓉）

【组织开展老旧小区综合整治察访核验工作】 为落实《老旧小区综合整治工作方案（2018—2020 年）》有关要求，2019 年 8 月中旬起，聘请第三方机构，对北京市2018年确定的100个项目开展中期和年度两次察访核验。中期察访核验在8月上旬到10月上旬开展，年度察访核验在11月中旬到12月上旬开展。在各区积极配合下，两次察访核验顺利完成。此次察访核验工作，察验内容全面，反映问题较客观准确，对老旧小区综合整治工作起到良好的指导作用；各区针对察验出的问题，及时改进工作，不断提高老旧小区综合整治工作水平。

（周　蓉）

【加大老旧小区综合整治市政专业管线改造统筹】 4月，由市住房城乡建设委牵头成立了北京市老旧小区综合整治与老旧小区管线改造统筹专班，要求各区梳理各项目管线改造需求，并加强与各专业管线公司对接改造计划。为推进老旧小区管线改造统筹工作，市住房城乡建设委副主任冯可梁加强调度，分别于5月10日、7月19日、9月27日、11月15日召开工作推进会，统筹改造同步实施。2019年工作推进过程中，部分区已经和专业管线公司的改造计划实现了同步实施，如通州区上潞园小区、旅游新村小区与市电力公司实现了同步实施配电设施改造，丰台区芳城园一区与市热力集团、市电力公司实现了同步实施小区热力、配电设施更新改造。10月16日，市城市管理委牵头召开了北京市老旧小区市政管线入楼入户工作会，专题研究老旧小区管线改造资金政策、产权移交、后期运维管理等事项。会后，市各有关部门加快开展老旧小区供水、排水、供电、供气、供热管线改造资金测算工作和配套政策，同时在《老旧小区市政管线入楼入户工作方案》中，优先实施列入老旧小区综合整治计划的小区管线改造，推进实现改造后，各专业公司对小区内市政管线实现专业化运维管理和承担管线更新改造责任。

（周　蓉）

【编制新版北京市老旧小区综合整治工作手册】 2015年，中央国家机关大规模启动老旧小区综合整治之际，北京市制发了《北京市支持加快推进中央和国家机关老旧小区综合整治工作手册》，优化服务方式，设立专门窗口，安排专人受理，并联办理相关手续，显著加快了中央国家机关老旧小区综合整治项目的推进进程，受到国管局的肯定和中央国家机关相关单位的欢迎。按照副市长隋振江把原《工作手册》修订并推广到全市的指示要求，2019年9月下旬，市住房城乡建设委组织市发展改革委、市财政局、市规划自然资源委、市城市管理委、市水务局、市市场监管局等部门，启动《工作手册》编制。

（周　蓉）

【配合做好“疏解整治促提升”老旧小区综合整治专项行动】 年内，继续推进中心城区和通州区列入2019年“疏解整治促提升”专项行动的29个老旧小区综合整治项目改造工程实施。截至12月底，列入“疏整促”专项行动的29个项目，完成26个，朝阳区双龙南里、丰台区太西里小区、通州区小街之春等3个项目正在加快推进改造整治工作。各项目完成拆违 1.38 万平方米，治理“开墙打洞”70 处、治理群租房 224 户、地下空间整治 48 处等整治内容；完成节能保温、上下水改造、拆除窗外护栏、安装空调护栏、楼体清洗粉刷、绿化补建、硬化路面、铺装透水砖、小区给水管线更新、雨水管线新敷设、污水管线更新、路灯公共照明新装、完善安防设施、架空线入地铺设管廊等改造内容。11 月 4—5 日，市住房城乡建设委副主任冯可梁带队，由市委督查室、市政府绩效办、市发展改革委、市规划自然资源委、市国资委、市委政法委、市城乡办、市重大项目办、市商务局和市住房城乡建设委等单位组成的第三督查组，对海淀区和丰台区开展督查工作。督查工作重点围绕建筑垃圾资源化利用、棚户区改造、中心城区老旧小区综合整治情况等内容展开。

（周　蓉）

【建立《普通地下室监控名录》制度】 为持续推动普通地下室综合整治工作，严防违规使用风险，市住房城乡建设委于 7 月份建立了《普通地下室监控名录》制度，将根据舆情、信访、日常检查等不同渠道查出的严重违规使用的普通地下室列入重点监控名录，并采取区级检查反馈、市级抽查的方式加大管理力度，按照落实效果确定监控时限。《普通地下室监控名录》制度的实施旨在督促各区相关部门要切实实现违规住人“动态清零”，利用有限管理资源提升管理效率。

（庞　茜）

【开展人员密集公共建筑专项执法】 年内，为加强北京市防范高空坠物管理，市住房城乡建设委组织和指导各区房屋行政主管部门开展了对商场、宾馆和饭店等共计 41 处人员密集型公共建筑的专项执法检查行动，要求房屋所有权人定期开展房屋安全评估，重点对护栏、广告牌、幕墙固定点等涉及高空坠物风险的隐患进行排查，要求被检查单位对不符合要求的项目限期整改。

（庞　茜）

【组织全市各区完成 2019 年度超期公建排查任务】 年内，组织全市各区对 103 处 1969 年建造的、疑似超过合理使用年限（达到 50 年）的且仍处于使用状态的公共建筑（以下简称超期公建），进行现场排查确认，督促房屋产权人落实房屋使用安全主体责任，及时进行房屋安全鉴定并根据鉴定结论采取相应措施，消除安全隐患。截至 11 月底，全市各区均已完成排查任务，共确认超期公建 7 处，并由各区加强对确认超期公建的后续监管工作。

（庞　茜）

【开展白蚁危害区域调查、确片工作】 年初，完成对 2018 年的白蚁危害区域确片工作，发布了《关于发布 2019 年度白蚁危害区域的通知》，确定西城区新街口地区、丰台区长辛店地区为主要白蚁危害区域，同时要求各区房屋行政主管部门做好对房屋白蚁防治的监督管理，指导督促房屋所有权人对白蚁危害房屋进行安全鉴定，切实保障房屋使用安全。

10月，邀请白蚁防治专家，会同丰台区房管局相关负责人到陈庄社区开展白蚁危害宣讲及现场勘查，对白蚁防治工作进行了专业指导。

（庞　茜）

【开展《基于InSAR技术对房屋异常形变预警的应用研究》课题研究】 年内，开展了《基于InSAR技术对房屋异常形变预警的应用研究》课题研究。该课题将InSAR技术应用于房屋建筑沉降监测，把北京市当前“被动发现，解危治理”的危房管理模式，改变为“定期快速大范围筛查，主动发现疑似危房，检测鉴定确认危房，重点监测及整改修缮”的主动预警机制，有效增强了排查和预警危险房屋的能力。

（庞　茜）

【加强对房屋安全鉴定机构的行政监督检查】 年内，通过“双随机一公开”检查、日常检查、系统平台检查和住宅修缮定案鉴定报告专项检查等形式，加强对鉴定机构的监督管理。截至12月31日，已完成房屋安全鉴定机构行政检查81次，其中，“双随机一公开”执法检查12次，日常检查7次，住宅修缮定案鉴定报告专项检查5次，网络检查52次；下发责令整改通知书26份，对问题较严重的6家机构移交执法总队进行立案行政处罚。

（庞　茜）

【开展危险房屋安全鉴定报告抽检评审工作】 为进一步加强危险房屋鉴定报告的事后监管，促进各鉴定机构提升业务水平和增强责任意识，7月，邀请行业专家组成专家组，开展危险房屋安全鉴定报告抽检评审工作，对北京市建设工程质量第一检测所有限公司等13家业务范围不限的鉴定机构随机抽取的13份危险房屋鉴定报告进行了评审。

（庞　茜）

【实现房屋安全评估、鉴定报告首页二维码识别功能】 年内，实现房屋安全评估、鉴定报告首页二维码识别功能，该功能提高了房屋安全评估、鉴定报告的防伪性，便于核实发出报告的基本信息和上传至市住房城乡建设委网站信息的一致性，进一步规范了鉴定机构的行为。

（庞　茜）

【优化房屋安全鉴定机构政务服务事项】 年内，为优化营商环境，推进政务服务事项标准化和持续优化工作。开发鉴定机构备案证书二维码功能，用证书二维码取代原有打印证书变更页的管理方式，从而实现备案变更信息网上查阅、网上更新，减少办事人跑动次数。对房屋安全鉴定机构备案等10个政务服务事项的申报要件进行精简，要件精简比例70%；协调完成对鉴定机构“技术负责人变更”“鉴定人员变更”“资质证书变更”3个服务事项由二级审核转为即时办理。建立鉴定人员信息库，实现对鉴定人员信息的在线管理、查询，减少办事人提供备案要件的数量，提高办事窗口的审核效率。

（庞　茜）

【房屋安全鉴定机构备案工作】 2019年，北京市新增2个业务范围不限的房屋安全鉴定机构备案。截至12月31日，备案鉴定机构总数达 35 个，其中业务范围不限 17 个，中小型 3 个，小型 15 个①（见表 6）。

（庞　茜）

表 6　2019 年北京市房屋安全鉴定机构一览表

序号	备案编号	机构名称	机构地址	联系电话	业务范围
1	京鉴字 01006	北京市住房和城乡建设科学技术研究所（北京市房屋安全鉴定总站）	北京市通州区达济街 9 号院 3 号楼	55598315	不限
2	京鉴字 01007	北京市朝阳区房屋安全鉴定站	北京市朝阳区三里屯南 56 号	64186164	不限
3	京鉴字 01008	北京市海淀区房屋安全鉴定站	海淀区东王庄小区 16 甲楼	62525745	不限
4	京鉴字 01012	北京市建设工程质量第三检测所有限责任公司	西城区百万庄大街 3 号	68334806	不限
5	京鉴字 01018	北京市建设工程质量第六检测所有限公司	丰台区南苑新华路 1 号	67941895	不限
6	京鉴字 01021	北京市建设工程质量第二检测所有限公司	西城区南礼士路 62 号 10 号楼	68054658	不限
7	京鉴字 01022	中国建筑科学研究院有限公司/国家建筑工程质量监督检验中心	北京市北三环东路 30 号	64693119	不限
8	京鉴字 01023	北京市建设工程质量第一检测所有限责任公司	北京市海淀区复兴路 34 号	88223802	不限
9	京鉴字 01027	中冶建筑研究总院有限公司/国家工业建构筑物质量安全监督检验中心	北京市海淀区西土城路 33 号	82227138	不限
10	京鉴字 01028	奥来国信（北京）检测技术有限责任公司	北京市顺义区高丽营镇顺于路高丽营段 138 号	81700898	不限
11	京鉴字 01029	北京市建设工程质量第五检测所有限公司	北京市朝阳区南三环成寿寺路甲 135 号 2 号楼 5 层 504 室	67731836	不限
12	京鉴字 01030	中国建材检验认证集团股份有限公司	北京市朝阳区管庄东里 1 号 CTC 结构部（放射小院）	80896652	不限
13	京鉴字 01031	中电投工程研究检测评定中心有限公司	北京市海淀区西四环北路 160 号	88194105	不限
14	京鉴字 01032	北京三茂建筑工程检测鉴定有限公司	北京市海淀区马甸东路 19 号 9 层 1026	62912726	不限

① 业务范围不限的鉴定机构可以受理各种房屋建筑的安全评估与鉴定业务。业务范围中小型的鉴定机构可以受理的业务有以下四种。一是一般公共建筑工程：(a) 单体建筑面积 20000 平方米及以下，不含钢结构；(b) 建筑高度 50 米及以下。二是住宅宿舍：20 层及以下一般标准的居住建筑工程，不含钢结构。三是地下工程：(a) 总建筑面积 10000 平方米及以下地下空间；(b) 防护等级五级及以下附建式人防工程。四是其他类：(a) 使用住宅专项维修资金鉴定；(b) 变动房屋建筑主体和承重结构认定。业务范围小型的鉴定机构可以受理的业务有以下五种。一是使用住宅专项维修资金鉴定；二是变动房屋建筑主体和承重结构认定；三是平房（文物古建筑房屋除外）；四是跨度小于 12 米的单层空旷砖房；五是六层及以下砖混、砖木结构楼房。

续表

序号	备案编号	机构名称	机构地址	联系电话	业务范围
15	京鉴字 01033	清华大学/清华大学结构工程检测中心	北京市海淀区清华大学土木系	62788624	不限
16	京鉴字 01034	湖南中大检测技术集团有限公司北京分公司	北京市密云区密云经济技术开发区康宝路 12 号	61096100	不限
17	京鉴字 01038	北京康桥隆盛工程检测有限责任公司	北京市大兴区兴华大街（二段）19 号院 23 号楼-1 层-109	69269124	不限
18	京鉴字 02001	北京首华建设经营有限公司房屋安全鉴定室	朝阳区芍药居 2 号院	84643383	中小型
19	京鉴字 02004	北京市西城区房屋安全鉴定一站	北京市西城区西四东大街 49 号	66026813	中小型
20	京鉴字 02014	北京房地集团有限公司房屋安全鉴定室	北京市朝阳区芍药居甲 2 号院 1 号楼北楼一层	84631858	中小型
21	京鉴字 03002	北京紫衡轩建筑工程检测有限公司（原房山区房屋安全鉴定站）	房山区苏庄东街 2 号	69376993	小型
22	京鉴字 03003	北京市门头沟区房屋安全鉴定站	北京市门头沟区滨河路 18 号	69822760	小型
23	京鉴字 03005	北京市顺义区房屋安全鉴定站	顺义区光明北街 7 号	69441570	小型
24	京鉴字 03009	北京市昌平区房屋安全鉴定站	昌平区南环东路 36 号 302 室	69746096	小型
25	京鉴字 03010	北京天岳恒房屋经营管理有限公司房屋安全鉴定室	北京市丰台区右安门外西三条甲 2 号	63295296	小型
26	京鉴字 03011	北京市怀柔区房屋安全鉴定站	怀柔区青春路 48 号	69628122	小型
27	京鉴字 03015	石景山区房屋安全鉴定站	石景山区古城东街 103 号	68867438	小型
28	京鉴字 03016	北京众鑫云工程质量检测有限公司（原北京市密云区房屋安全鉴定站）	北京市密云区河南寨镇工业开发区	61088522	小型
29	京鉴字 03017	北京市平谷区房屋安全鉴定站	北京市平谷区金乡路西 7 号	89986045	小型
30	京鉴字 03019	北京市东城区房屋安全鉴定管理所	北京市东城区富贵园二区 3 号楼底商	64023166	暂停营业
31	京鉴字 03020	通州区房屋安全鉴定站	通州区玉桥南里 24 号楼	81587316	小型
32	京鉴字 03024	北京市大兴区房屋安全鉴定站	北京市大兴工业开发区科苑路 17 号	69262152	小型
33	京鉴字 03025	北京科远智恒鉴定检测技术有限公司（原北京市丰台区房屋安全鉴定站）	丰台区大井东里甲 2 号	63841972	小型

续表

序号	备案编号	机构名称	机构地址	联系电话	业务范围
34	京鉴字 03026	北京市延庆区房屋安全鉴定站	北京市延庆区东外大街 89 号城建大厦 11 楼 1106	69176128	小型
35	京鉴字 03037	北京市西城区房屋安全鉴定二站	西城区万明路 18 号院 1 号楼 103 室	83551191	小型

注：1. 房山区将原北京市房山区房屋安全鉴定站鉴定职能划转至北京紫衡轩建筑工程检测有限公司。
2. 密云区将原北京市密云区房屋安全鉴定站鉴定职能划转至北京众鑫云工程质量检测有限公司。
3. 丰台区将原北京市丰台区房屋安全鉴定站鉴定职能划转至北京科远智恒鉴定检测技术有限公司。

【房屋安全鉴定和评估业务完成情况】 年内，全市 35 个鉴定机构共完成涉及建筑面积 4149 万平方米的房屋安全鉴定和评估（详见表 7），其中涉及小区围墙、小区给排水等无法统计的建筑面积未统计在内。

（庞　茜）

表 7　2019 年度全市房屋建筑评估、鉴定汇总表

序号	机构名称	建筑面积/平方米								
		小计	安全鉴定（楼房）	安全鉴定（平房）	综合安全性鉴定（楼房）	综合安全性鉴定（平房）	修缮定案鉴定（楼房）	修缮定案鉴定（平房）	安全评估（楼房）	安全评估（平房）
1	北京市总站	1210655	13365	0	0	0	959506	0	237784	0
2	东城区鉴定站	0	0	0	0	0	0	0	0	0
3	西城区鉴定一站	865660	113139	12536	0	0	739985	0	0	0
4	西城区鉴定二站	527713	0	4177	0	0	523536	0	0	0
5	朝阳区鉴定站	5019138	57526	3351	272405	2797	4580648	0	101584	827
6	海淀区鉴定站	4181154	538464	18828	88245	2771	3068625	4670	459551	0
7	北京科远智恒鉴定检测技术有限公司（原北京市丰台区房屋安全鉴定站）	1387563	55169	13421	0	0	1318973	0	0	0
8	石景山区鉴定站	0	0	0	0	0	0	0	0	0
9	门头沟区鉴定站	688	0	688	0	0	0	0	0	0
10	昌平区鉴定站	84405	0	4183	0	0	80222	0	0	0
11	通州区鉴定站	276083	0	74	0	0	276009	0	0	0
12	大兴区鉴定站	63	0	63	0	0	0	0	0	0
13	紫衡轩检测检测有限公司（原房山区鉴定站）	70853	9795	4772	0	0	56286	0	0	0
14	平谷区鉴定站	0	0	0	0	0	0	0	0	0
15	顺义区鉴定站	78	0	78	0	0	0	0	0	0

续表

序号	机构名称	建筑面积/平方米								
		小计	安全鉴定（楼房）	安全鉴定（平房）	综合安全性鉴定（楼房）	综合安全性鉴定（平房）	修缮定案鉴定（楼房）	修缮定案鉴定（平房）	安全评估（楼房）	安全评估（平房）
16	怀柔区鉴定站	0	0	0	0	0	0	0	0	0
17	北京众鑫云工程质量检测有限公司（原北京市密云区房屋安全鉴定站）	53402	5953	89	0	0	47360	0	0	0
18	延庆县鉴定站	0	0	0	0	0	0	0	0	0
19	首华鉴定室	133880	0	336	0	0	133544	0	0	0
20	天岳恒鉴定室	0	0	0	0	0	0	0	0	0
21	房地集团鉴定室	103263	3500	838	2591	0	86716	0	9618	0
22	建设工程质量第一检测所	563679	160075	2575	133334	0	0	0	267695	0
23	建设工程质量第二检测所	3207191	2303368	24949	592157	17754	34093	0	232620	2250
24	建设工程质量第三检测所	2889437	1509968	46176	215184	75705	437772	0	604632	0
25	建设工程质量第五检测所	5822153	310772	1272	190588	0	5319521	0	0	0
26	建设工程质量第六检测所	1555493	799066	2236	83645	1240	525802	0	143504	0
27	国家建筑工程质量监督检验中心	4804253	3182814	8291	1359211	2738	0	0	251199	0
28	国家工业建构筑物质量安全监督检验中心	1825467	854272	10426	703170	6561	117369	0	133669	0
29	中国建材检验认证集团股份有限公司	2711790	518950	34146	12479	0	288916	0	1857299	0
30	奥来国信（北京）检测技术有限责任公司	1937723	890176	3847	139288	1511	146237	0	755518	1146
31	中电投工程研究检测评定中心有限公司	1639964	1061970	17970	220415	2592	322860	0	14157	0
32	北京三茂建筑工程检测鉴定有限公司	541270	479737	1141	42874	1604	0	0	15914	0

续表

序号	机构名称	建筑面积/平方米								
		小计	安全鉴定（楼房）	安全鉴定（平房）	综合安全性鉴定（楼房）	综合安全性鉴定（平房）	修缮定案鉴定（楼房）	修缮定案鉴定（平房）	安全评估（楼房）	安全评估（平房）
33	清华大学/清华大学结构工程检测中心	0	0	0	0	0	0	0	0	0
34	湖南中大检测技术集团有限公司北京分公司	30185	24143	958	0	0	0	0	0	5084
35	北京康桥隆盛工程检测有限责任公司	51613	35451	380	14625	1157	0	0	0	0
合计		41494816	12927673	217801	4070211	116430	19063980	4670	5079660	9307

注：系统数据采自北京市城镇房屋建筑使用安全管理系统，线下数据为各机构报送

【农村危房改造】 年内，贯彻落实中央脱贫攻坚战中实现困难群众住房安全有保障的目标任务，按照《北京市农村4类重点对象和低收入群众危房改造工作方案（2018—2020年）》，积极推进工作进度，并通过发放配套的“口袋书”“明白卡”等形式，做好政策讲解与宣传工作。截至12月31日，全市农村六类人群C、D级危房共计8364户，其中5392户已确定实施危房改造，2972户通过其他方式解决安全住所。全市已确户8364户，确户率100%。已确定进行危房改造的5392户中四类重点对象2752户，低收入群众2640户。已开工5369户，开工率99.57%（四类重点对象开工2752户，开工率100%，低收入群众开工2617户，开工率99.13%）；已竣工4280户，竣工率86.70%；已验收562户，验收率42.25%。

（李遵勇　谢　玲）

资质资格

企业资质

【行政审批工作】 2019年，全市共审批建设工程企业新设立、晋级、增项等各类业务11539起（见表8）。其中，建筑业企业新设立资质4390起，晋级340起，增项1152起，变更5145起，延续512起。

（范　坤）

表 8　2019 年建设工程企业资质受理审批情况汇总

单位：起

资质类别	总计				新设立			晋级			增项			变更			延续		
	受理	审批			受理	审批		受理	审批		受理	审批		受理	审批		受理	审批	
		小计	通过	不通过		通过	不通过		通过	不通过		通过	不通过		通过	不通过		通过	不通过
施工企业	10640	10552	9685	867	4458	4113	238	298	155	128	1113	966	154	4577	4250	328	194	201	19
工程监理企业	561	556	549	7	18	19	0	36	30	2	36	30	2	288	287	1	183	183	2
造价咨询企业	412	431	416	15	23	17	3	19	21	4	0	0	0	286	274	5	84	104	3
合计	11613	11539	10650	889	4499	4149	241	353	206	134	1149	996	156	5151	4811	334	461	488	24

【落实世行迎检部署】 年内，做好迎接世界银行评估工作，按时报送数据。对建筑业企业资质许可等规定迎检的事项，确保按时、保质、准确报送相关案例信息；及时报送各种文件、汇报材料。

（范　坤）

【落实放管服改革举措】 年内，根据市政府审改办《关于精简本市政务服务（公共服务）事项的工作方案》《关于精简政务服务事项申报材料的补充通知》《关于提升本市审批服务事项办理便利度有关事宜的通知》等文件要求，取消建筑业企业名称变更等26项市级公共服务事项；减少申报材料61%。

（范　坤）

【全过程网上办理业务】 4月，在建设工程企业资质电子化审批方面推出一系列改革举措，建设工程企业资质部分变更事项全程网上办理。市区两级住房城乡建设委负责许可的建设工程类企业部分变更事项的申请、受理、审查、制证等业务，实现了全过程网上办理，企业不需到现场办理手续。

（范　坤）

【推行建设工程企业资质审批电子化申报】 4月，推行建设工程企业资质审批电子化申报。市住房城乡建设委负责许可的建筑业、工程监理企业资质新设立、增项、升级、延续、重新核定等业务，由企业通过网络上传电子资料，受理窗口除《资质申请表》、承诺书外，不再收存其他纸质材料。

（范　坤）

【推广使用建设工程企业资质电子证书】 4月15日起，北京市建设工程企业可自行申请打印电子资质证书，原纸质资质证书遗失补办、污损换证、增加副本等业务通过电子证书就能解决。

（范　坤）

【变更业务“一次也不用跑”】 年内，北京市建筑业企业资质许可相关事项取消现场管理人员指标考核。改革举措实施后，真正实现了企业部分变更业务“一次也不用跑”，其他业务大幅度简化纸质材料申报数量，节约了企业的经济成本和时间成本。

（范　坤）

【加强对各区审批工作的指导】 3月，组织召开电子化审批宣传贯彻工作会；8月，组织召开建筑业企业资质业务培训会，各区住房城乡建设委，在京央企、市属国企负责资质管理的人员参加，保证了政策落地。同时，多次组织人员赴区住建部门、部分央企、国企、高科技企业进行调研。

（范　坤）

【修订企业记分标准】 2019年，因市住房城乡建设委有关行政处罚权力清单发生调整，对《北京市建筑业企业违法违规行为记分标准（行政处罚部分）》进行修订，并于5月正式印发，实现了行政处罚职权调整与违法违规记分标准更新的同步衔接，促进了行政执法工作有序进行。

（范　坤）

【推动全过程工程咨询服务试点工作】 6月，市发展改革委、市规划自然资源委、市住房城乡建设委联合转发《国家发展改革委、住房城乡建设部关于推进全过程工程咨询服务发展指导意见的通知》，进一步推动全过程工程咨询服务试点工作。

（范　坤）

【推行建筑业企业资质告知承诺制】 年内，为深入推进北京市建筑业企业资质审批"放管服"改革，市住房城乡建设委决定对北京市行政区域内注册的企业，申报由市住房城乡建设委许可及委托各区住房城乡建设委许可的建筑工程、市政公用工程施工总承包资质，包括首次申请、增项、升级和简单变更事项，实行告知承诺制。

（范　坤）

【资质动态核查情况】 全年共对61家企业91项资质进行了核查，24家企业资质不达标被责令限期整改；对在2018年工程造价咨询企业资质专项核查中责令改正的37家企业进行了资质复查；对26家预拌混凝土搅拌站启动了资质动态核查，17家搅拌站资质不达标被责令限期整改。25家企业27项资质整改后仍不达标被撤回。

（范　坤）

【重点查处弄虚作假行为】 年内，共计查处12家资质申报弄虚作假企业。其中，5家企业已取得的资质被撤销，3年内不得再次申请该项资质，并处以3万元罚款；7家企业申报的资质不予许可，1年内不得再次申请该项行政许可，并给予警告。

（范　坤）

【加强对违法违规企业的核查】 年内，市住房城乡建设委对工程监理企业职业资格"挂证"行为进行排查，督促293家工程监理企业整改，收集汇总215家工程监理企业上报的整改报告。对"挂证"问题突出的355家建设工程企业启动了资质动态核查，其中建筑施工企业310家、造价企业21家、监理企业24家，157家企业因资质不达标被责令限期整改。

（范　坤）

【完成促进建筑业企业高质量发展课题】 年内，完成了《促进北京市建筑业企业高质量发展措施研究》，该研究以习近平新时代中国特色社会主义思想为指引，全面贯彻党的十九大及市委十二届七次全会精神，以落实《北京城市总体规划（2016—2035）》为主线，坚持新发展理念，持续推进"放管服"改革和优化营商环境，积极引导和促进北京市建筑业企业适应市场需求，转变发展方式，提升建造能力，逐步实现高质量发展。

（范　坤）

【2019年房地产开发企业情况】 截至12月31日，全市资质有效期范围内房地产开发企业2333家，其中一级企业67家，二级企业107家，三级企业71家，四级企业1615家，暂定级企业473家。2019年全市新设立房地产开发企业143家。依法注销企业251家。

（郑元军　李海成）

【房地产开发企业资质管理情况】 年内，不断完善监管机制，推进行业监管水平提升。着力提高资质管理规范化水平，定期开展资质注销工作，做好“僵尸企业”、无业企业和过期企业的清理，提高存量企业质量，提升行业活力。年底集中赴各区开展资质管理检查和综合评价，现场随机抽取10%的档案资料，对区住房城乡建设委资质管理中存在的问题给予指导纠正，促进市、区两级住房城乡建设委房地产开发行业管理整体工作水平提升。

（郑元军　李海成）

【资质管理专项调研情况】 年内，赴开发企业和项目开展专项调研15次，收集企业反映的问题25个，直接解答问题12个，转由职能所在部门处理10个，将问题带回研究5个。通过调研，了解了行业政策执行情况和企业经营需求，做好政策解答和具体问题的研究协调。年内以《房地产开发企业市场行为信用评估研究》课题成果转化为引导，启动了开发企业信用体系搭建工作。截至12月31日，已就信用体系建设的基本任务、方向、工作模式等开展研究。

（郑元军　李海成）

【开发企业违法违规行为处罚】 年内，密切与相关单位配合，对开发企业开展联合检查，对发现的问题及时进行约谈告诫。对企业存在的违法违规行为，将执法需求及时移送执法部门。截至12月31日，约谈开发企业35家，向执法部门移送执法事项21项。同年，依据新的行政处罚裁量基准，对《北京市房地产开发企业违法违规行为记分标准（2012版）》进行了修订，新的《记分标准》共146条，其中销售管理71条、建设管理34条、物业管理19条、安全管理13条、综合管理9条，于5月1日起执行，为开展行政执法提供了依据，也为企业依法合规经营起到了很好的引导作用。

（郑元军　李海成）

人员资格

【开展“挂证”专项整治工作】 1月11日，市住房城乡建设委会同市规划自然资源委、市人力社保局、市交通委、市水务局、市通信管理局联合印发《关于开展北京市工程建设领域专业技术人员职业资格“挂证”等违法违规行为专项整治工作的通知》，开展工程建设领域专业技术人员职业资格“挂证”等违法违规行为专项整治工作。年内，对351家“挂证”问题突出的单位开展企业资质专项核查，责令资质不符的9家工程监理企业、10家造价咨询企业、138家建筑业企业限期整改，逾期不改的将依法撤回相应资质；对逾期未参加核查的1家工程监理企业、1家造价咨询企业、38家建筑业企业进行通报批评，依法限制其在京承揽新的工程项目，限制其申请企业资质升级和增项，不予开具出京诚信证明。10月，市住房城乡建设委与市交通委、市水务局、市通信管理局等部门对315名公路专业、57名水利专业、47名通信专业、355名建筑市政专业的注册建造师，进行在京参建工程项目到岗履职情况核查。截至12月31日，“挂证”存疑人数已由第一批次67476人下降至第四批次6386人。

（李丽华　谢佳宁）

【精简服务事项】 年内，市住房城乡建设委注册中心将9类63项的政务服务、公共服务事项精简为35项，其中已实现"只跑一次"的8项，全程网上办18项；同时，全面梳理政务服务、公共服务事项中的申报材料，累计精简383件，保留141件，精简率达到73%。

（李丽华　谢佳宁）

【持续推进电子化证书试点工作】 2月，电子证书发放范围扩大到《建筑施工企业主要负责人、项目负责人、专职安全生产管理人员安全生产考核合格证书》《建筑施工特种作业操作资格证书》《住房城乡建设行业技能人员职业培训合格证》。12月，二级建造师注册证书电子化工作开展后，申请人可通过资格管理系统自行申领并下载打印电子注册证书，电子证书的发放范围进一步扩大到执业人员，建筑行业从业人员证书全部实现了电子化。

（李丽华　谢佳宁）

【试点《关于全国监理工程师执业资格考试工作的通知》有关规定】 年内，对北京市近3年报考监理工程师执业资格人员的年龄结构、学历层次、考试合格率进行全面分析后，书面请示住房城乡建设部，建议在京先行试点《关于全国监理工程师执业资格考试工作的通知》的有关规定，将原报考学历要求提高至大学本科及以上。5月，住房城乡建设部函复同意在北京市先行开展试点工作。

（李丽华　谢佳宁）

【扩大专业服务领域开放改革】 9月，市住房城乡建设委向住房城乡建设部书面呈报《关于在取得内地监理工程师、造价工程师、建造师职业资格的港澳居民注册执业管理工作中开展先行先试的请示》，建议允许通过资格互认或考试取得内地监理工程师、造价工程师、建造师职业资格的港澳居民在北京市建筑业企业中注册和执业，并可作为技术人员申报企业资质。10月，住房城乡建设部正式批复，要求积极稳妥开展此项工作，加强组织领导，完善工作机制，落实工作责任。

（李丽华　谢佳宁）

【全面推行线上审批制度】 11月12日，市住房城乡建设委印发《关于实施建设行业从业人员考试报名等事项全过程网上办理的通知》。自12月1日起，北京市建筑施工企业从业人员考试报名、证书变更、二级建造师注册等事项的申请、受理、审查、打印电子注册证书等业务申办事项将采取个人网上申报、企业网上审核、住房城乡建设委网上审批的方式，申请人通过北京市住房和城乡建设领域人员资格管理信息系统全过程网上办理，不再要求申请人和其聘用企业到现场提交纸质申请材料。

（李丽华　谢佳宁）

【创新专职安全生产管理人员安全生产考核管理】 年内，为进一步规范北京市建筑施工企业专职安全生产管理人员安全生产考核管理，加强房屋建筑和市政基础设施工程现场建筑机械安全风险管控工作，研究制定专职安全生产管理人员分类考核实施办法，细化考核分类标准，及时修订安全生产三类人员考核大纲和试题库。9月，实施新的分类考核标准组织考核，为起重机械安全管理提供了有力保障。同时，加强特种作业实操培训现场检查，建立培训考核全过程视频监控平台。10月，在培训全过程视频监控基础上，加强设备更新改造，实现各级监管人员通过手机对培训考核全过程的移动监管和监督信息的实时传输，构建形成职责明晰、监管公开、信息共享的监管责任网，进一步推动监管效率提升。

（李丽华　谢佳宁）

【创新“工匠讲堂”系列培训方式】 年内，为更好地服务首都建设发展需要，不断提升施工现场专业人员技能水平，启动拍摄建筑起重机械塔式起重机司机和信号司索工两个建筑施工特种作业人员的公益教学片。从适应北京市建筑工人职业岗位需求和发展需要出发，逐渐丰富“工匠讲堂”录制内容，充分发挥新媒体作用，探索“互联网＋教育”公益培训方式，为施工现场建筑工人提供公益培训服务。

（李丽华　谢佳宁）

【有序完成“三类人员”续期工作】 为全面开展好“三类人员”继续教育工作，9月制定并下发2019年度“三类人员”续期工作通知，组织召开中央驻京单位、北京市各大集团代表续期工作会议，部署“三类人员”继续教育和证书续期工作。全年完成“三类人员”续期52686人次。

（李丽华　谢佳宁）

【开展执业资格行政受理工作】 全年受理二级建造师，监理工程师，造价工程师、房产估价师等行政许可事项73996人次（见表9）。一级建造师各类注册业务由住房城乡建设部审批，下市住房城乡建设委负责一级建造师注册业务为企业认证、个人实名认证和企业更名，全年共计受理4729件。

表9　2019年执业资格受理情况统计

单位：人次

类别	初始注册	其他注册（延续、变更、增项、注销、遗补、重新）	总计
二级建造师	7248	43847	51095
房产估价师	89	368	457
监理工程师	2042	11057	13099
造价工程师	2831	6514	9345
合计	12210	61786	73996

（李丽华　谢佳宁）

【组织“三类人员”安全生产考核】 年内，加强建筑企业主要负责人、项目负责人和专职安全员安全生产考核，组织统考11次，共考核“三类人员”85947人次、合格60608人（见表10）。

表10　2019年“三类人员”考核情况统计

单位：人次

岗位名称	考试人数	合格人数
企业主要负责人	7440	4995
项目负责人	19855	17133
专职安全员	58652	38480
合计	85947	60608

（李丽华　谢佳宁）

【组织职业技能鉴定考核】 年内，组织特种作业人员统考4次，参加9889人次、合格7830人（见表11）；组织工人职业技能岗位考核5次，参加1902人次、合格1713人（见表12）。

表11　2019年特种作业人员考试情况统计

单位：人次

岗位名称	考核人数	合格人数
建筑起重信号司索工	2757	2216
建筑起重机械司机	2034	1522
起重设备拆装工	439	340
电动吊篮安装拆卸工	122	89
建筑电工	3019	2638
建筑架子工	1518	1025
合计	9889	7830

表12　2019年工人职业技能岗位考核情况统计

单位：人次

岗位名称	考核人数	合格人数
中级工	1268	1190
村镇工匠	634	523
合计	1902	1713

（李丽华　谢佳宁）

【开展证书续期变更工作】　全年完成证书续期64663人次，其中“三类人员”52686人次、特种作业11977人次；完成证书信息变更46158人次。

（李丽华　谢佳宁）

科技节能

建设科技

【新增15项工程建设地方标准】　2019年，北京市新发布工程建设地方标准15项，分别是《预拌混凝土质量管理规程》DB11/T385—2019、《民用建筑太阳能热水系统应用技术规程》DB11/T461—2019、《钢管混凝土顶升法施工技术规程》DB11/T1628—2019、《投标施工组织设计编制规程》DB11/T1629—2019、《城市综合管廊工程施工及质量验收规范》DB11/T1630—2019、《墙体内保温施工技术规程　胶粉聚苯颗粒保温浆料做法和增强粉刷石膏聚苯板做法》DB11/T537—2019、《建设工程造价数据存储标准》DB11/T1667—2019、《轻钢现浇轻质内隔墙技术规程》DB11/T1668—2019、《城市轨道交通工程质量验收标准 第1部分：土建工程》DB11/T311.1—2019、《保温装饰板外墙外保温施工技术规程》DB11/T697—2019、《轻集料混凝土填充砌块技术规程》DB11/T742—2019、《施工工地扬尘视频监控和数据传输技术规范》DB11/T1708—2019、《装配式建筑设备与电气工程施工质量及验收规程》DB11/T1709—2019、《智慧工地技术规程》DB11/T1710—2019、《建设工程造价技术经济指标采集标准》DB11/T 1711—2019。

（石　峰）

【全国首部施工类区域协同标准发布】　6月25日，京津冀“城市综合管廊建设标准体系”建设成果发布会在京召开。会上发布了首部施工类京津冀区域协同工程建设标准《城市综合管廊工程施工及质量验收规范》(以下简称《规范》),该《规范》也是全国首部施工类区域协同工程建设标准。此标准旨在助力京津冀三地加强城市综合管廊规划、建设和运营管理,解决城市道路“开膛破肚”难题,避免“马路拉链”和“空中蜘蛛网”现象继续泛滥,促进集约利用土地和地下空间资源,提高城市综合承载能力。京津冀区域协同标准合作,充分考虑到京津冀现有的管理体制、管理机制的不同,三地住建管理部门共同创新出“区域协同合作”的新途径,由“三地住建部门共同参与组织、三地企业共同参与编制、三地专家共同参与审查”,采用“统一标准文本(正文)、统一标准备案编号(住房和城乡建设部)、统一标准实施日期”的协同模式。在行政管理层面实行“三地分别进行报批、三地分别进行发布、三地分别组织实施”。

(刘　学)

【签署“京津冀区域协同工程建设标准框架合作协议”】 6月,京津冀三地共同制定并签署“京津冀区域协同工程建设标准框架合作协议”,全力推进京津冀工程建设标准协同发展。协议中明确提出要建立京津冀三地工程建设标准共同组织编制、统一标准文本、分别报批发布的工作模式;建立京津冀协同工程建设标准长效合作机制,明确牵头部门职责,定期轮流组织召开合作会议,加强日常沟通交流,完善标准复审、修订、废止工作机制。依据框架合作协议,三地行业管理部门对继续推进京津冀区域协同工程建设标准工作已达成共识,共同起草《京津冀区域协同工程建设标准体系(2019—2021)合作项目清单》。该合作项目清单包括城市综合管廊、超低能耗与绿色建筑、海绵城市、建筑工业化、施工安全五个板块,共19项标准。三地计划2021年完成19项协同标准编制工作。

(刘　学)

【探索区域标准合作的新模式】 为进一步深入贯彻京津冀协同发展战略,推动京津冀工程建设标准合作,本着资源共享、优势互补、良性互动、共赢发展的原则,探索三地地方标准合作的新途径。天津市商请将北京市地方标准《居住建筑室内装配式装修工程技术规程》转化为天津市地方标准。北京市地方标准《居住建筑室内装配式装修工程技术规程》自发布实施以来,对指导和规范装配式装修工程的设计、施工、验收和运行维护具有重大作用,该《规程》可操作性强,符合当前绿色施工发展趋势,适合转化为天津市地方标准。京津两地采取异地转化的合作方式,将该《规程》转化天津市地方标准,并按照天津市工程建设标准管理办法进行批准、发布、管理。此次合作是北京市地方标准首次尝试异地转化落地,是京津冀区域协同标准发展的新形式。

(刘　学)

【重点科技成果鉴定项目】 年内,围绕重点工程项目,开展技术攻关,组织完成重点科技成果鉴定项目95项,其中

26 项达到国际领先水平，32 项达到国际先进水平。特别是大型复杂超高层建筑群建造、复杂地下空间结构与综合管廊系统建造等方面，实现了重大集成创新和关键技术突破。

（秦仁泽　肖宝琦）

【推进建筑信息模型（BIM）技术应用】 年内，完成《北京市 BIM 应用示范工程实施效果研究》课题的研究工作；开展北京市 BIM 应用示范工程建设工作，共 28 个项目入选，涵盖了冬奥场馆、学校、医院、住宅、高速公路、地铁、管廊等房屋建筑和市政基础设施工程。BIM 示范阶段从单纯的施工发展到以全生命期应用为主，充分发挥示范工程的引领作用，不断提升北京市工程建设项目 BIM 应用能力和信息化管理水平。

（宛　春　肖宝琦）

【开展智慧工地建设】 年内，围绕建筑业转型升级，借助于建筑信息模型、大数据、人工智能、物联网、移动互联网、云计算及 3D 打印、VR/AR 等信息技术和智能化设备的广泛应用，开展“智慧工地”建设等相关工作。北京市首部智慧工地地方标准《智慧工地技术规程》于 12 月 25 日正式发布；《智慧工地评价标准》完成立项，组织开展编制工作。

（宛　春　肖宝琦）

【加强技术指导服务】 年内，完成 10 期公益讲座，共有 5 千余名建筑行业管理、技术人员参加。讲座内容涵盖行业新政解读、北京市 BIM＋信息技术应用示范工程建设、“双重预防机制”中的技术支撑、工程项目智慧建造、地下水控制技术、装配式建筑、建筑节能与绿色建材、城市综合地下管廊建设、防水技术与渗漏治理等建筑行业多个主题。其中，第十期以“公益讲座进高校”为主题，走进北京工业大学，讲解了 BIM 技术应用与智慧建造，开阔了高校学生的视野。同时，开展送技术到企业系列活动，将装配式技术、BIM 等信息化技术送到企业施工一线，全年共开展 4 期。

（宛　春　肖宝琦）

【105 个项目通过绿色建筑评价标识认证】 年内，北京市通过绿色建筑标识认证的项目 105 项，其中运行标识 8 项（见表 13）、设计标识 97 项，建筑面积共计 1191.59 万平方米。100％为获得二星级及以上的项目，其中二星级项目 52 项、建筑面积 608.28 万平方米，三星级项目 53 项、建筑面积 583.31 万平方米，三星级项目建筑面积占比达 49％。截至 12 月 31 日，北京市通过绿色建筑标识认证的项目共 409 项，建筑面积达 4717.58 万平方米。

（郭　宁）

表 13　2019 年北京市绿色建筑运行标识项目一览表

序号	项目名称	建筑面积/万平方米	标识星级	类型	批次
1	北京浦项中心	16.21	★★	公共建筑	2019 年市住房城乡建设委第 1 批

续表

序号	项目名称	建筑面积/万平方米	标识星级	类型	批次
2	文化交流中心（朝阳区望京B15文化娱乐项目）	15.03	★★	公共建筑	2019年市住房城乡建设委第1批
3	北京京东方显示技术有限公司第8.5代薄膜晶体管液晶显示器件（TFT-LCD）项目	72.12	★★★	工业建筑	2019年住房城乡建设部科技中心第1批
4	东直门社区卫生服务中心	1.41	★★	公共建筑	2019年市住房城乡建设委第2批
5	中芯北方集成电路制造（北京）有限公司建设12英寸集成电路生产线建设项目	12.61	★★★	工业建筑	2019年住房城乡建设部科技中心第9批
6	北望金辉大厦	11.46	★★	公共建筑	2019年市住房城乡建设委第3批
7	北京新盛大厦	10.69	★★	公建改造	2019年城科会第8批
8	北京富凯大厦	11.93	★★	公建改造	2019年城科会第14批

【1个绿色建筑运行标识项目获得奖励】 7月，中国航空规划设计研究总院有限公司科研综合楼（北京）项目获得北京市绿色建筑标识项目奖励资金。截至12月31日，北京市累计对25个绿色建筑运行标识项目进行奖励，奖励资金5859.85万元，奖励面积410万平方米。

（郭　宁）

【重大项目执行绿色建筑高标准】 年内，北京新机场旅客航站楼及停车楼工程、北京新机场东航基地核心工作区一期项目、亚洲基础设施投资银行总部办公项目等大型公共建筑均获得绿色建筑三星级设计标识；北京世界园艺博览会中国馆、国际馆和生活体验馆达到《绿色建筑评价标准》（GB/T50378—2019）三星级标准要求；2022冬奥会场馆中，首钢老工业区改造西十冬奥广场项目获得三星级设计标识，国家游泳中心（主场馆和南广场地下冰场）获得二星级设计标识。

（郭　宁）

【开展高质量发展技术评价体系调研】 年内，开展《北京市绿色建筑高质量发展技术评价体系调研》调研课题研究，建立北京市绿色建筑高质量发展技术评价体系框架和指标，提出建立绿色建筑标识第三方评价机制、建立全过程消费者权益保障和使用者监督机制等政策建议。

（郭　宁）

【绿色建筑规模化发展】 年内，结合北京经济技术开发区高精尖产业集中、工业建筑项目较多的特点，印发《北京经济技术开发区绿色工业建筑集中示范区创建方案》，开展开发区绿色工业建筑集中示范区创建工作，全面提升开发区绿色发展水平；推动北京世界园艺博览会绿色生态建设，园区内中国馆、国际馆和生活体验馆大型公共建筑100%达到《绿色建筑评价标准》(GB/T50378—2019)绿色建筑三星级要求；推动新首钢高端产业综合服务区绿色建筑建设，探索工业遗存项目实施绿色化改造达到绿色建筑标准的技术路径。

(郭　宁)

【标准编制及适用技术推广】 年内，市住房城乡建设委完善北京市绿色建筑标准体系，组织修订京津冀协同标准《绿色建筑评价标准》，形成京津冀三地统一的绿色建筑评价要求；修订地方标准《绿色建筑工程验收规范》，保障绿色建筑技术落实和工程建设质量；立项《既有工业建筑物绿色改造评价标准》，推动新首钢高端产业综合服务区绿色建筑建设。11月，发布《北京市绿色建筑和装配式建筑适用技术推广目录(2019)》，共推广适用技术91项，其中绿色建筑适用技术26项，为绿色建筑发展提供技术支撑。

(郭　宁)

【新开工装配式建筑约1413万平方米】 年内，北京市新开工装配式建筑项目约1413万平方米，占全市开工建筑面积的26.9%，超额完成25%的年度目标。

(赵晓敏)

【健全装配式建筑工作机制】 5月，副市长隋振江主持召开北京市发展装配式建筑联席会议，发布了《北京市发展装配式建筑2018年—2019年工作要点》。6月，市住房城乡建设委组织召开北京市装配式建筑专家委员会年度工作会议暨培训会议，明确专家内部工作机制和工作要求。

(赵晓敏)

【提升信息化管理水平】 4月，推动北京市装配式建筑项目管理服务平台正式上线，建立装配式建筑项目信息库，实现了市区两级管理部门对装配式建筑项目全生命周期数据的跟踪统计，有效提高了装配式建筑管理的工作效率和信息化水平。

(赵晓敏)

【组织政务开放日活动】 10月，组织"走'近'装配式建筑，体验新型建造方式"政务开放日活动，邀请市人大代表、市政协委员、行业专家、市民代表和媒体记者约30人参加，现场观摩装配式装修工艺样板间及成品样板间并进行互动交流，拓宽政务公开途径，增强政府工作透明度。

(赵晓敏)

【开展装配式建筑培训】 6—9月，共开展三期面向装配式建筑领域专业技术人员和北京市装配式建筑专家委员的培训，重点解读国家和北京市装配式建筑发展情况及装配式建筑技术要点。11月，组织装配式建筑市区两级管理干部培训班，强调了北京市装配式建筑监管环节等工作的管理要求，并针对北京市装配式建筑项目管理服务平台进行了操作培训。全年累计培训约1100人次。

(赵晓敏)

【开展装配式建筑课题研究】 年内，完成《全装修成品住宅收纳空间指标体系研究》《装配式建造技术在既有建筑绿色化改造中的应用研究》《装配式建筑系列标准制修订研究》等课题研究；11月，发布《北京市绿色建筑适用技术和装配式建筑推广目录（2019）》，其中装配式建筑适用技术 65 项。

（赵晓敏）

【12 项北京市建筑业新技术应用示范工程通过验收】 年内，北京市建筑业新技术应用示范工程新增 29 项，共组织验收 12 项（见表 14），建筑面积合计 2809087 平方米，其中北京新机场、亚投行总部、世界机器人大会等 10 个项目新技术应用整体达到国内领先水平，部分创新技术达到国际先进水平。

（刘万鸣）

表 14　2019 年通过“北京市建筑业新技术应用示范工程”验收项目一览表

序号	工程名称	申报单位	执行单位	建筑面积/平方米	整体水平
1	首都医科大学附属北京天坛医院迁建工程一标段	中国建筑一局（集团）有限公司	中国建筑一局（集团）有限公司	267931	国内领先
2	清华附中凯文国际学校工程	中建一局集团第五建筑有限公司	中建一局集团第五建筑有限公司	283000	国内领先
3	626-1＃商业办公楼等 3 项及地下车库工程（中航资本大厦）	中国建筑一局（集团）有限公司	中建一局集团第三建筑有限公司	135382	国内先进
4	大望京 2 号地 626 地块 2＃楼（美瑞泰富大厦）	中国建筑一局（集团）有限公司	中建一局集团第三建筑有限公司	124500	国内先进
5	厂房改造项目（世界机器人大会永久会址）工程	北京城建亚泰建设集团有限公司	北京城建亚泰建设集团有限公司	86919	国内领先
6	北京市 CBD 核心区 Z2b 地块商业金融项目	中建一局集团建设发展有限公司	中建一局集团建设发展有限公司	167000	国内领先
7	亚洲基础设施投资银行总部永久办公场所项目 A 标段项目	北京建工集团有限责任公司	北京建工集团有限责任公司	130113	国内领先
8	亚洲基础设施投资银行总部永久办公场所项目 B 标段项目	北京城建集团有限责任公司	北京城建集团有限责任公司	130442	国内领先
9	亚洲基础设施投资银行总部永久办公场所项目 C 标段项目	中国建筑第八工程局有限公司	中国建筑第八工程局有限公司	134000	国内领先
10	北京新机场旅客航站楼及综合换乘中心（核心区）工程	北京城建集团有限责任公司	北京城建集团有限责任公司	600000	国内领先
11	北京新机场旅客航站楼及综合换乘中心（指廊）工程	北京建工集团有限责任公司	北京建工集团有限责任公司	246800	国内领先
12	北京新机场停车楼及综合服务楼工程	中国建筑第八工程局有限公司	中国建筑第八工程局有限公司	503000	国内领先

【开展党建及调研工作】 年内，围绕“不忘初心、牢记使命”教育，以“服务企业、促进技术创新与应用”为主题，结合“放管服”“优化营商环境”和“建筑业高质量发展”的要求，走进北京城建集团、北京建工集团等北京市大型骨干企业，以及国家速滑馆、首师大附中通州校区、北京学校等重点工程，开展党建和调研活动。通过交流，听取服务对象的心声，解决遇到的实际问题，加深政策理解，梳理、简化工作流程，强化服务意识，提升服务水平。

（刘万鸣）

【组织召开全市示范工程、工法培训交流大会】 12月，组织全市示范工程、工法培训交流会，共50余家企业、600余人参会，超过原定规模近一倍。会上对示范工程、工法工作开展情况和存在的问题及相关政策规定进行了解析和宣传贯彻；北京新机场、亚投行总部、国家速滑馆以及融科、正大项目的技术负责人详细讲解了技术创新案例，反响强烈。

（刘万鸣）

【123项工法通过北京市工法评审】 年内，共申报工法项目214项，其中173个项目达到了会议评审要求，共123项通过北京市工法评审（见表15）。通过评审的项目，大部分工法关键技术达到国内领先水平。该项工作的开展促进各施工企业的技术创新和技术成果积累、广大技术人员职业素质的提高，以及工程建设水平和品质的提升，使北京市施工技术水平继续保持国内领先和部分达到国际水平的态势。

（刘万鸣）

【北京市企业“一带一路”建设技术成果首次通过工法评审】 年内，北京城建集团承建的马尔代夫国际机场等“一带一路”沿线工程项目中总结形成的“远洋岛礁新吹填陆域钢板桩护岸工程施工工法”“开敞式无围堰珊瑚砂岛礁吹填工法”“机场跑道吹填珊瑚砂地基处理工法”3项工法通过了北京市工法评审。这是北京市首次涌现出的“一带一路”建设的工法创新成果，对助力施工企业积极参与“一带一路”建设、开拓国际市场具有重要意义。

（刘万鸣）

表15　2019年通过北京市工法评审项目一览表

序号	工法名称	编制单位	主要编制人
1	远洋岛礁新吹填陆域钢板桩护岸工程施工工法	北京城建集团有限责任公司	窦　硕　张晋勋　张绍栋　杨庆德　杨　旭
2	开敞式无围堰珊瑚砂岛礁吹填工法	北京城建集团有限责任公司	张凤林　李道松　杜　峰　窦　硕　吴安黎
3	机场跑道吹填珊瑚砂地基处理工法	北京城建集团有限责任公司	张凤林　张晋勋　李　兴　张　雷　王广兴
4	超大平面不规则空间网格结构施工工法	北京城建集团有限责任公司	张晋勋　段先军　毛　杰　雷素素　李海兵
5	大截面新风管廊保温风管施工工法	北京城建集团有限责任公司	李建华　石　松　谢会雪　张　正　李振威

续表

序号	工法名称	编制单位	主要编制人
6	基于GNSS实时快速定位（RTK）技术的超大平面群桩快速施工工法	北京城建集团有限责任公司	侯进峰 段先军 刘云飞 李杰 陈东光
7	防屈曲钢板＋混凝土组合剪力墙核心筒施工工法	北京城建集团有限责任公司	罗岗 毛杰 杨应辉 申利成 杨霞
8	超大钢结构屋面TPO无穿孔施工工法	中国建筑第八工程局有限公司	王萌 贺林春 毛文超 张雪飞 杨光磊
9	既有高层建筑屋顶球型浮头点式玻璃幕墙施工工法	中国建筑第八工程局有限公司	魏来 于景民 徐超 焦本君 裴作富
10	基于BIM的不规则弧形铝板靠模定位施工工法	中国建筑装饰集团有限公司	徐刚 陈汉成 肖新汉 沈涛 孙嘉伟
11	基于BIM的瓦楞板挑檐装配式施工工法	中国建筑装饰集团有限公司	徐刚 陈汉成 肖新汉 沈涛 孙嘉伟
12	硬泡聚氨酯防水保温一体化＋单组份聚脲涂料面层倒置式屋面施工工法	中建一局集团建设发展有限公司	朱军立 周惠娟 朱焱 金天雷 郑伟伟
13	碳晶板水热辐射采暖系统施工工法	中建一局集团装饰工程有限公司	施林铁 田辉 李军 卞守连 隋永刚
14	带组合可调式玻璃铝托条装置的玻璃幕墙施工工法	中建一局集团装饰工程有限公司	施林铁 宋勇进 张世伟 刘欣 尤松
15	直立锁边型彩钢瓦屋面光伏组件安装施工工法	中建一局集团装饰工程有限公司	任永强 李鹏 刘贤松 龙飞 刘斌
16	外立面变角度复合竹饰板施工工法	中国建筑一局（集团）有限公司	罗斌 王江丰 李广鑫 张洋 周瑜
17	高空超长悬挑屋檐装饰施工作业平台施工工法	中建三局集团有限公司	孙常力 任慧军 林木 刘昌平 吕伟才
18	CH轻钢龙骨单侧面施工工法	中建三局集团有限公司	郭家宝 刘昌平 肖运清 徐东 李强
19	GRC欧式十字拱顶施工工法	北京六建集团有限责任公司	王学民 张勇 陈禄阳 邹立鹏 李柯
20	吊挂式吸音体吊顶体系施工工法	北京城建七建设工程有限公司	吕豪 申汉卿 张敏 宋保建 王西亚
21	陶瓦坡屋面钢挂瓦条快速施工工法	北京城建十六建筑工程有限责任公司	郭秋亮 王新宇 马迅 王保荣 李聪
22	坡屋面太阳能钢架基础安装施工工法	中国新兴建筑工程有限责任公司	岳建勋 韩利彪 屈艳欣 王志刚 李建国
23	聚苯颗粒水泥夹芯复合隔墙现浇施工工法	中国新兴建筑工程有限责任公司	王红兵 王志刚 张丽 任学军 王京
24	陶土砖饰面墙施工工法	中国新兴建筑工程有限责任公司	戴连双 王俊川 房连生 高宝永 曹良卿

续表

序号	工法名称	编制单位	主要编制人
25	二次结构隔墙的层间隔震体系施工工法	北京城建集团有限责任公司	谢文东 刘云飞 黄维爱 秦海英 雷素素
26	内倾式墙体装饰作业平台施工工法	北京城建集团有限责任公司	刘云飞 段先军 雷素素 周 锴 陈弋苹
27	室内墙面大板瓷抛砖安装施工工法	北京城建亚泰建设集团有限公司	马祎斌 付勇攀 李 萌 张 平 张东蛟
28	一种木作仿古建筑屋面檐口装饰节点施工工法	北京城建亚泰建设集团有限公司	赵 坤 许春阳 刘建生 崔 晨 王叶红
29	装配式轻集料复合板施工工法	中国建筑第二工程局有限公司	王 旭 黄旭腾 谢建刚 常嘉贤 齐景昀
30	超大、超重单元式幕墙施工工法	中建二局第三建筑工程有限公司	王玉兰 杨发兵 韩友强 郭 盛
31	异形穿孔铝板组合吊顶施工工法	中铁建设集团有限公司	吴求一 汪 成 闫含洋 王广为 崔 洁
32	大空间波浪形GRG吊顶施工工法	中铁建设集团有限公司	温秀飞 汪鹏鹏 李宏伟 张 杨 丑志强
33	室外大型单元预拼装机翼板反吊施工工法	中铁建设集团有限公司	李 杭 刘 鹏 范 涛 崔灿灿 王振宇
34	超深基坑内支撑及内外坡道协同开挖施工工法	中建一局集团建设发展有限公司	郑 群 张国庆 冯延军 李 鑫 赵鑫森
35	灌注桩成孔前注水泥浆法处理溶洞施工工法	中国建筑第二工程局有限公司	沈耀东 岳媛琦 冯中华 张大凯 周 行
36	电梯基坑钢板止水框施工工法	北京城乡建设集团有限责任公司	林顺志 梁永国 牛顺利 胡海阔 高靖博
37	溶洞（裂隙）地层旋挖钻机成孔施工工法	中国新兴建筑工程有限责任公司	叶 华 司永波 刘国民 宋晓东 刘 跃
38	湿陷性黄土地基土夹石上覆灰土垫层换填施工工法	北京建工四建工程建设有限公司	奴拉西·孟克达拉 李寅啸 李素霞 涂尊敬 杨化军
39	设备基础高精度螺栓套筒分步调控施工工法	中航天建设工程集团有限公司	贾红涛 赵永生 贾玉涛 石涛然 张 欣
40	可回收式混合钢结构护坡桩施工工法	中铁建设集团有限公司	黄高照 董 磊 李照祺 于慧明 向海荣
41	高强度超厚钢板药芯气体保护焊施工工法	中国建筑第八工程局有限公司	毛龙飞 王 萌 孙青亮 王 腾 王正超
42	多梁接头圆柱穿滑动箱型钢梁逆序施工工法	中国建筑第八工程局有限公司	吴明君 徐 超 侯博锋 崔剑宇 王克杰
43	核心筒框架结构体系中钢板剪力墙施工工法	中国建筑第八工程局有限公司	季本鑫 任合仕 刘瑞军 朱 迪 刘相涛
44	钢结构住宅工程塔吊附着施工工法	中国建筑第八工程局有限公司	李 俊 刘凯之 慎旭双 陈佳佳 陈大权
45	共享大厅空间网格钢结构施工工法	中国建筑第八工程局有限公司	高 涛 刘相涛 张 军 雷 利 张 威

续表

序号	工法名称	编制单位	主要编制人
46	大型锅炉房设备安装及检修一体化提升架施工工法	中铁建设集团北京工程有限公司	潘卫东　何　杰　程全红　谭　勇　张树伟
47	螺栓球网架“骨架区块地面组拼抬吊就位＋高空悬挑对接逐轴外扩”安装工法	中国新兴建设开发总公司	隗功占　贺海勃　陈　鹏　刘　博　谢海宝
48	超大悬挑钢结构可调拉杆施工工法	中建一局集团建设发展有限公司	孔亚陶　于家驹　刘素伟　邢　亮　南　飞
49	带封闭钢板箍的劲性柱与钢梁连接节点施工工法	中建一局集团建设发展有限公司	孔亚陶　邢　亮　刘素伟　赵胜楠　刘建新
50	地下泳池承重钢桁架施工工法	中国建筑第二工程局有限公司	王　旭　侯志刚　谢建刚　李　怡　刘天龙
51	空间钢结构施工用定型土工钢管撑组合垂直支撑体系施工工法	北京建工集团有限责任公司	董　巍　迂长伟　王益民　黄树青　杨　硕
52	钢结构箱型柱内套筒式法兰连接施工工法	北京市第三建筑工程有限公司	韩　涛　陈同林　吴金森　孙　磊　江　伟
53	大跨度钢屋架液压扶正与滑移安装施工工法	北京博大经开建设有限公司	孙殿文　万　博　闫　超　徐存柱　梁　珍
54	钢筋桁架楼承板与剪力墙结构整体浇筑施工工法	北京城建集团有限责任公司	罗　岗　王　恒　刘京城　钟　鑫　卢海丰
55	超重、大截面钢梁销轴技术设计及使用施工工法	北京城建集团有限责任公司	宗兆民　麻菁文　刘明文　王福龙　许　强
56	无承重楼板及墙体的钢结构建（构）筑物管井管道支架安装施工工法	北京市设备安装工程集团有限公司	王　毅　胡　骏　王　鑫　张　杨　常艳艳
57	设备管道与大跨度网架同步提升安装工法	北京建工集团有限责任公司	施宇红　张昕宇　贺小波　孙全祥　高淋浩
58	卫生间一体化模块施工工法	中建一局集团建设发展有限公司	李　楠　高惠润　缪亮俊　张　仟　王亚冠
59	金属吊顶板辐射供冷供暖系统施工工法	中铁建设集团北京工程有限公司	牛　峰　景佳琪　郭云富　司武平　于明慧
60	卫生间模块化户内中水集成系统施工工法	中铁建设集团北京工程有限公司	景佳琪　牛　峰　郭云富　刘国诚　阎富生
61	地源热泵系统管道同程式施工工法	中铁建设集团北京工程有限公司	高卓飞　刘素立　孟晓东　牛　峰　李卫锋
62	大型储罐室内倒装施工工法	中国建筑第八工程局有限公司	杨升旗　贾　宪　张刚峰　于学斌　张　朋
63	卵石地层条件下降低独立接地电阻值施工工法	中国建筑第八工程局有限公司	施小东　李瑞海　王焕旺　王　童　孙国鹏
64	房屋建筑管道整体装配式安装施工工法	中国建筑第八工程局有限公司	董　兴　郭庆华　吴明君　徐　超　魏飞龙

续表

序号	工法名称	编制单位	主要编制人
65	高层建筑电气竖井洞口防火封堵施工工法	北京万兴建筑集团有限公司	张佳楠 李璇 鞠青娟 杨涛 付光林
66	抗震建筑防雷引下线跨接施工工法	北京城建集团有限责任公司	张正 李振威 殷战伟 许博思 郝金旭
67	电动汽车充电桩安装施工工法	北京城建亚泰建设集团有限公司	李燕敏 曲大鹏 包振楠 张娜 梁昊
68	超深大直径圆形地下混凝土筒体结构施工工法	中国建筑第二工程局有限公司	安凤杰 张静涛 杨凯明 李彩辉 王梓伊
69	自爬升带除尘墙体管线开槽施工工法	中建二局第三建筑工程有限公司	王天东 王冰飞 栾文爱 李君 张庆余
70	矩形柱卡箍定型式单面覆塑模板体系施工工法	北京住总第三开发建设有限公司	孙旭哲 耿法冬 韩秋爽 高湄 罗向东
71	装配式建筑叠合楼板后浇板带模板施工工法	北京住总集团有限责任公司	刘春民 倪思伟 蔡新华 乜颖 刘秋实
72	可调弧度圆弧梁模板施工工法	中国建筑第二工程局有限公司	张静涛 石荣 李宁 张文智 聂屿
73	“RS50”定型木塑模板单侧支模施工工法	中建二局第一建筑工程有限公司	李泽兰 程普 王子男 成伟 刘军
74	电力支架套筒预埋施工工法	北京天恒建设工程有限公司	贾志彬 杨顺 李军 李继荣 孟胜鹏
75	铝合金甲板直升机停机坪施工工法	北京城建集团有限责任公司	梁丰 张永健 侯博 王凤谦 薛雷
76	超大直径隔震弹性滑板支座施工工法	北京城建集团有限责任公司	段先军 毛杰 雷素素 刘云飞 黄维爱
77	复杂劲性结构梁柱节点快速连接施工工法	北京城建集团有限责任公司	黄维爱 雷素素 刘云飞 周锴 刘铸玮
78	超大平面混凝土结构施工物料水平运输系统施工工法	北京城建集团有限责任公司	张晋勋 段先军 罗岗 周锴 雷素素
79	装配式结构预制墙板竖向钢筋套筒灌浆连接施工工法	北京城建建设工程有限公司	郭洪 鲁斌 张胜利 张新羽 马冲
80	可周转高强度型钢组合式自爬升设备附着支撑柱施工工法	中建三局集团有限公司	兰云睆 郭家宝 胡志华 肖运清 林木
81	超高层核心筒内爬架及防护平台体系施工工法	中建一局集团建设发展有限公司	宋煜 李帅 李梅 戴振勇 陈万鹏
82	弧形立面大角度变斜率液压爬升防护系统施工工法	中建一局集团建设发展有限公司	史媛 郑群 黄勇 樊星 陈青
83	外挂型自爬升式动臂塔安装与爬升施工工法	中国建筑一局（集团）有限公司	王超 梁瑞环 姜金富 贾晓伟 曾庆瑜
84	集成模块化工厂拼装液压爬模快速安拆施工工法	中国建筑一局（集团）有限公司	孙文 王志珑 李衍军 蒋国华 李凯召

续表

序号	工法名称	编制单位	主要编制人
85	门窗洞口拱形过梁定型底模施工工法	北京城建亚泰建设集团有限公司	方　辉　张永辉　于　红 陈国梁　黄凯华
86	一种坡屋面三角形屋面结构梁板一次性浇筑施工方法	北京城建亚泰建设集团有限公司	崔　晨　赵　坤　许春阳 李　萌　郁晓东
87	减震消能预制挂板隔墙安装施工工法	北京城建亚泰建设集团有限公司	董佳节　费　恺　李　萌 马祎斌　那金兰
88	超大跨度张弦梁采光顶挂架施工工法	中国建筑第八工程局有限公司	季本鑫　刘瑞军　任合仕 朱　迪　刘相涛
89	调平设计法取消超深超大基坑后浇带施工工法	中国建筑第八工程局有限公司	王　萌　程增龙　赵灿振 王　锐　赵　杰
90	装配式建筑顶撑式卸料平台施工工法	中国建筑第八工程局有限公司	张宝云　苟生贵　付效铎 荆少松　张学锋
91	现浇饰面清水混凝土斜墙施工工法	中国建筑第八工程局有限公司	李　翔　付效铎　胡　洋 王广生　高　洁
92	劲性混凝土柱钢骨水平滑移吊装施工工法	北京建工集团有限责任公司	董福国　王忠云　吴　超 姚义强　刘　强
93	超长、超宽配筋混凝土承重地坪施工工法	北京建工集团有限责任公司	李世昌　王志峰　王　磊 杜　钦　杨　希
94	配筋加固超厚型无机纤维保温层施工工法	北京建工集团有限责任公司	祁晓强　骆德奎　杜洪涛 王　斌　段旭辉
95	一次浇筑成型内置保温双面清水混凝土墙施工工法	北京市第三建筑工程有限公司	王云磊　王俊林　艾云忠 史彦文　张　弛
96	预应力装配式框架梁柱安装施工工法	北京市第三建筑工程有限公司	赵艺蒙　张应杰　徐　岩 温耀琦　李　斌
97	混凝土填充墙与现浇结构同步施工工法	中国新兴建筑工程有限责任公司	张爱国　王旭亚　王志刚 孙　俊　刘国民
98	非平行双墙液压撑合模板施工工法	中国新兴建筑工程有限责任公司	岳建勋　戴连双　张运涛 王俊川　薛景顺
99	免装饰设备基础预制框架处理施工工法	中铁建设集团有限公司	梁凌霄　张浚宇　孙　鹏 杜　翰　李　兴
100	大型超重管道综合支吊架安装施工工法	中建一局集团安装工程有限公司	赵　艳　陈子豪　王鹤松 秦建斌　张项宁
101	大型储罐可拆卸施工平台结合浮顶正装法施工工法	中建一局集团安装工程有限公司	孟庆礼　孙宏亮　张晓明 付春峰　孙　征
102	一体化冷水机组施工工法	中航天建设工程集团有限公司	高　佳　谢海军　张　聪 马建正　孙　喆
103	污水处理厂塑料管道粘接施工工法	北京城建集团有限责任公司	刘奎生　刘震国　王亚斌 郭利佳　窦　一
104	中心城区超大断面暗挖雨水调蓄池施工工法	北京城建集团有限责任公司	仇　伟　王东清　安彦飞 陈秋爽　曹　龙

续表

序号	工法名称	编制单位	主要编制人
105	城市中心区浅埋暗挖暗做检查室施工工法	北京城建道桥建设集团有限公司	潘国庆 辛弘峰 刘艳超 张开发 马炳健
106	预混泡沫沥青就地冷再生基层及底面层施工工法	北京城建远东建设投资集团有限公司	程少东 李超刚 刘 鑫 王 尧 魏 磊
107	钢筋混凝土支撑体系绳锯拆除施工工法	北京城建中南土木工程集团有限公司	马金华 李 玲 黄锡阳 于海亮 娄志会
108	上覆软弱地层城市地铁隧道缓冲爆破施工工法	北京市政路桥股份有限公司	张发财 李 静 刘元松 王维俊 孟英杰
109	城市桥梁独柱盖梁双抱箍法施工工法	中铁建设集团有限公司	王和平 李海龙 李 超 郑 浩 郗宏光
110	高大隔墙钢立柱安装逆作施工工法	中铁建设集团有限公司	王铁龙 刘艳超 肖 磊 何 巍 高 龙
111	暗挖工程洞内咬合桩止水施工工法	北京建工集团有限责任公司	张 东 辛 亮 高 琨 刘 硕 张志强
112	暗挖导洞内地下连续墙止水施工工法	北京建工集团有限责任公司	薛洪松 刘希胜 杜昌隆 庞建昕 马 路
113	富水砂层既有盾构区间隧道新增明挖车站结合施工工法	北京建工集团有限责任公司	刘晓毅 阮小赛 李 鹏 陈 峰 王保磊
114	单层预制综合管廊机械化施工工法	北京建工土木工程有限公司	游大江 王利民 卞正涛 帅玉兵 王 浩
115	大跨隧道CD法后行洞降振钻爆施工工法	北京市政建设集团有限责任公司	高明生 孙 强 汤 明 黄振龙 陈克伟
116	盾构进出洞口钢环挤压密闭施工工法	北京市政建设集团有限责任公司	王全贤 赵东华 张新全 杨冬梅 王晓婵
117	圆竖井自支撑体系环形钢模板施工工法	北京市政建设集团有限责任公司	周 政 刁春仁 耿富林 吴钦刚 张有利
118	盾构主机采用插销式反力支座及多孔式行程轨整机快速平移过站工法	中国建筑第八工程局有限公司	苑雪峰 耿晓亮 杨 沫 刘小刚 杜亚非
119	工字钢门架背贴挡土板沟槽边坡整体支护施工工法	泛华建设集团有限公司	王瑞清 潘会锋 吴亚文 肖琼丽 周 帆
120	人行步道面砖铺装夯实施工工法	北京天恒建设工程有限公司	杨 顺 孔 帅 周 峰 苏志阳 李曦明
121	现浇箱型拱圈盖模施工工法	中国建筑一局（集团）有限公司	沈益国 史永强 肖本龙 高 强 陈科历
122	海绵化城市道路混凝土基层施工工法	中国建筑一局（集团）有限公司	沈益国 黄 成 乐 呈 王良彬 刘正奎
123	地下综合管廊带齿U型预埋槽道施工工法	北京城建集团有限责任公司	王诗耀 周 磊 季文君 张 雷 谢 毅

【村镇建设工作】 年内，市住房城乡建设委持续为村镇工程建设提供技术指导与服务。全年计划完成500名建筑工匠培训任务，实际完成约630人。10月，举办市年度村镇建设工作会议，邀请行业专家、学者讲解相关政策和技术要求，进行交流讨论，答疑解惑。根据《住房和城乡建设部关于在农村人居环境建设和整治中开展美好环境与幸福生活共同缔造活动试点的通知》要求，联合市农业农村局、市规划自然资源委、市城市管理委等六部门开展美好环境与幸福生活共同缔造活动试点报送工作，经镇（乡）申报、区级推荐、市级遴选，最后朝阳区崔各庄乡何各庄村、昌平区霍营街道霍家营社区被住房城乡建设部评为第一批精选试点村（社区）。持续开展传统村落保护相关技术指导工作，印制《北京市传统村落修缮技术导则》（图册版），配合传统村落建设。参与乡村民宿政策制定，配合市文旅局编制《北京市关于促进乡村民宿发展的指导意见》，明确了乡村民宿的经营用房应符合北京市抗震设防要求、消防安全要求与节能要求；建筑结构应安全牢固，无安全隐患。同时为服务好政策落地，组织编写了《北京市乡村民宿房屋结构综合安全性和节能基本要求导则（试行）》，进一步细化各项技术要求。此外，配合开展宅基地及房屋建设管理政策制定工作，与市农业农村局等部门联合起草《关于进一步加强本市农村宅基地及房屋建设管理的指导意见》；为规范宅基地及建房管理流程，参与制定《关于规范本市农村宅基地及建房审批管理的通知》。

（李遵勇 谢 玲）

节能减排

【公共建筑电耗限额管理】 6月12日，通过公共建筑电耗限额管理系统和市住房城乡建设委官网发布2019年度公共建筑电耗限额值（覆盖7594家单位的11258栋公共建筑，建筑面积共1.47亿平方米）。

（田 昕）

【完成超低能耗建筑示范和公共建筑节能绿色化改造政策的绩效考核工作】 7月25日，配合市财政局委托社会第三方机构对超低能耗建筑示范和公共建筑节能绿色化改造激励政策进行了绩效考评。专家组对两项财政政策实施效果给予高度评价，建议完善长效政策机制。

（董志宇）

【超低能耗建筑试点示范】 9月20日，组织专家评审通过5个超低能耗建筑示范项目，示范面积75062平方米（见表16）。

（董志宇）

表16 2019年专家评审通过的北京市超低能耗建筑示范项目一览表

序号	项目所属区	项目名称	建设单位	建筑总面积/平方米	示范面积/平方米	建筑类型	备注
1	大兴区	大兴魏善庄四季盛景园共有产权住房S1#楼项目	北京碧和信泰置业有限公司	302824.49	1099.56	公建	申请财政奖励资金

续表

序号	项目所属区	项目名称	建设单位	建筑总面积/平方米	示范面积/平方米	建筑类型	备注
2	怀柔区	北京雁栖湖生态发展示范区环境整治定向安置房项目 10C-18-2 #幼儿园	北京北控城市开发有限公司	3414.3	3414.3	公建	申请财政奖励资金
3	延庆区	北京 2022 年冬奥会及冬残奥会延庆赛区场馆设施建设项目-延庆山地新闻中心	北京国家高山滑雪有限公司	19354.5	16475.5	公建	申请财政奖励资金
4	密云区	水源路北侧住宅项目	北京绿州博园投资有限公司	67282.24	35763.26	商品住宅	申请财政奖励资金
5	门头沟区	水峪嘴村老年服务中心建设项目	门头沟区妙峰山镇水峪嘴村经济合作社	18310	18310	公建	申请财政奖励资金
合计	—	—	—	411185.53	75062.62	—	—

【公共建筑节能绿色化改造】 截至 10 月，北京市“公共建筑节能绿色化改造申报系统”已受理在线申请 1154.3 万平方米，具备实施条件的项目 879.6 万平方米，其中完成综合验收 188.9 万平方米，可拨付奖励资金 5667 万元。

（董志宇）

【颁布超低能耗居住建筑设计标准】 10 月，市住房城乡建设委配合市规划自然资源委颁布了北京市《超低能耗居住建筑设计标准》。这是北京市首部超低能耗建筑设计地方标准。本标准适应本地气候特征和场地条件，通过被动式建筑设计最大幅度降低建筑供暖、空调、照明需求，以建筑室内环境参数和能效指标为性能目标，利用建筑模拟工具，对设计方案进行逐步优化，最终达到预定性能目标要求。

（董志宇）

【北京市节能建筑占比 93.70%】 年内，北京市新增城镇节能民用建筑 2728.44 万平方米，其中居住建筑 1155.15 万平方米、公共建筑 1573.29 万平方米，全部按照现行建筑节能设计标准设计施工；完成既有居住建筑节能改造 353.42 万平方米，完成既有公共建筑节能绿色化改造 62.97 万平方米。北京市累计建成城镇节能住宅 51165.79 万平方米，节能住宅占全部既有住宅的 93.70%；累计建成城镇节能民用建筑 73111.87 万平方米，节能民用建筑占全部既有民用建筑总量的 78.53%。

（夏寅飞）

【完成 2018 年民用建筑能源资源消耗统计】 2 月 19 日，依据住房和城乡建设部《关于印发〈民用建筑能源资源消耗统计报表制度〉的通知》要求，市住房城乡建设委印发《北京市贯彻〈民用建筑能源资源消耗统计报表制度〉实施办法》，增加了城镇新建绿色建筑信息等统计内容；明确了适用对象、职责分工等要求，规定民用建筑的所有权人、使用权人等能源资源供应单位应依法配合调查统计工作，并按照规定提供资料。年内，完成全市民用建筑的能源资源消耗统计工作，涉及1511栋居住建筑、3686栋（2491组）大型公共建筑、1000栋中小型公共建筑，总建筑面积达15322万平方米。统计数据包括用电、用气、供热及用水量，建筑能源资源消耗信息更加全面。统计结果表明，近年来北京市建筑能耗呈以下特点：居住建筑综合能耗指标、集中热力指标均逐年下降，但热耗仍占总能耗的一半以上，居民用电呈逐年上升趋势；公共建筑用能整体平稳，呈逐年下降趋势，能耗强度接近居住建筑两倍；大型宾馆饭店的能耗管理水平最高，医疗建筑能耗呈逐年上升趋势。2018年全市城镇民用建筑单位面积综合能耗指标与“十二五”末相比已明显降低，民用建筑能耗总量和强度得到有效控制。

（夏寅飞）

【专项检查建筑节能在施工程63项】 年内，北京市完成两次全市新建在施民用建筑工程建筑节能专项检查工作。共抽检在施工程63项，总建筑面积442.02万平方米。其中，居住建筑37个，建筑面积273.13万平方米；公共建筑26个，建筑面积168.89万平方米。检查中对发现的15个未办理设计变更手续的项目下发了《责令整改通知书》。

（向振宇）

【开展副中心可再生能源应用研究】 为提高北京市建筑领域可再生能源应用效率，进一步提升可再生能源应用水平，以城市副中心为切入点，围绕用能侧、供能侧组织开展太阳能光热、太阳能光电、地热能等可再生能源在建筑中的应用情况研究，形成了《城市副中心建筑可再生能源应用研究》报告。报告对副中心可再生能源建筑应用提出了相关建议：优先推广高效太阳能光伏发电技术；根据用热水负荷、用水点位置、建筑物朝向等因素，选用适宜的太阳能热水系统；在地热资源丰富的区域可选用地源热泵系统。该课题研究成果已应用到北京市第五步居住建筑节能设计标准中可再生能源部分。

（向振宇）

【农宅抗震节能改造】 年内，根据中共北京市委办公厅、市政府办公厅发布的《实施乡村振兴战略扎实推进美丽乡村建设专项行动计划（2018—2020年）》工作部署，继续推进抗震节能农宅建设工作。配合市农业农村局牵头组织的“煤改清洁能源”工作，做好北京市节能保温改造工作。截至12月31日，各区上报开工数10512户，竣工2421户。

（李遵勇　谢　玲）

建筑节能与建设科技

2019年，北京市有105个项目通过绿色建筑标识认证，建筑面积共计1191.59万平方米，其中二星级项目52项，三星级项目53项。截至2019年年底，北京市通过绿色建筑标识认证的项目共409项，建筑面积达4717.58万平方米。

▲ 北京大兴国际机场东航基地生活区项目。该项目为生活建筑，通过绿色建筑设计标识三星级认证

▲ 朝阳区望京B15文化娱乐项目。该项目位于朝阳区望京B15地块，为公共建筑，通过绿色建筑运行标识二星级认证

（图片由市住房城乡建设委科技促进中心提供）

建筑节能与建设科技

北望金晖大厦。该项目位于海淀区西直门北大街，为公共建筑，通过绿色建筑运行标识二星级认证

北京浦项中心。该项目位于朝阳区望京。为公共建筑，通过绿色建筑运行标识二星级认证

（以上图片由市住房城乡建设委科技促进中心提供）

建筑节能与建设科技

年内，提升装配式建筑项目信息化管理水平，保障装配式部品供应，新开工装配式建筑面积1413万平方米，占全市房屋建筑新开工面积的26.9%，超额完成25%的既定目标。

朝阳区焦化厂公共租赁住房项目，预制率56.9%，装配式率88%，2019年在施工

通州区周转房北区项目，预制率44.1%，装配率100%，2019年在施工，作为工勤人员宿舍

（以上图片由市住房城乡建设委科技促进中心提供）

建筑节能与建设科技

年内，市住房城乡建设委组织专家评审通过 5 个超低能耗建筑示范项目，示范面积 75062 平方米。

◀ 门头沟区水峪嘴村老年服务中心项目，示范面积18310 平方米

（图片由市住房城乡建设委建筑节能与建材办提供）

▲ 北京经济技术开发区 X88 幼儿园项目。该项目是北京市第一个开园的超低能耗项目，采用了地源热泵供暖供冷、太阳能热水、光伏发电三种可再生能源技术，2019 年获得了德国被动房研究所颁发的 PHI 认证

（图片由市住房城乡建设委史志办提供）

建筑节能与建设科技

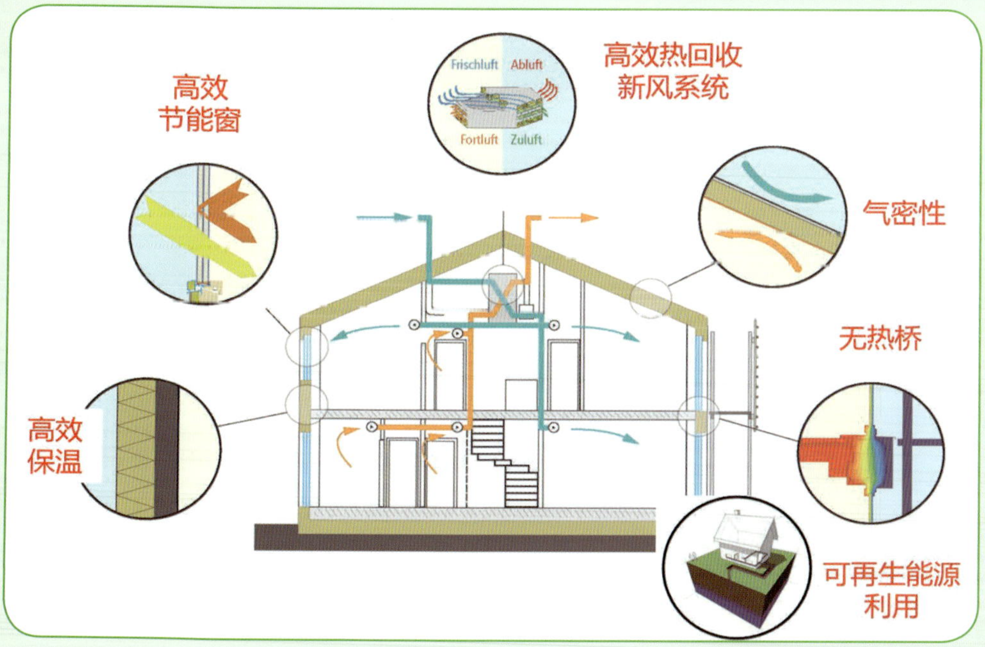

▲ 北京2022年冬奥会及冬残奥会延庆赛区场馆设施建设项目——延庆山地新闻中心，建筑总面积19354.5平方米，示范面积16475.5平方米。上图为延庆山地新闻中心效果图，下图为节能示意图

（以上图片由市住房城乡建设委建筑节能与建材办提供）

建筑节能与建设科技

年内，北京市发布《北京市建筑砂石绿色供应链建设指导意见》，打通绿色运输通道，全年通过铁路运输砂石 203 万吨、水泥 21.5 万吨。全市正在运行的建筑垃圾资源化综合利用设施 107 个，年处置能力约 9000 万吨，资源化再生产品累计已使用超过 8200 万吨。

8 月 6 日，首趟满载散装水泥的专列由内蒙古呼和浩特沙良货运站到达北京丰台西货运站，标志着北京市建设领域大宗建材绿色供应链建设在水泥材料供应方面取得了新突破

（图片由市住房城乡建设委史志办提供）

建筑垃圾再生产品应用于人行步道

（图片由市住房城乡建设委建筑节能与建材办提供）

建筑垃圾再生产品应用于水体修复。图为永定河水体治理

（图片由市住房城乡建设委建筑节能与建材办提供）

建筑节能与建设科技

年内，北京市有12项建筑业新技术应用示范工程通过验收，建筑面积合计280.90万平方米，其中北京新机场、亚投行总部、美瑞泰富大厦、世界机器人大会永久会址等10个项目新技术应用整体达到国内领先水平，部分创新技术达到国际先进水平。

◀ 北京市CBD核心区Z2b地块商业金融项目（北京三星总部大楼）。该工程建筑面积16.70万平方米，新技术应用达到国内领先水平

（图片由市住房城乡建设委史志办提供）

▲ 北京天坛医院迁建工程一标段。该工程建筑面积26.79万平方米，新技术应用达到国内领先水平

（图片由中建一局提供）

建筑节能与建设科技

▲ 大望京2号地626地块2号楼（美瑞泰富大厦）。该工程建筑面积12.45平方米，新技术应用达到国内先进水平

▲ 清华附中凯文国际学校工程。该工程位于朝阳区金盏乡，建筑面积28.30平方米，新技术应用达到国内领先水平

（以上图片由中建一局提供）

建筑节能与建设科技

▲ 626-1 号商业办公楼等 3 项及地下车库工程（中航资本大厦）。该工程位于朝阳区望京，建筑面积 135382 平方米，新技术应用达到国内先进水平

（图片由中建一局提供）

▲ 厂房改造项目（世界机器人大会永久会址）工程。该工程位于北京经济技术开发区，建筑面积 86919 平方米，新技术应用达到国内领先水平

（图片由市住房城乡建设委史志办提供）

建筑节能与建设科技

▲ 北京新机场临空经济区市政交通配套工程永兴河北路（大广高速—磁大路）道路及综合管廊工程（六标段）全景展示效果图。永兴河北路规划为城市主干路，道路全长1611米；综合管廊明开挖管廊为1436米，共有四舱结构和五舱结构两种形式。采用BIM技术及三维动画模拟施工，保证施工质量

▲ 主管廊暗挖施工模拟效果图

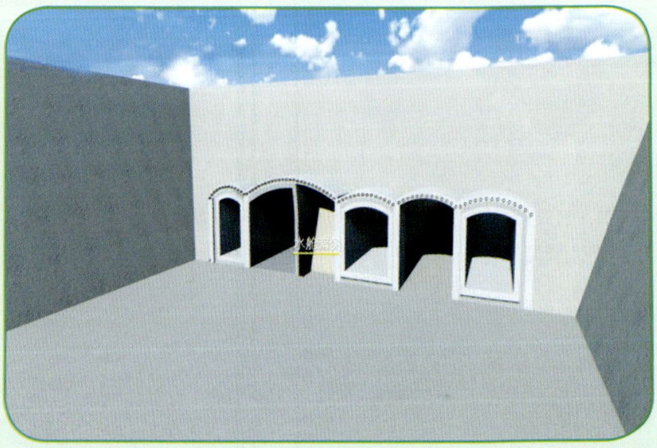

▲ 明开段管廊施工漫游效果图

（以上图片由市住房城乡建设委科技与村镇处提供）

市场监督管理

概　述

年内，北京市深入推进建筑业“放管服”改革，创新建筑市场监管方式，完善建筑市场监管与服务信息系统，推进建筑市场信用体系建设，加强建筑市场执法工作，促进建筑业持续健康发展。保持房地产市场调控定力，培育发展住房租赁市场，加快住宅项目建设和入市供应，推进京津冀协同发展，房地产市场呈现了地价稳、房价稳、预期稳的良好局面。进一步加强建材监管，深化墙体材料革新，推动砂石绿色供应和建筑垃圾资源化应用，全年通过铁路运输砂石203万吨、水泥21.5万吨，全市资源化再生产品累计已使用超过8200万吨。落实关于优化营商环境各项要求，在施工许可、招标投标、安全质量监督、安全风险分级管控、人员资格和登记财产等方面，出台了优化营商环境“9＋N”2.0版政策，在2019年中国营商环境评价中，北京市在41个参评城市中排名第一，市住房城乡建设委相关指标均表现优秀。

（王　艳）

建筑市场

招标投标

【工程招标投标监管情况】 2019年，北京市完成施工总承包交易1320项，交易额2073.45亿元，其中市级完成470项、交易额967.62亿元，区级完成850项、交易额1105.83亿元。完成监理服务交易671项，交易额24.43亿元。其中，市级完成245项、交易额11.24亿元；区级完成426项、交易额13.19亿元。完成专业承包、专业分包、货物招标交易6811项，交易额616.18亿元，其中专业承包工程完成3664项、交易额168.5亿元，专业分包工程完成2537项、交易额285.99亿元，货物招标完成610项、交易额161.69亿元。

（胡　静）

【提升建设工程招标投标监管服务质量及效率】 年内，在合同估算价 1 亿元以上市级监管的房屋建筑工程施工总承包项目中，开展评标（审）专家抽取改革试点工作，实现资格预审专家和评标专家当天抽取，当天评标（审），规避评标（审）风险。

（胡 静）

【规范评标专家和招标代理机构行为】 年内，配合市人力社保局对 2000 余名建设工程专家开展入库审核工作；组织 2019 年建设工程评标专家考核；完成招标代理机构项目经办人、项目负责人核查 150 人次；对评标专家和招标人代表进行约谈 17 人次，对招标代理机构进行约谈 9 人次；对违规专家记分 134 人次；对 6 名评标专家进行了暂停评标资格一定期限的处罚，并向社会实名公示相关信息；向市人力社保局移送违规专家 1 人，并建议市人力社保局取消该专家评标资格；依据《北京市建设工程招标代理机构管理办法》对 2 家企业的不规范行为予以记分。

（胡 静）

【多措并举加强对重点工程服务保障力度】 年内，保持对重点、重大工程招标投标监管关注力度，针对冬奥会、新机场、副中心建设、轨道交通等重点工程及民生工程安排专人负责，提前介入、主动靠前服务，做好后续项目招标预案，保障招标投标工作顺利推进。5 月 22 日，市住房城乡建设委发布《关于加强冬奥工程招投标管理的通知》，对招标人合理设置资格预审条件、投标人提高业绩信息真实准确性、评标委员会客观公正履行职务、市区监管部门加强监管等方面做了进一步规定；根据通知精神又制定了实施细则及《进一步规范冬奥工程招投标管理工作实施意见》，市区招投标监管部门加强对冬奥工程招标工作的业务指导、专项协调和精准服务，为冬奥工程招标投标工作开展提供有力支撑。

（胡 静）

【加强工程建设项目招标代理机构事中事后监管】 年内，完成了 427 家招标代理机构的信息报送工作。在“放管服”的基础上，加强评标活动事中事后监管，营造更加透明、便捷、公平、公正的市场环境。按照《北京市建设工程招标代理机构管理办法》组织开发招标代理机构信用评价系统，通过开展招标代理机构市场行为信用评价，转变提升管理模式，建立守信激励和失信惩戒机制；首次将不规范行为纳入监管范围，对不规范行为进行记分，形成事中事后抽查机制。通过差别化监管，使守信者在市场活动中受到政策扶持，使失信者在市场活动中受到制约，引导招标代理机构主动加强内功修炼，提升市场竞争力，维护招标投标活动公开公平公正有序进行。

（吴 涛）

公共资源交易

【“当天抽取专家，当天评标”试点工作运行总体平稳】 3 月 1 日，北京市正式启动“当天抽取专家，当天评标”试点工作。为确保试点工作平稳运行，北京市建设工程发包承包交易中心（以下简称交易中心）延长封闭评标区的工作时间，工作人员实行轮班制，为办事企业和评标专家提供优质、高效的服务，促进评标活动高效率、高质量开展。2019年全年交易中心接待“当天抽取专家，当天评标”试点项目共计134个，评标（审）专家711人次。所有试点项目均顺利完成评标（审）工作，应答参与评标的专家准时到达率超过96%。

（张小峥）

【首个外省市房建工程项目在交易中心顺利完成招标工作】 4月10日，安徽省霍邱县城区征迁安置房工程招标工作在交易中心完成。该项目是安徽省霍邱县的超大规模投资民生保障性住房工程，建筑规模50万平方米，投资13亿元。为更大限度地择优选取优质施工企业，当地政府及建设行政主管部门经过专家论证，将项目招标工作纳入北京市公共资源建设工程分平台进行。进场期间，交易中心积极与当地建设行政主管部门沟通协调，为项目资审、开标、评标、专家抽取、公告、公示等提供了全过程招标投标交易服务，当地建设行政管理部门对项目招标投标全过程进行了驻场监督。该项目为跨地区房建工程项目进场开展招标投标交易与监管积累了经验。

（王　晶）

【交易中心与海淀区政务服务管理局达成战略合作】 4月26日，交易中心与海淀区政务服务管理局签署《电子化招投标平台系统使用服务合同》，为其提供建设工程电子化招标投标系统及日常运维等技术服务，标志着市交易中心与海淀区政务服务管理局通过政府采购服务的方式，构建了战略合作新模式，探索了公共资源交易多元化服务新理念，实践了公共资源交易中心创新发展新路径。

（张东钢）

【北京城市副中心行政办公区二期行政办公启动地块项目建议书（代可行性研究报告）编制服务项目在交易中心顺利完成】 5月29日，北京城市副中心行政办公区二期行政办公启动地块项目建议书（代可行性研究报告）编制服务项目首次采用竞争性谈判交易形式在交易中心顺利完成。

（王　晶）

【北京市住宅工程质量潜在缺陷保险项目在交易中心完成招标工作】 6月12日，北京市住宅工程质量潜在缺陷保险项目招标工作在交易中心顺利完成。作为北京市一项标志性民生任务，交易中心高度重视，与市住房城乡建设委内相关部门就项目入场发布公告、评标专家抽取、开评标管理服务等各个环节进行详细梳理、严格把控。评标当日，市住房城乡建设委及市金融监管局的相关工作人员对开、评标进行了全程监督。

（王　晶）

【雄安新区建设项目正式进入交易中心隔夜评标区开展开评标活动】 6月20日，雄安新区容易线（新区段）公路一期工程项目进入北京市建设工程发包承包交易中心隔夜评标区进行开评标工作，该项目是 2019 年雄安新区计划进入交易中心的 70 个重点重大项目的第一个，标志着雄安新区建设项目隔夜开评标活动正式落户交易中心。

（王颖楠）

【交易中心公共资源交易平台系统取得国家软件著作权登记认证】 7 月 25 日，经国家版权局版权保护中心审核通过，交易中心提交的“工程建设公共资源交易平台 V1.0”系统正式获得软件著作权登记认证登记证书。

（马力辉）

【隔夜评标区铁路运营物资联合采购项目开评标服务工作情况】 11 月 26 日，铁路运营物资联合采购项目的开评标服务工作在隔夜评标区进行。此次项目共抽取专家 4 人，标的物（合成闸片）共 1165000 个，划分为 11650 个包件，是铁路项目进场以来包件数最多的一次。为保证项目顺利开展，评标区与铁路部门积极沟通，对各个环节进行认真梳理、严格把控，克服了时间、场地、人员分配等困难，圆满完成项目评审的各项管理与服务保障工作，为今后承接大规模铁路物资采购项目的服务工作积累了成功经验。

（李玉梅）

【交易中心区块链应用研究列入公共资源交易领域重点创新成果】 年内，交易中心以业绩共享为突破口，联合国内较大公共资源交易中心签署合作协议，率先构建公共资源交易区块链共享平台，并依托区块链技术，充分利用建筑市场管理源头、行业信息集散地等优势，将招标投标数据延伸至工程造价、劳务用工、合同履约、信用管理和税务等应用场景，加快建立跨区域、跨部门、跨环节的互信协同管理机制，助力建筑产业高质量发展、行业管理能力进一步提升。截至 12 月 31 日，已实现数据上链、评标对接、信用跨区评价、移动签章、区块链金融服务等新技术应用，同时会同国内有关技术权威部门开展国家公共资源交易区块链技术标准起草工作。

（张东钢）

【铁路工程全程电子化招标投标平台系统运行平稳】 自上年唐呼线张集段牵引供电及 GSM-R 系统改造工程（北京局管段）施工总价承包项目在北京市公共资源交易建设工程分平台发布招标公告以来，铁路工程项目全面进入全过程电子化运行时代，交易中心加强与铁路行业管理部门沟通协作，确保铁路工程全程电子化招标投标工作健康有序开展。全年累计办理铁路工程全程电子化项目 462 项，交易金额 1187.24 亿元；分别比上年同期增长 30.88%，降低 19.73%。

（张东钢）

【实现课题成果转化】 交易中心通过开展公共资源工程招标投标多元化服务模式研究，对推动交易中心服务职能转变、增强服务效能、强化市场在资源配置中的决定性作用、提高公共资源配置效率和效益，均具有重要的理论指导意义和实践意义。交易中心非依法招标项目的招标投标见证服务已作为《北京市公共资源工程招投标多元化服务模式体系研究》的课题转化成果，应用于招标投标工作实践，取得良好效果。年内，累计办理见证服务项目1107项、交易金额687.32亿元。同时为贯彻落实《北京市发展和改革委员会等部门关于深化招投标领域“放管服”改革优化营商环境的通知》《国务院办公厅转发国家发展改革委关于深化公共资源交易平台整合共享指导意见的通知》等文件精神，进一步精简招标投标流程，自11月11日起，交易见证招标全面取消投标报名环节。

（张东钢　王　晶）

【启用全新评标专家专业分类标准】 1月1日，启用全新评标专家专业分类标准。针对新的专家分类，根据市发展改革委对北京市评标专家库的调整要求，完成了所有新旧系统的调整工作，保障了专家抽取工作顺利稳定对接。

（滕富民）

【启用冬奥工程专用版投标文件编制工具】 6月28日，为满足冬奥会等市重点项目对业绩的特殊要求，完成了开评标系统和投标编制工具标的调整，增加了投标企业业绩来源的标识，用于确认业绩的真实有效性，方便评标专家核查业绩信息。

（滕富民）

【取消投标报名环节】 7月，为深化北京市建设工程招标投标活动“放管服”改革，持续改善和优化营商环境，在新平台完成依法必须招标的建设工程项目取消投标报名环节的升级改造工作，进一步简化了系统办事流程。

（滕富民）

【完成安全文明施工管理和工期定额应用房屋建筑工程招标工作的系统调整】 8月3日，为落实《北京市建设工程安全文明施工费管理办法（试行）》《北京市住房和城乡建设委员会关于执行2018年〈北京市建设工程工期定额〉和2018年〈北京市房屋修缮工程工期定额〉的通知》文件精神，规范招标投标行为，针对北京市房屋建筑和市政工程施工总承包招标、专业工程招标，新平台完成安全文明施工管理和工期定额应用房屋建筑工程招标工作的系统调整工作。

（滕富民）

【实现各交易平台的证书共享互认】 9月1日，根据市发展改革委《北京市发展和改革委员会关于抓紧推进公共资源交易数字证书共享互认有关工作的函》的要求，和公共资源交易公共服务平台进行了数字证书共享互认的联调，实现了市场主体用户数字证书在各个交易平台的共享互认功能。

（滕富民）

【园林施工全流程电子化上线】 12月30日起，进入园林子平台招标的施工项目逐步推进招标投标交易全流程电子化，标志着园林工程进入全流程电子化招标投标阶段。为有效配合园林绿化工程全流程电子化上线运行，11月25日至12月4日，交易中心为全市园林专家提供电子评标能力在线考核工作。

（滕富民）

建筑行业发包承包交易统计情况

表 17　2019 年全市各类工程进场交易项目情况统计

内容	交易项目数/项	项目数同比/%	交易额/亿元	交易额同比/%
房屋市政	22505	−23.74	3181.16	−15.57
园林	290	−52.07	59.68	−58.22
铁路	462	30.88	1187.24	−19.73
民航	273	−16.00	41.74	−24.89
军队	85	−37.50	25.46	17.06
合计	23615	−23.56	4495.28	−17.63

表 18　2019 年全市房屋市政工程发包情况统计

内容		分平台（市级）	分平台（区服务窗口）	合计	同比/%
交易项目数/项	小计	21196	1309	22505	−23.74
	施工总承包	470	771	1241	−36.52
	工程监理	245	420	665	−47.31
	专业工程	6083	118	6201	−42.29
	设备材料	610	—	610	−5.57
	劳务分包	13579	—	13579	−8.61
	其他	209	—	209	364.44
交易额/亿元	小计	2069.11	1112.05	3181.17	−15.57
	施工总承包	967.62	1080.47	2048.10	−22.53
	工程监理	11.24	13.09	24.33	−27.89
	专业工程	436.00	18.49	454.49	−19.47
	设备材料	161.69	—	161.69	105.56
	劳务分包	482.51	—	482.51	8.13
	其他	10.05	—	10.05	717.07

表 19　2019 年全市施工总承包交易情况统计

内容	交易项目数		交易额	
	项数	同比/%	金额/亿元	同比/%
合计	1241	−36.52	2048.10	−22.53
分平台（市级）	470	−26.22	967.62	−3.87
分平台（区服务窗口）	771	−41.50	1080.47	−34.00

表 20　2019 年分平台（区服务窗口）施工总承包工程交易情况统计

内容	交易项目数		交易额	
	项数/项	占比/%	金额/亿元	占比/%
合计	771	100.00	1080.47	100.00
大兴区	61	7.91	203.22	18.81
朝阳区	73	9.47	120.75	11.18

续表

内容	交易项目数		交易额	
	项数/项	占比/%	金额/亿元	占比/%
通州区	69	8.95	103.91	9.62
怀柔区	33	4.28	83.86	7.76
海淀区	153	19.84	77.63	7.18
昌平区	59	7.65	71.99	6.66
北京经济技术开发区	46	5.97	71.82	6.65
丰台区	35	4.54	70.65	6.54
门头沟区	17	2.21	49.34	4.57
顺义区	24	3.11	48.11	4.45
东城区	59	7.65	41.57	3.85
房山区	28	3.63	39.04	3.61
西城区	51	6.62	33.28	3.08
石景山区	24	3.11	22.16	2.05
平谷区	19	2.46	22.01	2.04
密云区	10	1.30	15.64	1.44
延庆区	10	1.30	5.49	0.51

表21　2019年施工总承包工程资金来源情况统计

单位：亿元

	政府	国有	非国有
合计	631.52	1065.32	351.26
住宅	48.88	630.47	213.28
公共建筑	207.28	281.73	117.31
工业建筑	10.04	46.35	8.78
市政	338.14	74.96	7.70
装饰	27.18	31.81	4.19

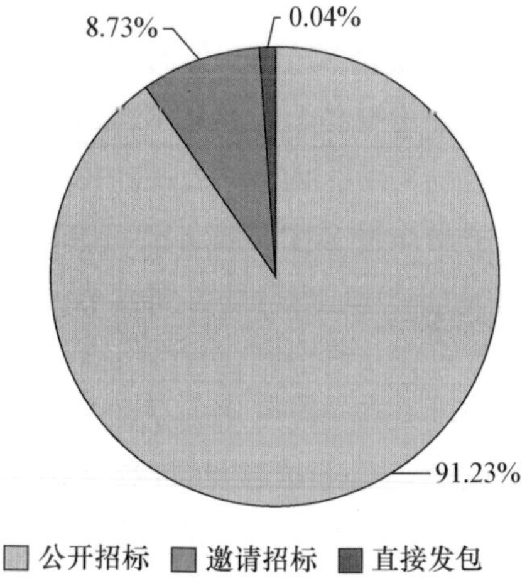

图4　2019年施工总承包发包方式统计

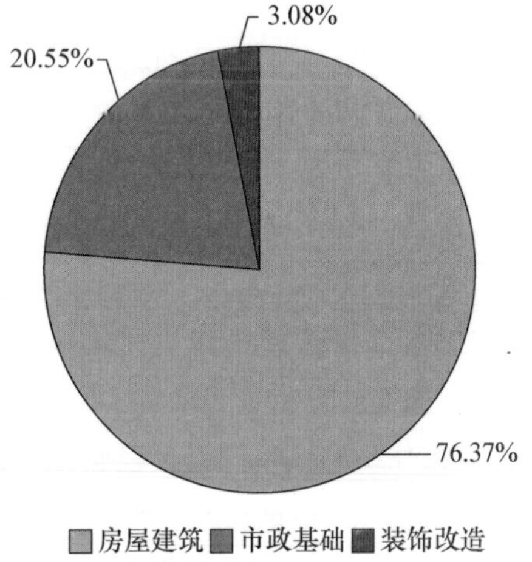

图5　2019年施工总承包工程类别分布统计

工程造价

【推进京津冀工程计价体系一体化】 为深入落实京津冀协同发展战略，推进京津冀工程计价体系一体化工作，助力京津冀区域建筑市场的深度融合，10 月 30 日，北京、天津和河北三地住房城乡建设主管部门颁发了首部《〈京津冀建设工程计价依据——预算消耗量定额〉城市地下综合管廊工程（JJJZ0-31（03）-2018)》，2020 年 1 月 1 日起正式执行，实现“统一消耗量标准、统一费用组成、统一计算方法和计价程序”三统一，及时填补了京津冀三地综合管廊工程计价定额的“空白”，满足了京津冀三地建筑市场管廊工程计价的迫切需要。为配套该定额发布施行，制定了《京津冀地区工程造价信息一体化方案》，并完成 2019 年 1—12 期京津冀造价信息同步、同载体共享按月发布，实现了京津冀计价体系一体化信息发布第一阶段工作目标；研究制定京津冀计价体系统一数据标准和人材机编码规则，实现了该定额的人材机编码三地统一。此外，编制了 2019 年《京津冀建设工程定额管理办法》和《京津冀建设工程定额编制规则》。

（尹海龙）

【开展工程造价管理市场化改革试点工作】 根据《住房和城乡建设部办公厅关于北京市住房和城乡建设委员会工程造价管理市场化改革试点方案的批复》，北京市被列为全国工程造价管理市场化改革试点城市。市场化改革计划分四个阶段分步实施，有序交叉，逐步推进。第一阶段为试水阶段，以特定的措施项目费为切入点，试行市场化方式定价；第二阶段为扩大试点项目阶段，增加试行市场化定价的措施项目；第三阶段为先“立”阶段，优化造价信息的同时，着力健全指数指标体系；第四阶段是后“破”阶段，在做好前三个阶段工作的基础上，按市场化原则完成现行预算定额修编、配套管理文件制定并颁发施行。按照《试点方案》任务，市住房城乡建设委上半年发布了工期定额配套管理文件、出台了安全文明施工费管理办法，推行措施项目之赶工措施增加费和安全文明施工费试水市场化定价，组织了宣传贯彻大会并在官网发布操作指南，为建筑业企业和造价从业人员全面消化、吸收和运用新政策提供了精细化的指导，促进从业人员进一步提升适应市场化和国际化的能力和素养。

（尹海龙）

【发布工期定额配套管理文件】 为加强建设工程和房屋修缮工程的工期管理，确保工程质量和安全，2 月，市住房城乡建设委发布了《关于执行 2018 年〈北京市建设工程工期定额〉和 2018 年〈北京市房屋修缮工程工期定额〉的通知》。该通知自 2019 年 3 月 1 日（含）起实施，规定在北京市施行原限定压缩定额工期幅度与固定赶工措施费费率挂钩的做法改革，赶工措施增加费全面实行“低限管理”，主要内容是利用差别化低限费率引导市场主体合理确定工期，实际赶工措施增加费由市场主体自主测算确定，通过依法进行的发包承包交易活动确定最终成交价格。

（尹海龙）

【出台安全文明施工费管理办法】 为适应建设工程安全生产、绿色施工标准化考评分级管理的发展要求，保障建设工程安全文明施工措施落实到位，4月，市住房城乡建设委发布《关于印发〈北京市建设工程安全文明施工费管理办法（试行）〉的通知》。以2019年6月1日该办法实施为界限，在北京市施行安全文明施工费差别化管理因素从按地域管理转变为按安全生产标准化考评等级管理的改革，分“达标”“绿色”“样板”三档考评等级给定安全文明施工费低限标准，回归安全文明施工费“低限管理”原则，鼓励优质优价。推行安全文明施工费由市场主体自主测算确定，明晰发承包交易活动中确定最终成交价格的路径和规则。

（尹海龙）

【开展2012计价依据修编工作】 年内，研究制定2012年建设工程和房屋修缮工程计价依据的修编工作方案；梳理2012计价依据使用期间存在的主要问题；完成2012计价依据中土建、安装、市政、轨道交通等各专业间定额水平横向对比，以及和全国统一建设工程消耗量定额的水平对比。

（尹海龙）

【减量提质按期发布造价信息】 秉承造价信息服务于工程质量与安全的宗旨，按照“量大、价高、质重”的“减量提质”原则，进一步强化造价信息发布品种与工程质量、安全和绿色的紧密联系，加强精细化管理，减少信息发布数量。年内，造价信息发布人材机价格数量为4580余条，与上年比删减近70%，市场贴合度和指导性有了较大提高。完成8位码《北京工程造价信息》（1—12期）信息采集、整理、汇总和编辑工作，每月在市住房城乡建设委网站公开发布。

（尹海龙）

【编制2个一类地方标准】 年内，市住房城乡建设委编制完成《北京市建设工程造价数据存储标准》《北京市建设工程造价技术经济指标采集标准》，为指标体系的建立和落实提供了支撑。其中，《北京市建设工程造价数据存储标准》已颁发实施，《北京市建设工程造价技术经济指标采集标准》已通过北京市市场监督管理局的终审。

（尹海龙）

【构建指数指标体系】 借鉴国际成熟做法，紧贴市场需求，利用互联网+和大数据技术，结合造价信息课题研究，着手构建满足市场需要的包括各类工程、分部分项工程和专业工程各个层级的指标指数体系。年内，在市住房城乡建设委网站上发布《北京市老旧小区综合改造技术经济指标》工程造价指数（3—4期），为企业提供了便捷服务。

（尹海龙）

【完善造价咨询企业信用评价体系】 年内，依托“工程造价咨询企业及其注册造价工程师”信用评价平台，落实全市造价咨询企业信用档案和信用承诺制度，通过企业上报、系统采集以及主管部门审核，适时分析工程造价咨询企业及其注册造价工程师在北京市从事工程造价相关活动的市场行为，每天对其进行动态信用评价，评价结果于次日 9 时在市住房城乡建设委网站公布排名和得分。评价结果是组织实施差别化管理的依据之一。根据评价结果和市场实际开展调研和比对分析，研究完善优化评价标准，力争使评价标准更加科学合理，准确全面反映市场实际状态。信用评价制度的实施，在工程造价咨询领域形成了有效的社会监督氛围。

（尹海龙）

【开展最高投标限价抽查】 年内，按照“双随机一公开”监管模式，加强造价咨询企业事中、事后监管，双随机抽查共计 54 个项目的最高投标限价，并依法对招标控制价编制中存在违规行为的 8 家造价咨询企业及其注册造价工程师进行了行政处理，有效遏制了恶意压低最高投标限价等违法违规行为，推动北京市造价咨询行业和招标投标市场良性健康发展。

（尹海龙）

【强化造价咨询企业监管】 年内，为加强对北京市造价咨询企业的日常监督管理，对申请资质手续的 117 家工程造价咨询企业进行了现场核查，对 12 家存在问题的企业进行了约谈并责令其限期改正，对 1 家企业的违规行为进行了处罚。

（尹海龙）

【调整计价依据增值税计价税率】 根据《财政部 税务总局 海关总署关于深化增值税改革有关政策的公告》（财政部 税务总局 海关总署公告 2019 年第 39 号）和《住房城乡建设部办公厅关于重新调整建设工程计价依据增值税税率的通知》要求，3 月，市住房城乡建设委发布了《关于重新调整北京市建设工程计价依据增值税税率的通知》，将全市建设工程计价依据增值税税率由 10％调为 9％。

（尹海龙）

【调整计价依据规费费率】 根据《国务院办公厅关于印发降低社会保险费率综合方案的通知》《北京市人力资源和社会保障局 北京市财政局 国家税务总局北京市税务局 北京市医疗保障局关于降低本市社会保险费率的通知》的相关要求，7 月，市住房城乡建设委发布了《关于调整北京市建设工程规费费率的通知》，对北京市 2016 概算、2012 预算、2014 年轨道运营改造预算、2017 装配式和绿建消耗量定额的规费费率进行了调整。

（尹海龙）

【调整 2016 概算定额调整系数】 为加强工程设计概算的动态管理，合理确定概算投资，结合北京市市场价格变化情况，7 月 29 日，市住房城乡建设委发布了《关于发布 2016 年〈北京市建设工程计价依据——概算定额〉第一次调整系数的通知》。该通知规定自 2019 年 8 月 1 日（含 8 月 1 日）起，凡按 2016 年概算定额编制的工程设计概算的，均按定额直接费中以“元”为单位的摊销材料费、租赁材料费、其他材料费、机械费和其他机具费之和为基数，乘以调整系数表中的相应调整系数，计取工程设计概算的调整费用。2019 年 8 月 1 日以前已批准的工程设计概算不再进行调整。

（尹海龙）

【配合整治“挂证”违法行为】 年内，按照住房城乡建设部及市住房城乡建设委开展工程建设领域专业技术人员职业资格“挂证”等违法违规行为专项整治工作安排，对全市造价咨询企业及造价工程师执业情况进行了普查，对涉嫌存在“挂证”行为未按要求整改且问题突出的 21 家工程造价咨询企业开展了资质专项核查，并依法对北京中鹏弘工程造价咨询有限公司等 10 家不符合资质条件的企业下发《责令改正通知书》，对逾期未参加核查的北京亦腾工程咨询有限公司进行了通报。

（尹海龙）

【完成住房城乡建设部委托工作】 受住房城乡建设部委托，牵头组织修订全国《房屋建筑与装饰工程消耗量定额》（TY01-31-2015），截至 12 月 31 日，完成了工作大纲编制、相关省市数据资料收集，开展了项目划分、含量测算以及水平对比等工作，并形成了修订初稿。年内，抓好住房城乡建设部数据监测系统数据分析工作，积极参与住房城乡建设部《建设工程造价数据监测管理办法》编制以及《“互联网＋BIM”全过程工程造价计量计价标准研编》课题研究。

（尹海龙）

【开展重点工程造价专项服务】 年内，定期组织专业力量赴大兴国家机场、冬奥场馆等重点工程现场提供造价专项服务，及时协调解决建设多方主体在工程造价方面存在的问题和争议。8 月，为对大兴国际机场建设提供安全文明施工服务保障，市住房城乡建设委员会印发《关于调整北京大兴国际机场红线范围内建设工程安全文明施工费费用标准的通知》。9 月 25 日，建国 70 周年大庆前夕，习近平总书记视察即将投入运营的北京大兴国际机场，对建设各方主体的工作予以充分肯定；10 月 11 日，建设指挥部专程送来感谢信，体现了企业对住房城乡建设委开展的重点工程造价专项服务的肯定和认可。

（尹海龙）

【做好计价依据咨询解释】 年内，坚持每周三进行现场义务咨询服务，共接待来访单位 1881 家，人员 2028 人次，解答问题 3472 个，涉及工程项目 894 个；坚持为重点工程建设、难点结算纠纷等提供专项预约咨询调解服务，开展预约造价咨询 15 项；积极推动电话、互联网答疑解惑，通过热线咨询电话解答问题 6027 个，通过市住房城乡建设委网站专栏网络平台为企业“答疑解惑”12 次共 45 个咨询问题；统计分析造价咨询相关数据，对日常造价咨询解释涉及的问题进行分类汇总和分析，针对社会关注的共性问题发布《计价依据解读 12～14》，并在市住房城乡建设委网站和造价处微信公众号进行公布。

（尹海龙）

【探索网络化咨询服务】 年内，探索利用互联网和微信公众号开展网络在线造价管理政策咨询服务，以“让信息多跑路，群众少跑腿”为目标，研究拟制了

《计价依据智能咨询平台功能需求及建设原则》及《网络咨询服务工作方案》，分专业建立知识库，不断完善智能咨询平台的功能需求。

（尹海龙）

诚信建设

【推进建筑市场信用体系建设】 年内，为优化建筑市场优化营商环境，加快信用体系建设，构建以信用为核心的监管与服务机制，解决以往单纯依靠行政处罚而监管乏力的问题，市住房城乡建设委研究建立失信联合惩戒对象名单管理制度。起草《北京市建筑市场主体失信联合惩戒对象名单管理暂行办法》，将违反行政审批事项告知承诺，利用虚假材料以欺骗手段申请行政许可，串通投标以弄虚作假方式参与投标，违法发包、转包、违法分包及挂靠，发生质量安全事故等几种严重失信行为列入失信联合惩戒对象名单，并详细规定了适用范围、列入原则、列入情形、列入期限、认定依据、列入程序、移出程序、异议处理、重点监管、联合惩戒等内容。

（吴　涛）

【健全建筑市场信用信息管理制度】 近年来，市住房城乡建设委建筑市场体系建设逐步完善，建立了北京市建筑市场监管信息系统，为建筑市场信息化管理奠定了基础；搭建了北京市建筑市场信息公开平台，实现了项目、企业、人员和信用信息的全面公开；对施工总承包、工程监理、招标代理、评标专家、造价咨询、质量检测等企业及人员开展了市场行为信用评价，实现施工总承包企业的信用评价结果与工程招标投标挂钩。年内，为加强北京市建筑市场信用信息管理，完善建筑市场信用体系，市住房城乡建设委整合现有相关文件并加以扩展，起草了《北京市建筑市场信用信息管理暂行办法》，对建筑市场信用信息的记录、归集、公开、共享和使用及其相关管理做出了规定。

（吴　涛）

房地产市场

宏观调控

【推进房地产市场平稳健康发展长效机制工作方案落地】 年内，《北京市房地产市场平稳健康发展长效机制工作方案》获国务院批复后，北京市立即启动任务分解、报市政府专题会、分区考核指标等有关工作。市住房城乡建设委根据长效机制工作方案和当前市场形势，与热点区域区政府和有关部门保持持续关注，指导各区制定分区方案。提前制定工作预案和政策储备，抑制投机型购房，遏制炒房牟利，保护刚需家庭购房需求。

（朱志根）

【贯彻落实京津冀协同发展】 年内，在坚决落实“房住不炒”的基础上，市住房城乡建设委与北京市通州区、河北省廊坊市政府成立协调工作小组，建立协作机制，积极履行主体责任，通力协作、精准对接，逐步推进解决中国人民大学教职工职住平衡问题；推动通州区与“北三县”房地产市场协同发展，起草了《关于推动通州区与“北三县”房地产市场协同发展的请示》。

（朱志根）

【与金融、司法领域合作防范交易风险】 年内，市住房城乡建设委与中国人民银行建立反洗钱合作机制，确定了反洗钱对象，研究起草《北京地区房地产行业反洗钱和反恐怖融资工作指引（征求意见稿）》，召开反洗钱动员大会。完成司法建议函回复3封，根据司法建议对具体业务进行了调整，在系统及操作规则上就交易风险进行了防范。

（朱志根）

【开展调研与政策研究工作】 年内，针对舆论、社会较为关注的“办证难”、违规销售、违法变更房屋用途等热点问题，开展问题梳理与政策研究工作。研究住宅配套商业办公可转让部分政策适用问题，解决了居住公共服务设施中商业办公用房、拆迁还建商业用房相关问题；研究“办证难”涉及市住房城乡建设委有关工作环节中存在的问题，形成了相关意见、建议；完成《关于“北京商办交易市场现复苏迹象”查处情况的报告》《关于央媒称北京市“百万停车位”越来越普遍成为开发商涨价的工具查处情况的报告》《关于“媒体称昌平区一高端别墅项目‘减配’引质疑”查处情况的报告》《关于〈今日舆情专报〉第125期反映的国瑞紫金台项目性质突变的报告》。

（朱志根）

征收拆迁

【房屋征收拆迁项目有序推进】 年内，全市共启动房屋征收拆迁项目19个（其中做出房屋征收决定项目8个，核发房屋拆迁许可证项目11个），征收拆迁住宅户数7848户（其中征收涉及1323户，拆迁涉及6525户），涉及住宅建筑面积约168万平方米。全市房屋征收拆迁共签约住宅户数4072户（其中征收签约1981户，拆迁签约2091户），涉及住宅建筑面积约38万平方米（其中征收涉及约11万平方米，拆迁涉及27万平方米）。全年共接收房屋征收拆迁信访324件，信息公开164件，12345市民热线10件，均按政策要求按期答复、办理。

（李政清）

【加大征收拆迁政策统筹及方案统筹管理】 按照新版城市总体规划严守“双控”“三线”的总体要求及市政府工作部署，年内进一步加大房屋征收、拆迁政策统筹及棚户区改造项目征收拆迁补偿方案统筹管理，严控征收拆迁成本。加大各区调研，完善征收拆迁统筹政策，找准市级统筹与各区现状实际之间的平衡点，明晰补偿安置要点。3月，会同市重大项目办印发《关于规范本市棚户区改造项目房屋征收拆迁腾退补偿安置方案统筹及相关数据录入工作的通知》，强化市区统筹，指导各区从严把控补偿安置标准，加强棚户区改造项目征收拆迁补偿方案统筹管理。截至12月31日，共出具14份棚户区改造项目征收拆迁补偿方案统筹意见。在减量发展的形势下，部分项目推进顺利。如延庆区下屯村棚户区改造拆迁项目奖励期内实现659宗宅基地100%签约，为世园会顺利召开奠定基础；通州区广渠路东延道路工程房屋征收项目仅用时1天4小时08分实现了78户住宅100%签约，为中心城区及城市副中心重要连接线如期开工提供保障；丰台区分钟寺桥西北侧回迁安置房项目，奖励期内签约673户，签约率99.26%。

（李政清）

【积极推动世园会南大门拆迁工作】 2018年，市委、市政府主要领导调研世园会建设情况时，明确要求将世园会南大门环境整治增补纳入棚户区改造，并迅速启动改造预案。该项目主要涉及延庆区针下屯村整村拆迁，涉及659宗宅基地、房屋建筑面积12.53万平方米。市住房城乡建设委主动对接延庆区住房城乡建设委和延庆镇政府，充分考虑拆迁方案既要满足全市征收拆迁成本管控原则要求，又要与2015年已拆迁的李四官庄村、谷家营村拆迁方案衔接，先后2次实地调研指导，4次会商研究形成最后拆迁方案。2019年1月10日，世园会南大门拆迁工作启动，2月15日全体村民100%签约，为当年4月底世园会的如期举办奠定了基础。

（李政清）

【强化征收拆迁工作督导】 针对部分自媒体国庆前夕炒作昌平区史各庄街道北四村腾退等相关报道，市住房城乡建设委采取有效措施防范不实信息以偏概全扰乱正常秩序。各区征收拆迁主管部门按照“多做少说”原则，全覆盖主动排查属地征收拆迁项目，对各项目政策宣传贯彻进行评估自查，主动清理带有敏感词汇、不和谐元素的标语。按照《关于进一步加强房屋征收拆迁管理有关工作的通知》规定，加强征收拆迁现场管理，对已经签约并交付房屋建筑的，采取相应的安全防范措施，关停水、电、气、热，封闭门窗等，及时拆除或者设置围挡，加强保安巡查频次，确保项目现场环境整洁有序。将征收拆迁领域涉及的报道内容纳入日常监测范围，经核实确属负面信息的，及时上报清理。9月10日，组织城六区及通州区、延庆区住房城乡建设委召开会议并提出要求，对社会重点矛盾纠纷进行督查督办，对征收拆迁项目现场标语进行评估排查。9月19日，对接各区要求加强舆论监控，完善工作机制。国庆期间未出现涉及征收、拆迁及腾退的相关负面报道。

（李政清）

【加大城市拆迁滞留项目和逾期未安置项目清理】 年内，坚持规划引领，分类施策，通过拆迁转征收、转申请式退租模式、更换实施主体等，指导各区加快清理滞留项目和逾期未安置项目。如探索将朝阳区甜水园危旧房改造拆迁遗留项目转为旧城改建房屋征收方式实施等。年内，西城区菜市口西片危旧房改造拆迁遗留项目，转申请式退租方式实施，进展较顺利。11月，开展首批逾期未安置项目梳理工作，涉及10个区，27个项目，14357户，23990套安置房。建立征收拆迁行政司法常态化沟通交流机制，加强司法保障。全市城市拆迁历史遗留项目从2018底的266个项目减至2019底的135个项目，工作成效显著。

（李政清）

【完成征收拆迁综合管理系统升级改造及安置房查询系统建设】 年内，完成征收拆迁综合管理系统升级改造建设，设置征收业务、拆迁数据、房源管理、机构管理等功能模块，实现征收补偿线上操作、服务机构有效管控、数据档案动态交互、营商环境大幅优化；该系统于12月上线运行。完成安置房查询系统建设，整合录入征收拆迁项目、绿隔项目、“三定三限三结合”项目等相关安置房源数据信息，形成安置房数据库，为安置人员资格核定、安置房查询及统筹管理等提供支撑，避免重复安置等。系统已于11月上线运行，录入数据近60万条。两个系统建设完成进一步夯实和丰富了征收拆迁工作管理手段和数据支撑，弥补了北京市征收拆迁腾退安置房无从查询的管理短板，为各区征收拆迁工作基础性管理、成本核算及大数据应用提供了有力平台。

（李政清）

【推动集体土地征地拆迁管理体制机制调整优化】 8月，新《土地管理法》经人大常委会表决通过。应对新《土地管理法》在征地拆迁实施主体、程序、补偿安置等方面发生的重大变革，市住房城乡建设委组织专题研究，并邀请市高级法院、市四中院、市司法局共同研讨，起草《关于依法理顺北京市集体土地征地拆迁有关工作的建议》，提出捋顺管理职责、统一征地拆迁管理部门、统筹修订完善政府规章的建议，获市政府原则同意。在此基础上，上报《北京市集体土地拆迁许可工作基本情况及新旧项目衔接实施路径》，市政府明确批示由市规划自然资源委承接新的管理职能。12月，市住房城乡建设委印发《关于停止核发集体土地房屋拆迁许可证的通知》，明确自2020年1月1日起停止核发集体土地房屋拆迁许可证，并就旧项目法律适用、新旧项目衔接等作出规定。至此，北京市集体土地征地拆迁长期管理错位、缺位、体制机制不畅的症结已从源头理顺。

（李政清）

【加强评估专项研究】 年内，研究细化国有土地非住宅征收补偿评估规则，加强与北京市土地整理储备中心沟通，确保非住宅征收补偿标准与企业国有建设用地使用权收购补偿标准协调平衡。截至12月31日，已形成《关于〈北京市国有土地上房屋征收评估暂行办法〉中非住宅房屋价值评估的补充意见》（讨论稿）。同年，研究申请式退租工作中被退租房屋市场价值评估办法，会同市估价师协会开展退租房屋市场价值评估办法研究。经借鉴菜市口西片退租试点经验做法、多轮专家论证，并征求东城区、西城区政府意见，市估价师协会研究出台《核心区历史文化街区平房直管公房申请式退租补偿价值评估技术指引》，自 2020 年 1 月 1 日起施行。该指引的出台进一步规范和推动了老城疏解腾退工作开展。

（李政清）

【加大行政司法工作衔接】 年内，市住房城乡建设委建立房屋征收拆迁行政司法常态化沟通交流机制，加强征收拆迁司法保障相关工作。2 月、4 月、7 月，汇总全市征收拆迁领域涉法涉诉基本情况，推动与保障市政府、市高级法院三次专题联席会的顺利召开，及时与司法机构沟通相关情况，共同研究破解征收拆迁共性涉法难题，推进征收拆迁涉诉案件快裁、快执，保障核心区、城市副中心棚户区改造等重点工程建设。同时，建立与市高级法院行政庭日常联系机制。12 月 5 日，市四中院公布的《国有土地上房屋征收与补偿行政案件司法审查报告》指出，自市四中院 2014 年 12 月 30 日挂牌履职到 2019 年 6 月 30 日，共审结 921 件国有土地上房屋征收与补偿行政案件，其中判决行政机关败诉的案件有 27 件，占比 2.9%，败诉率低于该院审结的全部一审案件中行政机关败诉率，房屋征收补偿工作的合法性、规范性不断增强。

（李政清）

综合开发

【已供地住宅项目开工建设情况】 截至 12 月 31 日，2018 年供地 43 个建筑规模 511 万平方米的新供地商品住宅项目，已实现开工 41 个、418.9 万平方米，面积开工率达到 82.4%。

（郑元军　李海成）

【配套设施建设管理情况】 年内，提升配套设施与住宅建设和移交监管能力，全市新建居住区公共服务设施建设管理运行情况良好，全年完成建设方案备案审核公示（含变更）127 个，合计建筑面积 3371 万平方米。通过强化《建设方案》备案监管和配套设施建设过程监管，较好地实现了居住区公共服务设施与住宅“两同步”监管目标。

（郑元军　李海成）

【商品房投资任务完成情况】 1—12 月商品房、政策性住房及配套设施实现建安投资 1289.1 亿元，完成全年 1200 亿元建安投资计划的 107.4%，同比增长 11.1%。

（郑元军　李海成）

【加大对违法违规房地产开发企业查处和曝光力度】 年内，持续巩固房地产市场调控成果，坚持问题导向，聚焦热点舆情，严厉打击违规销售、哄抬房价等扰乱市场秩序的行为，通过建立房地产开发企业违法违规问题查处曝光工作机制，加大对违法违规企业的查处和曝光力度。市住房城乡建委执法总队全年检查房地产销售项目 149 个，立案处罚 91 起，公开曝光 10 家房地产开发企业及相关销售项目，充分发挥了社会监督作用，进一步提升了执法监管成效。

（汤娟娟）

交易租赁

【交易市场综述】 2019 年北京市保持调控政策稳定，不放松、不加码，稳步推进房地产市场长效机制方案落地，积极推进租购并举的商品住房市场和保障体系建设，“三稳”目标顺利完成。全年新建房屋[①]共计上市1799.6万平方米、成交1040.6万平方米，其中新建商品住房[②]上市1018.2万平方米（8.7万套），成交697.5万平方米（6.0万套）；存量房[③]成交1347.4万平方米，其中商品住房1220.9万平方米（14.2万套）。

（李雪雁）

【新建商品房成交情况】 2019年，北京市新建房屋成交面积1040.6万平方米，同比增加24.9%；成交金额3853.9亿元，同比增加39.4%。其中预售成交面积655.0万平方米，同比增加38.4%；成交金额2649.2亿元，同比增加45.0%；现房成交面积385.6万平方米，同比增加7.1%；成交金额1204.7亿元，同比增加28.4%。

（李雪雁）

【新建住房[④]成交情况】 2019年，北京市新建住房成交面积725.8万平方米，同比增加40.7%；成交金额3222.4亿元，同比增加54.9%。其中新建预售商品住房成交面积558.6万平方米（5.2万套），同比增加59.6%，成交金额2423.2亿元，同比增加63.5%；新建预售经济适用住房和限价商品住房成交面积14.8万平方米（0.3万套）；新建现售商品住房成交面积138.9万平方米（0.7万套），同比增加8.2%，成交金额776.4亿元，同比增加36.4%；新建现售经济适用住房和限价商品住房销售面积13.5万平方米（2082套）。

（李雪雁）

【新建商品房批准预售总体情况】 2019年，北京市共批准预售许可证206个，面积1159.3万平方米，同比减少3.1%；其中批准住房类房屋7.5万套，面积821.7万平方米，面积比上年减少6.0%，批准商业用房、办公用房面积分别为36.5万平方米、78.1万平方米，分别比上年减少19.6%、增加74.8%（2011—2019年北京市新建房屋批准预售面积见表22）。从区域分布看，丰台、顺义、昌平、朝阳4区新建住房批准预售面积均超过100万平方米，合计达553万平方米，占全市批准预售总量的47.7%，其余14个区批准预售面积为606万平方米，所占比重为52.3%（见表23）。

（李雪雁）

表22 2011—2019年北京市新建房屋批准预售面积

单位：万平方米

年份	合计	住房	商业	办公	其他
2011	1554.7	1079.3	95.1	302.5	77.8

① 新建房屋包括新建（含预售及现售）的经济适用房、限价房等政策性住房以及自住房（含共有产权住房）、商品住房、商业、办公、工业、车库、其他等所有规划用途房屋。

② 新建商品住房包括新建（含预售及现售）的自住房（含共有产权住房）和商品住房，不包含经济适用房、限价房等政策性住房。

③ 存量房包括二手的商品住房、商业、办公、工业、车库、其他等所有规划用途房屋。

④ 新建住房包括新建（含预售及现售）的经济适用房、限价房等政策性住房，及自住房、商品住房。

续表

年份	合计	住房	商业	办公	其他
2012	1379.2	1036.1	53.9	232.4	56.8
2013	1174.1	781.8	76.7	251.3	64.3
2014	1565.3	1150.9	74.1	246.3	94.0
2015	1308.3	807.1	75.7	321.0	104.5
2016	1121.7	559.5	102.4	365.3	94.5
2017	737.0	503.4	39.6	127.6	66.4
2018	1196.0	874.5	20.9	97.2	203.4
2019	1159.3	821.7	36.5	78.1	223.0

表 23　2019 年北京市新建房屋各区批准预售情况

区	上市套数/套（单元）	上市面积/万平方米
东城区	0	0.0
西城区	0	0.0
朝阳区	13640	104.2
海淀区	13640	97.0
丰台区	20211	163.6
石景山区	10104	77.4
门头沟区	2542	24.0
房山区	11472	88.5
通州区	8615	89.8
昌平区	11796	123.8
顺义区	21939	161.5
大兴区	10672	91.7
怀柔区	1624	16.2
密云区	2508	19.6
延庆区	3288	21.2
平谷区	3428	34.6
北京经济技术开发区	7385	46.3
合计	142864	1159.4

注：2010 年北京市行政区划调整，撤销北京市原东城区、崇文区，设立新的北京市东城区，以原东城区、崇文区的行政区域为东城区的行政区域；撤销北京市原西城区、宣武区，设立新的北京市西城区，以原西城区、宣武区的行政区域为西城区的行政区域。2015 年北京撤销原密云、延庆两个县，升级为密云区、延庆区。

【可售期房情况】　截至 12 月 31 日，北京市期房可售面积 1341.0 万平方米；其中，可售住房 7.4 万套，面积 861.2 万平方米；可售商业 802 套（或单元），面积 32.0 万平方米；可售办公 6191 套（或单元），面积 118.7 万平方米（见表 24）。

（李雪雁）

表 24　截至 12 月 31 日北京市可售期房按用途分类情况

用途	可售套数/套（单元）	可售面积/万平方米
住房	74458	861.2
商业	802	32.0
办公	6191	118.7
其它	92825	329.1
合计	174276	1341.0

【新建房屋期房成交情况】　2019 年，北京市新建预售房屋成交 6.8 万套，成交面积 655.0 万平方米，比上年分别增加 40.5%和 38.4%。其中，住房成交 5.5 万套，成交面积 573.4 万平方米，比上年分别增加 44.3%和 53.1%；办公、商业成交面积分别为 31.0 万平方米、9.5 万平方米，比上年分别减少 29.1%、65.1%（见表 25）

（李雪雁）

表 25　2019 年北京市新建预售房屋成交情况（按用途分类）

用途	成交套数/套（单元）	成交面积/万平方米
住宅	54755	573.4
商业	729	9.5
办公	3009	31.0
其它	9553	41.1
合计	68046	655.0

【新建房屋现房成交情况】 2019 年，北京市新建现售房屋转移登记 4.4 万套，面积 385.6 万平方米，比上年分别增加 11.1%、7.1%。其中，住房 1.0 万套，152.4 万平方米，比上年分别增加 0.2%、7.8%；办公用房为 51.6 万平方米，比上年减少 16.6%；商业用房为 48.9 万平方米，比上年增加 18.0%（见表 26）。

（李雪雁）

表 26　2019 年北京市现售房屋转让成交情况

用途	成交套数/套（单元）	成交面积/万平方米
住房	9552	152.4
办公	4971	51.6
商业	2778	48.9
其它	26959	132.7
合计	44260	385.6

【新建住房期房成交结构情况】 2019 年，北京市新建住房期房成交 5.5 万套，成交面积 573.4 万平方米。从区域分布看，住房成交主要集中在丰台、朝阳、大兴、顺义、石景山、昌平、海淀、通州八区，住房成交 452.4 万平方米，占全市住房成交总量的 78.9%（其中丰台区成交 83.4 万平方米，占全市住房成交总量的 14.5%，居于各区之首）。其余各区住房成交面积占全市住房成交总量的 21.1%，其中西城、东城两区成交面积均低于 10 万平方米，合计成交占比为 0.02%。

（李雪雁）

【新建住房期房购房人结构情况】 2019 年，北京市新建住房期房购买主要以本地居民购买为主。本地居民购买住房 4.5 万套，面积 458.2 万平方米，成交套数占全市新建住房期房成交总套数的 81.4%。外省市个人购买住房 1.0 万套，面积 101.8 万平方米，成交套数占全市的 17.4%。境外个人购买住房 95 套，面积 2.1 万平方米，成交套数占全市的 0.2%（见表 27）。

（李雪雁）

表 27　2019 年北京市新建住房期房购买对象情况

购买对象	新建期房		新建住房期房	
	成交套数/套（单元）	成交面积/万平方米	成交套数/套（单元）	成交面积/万平方米
北京市个人	52061	490.7	44584	458.2
外省市个人	10957	107.5	9518	101.8
华侨、港澳台同胞、外国人购买	137	2.3	95	2.1
境内单位	4891	54.6	558	11.4
境外单位	0	0	0	0
合计	68046	655.1	54755	573.5

【办公用房期房成交情况】 2019年，北京市新建办公用房期房成交面积31.0万平方米（0.3万套或单元），成交金额103.1亿元。从区域分布看，办公用房成交主要集中在通州、顺义、海淀、门头沟、房山、丰台六个区，共成交27.7万平方米，占全市办公用房成交总量的89.3%。其中通州区成交面积居于各区之首，为10.0万平方米，所占比重为32.2%（见表28）。

（李雪雁）

表28　2019年北京市新建办公用房期房分区成交情况

区	办公		
	成交套数/套（单元）	成交面积/万平方米	成交金额/亿元
东城区	0	0.0	0.0
西城区	0	0.0	0.0
朝阳区	0	0.0	0.0
海淀区	56	3.8	16.1
丰台区	44	2.0	10.8
石景山区	0	0.0	0.0
门头沟区	369	2.5	6.6
房山区	59	2.4	5.5
通州区	482	10.0	37.7
昌平区	377	1.6	5.5
顺义区	1553	7.0	14.8
大兴区	39	0.6	3.3
怀柔区	8	0.5	1.4
密云区	0	0.0	0.0
延庆区	0	0.0	0.0
平谷区	0	0.0	0.0
北京经济技术开发区	22	0.6	1.4
合计	3009	31.0	103.1

【商业营业用房期房成交情况】 2019年，北京市新建商业营业用房期房成交面积9.5万平方米（729套或单元），成交金额37.5亿元。从区域分布看，商业营业用房成交主要集中在顺义、门头沟、海淀、丰台四区，成交7.1万平方米，占全市商业营业用房成交总量的74.5%。

（李雪雁）

【存量房交易总体情况】 2019年，北京市存量房成交面积1347.4万平方米，同比减少4.8%，成交金额3855.7亿元，同比减少1.2%。全市存量房成交15.5万套，其中存量住房成交13.9万套，占89.2%；存量办公用房成交0.6万套，占3.8%；存量商业营业用房成交0.2万套，占1.3%；其他类型存量房屋成交0.9万套，占5.6%（见表29）。

（李雪雁）

表 29　2019 年北京市存量房成交总体情况

类别	成交套数/套（单元）	成交面积/万平方米	成交金额/亿元
存量住房	138728	1220.9	3679.1
存量办公	5918	51.2	102.1
存量商业	2053	20.8	38.4
其他	8743	54.5	36.1
合计	155442	1347.4	3855.7

【存量商品住房成交情况】 2019 年全市存量商品住房成交 13.9 万套，同比减少 6.3%；成交面积 1220.9 万平方米，同比减少 5.2%。

（李雪雁）

【已购公房和经济适用房再上市成交情况】 2019 年北京市已购公房和经济适用房再上市成交 36139 套，成交面积 242.7 万平方米。成交套数同比减少 7.9%，成交面积同比减少 8.6%。

（李雪雁）

【2019 年北京市购房资格审核基本情况】 2019 年，继续从严执行房屋限购政策，购房资格审核、复核工作运行平稳。作为商品住房成交量的先行指标，全年审核商品住房购房资格核验业务 33.4 万笔，同比增加 4.9%，通过 28.1 万笔，通过率 84.3%。其中新建商品住房资格审核 7.9 万笔，同比增加 28.5%，通过率 86.8%；存量住房资格审核 25.5 万笔，同比减少 0.7%，通过率 83.5%（见图 6）；商办类房屋审核 1.2 万笔，同比增长 0.3%，通过率 58.4%。另外，全年 26 个共有产权住房项目开放网上申购，共审核 12.4 万户家庭。

（李雪雁）

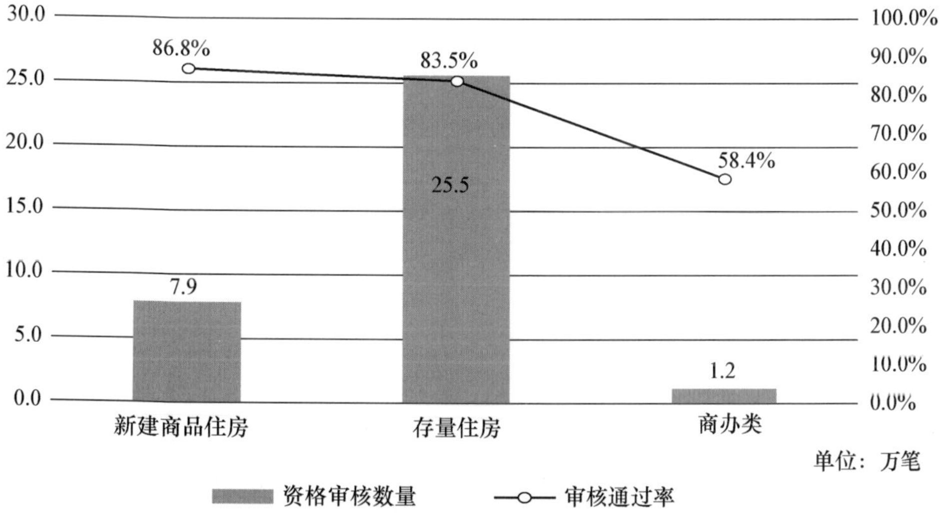

图 6　2019 年购房资格审核情况

【完善购房资格联网审核机制】 为进一步完善购房资格联网审核机制，北京市已建立了市住房城乡建设委、市规划国土委、公安局、民政局、地税局、人力社保局等部门的联网审核机制，实现对购房家庭房产、身份、户籍、婚姻、纳税、社保、工作居住证、境外个人境内居留状况等八类信息联网审核。2019 年继续扩大数据联审范围，5 月 17 日，与市公安局实现对京籍购房家庭未成年子女信息、户籍限制迁移情况联审；5 月 23 日，与市教委实现对在京高校学生身份联审；9月13日，与法院实现对司法调解、判决离婚信息联审。运用信息化手段，提高了资格审核的准确性。

（李雪雁）

【购房资格业务全城通办】 为深化“放管服”改革，方便群众办事，市住房城乡建设委进一步优化北京市购房资格审核工作机制，自2019年9月1日起，将购房资格复核业务下放至各区办理，同时实行资格审核全城通办，购房人可就近至任一区的房屋交易服务窗口提交材料申请办理资格核验和复核业务，切实为办事群众提供便利，让信息多跑路、群众少跑腿。

（李雪雁）

【根据市场情况适时调整执行口径】 《关于加强通州区商务型公寓和商业、办公项目销售管理的通知》中对于通州区商务型公寓再次上市交易的规则不明确。2019年此类房屋陆续进入再次上市交易阶段，上市交易政策规定受到社会普遍关注。市住房城乡建设委会同相关部门经过认真分析研判，在不违反现行政策并充分维护交易双方合法权益基础上制定执行口径：居民家庭或个人在2016年5月5日前已购买的商务型公寓第一次存量房买卖，不对购房人进行资格审核，购房人购买后，该套商务型公寓不计入家庭名下住房套数；第二次及以后存量房买卖，按通州区商务型公寓限购政策执行。针对咨询、反映律师事务所在购买房屋时性质应如何认定的情况，市住房城乡建设委会同相关部门向司法局行政审批处充分了解律师事务的经营条件及管理规定，制定最新执行口径：律师事务所参照“社会组织”的性质适用北京市各项房屋限购、限售政策。

（李雪雁）

【住房租赁市场交易总体情况】 2019年，北京市住房租赁供需矛盾趋于缓解，租金变化符合传统淡旺季波动规律，市场运行总体保持平稳。据北京市住房租赁监管平台备案信息和主要经纪机构成交数据推算，全年住房租赁市场累计交易214.9万套次，同比下降15.4%；全市整租平均租金87.1元/平方米·月、同比上涨5.6%，分租平均租金2703元/间·月、同比涨8%（见图7）。

（李雪雁）

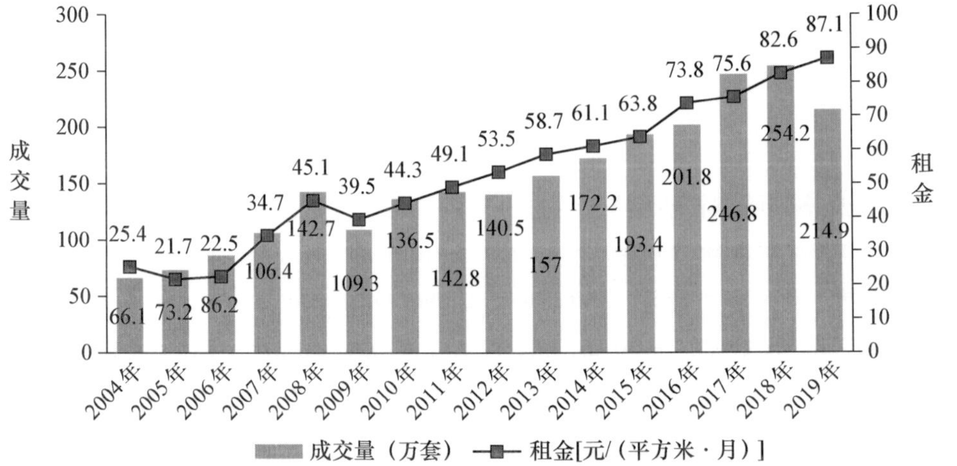

图7 2004—2019年住房租赁市场量价情况

【住房租赁供求关系总体趋缓但结构性矛盾依然突出】 从市统计局数据看，作为租赁市场需求主体的外来常住人口由2015年822.6万减至745.6万，同期住房建设继续保持增长，总需求、总供给一降一增，供求矛盾总体趋缓。与此同时，北京市住房租赁市场户型、价格、地段错配问题依然突出，中小户型、中低价位、较好地段的租赁房源供应相对需求不足。调查数据①显示，2019年北京新增租房需求家庭中，计划租住60平方米以内租赁住房的家庭比例为52.4%，而从供应来看60平方米以内用于出租的家庭自有住房仅占33.2%。从区域看，计划在城四区、核心区租房的占比分别为63.5%、12.5%，而从供应来看，城四区、核心区家庭自有住房的出租比例仅为50.4%和8.1%。同时，调研发现拆除违建、清理地下空间、整治违法群租房等工作在客观上造成低租金房源减少，城市运行保障行业务工人员居住成本上升，企业负担加重，在一定程度上导致“群租”以更加隐蔽的形式继续存在。企业普遍对提供统一管理、能够满足基本生活需求、人均月租金在1000元以下的集体宿舍需求较大，亟须补齐供应缺口。

（李雪雁）

【租金价格保持平稳】 据北京市住房租赁监管服务平台备案信息测算，2019年全市整租平均租金87.1元/平方米·月、同比上涨5.6%，涨幅较2018年收窄3.7个百分点，基本符合常态水平；分租平均租金2703元/间·月、同比上涨8%，涨幅较2018年上涨0.4个百分点。从租金走势看，分别在春节前后三、四月份和大学生毕业季七、八月份出现两次相对明显上涨，符合租赁市场淡旺季变化规律（见图8）。

（李雪雁）

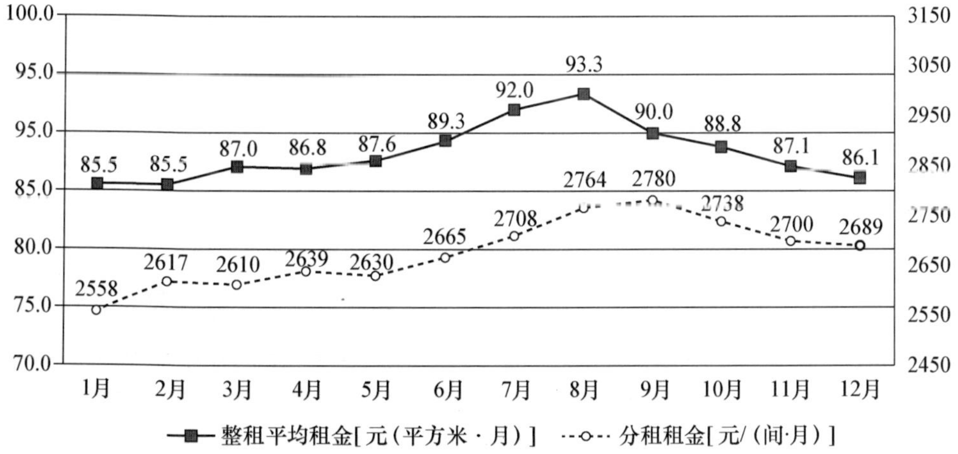

图8 2019年北京住房租赁价格变化情况

【住房租赁市场成交量回落】 据测算，2019年全市住房租赁市场累计交易

① 根据北京市城建研究中心、中国家庭金融调查与研究中心2019年调查数据。

214.9 万套次，同比下降 15.4%，近 8 年来首次出现下降，进一步表明市场总体供需矛盾趋于缓解。

（李雪雁）

【长租公寓行业发展趋于理性】 据北京市住房租赁监管服务平台备案，2019 年整租、分租租赁合同备案占比分别为 52.3%、47.7%，与上年相比整租占比大幅提升 17 个百分点。分析原因，主要是受资本退潮、监管收紧、违法群租房整治、企业爆仓等多重因素影响，长租公寓企业趋于理性、扩张速度放缓，部分企业调整经营模式、提升整租比重。以自如为例，2019 年整租备案超 10 万套，较 2018 年高出 1 倍。此外，从各区情况看，西城、东城、门头沟三区因家庭租房需求量较大，整租成交占比均超 65%，昌平、房山、大兴等区因轨道交通便捷、租金较低，更受年轻人青睐，分租占比超五成。

（李雪雁）

【出台三个合同示范文本】 7 月，为合理引导住房租赁行为，维护租赁当事人合法权益，减少交易纠纷，市住房城乡建设委会同市市场监管局发布《北京市住房租赁合同》《北京市房屋出租经纪服务合同》《北京市房屋承租经纪服务合同》三个合同示范文本。为方便房屋租赁当事人下载使用示范文本，要求各互联网平台网站在首页醒目位置予以公示。

（王媛媛）

【成功申请中央财政专项补贴】 年内，北京市顺利通过中央财政补贴竞争性评审，成为 2019 年中央财政支持住房租赁市场发展试点城市，连续 3 年可获中央财政支持资金 30 亿元。相关资金将用于增加租赁市场供给、培育租赁市场供应主体、扩展租赁平台功能等用途。

（王媛媛）

【依托住房租赁平台强化租赁市场管理与服务】 2019 年，北京市继续推进积分落户、子女入学、提取公积金等多项租赁赋权，持续加强宣传。租赁合同备案量突破 240 万笔，居于全国首位，先后两次被住房城乡建设部作为典型经验在全国推广。备案成果广泛应用，各部门累计调用数据 189.6 万次，有力支撑租赁市场精细化管理，以及疏整促、人口管理、反恐、国安等相关领域社会治理。毕业季组织校园行 188 次，搭建"大学毕业生租房供需平台"，受得到市领导认可。同时，进一步加强租赁合同备案管理，强化收房合同备案，初步实现穿透式管理。

（李雪雁）

【稳步推进违法群租房整治】 2019 年，市住房城乡建设委紧紧围绕群众诉求，制定《关于进一步加强违法群租房专项整治的工作方案》，进一步健全完善市、区、街三级协同工作机制；依托大数据资源强化舆情监测，建立舆情督办台账、落实快速处理；通过发放宣传海报、发布"租房指南"、深入社区开展普法宣传等多种形式，加大租赁政策宣传力度；探索研究对违法群租房主体实施信用惩戒，通过事前承诺、事中建立信用记录、事后进行联合惩戒等措施实现全流程监管。据统计，2019 年全年 12345 热线共受理群租类诉求来电 27063 件，热线响应率达 100%，诉求解决率达 80%，群众满意率达 90%，全市整治违法群租房 14307 处，顺利完成违法群租房“动态清零”的既定任务。

（李雪雁）

【规范互联网发布租赁房源信息行为】 年内，进一步探索长效机制建设，联合市市场监督管理局、市互联网信息办公室、市通信管理局、市公安局发布《关于规范互联网发布本市住房租赁信息的通知》，自 11 月 1 日起施行。《通知》明确了发布住房租赁信息的企业及从业人员要求，强化源头治理，切断“黑中介”的揽客途径；要求同一房源不得由同一家机构重复发布，同一房源由多家不同机构发布的应当逐步实现合并展示，下架发布超过 30 日的房源信息；加大了违规处罚力度，对违法违规行为暂停发布权限 1 至 3 个月，违规 3 次以上的不得再通过互联网平台发布北京市住房租赁房源信息。针对互联网房源乱象形成常态化执法监管模式，持续强化市区联动、部门联动、线上线下联动，将房地产经纪机构发布房源信息纳入日常执法监管范围，对无委托发布房源、违法群租、不实房源、炒作学区概念、宣传商办项目居住属性等突出问题开展常态监测，通过现场实地逐项比对核实，对存在违规发布房源信息的房地产经纪机构依法立案查处并公开曝光，同时下架其互联网平台发布的全部房源信息。全年集中约谈违规互联网平台 16 批次，市区两级立案处罚房地产经纪机构共计 407 起。

（王媛媛　汤娟娟）

【开展“黑中介”“住房租赁中介机构乱象”专项整治】 年内，将“黑中介”列入扫黑除恶专项斗争，市、区住房城乡建设（房管）部门及时向公安部门移送“黑中介”涉黑涉恶线索。同年，落实“不忘初心、牢记使命”主题教育要求，切实提高政治站位，强化责任担当，扎实推进“住房租赁中介机构乱象”问题整改。通过会同市场监管部门开展联合检查、不断加大监管执法力度、推进建章立制等，坚持当下改和长久立相结合，破解群众急难愁盼问题。

（王媛媛）

【住房租赁宣传工作】 年内，通过安居北京发布《住房租赁指南》，提示毕业生租房群体、租客及房东远离“黑中介”“二房东”“低价房”等租房陷阱，引导租房人群合法合规租赁住房，切实保障当事人权益。为提升服务针对性，联合市教委向全市高校推送相关信息，受到毕业生群体的广泛欢迎，取得良好的社会效果。同年，印制“扫黑除恶”“抵制违法群租”等主题海报、宣传手册 4 万余份发放各街乡镇和中介门店，主动提示群众维护自身合法权益。

（王媛媛）

勘察测绘

【加强房产测绘成果审核业务指导】 12 月，市住房城乡建设委召开全市房产地产市场工作座谈会，宣讲 2019 年相关工作文件，包括市住房城乡建设委印发的

《关于调整房产测绘成果审核有关事项的通知》《关于落实“多测合一”调整房产测绘成果审核范围的通知》，以及市政府审改办印发的《关于进一步推进北京市建设工程竣工联合验收改革的实施意见》等，并结合房产测绘成果审核工作中遇到的政策和技术问题，进行梳理和讲解。

（郭　洋）

【房产测绘成果审核情况】 年内，北京市通过用于预售许可的房产预测绘成果审核业务共计265笔，建筑面积2198万平方米，与上年比减少449万平方米，同比下降16.96%（见表30）；通过用于不动产登记的房产实测绘成果审核业务共计1194笔，建筑面积3933万平方米，与上年比减少476万平方米，同比下降10.80%（见表31）。通过国有土地上住宅平房房产测绘成果审核业务862笔，建筑面积约13102.4平方米。

（郭　洋）

表30　2019年度北京市各区预测成果审核情况

序号	统计单位	审核通过数量/件	建筑面积/平方米	面积所占百分比/%
1	东城区	0	0	0.00
2	西城区	1	44333.94	0.20
3	朝阳区	28	2721566.2	12.38
4	海淀区	16	1298845.29	5.91
5	丰台区	29	2597837.72	11.82
6	石景山区	23	1216305.58	5.53
7	门头沟区	12	480551.8	2.19
8	房山区	24	2189275.52	9.96
9	通州区	32	2391684.97	10.88
10	昌平区	26	2481972.57	11.29
11	顺义区	24	1965335.52	8.94
12	大兴区	19	2180510.35	9.92
13	怀柔区	8	504103.48	2.29
14	平谷区	9	742149.63	3.37
15	密云区	6	514119.13	2.34
16	延庆区	6	334473.56	1.52
17	北京经济技术开发区	2	320347.91	1.46
合计		265	21983413.17	100.00

表31　2019年度北京市各区实测成果审核情况

序号	统计单位	审核通过数量/件	建筑面积/平方米	面积所占百分比/%
1	东城区	13	663464.79	1.69
2	西城区	10	281475.13	0.71
3	朝阳区	125	5897847.83	15.00

续表

序号	统计单位	审核通过数量/件	建筑面积/平方米	面积所占百分比/%
4	海淀区	92	2953378.53	7.51
5	丰台区	104	3315048.04	8.43
6	石景山区	30	1305416.71	3.32
7	门头沟区	70	1739864.85	4.42
8	房山区	97	1746180.62	4.44
9	通州区	90	2930412.44	7.45
10	昌平区	119	3095754.56	7.87
11	顺义区	140	4871553.69	12.39
12	大兴区	137	4493231.61	11.42
13	怀柔区	18	575300.35	1.46
14	平谷区	34	589977.71	1.50
15	密云区	53	982691.48	2.50
16	延庆区	14	543375.76	1.38
17	北京经济技术开发区	48	3346124.94	8.51
合计		1194	39331099.04	100

【房产测绘单位及人员情况】 截至12月31日，全市已在市住房城乡建设委备案的房产测绘机构有127家，从业人员1001人。其中，甲级资质24家，乙级资质38家，丙级资质36家，丁级资质29家（机构名录见表32）。从业人员中，硕士、博士学历18人，本科学历493人，大专学历340人，其他学历150人。

（郭　洋）

表32　2019年度北京市房产测绘备案单位名录

序号	测绘企业名称	资质等级	资质证书编号
1	北京市房地产勘察测绘所	甲级	甲测资字11002001
2	建设综合勘察研究设计院有限公司	甲级	甲测资字11002032
3	中兵勘察设计研究院	甲级	甲测资字11001014
4	北京时正兴测绘工程技术有限公司	甲级	甲测资字11001033
5	北京鼎春德正测绘中心	甲级	甲测资字1101040
6	北京新兴华安智慧科技有限公司	甲级	甲测资字11001042
7	北京华星勘查新技术有限公司	甲级	甲测资字1100264
8	航天建筑设计研究院有限公司	甲级	甲测资字1100453
9	中航勘察设计研究院有限公司	甲级	甲测资字11001024
10	苍穹数码技术股份有限公司	甲级	甲测资字11001008
11	北京市地质工程勘察院	甲级	甲测资字11001022

续表

序号	测绘企业名称	资质等级	资质证书编号
12	北京金房兴业测绘有限公司	甲级	甲测资字 1101272
13	北京城建勘测设计研究院有限责任公司	甲级	甲测资字 11001019
14	北京市测绘设计研究院	甲级	甲测资字 11001010
15	北京帝测科技股份有限公司	甲级	甲测资字 1100140
16	北京国政恒信测绘技术服务有限公司	甲级	甲测资字 1101158
17	北京道济测绘有限公司	甲级	甲测资字 11002111
18	北京力佳图科技有限公司	甲级	甲测资字 1100237
19	北京勘察技术工程有限公司	甲级	甲测资字 11000660
20	北京海地人资源咨询有限责任公司	甲级	甲测资字 1111030
21	中勘天成（北京）科技有限公司	甲级	甲测资字 1101194
22	九成空间科技有限公司	甲级	甲测资字 1100017
23	北京伟泽测绘股份有限公司	甲级	甲测资字 1101301
24	沐城测绘（北京）有限公司	甲级	甲测资字 1101310
25	北京市通州区住房和城乡建设委员会测绘所	乙级	乙测资字 11012001
26	北京京密鸿图测绘有限公司	乙级	乙测资字 11016001
27	北京中瑞嘉业测绘有限公司	乙级	乙测资字 11005007
28	北京龙泰经纬测绘有限公司	乙级	乙测资字 11005011
29	北京威远图易数字科技有限公司	乙级	乙测资字 11007011
30	北京京昌工程测绘技术有限公司	乙级	乙测资字 11013002
31	北京通图信息科技有限公司	乙级	乙测资字 1110022
32	北京大地宏图勘测有限公司	乙级	乙测资字 11000009
33	北京中天路通工程勘测有限公司	乙级	乙测资字 11013005
34	北京中海地理信息测绘有限公司	乙级	乙测资字 1112126
35	北京大地万川测绘有限公司	乙级	乙测资字 1111409
36	北京富地勘察测绘有限公司	乙级	乙测资字 11012004
37	北京地矿工程建设有限责任公司	乙级	乙测资字 11007013
38	北京同创达勘测有限公司	乙级	乙测资字 11020003
39	北京三友宇天测绘有限公司	乙级	乙测资字 11009003
40	北京市勘察设计研究院有限公司	乙级	乙测资字 11005045
41	北京市房山区测绘所	乙级	乙测资质 11010002
42	北京新兴环宇测绘有限公司	乙级	乙测资字 1111686
43	北京国测信息科技有限责任公司	乙级	乙测资字 11005088
44	中兆恒基（北京）工程管理有限公司	乙级	乙测资字 1110281
45	北京亿科瑞土规划设计有限公司	乙级	乙测资字 1110777
46	北京瀚博林遥感测图信息工程研究院	乙级	乙测资字 1111300
47	中测新宇（北京）测绘技术有限公司	乙级	乙测资字 1111596

续表

序号	测绘企业名称	资质等级	资质证书编号
48	北京万兴宏盛建筑勘测技术有限公司	乙级	乙测资字 1110957
49	北京汇达城数科技发展有限公司	乙级	乙测资字 1112315
50	北京意诚远耀勘测设计有限公司	乙级	乙测资字 1110362
51	北京华测测绘有限公司	乙级	乙测资字 1112592
52	北京奥腾岩石科技有限公司	乙级	乙测资字 1112135
53	众信成勘测设计（北京）有限公司	乙级	乙测资字 1112321
54	北京市通州区城乡测绘所	乙级	乙测资字 1112144
55	北京迅联图业科技有限公司	乙级	乙测资字 1112664
56	北京鑫测科技有限公司	乙级	乙测资字 1113001
57	北京万维世创测绘科技有限公司	乙级	乙测资字 1111389
58	北京市朝阳区房屋测绘事务所	乙级	乙测资字 1111706
59	北京天时地利测绘科技有限公司	乙级	乙测资字 1113314
60	北京京建元勘测科技有限公司	乙级	乙级资字 1112862
61	北京国电天瑞工程勘测设计有限公司	乙级	乙测资字 1113348
62	北京七彩风景科技发展有限公司	乙级	乙测资字 1113456
63	北京市西城区房地产测绘一所	丙级	丙测资字 11002001
64	北京市东城区房屋管理局测绘二所	丙级	丙测资字 11004001
65	北京市丰台区房屋经营管理中心测绘队	丙级	丙测资字 11006001
66	北京市海淀区房屋土地经营管理中心测绘队	丙级	丙测资字 11007001
67	北京市石景山区房地产测绘队	丙级	丙测资字 11008001
68	北京市顺义区住房和城乡建设委员会测绘所	丙级	丙测资字 11014001
69	北京市大兴区房地产测绘所	丙级	丙测资字 11011001
70	北京天地鸿图测绘有限公司	丙级	丙测资字 11010001
71	北京京怀信房产测绘有限公司	丙级	丙测资字 11017001
72	北京华夏经纬测绘技术有限公司	丙级	丙测资字 11005002
73	北京中兴兆业房屋面积测绘有限公司	丙级	丙测资字 11007012
74	北京昌房房地产测绘技术服务有限责任公司	丙级	丙测资字 11013001
75	北京京恒实测绘技术有限公司	丙级	丙测资字 11011002
76	北京首益佳房地产经纪有限公司	丙级	丙测资字 11019005
77	北京赛博时代测绘有限公司	丙级	丙测资字 11010003
78	北京慧智蓝图测绘有限公司	丙级	丙测资字 11017004
79	北京首佳联诚房地产测量有限公司	丙级	丙测资字 11019002
80	北京望唐数码测绘有限公司	丙级	丙测资字 11017003
81	北京华夏合众土地科学技术有限公司	丙级	丙测资字 1120557
82	北京鑫海厦测绘有限公司	丙级	丙测资字 11007007
83	北京浩宇天地测绘科技发展有限公司	丙级	丙测资字 11007028

续表

序号	测绘企业名称	资质等级	资质证书编号
84	北京智环成测绘有限公司	丙级	丙测资字 11011008
85	中泽嘉汇（北京）测绘中心	丙级	丙测资字 11006004
86	北京檀州经纬测绘有限公司	丙级	丙测资字 1120520
87	北京粤富华测绘测量有限责任公司	丙级	丙测资字 11005015
88	北京经纬久度测绘有限公司	丙级	丙测资字 11005034
89	北京泾渭冠宇测绘有限公司	丙级	丙测资字 11009004
90	北京市怀柔测绘所	丙级	丙测资字 11017002
91	北京君仁慧智测绘有限公司	丙级	丙测资字 1120539
92	中材地质工程勘查研究院有限公司	丙级	丙测资字 1120223
93	北京智慧宏图勘察测绘有限公司	丙级	丙测资字 1120505
94	北京宇达同盛勘测技术有限公司	丙级	丙测资字 1120476
95	北京京电文华勘测设计有限公司	丙级	丙测资字 1120604
96	北京科远广宇勘测技术有限责任公司	丙级	丙测资字 1120737
97	北京红坊工程测量有限公司	丙级	丙测资字 1120674
98	北京久城测绘科技有限公司	丙级	丙测资字 1120712
99	北京市东城区房屋管理局测绘一所	丁级	丁测资字 11019004
100	北京市西城区房地产测绘二所	丁级	丁测资字 11003001
101	北京市门头沟区房地产测绘所	丁级	丁测资字 11009001
102	北京市延庆区房地产勘察测绘所	丁级	丁测资字 11018012
103	北京市平谷区房地产测绘队	丁级	丁测资字 11015001
104	北京市房屋面积计量站	丁级	丁测资字 11005004
105	北京赛杰新时代房屋测绘有限公司	丁级	丁测资字 11005005
106	北京源恒天地测绘有限公司	丁级	丁测资字 11006003
107	北京泰达克房地产测绘咨询有限公司	丁级	丁测资字 11013004
108	北京中鼎衡测绘事务所	丁级	丁测资字 11007008
109	海天方圆（北京）科技有限公司	丁级	丁测资字 11007020
110	北京国勘房地产测绘有限公司	丁级	丁测资字 11007025
111	北京中天新图测绘有限公司	丁级	丁测资字 1130027
112	北京阳光华翰测绘有限公司	丁级	丁测资字 11004002
113	北京天天友联测绘有限公司	丁级	丁测资字 11015003
114	北京京海纵横测绘有限公司	丁级	丁测资字 11005016
115	北京荣驰测绘技术有限公司	丁级	丁测资字 11007031
116	北京永佳达测绘有限公司	丁级	丁测资字 11007042
117	北京丰华方圆测绘工程技术有限责任公司	丁级	丁测资字 11005014
118	北京欣通佳信测量有限公司	丁级	丁测资字 11012003
119	北京京建恒信房地产测量技术有限公司	丁级	丁测资字 11007044

续表

序号	测绘企业名称	资质等级	资质证书编号
120	北京世规测量技术咨询有限公司	丁级	丁测资字 11007047
121	北京创天烨测绘有限公司	丁级	丁测资字 11011013
122	北京百星达测绘工程有限公司	丁级	丁测资字 11010005
123	北京新兴宏图测绘有限公司	丁级	丁测资字 11005026
124	北京米拉测绘有限公司	丁级	丁测资字 11009005
125	北京顺至宏图测绘有限公司	丁级	丁测资字 1130513
126	北京金伟诚业测绘有限公司	丁级	丁测资字 1130574
127	北京森源宏勘测科技发展有限公司	丁级	丁测资字 1130199

企业荣誉名录

【北京市 20 家企业入选“2019 年中国房地产业综合实力 100 强”】 8 月 29 日，2019 年中国房地产业综合实力 100 强排行榜①发布，北京市有 20 家企业上榜，分别是中国保利集团公司、北京江南投资集团有限公司、中国金茂控股集团有限公司、北京住总集团有限责任公司、世纪金源投资集团有限公司、中国铁建房地产集团有限公司、首创置业股份有限公司、中国电建地产集团有限公司、北京首都开发控股（集团）有限公司、北京金融街投资（集团）有限公司、北京鸿坤伟业房地产开发有限公司、北京北辰实业股份有限公司、北京金隅地产开发集团有限公司、国瑞置业有限公司、北京建工地产有限责任公司、中冶置业集团有限公司、北京城建投资发展股份有限公司、华远地产股份有限公司、中国葛洲坝集团房地产开发有限公司、北京住总集团有限公司，分列第 7、18、24、31、32、43、45、46、47、52、53、56、57、65、71、72、77、87、90、93 位。

（中国房地产业联合会）

建材市场

【发布 2018 版禁止使用建材目录】 4 月 1 日，市住房城乡建设委联合市规划自然资源委、市城市管理委印发《北京市禁止使用建筑材料目录（2018 年版）》，

① 该排行榜由中国房地产业联合会组织评定。通过对全国 34 个省（区、市）超过 3000 家利润总额在 8000 万元至 370 亿元之间的中国房地产开发企业进行数据采集研究，比照国际上通行的做法，主要根据营业收入、资产总额、利润总额、资信等级、社会贡献、业主满意度等指标分析确定候选企业，邀请 100 位企业高管、学者及官员对经资格审核符合要求的企业进行综合评分，并对部分候选企业进行实地拜访，从中遴选出 100 家中国房地产业综合实力 100 强企业。

增加了 5 类禁止使用的建筑材料及设备，包括：萘系减水剂，施工现场非密闭拌制的保温砂浆，聚氯乙烯类密封条、隔热条、暖边间隔条，不满足《建筑类涂料与胶粘剂挥发性有机化合物含量限值标准》（DB11/3005—2017）的涂料和胶粘剂，能效标识二级及以下、氮氧化物排放未达到《燃气采暖热水炉》（GB 25034—2010）5 级要求的燃气采暖用壁挂炉。

（郑学忠）

【发布建筑砂石绿色供应链建设指导意见】 9 月 26 日，市住房城乡建设委联合市交通委、市规划自然资源委、市发展改革委、市城市管理委、市公安局公安交通管理局、市生态环境局、中国铁路北京局集团有限公司等八部门共同印发了《北京市建筑砂石绿色供应链建设指导意见（2019—2025 年）》，提出：到 2025 年，基本完成北京市及环京 10 个左右建筑砂石绿色基地建设，提高信息化水平，逐步提高铁路及新能源车运输砂石的比例；混凝土搅拌站全面执行绿色生产标准，逐步提高砂石绿色基地产品的使用比例；基本建成以保护生态环境为前提，以区域协同发展为依托，以绿色运输为手段，以满足城市高标准建设为目标的生产、运输、使用、回收全过程高效、协同、完备的北京市建筑砂石绿色供应链。截至 12 月 31 日，京哈、京原、丰沙、京通等铁路线基本打通，平谷马坊、大兴黄村、丰台大红门、丰台西、房山站、河北大厂站、顺义牛栏山、朝阳百子湾等货场基本具备接货条件；砂石运输专用集装箱开发完成，16 辆纯电动重卡投入运营；全年通过铁路运输砂石 146.6 万吨，水泥 21.5 万吨，使用新能源车运输的砂石 56 万吨。

（王合叶）

【发布北京市预拌混凝土行业减量集约高质量发展指导意见】 8 月 5 日，市住房城乡建设委联合市发展改革委、市规划自然资源委、市交通委、市生态环境局、市公安局公安交通管理局、中国铁路北京局集团有限公司等七部门共同印发了《北京市预拌混凝土行业减量集约高质量发展指导意见（2019—2025 年）》，提出：通过产能减量置换、兼并重组等手段减少混凝土搅拌站数量。到 2020 年底，全市预拌混凝土设计产能同比 2019 年持续下降，产能利用率、市场集中度逐步提升。到 2025 年底，设计产能同比 2019 年有较大幅度降低，产能利用率、市场集中度达到国内领先水平。混凝土搅拌站全面执行绿色生产标准，2020 年底前全部完成预拌混凝土搅拌站绿色生产和密闭化升级改造（含新建站点整体全封闭和既有站点部分全封闭），达到北京市地方标准《预拌混凝土绿色生产管理规程》（DB11/T642）要求。

（闫乃斌）

【完成北京市地方标准《预拌混凝土绿色生产管理规程》执行情况专项检查】 4 月 1 日，市住房城乡建设委联合市生态环境局、市交通委共同印发了《关于对北京市地方标准〈预拌混凝土绿色生产管理规程〉执行情况进行专项检查的通知》。年内，完成了以下工作：关闭 12

个不符合要求的站点，并撤回资质；北京市已经累计停产关闭不符合要求的搅拌站点 145 个。开展《预拌混凝土绿色生产管理规程》专项执法检查，检查在良好以上水平的站点 102 个，占比为 70.8%。全市机组总台数为 325 台，比上年减少 26 台；机组总容量 1002.75 立方米，比上年减少 86.25 立方米。全年通过铁路运输砂石骨料 149.10 万吨，水泥 13.14 万吨，新能源车运输砂石骨料 57.19 万吨，超额完成任务。从检查情况来看，全市预拌混凝土企业对行业高质量发展的重视程度不断提高，环保设施投入持续加大，行业清洁化生产和智能化制造水平整体显著提升。

（闫乃斌）

【建材可追溯机制课题通过验收评审】 12 月，《利用信息识别技术建立建材使用可追溯性管理机制的研究》课题顺利通过验收。课题在分析国内外相关行业追溯体系特点、梳理北京市现有建材管理政策的基础上，提出了基于信息识别技术的建材可追溯体系模型及相关政策建议，为下一步研究建立北京市建材使用可追溯管理机制提供参考。

（陈　超）

【建材质量状况抽检合格率 87.5%】 年内，在全市范围组织开展 2 次建材使用管理专项检查，检查内容包括建设工程建材采购信息填报政策的执行情况、国家和北京市“禁限”产品使用政策的执行情况、北京市“施工现场材料管理工作导则”实施情况，并对施工现场建材质量状况进行抽检。共抽检在施建设工程项目 64 个，涉及建筑面积约 443 万平方米；抽检建材实物样品 144 组，检验合格 126 组，抽检合格率 87.5%。

（余　芳）

【建材采购信息填报情况】 年内，全市共有 692 个新开工项目开展了建设工程材料采购信息填报，273 个项目进行了建设工程材料采购信息完结申报。截至 12 月 31 日，累计已有 6658 个项目开展了采购信息填报，4031 个项目进行了完结申报。

（陈　超）

【装配式建筑部品生产基地情况】 截至 12 月 31 日，北京市及周边地区已建成 29 家以上部品生产企业，生产基地超过 38 个。其中，装配式混凝土结构部品企业 22 家，生产基地 31 个，总产能 325 万立方米；装配式钢结构部品企业 7 家，总产能 70.5 万吨。全年共计使用装配式混凝土结构部品超过 122 万立方米；使用装配式钢结构部品超过 17.9 万吨。

（张雅芬）

【水泥、预拌混凝土、预拌砂浆产量情况】 年内，北京市 2 家水泥企业累计生产水泥量为 316.39 万吨，比上年减少 71.55 万吨，减少 18.44%；散装水泥累计供应量为 279.47 万吨，比上年减少 74.5 万吨，减少 21.04%。预拌混凝土供应量 5155.37 万立方米，比上年增加 256.1 万立方米，增加 5.22%。全市普通干混砂浆产量为 213.62 万吨，较上年减少 9.94 万吨，减少 4.45%。

（矫　明）

【加强建设工程预拌砂浆应用工作】 为

进一步贯彻落实《北京市大气污染防治条例》《北京市建设工程施工现场管理办法》和《北京城市总体规划（2016 年—2035 年）》等相关法律法规、政策文件精神，3 月 6 日，市住房城乡建设委印发《关于进一步加强全市建设工程预拌砂浆应用工作的通知》。该通知在保留北京市行政区域内办理施工许可的房屋建筑和市政基础设施工程禁止现场搅拌砂浆的基础上，新增施工现场不得采购使用袋装水泥（特种水泥除外）的要求；明确了建设单位、施工单位、监理单位、砂浆生产企业及各相关管理部门的职责，强调事前、事中、事后监督管理工作。《关于在全市建设工程中使用散装预拌砂浆工作的通知》等五个文件同时废止。

（刘洪波）

【继续完善预拌混凝土标准体系】 3 月 27 日，市住房城乡建设委参与编制的地方标准《预拌混凝土质量管理规程》（DB11/T 385—2019）7 月 1 日，正式实施；引导北京市混凝土协会批准编制《预拌混凝土用水泥应用技术规程》团体标准。

（刘洪波）

【推动开行水泥“公转铁”试点专列】 年内，协调北京金隅水泥推进其外埠进京水泥铁路运输事宜。指导内蒙古呼和浩特水泥企业铁路运输，8 月 6 日完成首趟专列运输。全年水泥进京量约 14.1 万吨，标志着北京市建设领域大宗建材绿色供应链建设在水泥材料供应方面取得了新突破。

（郭绍刚）

【混凝土原材料采购信息填报平台上线运行】 年内，按照《关于开展建设工程材料采购信息填报有关事项的通知》要求，开展混凝土原材料采购信息填报工作。截至 12 月 31 日，全市具有预拌混凝土专业承包资质的企业及站点 144 家（正常生产的 108 家），共有 117 家混凝土搅拌站完成原材料采购信息的在线填报，涉及水泥、砂、石、粉煤灰、矿渣粉、外加剂六类原材料的生产和供应企业 172 家。

（矫　明）

【抽查 15 家混凝土搅拌站绿色生产情况】 按照《关于开展 2019 年度北京市地方标准〈预拌混凝土绿色生产管理规程〉执行情况专项检查的通知》相关要求，对北京市 15 家混凝土搅拌站进行绿色生产市级抽查，抽查数量占全市站点总数的 10.4%。检查结果显示，全市预拌混凝土企业对绿色生产重视程度不断提高，环保设施投入持续加大，综合管理水平持续提升。

（矫　明）

【预拌混凝土原材料抽检合格率 91.4%】 按照《北京市住房和城乡建设委员会关于开展 2019 年建筑节能与建筑材料使用管理专项检查的通知》的工作安排，对北京市 13 个区 26 家预拌混凝土生产企业开展了原材料使用情况专项检查和企业资质动态核查，共抽检原材料 105 组，其中合格 96 组，产品合格率为 91.4%。对抽检不合格样品已依规处理。所抽站点资质均达到预拌混凝土专业承包资质标准要求。

（矫　明）

【墙体材料应用量折合标砖约49.63亿块】 全年北京市墙体材料应用总量折合标砖约49.63亿块，比上年减少6.32亿块，其中北京市供应量占比为31%，外埠地区为69%。外埠供应地区主要为河北、天津、山东，占比分别为75%、16%、8%。北京市地区墙体材料企业26家，主要生产砌块和墙板，总产量折标砖约17.92亿块，比上年增加3.02亿块标砖，其中蒸压加气混凝土板同比增加71.3%、隔墙板增加86.4%、PC墙板增加204.6%。综合利用废弃物约62万吨，比上年增加7万吨，其中轻集料混凝土砌块利用了约54万吨。轻集料混凝土砌块、蒸压加气混凝土砌块、隔墙板、蒸压加气混凝土板、PC墙板每万块标砖生产能耗分别下降了12.0%、0.4%、14.3%、0.3%、9.6%，其中轻集料砌块能耗最低，PC墙板最高，分别为每万块标砖0.019吨标煤、0.294吨标煤。

（周晓群）

【绿色墙体材料、保温材料推广政策研究课题完成验收】 12月，《北京市绿色墙体材料、保温材料推广政策研究》完成验收。课题以墙体材料、保温材料为重点，对北京市绿色建材发展现状、国家政策要求及其他省市经验进行了研究分析，系统提出了北京市绿色墙体材料、保温材料推广政策建议，形成了《北京市绿色建材产品推广实施方案》《北京市绿色墙体材料、保温材料应用指南》等研究成果。

（曹赛楠）

【推进应用新型墙体材料技术】 年内，借助“创新创业惠民生”活动，积极推广居住建筑产业化装配式轻质混凝土复合外墙板技术及蒸压加气混凝土外墙板技术等新型墙体材料技术，拟提高北京市建筑外墙质量，解决外墙保温脱落，消除火灾隐患，实现建筑外墙与建筑同寿命。上述推广技术列入《北京市绿色建筑和装配式建筑使用技术推广应用》。

（周晓群）

【砌块企业年利用建筑垃圾20余万吨】 年内，结合2018年建筑垃圾应用于墙体材料的初步调研情况，与北京市建筑物资协会建筑部品与砌块协会联合，对北京市建筑砌块生产企业进行宣传推广、宣讲政策、牵线搭桥、督促落实，现砌块企业生产轻集料砌块已可利用30%建筑垃圾，年利用建筑垃圾20余万吨。

（周晓群）

【新型墙体材料抽检合格率81%】 年内，在全市范围组织开展2次新型墙体材料使用情况专项检查，涉及在施工程64项，总建筑面积373.84万平方米；对37组加气混凝土砌块及轻集料混凝土砌块产品进行了质量状况抽检，检验合格30组，抽检合格率81%。对违法违规行为已经责令整改，对企业和责任人进行了处理。

（王仔成）

【墙体材料革新政策及标准宣传贯彻】 年内，为北京经济技术开发区建设、施工、监理等单位相关管理和技术人员进行了墙体材料革新政策宣传贯彻和技术服务，参加培训约150人。

（王仔成）

【推动全市建筑垃圾资源化综合利用】 年内，联合市城市管理委、市发展改革委等六部门共同印发《关于调整建筑废弃物再生产品种类及应用工程部位的通知》并督促落实。截至12月31日，全市正在运行建筑垃圾现场资源化综合利用设施点位110个，年设计处置能力超过9000万吨。全年累计使用建筑垃圾再生产品5000余万吨，形成的再生产品在市政道路、园林绿化、人行步道和河道治理等政府投资的公共设施项目得到有效应用。

（张　鹏）

【继续推广超低能耗建筑示范】 全年共有5个超低能耗建筑示范项目通过专家评审，示范面积75062.62平方米。截至12月31日，北京市超低能耗建筑示范项目共计32个，示范面积661270.69平方米。

（邓　夺）

【优化“两项基金”返退工作服务流程】 年内，市住房城乡建设委发布《关于进一步简化新型墙体材料专项基金和散装水泥专项资金返退申请资料的通知》，对“两项基金”返退工作流程进行优化，将审批时限由之前的平均180天减少为27个工作日，将返退申请资料由原来的8项减少为4项。

（陈慧娜）

优化营商环境

【优化营商环境工作开展总体情况】 年内，按照党中央国务院和市委市政府要求，市住房城乡建设委积极开展优化营商环境各项工作。建立营商环境协调机制，委党组专题研究，委主要领导多次听取汇报并亲自督促检查，主管领导牵头负责，其他分管委领导按照分工协调推进。先后多次组织召开委内和全市住建房管系统专题动员部署会，广泛开展动员部署工作，提高对优化营商环境工作重要性的认识。市住房城乡建设委及时成立指导组，加强对各区建设房管部门营商环境工作的协调指导，促进工作的开展。在施工许可、招标投标、安全质量监督、安全风险分级管控、人员资格和登记财产等方面，出台了优化营商环境“9＋N”2.0版政策，在施工许可、质量风险分级管控等方面进一步出台“9＋N”3.0版政策，方便企业和群众办事。同时，针对出台的文件开展培训宣传，组织百余场优化营商环境“9＋N”2.0版新政培训，培训相关人员达1.8万余人；通过市住房城乡建设委官方新媒体安居北京微信公众号、微博推送“一图读懂”、解读视频，点击量近62万次；制作新政宣传易拉宝、小册子2.1万份发放给各区政务大厅摆放，方便办事企业和人员。此外，按要求推进落实北京市进一步优化营商环境行动计划关于市住房城乡建设委的任务分工。

（张海鹏）

【优化营商环境工作成效】 2019年，市住房城乡建设委在世行营商环境评价中取得突破性进展。世行营商环境评价中，办理建筑许可指标全球排名33位，相比上年跨越式提升88位；登记财产指标全球排名28位。在2019年中国营商环境评价中，北京市在41个参评城市中排名第一，市住房城乡建设委相关指标均表现优秀。在国家营商环境评价中，9月国务院办公厅印发了《国务院办公厅关于做好优化营商环境改革举措复制推广借鉴工作的通知》，将市住房城乡建设委推行的工程招标投标交易全过程电子化、实行施工许可证全程网上办两项举措，纳入供全国借鉴的改革举措。

（张海鹏）

【全面推行施工许可证全流程网上办理】 3月15日，市住房城乡建设委印发《关于推行建筑工程施工许可证网上审批的通知》，规定自3月18日起，施工许可证核发实行建筑工程施工许可证网上申请、网上审批、限时办结、自行打证，实现了事项全程网办，企业一次不跑。截至12月底，全市共办理施工许可证核发3159个，其中社会投资2470个。

（南　音）

【优化社会投资简易低风险工程建设项目建筑工程施工许可】 12月9日，市住房城乡建设委印发《关于做好社会投资简易低风险工程建设项目建筑工程施工许可有关问题的通知》，进一步明确了社会投资办理施工许可的限额、简易低风险工程的适用范围、办理时限及变更事项的相关要求，加快社会投资简易低风险工程建设项目施工许可审批的办理，推动北京市营商环境持续改善。

（南　音）

【加强和规范施工许可审批事中事后监管】 12月9日，为加强和规范全市建筑工程施工许可审批事中事后监管工作，建立与工程建设项目审批制度改革相适应的监管体系，市住房城乡建设委印发《关于加强和规范全市建筑工程施工许可审批事中事后监管的通知》，规定市住房城乡建设委负责市级核发施工许可项目的监管，各区住房城乡（市）建设委负责本行政区域内自行核发施工许可项目的监管。以“双随机、一公开”为基本手段，以“互联网＋监管”为依托和改革方向，通过现场检查、企业约谈、电话回访、视频监控等多种方式开展监管。对存在重点监管情形的行为，市、区住房城乡建设主管部门将依法对违法违规及实行行为实施责令整改、撤销施工许可等行政处罚。对存在未落实承诺等失信行为以及其他违法违规行为的项目，在依法作出相应处理后纳入不良信用记录，加强信用惩戒。

（南　音）

【持续推进建设工程竣工联合验收工作】 2018年3月以来，市住房城乡建设委联合市规划自然资源委等九部门印发了《北京市社会投资建设项目联合验收暂行办法》《北京市建设工程竣工联合验收实施细则（试行）》，首次提出联合验收的概念、条件、工作机制和程序。联合验收工作依托统一网络平台，实行全程网上办理，将原来由多个单位各自进行专项验收改为“并联”验收模式，限时办结。建立了全市联合验收电视电话视频例会制度，对联合验收工作定期部署和安排；升级联合验收管理平台至2.0版，实现了“数据共享、自动分派、限时办结”功能；进一步优化联合验收流程，精简联合验收平台上报材料70%，为建设单位办理联合验收提供更便捷服务。2019年3月，市住房城乡建设委发布了《关于启用联合验收意见通知书电子印章的通知》，自4月1日起启用联合验收电子印章，实现证照数字化管理目标，切实提升了服务企业的水平。同时，进一步整合市住房城乡建设委与建设工程竣工验收、不动产登记相联系的行政事项，将市住房城乡建设委涉及新建项目的房产测绘成果审核工作纳入联合验收，结合北京市“多测合一”工作任务积极贯彻落实。年内，市住房城乡建设委先后出台《关于调整房产测绘成果审核有关事项的通知》《关于落实“多测合一”调整房产测绘成果审核范围的通知》，会同市规划自然资源委出台《关于建设项目联合测绘改革的有关意见》《北京市社会投资简易低风险工程建设项目“多测合一”工作实施细则》，并组织建设单位进行宣传贯彻，推动北京市营商环境改善。2019年2月25日至12月31日，全市建设工程竣工联合验收共办结项目493项，其中通过466项，不通过27项。2018年实施联合验收以来共办结项目517项，通过490项，不通过27项。2019年办结通过的466项，涉及全市16个区及北京经济技术开发区，涉及规划、城建档案、消防、人防等全部14个验收事项。

（梁尔海）

【优化低风险建设项目的监管方式】 4月19日，市住房城乡建设委发布《关于明确社会投资低风险建设项目质量安全监督抽查工作的通知》，明确了社会投资建设项目的范围，建立了低风险建设项目风险矩阵，住房和城乡建设行政主管部门或其所属的工程质量安全监督机构对符合规定的低风险建设项目，简化程序环节，减少监督频次。取消了质量安全首次工作交底会，并且由原每季度开展不少于一次检查调整为在施工过程中只开展一次检查，时间最长不超过一天。同时，明确建设单位可以简化验收程序，工程竣工验收和监督机构监督检查合并同步开展。属于联合验收且各验收事项全部合格或者通过的，当场打印工程竣工联合验收意见通知书并交付建设单位。

（王　思）

【完善质量安全监督和安全风险管控举措】 1月15日，市住房城乡建设委发布《关于优化社会投资房屋建筑和市政基础设施工程质量安全监督抽查工作的通知》，对社会投资的内部改造、现状改建和新建扩建小型一般房建、市政工程，可缩减至只开展一次监督抽查；对新建扩建中型一般房建、市政工程，缩减至在结构施工阶段、工程竣工验收阶段各开展一次监督抽查。当工程总承包企业资质高于工程规模要求的最低资质等级时，也可缩减至只开展一次监督抽查。使用频率高、人员密集场所以及住宅小区工程排除适用该规定，同时监督机构可视建设、施工单位项目负责人履行承诺情况、动态监管记分情况，以及对存在重大风险或发生质量安全事故的项目，及时调整监督抽查频次。1月31日，市住房城乡建设委发布《北京市住房和城乡建设委员会关于印发北京市房屋建筑和市政基础设施工程施工安全风险分级管控和隐患排查治理暂行办法的通知》，明确施工安全风险和事故隐患的定义；提出要对安全风险和事故隐患实施信息化管理，明确通过建设统一的双重预防管理信息平台实现风险与隐患的清单化、动态化、信息化管理；明确在安全生产双重预防工作中建设单位的首要责任、施工单位的主体责任及监理单位的监理责任；提出风险识别及管控、事故隐患排查治理的具体要求。

（王　思）

【加强工程质量安全监督人员资质管理】 4月15日，市住房城乡建设委发布《关于进一步明确质量安全监督人员任职资格的通知》，明确此后新入职的工程质量安全监督人员应具备工程类专业大学本科及以上学历，获得工程类执业注册资格并且拥有三年及以上工程质量、安全管理或者设计、施工、监理等工作经历要求，鼓励监督人员创新监督方式，因地制宜完善适合北京市的监督模式，确保首都工程质量安全监督水平。

（梁尔海）

【优化监督手续办理流程】 4月22日，市住房城乡建设委发布《关于进一步优化北京市房屋建筑和市政基础设施工程质量监督和施工安全监督手续办理流程的通知》，明确建设单位办理施工许可时无须提交其他材料即可完成监督注册，在施工许可办理完成后，可在网上自行下载打印《北京市建设工程质量监督执法告知书》和《北京市建设工程安全监督执法告知书》。施工许可信息系统可将工程信息自动推送工程质量安全监督机构，不再要求工程参建单位完善监督注册手续。

（王　思）

【规范监理人员管理】 4月11日，市住房城乡建设委印发《北京市房屋建筑和市政基础设施工程监理人员配备管理规定》，对标营商环境建筑质量控制指标中的专业认证指标，进一步深化“放管服”改革，充分发挥工程监理质量安全监督职责作用，主要改革举措有：提高总监理工程师任职要求，对于新取得注册监理执业资格证书的人员，担任北京市工程项目总监理工程师的，在现行相关规定的基础上，同时要求具备工程类相关专业大学本科及以上学历，且具有3年以上监理工作经验；提高项目监理人员配备标准，项目监理机构人员配置数量最低不少于3人，工程规模超过2万平方米或工程投资额超过3000万元的，应当按照规定增加项目监理机构人员配备数量；提高监理风险管控能力；加强对工程监理的政府监管。

（梁尔海）

【加强住宅工程质量风险管控】 4月，市住房城乡建设委牵头起草《北京市住宅工程质量潜在缺陷保险暂行管理办法》，4月24日由市政府办公厅进行转发，对标建筑质量控制指标中的责任和保险机制指数，加强住宅工程质量风险管控，全面提高住宅工程品质，切实保障住宅工程产权所有人合法权益，主要改革举措有：实现全市新建住宅工程投保以及主要质量缺陷承保全覆盖；确保住宅质量问题有人修、有人管；提高住宅质量问题维修效率；加强住宅工程全过程质量风险管控；加强政府监督管理。

（梁尔海）

【制定工程质量风险分级管控技术指南】 12月12日，按照北京市优化营商环境整体工作部署，市住房城乡建设委印发《北京市房屋建筑和市政基础设施工程质量风险分级管控技术指南》，进一步深化完善了基于风险管理的工程质量管控体系。该指南全面评价了工程质量风险，科学评价项目质量风险等级，合理确定各级风险的管控层级，优化了基于风险管理的工程质量安全执法检查制度。

（梁尔海）

【精简外省市来京施工备案工作】 年内，外省市建筑企业来京施工备案、对外省市监理单位进京承揽业务进行备案两个事项申请材料由155份精简为63份；施工人员实名制备案申请材料由28份精简为10份。三个事项申请材料精简比例达到60%，切实做到为企业办事减负。

（罗莉莉　唐世娟）

【优化工程招标投标管理】 年内，持续贯彻落实《关于优化建设工程招投标营商环境有关问题的通知》精神，取消直接发包登记环节、公布承包商环节和收取交易服务费，为2019中国世行报告结果（北京部分）在“环节”和“费用”方面进步的贡献率分别为50%和100%。在工程审批制度改革方面，全年取消施工合同备案1680项。

（胡　静）

【规范工程款和农民工工资支付】 年内，为贯彻落实《住房和城乡建设部关于切实做好2019年春节前房屋建筑和市政工程建设领域农民工工资支付工作的通知》，切实保障农民工合法权益，维护首都社会稳定，落实建筑市场各方主体责任，市住房城乡建设委于2018年12月印发了《关于切实做好2019年春节前房屋建筑和市政工程建设领域农民工工资支付工作的通知》，开展工程款劳务费支付情况排查，加大违法违规行为处罚力度，稳妥处置群体性讨薪事件，加强长效机制建设。2019年1月17日，市住房城乡建设委印发了《关于落实房屋建筑和市政基础设施工程建设单位工程款结算和支付相关要求的通知》，建立建设单位信用承诺制，将严禁拖欠工程款、政府投资工程不得带资承包、全面落实施工过程结算等要求纳入建设单位承诺内容，对其进行信用约束，从源头保障农民工工资支付。此外，支持建筑业联合会组织对全市施工企业开展《关于审理建设工程施工合同纠纷案件适用法律若干问题的解释（二）》的培训，帮助企业理解和掌握相关重点、难点问题，依法维护自身合法权益。

（吴　涛）

【简化房屋交易流程】 2月，市住房城乡建设委会同市规划自然资源委、国家税务总局北京市税务局发布《关于进一步便利企业群众办事优化不动产登记领域营商环境的通知》《关于取消企业之间存量非住宅房屋买卖合同网上签约要求的公告》，此次调整后，双方可持自行签署的纸质合同和其他相关材料，直接通过各区不动产登记大厅综合服务窗口申请房屋缴税及转移登记，而且符合条件的，2日内即可办结。4月，市住房城乡建设委与市政务服务局、国家税务总局北京市税务局联合出台《关于加强不动产登记领域服务窗口建设有关问题的通知》规定该类业务通过综合窗口直接办理的，办理时间为立等可取，极大方便了交易企业。另外，会同市规划自然资源委等部门进一步优化“一网通办”系统，统一系统风格、精简填报信息、前置钥匙盘关联环节，提升用户体验。购房资格联网审核方面，进一步扩大购房资格联审范围，会同市公安局、民政局、卫健委、教委四部门，研究通过加强各部门信息共享，实现房屋交易、登记“一套材料、一次审核”，简化不动产登记时资格审核要件材料，减轻窗口审核压力。

（刘　宇　石春兰）

【优化公积金管理政策】 年内，北京住房公积金管理中心业务办理材料从407份减到135份，减少67%；法定承诺办理时限从359个工作日减少到62个工作日，压减83%；实现17个业务全程网办，平均办事跑动次数0.67次，35个“最多跑一次”事项占全市第一批156个事项的22%。10余个事项入驻“北京通APP”和便民自助服务终端，并在全市率先实现电子营业执照应用；办件数据汇聚量排名位居全市首位。中心网站办事指南实现“同源发布、同源管理”。实现与市政务服务平台统一认证、单点登录功能，实现查询事项的精准跳转。实现借款人网上办理抵押权登记注销。《北京住房公积金管理中心多措并举，把优化营商环境改革措施落到实处》刊于2019年第10期《建设工作简报》，为全国住房公积金系统进一步改善营商环境提供借鉴参考作。

（苏　虹）

【精简商品房销售机构、人员备案程序】 1月14日，市住房城乡建设委印发《关于做好商品房销售机构和销售人员管理衔接工作的通知》《关于做好商品房销售机构和销售人员管理业务的工作指引》，精简商品房销售机构、人员备案程序。

（石春兰）

【优化产业项目审批方式】 5月10日，市住房城乡建设委联合市发展改革委、市科委、市规划自然资源委等九个委办局发布《关于进一步完善已建成研发、工业项目转让管理有关问题的通知》《关于进一步明确已建成产业项目买受人审核有关问题的通知》，简化、优化产业项目审批方式。

（石春兰）

【启动预售审批系统升级改造】 鉴于预

售许可审批工作仍在线下进行，网上办理深度达不到相关部门要求，与“数据多跑路，企业少跑腿”的目标还有差距，10月，市住房城乡建设委启动了预售审批系统的升级改造工作，力争实现预售申报材料网上传递、关键数据信息网上核验、审批意见结果网上告知、预售电子资料系统存储、内部政务数据系统对接，通过在系统上对预售许可材料的全过程审批，达到“升级系统一小步、服务企业一大步”的目标。

（石春兰）

【加大宣传培训力度】 年内，组织北京市房地产开发规模大、业务范围广、行业影响力强的十几家建设单位如首开、万科、泰禾、龙湖、富力等进行了政策宣传培训，获得建设单位的广泛好评。同时，通过QQ群、微信群等新媒体宣传形式对上述政策措施深入宣传，并要求开发企业在服务过程中对所有建设单位进行政策宣传贯彻，收到了良好效果。

（石春兰）

【主动服务企业、服务基层】 年内，市住房城乡建设委先后向市规划自然资源委制发《关于企业在办理商品房预售许可证时企业名称变更问题的函》《关于企业在办理商品房预售许可证时规划用途及面积变更导致出让金缴纳有关问题的函》等函件，帮助企业解决办理预售许可中存在的问题。配合市规划自然资源委召开解决历史遗留项目问题专项协调会，研究解决了14个历史遗留项目规划、土地、不动产登记中存在的问题。会同朝阳区住房城乡建设委解决朝阳区华瀚福园经济适用房轮候家庭群访问题。

（石春兰）

【优化测绘管理工作】 1月21日，市住房城乡建设委发布《关于调整房产测绘成果审核有关事项的通知》，在减材料、减时限、减环节等方面进一步优化。4月30日，为落实社会投资简易低风险工程建设项目“多测合一”，市住房城乡建设委发布《关于落实“多测合一”调整房产测绘成果审核范围的通知》。落实《北京市新一轮深化“放管服”改革优化营商环境重点任务》《北京市政务服务中心容缺受理管理办法（试行）》文件精神，推行承诺制、容缺受理。

（郭　洋）

【优化物业服务管理工作】 年内，继续贯彻落实住房城乡建部《关于做好取消物业服务企业资质核定相关工作的通知》中的相关规定，将原一级资质企业信息变更事项由市级办理下放到区级，让企业少跑腿。在物业服务合同备案中，将《北京市物业合同备案申请表》减少一件，取消了项目负责人与物业服务企业之间的劳动合同要件。根据办理事项的调整，对市住房城乡建设委网站和“物业管理动态监管系统”中的相关内容进行了全面清理、修改和补充，对过程中出现的各类问题，统一口径，上传下达。进一步落实物业服务合同备案工作，及时协调和解决工作中出现的各类问题。按照“市级统筹、分级梳理、上下联动”和“谁管理、谁梳理”的原则，如期完成北京市公共服务事项目录系统中物业合同备案事项的梳理和填报工作。

（张　媛）

基础工作建设

概　述

年内，市住房城乡建设委全面部署落实依法行政工作要求，有序推进立法、执法监督、行政复议及应诉、法治宣传、多元调解等工作开展。围绕中心工作和重点任务，着力做好重点工程建设、房地产市场调控、保障性住房建设分配、优化营商环境、施工安全和工程质量监管等各项宣传工作，牢牢把握正确导向，加强政策解读和正面宣传，主动回应社会关切，为首都住房和城乡建设事业发展营造了良好舆论氛围。做好“扫黑除恶”“平安北京建设”等专项工作，圆满完成重大活动（节日）值守应急、空气重污染应对、安全度汛等各项任务，较好地实现了全系统全行业安全稳定运行。落实信访工作制度改革措施，深化阳关信访、责任信访、法治信访，全力做好信访矛盾纠纷化解工作，维护群众合法权益、维护社会和谐稳定，不断夯实风险防范能力。深化网络安全基础工作，推进优化营商环境业务系统改造，大数据行动计划有序落地，领导驾驶舱接入体系建设进展良好，信息化服务保障能力明显提升。关注行业重点、热点、前沿问题，积极开展政策调研工作，完成《建设志》出版发行，为科学决策、推进行业发展提供积极支持。

（王　艳）

政策调研

【印发 2019 年度课题调研计划】 2018年8月，征集2019年度调研课题，明确课题立项重点围绕重大问题、重点工作及改革中遇到的瓶颈问题开展，避免搞交叉、重复研究。其间，共收集申报立项课题45项，涉及13个处室、12家直属单位，分属住房保障与管理、建筑业与建筑市场、房屋管理与房地产市场、工程质量与安全、节能建材与科技、行政综合与法制6个板块。9月，统一组织专家进行立项论证，44项课题通过立项，形成《2019年课题调研计划》（拟定稿），经委分管领导和委主要领导审核同意后形成《2019年课题调研计划》，于 2019 年 2 月正式印发。

（刘忠昌　刘思慧）

【征集下年度调研课题并通过立项论证确定入围课题】 2019 年 8—9 月，开展 2020 年度调研课题征集工作，明确 2020 年课题提质减量、分类管理要求。一是削减课题总量。全委年度课题总量控制在 30 项左右，其中重点课题不超过 10 项，一般课题 20 项左右。二是实施分类管理。区分重点课题和一般课题，重点课题是指落实住房城乡建设部及市委市政府重大决策部署、事关市住房城乡建设委工作全局和长远发展的课题，由分管委领导亲自谋划、主持研究，指导成果及时转化应用；除重点课题之外的其他计划内课题列为一般课题，由课题责任单位主导研究。经费支持上，给予每项重点课题 30 万元以内的研究经费，一般课题每项 10 万元以内的研究经费。全委处室单位共申报课题 35 项，涉及住房保障与管理、建筑行业与市场、房地产业与市场、工程质量与安全、建筑节能与科技、行政综合与法制 6 个方面。经统一组织专家进行立项论证，31 项课题通过论证入围《2020 年课题调研计划（草案）》。

（刘忠昌　刘思慧）

【统一组织专家进行结题评审】 2019 年 11 月底，市住房城乡建设委统一组织课题评审验收工作，把好调研课题的“出口关”。共邀请 30 位专家分成 6 组对课题进行评审，44 项课题中，42 项通过评审，2 项经分管委领导批准后暂停研究。总体上看，大部分课题针对性强、问题分析到位、对策建议可行、部分课题当年实现成果转化。统一组织结题评审加强了对全委调研工作的统筹，组织方式合理、评价导向明确，形成了正向激励机制，有利于促进课题质量提升。

（刘忠昌　刘思慧）

【表彰 2019 年度优秀课题成果和先进单位】 12 月，综合考量评审结果和日常调研工作情况，对全委调研工作进行考核打分和评优评奖。10 家处室、单位被评为调研工作先进单位，22 项课题被评为优秀调研成果。

（刘忠昌　刘思慧）

【办好《首都住建发展研究》行业期刊】 为充分汲取党员干部、专家学者、企业人士的智慧和力量，营造研究氛围，搭建集思广益的平台，市住房城乡建设委于 2017 年 4 月创办行业内部期刊《首都住建发展研究》，具体工作由北京市住房城乡建设发展研究中心负责。刊物为双月刊，发行范围为委内处室、事业单位、各区住房城乡建设主管部门、住建企业、协会等。至 2019 年 12 月，共刊发 16 期，发行近 3 万册，多篇文章受到市领导关注、被其他媒体转载，杂志影响力逐步提升。

（刘忠昌　刘思慧）

法制工作

【推进地方性法规和政府规章立法】 年内，地方性法规方面，《北京市物业管理条例》由市人大提升为任期内制定完成、年内出台的法规。政府规章方面，《北京市城市轨道交通工程质量安全管理办法》已列为市政府2019年立法工作计划第一档力争完成项目。办理其他委办局《土地管理法》《城市房地产管理法》《北京市街道办事处条例》等法律法规草案征求意见稿近80件。

（张　波　穆　巍　晋　津）

【组织开展法规、规章及规范性文件清理】 年内，梳理全市住房城乡建设系统的法律、法规、部门规章，对《注册造价工程师管理办法》《城市房地产管理法》等法律法规提出修改建议；清理、扩大与对外开放、减少准入限制、优化营商环境、提升投资自由化便利化水平、加强投资促进和保护等要求不符的地方性法规、规章和规范性文件；对涉及政府机构改革，不适应优化营商环境要求和“放管服”改革要求等问题的地方性法规、政府规章进行全面梳理，提出修改、废止意见。

（张　波　穆　巍　晋　津）

【做好规范性文件制定审查工作】 落实规范性文件起草的公平竞争审查、合法性审查、社会公开征求意见、集体讨论决定、社会稳定风险评估等制度，全年共制发规范性文件18件，均出具合法性审查意见，100%按时向市政府法制办备案，并在市住房城乡建设委门户网站专栏公开。审查建筑企业资质许可撤销、施工现场扬尘和事故通报百余份，审查委内处室及单位各类文件120余件，确保市住房城乡建设委政策措施和工作合法合规。

（张　波　穆　巍　晋　津）

【发布行政处罚裁量基准】 4月15日，结合梳理后的375项行政处罚职权，《北京市住房城乡建设系统行政处罚裁量基准》正式实施，做好新旧裁量基准的衔接及执法平台的更新。

（张　波　穆　巍）

【推进行政执法考核各项任务指标完成】 年内，市、区住房城乡建设系统纳入考核的A类行政执法人员386人，岗位人员关联率为92%，A岗人员参与执法率为85%；共计实施行政检查53857件，人均检查量139.53件；共计实施行政处罚8359件，人均处罚量22.73件；全年住房城乡建设系统履行职权134项，通过现场检查并进行一般处罚立案2213起，撤销立案14起，一般处罚总体撤案率0.51%。经过市、区住房城乡建设系统共同努力，行政执法考核指标全部完成。

（张　波　穆　巍）

【推广实施“双随机”执法】 年内，梳理涉及市住房城乡建设委的12项行政许可和13项备案事项，全部纳入双随机抽查事项清单。全年市、区两级执法机构共计开展双随机任务摇号1641次，实施双随机执法检查5393次，其中发现违法违规行为194起；按照一般程序实施立案56起；按照简易程序实施行政处罚243起；下发责令改正通知书84份。

（张　波　穆　巍）

【推进执法体制改革】 年内，推进住房城乡建设领域执法机构整合工作，会同市司法局、市规划自然资源委、市应急管理局梳理消防验收职权，在执法平台调整完成涉及市住房城乡建设委的部分消防验收行政处罚职权事项。

（张　波　穆　巍）

【加强房地产市场、房屋管理及建筑市场三大领域行政执法工作】 年内，市区两级住房城乡建设执法部门紧紧围绕各项中心工作，积极回应社会诉求，严厉查处各类违法违规行为，注重提质增效，不断优化执法体系，高质量圆满完成全年执法工作。根据市住房城乡建设系统执法工作平台数据，2019年度全市住房城乡建设系统共开展房地产市场、房屋管理及建筑市场三大领域行政执法检查26650件，实施行政处罚3979起，罚款5599.53万元。其中，房地产市场处罚1608起，占比40.41%；房屋管理处罚794起，占比19.95%；建筑市场处罚1577起，占比39.63%。

（汤娟娟）

【加强建筑市场执法检查】 年内，为贯彻落实《住房和城乡建设部关于印发建筑工程施工发包与承包违法行为认定查处管理办法的通知》精神，市住房城乡建设委印发了《关于贯彻执行〈建筑工程施工发包与承包违法行为认定查处管理办法〉进一步加大建筑市场执法力度的通知》。按住房城乡建设部要求推荐市住房城乡建设委建筑市场执法专家，并组织推荐专家参加住房城乡建设部举办的宣传贯彻培训。组织召开了全市住建系统建筑市场执法人员培训会，16个区及开发区负责建筑市场监督管理、建筑业企业管理、招标投标管理、建筑市场执法工作的一线人员共150余人参加了培训。为有效规范北京市建筑工程施工发包与承包活动，切实维护建筑市场秩序，严肃查处违法发包、转包、违法分包、挂靠等各类违法违规行为，7月4日组织召开了全市建筑工程市场行为执法检查工作视频会议，部署了《关于开展全市建筑工程市场行为执法检查》工作，通报了住房和城乡建设部5月份开展的全国建筑市场和工程质量安全监督执法检查中对建筑市场行为方面的反馈意见。为遏制工程建设领域专业技术人员职业资格“挂证”现象，分别印发了《关于开展北京市工程建设领域专业技术人员职业资格“挂证”等违法违规行为专项整治工作的通知》《北京市住房和城乡建设委员会关于对北京市工程建设领域专业技术人员职业资格“挂证”等违法违规行为开展全面排查的通知》，并负责对造价咨询企业排查工作。年内，市住房城乡建委执法总队开展建筑市场行政执法检查1072项次，做出行政处罚510起。

（吴　涛　汤娟娟）

【落实“互联网+监管”】 年内，开展国家“互联网+监管”系统监管目录清单和监管事项检查实施清单及行政许可事项的梳理工作，梳理北京市地方性法规、地方政府规章等对应的监管事项和行政检查事项，规范行政执法检查单，关联检查事项与行政处罚职权，确保履职到位。

（张　波　穆　巍）

【制定行政执法三项制度】 12月30日，印发全市住房城乡建设系统全面推行行政执法公示制度、执法全过程记录制度、重大执法决定法制审核制度实施方案。该方案旨在通过公示制度规范源头；通过全过程记录制度规范执法过程，保证程序合法；通过法制审核制度规范结果，保障执法决定符合法律规定。此外，组织开展了《北京市住房城乡建设系统行政许可案卷评查标准研究》课题，圆满完成课题研究任务。

（张　波　穆　巍）

【加强合同审核管理】 年内，市住房城乡建设委委托法律顾问单位对全委签订的合同及时进行合法性审核。全年共审核各类合同218项、招标文件48项，累计合同金额约为7930万元；审核直属事业单位合同94项，累计合同金额约为6425万元。

（张　波　李　军）

【做好各类复议诉讼案件办理工作】 年内，市住房城乡建设委收到行政复议申请122件，实现法定期限内100%办结；收到行政诉讼111件，全部实现行政机关工作人员出庭应诉，其中两位副局级领导分别作为机关负责人直接出庭应诉，履行法定职责。按时向司法部、市司法局报送行政复议及应诉相关管理信息，及时履行行政诉讼文书、行政复议决定书义务，按时回复司法建议书、复议意见书与建议书，并认真整改。4卷复议案卷参加全市评查全部获评优秀。

（张　波　郭剑锋　佟丽芳）

【推行多元调解化解矛盾纠纷】 年内，市住房城乡建设委对房地产市场、建筑市场、物业管理等矛盾集中的领域加大行政调解力度，共组织开展各类行政调解案件8519件，调解成功6645件，涉案人数14447人，涉及合同金额约25418.04万元。同时，强化行政复议诉前调解环节，工作人员在复议接待之初就对当事人进行不间断的法律宣传贯彻和耐心说服，使部分行政矛盾在源头上得到化解。

（张　波　李　军）

【组织会前学法和法治培训】 年内，市住房城乡建设委抓好“七五”普法工作落实，制定并于7月印发2019年全系统《法治宣传教育工作要点》。利用委办公会、党组会先后学习了最高人民法院关于适用修改后的《行政诉讼法》司法解释、《国家安全法》《政府信息公开条例》《北京市城乡规划条例》等，以及《中国共产党党组工作条例》《中国共产党重大事项请示报告条例》等党内重要法规。开展多次法治培训，邀请市司法局就

《北京市城乡规划条例》、行政执法考核指标、行政执法案卷评查标准等做了培训；邀请住房城乡建设部、市高院及市住房城乡建设委法律顾问，就行政复议、行政诉讼案件中反映出的依法行政问题进行专题讲解。此外，全年举办了四期“法治大讲堂”，内容涵盖规范行政答复、行政机关签订合同法律风险防控、信息公开实务等，全面推进市住房城乡建设委法治政府建设。

（张　波　朱　玓）

【开展普法主题活动】 年内，认真组织“12·4”国家宪法日系列活动。组织干部重温宪法誓词，邀请中国社会社科院专家做《中华人民共和国国旗法》《中华人民共和国国歌法》《中华人民共和国国徽法》的专题讲座，并联合北京西站管委会在西站地区面向社会公众开展了宪法和租房普法宣传。按照“法律十进”要求，走进昌平区天通西苑第二社区，围绕《宪法》《北京市城乡规划条例》和全市“群租房”治理工作，开展政策宣讲和现场法律咨询活动。成立“谁执法谁普法”普法活动队，精心选取典型案例，向社会公众进行充分的释法说理，将法律法规解读和宣传贯彻融入日常。依托新媒体渠道，在市住房城乡建设委门户网站、官方微博、微信公众号“安居北京”等平台，发布住建系统法律法规和最新、最热的政策解读等，推进社会普法。“七五”普法期间，市住房城乡建设委不断创新普法工作，普法成效显著，住房城乡建设部《中国建设报》对市住房城乡建设委“七五”普法宣传工作进行了专题刊载宣传。

（张　波　朱　玓）

综合经济

【做好决策服务工作】 年内，认真做好文稿文字工作，起草完成市住房城乡建设委领导讲话、系统会报告等重要文稿。增强大局意识，提供决策参考，开展专题研究，起草各类会议资料和综合材料。完成市委市政府办公厅、研究室和住房城乡建设部相关各司，以及其他委办局、京津冀协同办等单位征求意见、提供资料等工作。此外，配合组织重大问题的调研以及综合性文献资料的编纂工作。

（张乃允）

【推进住建领域深化改革有关工作】 联系北京市委全面深化改革委员会及城市规划建设管理体制改革专项小组办公室工作，加强部门协作和信息交流，做好沟通协调，按时完成2019年重点改革任务和各项事务性工作。参与协调落实其他改革专项小组的工作。做好市委城工委、市委财经委联络服务工作。

（张乃允）

【推进十四五规划编制工作】 年内，按照全市规划编制的总体要求，草拟市住房城乡建设委的“十四五”规划编制工作方案，初步提出市住房城乡建设委拟编制规划清单，启动“十四五”规划编制工作。此外，参与保障性住房发展规划前期研究。

（张乃允）

【落实城市总体规划】 年内，参与总规《住房专项规划》的编制研究。组织开展有关各区分区规划征求意见工作，落实租购并举住房制度、城市有机更新、绿色发展等总规要求。组织开展对其他部门开展的各类城市规划的征求意见工作。参与城市副中心、核心区控规有关文本的研讨、修改，汇总各处室、单位意见建议及时反馈。组织完成2018年北京城市体检自检报告及数据填报工作。

（张乃允）

【推动投资任务落实】 年内，定期开展经济形势分析，结合统计工作，会同相关处室、直属单位就投资任务和经济指标进展情况随时评估、逐月报告。牵头编写市住房城乡建设委的投资任务完成情况月报、季度分析等材料，报委领导参考。主动做好与市发展改革委、市统计局的沟通和配合，加强每月投资调度。

（张乃允）

【完成数据统计工作】 年内，按期完成住房城乡建设部及市统计局各类统计报表的布置、收报、汇总和报送任务，保证数据的质量和时效。协调统计部门提供月度、季度房地产业、建筑业统计数据，做好数据应用工作。配合全市宏观经济数据库维护工作，完成住房城乡建设领域数据的采集、审核、上报等各项工作，并开展北京市宏观经济数据库的日常运行维护和动态更新。配合市统计局组织开展“四经普”“七有”“五性”① 监测评价工作，为编制《2019年北京市交通发展年度报告》提供有关数据资料。

（张乃允）

【开展系统内数据管理和经济运行分析】 年内，执行行政基础数据管理制度，在住房城乡建设系统内开展行政基础数据管理和业务运行分析，支持全系统业务工作开展。完成各类经济形势分析材料，提出关注重点和工作建议，服务领导决策和业务运行。

（张乃允）

【严格预算执行及财务信息公开】 年内，督促资金规范支出，强化预算执行，加强预算执行刚性约束和预算执行进度管理，在经济合同、政府采购、三公经费以及大额专项资金方面加大事前审核力度，节约费用，切实降低行政成本。年度出国经费、车辆运维费、招待费全部控制在额度范围内。先后将全委2019年部门预算、“三公经费”预算、2018年部门决算等进行对外公开，并对委属单位财务信息对内公开工作提出具体落实要求，接受内外监督。

（王宏艳）

① 党的十九大提出“七有”，即幼有所育、学有所教、劳有所得、病有所医、老有所养、住有所居、弱有所扶；北京市委市政府提出“五性”，即便利性、宜居性、多样性、公正性、安全性。

【通过2018年度市级部门决算会审】 年初，按市财政局相关要求完成了全委2018年度决算报表的审核、汇总及分析工作，并顺利通过了市财政局的各项审核。8月12日，市财政局根据《中华人民共和国预算法》和财政财务管理有关规定，经北京市人民代表大会常务委员会批准，完成了对市住房城乡建设委2018年度部门决算的批复。

（王宏艳）

【推动差旅电子凭证网上报销试点工作】 年内，市住房城乡建设委按照市财政局部署，组织所属单位进行了差旅电子凭证网上报销培训，并开展了单位信息注册、人员注册、人员账户激活工作。9月，市住房城乡建设委在"公务之家"APP共注册用户806人，激活用户728人，注册用户激活率90%，达到市财政局的要求。做好具体工作对接，继续推进差旅电子凭证网上报销试点工作，督促各单位及时在"公务之家"APP中做好报销权限初始设置，报销审核流程规划等工作，为下一步具体实施做好准备。

（王宏艳）

【完成财务制度建设和修订工作】 年内，为进一步加强财务管理，规范财务行为，提高资金使用效益，市住房城乡建设委对《北京市住房和城乡建设委员会财务管理办法》《北京市住房和城乡建设委员会资金管理办法》等11个管理办法进行了修订；新增《北京市住房和城乡建设委员会政府购买服务管理办法》《北京市住房和城乡建设委员会预算绩效管理办法》，以上13个管理办法均已通过委党组会审议，预计下年执行。

（王宏艳）

新闻宣传

【住房城乡建设新闻宣传工作顺利开展】 年内，市住房城乡建设委坚持把握正确导向，围绕大局，广泛深入开展新闻宣传工作。全年共发布新闻通稿111篇，共召开和参加新闻发布会6场，舆情研判会8场，接待协调媒体来函来电采访213次，在"安居北京"新媒体平台累计发布文章1077篇，各大媒体刊发反映北京市住房城乡建设工作成绩的各类新闻报道44000余篇。不断加强舆论正面引导，妥善应对舆论热点，为推进首都住房和城乡建设事业发展营造良好舆论氛围。

（吴　铮）

【"安居北京"政务新媒体平台再上台阶】 年内，市住房城乡建设委按照分众传播需求，持续发力，"安居北京"政务新媒体平台建设再上台阶。共发布信息1077条，其中微信公众号发布382条、微博发布403条，各平台阅读总量1067余万次。"安居北京"新媒体平台以准确、权威、高效、便民为目标，推动政务公开和政民互动，进一步提高市住房城乡建设委政府公信力和影响力。

（吴　铮　李祺冉）

【组织做好媒体服务工作】 年内，主动加强与媒体的沟通与服务，把媒体监督引导到服务大局、化解矛盾的健康轨道上。全年共接受媒体来函来电采访213次，发出采访活动转办单77次，安排访谈及现场采访31次，组织媒体吹风会和舆情风险评估会3场，针对媒体关注热点，做好解读和舆论引导，并适时提供新闻素材，组织深度报道。

（郭海峰）

【组织开展优化营商环境系列宣传报道】 年内，大力宣传市住房城乡建设委优化营商环境改革新政策，扩大公众对新政的知晓度。“安居北京”新媒体平台发布优化营商环境相关新政等信息32期，点击量近49.7万次。通过“安居北京”推送新政“小视频”，点击量近12.7万次。此外，积极宣传优化营商环境改革新成效，多次组织企业和个人接受北京电视台、北京人民广播电台等市属主流媒体采访，展现企业和群众获得感。

（吴　铮　刘　惠）

【参加新中国成立70周年系列新闻发布会】 9月，市住房城乡建设委参加了由市委宣传部、市政府新闻办主办的“北京市庆祝中华人民共和国成立70周年系列新闻发布会”之“城市建设”专场发布会。全面介绍了自新中国成立以来，特别是党的十八大以来北京市全力推进住有所居，改善首都人民居住条件所做的工作和成绩。中央及市属主流媒体均对此进行了报道。

（吴　铮　王力可）

【妥善发布住房租赁相关政策文件】 年内，《关于规范互联网发布本市住房租赁信息的通知》等住房租赁相关政策文件接连发布实施。文件发布前，市住房城乡建设委就文件内容广泛公开征求民众意见，召开媒体座谈会征集社会关切点，据此拟定新闻通稿，做好政策解读。文件发布后，监测到相关媒体报道共计90篇次，相关话题“北京互联网租房新政”在社交平台阅读量达115.2万。舆论反映积极，认为该政策将有效治理互联网虚假房源现象，旨在保护租客权益。

（郭海峰　张莹莹）

【做好治理违法群租系列宣传】 5月，市住房城乡建设委制作抵制违法群租宣传海报，联动各区住房城乡建设主管部门在租赁企业、租赁经纪机构、住宅小区醒目位置张贴海报，提示群众远离违法群租房。7月，市住房城乡建设委联动属地主管部门，深入“回天”地区举办违法群租专项整治普法宣传活动，活动中向当地居民着重介绍违法群租房的认定标准、危害，进一步增强居民自我保护意识。《北京日报》等主流媒体对此进行了报道。

（张莹莹）

【“毕业季”做好租赁政策宣传贯彻工作】 5月起，市住房城乡建设委面向高校毕业生加大宣传贯彻租赁相关政策力度。6月，发布《住房租赁指南 毕业季遇上租房季，这份指南你必须get!》，图解北京市住房租赁政策及法律法规，指导高校毕业生租房过程中远离“黑中介”，保护毕业生利益不受侵害。截至12月31日，该篇文章阅读量3.5万次，相关内容被中央电视台报道，并被主流媒体广泛转载。

（张莹莹　李祺冉）

【开展住房保障系列政策宣传解读】 年内，持续做好《北京老城保护房屋修缮技术导则（2019版）（征求意见稿）》《公租房违规行为纳入金融征信系统》《公租房租赁合同示范文本》《大力简化保障房资格申请手续》等住房保障系列政策的宣传解读。在“安居北京”新媒体平台发布相关解读，仅《简化保障房资格申请手续》单条信息阅读量达5.2万次，为住房保障工作营造了良好的舆论氛围。

（李祺冉）

【开展“聆听各界声音，共建品质住宅”主题政务开放日活动】 为扩大公众对共有产权住房品质的了解与认同，11月29日，市住房城乡建设委开展了以“聆听各界声音，共建品质住宅”为主题的政务开放日活动。由人大代表、政协委员、行业专家、市民代表组成的“评审团”来到朝阳区上东郡共有产权住房项目，对该项目的样板间进行评审复验，共同为设计好共有产权住房出谋划策。新华社、中新社、中央电视台财经频道、北京电视台、北京日报等中央及市属主流媒体对此进行了报道。

（李祺冉）

【宣传房屋管理领域实事任务】 为做好老楼加装电梯、北京业主APP认证量和物业管理专项治理等实事任务宣传，利用年初开局、年中时间过半任务过半、年底任务提前完成的时间节点，发布《您关心的物业管理突出问题专项治理开始了》《坚守初心 提高三感 市住建委指导小区成功使用“北京业主”APP表决更换物业公司》等新闻通稿，反复解读政策，回应社会关切，不定时组织媒体集体采访、集中宣传，并针对媒体需求安排个性化采访。

（刘　默　侯晓丹）

【持续曝光物业服务企业不良行为】 为加强对物业企业的监管，曝光负面典型，自6月起，连续公布“12345热线”物业管理投诉类前30名住宅小区，对存在违法违规行为的物业服务企业加大曝光力度，在行业内形成了舆论震慑。

（刘　默　侯晓丹）

【加大小区物业管理正面案例宣传】 4月，组织北京日报等9家市属主流媒体对全市8个物业管理先进典型案例进行现场集体采访。案例覆盖东城、西城、海淀、朝阳、丰台、亦庄、大兴、顺义等8个区，包括亦庄博兴社区成功使用北京业主APP、东城朝阳门街道探索小区自管模式、海淀希格玛街道成立首个小区环物会等。各大媒体分别在重要版面、重要时段开设专栏对物业管理典型案例进行宣传，共发布原创报道72篇，转载消息500余条。

（郭海峰　刘　默）

【联合中央媒体宣传老楼加装电梯工作】 年内，与新华社、人民日报、中央电视台等媒体深度合作，宣传北京市老楼加装电梯工作。先后探访朝阳区胜古北里、西城区红莲中里等具有不同特点的小区，坚持问题导向，既反映老楼加装电梯成功经验、感人事例，又挖掘问题、难点、痛点，同时结合老龄化、居家养老等重要社会议题展开深度剖析。利用中央媒体有高度、有深度、有广度、有温度优势，充分发挥主流媒体定性定调作用。

（刘　默）

【持续做好全年施工扬尘污染防治宣传】 年内，市住房城乡建设委积极响应空气重污染预警，采取“四不两直”方式对施工现场的扬尘防控措施进行检查，并邀请北京电视台随行报道建设工地专项执法检查情况。全年持续发布施工现场扬尘治理执法检查通报信息，对存在扬尘治理违法违规行为的参建单位进行通报批评，对施工现场扬尘治理取得积极成效的单位进行通报表扬，营造政府部门严打严管严治、全社会共同参与治理的强大声势。

（刘　惠）

【宣传2019年建设系统“安全生产月”】 6月，集中宣传了2019年北京市住建系统“安全生产月”活动启动仪式、2019年全国住建系统安全生产宣传咨询日活动，展示了北京市住建系统风险管控和隐患排查治理双重预防体系建设成果，演示了塔吊防碰撞系统、智能临电安全监控管理系统等安全科技产品应用技术。人民网、首都建设报等多家媒体进行了报道。

（刘　惠）

【召开《北京住房和城乡建设发展白皮书（2019）》新闻发布会】 8月，市住房城乡建设委在委新闻发布厅召开2019年度《白皮书》新闻发布会，来自中央及市属的16家媒体参会，委9个相关部门负责人参加会议并回答记者提问。中新社、人民网等多家媒体对《白皮书》发布进行了正面报道解读。

（吴　铮　郭海峰　赵尹鸣
李祺冉　刘　默　张莹莹）

【开展绿色建材供应链建设系列宣传】 1月，组织首钢建筑砂石骨料“公转铁”进京专题采访活动，中央电视台、中国建材报等15家媒体赴平谷区马坊火车站开展宣传报道。8月，首趟满载2800吨散装水泥专列由内蒙古呼和浩特沙良货运站到达北京丰台西货运站。市住房城乡建设委发布新闻通稿《坚守初心，助力打赢蓝天保卫战——首趟公转铁水泥专列进京 均采用罐式集装箱运载》。11月，组织宣传《北京市建筑砂石绿色供应链建设指导意见（2019—2025）》。

（郭海峰　赵尹鸣）

【做好建筑垃圾再生产品推广系列宣传】 4月，在北京市发布《关于进一步加强建筑废弃物资源化综合利用工作的意见》一周年之际，对新政实施以来北京市建筑垃圾处理站点和处置能力的增加情况进行重点宣传。8月，发布新闻通稿《建筑垃圾竟然有这么多“特异功能”，而且各个高大上》，宣传介绍建筑垃圾再生产品具体使用途径。9月，发布新闻通稿《每天净化水质6万立方米，建筑垃圾再生产品助力保护北京母亲河》，宣传推广建筑垃圾再生产品水质净化功能。12 月，组织建筑垃圾分类进工地宣传活动，展现市住房城乡建设委开展建筑垃圾源头治理，积极推动“疏整促”工作的决心。

（赵尹鸣）

【持续宣传装配式建筑工作进展】 6 月，为提升全社会对装配式建造方式的认知度，市住房城乡建设委发布新闻通稿《北京召开全市装配式建筑工作会议》，对装配式建筑下一阶段的发展重点进行了明确。10 月，组织“走‘近’装配式建筑，体验新型建造方式”主题政务开放日活动，让媒体与市民代表近距离了解装配式建筑设计、生产、运输、建造、装修全过程。

（赵尹鸣）

【开展京津冀工程建设标准合作系列宣传】 6 月，京津冀“城市综合管廊建设标准体系”建设成果发布会在京召开，市住房城乡建设委组织人民日报、新华社等 15 家媒体现场采访，人民日报在第 5 版以《首部京津冀区域工程建设标准发布 力争 2021 年编制完成 19 部协同标准》为题进行了专题报道。11 月，对天津市采用北京市地方标准《居住建筑室内装配式装修工程技术规程》进行宣传。开展京津冀标准互认共享、异地转化实施是拓宽京津冀标准合作的全新尝试。

（赵尹鸣）

应急信访

【强化重大节日、重大活动应急保障工作】 3 月 29 日，市住房城乡建设委印发《北京市住房和城乡建设委员会关于进一步加强值班工作的通知》，要求委内各单位在做好日常值班值守工作的同时，聚焦重大会议活动安全服务保障主线，自觉服从服务于新中国成立 70 周年庆祝活动大局，重点做好全国“两会”“一带一路”、世园会、亚洲文明对话大会等重大活动的应急保障工作。在中华人民共和国成立 70 周年庆祝活动等重大活动（节日）期间，按要求全面启动应急机制，带班委领导、值班处长、值班干部 24 小时在岗住勤值守。三支市级建筑工程专业应急队伍备勤人员全员在岗待命，全面进入应急救援值班备勤状态，应急救援设备、车辆停放在指定位置待命，应急救援设备、设施状态良好可靠。

（彭锦晨）

【深入推进扫黑除恶专项斗争】 年内，市住房城乡建设委制定印发《北京市住房和城乡建设委员会深入推进扫黑除恶专项斗争工作计划》《北京市住房和城乡建设委员会深入推进扫黑除恶专项斗争整治房屋租赁和物业管理乱象行动方案》等文件规定，进一步明确工作职责，细化分解任务，强化部门协同联动，以行业乱象治理为重点，以问题线索清零为目标，坚决做到有黑必扫、有恶必除、有乱必治，保证扫黑除恶专项斗争稳步推进。积极做好中央督导组反馈问题整改工作，按照中央督导组三次对接会要求，结合实际工作情况，高质高效完成历次整改工作方案制定和整改情况报送工作。向北京市扫黑办、住房和城乡建设部扫黑办报送工作信息 103 篇，全面反映市住房城乡建设委扫黑除恶专项斗争工作部署、线索核查、行业治理等亮点工作。

（彭锦晨）

【组织开展综合应急演练】 5 月 14 日，市住房城乡建设委联合市城市管理委，在丰台区花乡北京地铁 16 号线 25 标施工现场，举办了 2019 年“防灾减灾日”主题宣传活动暨北京城市轨道交通施工突发事故及地下管线突发事件应急综合演练。针对社会紧密关注的轨道交通工程、地下管线综合突发事件，组织各有关部门和各领域抢险救援队伍协同处置，通过现场随机抽取在施工程项目经理指挥抢险和临时通知市级建筑工程专业应急队伍从驻地赶赴演练现场的方式，有效检验一线施工现场负责人的应急指挥能力和抢险救援队伍的执行能力，不断提升住建系统应对复杂险情的处理水平。

（彭锦晨）

【圆满完成安全度汛工作目标】 年内，市住房城乡建设委积极组织协调市重大项目办、市人防办、各区住房城乡建设委、房管局等单位开展防汛工作，牢固树立“生命至上、安全第一”的宗旨，坚守“不死人、少伤人”工作底线，成功应对了历次强降雨过程，实现了全市在建工地、城镇房屋、人防工事安全度汛的工作目标。其间，市住房城乡建设委印发了《北京市住房和城乡建设防汛专项分指挥部 2019 年防汛工作方案》《北京市住房和城乡建设防汛专项分指挥部防汛应急预案》；制定了深基坑工程、高堆土工程、轨道交通工程以及危旧房屋、低洼院落防汛台账；组织第三方专家检查组针对重点区域、重点工程开展了防汛专项检查，有效维护了人民生命财产安全和首都社会稳定。

（彭锦晨）

【积极应对空气重污染天气】 年内，市住房城乡建设委共收到市级预警发布部门发布的 3 次空气重污染橙色预警，均立即通过应急值守平台、短信平台等方式向各区住房城乡建设委、房管局和各有关单位进行传达，并提出具体要求，确保各单位在第一时间内组织开展预警响应，严格落实预案规定。

（彭锦晨）

【开展住房城乡建设系统应急管理培训】 12 月，举办 2019 年北京市住房城乡建设系统应急管理工作培训会，各区住房城乡建设委、房管局、各市级建筑工程专业应急队伍等单位相关负责人共 70 余人参加培训。会上总结了 2019 年市住建系统应急管理工作，介绍了市级专项应急预案修订安排和新版应急指挥系统上线筹备有关情况。授课专家讲解了建筑工程事故应急处置典型案例，分享了建筑领域突发事件应急处置经验。

（彭锦晨）

【加强信息报送工作】 年内，通过应急平台、短信平台发送各类预警信息和工作通知1万余条，向市应急办上报、核报突发事件57起，报送平安北京建设工作信息21篇。信息上报的时效性和准确性进一步增强，信息质量进一步提升。

（彭锦晨）

【推进“平安北京建设”工作】 2月，市住房城乡建设委制定2019年《北京市住房城乡建设系统平安北京建设工作任务书》下发各区住房城乡建设委、房管局。5月，印发2019年《北京市住房城乡建设系统平安北京建设工作要点》，明确了年度工作任务目标，指导各单位有效落实各项工作。积极配合做好全市“雪亮工程”建设工作，5月印发《2019年北京市住房城乡建设系统“雪亮工程”推进工作方案》，检查督促各区建设房管部门落实各项工作要求。此外，组织委相关处室、单位做好迎接市委政法委开展的年度平安北京建设工作考核准备工作。

（彭锦晨）

【完成“政风行风”热线有关工作】 年内，共接转政风行风来信588封，其中业务咨询381封、业务投诉63封、业务建议143封、政风投诉1封，均及时回复。“首都之窗”政风行风热线运维组对71封回复信件进行了督查，优秀信件1件、占1.41%，合格信件70件、占98.59%，无不合格信件。

（彭锦晨）

【信访工作基本情况】 年内，市住房城乡建设委共接待群众来访2875批次、5425人次，同比批次减少34.8%、人次减少40.5%；集体访94批次、1876人次，同比批次减少55%、人次减少51.9%；接待群众有效来访934批次、1755人次，占来访总批次的32.5%、总人次的32.4%，同比批次减少35.6%、人次减少42%；接待群众无效来访1941批次、3670人次，占来访总批次的67.5%、总人次的67.4%，同比批次减少34.4%、人次减少39.8%；接收群众来信4753件次，同比减少22.8%，共做出答复意见2964件（其中信访答复2578件、占86.98%，做出复查答复348件、占11.74%，做出行政答复38件、占1.28%）；网上互动平台答疑解惑9878个，同比增加13.7%。对市住房城乡建设委作出信访答复意见不服向北京市人民政府信访事项复查复核委员会办公室申请复查复核共155件次，同比减少22%。北京市人民政府信访事项复查复核委员会办公室撤销市住房城乡建设委答复意见11件，占7.1%；发送工作意见书12件，占7.7%。群众反映问题集中在落实私房政策、房屋征收拆迁、住房保障、房屋交易租赁、工程质量、物业管理、房改政策等方面。共收到市非紧急救助服务中心（12345）电话派单12208件，同比减少26.9%。北京市市民热线服务中心对市住房城乡建设委“三率”考评平均成绩81.21分，全市委办局综合排名为中等靠下（见表33）。

（王海潮）

表33　2019年市住房城乡建设委信访综合数据

月份	总来访		有效		无效		集体		有效集体访		来信	来电	初访		重访		
	批次	人次	批次	人次	批次	人次	批次	人次	批次	人次			批次	人次	批次	人次	答疑解惑
1	264	554	86	181	178	373	10	215	5	55	496	784	86	181	178	373	831
2	151	201	34	59	117	142	1	12	1	12	300	720	34	59	117	142	571
3	265	547	93	162	172	385	12	213	5	31	468	977	93	162	172	385	1021
4	287	617	98	142	189	475	11	273	3	19	460	1031	98	142	189	475	999
5	222	630	89	288	133	342	6	345	3	165	307	882	89	288	133	342	849
6	281	569	95	143	186	426	12	214	2	24	481	745	95	143	186	426	727
7	284	446	78	137	206	309	9	107	5	43	382	676	78	137	206	309	972
8	237	438	73	161	164	277	12	173	8	76	355	625	73	161	164	277	806
9	260	448	96	175	164	273	9	132	4	44	478	648	96	175	164	273	1325
10	194	287	70	102	124	185	2	35	1	5	383	531	70	102	124	185	526
11	238	387	72	106	166	281	4	90	1	9	311	610	72	106	166	281	580
12	192	301	50	99	142	202	6	67	3	34	332	637	50	99	142	202	671
合计	2875	5425	934	1755	1941	3670	94	1876	41	517	4753	8866	934	1755	1941	3670	9878

【坚持领导干部接访和阅批群众来信制度】　年内，持续开展领导干部阅批群众来信和下访接访工作。坚持领导干部四级接访和市住房城乡建设委领导阅批群众来信制度。局级领导每月接访一次，处级领导每周周四上午轮流接访一次，新任副处级领导到信访接待窗口锻炼一个月，新入职干部到信访部门锻炼六个月。重点信访问题市住房城乡建设委领导坚持“四访一包案”，即：每月定期接访，特殊案件约访、重点案件下访、到信访人家中走访。全年市住房城乡建设委共阅批群众来信46件。

（王海潮）

【妥善处理群体性上访事项】　年内，群体性上访依然高位运行，涉及利益群体多，处理难度大。市区住房城乡建设委（房管局）紧密配合，依法妥善处置了大兴区（现丰台区）南苑北里三区21号、22号、23号楼业主反映房屋质量问题，平谷区马房镇御马坊小区业主集体上访要求退房退钱问题，东城区国瑞紫金台商业（酒店式公寓）小区业主反映房屋性质与交易问题，昌平区国瑞熙院家园两限房小区反映房屋质量问题，顺义区枫泉花园限价商品住房小区业主反映质量、换房、物业管理、公共维修资金缴纳等问题，维护了群众合法权益。

（王海潮）

【全力做好重大活动期间矛盾纠纷排查化解工作】　全国“两会”、新中国成立70周年庆祝活动等期间，市住房城乡建设委先后开展两次矛盾纠纷大排查，共排查出73件矛盾纠纷，均进行专项督导化解。市住房城乡建设委信访工作处获得70周年阅兵服务保障工作表彰，李艳军同志获得先进个人表彰。

（王海潮）

【律师、心理咨询师参与信访接待效果良好】 年内，市住房城乡建设委聘用律师每周二、三上午定期接待需要提供法律咨询的信访当事人，心理咨询师每一至周五在接待窗口参与接待来访群众，对言行较为激动的信访群众及时进行思想疏导和心理安抚。截至12月31日，心理咨询师参与重大复杂信访事项接待、处理共计20次，在妥善处理重大集体访、极端个人访方面发挥了重要作用。

（王海潮）

【市民服务热线“接诉即办”工作】 年内，市住房城乡建设委高度重视市民热线电话工单“接诉即办”工作。7月3日，印发《关于选派优秀年轻干部参与做好市住房城乡建设委市民服务热线反映问题“接诉即办”工作的实施方案》，选派3名优秀年轻干部到“接诉即办”岗位锻炼。8月21日，成立“接诉即办”工作领导小组。建立每月初委党组传达区委书记工作月度点评会精神和研究“接诉即办”工作机制。截至12月31日，委党组会听取专题汇报5次。结合工作实际，8月21日制定《深入推进市民热线反映问题“接诉即办”工作计划》，明确9项重点任务。建立日报告、周调度、月分析制度，截至12月31日已报送日报信息165期，企业周报6期，专刊1期，月度分析报告5期。加强对市民热线诉求回访中“不满意”“未解决”情况的专项分析。对信访信息系统进行升级改造，加强对市民热线诉求办理“三率”情况预判。在市住房城乡建设委官网开设“问题解答”专栏，第一批梳理254条集中回应的问题，第二批梳理288条集中回应的问题。把专业问题“翻译”成通俗易懂的语言，方便群众查询了解。加强对外公开电话接听解答工作，制定《市住房城乡建设委对外公开电话接听工作规定》，要求各处室、直属单位每日记录接听电话情况，每周报送接听电话书面情况。加强督查问责，成立联合督查组，建立联动督办机制。针对市民热线集中反映现场专业人员考核发证、执法衔接、政策执行等问题开展会商调度和联合督查。

（王海潮）

信息平台

【推进网络安全基础工作】 年内，制定了推进软件正版化工作方案，依据方案有序实施并通过了国家正版化工作督查；以系统入云[①]为契机，完成所有业务系

① 系统入云指的是市住房和城乡建设委的业务系统整体迁移到政务云平台，由云机房负责维护硬件及网络安全。

统的定级备案，其中三级等保系统 1 个，二级等保系统 28 个，一级等保系统 30 个。开展安全事件应急处置及信息安全检查工作，完成了 170 次信息系统安全加固和 400 余次服务器安全加固。做好“建国 70 周年”等重大活动期间安全保障工作，制定相应的风险控制临时措施并安排 7 天 24 小时人员值守。

（孟煜騉）

【优化营商环境业务系统改造】 年内，完成市住房城乡建设委 143 个事项的办理系统与首都之窗网站的统一身份认证；完成建筑业企业资质、物业项目信息等 38 类政务信息接入“北京通”APP，拓展移动端服务渠道；完成施工许可证查询等 33 类服务接入自助终端，方便市民自助查询、预约；完成职业（工种）技能鉴定证书考核等 8 类人员资格事项“秒批”，实现系统自动审批；完成施工许可、竣工备案等 11 类固定资产投资项目审批事项系统改造，实现与政务局统一申报、统一受理、统一办结、统一送达的“四统一”模式；完成市住房城乡建设委 164 个事项办理数据向市政务服务局汇聚。

（孟煜騉）

【推动大数据行动计划】 年初，按计划完成了全部信息系统的入云工作；按市经济信息化局要求，完成市住房城乡建设委 5 个平台接入领导驾驶舱工作；完成市住房城乡建设委 135 项职责、249 类数据资源、1861 个数据项、8 个综合信息平台数据资源目录编制及上链[①]工作；按计划将 55 类数据资源涉及 278 项数据统一向社会开放；将市住房城乡建设委 84 类数据资源涉及 840 项数据向市经济信息化局汇聚并保持定期更新；完成了楼宇监测数据共享工作；推进系统整合工作，年内将 69 个业务系统整合为 59 个。

（孟煜騉）

【领导驾驶舱接入体系建设】 “领导驾驶舱”作为北京市大数据行动计划的核心内容之一，由市经济信息化局于 2018 年启动建设，通过整合汇聚和处理城市运行相关的各类数据资源，有效运用大数据提升城市精细化管理水平和决策科学化水平，为高层管理者提供鲜活、真实、精准的城市运行信息展现、监测预警、应急管理、指挥决策的“一站式”决策支持系统，由相关委办局配合完成业务系统接入、相关数据接入以及相关重点应用主题建设。年内，市住房城乡建设委按照业务特点制定了全委系统整合目标，将 59 个业务系统整合为 8 个平台，包含综合业务平台 5 个：北京市建筑工程监管与服务平台、北京市房屋全生命周期管理平台、北京市住房保障决策支持与信息服务平台、北京市住房和城乡建设信用服务监管平台、北京市建筑工程事故应急指挥部应急指挥系统；内部

① 资源目录编制指的是各部门依据现行三定职责，以业务处室为单位，开展职责目录编制，每句职责应有职责目录对应；各部门依据职责目录，开展数据目录编制，每条职责目录应有数据目录对应。目录“上链”指的是各部门在北京市目录区块链中发布本部门的内设机构、职责目录、数据目录和信息系统（即“上链”），以明确“处室—职责—系统—数据”的对应关系。

办公平台 2 个：北京市住房和城乡建设委综合办公平台、北京市住房和城乡建设基础数据库管理平台；门户网站 1 个：北京市住房和城乡建设委员会门户网站。截至 12 月 31 日，完成 5 个综合业务平台领导驾驶舱接入工作，提供一键式访问。同时，将局级领导及各业务处室负责人联系方式接入领导驾驶舱，实现市领导与具体业务负责人即时联系。

（孟煜琨）

史志年鉴

【完成《建设志》出版发行工作】 3 月，市住房和城乡建设委承编的《北京志·建设志（1991—2010）》（以下简称《建设志》）正式由北京出版社出版发行。《建设志》是市委、市政府下达给市住房城乡建设委的第二轮修志工作任务，为北京市首轮志书《建筑志》与《房地产志》的续修志，上限为 1991 年，下限为 2010 年。全书共 8 篇 30 章 103 节，共计 105 万字，内容涵盖城市基础设施建设、城市房屋建设、2008 年北京奥运会场馆建设、高端产业功能区建设、建筑业与建筑市场管理、房屋与房地产市场管理、科技与节能建材、管理体制与法制建设等方面，展现了二十年间北京市住房城乡建设事业发展的历史面貌。志书出版后，共向机关处室、直属各事业单位，各区住房城乡建设委（房管局），各建筑及房地产集团公司及行业协会发放 400 余册。

（王　艳）

【完成《2011—2015 年北京市住房和城乡建设志书资料汇编》编印】 为贯彻落实国务院办公厅发布的《全国地方志事业发展规划纲要（2015—2020）》《北京市地方志事业发展规划纲要（2016—2020）》精神，做好志书资料的收集及保存工作，市住房城乡建设委于 2017 年启动了 2011—2015 年北京市住房和城乡建设志书资料的收集、编纂工作，于 2019 年 9 月完成汇编定稿并印刷成书。该汇编共计 52 万余字，包括城市基础设施建设、城市各类房屋建设、高端产业功能区建设、建筑业与建筑市场管理、房屋与房地产市场管理、科技与节能建材、管理体制与法制建设等七篇，并包含大事记、附录。

（王　艳）

【公开出版 2018 卷《北京建设年鉴》】 1 月，印发《关于按时报送〈北京建设年鉴（2019 卷）〉文字稿件和彩色图片的通知》，启动 2019 年度年鉴编纂工作。截至 6 月，共向 90 余家供稿单位征集资料 100 余万字，图片 150 余幅，表格 60 余个。经三轮审改、补充核实、统稿后，于 12 月完成印刷出版。本卷年鉴根据实际工作情况在篇目设计上调整优化，在“房屋工程建设”篇目下增加“整治改造”二级目，在住房保障工作“综合管理”二级目下增加了“配租配售”“使用监督”三级目。

（王　艳）

【完成《北京年鉴》等3部年鉴组稿工作】 按照市政府、住房城乡建设部相关部门的工作部署，市住房城乡建设委每年承担《北京年鉴》城市建设篇、住房城乡建设部办公厅《中国建设年鉴》地区概括篇、建筑市场监管司和中国建筑业协会《中国建筑业年鉴》地方建设概括篇的供稿任务。截至11月份，按时保质完成了各项组稿任务，共提供约12万字的文稿。2019年度稿件所选取的内容既全面反映了2018年北京市住房城乡建设行业发展情况，又突出了上年非首都功能疏解、北京城市副中心建设、建设节能与科技发展等重点工作情况。

（王　艳）

机关自身建设

概 述

年内，市住房城乡建设委坚持以习近平新时代中国特色社会主义思想为指导，深入学习贯彻党的十九大、十九届二中三中全会精神，认真落实市委十二届八次九次全会工作部署，以“不忘初心、牢记使命”主题教育为主线，强化“四个意识”，坚定“四个自信”，做到“两个维护”，在强化思想理论武装、夯实基层组织基础、加强党风廉政建设等方面取得突出成绩。贯彻执行干部任用政策法规，完善干部选拔任用机制，加强人才队伍建设，强化干部监督管理，不断提高选人用人公信度和群众满意度；全面落实机构改革工作相关要求，做好成立施工扬尘事务中心、建设工程消防验收职责划转、机构改革后的人员调整、经营类事业单位改革等相关工作。推进政治监督具体化、常态化，突出跟进2019年人防系统腐败问题专项治理、巡视意见整改落实和北京2022年冬奥会、冬残奥会筹办工作等三项重点监督任务，持续发力纠治“四风”，纪检监察工作开展有序。

（王 艳）

党团工会

【党组织和党员基本情况】 市住房城乡建设委机关党委负责机关和直属事业单位党的工作，下设58个党组织，其中包括3个党委（市建设工程质量监督总站党委、市建设工程发包承包交易中心党委、市建筑业联合会党委）、3个党总支（老干部党总支、市房地产科学技术研究所党总支、城研中心党总支）、35个机关党支部、17个直属事业单位支部。截至12月31日，共有中共党员1356人，其中在职党员1136人，退休党员220人。

（周 欣 刘 勃）

【召开党建工作暨党风廉政建设工作会】 3月，市住房城乡建设委组织召开全年党建工作暨党风廉政建设工作会，下发《市住房城乡建设委2019年党建工作要点》，明确年度工作重点，确保责任落实到位。强化全面从严治党主体责任，会上按照“一岗双责”要求，签订党风廉政建设责任书。

（周　欣　傅宗琛）

【认真抓好巡视整改工作】 4月至7月、8月至9月，市委对市住房城乡建设委分别开展政治巡视和规划自然资源领域专项巡视。巡视反馈后，市住房城乡建设委成立巡视整改领导小组，办公室设在党建工作处。委党组突出问题导向，细化整改措施。针对政治巡视反馈的67个具体问题和规划自然资源领域专项巡视反馈的32个具体问题，制定整改措施，逐项明确牵头领导、牵头单位、责任单位、整改时限。多次召开分类专题会议，逐一分析问题原因，逐一提出有针对性的整改措施。同时，紧盯整改落实，定期了解相关牵头单位和责任单位的整改进度，完成一项，销号一项，确保整改工作不留空白。

（周　欣　傅宗琛）

【开展“不忘初心、牢记使命”主题教育】 按照市委部署，市住房城乡建设委自6月起自上而下全面开展主题教育。坚持把学习贯彻习近平新时代中国特色社会主义思想作为主题教育的主线贯穿全程，成立10个委主题教育巡回指导组。组织学习和交流研讨，围绕学原著、“八个专题”、检视问题、调研成果交流等组织委领导班子成员开展学习及7次专题研讨。注重在调研中解决问题，委领导班子成员开展176次专题调研，召开118个不同层次的座谈会，发现问题317个，现场解决问题192个，挂账督办问题125个。9月，召开专题组织生活会，按照习近平总书记关于“四个对照”“四个找一找”的要求，各基层党组织召开组织生活会，盘点收获、检视问题、深刻剖析，明确努力方向和改进措施，机关党委派人参加部分支部的组织生活会，会上进行点评，督促问题整改落实。全委上下坚持把“接诉即办”作为整改落实的重要抓手，把“改”字贯穿全程，积极回应群众的操心事、烦心事、揪心事，得到社会和媒体的积极反响。

（周　欣　刘自辉　刘志新）

【抓好党组理论学习中心组（扩大）学习报告会】 年内，严格落实中心组理论学习制度，梳理有关规定，不断推进委党组理论学习中心组学习的制度化和规范化。开展党组会会前学法，对党的十八大以来出台的党内重要法规进行系统再学习。组织党组理论学习中心组学习，采取集体学习、专题学习、辅导报告、集体研讨、重点发言等形式开展。年初以来，举办市住房城乡建设委党组理论学习中心组学习报告会10次、学习研讨4次，组织参加全国住建系统视频远程教育培训6次，党员领导干部履职尽责能力进一步提升。

（周　欣　尤金霞　徐　伟）

【举办全委党务干部培训班】 5月底，集中3天时间，组织全委各基层党组织书记、委员240余人开展党务干部培训。主要采取理论测试、专题辅导、业务研讨、情景模拟、交流讨论等形式，集中学习习近平新时代中国特色社会主义思想、党的十九大精神、《中国共产党支部工作条例》等。通过深入学习，层层压实党建工作主体责任，全面提高基层党务干部政治思想素质和实际工作水平，推进基层党组织标准化、规范化建设。

（周　欣　刘自辉　毛　宇）

【开展支部书记抓党建工作现场述职】 3月初，市住房城乡建设委开展党支部书记抓党建现场述职工作，覆盖全部基层党组织。改变以往全委基层党组织书记一同述职的方式，按委领导分工分十组分别召开述职会议。现场述职按照书记述职、参会人员现场提问、委领导点评讲话、基层党组织书记表态发言的程序进行。委领导全程参与，进行点评，督促指导支部抓好党建工作。通过支部互相介绍工作经验，达到互相学习、互相借鉴、互相促进的效果。

（周　欣　侯诗杰）

【加强支部规范化建设】 年内，严格按照市直机关工委关于规范化建设的要求，加强对基层党支部规范化建设工作的指导。结合机构改革，对支部设置进行优化。年内新成立17个支部，3个支部进行换届选举；坚持严格条件、严格标准、严格程序，发展预备党员14名，预备党员转正12名，组织12名新党员和9名发展对象参加市直机关工委党校集中培训班。在全体党员中推广"党员E先锋"党建平台、"学习强国"学习平台，组织党务工作者熟练使用。日常工作中，通过持续推进规范化建设，基层党组织在基本设施、制度落实、活动开展方面大幅度进步，基层组织的凝聚力、战斗力和活力不断提升。

（周　欣　刘　勃）

【抓好"双报到"工作】 年内，按照市直机关基层党组织和在职党员"双报到"工作要求，独立法人单位的基层党组织和在职党员全部完成报到工作，提出服务承诺154个，参与社区活动2495人次。

（周　欣　刘　勃）

【抓好党风廉政和反腐败工作】 10月，制定《市住房城乡建设委全面从严治党主体责任清单》，分类别、分层级、分领域细化责任内容，分解到岗、落实到人，强化从严治党的政治责任。指导各处室和直属单位认真梳理权责清单、权力行使流程和重点岗位，初步构建起较完整的权责体系。按照市反腐倡廉建设领导小组办公室《关于报送形式主义、官僚主义问题清单和整改措施的通知》要求，组织各支部对照中央整治形式主义、官僚主义的突出问题进行自查，列出问题清单，对照清单逐一制定整改措施。

（周　欣　刘自辉）

【调整完善组织架构】 根据市住房城乡建设委搬迁至北京城市副中心行政办公区实际情况，3月29日，市住房城乡建设委机关团委印发《共青团北京市住房和城乡建设委员会机关委员会关于团支部调整情况的通知》，对各团支部及组成部门进行了优化调整，对团支部班子成员进行了补充。团支部调整工作充分考虑了不同办公地点的特殊情况，涵盖了所有处室、单位，使支部班子成员进一步年轻化，调动了工作积极性。

（王海潮　俞　扬）

【加强学习教育】 1月22日，组织开展了“学习习近平总书记1月18日在京津冀协同发展座谈会上的重要讲话精神”主题团日活动，机关团委和各团支部委员认真学习习近平总书记1月18日在京津冀协同发展座谈会上的重要讲话精神，深刻领会京津冀协调发展的重大战略思想。4月3日，召开机关第二届团委第二次全体（扩大）会议，学习党的十八大以来习近平总书记五次对北京发表的重要讲话精神和团的十八大精神。6月10日，市住房城乡建设委信息中心被共青团中央等多部门评为“2017—2018年度全国青年文明号”集体。7月31日，科研所（张琪）参加第五届机关事业单位青年“我为改革献一策”活动。8月2日，机关团委组织市住房城乡建设委党员团员和青年干部，赴华为北京公司开展“不忘初心，牢记使命”主题教育活动，结合当前中美贸易情况进行形势教育。10月，推荐1名优秀团干部和青年骨干预备人选到市直机关团工委挂职锻炼。

（王海潮　俞　扬）

【组织形式多样的活动】 4月12日，组织机关40余名青年干部开展“登上北京中国尊，见证首都新发展”主题团日活动。4月20日，开展党团共建活动，组织全委党员团员120余人走进北京世界园艺博览会，了解“绿色生活 美丽家园”的办会主题，丰富党员团员干部生活。7月12日，组织参加中国教育工会北京朝阳教育委员会举办的“书海情缘·恋爱ING”单身青年联谊活动。8月3日，组织参加国家大剧院开展的红色经典歌剧电影——《这里的黎明静悄悄》展映活动。9月19日，市住房城乡建设建委机关团委与市保障性住房建设投资中心、市国资委联合举办“住保奋进杯”篮球比赛活动，共有26支球队参赛。9月，发起“推行垃圾分类践行绿色发展”倡议书，开展垃圾分类宣传教育。10月18日，组织团员青年40余人前往互联网金融服务公司蚂蚁金融服务集团北京总部进行参观交流。11月29日、12月10日，开展以“爱国奉献、爱岗敬业”为主题的职工心理疏导活动，40余人参加。市监督总站团支部组织“师傅带徒弟”系列活动，截至12月31日已组织开展3期。此外，组织开展捐书活动，全委团员青年共捐书200本。

（王海潮　俞　扬）

干部人事

【干部人事管理概况】 2019年，市住房城乡建设委共有工作人员1265人，局级领导共9人，其中正局级干部1人、副局级干部8人；处级干部共363人，其中正处级领导干部70人、副处级领导干部93人、一至四级调研员200人。年内贯彻执行干部任用政策法规，按照市委组织部、市人力社保局的要求和部署，围绕市住房城乡建设委中心工作和重点任务，全面落实机构改革工作相关要求，完善干部选拔任用机制，加强干部教育培训，强化人才队伍建设；严格执行干部任用政策法规，强化干部监督管理，畅通干部监督渠道，不断提高选人用人公信度和群众满意度。

（周　欣　何　钦　胡永昌）

【全面落实机构改革工作相关要求】 全面落实全市机构改革工作部署，配合市委编办做好事业单位法人年检（网上报审）、事业单位职能和人员编制情况统计、经营类事业单位改革方案制定等工作任务。做好动态调整权力清单工作，在2018年版权力清单基础上，结合机构改革后有关机构职能调整情况，市住房城乡建设委独立行使的职权事项调整为33项，市区两级住房城乡建设主管部门共同行使的职权事项调整为31项，同时按要求做好网上公布工作。同时，按照市机构改革工作专班《关于办理机构人员转隶手续的通知》要求，将北京市住房保障办公室并入委机关，将市招标办、市落私办、建管中心原承担的有关行政职能及3名干部划入机关相关处室。积极稳妥地做好机构人员转隶工作，周密制定方案、平稳组织实施，确保思想不乱、工作不断、队伍不散、干劲不减。转隶后，市住房城乡建设委加挂北京市住房保障办公室牌子，不再保留北京市人民政府住房制度改革办公室牌子，同时机关新增了7个处室、73名人员编制、处级领导职数为7正22副。

（周　欣　何　钦）

【做好成立施工扬尘事务中心相关工作】 年内，积极与市委编办沟通争取，申请将市住房城乡建设委施工现场扬尘治理工作领导小组办公室予以撤销，为监督总站加挂“北京市建设工程施工扬尘治理事务中心”牌子，专职承担建设工程施工扬尘治理等工作，并增加人员编制22名、社会购买服务人员26名，有效服务保障工程施工扬尘治理工作开展。

（周　欣　何　钦）

【做好建设工程消防验收职责划转有关工作】 年内，与市委编办沟通争取，申请成立了建设工程消防验收处，核定人员编制10名、处级领导职数1正2副；申请为监督总站增加建设工程消防验收相关职责，核增人员编制35名；申请为各区住房城乡建设委增加从事消防验收工作的人员编制，全市各区一共核增人员编制50名。

（周　欣　何　钦）

【做好机构改革后的人员调整等后续工作】 根据市住房城乡建设委新“三定”要求，及时做好相关部门及人员的调整、重新任命等工作。积极沟通协调，稳妥做好北京市住房和城乡建设科学技术研究所10名在编人员过渡到监督总站从事施工扬尘治理工作；保障重点工作，及时配备消防验收专业人员；积极与市委组织部沟通，做好招标投标管理事务中心、落实私房政策事务中心职责调整后参公依据说明申报工作。

（周　欣　何　钦）

【做好经营类事业单位改革工作】 按照全市经营类事业单位的部署和要求，结合北京市房地产勘察测绘所现状，研究制定了测绘所改制工作方案，通过委内撤销安置的方式完成脱钩改制工作。稳妥做好测绘所25名在编人员安置工作和其他合同制职工解除关系、经济补偿工作。

（周　欣　何　钦）

【加强干部日常管理】 年内，出台《加强干部请销假、出京出国（境）管理的规定》，严格日常考勤管理，严格执行重要事项报告制度。经统计，截至12月31日，全委科级干部因私普通护照665本、往来港澳通行证328本、往来台湾通行证179本，以上护照信息均已登记备案。

（周　欣　何　钦　胡永昌　冯　笈）

【加强处级干部轮岗交流和年轻干部培养选拔使用力度】 年内，组织对担任同一职务10年以上的处级领导干部进行轮岗交流，统筹做好干部交流工作。结合市住房城乡建设委干部队伍建设情况，组织开展了机关公务员委内遴选、机关临时行政编制推荐选拔等工作，统筹抓好年轻干部培养选拔工作。注重选任35岁及以下优秀年轻干部，加快形成合理的干部队伍梯次结构。

（周　欣　何　钦）

【严格执行个人有关事项相关规定】 年内，对2017年以来的抽查核实情况进行全面排查，对抽查核实结果进行重新认定；进一步严格执行领导干部个人有关事项报告、有关制度规定，制定了《北京市住房和城乡建设委员会领导干部个人有关事项报告问题整改工作方案》，督促、指导干部如实填报，从严从实开展抽查核实工作。

（周　欣　何　钦　孔　怡）

【开展机关借调人员清理规范专项行动】 年内，从严控制机关新增借调干部数量，从严控制委内在职在编干部职工外借，有效减少机关借调干部数量；优化干部人员配备，结合工作任务需要，综合采取机关公务员遴选、干部交流等方式，加强机关干部队伍建设，逐步消化机关长期借调人员。

（周　欣　何　钦）

【建立实施新提拔干部任前承诺制度】 年内，按照干部管理权限，分级分类组织全委新提拔的处级干部（含职级公务员、岗位等级人员）、机关科级及以下干部填写《任前承诺书》，并留存备案，从严管理干部，促进干部勤政廉政。

（周　欣　何　钦　冯　笈）

【坚持正确的选人用人导向】 年内，全面贯彻落实新修订《党政领导干部选拔任用工作条例》《公务员职务与职级并行规定》等干部选任政策规定，自觉把好干部标准贯穿到干部选任工作的各个环节，始终把政治标准作为选人用人的首要标准，坚持事业为上、以事择人，着力提拔重用忠诚干净担当、为民务实清廉、奋发有为、锐意改革、实绩突出的干部，着力推动干部配备、队伍结构更加科学合理，着力增强各部门处级领导班子的凝聚力和战斗力，树立了选人用人的正确导向和良好氛围。年内，任免处级干部（含职级调研员）306 人，其中提拔 195 人（交流提拔 22 人）、平级交流 41 人、重新任命 45 人、办理离退休手续 25 人。

（周　欣　何　钦　胡永昌　孔　怡　冯　笈）

【配合做好上级有关工作任务】 按照市委组织部要求，对市住房城乡建设委基本材料（单位基本情况、“三定”文件、局级干部分工）、局级干部年度工作总结、处级干部基本材料和年轻干部基本资料（干部名册、任免审批表、年度工作总结、近三年年度考核结果汇总表）等相关材料进行了全面汇总，对全委领导班子和干部队伍建设情况、年轻干部培养情况进行了梳理和总结，制订了市住房城乡建设委《关于局级干部配偶、子女及其配偶经商办企业行为的规定》。配合市委组织部做好 2 名局级干部提拔与职级晋升、优秀年轻干部调研、职务职级并行调研，成立市住房城乡建设委落实职级公务员相关待遇工作专班，清理规范市住房城乡建设委“一票否决”和签订责任状事项，援建干部考察考核等工作。

（周　欣　何　钦　曾寰宙）

【做好职级并行相关工作】 按照全市统一部署和委党组的要求，研究制定了市住房城乡建设委《职务与职级并行制度实施方案》《职级职数设置方案》《职级晋升工作方案》，组织开展专题部署会、相关调研和座谈会，准确传达北京市相关政策和委党组相关要求，深入了解各部门的意见建议和委内干部的思想动态，引导和帮助各部门和委内干部准确理解、正确执行有关政策，确保职级并行工作平稳有序推进。组织做好全委公务员职级套转工作，共涉及 441 名同志，其中，机关 204 人、参公单位 237 人；处级 135 人、科级 306 人。组织做好全委处级及以下公务员两次职级晋升工作。在职级调研员的两次晋升中，一次晋升涉及 65 人，包括一级调研员 41 人、三级调研员 24 人，女干部 36 人；二次晋升涉及 91 人，包括二级调研员 21 人、四级调研员 70 人，女干部 27 人。另外，根据市人力社保局有关文件，研究制定了市住房城乡建设委《规范事业单位岗位等级晋升工作方案》，并组织做好了全委规范事业单位岗位等级套转及职级调研员晋升工作。

（周　欣　何　钦　冯　笈　曾寰宙）

【加大干部培养锻炼工作力度】 年内，先后选派了 6 名干部参与“世园会”紧急建设任务，14 名干部参与国庆 70 周年有关工程建设协调任务、“5.24”重点工程任务、国庆群众游行、游行花车指挥调度等任务，选派 3 名干部到雄安新区挂职锻炼，2 名干部援藏，2 名干部援疆（和田），1 名干部作为“村党组织第一书记”，4 名干部到中央单位和市属单位挂职锻炼。落实北京市政务服务“接诉即办”要求，研究制定了《关于选派优秀年轻干部参与做好市住房城乡建设委市民服务热线反映问题“接诉即办”工作的实施方案》，并选派了 3 名优秀干部到信访工作处、综合审批服务处参与“接诉即办”有关工作。以上工作的开展进一步拓宽了干部培养渠道，健全了干部锻炼机制。

（周　欣　何　钦　曾寰宙）

【加强干部教育培训】 年内，围绕学习贯彻习近平新时代中国特色社会主义思想和党的十九大精神，落实首都城市战略定位、建设国际一流的和谐宜居之都，落实全面深化改革、建设法治中国首善之区任务，做好全员培训、新入职干部培训、专业技术人员培训、人事干部培训和军转干部培训工作，推动全委干部不断提高政治意识、大局意识、责任意识、纪律意识和依法行政水平。组织全委处级以上干部、全体人事干部和参公以上单位干部共700余人参加了干部在线学习，在线学习完成率100%，得到市委组织部的肯定；组织局处级干部调训50人次，有效推动干部提高理论水平和业务能力；先后选派28名局处级干部赴德国、日本、新加坡等境外考察业务和学习培训，帮助干部开阔视野、拓展思路、更新观念、推动创新。

（周　欣　胡永昌）

【加强人才引进与流动调配工作】 年内，坚持人才资源是第一资源，大力培养高素质人才队伍。注重把握人才工作规律，实施人才发展战略，在全面掌握人才资源底数的基础上，开展人员的录用和选调工作，严把“入口关”，确保优秀人才源源而来。年内组织完成4家参公单位9名公务员的公开招考工作、7家规范管理事业单位12名工作人员录用工作。机关招录选调生5人。开展了机关公务员遴选，择优选拔了10名优秀年轻干部进入机关；组织做好新机场建设协调处4名临时行政编制人员推荐选拔工作。积极稳妥地完成了2019年度25名军转干部（其中团职干部7名）接收安置工作，超额完成接收任务，过程公开透明，受到市退役军人事务局的表扬。做好人才流动调配和服务工作，先后办理干部核职233人，转任、调任34人。

（周　欣　何　钦　孔　怡　冯　笈）

【做好考核表彰工作】 年内，进一步健全以工作实绩为核心的量化考核指标评价体系，激励引导干部担当作为。强化考核数据分析和结果运用，形成了专题报告，根据不同部门和干部的实际情况，区分先进后进，做到奖优罚劣、奖勤罚懒。做好2018年度全委绩效考核工作，经严格考核，评选了21个优秀机关处室和直属单位，表彰奖励了18名机关正副处长、9名直属单位党政负责人和368名其他工作人员。通过激励先进、敦促后进，有效发挥了考核的监督和激励作用。

（周　欣　何　钦　冯　笈）

【严格规范工资管理】 年内，严肃分配纪律，健全工资监管机制，贯彻落实机关、事业单位工作人员工资政策。加强对机关事业单位津贴补贴发放的监督和管理，按照市人力社保局工作安排，圆满完成了社会综合治理奖金发放、政府绩效奖金发放、未休年休假补贴发放及绩效津贴发放等工作，保证了工资发放顺利实施。开展了“吃空饷”及长期不在岗问题专项整治的自查工作，报送“吃空饷”及长期不在岗人员3名，并完成整改。加强全额以下事业单位工资监管，要求全额以下事业单位每月报送处级干部工资条至人事处备案。严格福利费使用，服务职工，帮扶困难，向市人力社保局申报困难职工 29 名，获市级补助 22 人，发放困难补助及慰问金 19.5 万元，慰问金已全部发放到位。做好养老保险工作，年内办理机关在职转退休 5 人，减员 6 人，增员 22 人，死亡 2 人。

（周　欣　冯　笈　曾寰宙）

【严格个人有关事项报告】 年内，落实处级干部个人有关事项报告制度，开展信息录入及补录工作，将全委 389 名处级干部（含职级调研员）报告个人有关事项信息录入、补录到《领导干部报告个人有关事项信息管理系统》，并对 258 名处级及以下干部的个人有关事项报告进行了抽查核实，对隐瞒不报及漏报情节较重的 16 名干部进行了诫勉。

（周　欣　孔　怡）

【严格干部档案管理】 年内，建立健全处级干部任前档案审核工作制度。对拟提拔为处级干部的人事档案进行严格审核，为考察识别干部、客观评价干部、公正任用干部提供真实有效的依据，切实减少用人失察失误，努力提高选人用人公信度。开展干部人事档案专项审核工作，对全委处级干部档案进行严格审核，确保干部人事档案真实、准确、完整、规范，充分发挥干部人事档案在干部工作中的重要作用。

（周　欣　何　钦　冯　笈）

【抓好干部人事管理基础工作】 年内，做好干部档案管理、组织部干部库、市人力社保局公务员库、市委编办实名制人员库、委内干部管理系统和档案管理系统的数据维护等基础工作。按照市委组织部工作部署，做好 2019 年度市住房城乡建设委公务员信息更新采集以及公务员统计暨干部统计、工资统计工作。根据信息采集填写规范要求，结合新出台的公务员职务职级并行相关规定，组织各参公单位更新采集机构、人员近百项信息；汇总审核全委公务员统计、工资统计报表，做好报表间数据校核，并报送市委组织部、市人力社保局；填报事业单位领导人员、处级干部统计表，并报送市委组织部。

（周　欣　孔　怡　冯　笈　曾寰宙）

【严格外事管理】 根据北京市进一步规范因公临时出国人员管理和经费管理的有关要求，本着务实高效、精简节约的原则，严格出访计划审核，做好因公出国（境）工作的审批上报和政策宣传工作，严格把关审核，按照“统一领导、归口管理、分级负责、协调配合”的管理机制，采取层层审批、分级负责的方式，从执行任务情况到停留天数、费用支出等逐项审核，确保出访人员、团组质量。全年办理出国（境）团组 16 个 47 人次无差错，其中自组团 4 个 24 人次。

（周　欣　胡永昌）

【规范协会管理】 年内，注意把握行业协会联系企业、连接市场、服务行业、服务政府的优势，支持行业协会履行好行业服务、行业自律、行业代表、行业协调职能。提高市住房城乡建设委行业协会管理的规范化、制度化水平，落实巡视整改要求，制定了市住房城乡建设委第三批脱钩协会脱钩方案，推动北京建筑业人力资源协会、北京市建设教育协会、北京房地产中介协会、北京建设工程质量检测和房屋建筑安全鉴定行业协会、北京市建筑装饰协会、北京房地产评估师和土地估价师协会 6 家协会纳入脱钩改革名单。做好 21 家协会的年度审查，按照市发展改革委要求完成 21 家协会涉企收费检查工作，未发现存在违规收费问题，并协助市民政局社团办完成对协会社企收费自查自纠检查工作。按照市民政局的要求，促进和引导委属行业协会自主运行、有序竞争、优化发展，营造有利于委属行业协会发展的良好氛围。

（周　欣　孔　怡）

【强化自身建设】 深入学习贯彻党的十九大精神和习近平新时代中国特色社会主义思想，开展“不忘初心、牢记使命”主题教育，切实加强全处干部的党性修养和作风建设，坚持从严律己、从严带队伍，做到坚持原则、公道正派，提高选人用人公信度。加强对各直属单位人事干部的教育培训，引导他们把坚定理想信念与坚持爱岗敬业相结合、把提高政策理论水平与严守组工干部行为规范相结合、把不断提高“四个意识”、自觉践行“四个服务”与全面提升自身能力素质相结合，不断提高自身的道德修养、职业素养、工作使命感和责任感，努力打造一支素质过硬、作风优良的人事干部队伍。

（周　欣　何　钦　胡永昌
孔　怡　冯　笈　曾寰宙）

【开展老干部工作专题调研】 年内，配合“不忘初心，牢记使命”主题教育，开展了“党建工作专题”及“老干部生活状况专题”两个主题调研。调研采取调查问卷的方式，通过召开老干部座谈会、登门拜访和打电话征求意见等形式各收回有效问卷 50 余份，全面详实地掌握了老干部在思想政治、家庭生活等各方面的实际状况和所思所想，为进一步做好老干部服务保障工作提供了真实的一手材料。

（周承军　黄素格）

【加强离退休干部思想政治建设】 年内，组织开展了“不忘初心，牢记使命”主题教育和日常政治理论学习。全年共组织开展政治理论学习 8 次，近 400 人次参加。举办暑、冬两期理论学习培训班，组织依法治国、国际形势等专题教育，确保党员干部与时俱进，永葆初心和党性。

（周承军　黄素格）

【老干部工作会议召开】 11 月 25 日，市住房城乡建设委老干部工作会议在老干部活动中心召开，直属事业单位主管老干部工作的领导和工作人员近 30 人参会。会议推进党建引领老干部工作向基层延伸试点，并开展了“北京老干部”APP 登录使用等工作。

（周承军　黄素格）

【离休干部获“中华人民共和国成立 70 周年纪念章”】 在中华人民共和国成立 70 周年之际，张光汉、施宗林、郎金铎、周淑媛、张立叶、张群府 6 位离休干部荣获“中华人民共和国成立 70 周年纪念章”。

（周承军　黄素格）

【开展文化娱乐活动】 年内，响应北京市老干部局“感受新北京”的要求，结合老干部的年龄、身体、爱好、特长等特点，组织好老同志的娱乐活动。先后组织老同志参观世园会、北宫森林公园等，让老同志在活动中充分领略北京市经济社会发展的新面貌新成就。

（周承军　黄素格）

纪检监察

【压实监督单位廉洁办冬奥责任】 年初，驻市住房城乡建设委纪检监察组从摸清底数入手，督促市住房城乡建设委、市重大项目办和市人防办认真梳理冬奥项目，出台廉洁办冬奥工作手册。同时，对各个项目情况建立档案，对建设单位、建设进度等进行摸底，明确项目责任人，全面掌握各项目总体情况，建立健全廉洁办冬奥权力清单和主体责任清单，督促履行主体责任，把责任压实压紧。

（刘　瞻）

【推进政治监督具体化、常态化】 年内，坚持党中央和市委、市纪委监委重大决策部署到哪里，监督检查就跟进到哪里，认真督促抓好习近平总书记对北京重要讲话和重要指示批示的贯彻落实，定期开展“回头看”，从思想上行动上做到“两个维护”。紧盯政治生态状况，全程参加被监督单位党组民主生活会，紧盯选人用人酝酿提名、考察考核等关键环节开展监督，严把选人用人政治关、廉洁关、形象关、作风关，认真做好党风廉政意见回复工作，全年回复意见 30 份，共 268 人，组织廉政谈话 3 批，共 120 人次。

（刘　瞻）

【突出跟进重点任务监督】 年内，按照上级部署要求，围绕 2019 年人防系统腐败问题专项治理、巡视意见整改落实和北京 2022 年冬奥会、冬残奥会筹办工作等三项重点监督任务，紧盯时间节点、任务要求，专人负责、全程监督，通过列席相关会议、受理信访举报、处置问题线索、定期召开工作推进会、监督检查、约谈提醒、制发工作建议等方式，坚持问题导向，精准发现问题，紧盯关键项目、关键岗位、重点环节、核心业务等易出现问题的风险点持续发力，不放过任何蛛丝马迹，落实“监督的再监督、检查的再检查”，督促党员干部把“两个维护”体现在行动上、落实在工作中。

（刘　瞻）

【持续发力纠治“四风”】 年内，锲而不舍落实中央八项规定精神，紧盯元旦、春节、清明节、端午节等重要时间节点，主动作为，提前部署，开展案例警示教育，加强监督检查。节前提要求，利用讲党课、参加会议、下发文件等形式重申过节纪律要求；节中抓检查，以明察暗访为重要抓手，纪检监察组派人到各监督单位，检查是否存在公款送节礼、公款吃喝等情况，对节日期间公车封存情况进行现场督查；节后严问责，对中央八项规定明令禁止和“四风”范围内的违纪违规行为，做到发现一起、查处一起。

（刘　瞻）

【一体推进不敢腐、不能腐、不想腐】 年内，坚持“惩前毖后，治病救人”方针，贯通运用监督执纪“四种形态”，持续深化标本兼治。始终把纪律和监督挺在前面，既体现严管厚爱，又突出标本兼治；既注重把握政策界限，又注重做好思想教育、政策感化工作，教育帮助绝大多数同志少犯错误或不犯错误。坚持文明办案，把依规依纪依法要求落实到执纪审查的全过程、各环节，用好“两把尺子”，达到案件处理政治效果、法纪效果和社会效果最大化。

（刘　瞻）

各区城乡建设

概　述

年内，各区住房城乡建设房管部门坚持新发展理念，积极践行属地责任，推动住房城乡建设事业高质量发展。不断提升建筑工程品质和施工安全管理水平，认真落实强化质量监督管理，加强工地扬尘治理，规范绿色施工行为；全力做好优化营商环境工作，进一步完善建筑工程许可审批流程，加强联合验收信息平台建设，推进建筑工程企业资质电子化申报和审批；大力推进民生工程，做好保障性住房配租配售及后期管理，持续解决保障家庭住房困难问题；推进老旧小区综合整治和物业管理工作，落实老旧小区加装电梯，实施群众关注的物业管理突出问题专项整治，积极建立老旧小区管理长效机制；严格执行房地产调控政策，落实“房住不炒”要求以及限购措施，深化房屋租赁市场管理，稳步推进房地产市场和房屋租赁市场健康有序运行。

（杜　潇）

东城区

概　况

北京市东城区住房和城市建设委员会（简称“区住房城市建设委”）是区政府工作部门，2019 年 3 月份由原东城区住房和城市建设委员会、重大项目协调办公室、房屋管理局机构改革重新组建而成。加挂北京市东城区住房保障办公室（简称“区住房保障办”）、北京市东城区人民政府房屋征收办公室（简称“区政府房屋征收办”）、北京市东城区历史文化名城保护工作委员会办公室（简称“区名城办”）、北京市东城区住房和城市建设综合执法大队牌子。2019 年，区住房城市建设委积极探索创新老城恢复性修建标准体系，顺利推进中轴线申遗各项任务，皇史宬文物腾退项目 12 月 7 日启动签约，奖励期内签约率 100％。

大力推进民生工程，天坛周边简易楼腾退项目签约率达到100%，望坛棚户区改造项目整体签约率达到99.01%，宝华里危旧房改造项目签约率达到97.5%。西河沿项目西区安置房启动回迁，东区实现开工建设。豆各庄项目1547套保障性住房竣工。东城区首次开展共有产权住房选房配售工作，229户家庭完成选房。胡家园东区等4个老旧小区完成年度整治任务。完成5栋简易楼腾退，修缮改造698.5间直管公房。既有多层住宅增设电梯新开工13部，完工10部。实现棚户区改造1366户，提前超额完成市级棚户区改造任务。以市民热线“接诉即办”为抓手，推进基层社会治理改革创新，选取9个不同类型小区作为试点，印发“1＋X”工作方案，探索党建引领物业管理纳入社区治理体系改革。

（肖　彤）

工作信息

【机构编制】 区住房城市建设委负责贯彻落实国家和北京市有关住房和城市建设方面的法律法规、规章和政策，负责房屋管理、物业服务监督管理、历史文化名城保护、工程建设管理、新建商品房销售监督管理等工作，负责本区国有土地上房屋征收与补偿，建立和完善住房保障管理制度等工作，统筹老旧小区综合整治，承担房屋使用、建设工程施工安全监督工作。行政机关内设28个科室，下设东城区建筑行业管理处（参照公务员管理事业单位）、东城区住房保障事务中心（纳入工资规范管理事业单位）、东城区历史文化保护事务中心（纳入工资规范管理事业单位）、东城区住宅小区管理中心（纳入工资规范管理事业单位）、东城区房屋安全鉴定管理所（全额拨款事业单位）、东城区建设工程发包承包交易中心（差额拨款事业单位）、北京市东城区房屋管理局测绘一所（自收自支事业单位）、北京市东城区房屋管理局测绘二所（自收自支事业单位）8个事业单位。公务员编制118名，实有114名，机关工勤2名；参公事业单位编制86名，实有61名。纳入工资规范管理事业单位编制53名，实有50名；全额拨款事业编制9名，实有8名；差额拨款事业单位4名，实有3名。12月18日，经区委编办研究同意，撤销区住房和城市建设委员会所属北京市东城区房屋管理局测绘一所、北京市东城区房屋管理局测绘二所，2个事业单位现有事业编制共16名由区委编办收回。

（肖　彤）

【名城保护】 2019年，深入推进中轴线申遗工作，完成110路公交车及场站附属物腾退及绿地建设，实现中轴线南段（正阳门至永定门）步行道全线贯通，于“十一”前正式亮相，贯通并衔接了南中轴御道和周边景观，提升中轴线南段整体步行环境。完成重点建筑贯通现代酒店外立面整治以及永定门公园御道遗址的保护与展示，具备了10月底国际专家会现场视察的要求。基本完成钟楼主体建筑安全检测、钟楼永乐铜钟悬挂系统及钟架安全无损检测2项文物修缮任务。皇史宬文物腾退项目启奖励期内 100%签约，是继社稷坛、天坛、太庙后，东城区组织实施的第四处中轴线重点文物腾退。

（肖　彤）

【老旧小区综合整治和平房修缮】 2019 年，坚持“六治七补三规范”原则，有序推进老旧小区综合整治。春秀路小区综合整治已完成，营房西街 1—5 号、朝阳门内大街 216—218 和宝钞胡同 107 号综合整治工作基本完成，胡家园东区综合整治工作计划于 2020 年 6 月底前完成。既有多层住宅增设电梯新开工 13 部，完工 10 部，完成 460 户，共计 698.5 间四类（严重破损）的直管公房修缮改造工作。

（肖　彤）

【保障性住房建设】 2019 年，豆各庄 1500 套保障性住房基本建成，望坛、“两站一街”、顺义区、大兴区对接东城区安置房有序推进，西河沿项目东区进行基础施工，西区已于 10 月回迁入住。筹集百子湾定向安置房 116 套、共有产权住房 750 套，用于东城区疏整促工作及东城区共有产权住房公开配售。组建区级保障性住房平台公司，明确了以东城区政府为主的决策管理方式。完成东城区首个用于直管公房申请式退租工作的共有产权住房阳光佳苑项目房源性质调整工作，确定了销售价格和产权份额。

（肖　彤）

【工程质量安全监督】 2019 年，东城区在监工程共 212 项 331.48 万平方米，在监在施工程 138 项 227.04 万平方米（其中地铁工程 7 项，市政工程 3 项，装修工程 91 项，结构工程 37 项），基本形成了施工前综合交底、过程中日常监管和行政执法、竣工时联合验收（包括消防验收）的质量安全监管体系。日常监督以事中、事后监管和服务为主，结合行政执法工作，建立了“一个综合应急指挥平台，两个技术专家库，三类专业检测鉴定”的专业保障体系。根据东城区工作实际，拟定了《东城区非标工程及小微工程施工现场综合监管工作方案（试行）》和《现场安全技术导则》，指导全区非标工程及小微工程的日常管理。

（肖　彤）

【招标投标管理】 2019 年，共办理建设工程施工、监理招标投标项目 78 项，建设规模共计约 71 万平方米，合同金额共计约 85 亿元。共发出公开招标项目中标通知书 66 项，项目经理解锁 51 项，合同变更备案 13 项，发布公告 71 项，完成开标、评标服务 160 次。办理小型工程摇号 16 个，中标价 847.69 万元。

（肖　彤）

【行政审批与服务】 2019 年，27 项公共服务事项全部进驻政务大厅，实现审批事项集中统一办公。全年共办理行政许可事项和行政管理事项 1393 件。其中，核发建筑工程施工许可证及变更 234 件，建设工程竣工验收备案 32 件，建筑企业资质审批及变更 74 件，二级建造师注册 679 件，建筑节能专项验收备案 2 件，施工登记 2 件。办理房地产开发企业二级及以下资质核定（区级）40 件，房地产开发项目手册备案 1 件，居住项目建设方案备案 2 件，建筑起重机械登记备案 82 件，建筑起重机械使用登记 24 件，建筑施工项目安全生产标准化考评（绿色安全工地创建）43 件，联合验收 79 件，消防备案及验收 99 件。

（肖　彤）

【直管公房管理】 2019 年，会同市住房城乡建设委起草《北京老城房屋修缮与保护技术导则》（2019 版），在全市率先出台《东城区老城房屋修缮老物件收集利用暂行管理办法》，规范了老物件收集利用的程序、使用原则，使有价值的老物件、老材料物尽其用，发挥其历史文化价值。组织研究东城区老城修缮队伍准入机制，明确队伍选取的范围和原则。按照“民生为先、安全第一、规模适度、量力而行”选取原则，确定了在 2 个试点片区开展申请式退租工作。12 月 23 日，东城区首个申请式退租试点项目，即历史文化街区外北二里庄直管公房院落腾退项目正式启动，12 月 30 日，历史文化街区内雍和宫大街周边院落腾退项目正式启动，东城区申请式退租工作进入具体实施阶段。

（肖　彤）

【简易楼腾退改造】 2019 年，完成箭厂 3、4 号楼和宝华里 37、39、41 号楼共 5 栋直管公房简易楼腾退工作，腾退居民 93 户。完成东华门地区东厂 28 号、五四大街 13 号共 4 栋单位自管产简易楼现场踏勘工作，研究推进东四地区 3 栋直管公房简易楼腾退的政策和工作方案等。开展李村东里 17、18 号、新中街灰 9、10 号、光明楼 17 号简易楼拆除重建可行性研究，以光明楼 17 号楼为试点，从政策、设计、资金等多角度研究实施方案和补偿方案。

（肖　彤）

【征收拆迁】 2019 年，东城区已发布房屋征收决定项目 12 个，其中 5 个项目已全部完成协议签订，其余 7 个项目处于收尾阶段，累计应征收 9036 户，已征收 8942 户，累计完成 98.96%，剩余 94 户。夕照寺东西线道路工程项目、手帕胡同道路工程项目已完成评估机构选定工作，刘家窑路道路工程项目已发布暂停公告，进入征收程序。制定《东城区拆迁滞留项目现场专项整治工作方案》，针对 15 处拆迁滞留区环境卫生脏乱差、基础设施老化薄弱、房屋年久失修等问题，重点开展消防安全专项整治，摸排平房院落 491 个、生产经营单位 22 家、居民楼 46 栋、鳏寡孤独等火灾重点防控人群 996 人。各项目均按要求建立房屋安全隐患台账，小零修房屋 1232 间，中修 311 间，大修 98 间，拆除房屋 78 间，清运垃圾 15200 立方米，清运生活垃圾 21458 立方米，清理转租转借 92 间。起草制定《东城区房屋征收补偿安置实施细则》《东城区房屋征收服务机构服务行为评价细则》等。

（肖　彤）

【住房保障工作】 2019 年，完成保障性住房资格新申请审核备案 2338 户，公租补贴申请审核备案 325 户，市场租房补贴申请审核备案 413 户。完成已备案家庭变更 2577 户，资格终止 1109 户；公共租赁住房复审 5555 户，公租补贴复审 3651 户，市场租房补贴复审 1804 户，实物廉租房复审 1969 户，经济适用房、和限价商品住房复审共5户；共计解锁2531户，其中新申请家庭解锁463户，变更解锁205户，家庭复核解锁及配租核验解锁1119户，配租核验解锁198户；经殡葬数据核查等情况反馈，经核实，5户家庭6个资格违规享受保障，3户家庭违规出租公共租赁住房，均已取消资格。开展东城区首次共有产权住房配售工作，经过申请登记、公证摇号，2516户家庭完成选房，229户家庭选到满意房源。

（肖　彤）

【物业管理工作】 2019年，以市民热线“接诉即办”为抓手，推进基层社会治理改革创新。印发《东城区党建引领物业管理纳入社区治理试点工作方案》及配套文件，即“1＋X”工作方案，探索党建引领物业管理纳入社区治理体系改革。选取9个不同类型小区作为试点，试点项目全部实现“四有四亮相”，即有楼门院长、有居民自治组织、有志愿服务团队、有居民自治公约，并实现功能型党支部全覆盖。以落实住宅项目负责人到社区报到为契机，推动物业企业参与社区共治共建，多级联动，妥善回应居民诉求。

（肖　彤）

【防汛工作】 2019年，结合工作实际，成立防汛总指挥部，根据不同领域下设9个分指挥部。组织开展对全区在施工程及各类房屋进行排查，明确15个深基坑、837间危房作为汛期监管重点。向单位自管房发放查房通知挂号信1700余封，向私房产权人发放查房通知20000余份，全区各在监建筑工程应急备勤人员3738人，防汛物资储备充足。依托京诚集团成立全区统一房屋应急抢险队伍，与北京建工集团应急抢险大队签订合作协议，利用专业力量第一时间开展抢险救援工作。

（肖　彤）

【房地产市场管理】 2019年，全区备案的房地产经纪机构及分支机构和住房租赁企业共计337家，共约谈44次，涉及105家中介机构，立案处罚12起，处罚金额42万元整。完成现房销售备案业务20件，涉及6个开发项目；办理商品房预售许可证延期业务3件，涉及1个开发项目；办理商品房合同注销14件；期房预查封52笔。完成平房测绘成果审核412件，建筑面积共计10268.3平方米，楼房实测绘成果审核15件，建筑面积共计403818.52平方米。交易服务窗口完成个人购房资格审核1338件，存量房网上签约1326件，网签合同注销104件。

（肖　彤）

【协调推进全区重点项目】 2019年，人艺项目实现结构封顶。隆福寺地区综合整治中，隆福大厦运营顺利，地铁织补地块取得施工许可开工建设。鼓楼大街P保护区8号线织补地块项目完成护坡桩施工。新景商务楼、西部会馆、融坤养老中心项目结构封顶，进入外立面施工和内部机电安装阶段。西河沿危旧房改造项目西区部分居民回迁入住，东区施工结构已出正负零，望坛项目征收取得较大进展，回签楼开工量完成年度任务。历史遗留项目东直门交通枢纽、东华国际广场商务区顺利复工。

（肖　彤）

【棚户区改造】 2019年，按照市政府要求，东城区年度棚户区改造任务指标为100户，年内完成1327户。天坛周边简易楼腾退项目共涉及征收总户数2416户，截至8月底，征收范围内未签约居民已经清零，实现100%签约。望坛棚户区改造项目累计完成签约5786户，完成比例为99.04%，现场非住宅已全部完成签约并拆除。宝华里危旧房改造项目自5月3日启动居民签约工作，累计签约1115户，签约率97.47%。南中轴路周边环境整治项目累计签约70户，剩余5户。

（肖　彤）

【信访接待工作】 2019年，受理来信、来访及区长信箱共计2062件，同比下降15.32%，完成市、区交办信访积案47件，解决了一批住房特别困难家庭公共租赁住房实物配租等历史遗留问题。

（肖　彤）

【法制建设】 2019年，共发生诉讼、复议案件926件，同比上升116%，其中诉讼878件，复议48件。截至12月31日已结案820件，其中复议案件败诉3件（以东城区建委为被告的2件），行政诉讼案件败诉3件（以东城区建委为被告的0件），败诉率为0.6%。共受理政府信息依申请公开350件，同比上升57.9%。

（肖　彤）

【行政执法工作】 2019年，完成执法检查2949件，人均检查量196.6件；完成行政处罚344件，其中简易处罚272件，一般处罚72件。人均处罚量22.93件，罚没款总额1079854元。建筑市场管理科、招标投标管理办公室实现检查量“0”的突破。在市住房城乡建设委组织的案卷评查中，被抽查的11件处罚案卷均被评为优秀卷。

（肖　彤）

【建筑业企业情况】 截至2019年12月底，东城区建筑业企业共有227家。按资质类别分，施工总承包企业50家（其中特级1家，一级16家，二级19家，三级14家），专业承包企业170家（其中一级26家，二级100家，三级43家，特种作业1家），劳务分包企业7家（详见表34）。

（王守月）

【建筑业企业专项核查】 为加强企业资质管理与服务，强化审批后监管，维护建筑市场秩序，根据《建筑业企业资质管理规定》和区住房城市建设委动态监管方案，对区内建筑企业进行资质专项核查。建立台账，对企业的详细信息进行登记，重点核查一级资质和设计施工一体化分离出来的施工企业。

（王守月）

【安全生产考核合格证书续期】 截至12月31日，共计受理办结建筑业企业“三类人员”安全生产考核合格证书续期工作1084人次。

（王守月）

表 34 东城区建筑业企业统计表

内容	资质类别	特、一级	二级	三级	合计
总承包	房屋建筑	12	9	4	25
	机电安装	1	1		2
	通信工程	1	1		2
	市政公用	1	7	7	15
	公路工程	2			2
	石油工程		1		1
	矿山工程			1	1
	电力工程			2	2
	冶金工程				
	水利水电				
小计		17	19	14	50
专业承包	装饰装修	14	72		86
	消防工程	4	6		10
	港航设备安装				
	隧道工程				
	输变电工程			8	8
	桥梁工程				
	地基基础	2	1		3
	建筑防水防腐	1	5		6
	古建筑工程	2			2
	模板脚手架工程				
	机电设备安装	1	1	17	19
	城市及道路照明			8	8
	电信工程		1		1
	公路路基工程				
	电子与建筑智能化工程	1	13		14
	建筑幕墙				
	环保工程		1	8	9
	公路交通工程	1			1
	起重设备			1	1
	钢结构			1	1
	特种工程	不分级 1	1		
小计		26	100	43	170
劳务分包				不分级 7	7
总计		43	119	64	227

【工程建设情况】 2019年度，经区住房城市建设委受理、初审及决定竣工验收备案的公建工程共有6项，投资35851.56万元，面积7.94万平方米；住宅工程共有5项，投资85946.4万元，面积28万平方米。

（赵琳艳）

东城区住房和城市建设委员会

党组书记： 刘海军

主　　任： 张晓峰

调 研 员： 朱仕双　李光辉

副 主 任： 孟宪峰　马玉兵　迟家钰　陈　蓓　韩云升　刘静韦　谢鹭鹭　罗敏棘

派驻纪检组组长： 杨卫平

办公地点： 东城区新中街19号

邮政编码： 100027

联系电话： 64047711

西城区

概　况

北京市西城区住房和城市建设委员会（简称“区住房城市建设委”）是西城区政府的职能部门，代表区政府行使城市建设的工作职能，负责全区城市建设工作，内设机构11个，编制50人。年内，西城区房屋施工面积共计126.5万平方米，比上年同期下降1.3%，其中，年内新开工面积为8.1万平方米，比上年同期下降41.1%；新增竣工房屋面积为29.2万平方米，比上年同期增长25.1%。棚户区改造收尾完成64户，其中菜园街29户，光源里32户，北昆项目3户，涉及人口209人次，上报并完成市级审批改造任务项目26个（拟改造楼房104栋，面积约56万平方米，涉及户数1.3万户，资金预算9.2亿元），铁狮子巷15号、西直门南小街16号、永乐里10号院、红莲中里6、8号楼共5栋、2.3万平方米、382户已全部完工。完成加装电梯22部，推进33条市政道路建设，实现完工道路3条。截至12月31日，广安门外南街南段、燕京中街和米市东胡同3条道路完工通车，通车里程1.37千米。加快推进保障性住房项目建设，华嘉项目402套、丰台京粮南苑植物油厂项目2595套，两个项目的2997套定向安置房均已完工。同时，聚焦疏功能、惠民生、强监管、防风险、保稳定等各项工作，推动房屋管理工作新发展。启动西城区第一个共有产权住房项目申购登记、配售工作，发放市场租房补贴和公共租赁住房补贴、廉租房补贴，共计9522万元；加大普通地下室清退整治工作力度，开展群租房专项治理；分类施策形成多种物业管理模式，努力做到“民有所呼、我有所应”。

（齐彦博　陆旭雅）

工作信息

【市政道路建设情况】 年内，推进北纬路、白纸坊东街等33条市政道路建设，广安门外南街南段、燕京中街和米市东胡同3条道路建设，实现完工通车里程1.37千米，完成市级任务；推进地铁12号线、16号线和19号线3条轨道交通线路和1个换乘通道建设，完成9个换乘站主体结构施工。

（齐彦博）

【定向安置房安置情况】 年内，西城区计划实现2997套定向安置房竣工（基本建成）任务。截至12月31日，承担指标任务的华嘉项目402套、丰台京粮南苑植物油厂项目2595套，合计2997套定向安置房均已完工。新增定向安置房调拨138套；通过内部挖潜，同一主体间房源调剂使用方式完成定向安置房调配391套。新增定向安置房房源及新增用房项目已全部采用《定向安置房业务管理系统》线上调拨审核。在线上运行的11处房源，已实现上线房源15978套，其中9125套完成居民购房资格及配售标准审核。

（齐彦博）

【优化建筑企业营商环境】 自3月18日起，建筑工程施工许可业务实现全程网上办理并进行回访，审查无误的在5个工作日内完成审批。自12月1日起，全市开展二级建造师注册证书电子化试点工作。申请人通过北京市住房和城乡建设领域人员资格管理信息系统全过程网上办理各类注册事项，原纸质注册证书遗失补办、污损换证等业务停止办理。招标投标工作实现“一站式”服务模式。取消合同备案、监理招标投标备案全过程采用告知性备案等，强化事中事后监管。年内，共办理施工许可317项，其中，房建项目9项，市政项目3项，装修项目228项，变更及注销项目77项。办理建筑企业资质74项，其中首次申请资质7项，资质延续11项、资质升级1项、增项34项、变更21个。

（齐彦博）

【建筑工地监管工作情况】 年内，加强建筑工地监督执法检查，确保全区建设工程平稳有序。共出动9740人次，检查工地5108个次，发出责令整改通知书223份，对265家企业进行约谈，经济处罚271家责任单位和33名个人，金额137.1225万元；行政处理50家责任单位，共计80分，行政处理128名责任人，共计186分。共受理建筑起重机械使用登记备案35起；向6家建筑工地发放夜间施工许可证58件；受理建设工程竣工验收备案36件；拆除备案6项。完成消防验收23项，消防备案29项，备案抽查10项。牵头组织联合验收共计完成44项。

（齐彦博）

【棚户区改造任务完成情况】 年内，棚户区改造年度任务为加强棚户区改造遗留项目收尾，共完成50户以上，涉及人口变化125人次，完成1个项目拔点。棚户区改造收尾完成64户，其中菜园街

29户，光源里32户，北昆项目3户，完成年度任务量的128%。涉及人口209人次，占比167%。其中北昆项目已实现拔点任务结案。同步推进菜园街项目、光源里项目手续办理，两个项目12月31日前各一个地块计划实现开工建设。百万庄项目B地块回迁入住率达到96.2%，ACD地块正在推进建设。

（齐彦博）

【老城保护更新试点工作情况】 1月15日，市住房城乡建设委联合东、西城区政府下发了《关于做好核心区历史文化街区平房直管公房申请式退租、恢复性修建和经营管理有关工作的通知》（以下简称《通知》）。为贯彻落实《通知》要求，推动实现老城保护与居民生活品质提升的有机融合，结合西城区实际，选定原菜市口西片危旧房改造小区土地一级开发遗留项目作为2019年试点，开展平房直管公房申请式退租、申请式改善及片区保护更新工作，设想通过资产运营的方式，成片区实现保护提升和街区更新的可持续性操作。菜市口西片试点是一种全新的老城保护方式探索，也是全市年内第一个启动的直管公房退租项目。最终提出退租申请为275户（其中公房234户，私房41户），直管公房占比60%，私房户占比14%。涉及在册户籍人口760人。

（齐彦博）

【街区更新工作情况】 年内，开展街区整理工作，持续推进各街道责任规划师团队和责任规划师签约，开放展示中心，加强重点街区建设，打造精品街区。截至12月31日，各街道已全部实现责任规划师团队和责任规划师签约。广内、广外、天桥、陶然亭、椿树、牛街、月坛、西长安街、大栅栏、什刹海、金融街等11个街道的街区整理展示中心已建成开放，新街口，白纸坊，展览路，德胜街道展示中心正在推进建设中。按照工作安排，西城区年内重点推动旧鼓楼大街、地安门内外大街、太仆寺街、天桥南大街等片区提升“亮相”。截至12月31日，完成德胜街道小市口胡同3号院和小市口胡同、旧鼓楼大街西侧南段改造；完成西长安街街道太仆寺街改造；完成广外街道达官营街区深化提升项目；完成天桥街道天桥街区休闲空间建设、广场地面修整、墙面翻新加固、绿化补植。

（齐彦博）

【老旧小区综合整治工作】 年内，西城区上报并完成市级审批改造任务项目26个（拟改造楼房104栋，面积约56万平方米，涉及户数1.3万户，资金预算9.2亿元），小区计划改造任务数位列市第一。其中列入市级“疏整促”考核的4个老旧小区综合整治项目（铁狮子巷15号，西直门南小街16号，永乐里10号院，红莲中里6、8号楼，共5栋、2.3万平方米、382户）年底全部完工。截至12月31日，完成22部老旧小区加装电梯材料审批审核和推动工作。

（齐彦博）

【重点工程项目征收情况】 年内，对宣武医院、菜市口220千伏站及生产附属设施等重点项目开展现场滞留户征收。推进北纬路、西直门内大街、受壁街、红居北街东段、四十四中东侧路项目、地铁19号线一期工程等道路征收项目。截至12月31日，完成了1个项目（珠朝街），全年共计签约4个单位、70户居民。

（齐彦博）

【依法行政及信访工作情况】 年内，西城区住房城乡建设委共接到12345市民服务热线派单1223件，实际承办658件。响应率达到100%，平均解决率74.88%，满意率80.48%；来信来访受理80件，包案重点矛盾3件，共接待群众来访236批338人，含集体访13批139人次，信息公开82件，行政复议3件，行政诉讼5件。西城区重大办热线12345共受理1066件，响应率100%，平均解决率62.36%，满意率64.89%。来信来访共计161件，领导包案4件，已解决3件，共接待来访居民56人次，集体访12次。承办人大建议、政协提案42件，办复率100%。党代表提案建议1件，办复率100%。

（齐彦博）

【节能和建材管理情况】 上半年，建筑节能专项验收备案工作实现4个项目的备案，共计10.7万平方米。建成太阳能集热器面积702平方米。截至12月31日，完成百万庄北里住房改造、原官园花鸟市场改造等7个项目的两项基金返退。32个项目建材和设备采购信息备案。对已经进行改造和达到节能标准的音像大厦等4个项目进行了专家验收，并顺利通过验收和奖励资金申请。对3000平方米以上1473栋大型公共建筑电耗实行限额管理，采集信息1173栋，880栋纳入考核。

（齐彦博）

【无障碍环境建设工作情况】 年内，按照《北京市无障碍设施建设和管理条例》和《西城区“冬奥会、冬残奥会”无障碍环境提升行动工作方案》等要求。西城区有计划、有步骤、有重点地完成市政道路、公共建筑、公共交通设施、福利及特殊服务建筑、公共停车场（库）、居住小区等共计5大类246个子项目的无障碍设施建设和改造。接到群众来信、来访、来电反映无障碍设施方面问题103件，解决62件，不具备改造条件、不能解决41件。

（齐彦博）

【道路建设任务完成情况】 年内，西城区推进33条市政道路建设。截至12月31日，广安门外南街南段、燕京中街、米市东胡同3条道路完工通车。中信城项目代征的5条道路中3条道路11月底实现完工通车，其余2条道路待协调园林和交通等部门研究6棵树木伐移工作。

（齐彦博）

【轨道交通建设情况】 年内，西城区共有3条轨道交通线路和1个换乘通道建设，其中地铁12号线，自开工以来累计完成施工产值23353万元，占施工总产值44517万元的51%。完成马甸站主体结构小导洞、底纵梁、条形基础、边桩、冠梁、钢管柱、大管棚、顶纵梁。地铁16号线，完成二里沟站、玉渊潭东门站、木樨地站、达官营站主体结构、甘家口站主体结构及附属结构。国家图书馆站—二里沟站区间、二里沟站—甘家口站—玉渊潭东门站双线贯通。地铁 19 号线，积水潭站主体结构完成施工，积水潭站—北区间暗挖工区完成正线施工，平积区间盾构段完成左线与右线，平安里站已完成主体结构顶板结构，金融街站—平安里站区间初支结构施工完成，牛街站—金融街站区间盾构始发横通道完成、牛街站负一层中板及侧墙完成。

（齐彦博）

【2 号 4 号线宣武门站换乘通道改造情况】 年内，西南象限横通道开挖支护和二衬结构完成，暗挖售票厅开挖支护和主体结构全部完成；西北象限横通道开挖支护完成（总长 59.6 米），暗挖售票厅开挖支护、主体结构全部完成；东北北象限明挖售检票厅主体结构全部完成；东北东象限一期交通导改全部完成，前期施工全部完成；东南象限既有 2 号线东南口停运完成。

（齐彦博）

【保障性住房配租配售情况】 年内，组织开展住房保障政策培训会，就进一步简化保障性住房申请手续、“安居北京网上办公系统”模块使用、市场租房补贴政策执行口径等方面进行专题解读与答疑。启动西城区第一个共有产权住房项目金隅金林嘉苑申购登记、配售工作，解决 219 户家庭住房困难问题。组织两次公共租赁住房意向登记，配合产权单位完成选房；完成 6 月底之前取得保障性住房备案资格的低保、低收入、计划生育特殊困难家庭配租公共租赁住房工作。发放市场租房补贴和公共租赁住房补贴、廉租房补贴共计 9522 万元。完成 2676 套出租型保障性住房及金胜嘉园人才公共租赁住房项目划转至西城区保障性住房运营管理有限公司相关工作。与区委组织部共同研究、拟订《北京市西城区关于“选调（培）生”人才公寓保障工作实施方案（试行）》。完成金胜嘉园人才公共租赁住房项目租金确定工作。

（陆旭雅）

【保障性住房后期管理情况】 年内，做好重大活动、节假日期间出租型保障性住房安全隐患排查工作，发现问题及时整改。已入住出租型保障性住房承租家庭 2391 户，实收租金 623 万余元，租金收缴率为 89.2%。支付 2019 年度出租型保障性住房项目物业管理费 268 万余元，后期管理服务费 610 万余元，供暖费 22 万余元。

（陆旭雅）

【房屋征收（拆迁）情况】 年内，新启动征收项目 1 个。完成征收（拆迁）签约居民 305 户，整治拆迁区出租出借房屋 54 处，完成安德路 77 号院 1 号楼 55 户居民回迁入住。稳步推进丰台区育菲园东里 26、27、30、31 号楼居民房屋安全及产权问题。加大在施征收项目、拆迁遗留项目行政执法力度，完成白纸坊重点棚户区改造项目剩余居民的征收补偿决定发放工作。

（陆旭雅）

【普通地下室安全使用综合管理情况】 年内，组织召开西城区普通地下室综合整治工作会议，印发年度整治工作方案，以整治用作经营性宿舍的普通地下室为重点，将普通地下室安全使用综合管理与人口疏解工作相结合，综合运用行政、经济、法律等多种措施，加大清退整治工作力度。普通地下空间散租住人清理保持动态清零，涉及人口变化 100 人次，清退 4 处宿舍。

（陆旭雅）

【直管公房违规转租转借清理工作情况】 年内，西城区直管公房违规清理整治任务计划清理整治 300 户。针对公有住宅违规转租转借，发现一起治理一起，实现动态清零，严禁反弹。原民用居住改工商企租恢复民租，结合街区整理、“开墙打洞”治理和后续处置工作的要求和进度，逐步恢复民租。全年西城区直管公房违规清理整治共完成 409 户，其中完成转租转借 186 户，恢复民租 223 户。5 月 27 日，完成对实施主体北京金恒丰城市更新资产运营管理有限公司的授权工作，确保试点工作可以准时启动。6 月 10 日，菜西片区作为全市首例直管公房申请式退租试点项目正式启动。该项目共有产籍居民 728 户，7 月 10 日正式启动签约，至 8 月 9 日签约截止日，主动提出退租申请居民 275 户（公房 234 户、私房 41 户），片区退租申请总的比例为 38%。其中直管公房退租占比 60%，私房占比 14.1%。作为老城保护和城市更新模式的新探索，申请式退租阶段取得成功。

（陆旭雅）

【房屋安全管理工作情况】 年内，组织街道、区房地中心、北京宣房投资管理集团有限公司、各自管房单位、物业服务企业等单位开展年度房屋安全大检查，全面排查房屋安全隐患。履行区房屋防汛专项分指挥部职责，组织对辖区危旧房屋及低洼院落重点部位展开雨前检查、雨中巡查、雨后复查，重点部位提前布控，落实房屋防汛工作各项责任制，圆满完成全年房屋安全度汛工作任务。完成 63 万余平方米私有房屋安全检查工作。深入推进“三自行动”“五清行动”“防风险保平安迎大庆”“安全生产示范区创建”等专项行动，坚持安全生产每日一报制度。持续推进物业服务企业投保安责险工作，78 家物业服务企业投保。

（陆旭雅）

【物业管理工作情况】 年内，以解决群众身边的“关键小事”为着力点，充分考虑各类小区不同条件和特点，分类施策形成“物业服务合同型”“多方联动共治型”“政府托底居民自治型”物业管理模式，努力做到“民有所呼、我有所应”。共检查物业服务项目 813 个，发放责令整改通知书 786 份，出动检查人员 1650 人次，行政处罚 5 起，通过市住房城乡建设委官网集中曝光 3 家物业服务企业违规行为，对 2 家物业服务企业及项目负责人进行信用扣分。完成物业服务项目合同备案 27 个，合同变更备案 38 个，合同注销审核 22 个。完成住宅专项维修资金审批 134 笔。

（陆旭雅）

【房地产市场管理情况】 年内，进一步规范房地产市场秩序。完成 4 套新建商品房预售签约备案，现房签约 199 件，现房销售备案 2 起，资金监管 11 个项目、33.71亿元。受理购房资格核验申请2563件，签订自行成交存量房网签合同2191件。受理房改售房153件。制发《西城区2019年房地产经纪行业专项治理工作方案》，并与各房地产中介机构签订《承诺书》。开展持续不间断的门店巡检，共检查380家，出动760人次，行政处罚9起、处罚金额16万元。向市监管部门移交未在注册地经营的机构2家；联合市住房城乡建设委对9家房地产经纪机构发布虚假房源信息、违法群租等行为进行媒体公开曝光。

（陆旭雅）

【新建商品房预售管理情况】 年内，共完成联机预售签约备案4套，建筑面积914.98平方米；现房签约199件，建筑面积23345.87平方米；完成合同备案注销76起，消费者变更11起，司法查询3起，现房销售备案2起；处理商品房投诉9起；资金监管11个项目，33.71亿元。

（陆旭雅）

【群租房专项治理工作情况】 年内，深入推进群租房专项治理工作，做好群租房牵头工作的交接和继续推进，按时完成相关报表，组织应对市、区两级的督办督查等。联合街道等相关部门治理群租房，对从事违法群租的中介机构冒头就打，违规重罚。截至12月31日，共治理群租房211起，涉及1525人，实现了“动态清零”。

（陆旭雅）

【房改工作情况】 年内，房改售房单位共119家，累计售出住宅895套，建筑面积7.09万平方米。其中：中央单位62家，售出住宅367套，3.71万平方米；市属单位20家，售出住宅131套，0.97万平方米；区属单位37家，售出住宅397套，2.41万平方米。房改调房单位共57家，累计调整住宅354套，建筑面积2.74万平方米，全部为中央单位调房。为4家区属单位完成房改售房批复工作。售房款支取共计2家，支取金额1318.92万元，用于电梯更换和其他维修。回购共计13家，其中区属单位2家，3套，0.02万平方米；中央单位11家，16套，0.14万平方米。住房补贴审核43家单位，出具住房补贴普查证明55份；受理住宅专项维修资金使用申请20件，涉及12家单位，支取资金614.1万元，工程对应建筑面积33.7万平方米。

（陆旭雅）

【落实私房工作情况】 年内，做好经租产补留自留房货币补贴发放工作，完成户籍核查11户63人，向法院、公证部门出具证明7份，组织评估单位完成评估8份，报送相关请示12份、函16份，为11户落实补留自留房货币补贴989.4235万元。落实56号文件，出具档案查询结果21份。完成标准租私房腾退安置5户，2户标私腾退方案报市住房城乡建设委审批，3户有腾退意向户已初步审核。办理“宗教产”相关政协提案6件。办结各类信访转办件308件、电话登记单345件，办结信息公开申请5件，办结行政诉讼3件，行政复议4件。为申请保障性住房家庭、入学家庭开具证明 11 份。完成落私档案管理及数字化加工 2 万卷，共计 52 万页。

（陆旭雅）

【房产测绘成果审核工作情况】 年内，深入推进“放管服”改革，进一步优化营商环境，推动“减事项、减环节、减时限、减要件、优流程”顺利实施。房产测绘成果审核办理时限由原来的 12 个工作日缩短至 7 个工作日。全年共办理楼房房产实测绘成果审核 7 件（包括联合验收 1 件），建筑面积 20.16 万平方米；住宅平房的房产测绘成果审核 199 件，建筑面积 6843.84 平方米。

（陆旭雅）

【房地产开发企业资质情况】 年内，共办理房地产开发企业资质 73 项，其中四级资质延续 28 项，暂定级资质延续 5 项，新设立企业 2 家，暂定级升四级 1 项，二级降四级 3 项，三级降四级 1 项，二级延续初审 3 项，一级延续初审受理 5 项，资质变更 25 项。

（陆旭雅）

西城区住房和城市建设委员会

党组书记、主任： 刘成东

副 主 任： 张东艳　王学涛　仲　洁

调 研 员： 李方正

副处级调研员： 周文建　张　瑾　孙　哲

办公地点： 西城区长椿街甲 24 号

邮政编码： 100053

联系电话： 63027019

西城区房屋管理局

党组书记、副局长： 王连杰（4 月任）

局长： 孔　勇（4 月任）

党组副书记、副局长： 吕世及（10 月免）

党组成员、副局长： 王宇光　王振扬　连建民　金永满（5 月任）

办公地点： 西城区西直门南小街国英园 5 号楼

邮政编码： 100035

联系电话： 66160375

朝阳区

概　况

2019 年，朝阳区开复工施工工程 1388 项，同比增加 50%；竣工、终止工程 587 项，856.51 万平方米。建设筹集各类政策性住房 20853 套，完成任务的 115%；竣工政策性住房 14219 套，完成全年任务的 102%。完成棚户区改造项目拆迁腾退 5127 户。积极推进轨道交通建设拆迁，加强工程质量、施工安全监管，严格施工工地扬尘治理，开展公共建筑绿色化改造工作，大力发展绿色建筑。经区委、朝阳区政府同意，朝阳区房屋管理局作为朝阳区政府组成部门，正处级，加挂朝阳区住房保障办公室、朝阳区政府房屋征收办公室牌子。年内，以市区重点工作为核心，全面统筹协调，切实做好民生服务保障工作。共办理房屋征收项目13个，其中京沈客专星火枢纽站项目签约比例100%，北京东站货场铁路职工住房项目签约比例达90%。采取租售并举、租补结合的方式，聚焦住房回归居住属性，着力推进住房保障工作。朝阳区百子湾、焦化厂公共租赁住房项目7768套房源完成摇号，共计5331户家庭参加。完成71961户次共有产权住房申购家庭购买资格，启动了城志畅悦园、锦安家园两个共有产权住房项目的公开配售工作，房源共计2852套，18968户家庭参加选房，选定住房2852套。疏解非首都核心功能，年内共开展联合执法17次，走访街乡50余次，完成国有土地居民楼违法群租房治理2120户，“疏整促平台”上账1425户，疏解人口5875人。同年，成立征收拆迁管理、综合审批服务科、房屋租赁管理科。

（姚　颖　高雅琪）

工作信息

【工程建设概况】 年内，全区开复工施工工程1388项，同比增加50%；建筑面积3221.11万平方米，同比增加7.5%；施工道路管线长452.71千米。其中，房建工程593项，1841.2万平方米；拆除工程3项，2.65万平方米；市政工程69项，0.97万平方米，道路管线234.67千米；地铁工程30项，86.41万平方米，施工线路63.65千米；老旧小区综合改造工程22项，76.16万平方米。截至12月31日，竣工、终止工程587项，856.51万平方米，道路管线56.71千米。其中，房建工程558项，840.84万平方米；拆除工程10项，7.56万平方米；市政工程19项，8.11万平方米，道路管线56.71千米；老旧小区改造工程11项，26.09万平方米；地铁工程3项，7.02万平方米，施工线路9.12千米。

（朱小朋　高雅琪）

【保障性住房建设】 年初，朝阳区保障性住房建设任务为建设筹集各类保障性住房18100套（间），包括新建、改建、趸租等方式筹集租赁住房10000套（间）（含市级高端人才住房2300套）和政策性产权住房8100套（间）；竣工政策性住房14000套（间）。截至12月31日，朝阳区共建设筹集各类政策性住房20853套（间），包括新建、改建、趸租等方式筹集租赁住房10082套（间）和政策性产权住房10771套（间），完成任务的115%；竣工政策性住房14219套（间），完成全年任务的102%。

（李媛媛　高雅琪）

【召开质量安全工作大会】 4月29日，2019年朝阳区建设系统安全质量工作会召开。区相关部门、各街道（地区）办事处、开发企业、建设单位、监理单位主管质量、安全生产工作领导等1500人参会。会上，就2018年施工安全、工程质量等工作进行了总结，部署 2019 年工作，并就优化营商环境工作进行专题部署。

（高雅琪）

【危旧房屋改造工作】 年内，继续推进酒仙桥、垂杨柳、甜水园二期及京棉危改一、二期等危旧房改造项目。酒仙桥项目已完成房改售房工作，正在进行征收方案的最终修订，适时启动征收预签约工作，电子球场回迁楼建设工程完工；甜水园项目已启动棚户区改造征收预签约；垂杨柳项目正在完善方案和办理前期手续；京棉危改一、二期项目进入收尾阶段。

（张德学　高雅琪）

【棚户区改造和环境整治工作】 2019 年，朝阳区棚户区改造须完成 5030 户征收（拆迁、改造）任务，疏解人口 12500 人。年初，将化石营旧城区改建等 22 个项目纳入 2019 年棚户区改造工作年度计划。全区棚户区改造项目总占地面积约 2732.08 万平方米，涉及农（居）民约 33238 户。截至 12 月 31 日，全区共完成棚户区改造项目拆迁腾退 5127 户，占全年总任务量的 102%。

（张德学　高雅琪）

【轨道交通建设拆迁】 年内，朝阳区承担了地铁 3 号线、7 号线东延线、12 号线、17 号线、28 号线（原 CBD 线）共 5 条新建地铁线路的前期征地拆迁协调工作，共计里程 86.26 千米，设车站 52 座。截至 12 月 31 日，5 条新建线路均已全面实现进场施工。其中，地铁 3 号线、12 号线东坝车辆段实现腾退集体土地上建筑面积共计约 52.7 万平方米，地铁 17 号线已完成 1.58 万平方米的拆迁工作，地铁 7 号线东延线 3 站 2 区间已于 12 月 28 日通车运营。积极推进解决轨道交通历史遗留问题，地铁 14 号线高家园站已按照车站初步设计实现规划，施工单位已进场；地铁 7 号线、地铁 10 号线换乘站双井站正在进行升级改造，A、F、H 出入口已于 12 月 28 日投入运营，实现双向换乘；京沈铁路客运专线朝阳段已基本完成拆迁腾退，经确认的拆迁量总计约 60 万平方米（含小白坟村扩拆）。

（王　晶　高雅琪）

【房地产开发管理】 年内，做好新建改建居住区配套设施审核备案工作，加强对项目开发全过程动态监管，依据项目建设时序进行现场勘查，进一步保证公共服务配套和市政设施与住宅同步建设、同步完成、同步交付使用。全年共完成新建改建居住区《项目建设方案》备案 8 项，总建筑面积 184.88 万平方米，其中住宅 100.85 万平方米，市政设施配套 4.99 万平方米，公共服务配套 11.69 万平方米。共完成 21 个开发项目手册区县初审，16 次开发项目预售服务配套建设情况确认和现场实地核查。

（张　煜　高雅琪）

【房地产开发配套设施收缴】 年内，收缴各类配套设施 54 所，总面积 13.16 万平方米。其中：教育配套设施 5 所，3.92 万平方米；卫生配套设施 11 所，5.48 万平方米；文化配套设施 9 所，1.57 万平方米；民政配套设施 5 所，

0.95万平方米；其他社区服务配套设施24项，1.24万平方米。全年与相关部门托管配套设施58所，13.23万平方米（含教育配套设施5所，3.92万平方米；卫生配套设施11所，5.48万平方米；文化、民政及其他配套设施42所，3.83万平方米）。

（郝一方　高雅琪）

【房地产开发企业资质管理】 年内，办理各项资质审批257件，其中新设立17件、暂定延期57件、变更44件、重新核定139件。截至12月31日，朝阳区共有开发企业358家，其中一级14家、二级19家、三级13家、四级220家、暂定92家。

（张　煜　高雅琪）

【劳务用工监管】 年内，全面落实“一项纲领、两个体系、三色预警、四方责任、五级备案”工作机制，做好区域劳务用工联动监管体系运行工作。召开联动监管单位、各层级参建企业管理人员参加的培训部署会2次，累计1000余人参加。会同区人力社保局、各街道（地区）办事处实现对区施工项目劳务及劳动用工规范管理情况动态联动监管。全年累计对监管工地开展劳务巡查903次，分别组织各建筑集团总公司、各省（直辖市）驻京建管处开展联合检查各1次；累计协调解决工程合同（工程款、劳务费）纠纷3起；配合区人力社保局劳动监察大队调处解决农民工工资纠纷7起。

（苏志成　高雅琪）

【建筑行业从业卡（管理系统）覆盖情况】 自2016年起，为有效规范朝阳区建筑劳务用工市场，在全区试点实行建筑行业从业人员管理平台和从业卡。从业卡具有务工履历记录、教育培训记录、不良信息记录、考勤记录、数据分析等多项功能，并创造性地将上述功能量化为个人综合积分，进而根据综合积分将从业人员划分为A、B、C三级，实行逐级晋升制，在行业内首次实现对工人个体的客观评价。截至2019年12月31日，“从业卡”已覆盖全区工地，发卡总量已达114555张，发卡、用卡情况基本达到预期效果。

（苏志成　高雅琪）

【工程质量监管】 年内，制订质量监督执法计划，细化日常监督管理；重新修订监督告知，对全区在建施工项目进行质量管理宣贯；强化工程质量监督执法检查，定时开展项目质量评估工作；加强建筑材料管理，规范进场检验制度，做好工程现场建筑材料抽测，严把质量验收关；加强施工过程质量预控，开展工程质量常见问题治理；加大对预拌混凝土生产企业监管力度；强化关于工程质量问题的信访投诉事项处置工作；严格把控工程竣工验收关口；提升工程质量信息化工作水平，全面推进工程质量安全提升行动；加大装配式混凝土建筑工程质量监管力度。针对北京市社会投资建设项目实施联合验收，实现资源信息共享，提高验收效率，优化营商环境；进一步深化建筑业“放管服”改革，召开住宅工程质量潜在缺陷保险工作部署会，推行住宅工程质量潜在缺陷保险工作；响应北京市“街乡吹哨、部门报到”

改革，对2012年以来进行的老旧小区节能改造工程外墙保温及外窗质量隐患进行排查，共计完成排查94个标段（包），涉及1748栋楼，建筑面积867万平方米。

（朱烨南　高雅琪）

【工程质量监督检查】 全年监督房建工程1180项，1912万平方米；市政工程171项，17.30亿元。截至12月31日，在监房建工程909，1518万平方米；在监市政工程169项，合同额15.90亿元；房建工程竣工380项，388万平方米；在监工程未发现重大质量安全隐患。全年办理质量监督注册房建工程691项，660万平方米。对质量违法行为进行行政处罚44起，罚款70.70万元；对安全违法行为实施简易处罚86起，罚款8.6万元。下发责令整改通知书29份，企业或项目负责人共记125分。材料检测不合格报告收到1639份，处理完成1586份，材料抽检171次，信息报送34次，工程质量投诉处理642次。

（朱烨南　高雅琪）

【消防验收备案工作】 年内，对辖区内由朝阳区住房城乡建设委负责质量监管的项目依法开展消防验收、备案抽查工作。主要负责消防验收、备案抽查相关问题的咨询解答以及信访投诉处理。5月13日至6月30日为消防验收、备案抽查职责承接过渡期。7月1日以后消防验收、备案抽查工作正式由朝阳区住房城乡建设委负责。截至12月31日，共完成消防验收716项（其中过渡期336项），消防备案32项。

（李笑颜　高雅琪）

【优质工程评选】 年内，申报创“朝阳杯”工程项目15项、建筑面积164.01万平方米，检查工程13项、建筑面积130.94万平方米，2项工程跨转至2020年度。8项工程获2019年度建筑结构“朝阳杯”，其中金奖7项、银奖1项；3项工程获2019年度竣工结构“朝阳杯”，其中金奖3项。区质量监督站监督工程获2019年度全市建筑结构“长城杯”工程21项，其中金奖14项、银奖7项，建筑竣工“长城杯”工程5项，其中金奖3项、银奖2项。

（李　炜　高雅琪）

【施工安全监管】 年内，继续实施《朝阳区建设工程施工安全监督管理工作规定》，明确监督管理工作职责，规范安全监管工作行为。开展安全教育、安全生产月活动，共有1407家参建单位参加；加大安全生产检查执法和抽查力度，处置违法行为；各建设工程悬挂宣传横幅1431条，张贴各种宣传画4667张，发放宣传材料23528份，设置宣传专栏办报795个；组织“农民工夜校”安全生产知识培训，48265人次参加；有针对性地开展防汛、防火等各类应急演练，制定施工方案914件，应急预案989件，组织各类应急演练567次、13866人次参加。各建设工程组召开座谈会，研讨安全生产管理工作，介绍安全生产管理工作经验，并对朝阳区安全生产工作提出意见和建议，提高了建筑施工安全生产管理水平。配合市、区相关部门开展深基础、危险性较大分部分项工程、施工现场扬尘治理、建筑垃圾运输、预防煤气中毒等专项检查，加强重大节日、重点活动安全保障工作。全年办理建筑起重机械设备登记编号备案73台，使用登记备案463台；检查施工工地2941次，责令整改136个次、动态管理记分64分，行政处罚364起、罚款168.4万元、动态管理记分352分；发生建筑施工安全生产亡人事故3起、死亡3人，未发生较大突发事件和施工安全生产事故。创新监管模式，以政府购买服务形式委托专业单位对朝阳区深基坑、高大模架、大型吊装工程，以及塔吊等大型起重设备，进行专项评估抽查。监测深基础工程82项，塔吊专项检测104台，模架工程9项，升降机14台，物料机3项，吊拆7项。共查出深基坑存在安全隐患工程5项，检测出不合格设备25台，均已整改完成。依法开展夜间施工许可审批24次。北京冬季奥运村人才公共租赁住房项目一标段工程、二标工程等9项工程获得“北京市文明安全样板工地”称号。

（朱小朋　高雅琪）

【施工工地扬尘治理】 年内，朝阳区成立了建设系统打赢蓝天保卫战工作领导小组，明确了施工扬尘治理“十个百分之百”的工作标准，并组建朝阳区施工扬尘联动办公室，加强建筑工程施工扬尘管控与行政执法力度，打造朝阳区建筑工程施工扬尘管理新模式。大力建设规范统一、智能高效的区住房城乡建设委扬尘监控系统平台，全面整合施工现场远程视频监控系统、车辆识别与抓拍系统及PM10在线监测系统，提升了施工扬尘管控能力。

（朱小朋　高雅琪）

【“绿色围挡”整治工作】 3月，朝阳区成立建设工程施工围挡整治提升专班，抽调专人负责在全区推行“绿色围挡”整治工作。经多方调研，发现围挡喷淋设施可有效控制施工扬尘源头，围挡照明可保障夜间行人和车辆通行安全，围挡张挂绿草皮可统一视觉效果，优化周边环境，改善城市面貌。从朝阳区建设工程围挡的实际情况出发，确立采用钢结构或砌体结构围挡外侧覆盖绿草皮，设置喷淋、帽檐及顶灯的围挡设置方案，并向辖区工地下发《关于做好2019年朝阳区建设工程施工围挡整治提升工作的通知（试行）》。截至6月底，全区222项施工围挡全部完成整治工作。区住房城乡建设委将此项工作形成长效机制，进行常态化管理。同时，形成《朝阳区建设工程施工围挡标准图集》，以立面图、实景对比图及细部做法对比图等形式阐述围挡整治标准；加强源头监管，对于新开工工程进行首次监督告知，召开交底会，下发围挡整治相关通知及图集，明确围挡要求，要求参建单位严格按照通知规定的标准设置施工围挡，并督促已完成围挡整治工地加强维护，使参建单位养成文明施工自律意识。

（朱小朋　高雅琪）

【施工许可监管】 全年核发建设项目施工许可证558项，建筑面积425.86万平方米，同比增加14.81%；市政道路管线20.82千米，同比增加10.86%；投资252.51亿元，同比增加7.4%。其中：新建48项，建筑面积295.02万平方米，合同金额117.68亿元；装饰装修491项，建筑面积130.84万平方米，合同金额34.05亿元；市政工程19项，道路管线20.82千米，合同金额3.99亿元。全年查处违法施工案件70起，罚款380.19万元。

（王晓颖　高雅琪）

【招标投标监管】 年内，办理施工、监理招标投标102项，其中施工工程67项，241.82万平方米；市政道路及管线2.99千米，189.57亿元；监理工程35项。

（伍　冰　高雅琪）

【建筑节能与建材管理】 全年完成建筑节能专项验收备案28个项目，91个单体；完结建材采购备案18个项目，累计完结418个项目。根据北京市财政局《关于取消及调整部分政府性基金有关政策的通知》文件要求，从2017年4月1日起正式停征“两项基金”，剩余未退费项目正在陆续办理退费中。2019年，补缴“两项基金”1个项目，共计141.14万元，其中新型墙体材料专项基金132.32万元，散装水泥专项资金8.82万元。根据市住房城乡建设委《关于优化新型墙体材料专项基金和散装水泥专项资金返退工作流程的通知》文件要求，11月1日起散装水泥专项资金退返工作不再通过区县进行退返。全年受理新型墙体材料专项基金项目34项，共计退返1990.08万元；受理散装水泥专项资金项目22个，共计退返75.65万元。根据《北京市超低能耗建筑示范工程项目及奖励资金管理暂行办法》及《各区2019年建筑节能任务分解指标》要求，全年配合市住房城乡建设委对垡头焦化厂公共租赁住房17、21、22号项目，百子湾保障性住房项目公共租赁住房地块2、4号公共租赁住房项目，北京翠城经济适用住房4期D—23居建公服，金茂绿创中心4个项目开展现场调度工作。

（陶　赛　高雅琪）

【预拌混凝土生产企业管理】 截至12月31日，朝阳区共有资质混凝土搅拌站点37家，正常生产22家，停产3家，完成疏解12家。根据市住房城乡建设委、市生态环境局《关于开展2019年度北京市地方标准＜预拌混凝土绿色生产管理规程＞执行情况专项执法检查的通知》相关要求，开展2019年度《预拌混凝土绿色生产管理规程》执行情况专项执法检查工作，本次朝阳区共有23家站点接受检查，全区在产站点均达到良好以上水平。

（陶　赛　高雅琪）

【公共建筑超电耗限额管理】 年内，朝阳区纳入超电耗限额管理的公共建筑2362栋，其中大型公建520栋。对2018年朝阳区考核优秀的91栋公建进行公示工作告知，13栋公建同意将考核结果在市住房城乡建设委网站公示。按照市住房城乡建设委要求对2018年超电耗限额和2017至2018年超电耗限额的82栋公建开展能源审计告知书送达工作，已完成送达23栋，其中13栋公建存在异议并通过公共建筑电耗限额管理系统反馈至市住房城乡建设委进行复核。

（梁志伟　高雅琪）

【公共建筑绿色化改造工作】 2019年，朝阳区共有5个公建项目申请综合验收。赛特集团建筑绿色化改造、北京五洲皇冠国际酒店节能绿色化改造、北京万达文华酒店整体节能改造、北京维景国际大酒店绿色化节能改造4个项目通过综合验收，核定面积共计26.82万平方米，申请奖励资金总额791.68万元。凯德MALL太阳宫店因节能率不满足奖励标准未通过专家组验收。全年共受理8家单位10个项目节能绿色化改造奖励申请，现已完成初审、公示、入库工作，10个项目申报改造面积共计215.98万平方米，改造内容涵盖给排水系统、动力系统、照明系统、供暖通风空调系统、监测与控制系统等。

（陶　赛　高雅琪）

【绿色建筑发展管理】 积极推进全区绿色建筑发展工作，组织市住房城乡建设委科促中心、人保朝阳分公司、住总集团等单位召开座谈会，调研朝阳区绿色建筑现状，共同探讨未来绿色建筑发展趋势。结合朝阳区实际及绿色建筑新国标，编制朝阳区绿色建筑发展相关工作方案。为确保建筑达到绿色运行评价标准，创新性地引入绿色保险机制。主动向企业传播绿色建筑标准理念，宣传建筑节能和绿色建筑政策法规，加快推进朝阳区绿色建筑发展工作。截至12月31日，全区共计49个项目获得绿色建筑标识认证，其中运行标识8个，设计标识41个。

（陶　赛　高雅琪）

【建筑垃圾废弃物资源化综合利用管理】 年内，区住房城乡建设委积极搭建平台并组织开展建筑垃圾再生产品推广会议5次，涉及企业40余家，促成建筑垃圾处理企业与项目达成合作意向15项。华夏董氏集团金家村处置点于5月完成拆除，截至12月31日在产9个处置点。累计处置建筑垃圾996.79万吨，再生产品产量919.75万吨，再生产品销售量611.9万吨，再生产品库存量307.85万吨。

（陶　赛　高雅琪）

【老旧小区综合整治工作】 年内，继续开展“十二五”期间老旧小区综合整治项目收尾工作。切实履行参建单位的维修保修职责；对老旧小区综合整治和单独增设电梯项目实施主体资金申请，组织召开联席会议进行审议，按程序进行资金拨付。继续推进老旧小区加装电梯工作，全年实际开工电梯762部，完成306部，开工和完成数量居全市第一。2018年8个老旧小区综合整治试点项目继续实施，完成常营地区办事处连心园小区（G区）、民族家园小区（G区）、潘家园街道磨房南里小区综合整治工作。劲松街道磨房北里一区、农光里重汽小区、紫南家园、双龙南里、西坝河东里小区综合整治工作按计划推进，预计2020年全部完成。2019年经市级确认的朝阳区老旧综合整治项目共31个，涉及19个街道和地区办事处，涉及住宅楼335栋，改造面积189万平方米，项目总预算资金19.1亿元。由于市老旧小区联席会议确定项目时间较晚，截至年底各办事处正在进行前期设计方案制定和参建单位招标投标工作，计划于2020年

"全国两会"后陆续开始实施。

（杨立军　高雅琪）

【房屋私自拆改执法检查】 年内，实施信息共享、执法联动工作机制，开展房屋私自拆改执法检查。全年受理房屋私自拆改信访事项394起，调查处置394起。落实"街乡吹哨、部门报到"工作机制，全年配合安贞、东风乡、三里屯、小关、潘家园、劲松、双井和平房等属地办事处调解居民矛盾11次，未发生矛盾激化情况。

（段玉霞　高雅琪）

【信访与信息公开事项】 年内，接待处理群众信访事项671件次，其中纸质书面投诉信44件、依托网上办公系统接收2752件（含信访系统381件，政民互动1700件）。全年办复2720件，办复率98.83%，其余32件处于办理阶段。接待集体访9批次、63人，主要涉及危改拆迁补偿、保障性住房建设、房屋质量、施工扰民、工程款纠纷、老旧小区综合整治等问题。全年信访工作总体形势平稳，未发生越级访、大规模集体上访等突发性事件。全年信息公开321项，其中主动公开164项、依申请公开157项。

（徐家琛　高雅琪）

【行政诉讼和复议】 年内，办理行政诉讼案件7件。其中，1件正在审理中；1件法院驳回原告诉讼请求后，原告上诉，正在二审审理中；1件法院驳回原告起诉；2件法院驳回原告诉讼请求；1件原告撤诉；1件法院判决撤销朝阳区住房城乡建设委原答复重新答复。办理行政复议案件7件，其中2件复议机关驳回申请人复议申请，4件复议机关维持朝阳区住房城乡建设委答复，1件正在审理中。

（刘晓亭　高雅琪）

【获奖建筑业企业和人员】 按照北京市建设行业诚信企业评定实施方法，经企业自愿申报，市、区相关部门两级推荐和评审，北京迪迈建筑装饰工程有限公司等25家企业被评为诚信企业。其中，北京市建筑装饰设计工程有限公司等17家企业被评为诚信3A企业。

（李　炜　高雅琪）

【监理人员分级管理】 年内，继续实行《朝阳区监理人员分级管理办法（试行）》，开展建设工程监理人员分级管理培训考评工作。监理人员经过业务培训，可获得相应等级胸卡，经所在企业任命或委托，持胸卡人可担任朝阳区内各类项目总监理工程师、非强制性监理项目总监、总监代表及各类项目专业监理工程师或监理员。7至8月，与区监理协会联合举办监理分级管理的第十一期培训，共有40家企业、303人参加培训，278人通过笔试和面试，通过率92%。截至12月31日，区监理协会共举办培训班11期，160余家监理公司、7551人参加培训，6710人通过监理分级管理培训考试取得相应等级的资格证书和胸卡。

（李　炜　高雅琪）

【建筑业企业资质及人员管理】 年内，受理新设立建筑业企业资质变更229家，增项56家，升级28家，新设立23家，延期45家；截至12月31日，纳入朝阳区管理的建筑业企业762家，其中特级

2家、一级111家、二级429家、三级144家、不分等级76家，涵盖建筑工程施工总承包等30个施工专业。同时，完成二级建造师执业资格初始注册435人，变更注册354人，注销831人，延续注册606人，增项64人，遗失补办3人，重新注册436人；办理企业负责人、项目负责人和专职安全员《安全生产考核证书》续期2873人。

（陶　赛　高雅琪）

【保障性住房补贴发放】 年内，全区取得公共租赁住房租金补贴备案资格家庭670户，完成公共租赁住房租金补贴发放46480户次，发放金额6406.59万元；完成市场租房补贴发放14716户次，累计发放金额达1806.64万元；完成廉租补贴发放63户次，累计发放金额54426元。

（姚　颖　廖石磊　陈　超　陈文亮）

【保障性住房资格复核】 年内，全区取得保障性住房备案资格家庭3340户，累计完成租金补贴、公共租赁住房选房入住家庭等各类资格复核62批次，共计2.3万余户。

（姚　颖　廖石磊）

【梧桐湾嘉苑、城志畅悦园5号楼共有产申购启动】 12月11日，朝阳区梧桐湾嘉苑、城志畅悦园5号楼共有产权住房项目申购工作启动。其中梧桐湾嘉苑项目房源866套，销售均价为36000元/平方米；城志畅悦园5号项目房源180套，销售均价为29000元/平方米。截至12月26日申购结束，共有25736户家庭网上申购，其中12439户家庭申请梧桐湾嘉苑项目，13297户家庭申请城志畅悦园5号项目。

（姚　颖　廖石磊　陈　超）

【东坝福园经济适用房剩余房源收购】 6月10日，朝阳区完成对东坝福园剩余508套经济适用房房源的收购，按预测面积签订了收购协议，收购价格为22717.07万元。收购后的房源将作为公共租赁住房分配使用。

（姚　颖　陈　超）

【完成亮马K地块配建公共租赁住房项目回购】 1月4日，朝阳区完成对将台乡亮马住宅小区K地块项目370套房源，作为区公共租赁住房房源使用，按预测面积签订了收购协议，收购价格为10550万元。

（姚　颖　陈　超）

【城志畅悦园（1—4号楼）、锦安家园共有产完成摇号选房】 年内，城志畅悦园（1—4号楼）房、锦安家园共有产权住房项目完成摇号，共组织了3批次选房工作，上述2个项目全部售罄。

（姚　颖　陈　超）

【人才租赁住房配租工作】 年内，朝阳区统筹571套（共计420间）公共租赁住房作为人才租赁住房，用于缓解区法院、区公安分局、区纪委住房困难问题。其中区法院分配房源300套和区公安分局分配房源250套，区纪委分配房源21套。区法院正在协调分配中。

（姚　颖　陈　超）

【百子湾、焦化厂公共租赁住房项目摇号选房】 4月19日，百子湾、焦化厂公共租赁住房项目（房源共计7768套）完成摇号，共为5331户申请家庭摇出选房顺序号。鉴于上述2个项目房源体量较大，产权单位将分批次安排选房入住工作，首批选房工作计划于下年1月6日到1月17日进行，共涉及3831户申购家庭。

（姚　颖　陈　超）

【低保低收入家庭精准配租】 4月15日，朝阳区发布《关于对朝阳区具有保障性住房资格的城镇低保、低收入、生育困难家庭进行专项配租的公告》，面向全区低保、低收入、生育困难家庭，开展专项配租。此次配租均为北京市保障性住房建设投资中心持有运营的管庄北二里、瑞湾家园、怡景园、燕保·马泉营家园、燕保·汇鸿家园、燕保·双桥家园等6个公共租赁住房项目（均为历次选房剩余房源）688套房源，全区共计2116户家庭进行了网络意向登记，其中481户家庭进行了线下确认。已有313户家庭办理了入住手续。

（姚　颖　陈　超）

【保障性住房轮候家庭快速配租】 10月10日，朝阳区发布《关于朝阳区燕保·汇鸿家园等6个公共租赁住房项目剩余房源开展“快速配租”的公告》，解决全区保障性住房轮候家庭住房困难。本次配租共有房源571套，均为市投资中心持有运营的管庄北二里、瑞湾家园、怡景园、燕保·马泉营家园、燕保·汇鸿家园、燕保·双桥家园等6个项目的剩余房源，全区共有4001户家庭进行了网络意向登记，已组织选房3批次，共发放选房通知单1058户家庭，后续选房及办理入住工作正在推进中。

（姚　颖　陈　超）

【公共租赁住房人脸识别设备安装】 年内，朝阳区完成公共租赁住房人脸识别信息系统项目，共安装保障性住房管理平台服务器17套，人脸数字网络型主机68套，人脸采集器17套，总投资约179万元。

（姚　颖　闻　博）

【廉租房项目燃气灶更换工程】 年内，朝阳区完成公共租赁住房（原廉租住房项目）燃气灶更换工程，共惠及保障性住房家庭1400余户，总投资约181万元。

（姚　颖　闻　博）

【保障性住房动态监管】 年内，朝阳区保障性住房违规案件受理率达到100%，受理3个月以上案件核实处理率97.15%。

（姚　颖　马　烽）

【建立完善区人才住房保障工作机制】 年内，为促进区域职住平衡，加强对区委组织部认定的高端人才以及区发展改革委认定的7类企业、部分行业规上企业的无房人才服务保障工作，区房管局、发展改革委牵头，初步建立了各类保障性住房与人才服务需求对接机制。该举措使人才的保障更加精准，更加具有倾向性，有效发挥了住房在稳定和吸引人才方面的激励保障作用。

（姚　颖　张俊杰）

【征收补偿决定的诉讼工作完成顺利】 年内，针对朝阳区在施的永安里旧城区改建项目、分钟寺桥西北侧回迁安置房项目、小关北里公交场站项目、亮马J地块棚户区改造和环境整治项目等征收项目，做出补偿决定书38份，送达补偿决定书38份，配合法院强制执行17份，应诉答辩行政复议诉讼案件69件，无一例败诉。

（姚　颖　王男男　侯立明）

【房屋征收管理工作稳步推进】 6月5日，朝阳区政府作出北京东站货场铁路职工住房项目征收决定，随后启动签约工作，共有164户完成签约，对未签约的5户做出了补偿决定书并完成送达。6月6日，朝阳区政府作出关于同意甜水园旧城区改建项目住宅房屋征收补偿方案的批复，随后启动征收补偿方案征求意见工作；7月10日，召开征收补偿方案听证会；8月19日，开展签约意向登记工作；12月16日，启动预签约工作。11月15日至12月14日，地铁三号线东坝车辆段建设项目房屋征收补偿方案征求意见工作启动，随后开展了签约意向登记工作。12月31日，京沈客专星火枢纽站项目已完成征收工作，征收现场移交建设单位。CBD 500千伏变电站工程建设项目对变电站规划范围内居民进行了初步摸底调查工作，拟定了实施方案，并形成了初步补偿方案。

（姚　颖　王男男　侯立明）

【“扫黑除恶”治理】 年内，对全区43个街乡的7200余家中介机构进行全面排查，将涉嫌存在“涉黑涉恶”“软暴力”行为的35家公司及4条线索分批上报市住房城乡建设委、区扫黑办等相关部门。探索出“3＋1＋1＋4＋6”的工作规范。对市住房城乡建设委转办的1082条投诉进行梳理，对215家企业分别进行了约谈告诫、现场检查等处理。处理市住房城乡建设委“漠视侵害群众利益”投诉64件。

（姚　颖　高　博）

【违法群租房治理】 年内，成立群租房整治工作组，与朝阳区43个街乡建立有效沟通，实地走访街乡70余次；响应“街乡吹哨、部门报到”的综合执法模式，开展违法群租房联合执法20余次。全年，共完成国有土地居民楼违法群租房治理2775户，涉及租赁人数1万余人。

（姚　颖　高　博）

【房地产经纪机构监管】 年内，巡查经纪机构4800余次，约谈告诫违规机构71家，责令整改127家，暂停网签23家，公示曝光120家，受理经纪机构投诉、接诉即办案件、提供咨询、信访接待14000余件，转办执法285件。

（姚　颖　高　博）

【区物业管理协会成立】 年内，在朝阳区委组织部的指导下，成立了区级物业管理协会，并同步成立了协会党委。同时，在全区各街乡党委的领导下，成立了物业联盟。协助协会制定了《北京市朝阳区物业管理协会议事规则》《北京市朝阳区物业管理协会自律准则》《北京市朝阳区物业管理协会会员公约》等制度，规范行业自律。同时，积极鼓励企业，响应“社区吹哨，物业报到”的机制，参与社区治理。通过党建引领，协会和联盟成员主动联系社区党组织，以点带面，扩大党建工作覆盖面。

（姚 颖 杨 桅 赵 頔）

【物业基础服务标准制定】 年内，通过前期调研区内 103 个实施物业管理项目的房改房、老旧小区，并与区物业管理协会沟通，征求意见建议 200 余条，组织了专家评审 4 轮，最终形成《朝阳区住宅项目物业服务基础标准（试行）》。该标准包含 7 大项 51 小项，主要对实施物业管理的房改房小区综合服务、绿化养护、环境卫生、秩序维护、装饰装修管理、房屋管理、设施设备维修养护等进行规范。房改房及老旧小区可参照该标准开展物业服务工作，行业主管部门和属地街乡可根据该标准对以上项目逐项开展测评，给出综合评价。

（姚 颖 杨 桅 赵 頔）

【品牌物业建设工作】 年内，通过业主、第三方机构、所服务的街乡和社区三个层级，对全区 280 个物业项目，从业主满意度、房屋设施设备管理、园区环境管理服务、街乡社会、专业部门等五个维度进行了专业测评。最终评选出 35 个 5A 级和 4A 级的品牌物业项目，树立行业标杆，推动朝阳品牌物业机制化、常态化发展。

（姚 颖 杨 桅 赵 頔）

【物业管理投诉专班成立】 年内，区房管局成立了区"市民热线"物业管理投诉处理专班对物业管理投诉问题开展综合研判，推进疑难问题解决。专班成立以来，共统计分析物业管理投诉 30643 项，投诉率下降 40%。共办理一般信访件 339 件，政民互动接诉即办 1903 件，电话投诉 2896 件，总计 5138 件。

（姚 颖 杨 桅 赵 頔）

【城镇房屋防汛】 年内，完成朝阳区 2019 年度房屋防汛工作。汛前，组织 43 个街乡及全区 1200 余家物业服务企业召开了朝阳区 2019 年度房屋防汛部署工作会，完成了 15 个物业项目、68 栋楼的屋面防水、4 个物业项目的排水管线应急维修资金支取审核工作、直管公房 5 间平房挑修和 6 幢楼房屋面大修工作，组织开展 7 次防汛演练；汛中，累计值班在岗 4130 人次，检查平房 6332 间次，检查楼房 2851 幢次，接报并处理房屋漏雨问题 27 次。

（姚 颖 韩 娜）

【城镇房屋安全检查】 年内，检查房屋共计 14191.38 万平方米，其中完好房 11955.51 万平方米，基本完好房 2067.15 万平方米，一般破损房 149.17 万平方，严重破损房 19.55 万平方米；检查电梯 23489 部，二次供水水泵 10226 台，避雷设备 43142 个。

（姚 颖 韩 娜）

【普通地下室清理整治】 年内，完成普通地下室清理整治挂账任务 13 处；执法检查 3276 处，巡视检查 29536 处，责改并转办执法大队案件 25 件；办理普通地下室登记备案 360 件。

（姚 颖 韩 娜）

【专项维修资金审核】 年内，已售公房专项维修基金累计审核 649.758105 万元，涉及 35 家单位；已售公房提取房改售房款累计审核 190.755913 万元，涉及

9家单位。

（姚　颖　钱　前）

【房改售房】 年内，核准受理房改单位200家，办理房改售房3505套22.53万平方米。

（姚　颖　阴世红）

【房产测绘】 年内，完成商品房实测项目23个83万平方米。完成商品房预测项目14个，共113万平方米。完成大产权实测项目16个，共42万平方米。

（姚　颖　张　兴）

【存量房网签管理】 2月28日起，凡企业之间存量非住宅房屋买卖，双方可持自行签订的买卖合同及相关材料，直接通过各区综合服务窗口申请仓库、商业及办公等非住宅用途房屋缴税及转移登记。4月16日起，房屋交易中心与朝阳区税务部门、不动产登记部门联合，在朝阳区不动产登记中心来广营大厅增设“三联办”和“绿色通道”综合服务窗口，为企业和群众提供网签、缴税及过户“一窗办理”。9月1日起，自行成交的存量房购房资格申请、购房资格复核实行全城通办，购房人可至任意区交易服务窗口提交材料申请办理。10月8日起，房屋交易中心在石佛营大厅增设信息查询窗口，可为房屋交易当事人及公检法办案人员提供房屋交易信息查询。11月28日，区房管局同区发展改革委、规划自然资源委朝阳分局、区税务局、区文化旅游局联合制定《关于已分割销售的产业项目买受人审核有关问题的通知》，明确已分割销售且已办理房屋所有权登记的酒店、文化娱乐、工业类项目再次上市交易的，可出售给企事业单位、社会组织或个人。其中个人购买的，应符合北京市《关于进一步加强商业、办公类项目管理的公告》的条件。

（姚　颖　国　佳）

【房屋交易】 年内，朝阳区购房资格核验业务65341件，存量房网签业务39931件，存量房网签合同注销业务2071件；其中区房屋交易中心完成全区购房资格核验业务办理4066件，购房资格核验复核329件，存量房网签业务5360件，存量房网签合同注销业务1667件，一手房合同注销业务342件，信息变更业务911件，在建工程抵押确认业务23件，预查封业务323件，房屋交易信息查询业务102件，住房租赁备案业务577件。

（姚　颖　国　佳）

【房产实测绘成果审核】 年内，朝阳区完成房产实测绘成果审核业务203件，涉及楼栋783个，建筑面积共计1000万平方米。

（姚　颖　董　薇）

【直管公房房屋及设备修缮】 年内，完成26幢34792.29平方米楼房防水，2幢9375.10平方米上下水更新，25幢1630平方米楼房屋面补漏。完成房屋、设备养护维修55595户次。挑修52间，共2856.86平方米，综合维修48间，共952.94平方米。完成电梯更新18部，电梯改造2部，电梯大修9部。泵房无负压更新4处，泵房改造8处，泵房大修3处。

（姚　颖　崔芳静）

【直管公房房屋及设备安全检查】 年内，对辖区内直管公房及设备设施进行了安全检查。共检查楼平房 325.31 万平方米。其中平房 3653 间，共 6.50 万平方米；中式楼 13 幢 272 间，共 0.66 万平方米；正规楼 712 幢，共 311.36 万平方米（其中出售房 32376 套，167.66 万平方米）；简易楼 43 幢，共 6.79 万平方米，房屋完好率 96.08%。

（姚　颖　崔芳静）

【完成基层单位工程项目预算审核】 年内，审核各房管所及资产运营中心工程及设备预算，经中心和专业审计公司审核，最终审核项目 247 项，审定金额 3011 万元。

（姚　颖　崔芳静）

【直管公房管理】 年内，市场租赁审批 173 件，三类组别签订租赁合同 241 处，实现房屋管理电子化、系统化管理。注销产权证工作，对直管公房已经灭失房屋，报送不动产登记大厅灭失注销材料 605 份，完成产证注销 397 件。全年共计售房 983 件，已出证 111 件，已发证 111 件。收回房屋 8 处，共计 213.5 平方米。区属国有资产 92 处整改房屋，整改验收完成 27 处。

（姚　颖　张榕芳）

【房屋行政执法】 年内，完成各类房屋行政执法检查 718 次，出动人员 2059 人次，接听接待来电来访 62 起。下发责令改正通知书 437 份，立案 453 起，处罚 209 起，不予处罚 235 起，撤销立案 25 起，罚款金额 473.72 万元，结案 294 起。

（姚　颖　顾旭亮）

【房屋鉴定】 年内，鉴定总面积为 221 万平方米。其中，工程检测项目 32 项，共 33 万平方米；公共维修基金鉴定项目 90 项，共 188 万平方米；电梯检测 1614 部。

（姚　颖　孙　东）

【房屋供暖】 2018—2019 年采暖季供暖工作以 2018 年 11 月 7 日点火为起始，历时 129 天，于 2019 年 3 月 15 日 24 时准时停暖结束。冬供燃气消耗 3061.10 万立方米，燃气费 8326.20 万元，总耗水量 8.5 万吨，水费 81.36 万元，总耗电量 1202.93 万度，电费 901.38 万元，全冬总耗能（水电气）共计 9308.94 万元。

（姚　颖　唐　静）

【维修供暖设备更新】 供暖中心 2019 年度夏季设备更新维修工程于 4 月 1 日开工，8 月 31 日全部完工。更换管道约 3700 米，约投资 579 万元；更换设备 20 台，约投资 113 万元；供热管理监测系统工程 1 项，约投资 310 万元；其他零维修工程 8 项，约投资 148 万元，合计 61 项工程，投资约 1150 余万元。

（姚　颖　唐　静）

【热费收缴】 供暖中心 2019 年全年供暖费指标为 11566 万元，实收 12584.39 万元，指标完成率达到 108.8%。

（姚　颖　唐　静）

【政府信息公开】 年内，政府信息主动公开 151 条，全文电子化率达 100%。主要涉及房屋征收和保障性住房摇号、选房工作等。政府信息依申请公开共接待申请人千余人，受理并答复政府信息公开申请 333 件，共计 2180 条，主要涉及物业管理、住宅专项维修资金审批、商品房预售、房屋拆迁、征收、直管公房管理等。

（姚　颖　徐　昊　金祖轶）

【信访维稳工作】 年内，共接待群众来访2342批次，2752人次；办理各种渠道信件864件。

（姚　颖　韩晓文）

【行政复议诉讼】 年内，房管局行政复议、诉讼案件呈现出类型多样化的特点，案件集中在公房租赁、房屋征收、履行法定职责及合同纠纷（民事）类型上，其余为行政赔偿、政府信息公开及房屋拆迁等类型的案件。截至12月31日，收办房管局行政复议、各类诉讼案件共199件（复议案件20件，诉讼案件179件），其中公房租赁类案件19件，拆迁类案件8件，房屋征收案件64件，政府信息公开类案件5件（均涉及房屋拆迁类），住房保障类案件6件，要求履行法定职责41件，合同纠纷（民事）36件，损害赔偿（民事）15件，排除妨害纠纷（民事）2件，劳动仲裁3件。

（姚　颖　殷　楠）

朝阳区住房和城乡建设委员会

主　　任： 张士华
党组书记： 张士华
副 主 任： 陈京元　王国庆　刘向东　齐向军　姚郭峰
办公地点： 朝阳区呼家楼向军北里23号
邮政编码： 100020
联系电话： 65001728

朝阳区房屋管理局

党委书记、局长： 吴熙盛
副 局 长： 丁　珂　李海莲　陈　磊　秦国华（8月免）
办公地点： 朝阳区三里屯南56号
邮政编码： 100027
联系电话： 010-64186161

海淀区

概　况

2019年，海淀区深入开展“不忘初心、牢记使命”主题教育活动，全面贯彻落实区委十二届九次、十一次全会精神，积极推进施工监管、商品住宅项目开工入市、绿色建筑和棚户区改造、老旧小区综合整治工作，在住房保障、房地产市场监管、房屋管理三大业务板块和房屋全生命周期系统拓展应用方面积极作为，着力落实“接诉即办”“扫黑除恶”“吹哨报到”“优化营商环境”等工作要求，圆满完成各项任务目标。

（沈　鑫　郭晓璇）

工作信息

【监管施工现场 625 个】 海淀区在监施工现场 625 个（同比增加 13%），建筑面积为 1826 万平方米（同比增长 7%）。其中，一般建筑工程 536 个，建筑面积 1775 万平方米；地铁工程 29 个标段，建筑面积 51 万平方米；市政工程 60 个，长度 12.5 万延米。全年执法检查施工现场 2336 个次，同比增加 2%，发现并整改各类隐患 4675 条，进行行政处罚 478 起，罚款金额 218.7 万元。

（董琪凯）

【信访工作】 年内，海淀区住房城乡建设委接到 12345 "接诉即办" 平台案件 8051 件，直退 743 件，处理 618 件。受理群众来信和上级转办信访案件 859 件，接听投诉咨询电话 3946 次，接待来访群众 498 批，1028 人次。

（于　博）

【房地产企业资质审核 77 家】 年内，对房地产企业新设立事项核定 3 家，暂定级延续审核 23 家，暂定级升四级核定 8 家，四级资质延续审核 53 家。截至 12 月 31 日，海淀区共有有效房地产开发企业 167 家，其中一级资质 11 家、二级资质 3 家、三级资质 7 家、四级资质 123 家、暂定资质 23 家。

（张　杨）

【促进商品住宅项目开工和入市】 推进海淀区 2019 年度供地商品住宅用地项目建设，截至 2019 年 12 月底推进完成开工建设面积 24.19 万平方米。

（张　杨）

【工程竣工验收备案 88 项】 年内，2019 年办理竣工备案项目 84 项，总规模 354.7 万平方米，共计建筑单体 406 个。其中，房建工程 55 件，规模为 317.2 万平方米；装修项目 29 件，规模 37.5 万平方米。

（卞丽宏）

【商品住宅项目备案 9 项】 全年共完成建设方案备案 9 项，总建筑面积 207 万平方米。配建配套公共服务设施：学校（九年一贯制）18223.31 平方米、小学 11925 平方米、幼儿园 12906 平方米、社区卫生服务站 788 平方米、文体活动站 1200 平方米、社区管理服务用房（社区居民委员会、社区服务中心）2059 平方米、托老所 3259 平方米、老年活动站 852 平方米、社区助残服务中心 879 平方米；代征道路用地 34626.63 平方米、代征绿化用地 63762.83 平方米。

（卞丽宏）

【办理安全生产许可证 29 项】 年内，安全生产许可证共办理 33 件，其中首次申请 21 件，重新核定 11 件，安全证企业日常事项变更 1 件。准予许可 26 件，不予许可 7 件。

（卞丽宏）

【绿色建筑标准建设】 年内，按照《北京市海淀区人民政府关于推进海淀区绿色建筑建设的实施意见》，在企业开展绿色建筑政策宣讲，落实绿色社区相关技术指标，重点打造绿色建筑示范区。新建建筑在方案评审阶段组织专家进行评审，并出具相关绿色建筑意见。共计完成项目评审 56 个，其中三星级 18 个项目，皆为公共建筑，建筑面积 757643.39 平方米；二星级 38 个项目，大部分为居住建筑及配套设施，建筑面积 7506358.12 平方米。

（孙剑锋）

【建设政策性产权住房 4688 套】 年内，实现建设政策性产权住房 4688 套，竣工保障性住房 8407 套。全面推广住宅产业化和全装修成品交房，着力提升保障性住房建设品质。

（张　莹）

【棚户区改造】 年内，海淀区以“疏功能、补短板、惠民生”为工作导向，采取片区更新、单元更新与微更新相结合的策略，以突破“三山五园”、中关村大街沿线等重点地区为目标，完成棚户区改造和环境整治 503 户，疏解人口 1950 人，拆除建筑面积 15.36 万平方米，圆满完成棚户区改造拆迁任务，有效改善群众居住条件和城市面貌。

（赵　晶）

【征收拆迁】 2019 年，共完成搬迁 2506 户、建筑面积 578791.41 平方米，其中完成住宅搬迁 2427 户、建筑面积 415755.61 平方米，非住宅搬迁 79 户、建筑面积 163035.8 平方米。（房屋征收拆迁项目完成 76 户，棚户区改造搬迁腾退项目完成 915 户，北部腾退项目完成 560 户，区属单位协议搬迁项目完成 56 户，驻区单位协议搬迁项目完成 899 户。）

（高传辉）

【继续稳步推进老旧小区综合整治续建工作】 年内，海淀区住房城乡建设委按照“基层组织、居民自愿、社会参与、政府支持”的工作思路，在各街镇和各实施主体的共同努力下，完成了宝盛里小区、马甸月季园小区、建材城东一里小区、厂洼街 7 号院小区等共计 17 个小区的老旧小区综合整治续建工作，共计 140 栋楼，11212 户，78.6 万平方米。

（王亚昆）

【完成农村 4 类重点对象和低收入群众危房改造工作】 年内，按照中央和北京市要求，从 2018 年起到 2020 年，完成 4 类重点对象和低收入群众农村危房改造是实现中央脱贫攻坚“两不愁、三保障”总体目标中住房安全有保障的重点工作，是完成中央 2020 年全面脱贫目标的一项政治任务。按照市区相关政策要求，海淀区符合危房改造条件的共计 7 户，2019 年 5 月完成竣工结算工作。

（王亚昆）

【健全人才公共租赁住房政策】 为优化营商环境，进一步强化人才住房支持工作，海淀区房管局研究制定《海淀区人才公共租赁住房管理暂行办法》，经 5 月 8 日区长专题会审议通过，5 月 15 日由区住保办、区人才工作领导小组办公室、海淀园管委会、区发展改革委、区财政局、区人社局六部门联合印发，并上报市住房城乡建设委和市人才工作局备案。5 月 19 日，时任区长戴彬彬在中关村科学城创新发展发布会上正式发布暂行办法，助力全国科技创新中心核心区建设。

（谌业美）

【完成公共租赁住房房源筹集】 年内，通过租赁方式筹集房源 1506 套。海淀住保中心与区保发公司配合，于 1 月 18 日开展了东升科技园回迁安置房项目趸租工作；5月19至25日，开展了温泉太舟坞项目趸租房源的续租工作；5月30日，开展了五福玲珑居项目的续租工作。

（魏新平）

【保障性住房补贴审核发放】 年内，海淀区住房保障事务中心完成保障性住房补贴资格备案1276户，共向11586户家庭发放各类住房补贴共计19720万元。

（李红霞）

【保障性住房资格审核】 年内，海淀区住房保障事务中心累计受理保障性住房资格申请2869户，完成18266户已备案家庭资格复核工作，涉及三嘉信苑、熙典华庭、映月台嘉园、金隅西砂、金隅旺雅家园及散租房源项目。

（李　慧）

【保障性住房配租配售】 年内，海淀区住房保障事务中心完成海淀区第十八批公共租赁住房意向登记、选房配租工作，提供房源776套，配租房源776套；完成面向海淀区具有保障性住房资格的城镇低保低收入家庭专项配租工作，提供房源239套，配租房源239套；完成海淀区公共租赁住房实时配租平台上线工作，共上线房源9套；完成承租温泉水岸家园公共租赁住房项目趸租到期保障家庭调换选房75套；完成海淀区金隅尚林家园共有产权住房项目网申工作，提供房源315套。

（刘　娟）

【商品房销售】 年内，区房管局受理商品房预售许可初审17件，现房销售备案66件。全年新建商品房销售金额319.3亿元。全年共召开房地产调控工作例会4次；报送经济分析简报12次。

（曹晓玮）

【存量房屋交易工作】 年内，海淀区存量房签约套数17137套，共受理购房资格审核申请3482件，合同信息录入3800套，网上合同信息注销927件。托管存量房交易资金6.82亿元，处理异常资金结转9件，司法协助59件。

（曹俊冉）

【成立房屋出租管理科】 4月25日，经区委编委会研究决定，批准成立房屋出租管理科。因机构改革需要，出租房屋管理相关职责划入房屋出租管理科，牵头负责全区违法群租房专项整治工作。

（汪时雨）

【成立房屋经纪业务管理科】 4月25日，经区委编委会研究决定，批准将“房屋租赁管理科”更名为“房屋经纪业务管理科”。

（汪时雨）

【牵头制定违法群租房专项整治工作实施方案】 12月20日，经区政府研究同意，向各有关单位印发《关于进一步加强海淀区违法群租房专项整治工作的实施方案》。

（汪时雨）

【物业行业管理】 截至12月底，海淀区物业服务合同备案项目1324个，居住类607个，非居住类717个，共计10315.18万平方米。

（李春然）

【商品房住宅专项维修资金】 审核审批商品房住宅专项维修资金共573笔、

23512.5 万元，审减资金 4721.8 万元，审减率为 20.1%，为业主节省了大笔资金。

（李春然）

【物业矛盾纠纷处理】 2019 年全区物业矛盾纠纷整体平稳，参与处理古月园、国海广场、华澳中心、韦伯豪家园等矛盾纠纷，提高站位，大胆统筹协调处理物业矛盾纠纷，充分协同属地街镇，指导业主大会、业主委员会规范运行，妥善调解矛盾纠纷。

（李春然）

【党建引领物业管理纳入社区治理】 年内，党建引领物业管理纳入社区治理全面开展，居住类负责人向社区党组织报告物业管理情况的约占已备案居住类总数的 81%。研究海淀区在党建引领下的“基础保障”“引导共商”“合伙治理”三类社区化物业管理模式，建立物业管理分类施策的工作基础，并联合区委宣传部在全区推广。

（李春然）

【宣传推广使用北京业主 APP】 年内，发放宣传资料 10 万多份，实现 263 个小区上线，认证用户百余个，超额完成市住房城乡建设委要求认证小区 80 个的任务目标。

（李春然）

【老旧小区物业管理服务提升】 年内，会同相关单位研究制定老旧小区物业管理服务提升工作方案，并由区委办、区政府办于 11 月 8 日联合下发《关于进一步加强老旧小区物业管理服务提升工作的实施方案》。

（李春然）

【研究物业收费调价机制和缴纳机制】 年内，经过前期案例分析、实践经验积累及充分征求各方意见，已拟定《关于规范海淀区物业服务收费价格评估和调整程序的指导意见》初稿，并协同属地街镇推动悦园、金晖嘉园、时雨园等小区物业费调价工作。

（李春然）

【安全生产主体责任评估工作】 2018 年 10 月至 2019 年 9 月，召开对物业企业安全生产主体责任评估工作进行宣传、培训、推进和总结会议 22 次，全部完成在海淀区注册且有管理项目的 348 家物业企业及 119 个重点物业项目的安全生产主体责任评估工作，11 个月超额完成市住房城乡建设委既定目标。

（李春然）

【推进普通地下室再利用工作】 年内，配合市住房城乡建设委对 7 处再利用点位进行现场调研及开展媒体参访，北京你早栏目、北京日报、北京晚报、海淀报等 10 家市、区级媒体先后报道海淀区普通地下室再利用典型案例共计 13 次，大力宣传了海淀区的普通地下室再利用工作。2019 年 11 月，市住房城乡建设委房屋安全事务管理中心将海淀区普通地下室再利用点位作为典型案例，带领各区住房城乡建设委（房管局）进行参观、学习。

（缐昀林）

【城镇房屋安全检查】 年内，区房管局共查房屋总面积 11505 万平方米（其中物业 9300 万平方米、自管 2205 万平方米）；电梯 19875 部；二次供水水泵

6784台；避雷系统40108个。检查城镇私房105户、976间。

（王　璐）

【城镇房屋防汛工作】 年内，区房管局汛期共检查楼房2696幢次、平房2276间次、院落积水2处、楼房漏雨11幢次，各类防汛问题均得到有效处置，圆满完成了2019年度城镇房屋的防汛任务。

（王　璐）

【安全生产检查工作】 年内，区房管局安全生产检查单位2516家次，出动检查人员7652人次，检查组2319组次，发现问题隐患15项，整改隐患15项。

（范海玲）

【信息化系统建设】 年内，海淀区既有建筑物信息实时动态管理系统、房管业务咨询投诉平台升级项目、海淀区公共租赁住房动态监管系统、住房保障综合管理系统完成建设，分别于1月25日、11月22日、11月27日通过专家验收，正式上线运行。

（胡梦頔）

【开展海淀区既有建筑物采集更新工作】 开展2019年度既有建筑物基础信息采集更新工作，物业服务区域由房管局发动各物业服务企业进行线上填报更新，非物业服务区域由统计局通过第四次全国经济普查更新，全区既有建筑物更新至18419.78万平方米。开展重点非住宅楼宇入驻企业信息采集更新工作，配合区发展改革委建立区重点非住宅楼宇台账（1183幢），主要包括万平方米以上非住宅楼宇、重点纳税企业所在楼宇、区政府、各部门重点关注楼宇等，重点非住宅入驻企业更新33023条。

（胡梦頔）

【房屋管理行政执法】 年内，海淀区房管局继续修改和完善《海淀区房屋管理局关于规范和提升房管领域执法工作的实施方案》，发挥“职能部门＋执法大队＋执法分队”的执法体系实效。全局共完成辖区内物业管理、房地产经纪机构和房屋租赁、房屋安全、商品房销售、普通地下室管理等领域执法检查3857次，行政处罚立案700件，行政处罚结案659件，履行行政处罚职权26项，行政处罚金额184.9162万元。

（卢　杨）

【全面完成信访维稳及依申请信息公开工作】 年内，海淀房管局共接收各类咨询投诉83055件，同比下降14.10％；接待群众来访234批次，共444人次，其中集体访11批次，共179人次。先后制定了接诉即办、维稳应急、综治、防恐反恐、扫黑除恶、矛盾排查等各类方案共9个，开展了重点矛盾攻坚及积案化解工作，组织矛盾排查4次，上报4本台账，办理信访积案6件。

（高　欢）

【房屋安全鉴定】 8月，海淀区房屋安全鉴定站得到北京市市场监督管理局正式批准，新增8个建筑物防雷装置检测参数。

（徐　卫）

海淀区住房和城乡建设委员会

党组书记：张世芳

主　　任：张世芳

党组副书记：刘　件（7月免）
　　辛　果
副 主 任：刘　件（7月免）
　　辛　果　赵红霞
　　程西彪　白世胜
　　杨化邦　王继军
　　曹　蔚
委　　员：秦翔宇
建筑行业管理处主任：西　平
办公地点：海淀区万泉庄路28号万柳新贵大厦
邮政编码：100089
联系电话：62523366

海淀区房屋管理局

局　　长：刘　件
党组书记：张世芳
地　　址：海淀区东北旺南路27号
邮　　编：100193
联系电话：010-82708911

丰台区

概　况

年内，全面落实深化改革举措，把握丰台区发展时区，推动区域住房和城乡建设工作提质升级。全区建筑工程累计开复工461项，面积2728.47万平方米（其中住宅1820.27万平方米，公建908.2万平方米），同比上年增加5.03%。装修工程515.12万平方米。竣工备案项目77项，建筑面积254万平方米，同比上年减少31.14%。丰台区房地产业、建筑业实现留区税收分别为32.83亿元、8.33亿元，合计41.16亿元，占全区比重为36.21%。推进西罗园街道洋桥71号院等11个老旧小区改造工程，为老旧楼房加装电梯47部。实现全区群租房整治动态清零目标，整治群租房2702处。拆除普通地下室违规隔断172处，拆除量位居全市第一；创建73处普通地下室再利用项目，获得居民高度认可和社会好评。在全市率先建立物业行业信用监管平台。完成夏家胡同融寓丽泽公共租赁住房项目的选房签约，积极筹集房源，多层面、多渠道解决人才住房问题；完成各类租房补贴发放工作，实现对2018年12月31日前备案贫困家庭的全部保障。

（高欣欣　周宏斌　陈　露）

工作信息

【党建工作情况】　把习近平新时代中国特色社会主义思想作为党组理论学习中心组学习的重要内容，贯穿全年。开展理论中心组学习23次，讲党课8次，支部共开展集中学习72次。开展“不忘初心、牢记使命”主题教育，领导班子共开展集中学习 11 次，围绕“政治建设”“十九届四中全会”等九个方面开展 4 次专题研讨。精选国庆服务安保、重点工程重点项目推进、接诉即办以及党建工作四个专题开展调研，共调研 52 次，发现问题 81 个，现场解决 77 个；形成调研报告 7 篇。完成党总支换届，新发展 1 名党员、预备党员 4 名转正。

（陈　晨）

【棚户区改造情况】 年内，以棚户区改造工作推进非首都功能疏解进程，共完成签约 675 户，提前超额完成了 2019 年棚户区改造搬迁 300 户的任务，疏解人口 3698 人，其中流动人口 2019 人。分钟寺桥西北侧棚户区改造项目发布征收决定，签约率 99%。截至 12 月 31 日，东河沿、张郭庄、纪家庙等棚户区改造项目均处于搬迁收尾阶段。

（鲁飞雄）

【协调重大项目建设情况】 年内，组织召开重大项目调度会 13 次，审议议题 92 个。丰台火车站项目征拆工作现已完成拆迁面积 25.8 万平方米，占比 72.13%，交付施工用地共计 713 亩，占比 84.94%，实现站房工程施工进场。中央民族大学项目第一组团基本完成装修工作；第二组团已全部封顶；第三组团完成可研评审。丰台医院提质改建项目完成拆除工作，进行主体结构施工。南苑森林湿地公园项目 A 地块已完成施工、监理招标工作；B 地块完成监理招标工作。北京口腔医院已按计划实现开工。

（刘克清　于丽萍　叶　娜　杨　宽）

【轨道交通建设工作情况】 年内，丰台区在建的轨道工程有为 14 号线中段剩余站点、16 号线、房山线北延、新机场线一期、19 号线一期，丰台段总长约 36.3 千米，共 22 个站点，上述工程各站点均实现施工单位进场，各项工作有序推进。其中地铁 14 号线中段除丽泽商务区站外，其余站点主体建设均已完成；新机场线一期于 2019 年 9 月 26 日开通运营。

（杨　宽）

【完善区域住房体系建设情况】 年内，筹集政策性住房 16031 套，完成年度任务的 124.3%，其中租赁房筹集 5926 套，完成任务的 100.4%；政策性产权住房筹集 10105 套，完成任务的 144.4%。保障性住房竣工 8239 套，完成年度竣工任务的 137%。集体土地租赁房建设，其中张郭庄村、西局地块一和葆台村集体土地租赁住房实现开工建设，草桥村、张仪村、小屯郭庄子集租房项目正积极推进前期手续办理工作。

（孙　旭）

【公共服务配套设施交用监管情况】 年内，无偿接收配套设施 50 处、44521.48 平方米。其中教育设施 5 处、22047.73 平方米，卫生设施 11 处、3107.69 平方米，社区管理服务用房 16 处、3667.17 处，文体设施 10 处、3900.88 平方米，养老设施 6 处、11492.55 平方米，其他设施 2 处、305.46 平方米，完成项目建设方案备案（含变更）14 次。

（周　岩）

【群众反映问题处理情况】 年内，建立“吹哨报到”专项工作台账，每周汇总“报到”事件，累计协调处理 273 件，办理市民热线570件；收到行政诉讼应诉通知书19件，复议答复通知书4件；累计收到信访件315件，接待来访人员136批855人次。

（杨　波　贾　岚）

【施工许可管理工作情况】 年内，推行建筑工程施工许可证电子证照全网办理，缩减施工许可审批时限，共计办理社会投资项目施工许可184项，全年审批《建筑工程施工许可证》312项，全部实现电子证照、电子签章；办理社会投资简易低风险建设项目施工许可证7项；办理《施工登记意见函》14项；北京口腔医院迁建工程等3个项目完成施工准备函办理工作。

（张红波）

【招标投标管理工作情况】 年内，取消社会类投资项目强制招标要求，针对政府投资及国有投资占控股和主导地位项目施工招标取消施工合同备案事项；监理招标实行告知性备案，实现即时受理、即时办结。全年共办理了61项招标项目（施工40项、监理21项），涉及工程投资额130.18亿元。

（郑　岚）

【工程联合验收工作情况】 年内，共办理联合验收项目45项。

（杨宝文）

【消防验收工作】 年内，做好消防验收移交承接有关工作，过渡期间，会同区消防部门进行消防验收104项次。独立承接后开展消防验收93项、消防验收备案27项，备案抽查6项。

（杨宝文）

【施工质量安全监管工作情况】 年内，健全完善工程质量管理，累计检查建筑工程1243项次，出动检查人员2698人次，检查出质量问题1862条。深化推进城市安全隐患整治三年行动，制定并颁布实施《丰台区无施工许可手续工程和零星作业安全管理暂行办法》《丰台区住房和城乡建设委员会关于进一步加强建筑起重机械安全管理工作的通知》。开展安全生产检查1997项次，排查各类安全生产隐患4068条。委托第三方检测机构共抽检起重机械273台，整机合格率为74.36%，抽检附着式升降脚手架21个单体，对各类安全隐患实施简易处罚147起，实施立案处罚52起，报市住房城乡建设委暂扣安全生产许可证的处罚3起，处罚金额共计77.9万元。

（杨宝文　陈学平　王名臣）

【绿色施工管理情况】 年内，开展现场检查和视频监控累计检查工地9263项次，其中现场检查建筑工地560项次，征收拆迁工地232项次，市政工地169项次，视频巡查8703项次，向有关部门移交扬尘污染问题线索41件。

（张卫东）

【建筑市场监管工作情况】 年内，开展合同履约专项检查，检查在施工程总包项目73项，分包项目207项，约谈总包单位、分包单位、监理单位57次，完成双随机检查42项次。共检查建筑施工企业220个，涉及工人20800余人次，成功解决工程款纠纷、工人工资纠纷59起。

（张巧梅　王　领）

【房地产开发企业资质核定工作】 年内，办理房地产开发企业资质核定145件。

2019 年共办结 145 件资质等级核定事项，其中，新设立备案 14 件，延续暂定 25 件，暂定升四级 10 件，四级核定 66 件，一级初审 3 件，二级初审 5 件，三级初审 1 件，资质变更 21 件。

（高欣欣）

【建筑企业注册管理工作】 年内，建筑业企业资质受理审批 115 家，受理审批安全生产许可证 77 家，受理二级建造师注册业务 2837 人次。

（张　晨）

【装配式建筑项目完成情况】 年内，新开工装配式建筑项目 18 个，建筑规模 115 万平方米，新开工装配式建筑占比 26.6%，完成装配式建筑项目管理服务平台确认率 100%。

（齐根彦）

【工程监督备案工作】 年内，办理安全、质量监督任务单 278 项，建筑总面积 812.38 万平方米，建设工程竣工验收备案 77 项，线上办理 68 项，线下办理 9 项，竣工面积总计 252.16 万平方米。

（周宏斌）

【承发包交易管理情况】 年内，完成开标 54 项，评标 106 项，其中办理施工总包交易开标 33 项，评标 68 项；监理服务交易开标 21 项，评标 38 项。

（李木兰）

【房产交易信息】 年内，全区网签新建商品房 15227 套（不含保障性住房数据，下同），同比增加 164.27%；网签面积 132.88 万平方米，同比增加 71.47%。其中，普通商品住宅网签 7795 套，同比增加 168.15%；网签面积 96.02 万平方米，同比增加 155.5%。非本市居民家庭购房比例 12.66%，同比下降 4.38%。存量房网签及注销 3197 件（其中三联办 602 件）；完成资格审核业务 3006 件，复核业务 114 件。

（李　敏　贺鲜丽）

【房屋租赁市场管理】 年内，共对 48 家经纪机构、2 家租赁经营企业进行了行政处罚，共处罚金 139 万元，房屋租赁类处罚量和罚款额在全市同行业排名第二。对 33 家涉嫌违法的“黑中介”上报区政法委和区公安分局进行重点打击，完成市住房城乡建设委扫黑办转发扫黑除恶举报线索 27 件。完成群租房整治 2702 处，涉及流动人口 8967 人，群租整治数量居全市首位。

（高玉生　陈　露）

【保障性住房管理】 年内，完成备案家庭复核工作 13993 户，保障性住房新申请 3323 户，三房轮候申请 239 户。租金补贴共惠及 4627 户家庭，发放金额 5579.17 万元。其中，公共租赁住房 2564 户，发放金额 3760.17 万元；市场租赁补贴发放 2026 户，发放金额 1794 万元；廉租发放 37 户，发放金额 25 万元。开展两次面向备案家庭快速配租活动，涉及房源 1440 套；继续完成槐新雅筑、正商明苑 2 个共有产权住房项目的选房、签约及剩余房源补选工作，涉及房源 1477 套；为 3262 名居民办理了房改售房，面积约 22 万平方米。

（肖　雯　陈　露）

【房屋安全管理】 年内，对全区街道、乡（镇）房屋进行安全检查，涉及城镇私房

21万平方米，直管公房211万平方米；全区自管房单位735个，建筑面积6455万平方米。物业公司347个，建筑面积5207万平方米。万平方米以上单位（含物业公司）533个。住宅专项维修资金审批完成152件，涉及80小区，金额8900万元。房产测绘审核工作受理非住宅平房64件，214幢，约255万平方米；住宅平房13件。

（孙　诚　陈　露）

【物业管理】 年内，对21个街乡、323个社区进行物业管理业务培训4次，实现了街道、社区全覆盖；开展专项检查，涉及物业项目716个，其中住宅项目586个、商业楼宇130个；完成物业服务合同备案109件（含合同注销、合同变更）；评估物业企业60家，其中合格企业52家，合格率为86.67%。

（郭　喆　陈　露）

【普通地下空间综合整治】 年内，散租住人普通地下室实现动态清零。积极推进普通地下室再利用工作，完成再利用地下室共73处。拆除违规隔断172处，计14.9万余平方米，拆除量居全市首位。

（罗　强　陈　露）

丰台区住房和城乡建设委员会

党组书记、主任： 颉换成
副 主 任： 李　钰　王逊夫
史长谊
李国龙（4月免）

丰台区建筑行业管理处

党组书记： 颉换成
党组副书记、主任： 张小玲
副 主 任： 白美春　雷海正
办公地点： 丰台区靛厂路12号
邮政编码： 100039
联系电话： 52812100　52812101

丰台区房屋管理局

党组书记、局长： 苏　军
副局长： 张云竹　史卫红
田莉（5月任）
李满军（12月免）
办公地点： 丰台区大井东里甲2号
邮政编码： 100071
联系电话： 010-83812922
010-83811030（传真）

石景山区

概　况

年内，完成石景山区20户滞留户收尾任务；开工各类政策性住房3339套，竣工各类政策性住房5023套；累计向27317户次保障性住房家庭发放补贴4146.68万元。

（许正锋　张　明）

工作信息

【重大项目建设情况】 年内，石景山区共有 28 个重大项目，其中新建项目 15 个，续建项目 7 个，土地上市项目 1 个，前期推进项目 5 个。新建项目为（以下是 15 个）：首钢滑雪大跳台中心及配套设施建设工程、永引渠城市景观带建设工程、棚户区改造项目于 3 月开工建设；城市森林公园群提升工程、老旧小区改造工程、长安街石景山段整治工程、M11 号线西段（冬奥支线）工程、北京银行保险产业园建设工程、输变电工程于 6 月开工建设；西黄村 1606-646 地块产业项目、高井规划一路建设工程、锅炉厂南路东段建设工程、北辛安路南段建设工程、衙门口地区城市道路建设工程、刘娘府东街北段建设工程于 12 月开工建设；续建项目为：石景山水厂建设工程、五里坨污水处理厂建设工程、苹果园大悦城、五里坨产业部分、银河商务区 L 地块建设工程、模式口文保区修缮改造工程、苹果园交通枢纽建设工程；土地上市项目包含（以下 4 个）石景山区古城南街东侧（首钢东南区部分地块）、刘娘府 A2 部分地块、西黄村棚户区改造 A-D2 地块、北Ⅱ区西井地块；前期推进项目为（以下 5 个）：石景山区档案馆及政务服务中心、北大附中、十一学校、体育中心和人民渠西延项目。

（倪跃龙　刘　晶）

【保障性住房管理】 年内，共审核保障性住房申请家庭 1167 户；入住签约、续签合同前对保障性住房家庭进行资格复核以及市场租房补贴资格，共计 4281 户；共取消 889 户家庭的保障性住房资格；共受理审核资格变更家庭 1078 户；办理经济适用房上市前回购意见 133 份。完成公共租赁住房专项配租工作。2017 年 12 月 31 日前取得公共租赁住房备案资格的 541 户城镇低保、低收入和计划生育特殊困难家庭按年度分组，通过电脑随机摇号方式确定选房顺序号，依申请全部实现应保尽保。累计向 27317 户次保障性住房家庭发放补贴 4146.68 万元。其中为 1260 户次廉租家庭发放租金补贴 113.28 万元；为 14048 户次公共租赁住房补贴家庭发放补贴 2331.08 万元；为 12009 户次市场租赁补贴家庭发放补贴 1702.32 万元。为 319 户限价商品住房轮候家庭购买市场住房，对其发放市场购房货币补贴 6265 万元。完成苹果园 H 地块廉租房项目人脸识别及监控升级改造工程；开展日常检查及督促维修事项 140 余次，对保障性住房小区进行日常巡查 670 余人次，清退不符合资格家庭（廉租户）6 户，廉租住房收缴租金 140 余万元，拨付廉租房管理经费 199 余万元。

（潘丹丹　周　新）

【政策性住房建设情况】 年内，积极推进落实各类政策性住房建设工作，开工各类政策性住房 3339 套，其中北辛安棚户区改造 A 区土地开发项目安置房 1526 套，建筑面积 11 万平方米；衙门口棚户区改造土地开发项目安置房 926 套，建筑面积 7 万平方米；古城南街东侧共有产权住房 887 套，建筑面积 7 万平方米。竣工各类政策性住房 5023 套，其中西黄村棚户区改造土地开发项目安置房2762套，建筑面积21万平方米；首钢铸造厂南区限价商品住房2261套，建筑面积18万平方米。圆满完成年度开、竣工任务指标。

（许正锋　梁　超）

【棚户区改造工作】 年内，加快推进西黄村、北辛安、衙门口项目征收收尾工作，统筹项目整体建设，积极研究广宁村项目实施路径，力争尽早启动。截至12月31日，完成石景山区20户滞留户收尾任务；西黄村项目21.6万平方米、2762套安置房竣工交付，首期资金平衡用地实现入市；依法完成北辛安A区项目约3000户住宅征收，滞留地上物实现清零，B区项目首期24万平方米、3168套安置房竣工交付；衙门口西区15万平方米、1806套安置房结构封顶；广宁村项目确定了拆建分离的实施路径，并纳入市棚户区改造计划。

（张　明　王　磊）

【加快推动老旧小区长效管理工作】 石景山区老旧小区面积约741万平方米，占全区现有住宅小区面积的一半以上，大部分为房改房小区或以房改房为主的多产权混合小区。自2011年起，不断推进老旧小区长效管理机制的建立，截至12月31日，共有23个小区实施准物业管理，管理水平显著提升，人居环境明显改善。随着中央"三供一业"分离移交[①]、北京市"非经资产移交"工作的开展，市属首开集团在石景山区接管老旧小区面积占到了近70%，着力推进老旧小区物业管理改革工作取得新突破。7月11日，石景山区与首开集团正式签署老旧小区有机更新和物业管理方面的战略合作协议，通过老旧小区综合整治、有机更新和长效管理等不同的治理模式推进市属产权老旧小区软硬件提升，以市属产权为效应，辐射带动央属、区属产权老旧小区管理水平的提升，真正将石景山区老旧小区打造成居住舒适、生活便利、整洁有序、环境优美、邻里和谐、守望相助的美丽家园，高水平建设好首都城市西大门。

（樊佩杰　袁　丽）

【商品房住宅专项维修资金审核备案情况】 在继承原有审核流程和标准的基础上，优化审理流程，对申请材料真实性详细复核，提升了专项维修资金审核工作的工作效率和使用安全。对审核项目台账进行优化，增加数据比对分类，为更好地对专项维修资金的使用和分布进行分析，对全区房屋使用情况提供数据支撑。全年共审核维修项目168笔，支取总额为24201356.23元。其中应急支取项目57笔，涉及金额14070893.82元；非应急支取项目111笔，涉及金额10130462.41元。维修项目主要为消防、防水、电梯、二次供水四项。

（樊佩杰　张　扬）

【房改售房情况】 年内，完成上年核准批复房改售房方案7件。对73个单位次

① 国企（含企业和科研院所）将家属区水、电、暖和物业管理职能从国企剥离，转由社会专业单位实施管理的一项政策性和专业性较强、涉及面广、操作异常复杂的一项管理工作。

的房改售（调）房进行审核备案，共售467套，约37102.33万平方米。其中：央产17个单位次售75套，5031.12平方米；市属20个单位次售268套，23962.42万平方米；区属9个单位次售78套，4930.85平方米；办理调房20个单位次售38套，2495.87平方米；办理康居〈安居〉住房2个单位2套，147.58平方米；办理回购住房5个单位次售6套，534.49平方米。

（王 佳 李 瑾）

【住房补贴和专项维修资金管理】 年内，做好住房补贴审核、备案及核发工作，截至12月31日，累计审核31个单位共计金额9566671.08元的级差、差额补贴。审核通过1个单位支取售后公有住房专项维修资金97.49万元；审核通过3个单位共计168.8万元售房款用于售后公有住宅楼房的维修费用。

（王 佳 李 瑾）

【征收拆迁工作】 年内，通过成立石景山区攻坚收尾专项行动领导小组和重大项目攻坚收尾工作专班，印发《石景山区年内重大项目征收拆迁收尾专项行动方案》，针对全区棚户区改造、市政、土地一级开发等重大项目98个征收拆迁滞留点位开展专项攻坚，顺利完成78个点位搬迁拆除，确保了衙门口东区安置房、以及西黄村和北辛安4个地块上市和建设，实现了地铁M11号线、苹果园交通枢纽、北辛安南路、北辛安东路、和平街等5个市政工程以及冬奥供电管廊顺利开工建设。现全区滞留拆迁项目21个、819户。征收项目3个，西黄村、北辛安、衙门口3个遗留项目共11户。

（张佰军 武 月）

【建筑施工绿色安全管理】 年内，加强安全监管，规范企业主体责任落实，科学组织建筑工地安全生产并严格监督管理。严控重大危险源管理，杜绝较大以上安全生产事故。持续开展深基坑工程、高支模及高大脚手架、临时用电、建筑起重机械等方面的安全隐患专项治理，全力压减易发一般事故。强化培训教育，积极促进从业人员安全意识和技能提高。加强行业消防安全管理，严防工地火灾事故。强化应急演练，积极落实建筑工地防汛工作。加强工地扬尘治理，规范绿色施工行为，大力提升建筑工地精细化管理水平。

（曹 宇 白 石）

【房屋登记管理】 年内，共审核房产实测绘备案项目28件，审核通过28件，建筑面积1353579.8平方米。

（钟长梅 关 鑫）

【房屋交易与资金监管】 年内，受理预售许可11件，监管预售资金总额68.91亿元，商品房签约量共计5524套。二手房购房人资格核验共计受理8304件；存量房网签5450件，二手房全区成交5273套，成交总面积38.29万平方米；二手房资金监管共计0.52亿元。

（果雪梅 冯艳萍）

【工程建设招标投标】 年内，共办理施工招标31项（其中施工总包招标24项，专业分包招标7项），建筑面积31.41万平方米，中标金额25.48亿元；完成监理服务交易14项、交易额4283.36万元。收取交易服务费80.8万元（4月1

日起停止收取交易服务费，6 月起停止办理专业分包招标投标工作）。

（高相波　张倩倩）

【房产经纪机构管理】 年内，共办理房地产经纪（分支）机构变更备案申请 52 件、注销申请 5 件；住房租赁企业备案申请 7 件。房地产经纪（分支）机构登记备案总数为 198 家，租赁企业登记备案总数为 7 家。截至 12 月 31 日，共检查房地产经纪（分支）机构 281 家次；发放责令改正通知书 22 份；约谈房地产经纪（分支）机构 44 家次；处罚房地产经纪机构 22 家，罚款 8 万元。调解并处理好房地产经纪、租赁企业中的各种纠纷 161 件。

（李红印　李铁军）

【普通地下室管理】 年内，完成普通地下室新备案登记 19 件；完成普通地下室环境提升进行挂账整治任务共 132 处；完成普通地下室日常巡查管控 355 人次，处罚 11 处，罚款 10500 元；完成《石景山区利用地下空间补充完善便民商业服务设施工作实施流程》制定，并完成 2 处试点推进工作。

（李红印　董　静）

【非居住房屋租赁备案管理】 年内，共办理非居住房屋租赁登记备案 2 件。

（李红印　董　静）

【劳务管理】 年内，重点强化行业监管，开展劳务合同备案管理检查，督促企业进场前及时签订合同，加强农民工实名制管理及开展农民工依法维权教育，加强日常检查和重大日期的隐患排查，配合区人力社保局积极推进农民工工资专用账户和保函，及时消除农民工讨薪隐患。截至 12 月 31 日，开复工 700 余万平方米，累计使用农民工 3 万余人，开展工地劳务检查 350 人次，检查总包企业 137 家，劳务企业 300 余家；组织农民工安全生产和普法维权培训累计 10000 人；处理建筑企业拖欠农民工工资案件 32 件，共帮助 500 余农民工解决了 3000 多万元工资。

（曹　宇　赵　伟）

【建筑节能和建筑材料日常监管】 年内，严格落实新建建筑节能标准，大力推进绿色建筑的发展，截至 12 月 31 日，新增取得绿色建筑二星级标识以上建筑面积 184.75 万平方米。结合冬奥契机和首钢、电厂转型需要，积极牵头北京市地方标准《既有工业建筑绿色改造评价标准》的编制、新增装配式建筑 103.7 万平方米，占新开工 37.5%。开展公共建筑节能绿色化改造 5.6 万平方米，加强公共建筑电耗限能管理和超低能耗建筑示范等工作，对 7 家超限额单位下发能源审计告知书。积极推动行业减量集约、高质量发展，组织开展《北京市预拌混凝土搅拌站绿色生产管理规程》执行情况专项检查，两家混凝土搅拌站检查结果均为优。落实北京市蓝天保卫战工作，大力推进建筑砂石“公转铁”工作落地，并在全市率先完成任务。

（王丽波　杨慧宇）

【房地产企业资质管理】 年内，共办理 57 家房地产开发企业开发资质升级、延续、变更等手续。截至 12 月 31 日，全区共有房地产开发企业 78 家。其中一级资质 4 家、二级资质 4 家、三级资质 2 家、四级资质40家、暂定资质企业28家。

（倪跃龙　贾　洁）

【建筑业企业资质管理情况】 年内，共受理建筑业企业资质审批申请66件，其中：升级4件，增项22件，首次申请资质9件，变更15件，主动申请注销资质7件，资质延续6件，建筑企业全资子公司间重组、分立及国有企业改制重组分类申请3件。完成二级建造师业务818人，其中：初始注册121人，注销267人，变更注册59人，延期注册224人，遗失补办3人，增项注册20人，重新注册124人。

（李万生　何　丹）

石景山区住房和城市建设委员会

主任、党组书记：杨旭东

副 主 任： 唐　嵘　李永富

王梦元　史宜飞

闫晓辉

办公地点： 石景山区八角西街66号方地大厦

邮　　编： 100043

联系电话： 68887566

门头沟区

概　况

年内，在门头沟区注册的房地产开发企业共有174家，完成房地产开发投资约87.8亿元，受理办结开发企业资质70项；受理建设工程招标投标项目36项，投资金额35.5亿元，建设规模72.01万平方米，道路及管线里程50.25千米；全区开复工面积452.07万平方米，在施工程面积421.50万平方米，同比减少30.4%，竣工面积106.37万平方米，同比减少11.48%；保障性住房开工建设5417套，竣工11534套；新申请公共租赁住房791户，公共租赁住房补贴备案206户，市场租赁补贴备案443户，对门头沟区华宸雅苑公共租赁住房项目进行摇号配租。对符合条件的公共租赁住房、人才公共租赁住房和市场租赁住房三类补贴金共计3694.94万元；公共租赁住房采用人脸识别系统与门禁系统相结合，运用信息技术手段提升使用监管水平。2019年度门头沟区棚户区改造任务为5户。截至2019年7月底，已累计完成改造6户，超额完成年度目标任务；房屋交易共办理预售许可初审8件，受理商品房投诉369件，存量房网签1958件，出售新建商品房915套，均价49717元/平方米；全2018年全委做出行政处罚230起；受理来信来访153件，信息公开59件次，全部办结为民服务中心转办案件1775件。

（陈　琢）

工作信息

【组织人事】 开展“不忘初心、牢记使命”主题教育工作；年内，完成规自领域专项巡察及整改工作、干部人事档案专项核查“回头看”工作、完成2019年度集中检查考核工作并承担全面从严治党、综合考评及意识形态工作专项检查，完成“七五”普法工作、机关机构改革工作以及区房地产交易所、区建工培训学校注销工作；完成公务员职务与职级并行、职级晋升工作，调整干部38人次。

（朱　凡）

【工程安全质量监管】 年内，坚持“安全第一、预防为主、百年大计、质量第一”的方针，实施拉网式监督检查。全区开复工工程总计104项，其中房建开复工面积452.07万平方米，道路开复工总里程27.89米，全年开展安全质量检查725次，出动安全质量检查人员2194人次，查出隐患1349条，下发责令改正通知书29份，处罚共85起，罚款共计283.5201万元。通过短信平台传达各类安全、应急信息1万余条。

（李　冰）

【建筑市场管理】 全年共受理建设工程招标投标项目36项，投资金额35.5亿元，建设规模72.01万平方米，道路及管线里程50.25千米。其中政府投资项目16项，投资金额3.67亿元，建设规模1.9万平方米，道路及管线里程50.25千米；国有非政府投资项目18项，投资金额27.1亿元，建设规模54.34万平方米；根据《门头沟区建设工程领域负面清单管理办法》，对出现质量安全问题、违法违规行为的25家施工、监理单位及26名项目经理等主要管理人员进行列管，禁止其在列管期内进入门头沟区有形建筑市场承揽工程。

（刘　华）

【房屋安全鉴定情况】 房屋安全鉴定站的质量方针：结论准确、服务快捷、用户满意、持续改进。年内，共受理房屋安全鉴定申请16件，总建筑面积为688平方米。其中低保户（困难户）房屋安全鉴定2件，建筑面积为124平方米；廉租房房屋安全鉴定11件，建筑面积为427平方米；依据产权人申请进行的房屋安全鉴定3件，建筑面积为137平方米，经鉴定后的房屋无一例得到投诉，并且其鉴定结果得到了广大人民群众的一致好评，群众满意率达到了100%。

（池宝全）

【保障性住房建设】 年内，保障性住房开工5417套，其中门头沟区永定镇冯村、何各庄地区3751-c地块棚户区改造及环境整治项目（一期）658套，龙泉镇大峪化工厂及周边地块棚户区改造及环境整治项目1845套，门头沟区永定镇南区棚户区改造和环境整治项目安置房工程995套，门头沟站货场铁路职工住房项目（安置房）286套，门头沟站货场铁路职工住房项目（公共租赁住房）96套，门头沟区潭柘寺镇定向安置房项目（二期）601套，北京市门头沟区永定镇曹各庄桥户营村MC00-0016-063地块F1住宅混合公建用地、MC00-0016-064地块R2二类居住用地项目936套。

保障性住房竣工（基本建成）11534 套。其中门头沟永定镇 MC00-0017-6018-6020 地块公共租赁住房 607 套，曹各庄 A 地块定向安置房项目 2108 套，石门营经济适用房部分转为采空棚户区定向安置房 4782 套，小园 8 号地块定向安置房项目 978 套，小园 3A 号地块定向安置房项目 968 套，门头沟区永定镇 MC00-0015-0068 等地块 R2 二类居住用地、F2 公建混合居住用地、A33 基础教育用地（原门头沟冯村、何各庄地区土地一级开发项目 A 地块部分地块南区）2091 套。

（王　鹏）

【保障性住房审核分配】 年内新申请公共租赁住房 791 户，公共租赁住房补贴备案 206 户，市场租赁补贴备案 433 户。2019 年 10 月 31 日，对门头沟区华宸雅苑公共租赁住房项目进行摇号，并于 11 月 14 日组织申请家庭选房。

（魏英慧）

【保障性住房资金管理】 2019 年全年对符合条件的公共租赁住房、人才公共租赁住房和市场租赁住房三类申请人群发放补贴金，发放货币补贴共计 3694.94 万元。

（魏英慧）

【保障性住房使用监督管理】 市区公共租赁住房项目运营管理创新思路，充分发挥信息技术的作用，采用人脸识别设备系统与门禁系统相结合，运用信息技术手段提升使用监管水平，实现监管方式由“人防”向“人防＋技防”转变，更好的管理和服务，实现信息化技术管理，确保公共租赁住房使用公平公正。门头沟区级持有四个公共租赁住房（包括人才公共租赁住房）项目，其中三个项目（永和新苑、安康小区、燕保龙泉家园 1 号楼项目）已运用技防手段（人脸识别系统智能门锁等技术）。人脸识别系统与门禁相关联，落实到位，管控到单元，实现非承租家庭成员不得随意进入单元。新入住项目华宸雅苑在办理入住时人脸识别信息同步采集，在承租人搬家过渡期后安装采用人脸识别门禁系统。通过采用人脸识别等信息技术手段加强日常监管，有效遏制公共租赁住房违规转租转借等违规使用行为。

（殷国雄）

【棚户区改造工作成效显著】 2019 年度门头沟区棚户区改造任务为 5 户。截至 2019 年 7 月底，已累计完成改造 6 户，超额完成年度目标任务。年初区住房城乡建设委即会同相关部门对门头沟区年度改造任务进行了分解，将计划任务落实到具体项目。同时加大沟通协调力度，督促项目实施主体做好拆迁腾退工作，确保了门头沟区 2019 年棚户区改造工作顺利完成。

（张　林）

【配套设施管理】 2019 年，召开 5 个项目配套设施审查会，共拟规划、新建各类配套设施 39747.73 平方米。实行“一个协议、四个确认单”工作机制，共签订建设移交协议 3 例，开具建设情况确认单 7 例、验收情况确认单 11 例、移交情况确认单 54 例。推动各居住项目配套设施（含代征用地）移交 110 处，共 479845.528 平方米，移交率为 92%。推动 2 所配套幼儿园产权移交。推动全区棚户区改造安置房项目配套商业设施移交，通过协议返还、项目回购等方式共移交54650.88平方米。

（杜　凯）

【房屋市场整体情况】 全年共办理预售许可初审8件，存量房网签1958件，受理投诉369件。出售新建商品房915套，均价49717元/平方米，新建商品房销售（含预售商品房和现售商品房）价格较2018年同比下降了9.8%。全区备案房地产经纪机构41家，分支机构36家。其中在门头沟区实际经营的经纪机构共6家。全年共开展房地产开发企业在售项目销售现场执法检查40次；房地产经纪机构执法检查104次；违法群租执法检查共计125次，涉及房间451间，检查面积12001.45平方米。开展房地产经纪机构行政处罚7起，处罚金额21万元，开展住房租赁企业行政处罚8起，处罚金额9万元，开展房地产开发企业行政处罚1起，处罚金额3万元。

（李拥涛　李　萌）

【房屋实测绘成果审核】 2019年，共受理房产审核业务97件，累计建筑面积3405610.07平方米。其中实测绘成果审核项目67件，建筑面积2594781.00平方米，实测绘成果变更审核项目6件，建筑面积112822.97平方米，实预测数据对应项目24件，建筑面积698006.10平方米，共计出现场实地查看30次，办结97件。完成联合验收项目2件。处理测绘所历史遗留问题76件。参与天台山项目业主群体上访接访4次，参与或组织天台山项目讨论会7次。回复12345投诉电话108个。

（康小淇　王景海）

【房屋安全普查】 年内，全区共检查房屋816.35万平方米，其中楼房1391栋，789.57万平方米；平房10705间，15.71万平方米；涉及9个乡镇、4个办事处、22个自管房单位、22个物业企业。

（韩少伟）

【普通地下室安全检查】 年内，共出动检查人员510人次，对291处普通地下室进行检查，发现隐患120个，立即整改120个，全部清理完毕，未发现散租住人现象。

（韩少伟）

【汛期房屋安全管理】 汛期，组织1支抢险队共集结上岗值班36次，上岗值班人数达到了360人次。上汛至今，响应大风蓝色预警9次、冰雹黄色预警6次、雷电蓝色预警9次、黄色预警4次、暴雨蓝色预警6次、黄色预警2次。出动雨中、雨后查房人员540人次，巡查平房6408间次，楼房1764幢次。出动车辆36车次，抽排水1处36余次，清通水道3处。汛期共修复平房漏雨20处，楼房8处。

（韩少伟　王　志）

【物业企业及人员管理】 年内，全区从事经营服务的物业服务企业共53家，管理的小区或服务项目共97个（其中住宅项目68个，非住宅项目29个），共计1187.46万平方米，从业人员约3400人。对全区群众反映问题较多的项目进行现场检查74次，对物业服务企业进行约谈26次。

（谭　笑）

【企业资质与人员注册管理】 年内，累计审批建筑业企业资质1348家，其中办理新设立建筑业企业资质证书625家。累计办理二级建造师执业资格注册7115人，其中初始注册666人、重新注册1833人、增项注册55人、延期注册303人、执业企业变更1300人、遗失补办25人、注销注册2933人。门头沟区建筑施工企业三类人员《安全生产考核合格证书》继续教育续期工作共计2501人，其中A本320人、B本986人、C本1195人；网络学习395人，面授学习2106人。资质证书变更546家。

（马爱华）

【建筑节能日常监管情况】 年内，共办理建筑节能专项验收备案建筑单体50个，26.21万平方米。全区219家施工单位对在施工程进行建设工程材料采购备案，占比79%。

（刘　静）

门头沟区住房和城乡建设委员会

党组书记、主任：杨武平
党组成员、副主任：荣世生
陈志明
党组成员、副调研员：宋桂荣
王桂林
副主任：王海梦
地　址：北京市门头沟区滨河路18号
电　话：69842655
邮　编：102308

房山区

概　述

年内，房山区建筑、房地产业共上缴税金48.9亿元，占全区税收收入的36.5%，其中建筑业上缴税金17.57亿元，同比增长3.9%；房地产业上缴税金31.33亿元。全年开复工面积820.4万平方米，同比增长19.1%，其中，新开工面积142万平方米，同比增长66.3%，房屋竣工面积48.1万平方米；房地产业固定资产投资完成243.28亿元，同比增长106.3%，完成全年任务的73.7%，其中建安投资67.35亿元，同比增长16.4%。严格执行房地产调控政策，房地产市场运行平稳，房价稳中有降。共办理商品房预售许可10个，预售面积77.08万平方米；办理现房销售备案70个。全年完成棚户区拆迁改造255户；新开工建设安置房119.53万平方米、8521套。全年建设筹集各类政策性住房12737套；竣工（含基本建成）各类政策性住房4310套，超额完成市级任务。

（高春霞）

工作信息

【招标投标监督管理工作情况】 年内，共完成项目入场51项，其中施工31项，监理20项，建设规模96.06万平方米，投资额45.36亿元。办理项目经理解锁27项；开评标服务：开标51次，评标51次；资格预审评审42次，合同变更45次。

（孙雪莹）

【保障性住房建设及分配】 年内，建设筹集政策性住房12700套（含棚户区改造安置房）；竣工（基本建成）各类政策性住房4300套。截至12月31日，建设筹集各类政策性住房12737套。其中，棚户区改造安置房9520套，企业自持租赁房715套，集体土地租赁住房2502套；竣工（基本建成）各类保障性住房4310套。按照“三级审核、两级公示”程序，截至12月31日，房山区公共租赁住房资格备案2385户、公共租赁住房补贴资格备案462户，市场租房补贴资格备案64户，对5779户各类保障性住房家庭资格进行复核，终止保障性住房资格640户；公开配租公共租赁住房1322套，签约入住1064户，对上年以前低保、低收入、分散供养特困家庭及计划生育困难家庭68户优先解决，做到了应保尽保。

（隗　伟）

【施工许可办理情况】 年内，核发施工许可证99项，总投资额1.11亿元，建设规模295.44万平方米。其中：房屋建筑工程73项，建设规模285.16万平方米（含简易低风险工程4项，建设规模5842.60平方米）；市政基础设施工程13项，建设规模3.54万米；装饰装修工程13项，建设规模6.74万平方米。截至12月31日，累计核发施工登记意见函7项，建设规模3.84万平方米。其中：公共服务类6项，建设规模3.71万平方米，道路及各种综合管线总长3807米；水环境治理1项，建设规模1332平方米。

（董金强）

【监管执法工作情况】 年内，以杜绝较大及以上事故、全力压减一般事故为重点，打好行政检查组合拳，采取日常检查、双随机抽查、专项检查相结合的方式，加大对施工现场的监督检查力度，并依托视频监控系统，提高日常巡查频次、密度和覆盖面，积极采取夜查、复查、暗查等方式，保持建筑施工现场执法检查高压态势，严厉打击各类违法违规行为。全年共检查起重机械179台，对各类起重机械开展使用登记、编号备案和注销等共计1423台，工程安全监督备案73项，全部设备处于可控状态；检查深基坑工程39项，全部安全度汛；共组织检查1300项次，排除各类隐患1946余条，下达责令限期整改通知书48份，责令整改通知17份，行政处罚123起，处罚金额72.1万元，工程受监覆盖率达100%。截至12月31日，共召开安全生产会议32次，制发《房山区2019年建筑工程施工现场安全监督执法检查重点》《房山区2019年建筑起重机械安全专项整治工作方案》等文件81个；通过网站、手机微信等方式及时发送大风、强降雨、高温等预警信息和规范标准落实类通知159次。

（王亚丽）

【建筑节能工作情况】 年内，将建筑节能减排作为转变建筑业发展方式的主要着力点。新建建筑全面执行绿色建筑一星级标准，其中新建政府投资公益性建筑及大型公共建筑项目全面执行绿色二星级及以上标准；继续推动超低能耗建筑示范项目；公共建筑电耗限额管理工作稳步推进。年内，房山区共计336栋公共建筑纳入公共建筑能耗限额管理系统，其中普通公建320栋，大型公建16栋，通过年度考核，有力促进了公共建筑的节能改造和行为节能；公共建筑节能绿色化改造项目3万平方米已入项目库。

（韩书新）

【城关中心区棚户区改造项目】 该项目位于房山区城关中心区内，涉及燕房组团3、5、6、7、9五个街区，共10个行政村（洪寺村、迎风坡村、塔湾村、北关村、西街村、东街村、南关村、南街村、北市村以及丁家洼异地安置地块），其中宅基地3311宗、集体非宅923处，国有住宅167户，国有非宅8处拆迁。依据立项批复项目规划总用地面积为233万平方米，规划总建筑面积约300.59万平方米，计划总投资169.72亿元。截至12月31日，住宅拆迁已完成签约3343户；非宅拆迁已完成签约729家。棚户区改造安置房已开工5325套，其中回迁入住1692套。

（路　林）

【河北镇水泥一、二厂片区棚户区改造项目】 该项目位于河北镇规划中心区，包括磁家务、半壁店、万佛堂、黄土坡4个村，双山水泥集团一厂、二厂以及天维水泥厂等单位，共涉及1843户、7260人。项目用地面积149.75万平方米，规划总建筑面积135.76万平方米，其中安置房建筑面积19.7万平方米（含地下面积5.91万平方米）。计划总投资53.8亿元。年内，拆迁已完成签约1505户；棚户区改造安置房开工1689套，年底完成竣工验收。

（路　林）

【拱辰渔儿沟棚户区改造项目】 该项目位于拱辰街道和西潞街道，涉及渔儿沟、西北关、三街、固村，共计369户、1225人。项目用地面积19.74万平方米，规划总建筑面积17.69万平方米，其中安置房建筑面积9.14万平方米（含地下面积3.13万平方米），计划总投资10.68亿。截至12月31日，住宅拆迁、非宅拆迁已全部完成，696套棚户区改造安置房正在进行室内装修。

（路　林）

【长阳镇黄管屯村棚户区改造项目】 该项目位于长阳镇黄管屯村，涉及217户、943人。项目用地面积约87.62万平方米，其中规划建设用地面积13.34万平方米。规划总建筑面积33.09万平方米，其中安置房建筑面积7.52万平方米（含地下面积2.5万平方米）。计划总投资35亿元。截至12月31日，住宅拆迁已完成签约200户；非宅拆迁已完成签约105家。576套棚户区改造安置房正在进行室内装修。

（路　林）

【长阳镇0607街区棚户区改造项目】 该项目为承接西城区人口疏解定向安置房项目，选址于长阳镇东北部地区。共涉及张家场、牛家场、保合庄、朱岗子、杨庄子、长营、高岭、马厂8个村的征地工作，住宅拆迁1056户，非宅拆迁589家。总用地面积489万平方米（含同步实施整理面积228万平方米），规划建筑规模268万平方米，其中安置房建筑规模210万平方米（含地下建筑面积72.34万平方米），分七个片区实施，计划总投资350亿元。年内，住宅拆迁已完成签约1044户，非宅拆迁已完成签约562家；棚户区改造安置房实现开工7515套。

（路　林）

【道路建设征收工作情况】 该工程为区级重点项目，改造前是二级公路，改造后按照城市主干路标准进行规划建设。北起良乡月华北大街与京周路交叉口，终点与良官路顺接，道路全长3530千米。房山区政府于2017年8月29日做出昊天大街（月华北大街-长虹东路）道路工程项目国有土地上房屋征收决定。征收工作共涉及18家产权单位、11户住宅及52户沿街商户，占地面积约7万平方米，房屋建筑面积约4万平方米。

（何英伟）

房山区住房和城乡建设委会

党组书记、主任： 胡玉富

党组成员、副主任： 郭　安　苏震宇　刘晓光　荣春海　张　慧

机关党委书记、二级调研员： 王秋平（8月29日任党组成员）

四级调研员： 许金良

工会主席、四级调研员： 艾天云

办公地点： 房山区良乡政通路7号

邮政编码： 102488

联系电话： 89367211

通州区

概　况

年内，市郊铁路副中心线东延（乔庄东站）、八通线南延、地铁7号线东延实现运营；地铁17号线、广渠路东延、六环路立交节点等项目提前进场，完成投资111.5亿；行政办公区二期、绿心“三大建筑”、副中心交通枢纽、东六环路入地等重大项目按期开工；在监工程规模达到历史新高，房屋建筑面积突破2600万平方米，市政基础设施达到139项；施工现场综合监管平台建成并投入运营，实现监管工程项目全覆盖；重点项目实行驻场监管新模式，监管向纵深

式发展；启动全区“拔钉子”行动，精准“点穴”方式，成功清理滞留户68户；绿心“三大建筑”、副中心交通枢纽区域实现场清地平，地块交付；潞城棚户区改造安置房年底全部交付，绿心棚户区改造安置房开始基础施工；筹集政策性住房11500套，3个共有产权住房完成摇号，住房保障各项工作全市领先；落实“房住不炒”要求，严格执行“限购”政策，治理群租房1700户，房地产市场和房屋租赁市场平稳健康有序；完成西营前街等23万平方米老旧小区改造，有序推进无物业小区规范化治理；围绕发展绿色建筑，制定了《北京城市副中心（核心区）发展绿色建筑推动绿色城市建设指导意见》；围绕围串标、挂靠承揽工程等问题，制定了《北京城市副中心工程建设项目招标工作暂行办法》；围绕规范征收拆迁程序，制定了《关于进一步加强城市副中心房屋征收拆迁管理工作的意见》。

（郑　晴）

工作信息

【房地产开发建设情况】 年内，商品房在途项目共计123个（地块数量），开复工面积1303.9万平方米，同比增加7.5%。其中新开工面积400.4万平方米，同比增加33.7%；复工面积903.5万平方米，同比减少1.1%；竣工面积127.7万平方米，同比减少26.9%。

（罗慧敏）

【商品房入市情况】 年内，市住房城乡建设委核发通州区预售许可证16个，新增预售许可房屋7607套，同比下降53%；预售许可面积878457.96平方米，同比减少46%。其中住宅类6954套（包括商品住宅1596套，均价56436元/平方米；共有产权住房3752套，均价26500元/平方米；限竞房1606套，均价51000元/平方米），商业办公类653套，办公均价45000元/平方米、商业均价67500元/平方米；车位740个，均价7115元/平方米。现房销售备案139件，其中住宅1276套、商业305套、办公517套、公寓883套、库房395套、车位4849套。

（邹孟禹）

【商品房交易情况】 年内，新建商品住宅共成交4237套，同比增长64.9%；均价3.6万元/平方米，同比下降26.5%（2019年保障性住房大量成交，拉高数量，拉低价格）。商务型公寓共成交472套，同比增长54.8%；均价4.8万元/平方米，同比下降20%。写字楼共成交572套，同比减少48.6%；均价2.4万元/平方米，同比下降31.4%。商业成交375套，同比增长43.7%；均价3.7万元/平方米，同比下降24.5%。

（邹孟禹）

【房地产开发企业资质情况】 年内，注册房地产开发企业218家，其中一级企业3家，二级企业10家，三级企业10家，四级企业156家，暂定级企业39家，总量同比增加3.8%。

（罗慧敏）

【建筑企业情况】 截至12月31日，通州区资质有效期内建筑企业共计754家。全年通州区建筑企业首次申请资质获批61家，增项资质获批23家、延续资质获批15家、升级资质获批9家。

（刘　光）

【住房租赁企业信息登记情况】 按照《关于规范互联网发布本市住房租赁信息的通知》精神，启动住房租赁企业信息登记服务。自11月1日至12月31日，办理住房租赁企业信息登记业务33家，此类企业主要从事房屋租赁经营业务。

（邹孟禹）

【房地产租赁市场违法群租房整治情况】 年内，整治违法群租房2055户，疏解人口4534人，涉及街乡镇11个；受理12345热线反映群租问题的投诉件2214件，经核查属实1681件，属实率75.92%，占全年整治量的81.8%。3月份，出台《关于规范违法群租房专项整治工作加强对违法群租行为联合惩戒实施办法的通知》，该办法为北京市首个针对违法群租行为的联合惩戒措施。依托该办法，集中开展了专项整治月、专项攻坚、打点治面、治乱清患4次专项整治行动，实现违法群租房动态清零。

（邹孟禹）

【房地产市场行政处罚情况】 为净化房地产市场环境，规范房地产市场秩序，维护市场健康发展，依法查处房地产开发企业、房地产经纪公司及住房租赁企业的违法经营行为。截至12月31日，行政处罚52起，累计罚金150.75万元，房地产开发企业处罚13起，累计罚金49.75万元；处罚房地产经纪公司及住房租赁企业39起，累计罚金101万元。

（邹孟禹）

【《通州区新建商品住宅小区配套设施管理暂行办法》落实情况】 截至12月31日，全区11个新建居住项目均按照“一个预协议、四个确认单、一个证明书”的操作流程签订预移交协议，预移交面积8.1万平方米，涉及社区管理用房、社区卫生服务站、幼儿园、托老所、社区助残服务中心、代征道路、代征绿地等；配套设施未移交占比最高的文化设施中，无偿移交的已全部完成接收，有偿移交的文化设施也在积极推进当中。年内，分别召开了卫生设施和养老设施促移交协调会，协助区卫健委和区民政局等部门，加快历史项目配套设施的移交。为督促未移交配套设施的建设单位积极主动联系接收使用单位，8月起陆续为全区60多个项目出具《移交函》100余份，并要求建设单位持《移交函》尽快与相关接收使用单位接洽配套设施的移交事宜。

（罗慧敏）

【全区房屋深度核查工作情况】 年内，与北京市测绘设计研究院共同开展通州区深度房屋核查工作。经过近一年的实地排查和测量，对全区房屋基础信息有了底数，并将房屋产权类别细化。在核查过程中，针对核查范围内的住宅平房院落及老旧小区的房屋情况进行安全情况调查；对于存在疑似安全隐患的房屋进行拍照和标记；整合非国有土地成套住宅及未登记成套住宅数据，在街乡镇的指认下，核查未登记成套住宅的坐落、建筑面积、地上层数、地下层数等信息；对照现有的普通地下室数据，对全区普通地下室进行补充核查，补充完善产权信息、管理信息、产权类别、规划用途、实际用途、建筑面积、租赁备案等信息。接下来我们继续完善拒测点位信息，整合现有数据资源，建设覆盖全区的、统一规范的房屋基础数据库，实现全区房屋基础信息的集中、统一与规范管理，为通州区房屋精细化管理提供支撑。

（罗慧敏）

【混凝土搅拌站绿色生产达标联合考核】 8月19至23日，通州区住房城乡建设委牵头组织区交通局、区环保局和搅拌站专家组联合对全区13家混凝土搅拌站进行了年度混凝土搅拌站绿色生产达标考核，搅拌站考核成绩均为优。

（李　扬）

【政策性住房竣工任务完成情况】 年内，竣工政策性住房7583套（含基本建成），具体项目如下：北京市通州区台湖镇B-07地块R2二类居住用地（配建“自住型商品住房”）项目463套，于1月份上报竣工；北京市通州区台湖镇B-07地块R2二类居住用地（配建“限价商品住房”）项目630套，于1月份上报竣工；通州区于家务乡A-06等地块居住用地、A-11地块托幼用地、A-27地块社会停车场库用地、A-28地块商业金融用地（配建经济适用住房）项目670套，于1月份上报竣工；北京市通州区TZ07-0103-0012等地块R2二类居住用地、TZ07-0103-0027等地块B1商业用地、TZ07-0103-L001地块A61机构养老设施用地（限价商品住房）1506套，于1月份上报竣工；武夷花园限价商品住房项目1000套，于3月份上报竣工；西马庄经济适用房604套，于9月份上报竣工；通州区西集镇综合配套区F地块经济适用房项目903套，于11月份上报竣工；北京市通州区潞城镇棚户区改造土地开发项目A区后北营西南角及东侧地块安置房项目1807套，于11月份上报竣工。

（潘　岩）

【通州区物业管理协会成立】 11月8日，召开通州区物业管理协会成立大会。参会理事单位11家，会员单位31家。会议选举了北京博识物业管理有限公司张贺为通州区物业管理协会会长、北京武夷物业管理有限公司丘自然为协会副会长。

（朱　笛）

【农村危房改造工作情况】 年内，农村4类重点对象和低收入群众危房改造台账共365户，其中，222户拟通过其他方式解决安全住所（4类重点对象79户，低收入群众143户），115户拟通过危房改造（新翻建）方式解危（4类重点对象65户，低收入群众50户）。115户全部开工、已竣工105户，危房改造开工率达100%，竣工率90%以上。已完成年度危房改造任务。

（刘爱武）

【施工许可办理情况】 年内，共办理施工许可手续183项，建筑面积740.24万平方米，长度45210.566米。其中装饰装修工程54项，建筑面积44.16万平方米；房建工程95项，建筑面积696.08万平方米；市政管线工程34项，长度45210.566米。

（刘占兰）

【城镇直管公房解危修缮情况】 年内，根据房屋安全普查结果确定年度区城镇直管公房解危及大中修房屋修缮定案421间，4月开工，10月底竣工，共解危加固房间164间，大中修缮房屋257间，重做楼平房屋面防水5300平方米。

（姚海东）

【区城镇直管公房防汛工作】 5月，成立区直管公房防汛领导小组，组建抢险队伍，培训抢险队员，储备抢险物资，制定《2019年通州区直管公房防汛预案》和《2019年通州区直管公房汛期突发灾害应急救援预案》，完成责任制落实、预案落实、队伍落实、物资落实、避险落实的防汛备汛工作。6月1日至9月15日汛期，通州区39万平方米直管公房平安度汛，连续35年实现安全度汛奋斗目标。

（姚海东）

【房屋安全检查工作情况】 10月至12月，依据《北京市房屋建筑使用安全检查技术导则〈试行〉》组织实施年度房屋安全普查工作，完成房屋安全检查总计39万平方米，涉及平房4775.5间、楼房103栋。

（姚海东）

【城镇直管公房转租转借专项行动情况】 年内，根据北京市《关于组织开展“疏解整治促提升”十大专项行动（2017—2020）实施意见》精神，对发现的18户转租转借情况全部清理完毕，完成2019年“动态清零”的“疏整促”的直管公房专项行动工作任务。

（姚海东）

【重点工程建设情况】 年内，负责24项市区级重点工程的建设和协调征地拆迁任务，道路总长约200千米。其中区级项目12项（续建项目5项，拆迁协调项目7项），市级拆迁协调项目12项，八通线南延、地铁7号线工程、地铁17号线、地铁7号线综合管廊、广渠路东延、京哈高速六环路立交桥、京唐城际铁路7个工程已于12月31日前完成拆迁任务。

（杨云琪）

通州区住房和城市建设委员会

主任、党组书记： 孙奎亮

副主任： 杜少勋　王练雄　刘长志　吴殿东　任瑞启

通州区房屋征收事务中心

主　任： 赵　明

副主任： 张　剑

通州区住房保障事务中心

主　　任： 张　跃

办公地点： 通州区车站路49号

邮　　编： 101100

联系电话： 010-69546294

昌平区

概况

年内，完成全社会固定资产投资451.9亿元，同比增加0.2%；房地产开发投资333.2亿元，同比增加14.4%；开复工总面积1367.68平方米，同比增加7.84%；竣工工程建筑面积166.73万平方米，同比减少56.91%；重点工程完成固定资产投资68.15亿元（含建安投资36.94亿元）；完成主责建安投资65.82亿元，占年度总任务的117.54%；实现建筑业总产值240.5亿元，同比增加16.4%；纳税建筑业企业5773家，完成纳税128404.39万元，其中区属建筑业纳税40734.96万元，非区属建筑业企业纳税87669.43万元；实现竣工交用保障性住房3719套，完成全市竣工任务的149%；完成区级为民办实事项目总目标任务的124%。建设筹集保障性住房约5960套（间）；新开工装配式建筑工程项目16个，累计建筑面积152.28万平方米；办理存量房屋交易业务37081件，其中存量房屋网签与企业间存量非住宅房屋合同信息采集13172件，签约面积约135.12万平方米，签约金额319.37亿元；完成棚户区改造项目债券资金拨付138亿元，各项目实施主体提交用款申请11.11亿元，完成支付7.44亿元；办理竣工验收备案72项，建筑面积225.17万平方米，同比减少19.79%；总合同价款72.82亿元，同比减少32.17%。

（郅童童）

工作信息

【工程建设情况】 年内，工程建设开复工总面积1367.68万平方米，同比增加7.84%。其中，新开工程137项，建筑面积508.28万平方米，同比增加4.93%；复工工程79项，建筑面积692.67万平方米，同比增加74.52%；竣工工程54项，建筑面积166.73万平方米，同比减少57.2%。复工工程面积占开复工面积的50.65%；建安投资项目29项，年度建安投资任务56亿元，实际完成建安投资65.82亿元，占年度总任务的117.54%，其中，房地产开发类项目完成建安投资57.85亿元；保障性住房项目完成建安投资7.97亿元。

（郅童童）

【重点工程推进情况】 年内，重点建设项目79项，开复工67项，开复工率84.81%，同比增长17.72%，其中，全区主责市重点项目11项，开复工率100%，区重点项目68项，开复工56

项，开复工率82.35%；完成固定资产投资约68.15亿元（含建安投资约36.94亿元）。

（郅童童）

【“回天地区”的工作进展情况】 年内，为确保完成年度“回天地区”工作任务，从组织机构、任务分工、工作制度和工作要求等方面拟定《进一步完善北京市昌平区住房和城乡建设委员会贯彻落实［昌平区贯彻落实优化提升回龙观天通苑地区公共服务和基础设施三年行动计划（2018—2020年）实施方案］的实施方案》，正式施行并按照方案要求，定期汇总“回天地区”的工作进展情况。

（郅童童）

【工程建设施工许可监管情况】 年内，根据《北京市住房和城乡建设委员会关于推行建筑工程施工许可证网上审批的通知》，全区施工许可证正式推行全程网办，即“网上申请、网上审批、限时办结、自行打证”，实现“数据多跑路，群众少跑腿”的全程网上办理，并对检查施工许可证申报材料按照“双随机一公开”纳入日常监督管理。全年新办理施工许可证157项，其中房建类73项，建筑面积454.96万平方米，同比增长10.1%；市政8项，建设面积7.42万平方米，14.76千米；装修类76项，建设面积33.85万平方米，同比增长100.65%。办理各类施工许可变更业务109项。按照市住房城乡建设委《关于推广随机抽查规范事中事后监管工作的实施方案》工作要求，将全区所有已办理施工许可手续项目纳入随机抽查范围，加强批后监管工作，截至12月31日，双随机抽查22个项目，未发现重大安全、质量问题。

（郅童童）

【工程质量监督情况】 年内，新增监督注册房建工程151项，建筑面积465.97万平方米；竣工验收工程77项，建筑面积202.82万平方米。监督在施工程256大项，建筑面积1291.3万平方米。出动质量监督执法人员2458人次，检查工地1163项次。下达《责令改正通知书》15份，行政处罚58起，罚金316.76万元。依据北京市企业资质和人员资格动态监管有关规定，对相关单位及个人记分134分。处理质量投诉705起。通过靠前服务、联合验收调度会、宣传贯彻和答疑会、建设工程项目优化营商环境及竣工联合验收专项培训会等形式，完成全区工程项目联合验收14项。

（郅童童）

【工程质量专项检查情况】 年内，分阶段开展冬期施工专项检查，严格执行停工报告制，完成春季复工阶段对冬施工程混凝土强度抽测，检查工程126项；3月1日至12日开展在建安置住房和保障性住房质量专项排查，检查在建安置住房8项，建筑面积86.24万平方米。在建保障性住房14项，建筑面积91.3万平方米。出动执法人员56人次，未发现较大质量安全隐患；4月18日至22日、7月31日至8月6日分别组织开展第一、二季度在施保障性住房工程检查，抽检工程27项，建筑面积约225万平方米，现场随机抽取并检测79组钢筋，对发现的质量问题进行跟踪，督促整改到位；全年对全区在产预拌混凝土搅拌站大检查2次，专项检查2次，配合市建设工程质量监督总站检查4次，召开企业座谈会2次。由第三方试验室现场抽取原材料样本，送检水泥、砂石、外加剂等原材料样本130份，未发现不合格材料，检查组对检查发现的问题进行跟踪监督，全区预拌混凝土搅拌站生产质量总体可控。

（郅童童）

【消防验收及备案工作情况】 年内，按照《关于本市建设工程消防验收移交承接有关工作的通知》《北京市住房和城乡建设委员会关于北京市建设工程消防验收、备案及抽查审批服务平台上线运行的通知》《北京市住房和城乡建设委员会关于开展建设工程消防验收、备案及抽查有关工作的通知（试行）》要求，承接全区消防验收及备案相关工作，5月13日至6月30日消防验收过渡期间会同区消防支队共同受理建设工程消防验收申请117件、参与现场消防验收117件，收到《消防验收意见函》117份，出具《建设工程消防验收意见书》117份。7月1日承接消防验收，办理消防验收或备案90项（消防验收48项，备案42项），建筑面积146.16万平方米。

（郅童童）

【建设工程安全监管工作】 年内，在监工程285项，其中房建工程256项，建筑面积1302万平方米；市政工程23项，77.9千米；轨道交通工程6项，59.96千米，10.21万平方米。累计安全检查6900人次，检查工地2742项次，发现并消除安全隐患9239处。办理并发放安全监督告知书143份；安全监督中止告知书6份；安全监督终止告知书73份。对施工现场违法违规行为做出简易处罚207起，一般行政处罚11起，罚款合计37.7万元。在双随机检查工作中，抽查工地177项，简易处罚54起，立案处罚1起，罚款合计7.4万元。起重机械检测共抽查塔式起重机15台，吊篮2台；行政处罚设备产权单位违规行为2起，罚金2000元。

（郅童童）

【协调推进保障性住房建设筹集】 年内，市级保障性住房竣工任务2500套，区级为民办实事项目为加快推进竣工交用各类保障性住房3000套。实现竣工交用保障性住房3719套，完成全市竣工任务的149%；完成区级为民办实事项目总目标任务的124%。市级保障性住房建设任务为建设筹集各类政策性住房14000套，其中通过新建、改建、趸租等方式筹集租赁住房4600套；政策性产权住房9400套。完成建设筹集任务约5960套，其中已建设政策性产权住房3065套，筹集租赁住房2895套（间）。启动6个限价商品住房、经济适用住房项目剩余房源123套收购工作，完成收购资金6500万测算及报请拨款工作；完成天通苑地区68万平方米未售商业办公建筑转为公共租赁住房任务。

（郅童童）

【住房保障工作情况】 年内，启动未来融尚家园和绿地慧谷中心两个共有产权住房项目房源803套，面向未来科学城区域内人才配售568套；青秀尚城、TBD云集中心、滟澜新宸、恒大幸福城、观澜时代5个公共租赁住房项目全部安装人脸识别系统并调试投入使用；通过保障性住房轮候家庭“快速配租”，解决219户住房困难家庭的住房需求，对符合条件的低保、低收入轮候家庭依申请实现“应保尽保”；以市场租房补贴为主解决公共租赁住房备案家庭住房困难，完成2017年12月31日前取得保障性住房备案资格城镇低保、低收入家庭配租工作；通过市级备案保障性住房申请797户，公租补贴申请备案66户，市场租房补贴申请34户。资格复核3446户，发放公租补贴437.28万元，市场租房补贴91.34万元；按照打好精准脱贫攻坚战的工作要求，根据市农委反馈的《昌平区农村低收入无房群众帮扶台账》，梳理需帮扶家庭15户，通过入住养老院、在子女亲属家居住、自行租房等方式全部解决居住问题，完成农村低收入无房家庭帮扶工作。

（郅童童）

【棚户区改造实施情况】 年内，棚户区改造实施项目9个，分别为回龙观“北四村”A、E、F、G、H地块、沙河镇西沙屯满井西队A、B、C地块及小沙河项目，年度任务为改造住宅500户。小沙河项目及回龙观“北四村”项目完成住宅腾退签约506宗；在安置房建设方面，小沙河项目完成地块范围内地上物拆除工作。完成年度棚户区改造项目债券资金（财政部门发行的专项债券资金）拨付138亿元，与项目实施主体、资金监管银行签订债券资金监管协议，各项目实施主体提交用款申请11.11亿元，完成支付7.44亿元。

（郅童童）

【招标投标监督管理情况】 年内，共办理招标投标97项，其中办理施工类招标投标56项，建筑面积198.78万平方米，同比减少46%，合同金额73.98亿元，同比减少44%；办理监理工程招标投标33项，面积176.98万平方米，同比减少26%，合同金额1.06亿元，同比减少16%；办理市政工程招标投标8项，建设里程0.88万米，同比增加100%，合同金额4.6亿元，同比增加96%。受理8766家企业参加有关项目投标报名工作；项目负责人解锁、变更181人次；现场监督抽取评标专家586人次，为政府采购等散小项目抽取专家3026人次；开标、评标195场次；组织专家对8个项目进行9次复议。电子档案归档45项。完成“回天地区”招标投标项目28项，建筑面积12.75万平方米；完成上年度老旧小区改造工程招标投标9项，建筑面积36.66万平方米。完成2019年度老旧小区改造工程1项，建筑面积1.6万平方米；完成棚户区改造、保障性住房项目招标投标建筑面积129.4万平方米。根据区发展改革委《昌平区工程项目招投标领域营商环境专项整治工作实施方案》要求，对122个项目开展工程项目招标投标领域营商环境专项整治工作。

（郅童童）

【工程竣工验收备案】 年内，办理工程竣工验收备案手续 72 项，其中网上办理工程竣工验收备案手续 69 项，建筑面积 223.58 万平方米，合同价款 72.31 亿元，投资同比减少 32.65%；补办线下纸质备案 2 项，建筑面积 3973.2 平方米，合同价款 524.32 万元；保密工程 1 项，建筑面积 1.19 万平方米，合同价款 4600.29 万元。参加工程联合验收 14 项，建筑面积 7.87 万平方米。为 61 家建设单位提供备案咨询服务，网上接件预审备案并出具《补正通知书》74 份，提出整改问题 365 条。

（郅童童）

【起重机械等备案管理情况】 年内，办理书面及网上全程办理起重机械登记编号备案 257 台，同比增加 7.1%；起重机械使用登记备案 389 台，同比增加 36.4%；起重机械登记编号注销 99 台，同比增加 87.5%；附着式升降脚手架使用登记备案 14 个单体工程，同比增加 55.6%；起重机械使用登记备案停止 4 件 4 台，同比减少 33.3%。审核起重机械备案材料提出整改意见 156 条（197 台），有效期限内整改率 100%。

（郅童童）

【生产安全事故应急预案备案】 年内，完成生产安全事故应急预案备案 127 家，其中物业企业 55 家，施工项目 72 家；按照《关于进一步加强建筑拆除工程安全生产和绿色施工管理工作的通知》（京建法〔2017〕9 号）要求，完成建筑拆除备案 1 件。

（郅童童）

【征收拆迁腾退项目推进情况】 年内，沙河镇西沙屯、满井西队棚户区改造项目已完成入户调查、宅基地面积公示等工作；沙河镇小沙河棚户区改造项目 9 月 8 日启动，完成签约 129 户、发放补偿款 111 户；回龙观镇“北四村”棚户区改造项目完成拆迁中介服务机构招标投标工作，测绘公司完成对被腾退户的房屋测量工作，12 月 6 日启动签约，12 月 31 日前完成签约宅基地 1218 余宗。

（郅童童）

【建筑业企业资质及人员资格管理】 年内，审查建筑业企业新设立 230 家、增项 41 家、升级 17 家、延续 8 家、变更 313 家，业务总量同比增长 24%。现有区属企业 1137 家，同比增长 26%。审批二级建造师初始注册 392 人，变更注册 545 人，注销注册 1380 人，延续注册 355 人，重新注册 714 人，增项 56 人，遗失补办 5 人，业务总量同比增长 36%；完成建筑施工企业主要负责人、项目负责人和专职安全生产管理三类人员续期初审 1999 人，同比增长 14%。

（郅童童）

【建筑节能与公共建筑绿色化改造】 年内，共评审通过 5 个超低能耗建筑示范项目，建筑面积 7.74 万平方米，占全市超低能耗建筑示范项目总面积的 16.41%，示范面积及项目数量均位居全市前列。阳光商厦项目（1.5 万平方米）进入北京市公共建筑节能绿色化改造项目库。

（郅童童）

【混凝土搅拌站治理整合】 年内，会同区生态环境局、交通局相关人员及市住房城乡建设委专家组，对全区15家在产混凝土搅拌站《预拌混凝土绿色生产管理规程》执行情况进行专项执法检查；完成因增设混凝土搅拌机组停产的公司的绿色生产达标考核。

（郅童童）

【农村危房改造及精准帮扶工作情况】 年内，通过招标分别对883户4类重点对象[①]和3491户低收入群众身份进行比对，评定出C、D级危房[②] 1103户，全部完成确户，确户率100%。因身份变化、鉴定有误、投亲靠友等不纳入改造的有760户，实际纳入2018至2020年危房改造的有343户，已开工338户，开工率98.5%。竣工277户，竣工率82%。上年度危房改造22户已全部通过竣工验收和区财政局资金评审，市区两级补助资金155.156万元完成农户“一卡通”账户拨付。抗震节能农宅建设开工432户；对上年度抗震节能农宅建设空档期农户自行改造部分，委托第三方机构对农宅改造281户档案资料及抗震节能标准等进行检查。通过多渠道、跨领域帮扶，以及延寿镇土地流转和镇、村两级安排就业、送敬老院等途径，延寿镇五个对口帮扶村357个低收入户（2017至2019年期间，百合村82户、西湖村1户、湖门村6户、上庄村77户、下庄村191户）全部脱低率达100%。

（郅童童）

【新供地项目开工建设情况】 年内，4个新供地住宅项目已实现全部开工，地上开工面积64.82万平方米，完成率62.9%。

（郅童童）

【房地产市场监管情况】 年内，办理预售许可初审20件，现房销售备案100件（即核发现售备案证明100个），投入市场房屋12868套，同比增长19.7%。办理预售许可延期58件，同比减少1.8%。商品房预售及现房合同注销及变更277件，同比增长23.1%。审核现房销售备案延期116件，同比增长90.1%。检查在售开发项目71个，售楼场所25个，约谈开发企业45家，责令改正20家，暂停网签11家及转处罚一家（绿地）。办理房产实测绘成果审核业务159件，同比增长17.8%，楼幢1072栋，分户33588户，总建筑面积为450.9万平方米；房产实测绘成果审核信息公开6件；整理房产实测绘成果审核档案64件、234卷；办理落实私房政策2件。

（郅童童）

【推进“一窗式”服务情况】 年内，通过梳理行政审批事项，优化审批流程，完成进驻区政务服务中心、区政务服务分中心、专业大厅综合服务窗口政务服务事项97个，进驻率95.1%，进驻综

① 昌平区农业户籍建档立卡贫困户、低保户、农村分散供养特困人员和贫困残疾人家庭。

② C级危房：不符合国家现行标准规范的安全性要求，影响整体安全性能应采取措施，且可能对极少数构件必须立即采取措施。D级危房：极不符合国家现行标准规范的安全性要求，已严重影响整体安全性能，必须立即采取措施。

合窗口事项88项，综窗率86.3%。受理各类行政审批业务4752件，办结率99.8%（见表35）。

（郅童童）

表35 2019年行政审批业务情况统计

行政审批业务	受理/件	办结/件
二级建造师执业资格注册（初审）	3470	3470
建筑业企业资质审批	424	419
房地产经纪机构及分支机构备案	112	112
房地产开发企业资质等级核定	160	160
对房地产开发项目手册备案	23	23
商品房现房销售备案	30	30
房产实测绘成果审核	141	141
房产实测绘成果变更审核	6	6
商品住宅小区建设方案备案	15	15
建筑起重机械登记备案	55	55
建筑起重机械使用登记登记备案	152	152
民用建筑节能专项验收备案	32	32
商品房预售许可	68	68
出售公有住房备案	12	12
使用国有住房出售收入审批	1	1
房屋建筑和市政基础设施工程竣工验收备案	3	3
建筑工程施工许可证核发	48	48
合计	4752	4747

【房地产经纪机构监管情况】 年内，组织房地产经纪机构和租赁企业会议12次；对经纪机构和租赁企业进行日常巡查、政策性指导60余次；对197家经纪机构和租赁企业进行约谈33次。备案房地产经纪机构、分支机构606家（门店），其中房地产经纪机构226家（门店）、分支机构380家（门店）。办理房地产经纪机构变更备案39件，遗失补证3件，注销备案1件；房地产分支机构变更备案41件，遗失补证6件，注销备案3件。联合区市场、公安、消防等职能部门，对全区124家备案经纪机构进行检查，对51家备案经纪机构进行限制网签的行政处理，查处无照经营10户、异地经营24户。立案263起，处罚113.44万元。受理房地产经纪行业纠纷投诉692件，办结率100%。

（郅童童）

【违法群租房专项整治工作情况】 年内，聚焦全区“群租房”问题产生原因、量化数据、细化解决措施，整治完成违法群租房10088套（专项整治6689套，属地镇街整治3399套），其中录入市级“疏整促”平台3041套；受理涉违法群租房12345市民服务热线投诉3627件，响应率、解决率、满意率均达100%。

（郅童童）

【存量房屋交易市场及新政落实情况】 全年办理存量房屋交易业务 37081 件，其中存量房屋网签 13061 件，企业间存量非住宅房屋合同信息采集 111 件（存量房屋网签及企业间存量非住宅房屋合同信息采集合计签约面积约 135.12 万平方米，签约金额 319.37 亿元），注销存量房屋网签 820 件，购买昌平区存量房屋购房资格审核 23001 件，资格核验结果复核 88 件。办理企业间存量非住宅房屋买卖业务 111 件。完成购房资格审核结果复核业务 88 件。

（郅童童）

【城镇房屋安全管理工作情况】 年内，组织各镇街完成城镇房屋安全检查 6527.69 万平方米，同比减少 0.45%。与 20 个镇街、各管房单位签订责任书，向 500 多家物业服务企业及项目负责人印发《防汛工作要点》；汛期 24 小时全天候搜集、整理、上报雨情，出动人员 184 人次，检查平房 3962 间次，楼房 252 栋次，漏雨处修缮、苫盖率达 100%，保证直管公房漏雨问题全部随查随修、随报随修。办理普通地下室备案 59 处，同比减少 56.62%。

（郅童童）

【“疏整促”专项行动情况】 年内，按照“疏整促”专项行动涉及直管公房清理整治工作常态化工作机制，加强辖区直管公房日常巡查，对直管公房违规转租转借等行为做到发现一处，清理一处，实现全区直管公房整治行动“动态清零”的任务目标。累计出动检查人员 1434 人次，查房 34279 间次，未发现违规转租转借情况。检查自建房 1120 间并完成台账建立。

（郅童童）

【直管公房修缮管理情况】 年内，直管公房修缮工程列入 2019 年度区政府为民办实事项目，包括翻建胡同危旧平房 6 间 89.64 平方米、南口地区危旧平房 58 间 875.6 平方米，防水工程楼房 1 栋，平房 190 间 5058.85 平方米，公共设施改造共 4 处，其中化粪池及楼外污水主管改造 3 处，楼内污水主管线 1 处。办理直管房屋标准价改成本价 40 户，同比减少 13.04%，成本价改商品房 4 户，同比减少 96.30%。商品住宅专项维修资金审批动用维修资金 240 份，同比减少 54.46%；累计审批动用专项维修资金 3781.81 万元，同比减少 48.88%；完成房屋安全鉴定报告 12 份，同比减少 58.62%，面积 84396.69 平方米，同比减少 34.31%；办理收回垫付成本差价款 40 户，总金额 17.43 万元。

（郅童童）

【物业管理情况】 年内，辖区内有物业管理项目 455 个、5673.86 万平方米（居住类 295 个、4912 万平方米，非居住类 160 个、761.86 万平方米），由 272 家物业服务企业提供服务。业主委员会 49 个（含跨镇街重复 2 个）。完成物业服务合同备案 88 件（新增备案 16 件，变更 35 件，注销 37 件），物业管理动态监管系统信息维护 3 件（变更 3 件）。

（郅童童）

【住房补贴发放工作情况】 年内，协调区财政局拨付住房补贴资金 1122.2 万元；协调不动产登记中心完成116家单位1906户申报家庭夫妻双方房产信息审核；协调审计公司完成46家单位336人补贴申请材料审计工作；核定符合申报条件机关事业单位384家（其中一级单位98家，下属二级单位286家，涉及退休职工6877人）；完成28家单位退休职工住房补贴1122.2万元。

（郅童童）

【执法检查与行政处罚情况】 年内，建设工程和房屋管理领域执法检查83次，166人次。其中，中介机构类执法检查32次，检查中介门店54家，入户检查出租房35套，约谈中介2家；商品房销售情况专项检查9次，检查售楼处9处；违建巡查、建设工程类现场执法检查31次，检查现场34处；地下空间、房屋安全类联合执法检查11次，检查房屋13处；检查施工现场建筑工地34处，下发各类违法行为《责令停工（整改）通知书》7份。一般行政处罚立案126起，罚金426.85万元；其中行政处罚决定72起，不予处罚13起，撤销立案30起，警告7起，未作出处罚决定4起。作出简易处罚2起，处罚金额0.15万元。回天地区隔断群租房行为立案21起，罚款86.5万元。

（郅童童）

【信访与市民服务热线工作情况】 年内，承接转办涉及物业服务企业与小区业主之间的服务管理、房屋工程质量、房地产交易、房地产中介管理等方面群众信访件685件。其中，群众来信478件、群众来电152件、群众来访55批次300余人。截至10月14日区住房城乡建设委市民服务热线专班成立前，承办12345市民服务热线5803件，按期办结率100%。专班成立后承办市民服务热线1522件。

（郅童童）

【办理复议诉讼工作情况】 年内，为做好复议诉讼工作，修订原有《行政应诉工作规程》，进一步明确案件责任部门职责，细化工作流程。共办理行政复议、行政诉讼、民事诉讼案件25起，其中办理涉及房屋拆迁、房屋管理、房产中介及物业服务管理方面行政复议案件10件，均已审结；办理涉及房屋拆迁、房屋管理、房屋质量及政府信息公开行政诉讼案件10起；办理涉及合同纠纷民事诉讼5起，审结率93.33%。

（郅童童）

昌平区住房和城乡建设委员会

党组书记： 张建强（主持工作1月1日—3月22日）
王志刚（3月22日任）

主　　任： 张建强（主持工作1月1日—3月22日）
王志刚（3月25日任）

副 主 任： 包立秋　李恒罡（3月23日任）　魏福顺（9月20日任）　曹　煜（女）（9月20日任）
张建强（8月22日免）
王全海（8月22日免）

办公地点： 昌平区太安胡同5号

邮政编码： 102200

联系电话： 80115061

各区建设情况

东城区

2019年，东城区积极探索创新老城恢复性修建标准体系，顺利推进中轴线申遗各项任务。大力推进简易楼腾退、棚户区改造、保障性住房建设、多层住宅增设电梯等民生工程，首次开展共有产权住房选房配售工作。

三利大厦改扩建工程。该工程位于安定门外大街208号，建筑面积81698平方米，地下3层、地上13层，7月20日竣工

雍和宫大街环境整治提升项目。该项目位于东城区雍和宫大街，建筑面积约4.5万平方米，包括115个栋号房屋

（以上图片由东城区住房城市建设委提供）

各区建设情况

西城区

2019年，西城区房屋施工面积共计126.5万平方米，新开工8.1万平方米，新增竣工29.2万平方米。棚户区改造收尾完成64户，上报并完成市级审批改造任务项目26个，定向安置房完工2997套，市政道路完工3条。

年内，西城区推进33条市政道路建设。截至年底，广安门外南街南段、燕京中街、米市东胡同3条道路完工通车。图为米市东胡同道路

丰台区南苑植物油厂保障性住房项目。该项目为西城区菜园街及光源里拆迁百姓定向安置用房，为北京市2016年第一批保障性住房建设项目，也是落实市政府关于旧城保护利用和人口疏解相关工作的重点项目。2016年11月10日开工，2019年12月11日竣工

（以上图片由西城区住房城市建设委提供）

各区建设情况

朝阳区

2019年，朝阳区以市区重点工作为核心，全面统筹协调，切实做好民生服务保障工作。全年共办理房屋征收项目13个，完成7768套公共租赁住房房源摇号，启动两个共有产权住房项目的2852套房源公开配售工作，完成国有土地居民楼违法群租房治理2120户，疏解人口5875人。

▲ 北京国际俱乐部改扩建工程。该工程位于朝阳区建外大街21号，7月竣工

（图片由北京建工集团提供）

◀ 3月，朝阳区成立建设工程施工围挡整治提升专班，抽调专人负责在全区推行“绿色围挡”整治工作

（图片由朝阳区住房城乡建设委提供）

各区建设情况

朝阳区

动感嘉园棚户区改造安置房项目。该项目位于朝阳区来广营乡来广营村，9月竣工

（图片由朝阳区住房城乡建设委提供）

肖村（熙悦安郡）商品房标段11项工程。该工程位于朝阳区小红门乡，7月竣工

（图片由北京首都开发股份有限公司提供）

各区建设情况

海淀区

2019年，围绕市、区折子任务、民生实事任务等重点工作任务，在住房保障、房地产市场监管、房屋管理三大业务板块和房屋全生命周期系统拓展应用方面积极作为，着力落实“接诉即办”“扫黑除恶”“吹哨报到”“优化营商环境”等工作要求，圆满完成各项任务目标。

▲ 肖家河南路西段道路工程。该工程位于北五环肖家河桥北侧，全长330米，4月竣工竣工

（图片由海滨区住房城乡建设委提供）

▲ 出土文献研究和保护中心大楼。该工程位于海淀区清华园，建筑面积2.05万平方米，6月竣工

（以上图片由市住房城乡建设委史志办提供）

各区建设情况

丰台区

2019年，全面落实深化改革举措，推动区域住房和城乡建设工作提质升级。全区建筑工程累计开复工461项、建筑面积2728.47万平方米；竣工备案项目77项，建筑面积254万平方米。房地产业、建筑业实现留区税收分别为32.83亿元、8.33亿元，合计41.16亿元。

亚林西居住区613-12、13、14号住宅楼（限价商品房）工程。该工程位于丰台区玉泉营桥东北侧，5月竣工。图为亚林溪苑7号楼

（图片由丰台区住房城乡建设委提供）

长辛店项目住宅楼及配套项目（西山甲一号商品住房）。该项目位于丰台区长辛店镇张郭庄村，7月竣工

（图片由北京金隅房地置业有限公司提供）

各区建设情况

石景山区

2019年，石景山区完成20户滞留户收尾任务；开工各类政策性住房3339套，竣工各类政策性住房5023套；累计向27317户次保障性住房家庭发放补贴4146.68万元。

京燕饭店业务综合楼工程。该工程位于石景山路29号，总建筑面积5.82万平方，地上24层，12月竣工

（图片由中铁建设集团有限公司提供）

▲ 石景山景观公园工程。该工程位于石景山区首钢主厂区，12月竣工

（图片由市住房城乡建设委史志办提供）

各区建设情况

房山区

2019 年，房山区开复工面积 820.4 万平方米，房地产业固定资产投资完成 243.28 亿元。完成棚户区拆迁改造 255 户；建设筹集各类政策性住房 12737 套，竣工（含基本建成）各类政策性住房 4310 套，超额完成市级任务。

水泥一厂片区土地开发项目工程。该工程位于房山区河北镇半壁店村，属于棚户区改造项目，11 月竣工

云计算数据中心项目工程。该工程位于房山区琉璃河镇，11 月竣工

（以上图片由房山区住房城乡建设委提供）

各区建设情况

通州区

2019年，通州区完成投资111.5亿；行政办公区二期、绿心“三大建筑”、副中心交通枢纽、东六环路入地等重大项目按期开工；在监工程规模达到历史新高，房屋建筑面积突破2600万平方米，市政基础设施达到139项。全年筹集政策性住房11500套，治理群租房1700户。

轨道交通7号线东延工程。该工程位于朝阳区、通州区轨道交通7号线焦化厂站至环球影城站，图为万盛东站站厅内景

（图片由北京市轨道交通建设管理有限公司提供）

路城镇棚户区改造土地开发项目A区杨坨三号地安置房（北区）工程。该工程位于通州新城0506街区，8月竣工

（图片由北京城市副中心投资建设集团有限公司提供）

各区建设情况

顺义区

2019 年，顺义区房地产领域建安投资完成 80.2 亿元，共完成 3 个共有产权住房项目的网申、摇号及选房工作。政策性住房新开工 16023 套，竣工 8122 套；启动实施 9 个棚户区改造项目，全部实现住宅 100% 签约，惠及危旧房屋家庭 4930 户。

北京终端管制中心工程。该工程位于顺义区李桥镇，为机场配套办公、训练、宿舍用房，6 月竣工

（图片由中国铁建股份有限公司提供）

顺义金成雅苑保障性住房、上城庄园商品住房及配套医院工程。该工程位于顺义区后沙峪镇，含自住型商品住房、共有产权住房、商品住房及配套医院。图为上城庄园，12 月竣工

（图片由顺义区住房城乡建设委提供）

各区建设情况

昌平区

2019年，昌平区完成房地产开发投资333.2亿元，开复工总面积1367.68万平方米，竣工面积166.73万平方米，重点工程完成固定资产投资68.15亿元。保障性住房竣工交用3719套，新开工装配式建筑工程项目16个，棚户区改造项目竣工验收备案72项。

▲ 清华大学A-1号楼等8项工程。该工程位于昌平区南口镇虎峪村，为尖端科技厂房和综合科研实验区，9月竣工

（图片由中国铁建股份有限公司提供）

▲ 知蜂堂1号生产厂房等6项工程。该工程位于昌平区南邵镇，属于北京知蜂堂蜂产品有限公司以及茶色素、膳食纤维生产基地项目。图中自左向右为中试车间、蜂巢、一号车间、二号车间

（图片由昌平区住房城乡建设委提供）

各区建设情况

平谷区

2019年，平谷区完成建筑业产值80.1亿元，建筑业企业缴纳各项税收6.4亿元。老旧小区综合整治涉及5个小区34栋楼约20万平方米1902户居民。农村危房改造全面启动，共涉及1052户农村4类重点对象和低收入群众危房加固改造。

6015-1号住宅楼等7项（商品住房）工程。该工程位于平谷区平谷新城02街区西北部，12月竣工

1号车间等8项（高性能钕铁硼永磁材料产业化项目）工程。该工程位于平谷区马坊镇马坊工业园E18-02，7月竣工

（以上图片由平谷区住房城乡建设委提供）

各区建设情况

怀柔区

2019 年，怀柔区完成固定资产投资 32 亿元，完成年度任务的 108%。全年在施工程 106 个，其中房屋建筑工程 99 项，建筑面积 373.4 万平方米；市政道路及管线工程 7 项，总长 23 千米。完成棚户区改造 140 户。

▲ 北京第二实验小学怀柔分校教学楼等 4 项工程。该工程位于怀柔区雁栖经济开发区雁栖大街 7 号，6 月竣工

▲ 怀柔区中医医院迁建工程。该工程位于怀柔区青春路 1 号，12 月竣工

（以上图片由怀柔区住房城乡建设委提供）

各区建设情况

延庆区

2019年，延庆区完成建筑业总产值452692.5万元。实施棚户区改造项目6个，总占地面积277.3万平方米，涉及3804户。122项重点工程开复工77项，其中政府投资项目27项，社会投资项目50项，完工28项。

▲ 天润·和丽嘉苑自住型商品房工程。该工程位于延庆区延庆镇东关村，7月竣工

▲ 植物馆（一期）项目。该项目位于延庆区新城世园会一期用地YQ00-0300-0004地块内，4月竣工

（以上图片由延庆区住房城乡建设委提供）

各区建设情况

密云区

年内，密云区负责建设、协调区政府重点工程主责12项、折子工程5项、拟办重要实事2项。实现建筑业总产值173.6亿元，完成房地产开发投资35亿元，保障性安居工程投资8.4亿元，棚户区改造1891户。

6023地块S1号配套商业楼工程。该工程位于密云镇密云新城0102街区，7月竣工

（图片由密云区住房城乡建设委提供）

观唐云鼎24栋住宅楼工程。该工程位于密云区溪翁庄镇，4月竣工

（图片由市住房城乡建设委史志办提供）

各区建设情况

北京经济技术开发区

2019年，北京经济技术开发区新开工项目159个，完成竣工验收房建项目61个；完成共有产权房项目申购和人才公共租赁住房配租工作，为166家企业配租1800套人才公共租赁住房。

中芯北方12英寸集成电路生产线建设项目（一期）。该项目位于北京经济技术开发区，7月竣工 ▶

▲ 京东贝厂房。该项目位于北京经济技术开发区C11M1地块，属于数字电视产业园配套LED封装厂项目，1月竣工

（图片由市住房城乡建设委史志办提供）

顺义区

概　况

2019年，顺义区房地产领域建安投资完成80.2亿元，与上年基本持平，超额完成区政府安排的80亿元建安投资任务。共销售新建商品住宅10960套、同比增加60.26%，存量房网签6854件；新开工政策性住房16023套，竣工8122套；完成3个共有产权住房项目的网申、摇号及选房工作，共计配售房源3583套。启动实施9个棚户区改造项目，全部实现住宅100%签约。推进21个老旧小区的综合整治工作，总建筑面积185万平方米，涉及居民18908户。新开工装配式项目33项，竣工装配式项目3项。

（李　恒）

工作信息

【商品房销售情况】 年内，共新增可销售商品房23034套，建筑面积162.16万平方米；共办理现房销售备案11384套，建筑面积92.34万平方米。共销售新建商品住宅10960套，同比增加60.26%，销售面积103.73万平方米，同比增加66.98%，销售金额315.37亿元，同比增加86.9%。

（李　恒）

【存量房网签情况】 年内，共办理存量房业务18461件，同比增加3.26%，其中购房资格审核11094件，同比增加4.21%；网上签约6854件，同比增加1.66%；签约注销513件，同比增加4.27%。

（李　恒）

【“商住房”销售情况】 年内，共销售商业办公房屋2359套，同比增加102.32%，销售面积15.67万平方米，同比增加53.93%，销售金额35.44亿元，同比增加35.06%。

（李　恒）

【共有产权住房配售情况】 年内，共完成3个共有产权住房项目的网申、摇号及选房工作，分别为博裕雅苑二次申购、蓝境佳园、水映兰苑项目，共计配售房源3583套，其中认购房源2221套，剩余房源1362套。

（李　恒）

【保障性安居工程建设情况】 年内，顺义区政策性住房新开工16023套，竣工8122套。其中产权类住房新开工8125套，租赁型住房新开工7898套。在施公共租赁住房项目中，天竺苗圃配建公共租赁住房项目（1300套）已完成主体结构封顶，北汽集团自建公共租赁住房项目（1722套）已部分封顶，两项目预计

2021 年可投入使用。国门商务区公共租赁住房项目（4705 套）一标段开工，二、三标段已取得施工许可。7 个共产房项目中，晟品景园、金成雅苑二期已竣工交房，金港嘉园、雅筑佳苑、博裕雅苑等 3 个项目 2021 年前可基本建成，水映兰苑、蓝境佳园两个项目 12 月 31 日前已开工，预计 2022 年基本建成。集租房建设进展明显，牛栏山镇官志卷村项目、张镇张各庄村项目、木林镇东沿头村项目南侧地块和西侧地块两个项目、杨镇一街项目及仁和镇临河村河南村项目已实现开工。

（李　恒）

【住房保障审核分配工作】　全年共完成 2019 户资格复核家庭、1123 户新申请公共租赁住房家庭、15 户新申请市场租房补贴家庭、73 户新申请公租补贴家庭，419 户资格终止家庭、740 户资格变更家庭的审核工作；完成回迁房购房人信息审核 8 个项目、4419 套房，其中完成下坡屯村、西白辛庄村、平各庄村回迁家庭购房人信息审核工作，以及南法信镇马家营村、泰和宜园、仁和镇塔河村、后沙峪回民营、枯柳树回迁房项目剩余回迁家庭购房人信息审核工作；完成 5 月、11 月两次双裕南小街 1 号院等 5 个公共租赁住房项目剩余房源递补选房工作，共提供房源 152 套；完成 3 月、8 月、12 月 3 次面向具有保障性住房资格的城镇低保（含分散供养的特困家庭）、低收入及计划生育特殊困难家庭的专项配租工作，共提供房源 66 套，解决了 22 户困难家庭的住房问题；顺义区已累计面向社会低收入家庭配租公共租赁住房 2272 套，尚有轮候家庭 4176 户。向空中客车（中国）企业管理服务有限公司配租企业人才公共租赁住房 30 套，向中国核工业二三建设有限公司配租 5 套。

（李　恒）

【棚户区改造情况】　年内，陆续启动实施 9 个棚户区改造项目，全部实现住宅 100％签约，惠及危旧房屋家庭 4930 户，其中沙坨、临河、夏县营项目已实现安置房开工，其余项目均在加紧编制报审《规划综合实施方案》。顺义区规模最大棚户区改造项目——杨镇中心区 ABCD 片区棚户区改造项目纳入市棚户区改造实施计划，年内实现拆迁。同年，制定印发《顺义区财政直接投资棚户区改造项目管理费计提及拨付指导意见》，70 亿元棚户区改造专项债券全部支付使用。

（李　恒）

【京沈客专顺义段正线征地拆迁工作】
年内，组织协调完成西泗上村新建制梁场并投入使用；组织完成京沈客专“四电”工程全线 16 处的征拆施工工作；组织协调京承高速土沟服务区养护工区还建工程，已完成地上物的评估清登和林地勘察工作；组织京沈高铁沿线相交道路节点工程及顺义西站周边配套市政方案研究工作。

（李　恒）

【拆迁腾退工作】　年内，在属地政府等相关单位的配合下，对 2 户滞留民宅进行司法强制腾退，签订补偿安置协议 15 户，延期 8 个拆迁项目的房屋拆迁许可证，对全区拆迁项目未搬迁民宅进行全面摸底，将22户民宅申请列入司法强制腾退范围，对16户民宅依法进行拆迁行政裁决。

（李　恒）

【老旧小区综合整治工作】 积极推进21个老旧小区的综合整治，总建筑面积185万平方米，涉及居民18908户。于2018年列入整治计划的10个小区完成方案设计、预算编制、预算评审等相关工作，启动了施工单位和监理单位的招标工作。经与相关属地共同摸排研究，年内，将11个老旧小区列入整治计划，按照自下而上的原则，与相关属地共同完成居民意向调查工作。

（李　恒）

【装配式建筑发展】 年内，全区共计新开工装配式项目33项，面积223万平方米，占全市15.6%。全年竣工装配式项目3项，面积24.5万平方米，占全市8.2%。截至12月31日，共有在施装配式项目52项，面积400.1万平方米，占全市12.8%。

（李　恒）

【建筑垃圾资源化利用工作】 制定强制应用政策，明确区内政府投资项目强制应用建筑垃圾再生产品。年内，累计处理建筑垃圾204.7万吨，生产再生产品140.4万吨，累计利用再生产品85.5万吨。

（李　恒）

【物业服务改革工作】 全区现有物业企业197家，物业备案项目298个，涉及192个居住项目、106个非居住项目，管理面积3500余万平方米。年内，共对127个项目进行执法检查，发现各类隐患193项，约谈34家物业公司负责人，开具《责令改正告知书》7份，进行行政处罚5项，移交涉黑涉恶线索2条，利用物业信用公示台曝光违规企业5家。配合相关部门开展8次物业服务培训大会，对所有物业企业进行业务授课和现场交流。为10个政府直管小区配备统一物业服务管理公司；启动老旧小区救助工作，7个小区125部电梯全部完成维修改造。

（李　恒）

【优化营商环境工作】 年内，14个项目通过竣工联合验收，平均办理时限3.5个工作日。对区内6个简易低风险项目开展安全质量联合抽查，其中“双峰建材中试车间项目（一期）A1号楼”项目于12月28日完成竣工联合验收，成为顺义区第一个完成全流程的简易低风险项目。推进住宅工程质量潜在缺陷保险政策落地，7个住宅项目签发保单，投保项目总建筑面积33.46万平方米。

（李　恒）

【建筑领域执法情况】 年内，共监督建筑工程1809.65万平方米，其中在施工程1537.78万平方米，竣工271.87万平方米，累计新开工程556.64万平方米；对建筑工程开展安全质量检查1765次，下发《检查记录单》1765份、责令整改通知书12份、行政处罚决定书172份，处罚单位140家、个人32名，处罚金额共计427.85万元；实施建筑施工信用惩戒21起，其中对企业记分共计5起，对人员记分共计 16 起。建立健全住建领域综合执法机制，共开展各类行政检查 950 次，双随机抽查 452 次，处罚违法违规行为 156 起，处罚金额共计 629.38 万元；处理建筑工程讨薪突发事件 17 起，涉及工人 1039 人，涉及金额 1993 万元；监管物业企业 216 家，对 127 个项目进行执法检查，对 34 家物业公司负责人进行约谈，下发责令改正通知书 7 份。

（李　恒）

【“70 周年大庆”安保维稳工作】 年内，成立专项安保维稳工作领导小组，按照“统一部署，分级负责，强化巡查，确保稳定”的原则，坚持矛盾化解和隐患治理两手抓，组织开展“百日安全大排查、大整治”活动等专项行动。“70 周年大庆”期间，全区 335 项建筑在施工程全部停工，有限空间作业全部停止，扬尘治理工作强度全面提升，共出动检查人员 1079 人次，抽查房建工程 304 项次、物业项目 76 家次，共发现各类隐患 247 项全部处理完毕，圆满完成“70 周年大庆”安全维稳保障任务。

（李　恒）

顺义区住房和城乡建设委员会

党组书记： 赵洪涛
主　　任： 赵洪涛
副 主 任： 张　巍（5 月任）
秦德生　郑国栋
郭宝生　郑　捷
张存江
办公地点： 顺义区府前东街甲 25 号
邮政编码： 101300
联系电话： 69444996

大兴区

概　况

年内，区住房城乡建设委围绕市区两级重点工作，以满足群众“住有所居”需求、保障北京大兴国际机场顺利通航、强化住建领域行业管理等为主线，完成全年各项重点工作。大兴区固定资产投资（不含农户）实现 803.9 亿元，比上年下降 14.5%。建筑安装投资和基础设施投资分别实现 436.0 亿元和 373.6 亿元，分别比上年下降 4.6%和 9.2%。实现房地产开发投资 380.4 亿元，比上年下降 17.2%，占全区固定资产投资（不含农户）的比重为 47.3%。实现建筑业总产值 507.5 亿元，比上年增长 33.4%。房屋施工面积为 974.2 万平方米，比上年下降 16.4%。启动 3 个棚户区改造项目，签约 2877 户。保障北京大兴国际机场通航，“6·30 竣工验收”节点前完成 18 项工程实体竣工验收，在

"9·15工程备案"节点前完成26项工程消防专业验收和14项工程竣工验收备案。

（邸雪峰）

工作信息

【保障性住房建设】 年内，大兴区开工各类保障性住房13649套，竣工8943套。对711套公共租赁住房开展网上登记快速配租，1008户申请家庭选房667套。为低保、低收入等困难家庭公共租赁住房精准配租3次，为144户具有保障性住房资格的低保低收入困难家庭分配公共租赁住房。截至12月31日，大兴区取得保障性住房备案资格的城镇低保、低收入家庭依申请全部实现保障。制发《关于解决北京大兴国际机场驻场单位职工住房问题的暂行方案》，拟定《大兴区优化住房支持政策服务保障人才发展实施意见（试行）》。分批、分期完成产业公共租赁住房家庭配租入住工作，1123户选房家庭共选房716套；为97名高层次及优秀青年配租人才公共租赁住房；为北京大兴国际机场提供各类保障性住房3475套；解决13家企业申报的48套公共租赁住房、20套共有产权住房需求。

（邸雪峰）

【老旧小区改造】 年内，大兴区老旧小区改造在施项目4个12.28万平方米。双河南里小区老旧小区综合改造试点项目基本完工，兴丰街道化纤厂小区和观音寺街道的福苑东区、敬贤里小区改造工作正在推进。老楼加装电梯开工15部，竣工5部。

（邸雪峰）

【农村危房改造】 年内，大兴区2018—2020年4类重点对象和低收入群众C、D级危房改造对象共157户，已开工125户、竣工57户。

（邸雪峰）

【小区物业管理】 年内，制发《大兴区国有物业服务企业应急托底老旧小区物业管理的实施方案》《关于开展居住小区物业服务项目履约考评工作的通知》《大兴区涉及住宅小区行政管理部门职责清单》《大兴区物业管理问题工作专班组建方案》等文件。开展物业管理突出问题专项治理，构建约谈、处罚、通报三位一体的行业信用管理体系。全年出动600余人次，检查物业项目316家，实现备案居住小区全覆盖检查和非住宅物业项目50%的检查，约谈物业79家，责改17起，处罚10起，罚金27.3万元。依托培训机制与典型推广机制，实现全覆盖培训与重点指导相结合，走访17个属地，召开镇街级物业管理工作会，提升属地与物业企业管理服务能力，68个无物业老旧小区物业服务全覆盖。组织属地开展物业管理试点，7类试点完成60%工作任务。

（邸雪峰）

【棚户区改造】 年内，启动青云店中心镇区、旧宫南街地区和西红门新建地区3个棚户区改造项目，签约2877户，提前超额完成市级任务。

（邸雪峰）

【清理拆迁滞留项目】 年内，全区28个滞留项目，共清理完成民宅 70 户、非住宅 20 家，完成裁决 28 户，以裁促签 11 户，22 个地块、103.92 万平方米拆迁滞留清理完毕，七街安置房实现开工。

（邸雪峰）

【城乡接合部改造】 年内，旧宫镇完成城乡接合部改造任务，共拆除腾退约 122 万平方米，还绿约 10 万平方米，疏解流动人口 1056 人。

（邸雪峰）

【群租房治理】 年内，1309 处上账群租房动态清零，核验抽查合格率 100%。抽查全区上账 2167 处普通地下室中的 230 处，未发现散租住人问题。

（邸雪峰）

【农村房屋管理】 年内，制发《大兴区房屋安全管理指导意见》，指导属地和相关行政主管部门开展辖区内和行业内的公共建筑安全评估工作，指导属地聘请第三方对农村三层以上房屋进行安全鉴定。排查黄村镇、西红门镇 344 户农村房屋，对 5 户存在安全隐患的房屋报送属地政府处理。制发《北京市大兴区集体经营性建设用地上房屋销售管理若干规定（试行）》，明确集体土地上房屋建设、销售的程序。拟定预售、现售合同示范文本，上线集体建设用地房屋交易系统，确保试点顺利推进。加强村民自建房屋出租管理，起草《大兴区村民自建房屋租赁合同》，筹备村民自建房屋出租备案制度，建立台账，督促属地建立出租房屋巡查、违规通报制度。

（邸雪峰）

【房地产市场监管】 年内，区住房城乡建设委通过执法检查、行业培训、业务指导等形式加强商品房销售市场监管。检查房地产开发企业 139 家（次），停止网签 12 家，行政处罚 20 起，罚金 21.5 万元。治理小产权房非法交易现象，摸清小产权房项目底数，借力区网信办、市住房城乡建设委加强网络监控，联合属地政府加强实地监控。深化房屋租赁市场管理，为 239 家房地产经纪机构与 9 家租赁企业建立台账，组织 5 次专题培训，检查经纪机构 219 家次，约谈 24 家次，处罚违规发布房源信息 9 起、罚金 27 万元。

（邸雪峰）

【建设工程监管】 年内，累计监督工程 284 项，房建面积 1688 万平方米，市政造价 34 亿元。保障北京大兴国际机场通航，“6·30 竣工验收”节点前完成 18 项工程实体竣工验收，“9·15 工程备案”节点前完成 26 项工程消防专业验收和 14 项工程竣工验收备案。开展钢筋、混凝土、防水工程等抽查抽测，结果均合格。承接消防验收工作，为 75 项工程出具消防验收意见书。推行工程项目联合验收，21 个项目通过联合验收完成验收备案。推进安全条块管理和安全生产责任保险制度，安责险建筑行业保费较上年同期超出 107%，保户数量超出 205%。完成 45 项建筑工程的安全生产标准化考评、40 个创优项目评审。加大行政处罚力度，全年行政处罚 269 起，罚金 284.26 万元。开展施工现场扬尘检查 1972 项次，视频远程巡查 1638 项次。组织发布扬尘通报 6 期，通报违规企业

161家。开展绿色扬尘治理达标工作1527项次，达标率97%。开展“进门查证、出门查车”1054项次。建立非道路移动机械台账，上账设备345台。移交城管执法局处理违规单位77起。

（邸雪峰）

【综治维稳工作情况】 年内，通过北京市非紧急救助服务中心受理信访件1741件，主要涉及民生保障、历史遗留问题等。扫黑除恶实现行业通力协作。针对小区、工地、普通地下室、租赁市场等重点场所，开展扫黑除恶专项斗争普法宣传92场，接受宣传教育378人次，督促企业悬挂条幅179条。对建设领域各环节，尤其是租赁市场和物业企业加大涉黑涉恶问题线索摸排力度，梳理“警情”47条，核查移交线索14条，移交有关部门线索1条。

（邸雪峰）

大兴区住房和城乡建设委员会

党组书记、主任： 芦亚静

副 主 任： 付　伟　张青松　安希忠　孙洪宇

办公地点： 大兴区兴政街29号建设大厦

邮政编码： 102600

联系电话： 692423727

平谷区

概　况

年内，完成建筑业产值80.1亿元，同比上升5%，其中市内产值完成42.2亿元，同比上升5%。全年建筑业企业缴纳各项税收6.4亿元，占全区税收的10.4%。完成商品房销售面积20.78万平方米，同比下降26.38%，成交额39.52亿元，同比下降22.48%。房地产二级开发投资47.66亿元，建安投资28.16亿元，占全区建安投资的47%。完成夏各庄梧桐浅山嘉园共有产权住房项目1223套11.35万平方米的上市供应。老旧小区综合整治涉及5个小区34栋楼约20万平方米1902户居民。农村危房改造全面启动，共涉及1052户农村4类重点对象和低收入群众危房加固改造。2019年，平谷区在监工程共计52项260余万平方米，新开工工程10项，45万平方米、复工42项，215.6万平方米。

（许瑞雪）

工作信息

【建设工程质量安全管理】 年内，全区在监工程共计52项260余万平方米。以日常监督执法检查为点、专项执法检查为线、重点工程监督执法通报总结为面的多层次长效监管模式，严格管控工程质量。全年抽样送检99批次建筑材料，对不合格的385份做退场处理，对质量类问题处罚21件8.94万元。开展深基坑、高大脚手架等危险性较大工程以及高处作业、机械设备等安全专项执法检查，对安全类问题处罚80件35万元。自2019年7月1日，承接建设工程消防验收工作，独立完成消防验收及备案抽查工作27项。“弘扬工匠精神，加快质量提升”，推进质量主体责任落实，鼓励帮促企业申报争创市级优质工程，全年共有4个项目获得结构长城杯金奖，5个项目获得结构长城杯银奖，1个项目获得绿色样板工地，1个项目获评2019年度中国土木工程詹天佑优秀住宅小区金奖。

（许瑞雪）

【扬尘治理工作】 年内，开展扬尘防治监督管理工作，利用视频监控系统实时监控、加强非道路移动机械使用管理、强化建筑垃圾源头管控、严格执行“六个百分之百”“进门查证、出门查车”“门前三包”等规定，全年出动1120余人次，检查工地570余个次，移交案件12起；加强对施工现场非道路移动机械的综合监管，移交环保局4起、设备4台。

（许瑞雪）

【劳务用工管理】 年内，查处各类劳务问题和隐患36项，责令改正2项、处罚34项，罚款金额2.9万元，责成纠正违法违规行为30余项，对11家企业负责人和项目负责人进行了警示约谈。维护企业及农民工合法权益，重点检查工程款过程结算及支付、劳务管理保障体系建立和运行，联合执法检查6次，排查问题隐患120余项，整改复查合格率100%，有效减少因拖欠工程款造成的讨薪事件。全年共接讨薪信访投诉3件，涉及130余人次270余万元，均妥善处置。

（许瑞雪）

【保障性住房建设与管理】 年内，完成了夏各庄梧桐浅山嘉园共有产权住房项目1223套11.35万平方米的上市供应。对1594户保障性住房家庭开展年度复核，共发放保障住房租房补贴2762户次，155.67万元，终止了142户不符合条件的家庭资格。全年共分配公共租赁住房98户、人才公寓138户。白各庄集体土地租赁住房项目已开工建设，可提供房源955套。普峰医疗创新谷闲置厂房改建职工集体宿舍项目已取得施工许可，项目完成后将为创新谷园区企业提供132间宿舍660个床位。

（许瑞雪）

【房地产开发工作】 坚持“一门主责，其他配合”，主动会同相关部门，推动项目手续办理和开工建设。其中，金海湖B块项目实现了当年拿地、当年开工、当年销售。年内完成府前街棚户区改造一期等4个项目建设方案备案及变更，对金海湖春景园等3个项目出具预售确认单，对1号地等4个项目出具现售确认单。加强房地产开发企业资质审批后监督，对景旭、金第等12家开发企业进行抽查。

（许瑞雪）

【房地产市场监管】 加强对在售项目的监管，严格规范项目广告宣传和公开销售行为，严禁无证销售、捂盘惜售等违法违规经营行为，督促预售资金足额入账。开展执法检查巡察132次，行政处罚16起，共10.75万元，完成45栋1202套27.02万平方米的现房销售备案，以及预售许可证延期8件、司法查封及注销17件。

（许瑞雪）

【老旧小区综合整治】 坚持以人民为中心，自下而上征求民意，让居民全程参与改造项目的制定。年内，完成了怡馨家园等5个小区34栋楼约20万平方米1902户居民老旧小区综合整治工作。完成全区首例老楼加装电梯工作，利用北京电视台“向前一步”栏目成功解决了电梯安装首层纠纷问题，为加装电梯工作探索了新模式。

（许瑞雪）

【绿色新型建筑材料发展】 年内，继续发展装配式建筑，在施装配式建筑项目共16个，开展走“近”装配式建筑政务开放日活动。金海湖韩庄地块2万余平方米，采用超低能耗技术建筑，获奖励资金约476万元。全年向5家企业返退新型墙体基金641余万元。积极推广建筑废弃物再生产品，平谷区建筑垃圾资源化处置项目年处置建筑垃圾70万吨，以召开推广工作会等形式，为供需双方搭建交流平台。

（许瑞雪）

【农村危房改造工作】 年内，积极落实中央关于“打赢脱贫攻坚战”和实现“住房安全有保障”的总体部署，全面启动农村危房改造工作。全区第一批危房改造总数为1100户，需改造620户，以其他方式解决安全住所的480户，已开工620户，开工率100%；竣工469户，竣工率75.65%；第二批危房改造总数为271户，需改造153户，以其他方式解决安全住所的118户，已开工153户，开工率100%。

（许瑞雪）

【农宅抗震节能改造工作】 制定《平谷区抗震节能农宅建设工作方案》，以个人自愿、政府引导为原则，鼓励村民进行抗震节能农宅建设。在建设过程中严格遵守“四个统一”原则：即统一组织、统一设计、统一管理、统一验收。年内已基本确户2700户，并完成了2家房屋安全鉴定机构和30套农宅图集设计单位的选取工作，完成1257户农宅房屋安全鉴定工作，完成30套农宅抗震节能图集方案。

（许瑞雪）

【招标投标管理】 深化“放管服”改革，2019年起建设工程项目实现全流程电子化招标投标工作。全面简化审批流程，压减审批时限，着力加强开、评标现场的监督检查，发挥事中监管的作用。开展监督检查18次，对代理机构员培训2次，保障招标投标活动科学、合理、有序开展。开展“建筑工程施工发包与承包违法行为专项检查”“招标投标领域突出问题自查自纠”“招标投标领域突出问题专项治理行动”，对在施项目进行全面摸底，进一步规范建设单位依法依规进行工程招标活动。

（许瑞雪）

【党建引领物业工作】 年内，积极推动物业企业及业委会党组织全覆盖，创新党建引领物业工作。按照全市街道工作会议精神，4月份协同区委组织部在滨河小区、经济适用房一期等4个试点住宅小区内，推进党建引领物业企业和业主委员会参与社区治理工作。同时，全力推动党组织覆盖，全区49家物业服务企业中40家企业成立党组织，党组织覆盖率81.6%；实施社会化物业服务合同备案小区物业企业30家，成立党支部29家，党组织覆盖率96.7%；全区业主委员会108个，其中83个业主委员会完成换届，换届业委会党组织组建率100%，占全区108个业主委员会（含到期未换届）的76.8%。

（许瑞雪）

【物业服务与管理】 以问题为导向，制定《住宅小区风险隐患治理工作实施方案》，通过解决具体问题，以点带面，促进住宅小区综合管理工作规范化、专业化、长效化；起草了《住宅小区行政管理部门职责清单》，对常见投诉问题逐项分析，明确部门职责，解决盲点、焦点问题。年内，对60个住宅小区配建电动自行车充电设施，安装充电插头8000余个；在10个住宅小区推行“菜单式”准物业服务，全区目前已有52个小区接受准物业服务；22个小区完成“北京业主”APP认证工作；审核使用专项维修资金27件495万元，涉及居民3874户，有效保障住宅共用部位、共用设施设备的维修和正常使用。实施监督检查150余次，行政处罚3项，责令整改3项；拆除3个小区电梯广告，拆除不合格自动售水机7台、责令整改24台。对31个问题隐患突出住宅小区进行评估。组织各类培训、参观活动6次800余人次。

（许瑞雪）

【违法群租房专项整治】 年内，制定了区违法群租房专项整治工作方案，明确职责和要求，并制定绩效考核实施细则，促进专项整治工作有序、有力开展。共检查出租房屋12908户23495间，联合执法256次，出动执法人员1833人次，开展宣传181场次，整治违法群租房8户20间清退50人。

（许瑞雪）

【房屋安全管理】 年内，在主汛期巡查、检查100余次，实现了平稳度汛。参与召开区级地下空间综合整治大会，签订地下空间安全使用责任书，开展普通地下室季度联合执法检查4次，与区人防办联合检查11次。开展城镇房屋安全检查41次，行政处罚4次，完成4处超期公建治理工作。持续开展直管公房“疏整促”专项行动，坚决杜绝转租、转借等违规行为。积极做好60栋直托管楼房日常管理，完成各类维修140余处次，维修及时率、合格率始终100%。

（许瑞雪）

【编制完成平谷新城规划实施方案】 年内，结合平谷新城建设实际，进一步科学、全面梳理“人、地、房”三本账，按照土地整理思路，加强区域统筹，细致全面算好改造资金成本账，编制完成了平谷新城规划实施方案，在确保成本可控、城区更新改造财务模式可持续的同时，将棚户区改造与生态环境保护、区域高质量发展路径有机结合，科学有序推进平谷新城规划实施。

（许瑞雪）

【棚户区改造工作进展】 2月，府前街旧城棚户区改造（一期）项目开工建设，预计2022年实现回迁入住。进一步优化调整府前街旧城棚户区改造（二期）项目，涉及幸福小区五栋楼房、一处平房（共373户），地块控规已获批复，计划2020年启动。南大门棚户区改造项目地块控规已通过市规划自然资源委审查，计划2020年启动。

（许瑞雪）

【重大项目征拆工作】 年内，对区妇幼保健院、休闲大会等32项固定资产投资项目征拆工作进行统筹指导，有力推动项目征拆工作，对全区固定资产投资起到了良好的助力推动作用。坚持以“解决问题，对结果负责，对老百姓负责”的态度完成公益项目评估拆迁工作。中小河道治理三四期工程、禁养区禽畜养殖场关停和禁养区外生猪养殖清退项目、密云—马坊—香河联络线工程、休闲大会等项目，共登统评估约6900余户，审核协议7000余份，审定补偿资金约10.68亿元。完成土地一级开发项目征拆工作：指挥调度马坊南区土地一级开发（一期）、（二期）项目，加强拆迁现场规范化管理，项目涉及住宅774户，12月10日正式启动拆迁，截止奖励期结束，签约率达99.1%；为白各庄新村（二期）项目办理拆迁许可延期手续，审核府前街旧城棚户区改造项目（一期）住房、拆除、补偿协议309户。

（许瑞雪）

【依法行政综合工作】 年内，全委共实施行政检查1135件，行政处罚195件，共处罚金5738174.29元，人均检查量141.88件，人均行政处罚量24.38件，职权履行率8.36%（即359项处罚职权履行了30项），一般程序处罚案件数量65件，平均办案周期12天（2018年度平均办案周期为8天），处罚周期相对值4，处罚案件总撤案率为0，责令改正164件，上述各项指标均已完成全年考核任务并创历史新高。持续、有序开展双随机工作，完成市、区两级案卷评查工作，做好执法人员调整、培训、换证工作，完成全年行政执法考核指标。

（许瑞雪）

【接诉即办工作】 1月1日至12月20日（2019年考核年度），累计受理12345热线诉求1300件、地方领导留言板59件、信访件50件。12345热线诉求主要集中在房屋市场销售（中弘）、物业管理、房屋质量、节能改造、住房保障等方面。按近两个月统计，解决率39%，满意率47%，“双率”为86%。坚持7×24小时平台值守，建立企业微信流转通道，优化网络阅批程序，缩短响应时间，做到即时接件，接件即办。从接件到办结，闭环管理，逐级审批，主要领导亲自签阅，确保办理质量和群众满意，要求全员接诉、接诉见面、即时回访。

（许瑞雪）

【优化营商环境】 年内，全面开展优化营商环境“9＋N”2.0版政策的宣传贯彻、落实工作。全面实行施工许可证网上审批，做到网上申请、网上审批、限时办结、自行打证，实现了“全程网上办理，企业一次不用跑”；简化监理招标投标手续，将书面报告备案、合同备案简化为告知性备案；取消施工合同备案，转为合同信息登记；社会投资项目自主决定发包方式等。全力推进联合验收工作，年初，完成了全市首例联合验收的新建工程项目，全年有22个项目通过了联合验收；二级建造师执业资格注册全面实行电子化申报和审批，建筑工程、市政公用施工总承包资质审批实行告知承诺制。面对新政，不断增强服务意识，以新平台、新流程、新标准提供热情高效便捷的政务服务，做企业群众的“知心人、贴心人、暖心人”，不断增强企业群众获得感。年内，完成房地产开发企业资质核定、变更51件；办理房产网签、购房资格核验、住房租赁备案、变更测绘等相关业务8570件；商品房预售合同解除网签63件。受理实测绘成果审核备案和实预测对应审核备案43件155幢107万平方米。办理施工许可审批88项、施工准备函2项、施工登记事项4项、新建社会投资简易低风险项目施工许可2个；房屋建筑工程和市政基础设施工程竣工验收备案17件。

（许瑞雪）

【信息公开工作】 年内，主动公开各类政府信息1100余条，依申请公开68件，政府门户网站发布信息1000余条，答复政务咨询邮件79封，回复区长邮箱信件18封，市长邮箱信件3封，“安居平谷”微信公众号推送约790余篇，粉丝数增长至10000余人。

（许瑞雪）

【维稳综治工作】 有效落实扫黑除恶专项斗争工作。把扫黑除恶专项斗争作为全委一项重大政治任务摆到突出位置，成立扫黑除恶专项斗争领导小组并制定专项方案，周密部署、查明线索、宣传发动、摸排打击、健全机制、扫建结合、维护稳定、消除隐患，有效确保了全区住建领域平安和谐稳定。

（许瑞雪）

【机关效能建设】 注重建章立制，修订完善公务用车、办公用房、支出管理、合同管理等内部管理制度。以制度提升管理效能，加大工作督导力度，年内，完成了32项专项工作、60项次重点工作、16次会议事项的督查督办工作。

（许瑞雪）

【党的建设工作】 年内，强化党组主体责任，扎实推进党建工作，坚持全面从严治党。认真落实“三会一课”，开展民主生活会，丰富理论学习，建立完善意识形态工作责任制。强化党员队伍建设，机关党委、机关纪委及8个基层党支部完成换届选举工作。扎实开展“不忘初心、牢记使命”主题教育。组织领导班子学习《习近平关于“不忘初心、牢记使命”重要论述选编》《习近平新时代中国特色社会主义思想学习纲要》，集中开展了交流研讨、专题教育及授课等活动。深入老旧小区改造、物业小区、建筑工地等现场开展调研走访，形成调研报告12篇、《调研问题清单》12份。抓好基层支部的主题教育，将主题教育工作任务细化分解到每周，细化工作任务，丰富教育内容，督导教育质量，确保教育取得实效。“七一”期间，对先进集体和优秀个人进行表彰，加强党员政治教育，组织理论和业务学习培训8次共500余人次。组织前往西柏坡和狼牙山爱国主义教育基地进行学习参观并重温入党誓词。

（许瑞雪）

平谷区住房和城乡建设委员会

党组书记、主任：秦海滨

党组成员：张田禹（8月免） 尉　焱　付晓明　张晓光　任宝军　山保忠（6月任）

副 主 任：尉　焱　高占良　付晓明　张晓光　任宝军　山保忠（6月任）

四级调研员：孙春旺（6月任）　张力平（6月任）　杨晓艳（6月任）

办公地点：平谷区府前大街31号

邮政编码：101200

联系电话：010-89992670

怀柔区

概　况

年内，怀柔区完成固定资产投资32亿元，全年完成年度任务的108%，同比增长80%。注册有资质的建筑企业726家。房地产注册企业70家，其中二级4家、三级1家、四级49家、暂定16家。注册一级、二级建造师共计1717人。在施工程106个，房屋建筑工程99项，建筑面积373.4万平方米，市政道路及管线工程7项，总长23千米。怀柔区住房城乡建设委承担房地产类建安投资任务29.7亿元，占全区建安投资任务的35%。完成棚户区改造140户的“疏解整治促提升”专项活动年度任务。

（郭立洪）

工作信息

【开复工完成情况】 年内，开复工工程106项，建筑面积373.4万平方米，同比增加6%。其中市政基础设施工程7项，总长23千米，同比下降38%。

（郭立洪）

【竣工备案情况】 年内，办理房建工程竣工备案14项，联合验收15项，总建筑面积 71.8 万平方米，同比增加 29%。

（郭立洪）

【商品房销售签约情况】 年内，商品房销售签约面积 11.22 万平方米，同比上升 209.6%；签约房屋 1096 套，同比上升 228.14%；实现销售金额 31.5 亿元，同比上升 225.67%。其中，新建普通商品住宅销售面积 10.47 万平方米，同比上升 265.32%；签约 1064 套，同比上升 442.86%；销售金额 29.7 亿元，同比上升 231.13%。满足全区居民对房屋供给市场的需求。

（郭立洪）

【存量房销售签约情况】 年内，存量房销售签约面积 12.9 万平方米，同比上升 24.17%；签约房屋 1309 套，同比上升 27.09%；实现销售金额 21.2 亿元，同比上升 44.24%。

（郭立洪）

【“接诉即办”工作】 建立 12345 市民热线响应制度，采用主要领导进行批办、主管领导进行电话回复、科室负责人亲自协调处理的方式，努力做到闻风而动、全时响应、接诉即办。年内，住房城乡建设委共接收 12345 热线案件 1716 件，退回 718 件，受理 998 件，响应率 100%，满意率 71.6%，解决率 40.8%。

（郭立洪）

【房价稳控工作】 为确保住房价格环比零增长的目标，区政府及区住房城乡建设委领导高度重视房地产调控工作，配合市住房城乡建设委市场调控统一部署，强化主体责任，严格执法。按照逢涨必查、逢炒必办的原则，统一步调，严格落实各项调控政策，联合执法，依法查处各类违法违规行为；加大宣传引导力度，释放强有力信号。年内，批准翡翠华庭家园 531 套商品房、翡翠科创家园 331 套商品房、水岸翠园 754 套商品房、碧桂园中心 8 套商品房、雁栖一品园 1 套商品房入市。

（郭立洪）

【开发项目销售许可】 年内，共办理预售许可业务 4 笔，涉及房屋 1624 套；现房销售备案业务 1 笔，涉及房屋 1 套；完成预、现售商品房合同注销 22 套；预售许可延期业务 3 笔；现房销售备案延期业务 40 笔。

（郭立洪）

【房地产经纪机构备案情况】 截至 12 月 31 日，共受理房地产经纪机构变更备案 11 件，分支机构变更备案 4 件，注销备案 1 件。

（郭立洪）

【房产测绘业务办理情况】 年内，受理并完成房产测绘成果审核业务 19 件（其中 8 件联合验收件），总建筑面积 59.4 万平方米。权属系统测绘数据上传 6 次；形成测绘成果审核纸质材料和光盘，整理档案共 10 卷；完成房地产开发企业信息公开申请 1 件。

（郭立洪）

【优化购房资格审核机制】 自 9 月 1 日起，自行成交的存量房购房资格申请、购房资格复核实行全城通办，购房资格审核由市级部门审核变为区级就近审核。购房人可至任一区交易服务窗口提交材料申请办理。购房资格复核工作由市住房城乡建设委统一办理调整为市区联办，即区级房屋管理部门负责受理、初审工作，市住房城乡建设委负责复核复审。复核申请人可至任一区交易服务窗口申请复核。年内，受理购房资格核验申请370件，购房资格复核受理28件。

（郭立洪）

【精准服务科学城建设】 积极推进“服务外籍科学家购买商品房”工作，提升外籍科学家社会保障水平，允许外籍科学家购买商品房，并办理产权登记手续，对有购买商品房需求的外籍科学家提供精准服务。成立由区重大办牵头，科学城管委会、中科院北京综合中心、区规自分局不动产登记中心、区税务局为成员的工作专班，制定专班工作手册，明确各单位的主要职责，专班办公室设在区住房城乡建设委房屋市场科。完成《服务外籍科学家购买商品房工作专班手册》《外籍科学家购买商品房条件及所需材料》《外籍科学家购买商品房流程》《北京市针对外籍人士购房资格审查系统关键项》，完成与科学城内的科研院所、高等院校、重点企业对接工作。召开协调会10余次，对25个科学城及其配套工程进行招标投标监管，完成联合验收项目16项，消防验收3项，消防备案5项。

（郭立洪）

【房地产经纪机构执法工作】 截至12月31日，执法检查房地产经纪机构315家，出动执法检查人员700余人次。协同市场监管、发改、流管办等部门联合执法检查5次。共约谈经纪机构13家，责令整改3家。对3家房地产经纪机构进行立案调查，给予3家经纪机构共处以4万元罚款、计入信用档案、取消网上签约资格的行政处罚决定。及时掌握房地产经纪机构及人员涉黑涉恶情况，定期监控网络媒体房源信息，制定专人负责机制，对58同城、安居客等网络进行监控。

（郭立洪）

【历史遗留房改售房核准备案】 年内，对中国航天科技集团第五研究院调整已售公有住房申请备案工作进行咨询指导，完成已售公有住房备案6户，建筑面积325.74平方米。

（郭立洪）

【信访和接访工作】 年内，来电、来访咨询住房补贴发放相关问题100余人次，累计处理回复12345非紧急求助热线、区长信箱等共计38件次。来电、来访咨询共有产权住房问题及公共租赁住房房源分配问题，接待来访人员累计100余人次，处理12345非紧急求助热线90余件次，区长信箱50余件次。来电、来访咨询商品房买卖、商品房销售、协助退款、合同纠纷、购房资格等问题，办理12345非紧急救助热线案件50件次，接待来访30余件次。

（郭立洪）

【保障性住房资格审核受理】 年内，保障性住房新增备案家庭224户，其中公共租赁住房资格新增备案家庭214户，市场租房补贴资格新增备案家庭10户。已取得公共租赁住房备案资格家庭共计2504户，取得市场租房补贴备案资格家庭44户，共计2548户。其中已保障家庭共计467户，轮候家庭共2081户。

（郭立洪）

【房产筛查工作】 年内，严格人才公共租赁住房的资格准入及经济适用房上市交易的房产筛查工作，共筛查人才公共租赁住房房产30人次，查询经济适用房上市交易房产64人次。

（郭立洪）

【住房租金补贴家庭资格复核】 年内，共复核家庭401户，其中，复核公共租赁住房入住家庭112户，公共租赁住房补贴家庭78户；复核廉租房及廉租补贴8户；不符合条件的家庭已按相关政策规定进行处理。按照市场租房补贴年度动态管理规定，对享受市场租房补贴满12个月的家庭按申请月份进行资格复核。已完成39户享受市场租房补贴家庭的资格复核工作。

（郭立洪）

【低保低收入家庭保障性住房分配情况】 给低保低收入家庭分配保障性住房，7月份选房25户，12月份选房8户。9月前申请备案的33户低保低收入家庭全部实现住有所居。

（郭立洪）

【保障性住房租金补贴发放】 年内，共审核通过公共租赁住房租金补贴保障家庭97户，市场租房补贴保障家庭11户。发放保障性住房租金补贴194户，金额142.29万元，其中公共租赁住房租金补贴发放142户，发放金额114.64万元；市场租房补贴发放50户，发放金额27.26万元；廉租补贴发放2户，发放金额0.39万元。

（郭立洪）

【房屋征收拆迁工作情况】 年内，在施拆迁项目1个，为怡成花园二期项目。拆迁滞留项目涉及怀柔镇东大街村、后横街村、新贤街村74个宅院，该项目2016年4月份重新启动拆迁，截至12月31日，有66户签订协议，8户未签协议。其中集体土地宅院5个，公房宅院2个（1户已签约未履约）和47号院1个（违章建筑）。

（郭立洪）

【保障性住房项目建设情况】 年内，在施保障性住房项目共11项，10872套、157.9万平方米。其中人才公共租赁住房2项、回迁安置房6项、共有产权住房3项。共计开工政策性产权住房5156套、集租房1128套、棚户区改造安置房1819套。

（郭立洪）

【城镇房屋安全检查】 年内，完成房屋安全检查工作。经统计，怀柔区现有城镇房屋1020.01万平方米，其中直管公房22.97万平方米，自管房屋997.04万平方米。现有房屋中完好房584.75万平方米，基本完好333.50万平方米，一般破损101.76万平方米。

（郭立洪）

【农村危房改造工作】 年内，围绕国家脱贫攻坚战的总体部署开展工作，从精准识别农户身份、多种方式解决居住安全、加强质量监管等方面开展工作。全年纳入危房改造建设任务有526户，开工516户，其中四类重点对象开工339

户，开工率100%，低收入农户开工177户，开工率94.65%；台账内总开工率98.1%，竣工392户，竣工率74.52%，其中四类对象竣工244户，低收入农户竣工148户，完成北京市四类重点对象开工率100%、台账总开工率90%以上，竣工率70%以上的考核目标。

（郭立洪）

【建筑业企业资质审核】 年内，不断优化营商环境，减少审批流程，办理建筑业企业资质274项；新设立企业162项，增项47项，办理资质变更50件；全区注册有资质的建筑业企业726家。

（郭立洪）

【建造师注册情况】 年内，共办理二级建造师初始注册202人次，重新注册415人次，延续注册201人次，变更注册311人次，增项注册37人次，注销注册837人次。全区注册的一级、二级建造师共计1717人。完成《安全生产考核合格证书》续期业务1303人。

（郭立洪）

【施工项目现场执法情况】 年内，依法依规对怀柔区内的74个在施工程项目逐一进行检查，建筑面积约294.8万平方米，市政道路及管线工程17823.3米。对20家施工单位进行处罚，2起立案处罚。处罚金额共23500元，出具执法检查单117份。约谈项目部法人10个，对4家单位进行责令整改。

（郭立洪）

【住宅小区物业管理情况】 怀柔区共有小区323个，住宅总套数约75354套，建筑总面积约862万平方米。有物业管理的小区54个，无物业管理的小区269个。年内，组建选举业主委员会214个。全区共有物业服务企业30家，备案的物业服务经营项目68个，其中住宅项目54个，非住宅项目14个。

（郭立洪）

【招标投标管理】 年内，共有18项建筑工程项目办理招标投标手续，发布公告39个，分别同比减少45%、20%；投资额67.46亿元，建筑面积143万平方米，分别同比增长11%、16%。其中政府投资项目办理招标投标手续8个，发布政府投资项目公告13项（监理招标5项，施工8项），投资额5.3亿元，建筑面积21万平方米，分别同比减少58%、70%、90%、80%。组织开标51次，组织500余人次专家进行评标。共完成57项建设工程项目招标投标手续监管工作，中标金额85亿元、建筑面积168万平方米，分别同比增长10%、63%、13%。

（郭立洪）

【既有多层住宅楼房“跑冒滴漏”治理】 按照区政府2019年第124号督查通知要求，区住房城乡建设委牵头负责统筹“跑冒滴漏”专项治理工作。截至8月23日，修缮工作涉及2个街道6个镇乡，共365栋楼和3187户居民。其中怀胜公司已经组织维修处理289栋楼涉及2358户，其余部分由街道和镇乡修复。截至12月31日，街道和镇乡的76栋楼涉及829户已经修复完毕。

（郭立洪）

【棚户区改造工作】 年内，为严格落实总规减量发展、“双控”“三线”[1] 要求，加快推进庙城中学北、下庄村等项目，改造 140 户，完成全年“疏解整治促提升”专项活动年度任务。

（郭立洪）

【装配式建筑推进情况】 年内，怀柔区新办理开工许可的建筑面积 127.37 万平方米，其中新开工装配式建筑面积 34.39 万平方米，装配式建筑占新建建筑面积比例 27%，超额完成全市 25%既定工作目标。

（郭立洪）

【节能专项验收备案】 年内，共办理节能专项验收备案 5 项，建筑面积 8.72 万平方米，办理 4 项工程返退墙体材料基金 143.38 万元。

（郭立洪）

【搅拌站管理】 怀柔区共有 2 家有资质的混凝土搅拌站，分属北京怀建混凝土有限责任公司、北京国旺混凝土有限公司。年内，在与 2 家搅拌站分别签订《2019 年搅拌站大气污染防治目标责任书》，督促搅拌站制定“一厂一策”的基础上，监督其根据本企业情况，制定《空气重污染应急预案》并签署《承诺书》，严格按照《混凝土搅拌站日常检查表》，对搅拌站人员情况、车辆设备情况、绿色生产情况等进行日常巡查。市、区两级质监站、安监、建材检测机构加大专项检查、联合检查的力度。截至 12 月 31 日，2 家搅拌站完成密闭性改造设计方案、混凝土大宗原材料公转铁绿色运输 4.55 万吨，绿色生产水平显著提高。

（郭立洪）

【办理施工许可证情况】 年内，共办理施工许可证 80 件。其中房建 22 件，市政 9 件，装修 22 件，变更 27 件，与上年同期比增加 23%。总建筑面积 168.71 万平方米，与上年同期比增加 36.63%，市政管线 6000 米。年总投资 79.4 亿元，与上年同期比增加 134%。

（郭立洪）

【办理施工登记意见函】 年内，共办理施工登记意见函 20 件，其中市政道路工程 3 件，总长度 1844.68 米，房建工程 17 件，总建筑面积 63 万平方米，总投资 46.45 亿元。

（郭立洪）

【窗口行政审批工作】 年内，在窗口实行“首问负责制”“一次性告知制”“限时办结制”，积极开展延时服务，探索容缺受理，强化工作人员的责任意识和服务意识，不断改进工作作风，为企业和群众提供更加优质高效的服务。累计办理业务 4868 件，其中驻科学城大厅办理业务 3946 件，驻城区大厅办理业务 922 件。

（郭立洪）

【起重机械备案与抽检】 委托第三方检测机构对区内建设工程在用起重机械进行全面检测，超过三个月未检测的起重机械均纳入检测。年内，共计抽检起重机械设备 106 台，责令停止使用并立案处罚 21 起，停用并拆除塔式起重机 1 台。

（郭立洪）

---

① 控制人口规模、控制建设规模；严守人口总量上限、生态控制线和城市开发边界三条红线。

【安全监督执法】 专项执法和日常监管相结合，开展起重机械、危大工程、消防、临电、迎汛、冬季施工等专项执法。年内，共计开展安全监督执法478项次，排查各类安全隐患557条次，对情节严重的违法违规行为行政处罚40起，罚款19万元，其中立案处罚23起。

（郭立洪）

【质量监督执法】 年内，全面加强质量监管，监督覆盖率达到100%。对于抽查过程中以及质量举报中发现的质量问题出现问题不查清、整改不到位、责任处理不到位、警示教育不到位采取“四不放过”① 原则。同时，以解决“三不按照”② 违法违规行为为出发点，找准发生根源，采取“质监站督促，监理跟踪，建设单位参与”的模式，保证所有问题整改落实到位。截至12月31日，共开展质量监督执法检查266次，立案处罚20起，处罚企业及个人金额共计465432元，给个人共记39分。

（郭立洪）

【乡村公路大修工程实施情况】 年内，乡村公路计划安排大修项目33项，道路全长65.898千米，桥梁1座、336平方米，计划总资金5039.94万元。其中工程建设费4595.83万元，大修建设二类费用合计444.11万元。完成施工29项（建设费3936.72万元），涉及道路长53.548千米，桥梁1座、336平方米。

（郭立洪）

【住房保障工作】 年内，共有保障性住房轮候家庭约2100户，新申请173户。至12月31日已保障68户，其中配租公共租赁住房60户，已领取市场租房补贴8户。

（郭立洪）

怀柔区住房和城乡建设委员会

党组书记、主任： 王洪利
党组成员： 郝京侠
副 主 任： 杜荣东 刘智慧
高志平 王建国
纪检组长： 卢振春
工会主席： 赵久旺
办公地点： 怀柔区青春路48号
邮政编码： 101400
联系电话： 69644628 69642455

密云区

概 况

年内，有资质的建筑业企业完成总产值170.2亿元，同比增长27.6%。全年

① 事故原因未查清不放过，责任人员未处理不放过、整改措施未落实不放过，有关人员未受到教育不放过。
② 不按照设计图纸施工，不按照施工技术标准施工，不按照规定对建筑材料进行检验。

负责建设、协调区政府重点工程主责12项、折子工程5项、拟办重要实事2项，完成2019年区人大代表建议、区政协委员提案A类14件。全年实现建筑业总产值173.6亿元，同比增长27.6%。全年完成房地产开发投资35亿元，同比下降50.9%；商品房销售19.9万平方米，实现销售额42.28亿元，同比分别下降48.2%、44.5%。全年完成保障性安居工程投资8.4亿元，同比下降60.8%。在施保障性住房3623套，棚户区改造完成1891户，首创悦欣嘉园1409套12.3万平方米共有产权住房项目主体结构全部封顶，王各庄1336套13.6万平方米回迁安置房楼体工程基本完工，李各庄路0602地块共有产权住房开工建设。

（鹿　冰）

工作信息

【保障性住房建设情况】 年内，在施保障性住房3623套，其中十里堡镇王各庄棚户区改造项目建设定向安置房1336套，截至12月31日已基本完工；首创悦欣汇共有产权住房项目建设共有产权住房1409套，2018年开工，截至12月31日已结构封顶；密云区长安新村和南菜园新村旧城改建棚户区改造项目建设定向安置房544套、李各庄路共有产权住房项目建设共有产权住房334套，均于12月31日前开始土方施工。

（鹿　冰）

【保障性住房审核分配情况】 年内，共有620户家庭申请保障性住房并通过市级备案，其中公共租赁住房558户，市场租房补贴62户。年度复核保障性住房家庭893户，其中复核公共租赁住房租金补贴家庭79户，复核市场租房补贴家庭60户，复核廉租补贴家庭65户，复核公共租赁住房家庭689户。2017年12月31前取得备案资格的低保低收入家庭全部实现应保尽保。2019年12月31日前取得备案资格的低保低收入家庭住房保障率达到98.35%。

（鹿　冰）

【保障性住房使用管理情况】 年内，扣缴公共租赁住房房租811.44万元，发放补贴182.7万元；发放廉租房补贴23.87万元、市场租房补贴59.92万元。入户检查已入住公共租赁住房家庭103户，核查处理投诉举报5起，维修、装修公共租赁住房30套。

（鹿　冰）

【棚户区改造落实情况】 年内，密云区棚户区改造总任务为1000户，截至12月31日，共完成1891户，完成年度目标任务的189%，其中穆家峪镇新农村刘林池棚户区改造项目签约1884户，长安新村和南菜园新村棚户区改造项目签订7户。全年共疏解人口7502人。

（鹿　冰）

【房改工作情况】 年内，共办理房改房产权转换手续13户，建筑面积905.53平方米。全年兑现发放住房工龄工资11072983.38元，涉及1315人，均为1987年1月至1990年12月参加工作无房人员或倒挂人员（含经算账对方属于外方人员的暂挂人员）。

（鹿　冰）

【施工安全监管情况】 年内，开复工工程 122 项，面积 298.7 万平方米，其中完工工程 41 项，在施项目 81 项。发放起重设备登记编号 210 台，办理起重设备使用登记 86 台。9 个工地荣获“北京市绿色安全工地”称号。全年实施安全检查 557 次，行政处罚 50 起，处罚总金额 25.6 万元，发现的 973 项隐患、问题已全部进行整改。开展全区建筑工地食品安全培训、防灾减灾应急救护培训、施工现场汛期防汛抢险演习、体验式安全培训教育活动和安全生产月活动。

（鹿　冰）

【工程质量监管情况】 年内，在施房屋建筑工程 86 项，建筑面积约 269 万平方米。其中新开工项目 47 项，建筑面积约 121 万平方米；竣工工程 14 项，建筑面积约 29 万平方米。实施监督抽查 381 次，抽查建筑面积约 908 万平方米，查出质量问题 1514 条，下发责令改正通知书 14 份。立案处罚 10 起，处罚金额共计约 13 万元。

（鹿　冰）

【工程竣工备案情况】 年内，在施房屋建筑工程面积 269 万平方米，竣工验收面积 29 万平方米。办理工程竣工验收备案 2 项，建筑面积约 0.5 万平方米。

（鹿　冰）

【建筑工地检查工作情况】 年内，共办理施工许可证 44 项，建筑面积 86.74 万平方米。针对扬尘治理共检查工地 853 次，施工现场扬尘得到有效控制，绿色施工工地达标率为 92%。参加全市“月排名、月检查、月曝光”检查活动，共联合执法检查 1211 次。

（鹿　冰）

【建筑劳务管理】 年内，共检查工地 130 次、260 人次。配合区卫生局对建筑工地外来务工人员进行麻疹、流脑疫苗接种工作，对区域内实施接种对象的工地进行摸底统计。

（鹿　冰）

【测绘成果审核情况】 年内，受理测绘成果审核业务 38 件、面积 93.26 万平方米，实地查看 3 次，办结 38 件、面积 93.26 万平方米。

（鹿　冰）

【物业服务管理工作情况】 年内，全区共有物业服务企业 64 家（其中一级资质 10 家，二级资质 11 家，三级资质 43 家），管理面积 1344.8 万平方米，154 个物业项目。

（鹿　冰）

【房屋安全管理情况】 年内，检查地下室 98 次，其中组织联合检查 4 次。完成 1344.8 万平方米房屋安全检查。责令装饰装修违规行为限期整改 10 起，其中记入房屋安全信息档案 2 起，发出城镇危险房屋停止使用通知书 3 份，停止使用超期使用公建 2 处，加强了房屋管理，规范了房屋使用秩序，保障了房屋居住和使用安全。

（鹿　冰）

【企业资质管理情况】 年内，全区有房地产开发企业 124 家，其中二级资质 3 家、三级资质 1 家、四级资质 98 家、暂定资质 22 家、过期保留 10 家。办结业务93项，其中新设立企业资质5项、暂定和四级企业资质审核65项、资质变更23项。共有建筑业企业537家，建筑企业资质1306个。包括总承包资质345个，其中建筑工程总承包资质168个（特级1个、一级4个、二级10个、三级153个），公路工程总承包资质3个（三级3个），水利水电工程总承包资质3个（二级1个、三级2个），电力工程总承包资质12个（三级12个），矿山工程总承包资质3个（一级1个、三级2个），石油化工工程总承包资质3个（二级1个、三级2个），市政公用工程总承包资质124个（一级3个、二级3个、三级118个），通信工程总承包资质1个（三级1个），机电工程总承包资质28个（二级2个、三级26个）；专业承包资质857个（一级34个、二级384个、三级308个、不分等级131个）；施工劳务资质104个。建筑业全年办结业务243项，其中新设立企业资质94项、变更120项、增项18项、延续4项、注销3项、升级4项。行政检查企业39家，处罚9家。

（鹿　冰）

【建筑企业人员资格管理情况】 年内，办理建造师注册1553人次，其中初始注册184人次、变更262人次、注销596人次、增项42人次、延期144人次、重新注册324人次，遗失补证1人次。截至12月31日，二级建造师注册1203名，一级建造师注册941名；办理安全员续期审核1076人次。

（鹿　冰）

【建材监管情况】 年内，加大公共建筑室内夏季温度控制管理，完成本区5个2平方米以上公共建筑监督检查。与市住房城乡建设委联合开展专项检查6次，涉及16个检查项目、46.8万平方米的建筑材料使用管理情况。

（鹿　冰）

【招标投标管理情况】 年内，共完成招标投标备案11项，33.20万平方米，投资总额共计16.57亿元。按招标方式划分，公开招标11项，邀请招标0项；按专业划分，建安招标9项，市政招标2项；按投资来源划分，国有投资项目11项，投资额33.20亿元。

（鹿　冰）

【房地产市场管理情况】 年内，新房市场销售商品房21.8万平方米、46.7亿元，分别同比下降44.2%、40.7%。二手房成交31.8万平方米，成交3304套。受理预售许可初审业务2件，市住房城乡建设委已核发《商品房预售许可证》2个，批准预售房屋2508套，19.6万平方米。受理现房项目网上签约业务5件，约3.3万平方米。办理网上签约注销90件，消费者变更业务12件，回迁房屋签约确认10件，预售许可证延期业务13件，执行法院判决41件，审批预售资金支取业务15笔，1.41亿元。

（鹿　冰）

【房地产经纪机构管理情况】 年内，注册并备案的房地产经纪机构共73家，分支机构114家，没有新增备案。变更登记23件。巡检经纪机构120余家，200余人次。

（鹿　冰）

【房屋征收拆迁管理】 年内，已核发拆迁许可证并在施的项目13个，650户，25.23万平方米。完成拆迁11户，拆除建筑面积0.21万平方米。进行拆迁现场检查45次。办理拆迁许可证延期15件。

（鹿　冰）

【行政执法工作情况】 年内，行政处罚案件185件，处罚金额约104.58万元，其中执法队受理查处违法案件24件，累计处罚金额约26.07万元；质量监督站处罚84件，处罚金额约12.34万元；安全监督站处罚58件，处罚金额约19万元。

（鹿　冰）

【应急信访投诉工作情况】 年内，承办上级转办件和各类网上信访件共2783件，同比上升78.9%。12345市民热线来件2600件，同比上升74.3%，信访综合系统等其他渠道来件180件。其中，反映房屋漏雨问题472件（同比上升80.8%），反映老旧小区改造相关问题387件（同比上升360%），反映房屋质量及物业管理问题1030件（同比上升206%），反映房屋销售问题226件（同比下降88.5%）。共接待119批（同比下降12.6%）555人次（与上一年持平），其中集体访40批（同比上升100%）370人次（同比上升2.2%）。

（鹿　冰）

密云区住房城乡建设委

党组书记、主任： 王振国

党组副书记： 王爱明

副 主 任： 张　柏　王永平　王保山　周粮源　毛明山

工会主席： 崔志发

调 研 员： 尹广林　孙　岳

办公地点： 密云区水源东路339号

邮政编码： 101500

联系电话： 69041658

延庆区

概　况

年内，完成天润·和丽嘉苑共有产权住房项目（全市首个共有产权住房项目）竣工验收备案，并交付使用。实现中交富力·雅郡共有产权住房项目24栋住宅楼全部封顶，并完成二次申购配售，配售房源1097套、已选房源479套。办理新增物业服务项目合同备案13项、变更14项、注销9项。完成商品住宅专项维修资金使用审核6件，合计金额16.5万元。实施2018年度老旧小区综合整治工程，涉及5个小区，年末完成工程总量的85%。完成既有住宅加装电梯12部，并全部交付业主使用。完成全区15个乡镇国有土地上城镇房屋的安全检查，合计建筑面积510.13万平方米。完成新建商品住宅房源入市供应1890套、建筑面积214138.43平方米，存量房网上签约1551笔，最终成交二手房1427套、建筑面积120025.91平方米。存量直管公房161户、402.5间。办理工程招标投标入场登记23项，合计中标价55634.8万元、建筑面积2.2万平方米。审核房产实测绘成果18项、建筑面积761564.59平方米。办理施工许可证53项，建筑面积195.26万平方米、线性工程长度8.9万米。施工登记意见函3项，建筑面积14.17万米、线性工程长度860米。办理竣工验收备案32项，建筑面积67.43万平方米、线性工程长度2.61万米。竣工联合验收8项，建筑面积16.30万平方米。建设工程安全监督项目共计118项，建筑面积436.05万平方米、线性工程长度128.02千米。建设工程质量监督项目共计60项，建筑面积317.52万平方米、线性工程长度3.59万米。办理建设工程消防验收及备案7项。实施住建领域行政处罚187起、罚款134.52万元。完成房地产面积测绘业务24项，测绘面积约100万平方米。实现488户农村危房改造全部开工，年末主体结构完工率92.42%、竣工率80.33%。延庆山地新闻中心项目通过超低能耗建筑专家论证，建筑面积1.65万平方米。牵头施工现场扬尘治理大会战专班，累计出动扬尘治理执法检查人员3032人次，检查工程1211项次。存量房地产开发企业50家、建筑业企业125家。完成建筑业总产值452692.5万元，同比增长1.42%。实施棚户区改造项目6个，总占地面积277.3万平方米，涉及3804户。实现全区122项重点工程开复工77项，完工28项。牵头负责落实年度固定资产建安投资任务80.4亿元、完成投资127亿元，占年度投资任务的158%。基本完成16项线性工程的拆迁补偿工作。获评“首都环境建设样板单位”和“创建国家卫生区工作先进单位”荣誉称号。

（王海余）

工作信息

【保障性住房建设与管理】 年内，世园会交通市政配套工程定向安置房项目（2018年度北京市保障性住房“一会三函”项目）完成“多规合一”平台材料申报；中交富力·雅郡共有产权住房项目24栋住宅楼全部封顶；天润·和丽嘉苑共有产权住房项目完成竣工验收备案。

（王海余）

【保障性住房受理与备案】 年内，共受理公共租赁住房申请并取得市级备案资格家庭216户，受理公租补贴申请并取得市级备案资格家庭49户，受理市场租房补贴申请并取得市级备案资格家庭3户。年末，共有享受廉租住房租金补贴家庭9户，享受公租住房租金补贴约218户，享受市场租房补贴10户。全年，共发放廉租房租金补贴3.8万元，发放公租住房租金补贴137.08万元，发放市场租房租金补贴6.37万元。

（王海余）

【保障性住房配租配售】 年内，筹集公共租赁住房房源24套，为9户低保、低收入城镇居民家庭实施专项配租。完成中交富力·雅郡共有产权住房项目二次申购配售，配售房源1097套、已选房源479套、剩余房源618套。完成天润·和丽嘉苑共有产权住房项目614套签约房源的交付使用。

（王海余）

【物业服务企业管理】 年内，组织全区物业企业安全生产培训会2场，培训物业企业从业人员160余人次；开展物业企业执法检查96次，下达责令改正通知6件，约谈物业企业2次，行政处罚6起、罚款99500元；依托北京市物业动态监管系统办理新增物业服务项目合同备案13项、变更14项、注销9项。

（王海余）

【商品住宅专项维修资金使用审核】 年内，完成商品住宅专项维修资金使用审核6件，合计金额16.5万元。其中：污水改造工程4件、金额4.6万元，屋面防水工程2件、金额11.9万元。

（王海余）

【老旧小区综合整治】 年内，实施2018年度老旧小区综合整治工程，共涉及南菜园北二区、南菜园二区、康安小区、香苑小区、颍泽州小区（51号、53号）5个小区、95栋楼，总建筑面积50.2万平方米、总投资39205.11万元。其中，市级财政出资26205.11万元、区级财政出资13000万元。年末，康安小区、颍泽州小区综合整治已完成；香苑小区除绿化工程外其他工程全部完成；南菜园北二区、南菜园二区楼主体改造完成，公共区域改造完成70%。完成既有住宅加装电梯12部，全部交付业主使用。

（王海余）

【普通地下室管理】 年内，与62家普通地下室安全使用责任人签订了《2019年度延庆区普通地下室安全使用责任书》。组织开展6次专项执法行动，整改安全隐患83处，发放限期整改通知单30份，约谈告诫2人次，实施行政处罚9起、罚款4.55万元。

（王海余）

【城镇房屋安全检查】 年内，完成全区15个乡镇国有土地上城镇房屋的安全检查，合计建筑面积510.13万平方米。其中，完好房建筑面积382.69万平方米，基本完好房建筑面积127.33万平方米，一般破损房建筑面积0.06万平方米，严重破损房建筑面积0.05万平方米。

（王海余）

【超期公共建筑排查】 年内，排查超过合理使用期的公共建筑5处，建筑面积8639.3平方米。通过排查，上述5处公共建筑均未超出合理使用期限。

（王海余）

【城镇房屋防汛】 年内，制定并印发了《2019年延庆区城镇房屋安全迎汛工作要点》《2019年延庆区城镇房屋防汛应急预案》，面向社会公开发布了《2019年延庆区房屋防汛公告》。汛期共接报维修电话3个，处理积水6处，全区城镇房屋未发生房屋倒塌情况。

（王海余）

【玻璃幕墙安全检查】 年内，对延庆区使用年限10年以上的12幢建筑物上的玻璃幕墙开展安全检查，共检查玻璃幕墙面积7132平方米。同时，发放宣传材料400余份，对2家玻璃幕墙存在严重安全隐患的产权单位下达责令整改通知书，责令其限期整改。

（王海余）

【普通地下室消防知识培训】 年内，联合区人防办针对普通地下室安全使用责任人开展2次消防安全知识培训，累计培训140人次。

（王海余）

【雪后房屋安全专项检查】 年内，组织物业服务企业和直管房管理单位开展雪后城镇房屋安全专项检查，累计出动458人次，检查楼房756幢、平房402.5间，未发现安全问题。

（王海余）

【房地产经纪机构管理】 年内，累计召开房地产经纪行业工作部署会4次；开展房地产交易市场执法检查118家次，行政处罚3起，约谈房地产经纪机构2次。

（王海余）

【新建住宅项目入市供应】 年内，办理商品房预售许可6件，现房销售备案1件，涉及珑祥府、樾熙府、世园村3个新建住宅项目，完成住宅房源入市供应共计1890套，建筑面积214138.43平方米，戊类库房1625套，建筑面积32901.78平方米。

（王海余）

【存量房交易网签】 年内，完成存量房购房资格审核2584笔，存量房网上签约1551笔，最终成交二手房1427套，建筑面积120025.91平方米。

（王海余）

【房地产交易市场管理】 年内，累计开展房地产交易市场执法检查52次，发放责令改正通知4件，约谈房地产开发企业、预售资金监管银行11次。

（王海余）

【直管公房管理】 年内，全区直管公房共有161户、402.5间，分别位于延庆城区、南菜园一巷、康庄镇四街。全年共出动房屋检查人员100余人次，开展房屋安全检查37次，重点检查房屋防汛安全、消防安全、秋冬季预防一氧化碳中毒等情况，未发生安全责任事故及直管公房违规转租转借现象。

（王海余）

【房屋征收拆迁补偿】 年内，积极推进延庆区棚户区改造项目房屋征收拆迁工作。一是南菜园1—5巷棚户区改造项目完成公房选房工作；二是南菜园1—5巷二期项目完成评估服务机构选定及其他服务机构确定，完成入户调查及初步评估结果公示；三是南辛堡村、民主村、百眼泉村棚户区改造项目“滞留户”全部解决；四是大榆树镇下屯村棚户区改造项目完成签约665户、签约率100%；五是康庄镇一、二、三街棚户区改造项目完成签约654户、签约率98%；六是延庆镇小营村、石河营村棚户区改造项目完成签约870户、签约率86.67%。

（王海余）

【建设工程招标投标管理】 年内，办理建设工程招标投标入场登记23项，均为公开招标，合计中标价55634.8万元，建筑面积2.2万平方米。

（王海余）

【房产实测绘成果审核】 年内，完成18个项目的房产实测绘成果审核工作，涉及98栋楼，建筑面积761564.59平方米。

（王海余）

【施工许可证及竣工验收备案】 年内，办理施工许可证53项，建筑面积195.26万平方米、线性工程长度8.9万米。施工登记意见函3项，建筑面积14.17万米、线性工程长度860米。办理竣工验收备案32项，建筑面积67.43万平方米、线性工程长度2.61万米，包括房屋建筑工程26项，建筑面积67.31万平方米；装修工程1项，建筑面积0.18万平方米；市政基础设施工程5项，建筑面积0.12万平方米、线性工程长度2.61万米。

（王海余）

【企业资质管理与建造师注册】 年内，建筑业企业资质新设立13项、增项9项、延续1项、升级2项、主动注销1项、分立2项、变更33项，房地产企业新办暂定资质3项、暂定级变更5项、暂定级延续12项、暂定级升四级1项、四级延续9项、四级变更7项。共受理二级建造师业务486人次，包括二级建造师初始注册60人、增项注册13人、变更注册62人、延续注册104人、注销155人、重新注册87项、补办5项。

（王海余）

【落实优化营商环境举措】 年内，深化落实“放管服”，实现项目差别化监管，加快简易低风险项目政策落地。一是通过集中培训、专项对接及网络平台等渠道做好政策宣传工作。二是打通服务“最后一千米”，与中关村延庆园达成长效工作机制，依据园区建设需求，深入企业主动服务。三是落实简易低风险项目审批改革制度，中交富力和美（北京）置业有限公司建设的“延庆区延庆新城03街区会展中心东侧地块土地一级开发项目（二期）YQ00-0003-0010等地块二类居住用地项目1号配套楼”项目申报当日即取得施工许可证。四是加快推动简易低风险项目全流程案例，对项目实行追踪服务，督促符合申报条件的企业抓紧办理施工许可手续。

（王海余）

【房地产及建筑业企业资质管理】 年内，对全区26家施工劳务企业和钢结构工程专业承包企业开展企业资质专项核查，其中14家企业初查不达标，截至年末12家企业复查达标，2家企业逾期未参加复查。年末，存量房地产开发企业50家、建筑业企业125家。

（王海余）

【建设工程质量监督管理】 年内，建设工程质量监督项目共计60项，其中房屋建筑工程55项、建筑面积317.52万平方米，市政基础设施工程6项、长度3.59万米（有1项工程既纳入房屋建筑工程又纳入市政基础设施工程进行质量监管）。累计出动质量监督执法检查400余人次，检查工程项目100项次。实施行政处罚24起、罚款29.64万元，其中简易处罚 3 起、罚款 0.3 万元，一般处罚 21 起、罚款 29.34 万元。竣工验收 25 项。受理各类工程质量投诉约 53 起，办结率 100％、满意率 95％以上。

（王海余）

【建设工程消防验收及备案】 年内，于 5 月 13 日至 6 月 30 日期间，向 10 家申请消防验收的企业出具了《建设工程消防验收意见书》，自 7 月 1 日起正式承接建设工程消防备案及验收，共受理并办结建设工程消防验收及备案 7 项，其中消防验收 3 项、消防备案 4 项（2 项备案抽中检查，2 项备案未抽中）。

（王海余）

【建设工程竣工联合验收】 年内，牵头组织市规划自然资源委延庆分局、延庆消防支队等 15 家“9＋N”联合验收小组成员单位及相关 26 家建设单位，完成工程竣工联合验收 8 项，建筑面积 16.30 万平方米，包括房屋建筑工程 2 项、建筑面积 12.76 万平方米，装修工程 6 项、建筑面积 3.54 万平方米。全市排名第 4。

（王海余）

【建设工程安全监督管理】 年内，建设工程安全监督项目共计 118 项，其中房屋建筑工程 81 项、建筑面积 436.05 万平方米，市政基础设施工程 37 项、长度 128.02 千米。累计出动安全监督检查人员 2210 余人次，检查工程项目 530 余项次，排查并消除各类安全隐患 900 余项。实施行政处罚 106 起、罚款 46.3 万元，其中简易处罚 66 起、罚款 6.6 万元，一般处罚 40 起、罚款 39.7 万元。发生 1 起安全生产事故，死亡 1 人。

（王海余）

【施工现场扬尘专项治理】 年内，召开各类施工现场扬尘治理工作会议 18 次。累计出动扬尘治理执法检查人员 3032 人次，检查工程 1211 项次，下发责令改正通知书 556 份。其中，责令停工整改 68 份，立即整改 488 份，约谈 125 起。移交区城管执法局处罚 47 项，报请市住房城乡建设委进一步处理 1 起。实现了全区细颗粒物（PM 2.5）累计平均浓度 37 微克/立方米，同比下降 22.9％，完成了全区细颗粒物 46 微克/立方米的市级年度任务目标。

（王海余）

【综合执法行政处罚】 年内，开展施工现场扬尘治理、市场行为、违法建设、建筑市场、建筑材料、企业资质、房屋中介、小区物业、房屋安全及设备管理等住建领域综合执法并实施行政处罚 54 起、罚款 52.48 万元。其中，简易处罚 2 起、罚款 0.15 万元，立案处罚 51 起、罚款 52.33 万元，不予处罚 1 起。

（王海余）

【施工现场劳务管理】 年内，共检查劳务总承包企业 67 家、监理单位 63 家、劳务（专业）分包单位 320 家、涉及工人约 2.2 万人，共计下发责令整改通知书 42 份、约谈 26 次、处罚劳务企业 3 家、罚款 6.1 万元。协调解决拖欠建筑业农民工工资问题 43 起，涉及 1164 人、金额 2465.3 万元。

（王海余）

【房屋测绘工作】 年内，完成房地产面积测绘业务24项，测绘面积约100万平方米。

（王海余）

【农村危房改造】 年内，完成农村危房改造确户671户（4类重点对象和低收入农户623户、优抚对象48户），其中183户通过随亲属合住、入住养老机构等方式解决住房安全问题，488户为建设任务。年末，实现开工488户、开工率100%，主体结构完工451户、主体结构完工率92.42%，竣工392户、竣工率80.33%。

（王海余）

【建筑节能管理】 年内，完成3家建设单位的6项节能专项验收备案，建筑面积8.6万平方米。开展综合执法检查5次，开展建材、禁止现场搅拌、建材采购备案、建筑节能及热计量装置、建筑节能与钢管扣件等专项检查45次，纠正了不按施工图设计标准进行施工等行为，实现了新建民用建筑施工阶段100%执行节能设计标准。

（王海余）

【预拌混凝土管理】 年内，针对全区4家具有资质的混凝土搅拌站开展日常检查24次，督促其严格执行《2019年度北京市预拌混凝土绿色生产管理规程》有关规定，逐步实现了混凝土搅拌站生产全密闭化。在市住房城乡建设委、区生态环境局、区住房城乡建设委对4家混凝土搅拌站的绿色生产联合专项检查中，3家单位获评良好，1家单位获评合格。

（王海余）

【公共建筑节能改造】 年内，完成了辉煌假日度假区（酒店及酒庄）节能绿色化改造项目综合验收，核定奖励面积58626.46平方米、核定节能率20.2%。

（王海余）

【超低能耗建筑示范】 年内，延庆山地新闻中心项目通过了超低能耗建筑专家论证，建筑面积1.65万平方米。该项目建成后，供暖、空调和照明一次能源消耗量与满足《公共建筑节能设计标准》（GB50189）的参照建筑相比的相对节能率为60%。

（王海余）

【重点工程项目推进】 年内，122项重点工程中实现开复工77项（续建48项，新建23项，推进6项），其中政府投资27项，社会投资50项。实现延崇高速北京段、冬奥综合管廊、京张高铁延庆段、西白庙220kV输变电工程、冬奥村（玉渡）110千伏输变电工程、海坨110千伏输变电工程、冬奥会延庆赛区应急水源保障工程、佛峪口河水生态廊道建设工程、冬奥会延庆赛区造雪引水及集中供水工程、体育中心（全民健身中心）建设工程等28项重点工程完工。牵头负责落实年度固定资产建安投资任务80.4亿元，完成127亿元，占年度投资任务的158%。

（王海余）

【棚户区改造】 年内，积极推进延庆区棚户区改造工作。一是南菜园1—5巷棚户区改造项目单位建房区（北区）4栋安置房建设基本完工，10月21日完成北区居民选房工作，12 月 12 日取得建筑工程规划核验意见；经营性地块 1 月 4 日取得用地预审，11 月 18 日取得二级权属审查，12 月 17 日取得二级规划条件。二是南菜园 1—5 巷棚户区改造二期项目 9 月份通过中期调整纳入北京市棚户区改造计划实施册。三是小营-石河营棚户区改造项目 7 月 4 日通过安置房设计方案专家评审，8 月 31 日二次启动签约奖励期，开展剩余 157 户的签约工作，12 月 16 日取得多规合一平台初审意见。四是下屯棚户区改造项目 1 月 31 日取得规划条件（一级），2 月 1 日取得用地预审意见，9 月 19 日通过安置房设计方案专家评审会，10 月 25 日取得立项批复。五是康庄一二三街棚户区改造项目 7 月 19 日通过安置房设计方案专家评审会，12 月 27 日举行安置房地块奠基仪式。六是南辛堡-民主村-百眼泉棚户区改造项目安置房建设全面开工，09 地块 12 栋安置房完成结构封顶，07 地块 24 栋安置房建设达到±0 以上。

（王海余）

【线性工程征拆】 年内，基本完成兴延高速、延崇高速、昌赤路、南山环线（一期）4 项道路工程，百康路、东姜路、延农路、延康路、康张路、滦赤路干沟桥危桥 6 项道路提级改造工程，西白庙 220 千伏、海坨 110 千伏、玉渡 110 千伏、永东 110 千伏、大路 110 千伏及京张高铁牵引站 220 千伏输变电线路 6 项电力工程，共计 16 项线性工程的征拆工作。

（王海余）

【平安建设工作】 年内，制定了《区住房城乡建设委 2019 年平安延庆建设工作要点》，完善了《区住房城乡建设委“四场活动”维稳安保工作方案》，建立重点人员、重点矛盾排查、风险评估、农民工讨薪以及信息员队伍工作台账 5 本，组织召开维稳工作部署会 5 次，上报信息 16 篇，安全稳定情报信息周会商 19 条，总结报告 4 篇，考核材料 1 卷，整理档案 13 卷。

（王海余）

【接诉即办工作】 年内，共受理 12345 群众诉求 1998 件，已全部办结。其中，老旧小区综合整治及农村危房改造类 717 件、占比 35.89%，保障性住房类 284 件、占比 14.21%，物业管理类 182 件、占比 9.11%，房屋质量及施工安全类 174 件、占比 8.71%，拆迁、棚户区改造类 217 件（小营石河营棚户区改造 106 件）、占比 10.86%，施工管理及扬尘治理类 115 件、占比 5.76%，重大项目工程类 87 件、占比 4.35%，房地产市场管理类 47 件、占比 2.35%，房屋安全鉴定类 32 件、占比 1.6%，行政审批类 11 件、占比 0.55%，北科国杰相关问题 48 件、占比 2.4%，观澜国际相关问题 65 件、占比 3.25%，其他类诉求 19 件、占比 0.95%。整理“接诉即办”档案 34 卷，顺利通过区城市管理指挥中心考核。

（王海余）

【信访办理工作】 年内，收到并办结信访件 182 件。其中，房屋质量类 41 件、节能改造类 32 件、棚户区改造安置补偿类19件、小区管理类25件、拖欠工程款类19件、住房保障类17件、房地产市场管理类3件、人民建议类6件、重点工程4件、施工现场管理类3件、危房改造类3件、世爵华府问题2件、招标投标管理类1件、其他类2件；化解多年市级积案（赵秀兰反映石河营小区7号楼107室平改坡漏雨问题）1件，结案市级积案4件。

（王海余）

【舆情办理工作】 年内，共受理并办结每日舆情116件。其中，物业管理类26件、施工管理类21件、住房保障类15件、施工安全和房屋质量类15件、重点工程类5件、保温施工问题10件、北科国杰健康城问题4件、棚户区改造拆迁类5件、房地产市场管理类3件、直管公房类2件、协办及不属于住房城乡建设委处理范围10件。

（王海余）

【所获荣誉】 4月，获评首都环境建设样板单位。6月，获评选创建国家卫生区工作先进单位。

（王海余）

延庆区住房和城乡建设委员会

党组书记、主任： 赵琳锋（5月27日免党组书记、6月6日免主任）
胡玉民（5月27日任党组书记、6月6日任主任）
党组副书记： 韩海波（4月19日任）
副 主 任： 李　扬（6月5日免）
张　娟　董小伟（5月16日免）
宋铁军（6月5日免）
杜颖荣（6月5日任）
聂晓霞（6月5日任）
工会主席： 劳燕燕（6月6日免）
韩海波（6月6日任）
办公地点： 延庆区东外大街89号，金宸大厦
邮政编码： 102100
联系电话： 69174823、69104074

延庆区重大项目协调服务中心

主　　任： 赵琳锋（6月5日免）
胡玉民（6月5日任）
副 主 任： 乔永延（1月27日任）
刘　威（7月2日任）
办公地点： 延庆区东外小区3号院
邮政编码： 102100
联系电话： 61113660

延庆区住房保障事务中心

主　任（副处级）： 田雨峰（7月2日任）
办公地点： 延庆区东外大街89号金宸大厦
邮政编码： 102100
联系电话： 69176250

北京经济技术开发区

概　况

2019年，开发区新开项目159个；其中市政工程24个，造价103894万元；房建工程135个，建筑面积1715112平方米，造价714675万元。2019年完成竣工验收房建项目61个，建筑面积2394483平方米，造价886509万元；完成竣工验收市政项目5个，造价138793万元；完成竣工验收装修项目43个，建筑面积295030平方米，造价50241万元。2019年开发区建设项目获得北京市各类结构长城杯奖项12个，建筑面积1020932平方米。年内以收回富士康用地为代表，大力盘活低效存量工业用地，完成产业用地更新利用13宗，面积50万平方米；升级不动产登记一窗办理综合服务窗口，全面落实市规划自然资源委15项不动产登记优化营商环境政策；全面推进第三次全国国土调查，阶段成果顺利报送市三调办；完成共有产权住房项目申购和人才公共租赁住房配租工作，为166家企业配租1800套人才公共租赁住房；制定《北京经济技术开发区住宅物业服务指导体系》，完成土地管理、房屋管理和物业管理各项工作任务。全年出让工业用地15宗，面积65.52万平方米；商服用地2宗，面积9.40万平方米；居住用地4宗，面积16.94万平方米。

（徐存柱　李国庆　刘　伟）

工作信息

【住房保障工作】 年内，开发区X84地块亦城亦景家园共有产权住房项目配售工作。开发区X84地块亦城亦景家园共有产权住房项目位于北京市亦庄经济技术开发区Ⅱ-6街区，东至X84R2实验小学，南至千顷堂街，西至四海路，北至X84B1、X84C1地块。规划总建筑面积约16.40万平方米，其中共有产权住房住宅建筑面积约10.08万平方米，容积率2.0。项目总套数1144套，均为单套建筑面积约87—89平方米的二居室，销售均价23000元/平方米（含全装修）。项目经过前期申购、审核、复核、摇号等流程，于2019年11月29日开盘选房，解决了北京亦庄经济技术开发区职工家庭的置业安家困难。11月，北京经济技术开发区保障性住房人脸识别系统工程竣工验收。工程涉及开发区内11个公共租赁住房小区，62栋楼，11835户承租家庭，约4万人。该项目的涉及的施工区域分散，牵扯面广，接口关系复杂，建设规模与难度较大。项目建设完毕，可借助人脸识别等信息技术手段，不断提升违规预警、动态监测、统计分析的水平。

（朱晓楠）

【质量监督工作】 年内，进行质量监督执法检查共计583项次，发现各类质量问题1823条，下发监督检查整改通知书551份；下发责令限期改正通知书共计20份。对监督检查中发现存在违法、违规行为的责任单位及个人立案累计18件，做出行政处罚决定25份，累计处罚金额239732.20元；处理信访案件共计35件。

（徐存柱）

【推进重大项目顺利开工】 年内，建立工程项目建设调度机制，协调、指导、调度全区产业项目建设过程，及时解决企业存在的问题和困难，缩短工程项目建设工期。2019年度管委会重点工作中，北汽新能源高端智能生态工厂、康弘国际生产及研发中心建设项目顺利开工，其他重点工程工作如电控燕东8英寸集成电路生产线、耐威MEMS 8英寸线传感器项目、京东方研发中心二期项目进展顺利。经调度，T1线工程进展顺利，年内完成土建工程，实现轨通，具备冷滑条件。

（李国庆）

【施工安全执法检查情况】 年内，开展现场施工质量安全执法404次，发现问题833项，约谈128家单位，简易处罚187次，立案5次，罚款总金额26.2万元；完成4次网格大检查任务。

（李国庆）

【推进绿色施工】 年内，在全区工地推行绿色安全标准化工地，积极开展扬尘防治工作。实现全区在施工地扬尘摄像头、洗轮机安装率100%，现场洒水降尘及裸露土方覆盖效果良好。加大对施工现场远程视频监控系统管理，定期开展非现场执法检查，全年共计视频检查4756次；推动使用高效洗轮机；加强建筑垃圾土方砂石运输管理；强化拆除工程、裸露地面和土方的扬尘治理；加强非道路移动机械管理，精细化管理全区工地，为坚决打赢蓝天保卫战做好坚实基础。2019年全年，开发区共有4个项目通过北京市样板工地评审，39个项目通过北京市绿色安全工地考评。

（李国庆）

【建筑起重机械使用及备案】 年内，按照市住房城乡建设委关于建筑起重机械管理各项规定，进一步加强管理力度，严格执行首问负责制。全年起重机械使用登记备案161台，其中塔式起重机76台，施工升降机74台，物料提升机9台，爬架2台。继续委托国家建筑城建机械质量监督检验中心的专业检测人员对区内起重机械进行检测。共检测塔吊99台，合格82台，合格率83%；施工升降机19台，合格18台，合格率95%。

（李国庆）

【安全生产培训工作】 年内，在安全体验教育基地对369家单位进行了体验式培训，共17142人参加了培训。利用安全月、防灾减灾日及消防日等节点，开展宣传工作，发放安全生产、食品安全、防火等各类宣传材料、组织消防演练、防汛演练等各类活动 20 余次。

（李国庆）

【绿色建筑】 年内，《北京经济技术开发区绿色工业建筑集中示范区创建方案》获市住房城乡建设委与市规划自然资源委联合批复，在全国率先创建工业绿建集中示范区。截至 12 月 31 日，公共建筑节能绿化改造面积为 19 万平方米；取得绿色建筑设计标识的项目 9 个，总建筑面积为 251 万平方米；取得运行标识的项目 2 个，总建筑面积为 81 万平方米；正在建设的项目 22 个，总建筑面积为 241 万平方米，正在申报的项目 14 个，总建筑面积为 150 万平方米；超低能耗创新示范类项目 2 个，总建筑面积约为 2 万平方米。全年 48%的项目按绿色建筑高星级设计，其中民用项目 100%为绿色二星级以上建筑，获市、区两级补贴超过 1500 万元。X88 幼儿园项目是北京市第一个开园的超低能耗项目，采用了地源热泵供暖供冷，太阳能热水，光伏发电三种可再生能源技术，可以有效地减少煤、天然气、电、水等资源的消耗，缓解能源短缺的压力，减少二氧化碳等污染物的排放，实现人、建筑与环境的友好共生，每年可减少二氧化碳排放量 290 吨；该项目在 10 月 9 日召开的第 23 届国际被动房大会上，获得了德国被动房研究所颁发的 PHI 认证。

（李国庆）

【劳务市场管理】 年内，开展劳务专项检查 128 家，约谈问题单位 30 家，简易处罚 10 家。严格落实“双随机”检查工作和双随机检查的工作要求，按照市住房城乡建设委双随机检查任务，共计检查企业 60 家。规范建筑领域劳务用工管理，全区建设工地全年使用农民工近 2 万多人，建设局积极指导各施工企业规范用工管理，做好劳务合同签订、工程量核算、工资支付工作。在排查中，成功调处多起讨薪纠纷，为 1565 名农民工讨薪成功，涉及金额 31982 万元。

（李国庆）

【农民工工资保障保险】 年内，召开“开发区农民工薪金保险保障卡工作会”，正式在全区范围内对所有施工项目发放农民工薪金保险保障卡。对重点项目又专门召开了三次薪金卡发放推进会。5 月中旬，召开了部分工地负责人参加的农民工工资保障保险专项会，要求所有施工项目在领取开工证后缴纳农民工工资保险保证金。6 至 8 月，建设局党支部在康弘国际等 4 个项目工地举办了“健康讲座进工地”活动，邀请航天医院急诊科主任向农民工介绍夏季疾病预防知识并发放防暑降温药品 3500 份，会后由劳务负责人组织工地的农民工完成实名制注册人民健康手机 APP，注册完成后就可享有人保健康提供的 2 万元重大疾病保险和相关的健康管理服务。全年，薪金卡累计开卡 4700 张。

（李国庆）

【招标投标管理】 年内，开发区招标投标管理办公室办理施工、监理新入场项目 58 项（施工和监理）。建筑面积

158.73万平方米，总概算投资额72.25亿元。其中，工业建筑总计41.5亿，占概算投资总额的57.5%；市政工程总计8.53亿，占概算投资总额的11.7%；住宅项目总计10.3亿，占概算投资总额的14.3%；公建项目总计10.4亿，占概算投资总额的14.4%；装修项目总计1.52亿，占概算投资总额的2.1%。

（李国庆）

【抓党组织建设】 截至12月31日，全区在建工程中43个施工总包项目成立有党支部、党小组的党组织，建设局高度重视建筑业基层党建工作，与各项目党组织建立共建关系，开展座谈交流、联合党日活动；联系无项目组织的施工企业，关心没有基层党组织的党员参加上级党组织活动的情况；组织农民工流动党员参加联合党日活动。组织参加联合党日主题教育活动、“送健康、送清凉”等关爱活动，不同季节，开展健康讲座，为农民工讲解春季预防传染病、夏季防暑降温、冬季预防心脑血管疾病的知识，并到工地为4000多名农民工发放各类生活小礼品；组织专场宣讲活动，将宣讲活动带进建筑工地，为建筑行业流动党员、党组织及100多名工友举办主题为《我与开发区共发展》的专场宣讲活动，通过多种方式推动发放农民工薪金保险保障卡，全年共发放5200余张。

（李国庆）

【烂尾工地处置】 年内，对经法院判决或仲裁甲乙双方已解除合同，导致行政许可事项无法实施的中钢投资、广微枳电、能欣科技、恒昌顺及英超工贸等5个项目，下发了撤销施工许可决定书。对清大科华、利和制药和中科晶电项目等3个项目已完成复工前安全交底，正式复工。

（李国庆）

【住宅物业服务指导体系前期调研】 年内发布《北京经济技术经开区住宅物业服务指导体系》，建立具有开发区特色、以业主感受为标准的新物业服务体系。把物业服务指标体验化，把业主体验量化为专业性指标。分为指导部分与评价部分，规范物业服务，使各方达成共识，共同提高行业水平。

（刘巍巍）

【物业服务企业的动态监管】 年内，开发区房地局完成物业服务企业动态监管，落实物业管理项目合同备案16个，合同变更23个，合同注销3个。截至12月31日，开发区物业管理项目合同备案累计167个。

（刘巍巍）

【住宅专项维修资金管理】 年内，共审批专项维修资金4笔，涉及防水、消防和外墙维修工程，维修款总额972.24万元。

（刘巍巍）

【普通地下室备案和物业项目安全检查工作】 年内，共接待办理普通地下室备案的现场咨询及来电政策解答等工作400余次；完成并办理普通地下室备案申请80件；完成物业项目安全检查273次，其中普通地下室检查94处。

（刘巍巍）

【汛期防汛工作】 汛期前对开发区范围内住宅小区进行全覆盖检查，出动人员165人次，通过工作平台向各物业服务企业发出汛情信息32次，累计7232余条。在雨中、雨后加强重点小区巡查，累计出动人员30人次，汛期查房20余次。

（刘巍巍）

北京经济技术开发区开发建设局（11月1日成立）

局　　长： 王俊杰

副 局 长： 张　丹　刘　凌　蔡　猛

四级调研员： 刘志群

办公地点： 北京经济技术开发区荣华中路15号朝林大厦

邮政编码： 100176

联系电话： 67880187

行业协会建设

概　述

2019年，行业各协会坚持以习近平新时代中国特色社会主义思想为指导，认真贯彻党的十九大精神，积极落实京津冀协同发展规划纲要，以会员单位为依托，以问题为导向，不断加强自身建设，积极参与制定行业标准，开展课题研究，组织行业培训教育、评奖评优，开展对外交流，提供调解、咨询服务，充分发挥政府与企业间桥梁纽带作用，力推行业持续健康发展。其中，北京市建筑业联合会被中国施工企业管理协会评为“2019年工程建设行业优秀协会”。

（杜　潇）

北京市建筑业联合会

概　况

年内，协会以“提高服务、反映诉求、规范行为”为己任，发挥服务会员、服务行业、服务政府、服务社会的职能，开展诚信企业评定及国家级奖项评选；组织行业培训教育及质量、科技、绿色创新成果交流；加大人民调解力度、团体标准和物料编码发布力度；开展对外交流；加强信息宣传建设、党组织建设和公益开展力度，充分发挥社会组织的桥梁纽带作用，为首都建设行业的发展贡献力量。截至年底，有会员单位486家。被中国施工企业管理协会评为“2019年工程建设行业优秀协会”。

（张　俞）

工作信息

【开展诚信企业评定工作】　年内，开展“北京建设行业诚信企业评定”工作。按照初审、复审、专家审查、网上公示和诚信评定领导小组批准的工作程序，281家企业被评定为“北京建设行业诚信企业”，6家企业被评定为“北京建设行业（外省进京）诚信企业”，7家企业被评定为“北京建设行业（外省进京劳务）

诚信企业”。依据《北京建设行业诚信企业评定及管理办法（2018 版）》的相关规定，连续两届被评定为“北京建设行业诚信企业”的 218 家企业及首次申报评定分值达到 95 分及以上的 37 家企业，共 255 家企业符合 AAA 信用企业标准，被授予 2019 年“北京建设行业 AAA 信用企业”称号。经协会推荐，14 家企业被中国施工企业管理协会授予“2019 年度工程建设诚信典型企业”。8 家企业获中国建筑业协会“2019 年度全国建筑业 AAA 级信用企业”称号。

（张　俞）

【组织行业培训教育】 年内，坚持以为会员服务为宗旨，以满足人才培训需求为目标，以推行行业政策、技术规范为内容，确定培训科目，扩大培训范围，拓宽培训方式，提升办学层次。坚持做好“安全生产三类人员”等传统培训项目，同时采取学校开课、联合办学、上门办学等多种方式，寻求与企业、协会、培训机构等的合作，积极拓展新的培训项目。全年组织钢筋工程精益管理系列培训、建筑业企业劳务实名制管理政策解读及实操培训、建筑工程测量能力提升培训等，以及“北京市提升住宅建设质量创建精品工程研讨暨经验交流会”“数字施工 建筑未来——数字驱动企业发展，智慧赋能生产升级 2019 年度北京市工程建设 BIM 和智慧建造主题演讲暨经验交流会”“发扬工匠精神·铸就时代经典 2019 年度北京市建筑业创建精品工程研讨暨经验交流会”等活动，受益技术人员和管理干部超过 2.5 万余人次。同年，正式设立并挂牌“北京市注册建造师继续教育基地”，重新修编《建筑工程专业》《市政工程专业》《机电工程专业》继续教育教材，与 15 家区级建筑业行业协会共同组织开展注册建造师继续教育工作。

（张　俞）

【协会自身建设情况】 年内，重新制定和完善《“三重一大”事项实施细则》、关于《北京市建筑业联合会财务管理办法》因公出差部分的补充规定、《安全管理规定》《证照保管使用管理制度》等规章制度，进一步细化绩效考核指标，梳理薪酬管理制度，并按期整理、更新固定资产台账。积极开展公益活动，通过北京市接受救灾捐赠事务管理中心定向捐赠 20 万元，用于内蒙古赤峰市林西县五十家寄宿制小学新建图书馆以及校内设施的改善，5 月，“爱心图书馆”正式揭牌，馆藏图书 7500 余册。同月，协会向学校捐赠两万元的学习用品。同年，首次参加并入围由市委社会工委、市民政局和市外办共同主办的“2019 北京公益慈善汇展”，从“党建引领”“党建风采展示”“公益捐款”“服务京津冀”“品牌服务”等方面展示了协会工作。

（张　俞）

【加强信息宣传建设】 年内，《北京建筑业》会刊补充完善了稿酬制度，编辑发行“工作通讯”“联合党委工作通讯”，从不同方面展现协会工作，全年出版发行 6 期，连续多年获得中国施工企业管理协会“精品报刊”称号。协会对外发表文章共 10 余篇，网站与微信公众号全年推送内容61期。协会将公共邮箱调整为专业新邮箱，开通专属部门邮箱，并通过QQ群和微信交流群推送信息，开展工作。

（张　俞）

【组织QC小组成果交流活动】 年内，举办第34次北京市工程建设质量管理小组活动成果交流会。120家企业推荐申报了756项成果。经专家评审委员会综合评审，其中Ⅰ类成果307项，Ⅱ类成果449项。择优推荐参评全国工程建设类别的质量管理小组活动118项成果。在中国建筑业协会工程建设质量管理分会组织召开的全国工程建设质量管理小组活动成果交流会上，协会推荐全国工程建设质量管理小组79项，其中Ⅰ类成果23项、Ⅱ类成果48项、Ⅲ类成果8项。在中国施工企业管理协会组织召开的工程建设质量管理小组竞赛活动中，协会推荐了39项工程建设优秀质量管理小组，其中一等奖21项、二等奖12项、三等奖4项。

（张　俞）

【开展项目管理成果交流活动】 年内，组织开展了“北京市第十届建设工程项目管理成果发布活动”，共有115个项目管理成果参与了发布，经成果评价专家组对“文字资料”和“现场发布”的综合评价，其中43项被评为Ⅰ类成果，47项被评为Ⅱ类成果，25项被评为Ⅲ类成果，同时66个项目经理部被授予“2019年北京市建筑企业优秀项目经理部”称号。部分项目管理成果在会刊《北京建筑业》和协会网站刊登。同年，协会汇编的第十届发布会部分项目管理成果《建设工程优秀项目管理实例精选2019》（上下册），由中国建筑工业出版社公开出版发行。

（张　俞）

【优秀企业和优秀施工企业家评选】 年内，组织开展2018—2019年度第二批北京市建筑企业优秀项目经理、北京市优秀建造师的评选活动。根据评选条件和程序，109名项目经理获得“北京市建筑企业优秀项目经理”称号，138名建造师获得“北京市优秀建造师”荣誉称号。

（张　俞）

【组织企业参加国家级奖项评选】 年内，开展国家级三大质量奖项的推荐申报工作。2018—2019年度中国建设工程鲁班奖（国家优质工程），北京地区推荐的12项工程全部获奖，2018年有9项工程获奖，2019年有3大项（6子项）工程获奖。其中，北京城市副中心行政办公区项目，是落实国务院“北京市政府东迁”，疏解北京非首都功能，推进京津冀协同发展的标志性工程。2018—2019年度国家优质工程奖，北京地区推荐的22项工程全部获奖，其中获2018年奖项12项、获2019年奖项10项。第十七届中国土木工程詹天佑奖，北京地区国贸三期B工程入选。2019中国土木工程詹天佑奖优秀住宅小区金奖，协会推荐申报的5项（含保障房项目2项）工程获金奖。2017—2018年度第十三届中国钢结构金奖，推荐申报的41项工程全部获奖，其中北京大兴国际机场和中国尊2项工程，荣获年度杰出工程大奖。为展示新中国成立70周年工程建设取得的伟大成就，在中国海员建设工会与中国建筑业协会共同开展的“新中国成立70周年建筑工匠”主题宣传活动中，协会推荐的6人荣获“新中国成立70周年建筑工匠”称号。在中国施工企业管理协会组织开展的“新中国成立70周年精品工程、优秀企业和杰出工匠”宣传展示活动中，协会推荐的14项工程入选百项经典工程、推荐的5家企业入选百家功勋企业、推荐的3名工匠入选百名功勋工匠。截至年底，组织开展北京市优质安装工程评选活动，49个工程项目入选2018—2019年度第二批北京市优质安装工程名单。协会推荐的18项安装优质工程入选2019—2020年度第一批中国安装工程优质奖（中国安装之星）名单。

（张　俞）

【组织科技交流活动】 年内，组织2019年度北京市工程建设BIM应用成果交流活动。现场有216项交流成果发布，评出Ⅰ类51项、Ⅱ类84项、Ⅲ类81项。此次发布成果涵盖的专业范围更广，且更好地实现了深度应用，尤其市政、道桥等基础建设领域有了明显突破。协会推荐43项参评中国建筑业协会第四届中国建设工程BIM大赛，BIM技术综合成果21项（一类成果3项、二类成果6项、三类成果12项）、BIM单项成果14项（一类成果2项、二类成果3项、三类成果9项）。协会推荐的9项成果在中国施工企业管理协会开展的2019年工程建设项目绿色建造（设计）水平评价中全部获奖，其中二等成果6项，三等成果3项。协会推荐的33项成果获2019年工程建设科学技术奖，其中1项获工程建设技术发明奖、5项获工程建设科学技术进步奖一等奖、27项获二等奖，协会推荐的成果项目入选率达到63.5%，推荐通过率高于全国平均水平。在2019年工程建设科技成果评价工作中，协会共组织6项成果进行科技成果评价，成果涉及了深基坑、钢结构、超高层等多方面施工技术，其中，2项成果被评为“国际先进”，4项成果被评为“国内领先”。9月，在中国施工企业管理协会召开的2019年工程建设行业科技创新大会上，协会分享了在科技奖和科技评价两个方面的经验，并受到与会代表的好评。在2018—2019年度中国安装协会科学技术进步奖评价中，9项科技成果获奖。同年，配合中施企协、中建协组织企业参加绿色施工与建造评价工作，组织推荐12项工程参加，均以90分以上的高分通过了国标GB50640《建筑与市政工程绿色施工评价标准》试评价。协会为符合要求的18项工程申报了中国施工企业管理协会组织开展的工程建设项目绿色建造施工水平评价工作。

（张　俞）

【反映企业诉求情况】 年内，联合举办《最高人民法院关于审理建设工程施工合同纠纷案件适用法律若干问题的解释（二）》公益培训班，聘请最高人民法院法官及专业律师，重点围绕《人民调解工作实施细则》展开培训，并从立法、司法实践及实际运用的角度，逐条深度解读法条。协会致力于关注和反映企业的呼声和诉求。协助中国建筑业协会开展调研工作，选取20余家会员企业以问卷的形式，完成了工程担保对建筑企业降本增效、《建筑业高质量发展指标体系研究》课题、建设工程决算审计及结算情况等方面的调研。

（张　俞）

【开展民事调解情况】 年内，加大调解工作力度，努力推进人民调解工作的开展。截至年底，共受理人民调解事项11起，调解成功5起，并签订人民调解协议书。

（张　俞）

【开展对外交流活动】 年内，努力为企业"走出去"战略服务，成立北京国际商会建筑专业委员会，服务北京建筑企业到境外拓展市场。积极参与国际经贸活动，配合商会对企业进行调研，及时了解会员企业在"走出去""请进来"和参与"一带一路"建设方面的需求及诉求。协会加强做好各企业对外交流服务工作，参加第六届京交会中国国际经济合作"走出去"高峰论坛，推介"一带一路"国际工程信息咨询服务平台，展现北京建筑企业风采。

（张　俞）

【党组织建设情况】 年内，坚持党建引领协会建设，落实市委社会工委、市民政局的总体要求，加强党建系统正规化建设，认真有序地开展工作。自2018年10月联合党委成立以来，主动走访党委所辖社会组织，开展调查研究，了解基层情况，进行领航党建APP填报，为43家社会组织订阅了《支部生活》杂志，有25家协会成立了党组织。组织开展"五四"征文活动、"庆七一 迎国庆"座谈会，赴天津进行爱国主义教育活动，赴香山革命旧址开展主题党日活动。在"不忘初心、牢记使命"主题教育中，党委认真组织部署，及时购置《习近平关于"不忘初心、牢记使命"重要论述摘编》《习近平新时代中国特色社会主义思想学习纲要》《中国共产党重要党内法规学习汇编》等学习用书350套下发到各个党支部，并组织开展主题教育培训班、观看红色电影、书记讲党课等活动。

（张　俞）

【团体标准和物料编码】 自2017年12月通过"全国团体标准信息平台"的审核，获得了团体标准编码、发布、推广的资格后，协会进一步拓展了服务领域。年内，加大团标发布力度，推进设备编码标准。在"全国团体标准信息平台"上发布《建设工程人工材料设备机械数据分类标准及编码规则》《北京建设行业诚信企业评定及管理办法》《北京市优质安装工程奖工程质量评审标准》《建设工程人工材料设备机械数据分类标准及编码规则使用指南》4项团体标准。7月，《建设工程人工材料设备机械数据分类标准及编码规则》再次通过评审，并升级为中国建筑业协会团体标准，可以在国内国外推广使用。京津冀三地建设行政部门共同组织编制，并于2019年11月22日联合发布了2018年《〈京津冀建设工程计价依据——预算消耗量定额〉城市地下综合管廊工程［JJJZ0-31（03）-2018］》。

（张　俞）

北京建材行业联合会

概　况

2019 年北京建材工业企业按照北京市人民政府办公厅发布的《北京市新增产业的禁止和限制目录（2019 年版）》要求，认真开展疏解工作，大部分企业完成了搬迁调整，现存的两家水泥企业也已经完成了转型升级。受政策影响，2019 年全市地方规模以上建材企业累计生产量：商品混凝土 4940 万立方米，同比增长 14.6%；平板玻璃 56.9 万重量箱，同比增长 4.4%；硅酸盐水泥熟料 256 万吨，同比下降 6%；水泥 319 万吨，同比下降 19.7%；石膏板 5892 万平方米，同比下降 2.8%；卫生陶瓷 166 万件，同比下降 12.8%；沥青和改性沥青防水卷材 71.5 万平方米，同比下降 57%；玻璃纤维和玻璃纤维增强制品 1.4 万吨，同比下降 21%。

（杨国宏）

工作信息

【承接调研课题】 继续完成市经信局跨年项目，组织调研、编写《北京市降低一般工商业电价政策落实效果自评估报告》。为确保评估工作的可靠性和实效性，自评估工作组根据《地方自评估工作指引》要求制定抽样调查方案，完成了对全市 16 个区 263 家不同类型工商业用户的抽样调查工作，梳理汇总了抽样调查结果，完成了合同要求的对数据汇总分析工作，摸清了北京市降电价政策措施的落实情况。

（杨国宏）

【做好会员企业疏解后的跟进服务】 以疏解非首都核心功能为工作导向，按照市经信局的要求，协助做好《北京市新增产业的禁止和限制目录（2019 年版）》的落实工作，积极为企业与外埠相关机构、工业园区牵线搭桥，组织相关企业进行项目对接。联合会多次到会员企业进行调研，对已经完成疏解的企业进行重点走访，了解企业的发展现状和经营状况，对企业面临的问题积极与政府相关部门进行沟通、反映，为企业解决问题出谋划策。配合市经信局完成了对《北京市新增产业的禁止和限制目录（2019 年版）》中墙材淘汰产品的界定，合理保留了目前在京砌块和加气混凝土生产企业。联合会防火涂料分会的 34 家会员企业中有 28 家已在北京市以外的省市落户，防火涂料分会协助这些会员企业完成了认证机构的工厂检查及 3C 证书转换工作。

（杨国宏）

【开展诚信创建工作】 继续组织会员企业自愿参加由市经信局牵头、首都文明办、市工商局、市税务局等委办局联合组织开展的《北京市企业诚信创建》活动，年内完成9家诚信企业复审工作，新申报诚信企业2家。

（杨国宏）

【做好“北京建材行业科学技术奖”工作】 连续14年免费开展北京建材行业科学技术奖评选活动。2019年，有20家企业进行了申报，申报项目共计45项。经初评、专家评审、科委会通过，在协会网站公示无异议，共计35个项目获2019年度“北京建材行业科学技术奖”。

（杨国宏）

【开展科技成果鉴定工作】 受北京金隅红树林环保技术有限责任公司、北京生态岛科技有限责任公司委托，组织专家对这两家企业的科研成果“全自动废弃铁质包装容器预处理及处置系统开发”“废硫酸提纯综合利用于飞灰处理的技术研究”进行了鉴定。

（杨国宏）

【开展体系认证工作】 继续发挥“国建联信认证中心北京地区认证工作站”作用，认真做好建材行业企业新认证、再认证工作，年内完成了对49家企业183项次的年度监查审核。4月16日—18日与国建联信认证中心联合举办了企业管理“三体系”（质量、环境、职业健康安全三体系）及《职业健康安全管理体系要求及使用指南》标准（转版）内审员培训班。本次培训共有20个单位的57名学员参加，课程结束后对学员进行了考核并颁发了管理体系标准内审员培训证书。

（杨国宏）

【开展职称评审工作】 继续开展建材中、高级职称评审工作。2019年申报高级职称的有139人，经审核有123人参加了答辩，73人获得通过；申报中级职称的有206人，经审核有201人参加了答辩，144人获得通过。

（杨国宏）

北京市建筑装饰协会

概　况

年内，协会围绕“四新①、四化②、五型③”的核心价值理念开展各项工作，稳中求进、创新思维、锐意进取，推进行业各项工作的展开。遵循“依法设立、自主办会、服务为本、治理规范、行为自律”的办会原则，接受监事会、会员

① 新时期、新思维、新定位、新作为。
② 绿色化、产业化、科学化、差异化。
③ 学习型、引领型、创意型、服务型、自治型。

及社会监督，建设“学习型、引领型、创意型、服务型、自治型”新型社会组织平台，为会员企业提供高质量的服务。

（王永先）

工作信息

【协会自身建设情况】 年内，协会根据市党建领导机关、业务主管单位及登记管理机关对北京市社会团体换届选举工作要求及《北京市建筑装饰协会章程》规定，成立“换届工作领导小组”，经六届四次理事会表决通过换届方案与相关提案，于4月通过业务主管单位及登记管理机关预审核，6月5日按时召开换届大会，由全体参会会员民主选举产生第七届理事会负责人，通过了《北京市建筑装饰协会章程》以及11项相关管理制度。新一届协会严格遵守《中华人民共和国会计法》《民间非营利组织会计制度》及《北京市建筑装饰协会章程》规定，加强收支管理，有法可依，有章可循，实现管理的规范化、制度化、会费收支透明化，合理使用会费，服务至上。

（王永先）

【脱钩工作情况】 年内，根据北京市委办公厅、北京市人民政府办公厅关于印发《北京市行业协会商会与行政机关脱钩工作方案》的通知以及北京市民政局等八部门关于印发《北京市全面推开行业协会商会与行政机关脱钩改革工作方案》的通知精神，正式启动协会脱钩工作，做到“五分离五规范”。初步核查确定协会资产性质为国有资产，脱钩后的资产管理将严格按照《财政部关于加强行业协会商会与行政机关脱钩有关国有资产管理的意见（试行）》等有关规定执行，同时接受相关部门与监事会监督。

（王永先）

【推进薪酬改革情况】 协会换届后制订了《北京市建筑装饰协会员工手册》和《岗位责任手册》，结合民政部发布的“关于加强和改进社会组织薪酬管理的指导意见”文件精神，制定出符合社会组织现状的“北京市建筑装饰协会薪酬调整方案”，将现有协会工作人员的薪酬纳入现代社团组织管理体系。调整后员工薪酬水平总体上升，年度人工总成本较调整前相比基本持平。

（王永先）

【会员队伍建设情况】 年内，协会通过走访调研会员企业，掌握企业发展动态，了解企业诉求，不断优化会员结构，按照广泛性和代表性相结合的原则，团结骨干企业，发挥领军示范作用，带动产业绿色融合发展。经理事会表决通过，共清理僵尸会员23家，发展新会员19家，会员总数达371家。秘书处顺应会员企业对协会服务交流平台的需求，通过会员信息动态管理，改进了会员信息共享方式。

（王永先）

【社会化职称评审】 年内，北京市社会化职称评审工程技术系列（建筑装修设计、建筑装修施工）专业课考试报名达2000余人，获准考试资格1000余人，其中高级职称评审共有78名申报人员通过了资格复审，48人通过评审，整体通过率为62%；中级职称评审共有587名申报人员通过了资格复审，364人通过评审，整体通过率为62%。

（王永先）

【市优工程与市优设计评选情况】 年内，有80项工程申报北京市建筑装饰优质工程，经组织专家现场实地检查及资料核查，并经评审委员会评议通过，最终50项工程入选2019—2020年度（第一批）北京市建筑装饰优质工程。共有57项工程申报北京市建筑装饰优秀设计奖，经专家评审后其中14项获得优秀设计奖，33项获得创意类设计奖。

（王永先）

【家装纠纷调解】 年内，协会对家装调解工作人员进行专业知识培训，在社区开展居民家装知识宣传贯彻工作，维护社会稳定和行业公信力，化解家装企业与用户之间的矛盾，促进社会和谐。截至年底，协会消费纠纷人民调解委员会共接到投诉电话77起，符合调解条件的23起，其中合同纠纷13起，质量问题投诉9起，成功调解14起。

（王永先）

【开展行业公益活动】 年内，在行业倡导健康生活，快乐工作新风尚，传播健康＋理念，增进友谊交流。4月，举办“2019行业迎春半马友谊跑”；6月，举办第三届“之江杯”羽毛球大赛公益文体活动。继续参加京津冀社会组织助力脱贫攻坚项目暨民政事业协同发展工作。10月，对河北省滦平县红旗镇为育希小学进行捐资助教，用于改善学校的教学设施并签订了《2019京津冀社会组织跟党走—助力脱贫攻坚行动协议书》。协会捐资3万元，其中领导及员工捐款0.39万元，会费支出2.61万元。

（王永先）

【工程观摩交流】 推进行业技术进步、鼓励并引导企业创建更多精品，铸造企业品牌。12月，协会组织会员企业对城奥大厦进行项目实地观摩交流活动，为企业创造学习交流平台。

（王永先）

【凝聚力量打造首都设计名片】 12月，协会举办“创艺视界、遇鉴未来”设计高峰论坛，行业知名设计师与来自行业协会、房产开发、设计机构、施工企业的400余名企业家、专家及行业精英设计师参与。讨论议题有：如何应对建筑装饰设计师未来面临的七大变化，实现跨学科教育，培养大师级的空间设计师；如何将博大精深、丰富多彩的中国文化及元素有效融合到大型公共空间的设计中，实现中华民族的文化自信；对“绿色建筑”“高品质装修”的全新理解诠释；中国商场形态分析等。提出“商业为艺术搭台，艺术为商业唱戏”的共融相生关系以及设计团队管理“体系、协同、赋能”的“六字”锦囊等问题，并分享先进设计理念，揭示行业发展弊端。

（王永先）

【发挥行业交流平台作用】 年内，协会继续与天津、河北协会共同研究解读当前行业形势，讨论进一步推进京津冀装饰行业全产业链的整合，拓展三地建筑装饰领域协同发展的广度和深度、组织京津冀精品工程交流及区块链＋互联网装饰企业信息化管理等活动。11月，“北京市建筑装饰协会‘一带一路’国际工程工作委员会”在北新科学院隆重揭牌成立；同月，北京市建筑装饰协会（BCDA）与意大利一带一路研究机构（OBOR）在北京侨福芳草地签署“合作备忘录”。12 月，举办“创新发展 数说未来”企业家论坛，就“在创新与传承的探索中践行文化自信”“文化遗产与科技跨界融合、传统文化业态的数字化升级”“建筑工业化全产业链融合以及 BIM 应用”等方面进行探讨交流。

（王永先）

【开展行业课题研究】 年内，联合中国房地产业协会、中国房地产采购平台，通过科学、公正、客观、权威的调研评价体系和调研方法，采集企业调研资料、分析研究行业数据，探索行业发展路径，并结合行业发展现状邀请行业权威专家、企业家参与撰写新的设计和方向性指导意见，共同编制“2019—2020 年北京市建筑装饰行业品牌研究发展报告”，向建国 70 周年献礼。

（王永先）

【标准制定工作】 年内，协会组织幕墙行业权威专家，经过一年多的调研和学术论证，行业首个《双层幕墙技术规程》团体标准开题，该规程的出现填补了双层玻璃幕墙技术领域的空白，保障建筑幕墙安全运行，减少和消除技术壁垒。为进一步规范家装市场，推动行业技术全面升级，协会组织专家制定北京市地方标准《住宅装饰工程质量验收标准》的重新修订方案。

（王永先）

【诚信建设工作】 年内，制定并发布了《关于北京市建筑装饰行业诚信的倡议书》《住宅装饰装修行为公约》《首都幕墙门窗行业自律公约》等关于幕墙、家装等专业领域系列行业自律公约、信用承诺。

（王永先）

【其他工作】 8 月，科学技术专业工作委员会创新工作思路，开展施工组织设计评选和北京市行业首个科技成果汇编工作；11 月，一带一路国际工程工作委员会成立，是全国第一个国际化专业委员会；12 月，幕墙门窗专业工作委员会完成了换届工作，是协会首次委任行业专家担任协会专业委员会主任委员，深入落实“专家办会”的工作理念；设计文创专业工作委员会在年内分别组织了“建筑设计师责任制的实践与思考”“既有建筑装修改造”“装饰装修 BIM 技术应用经典案例”等活动。

（王永先）

北京城建科技促进会

概　况

2019 年，北京城建科技促进会在市住房城乡建设委和市民政局的领导和支持下，秉承团结、创新、奋进的精神，以政府、企业、会员单位、行业及社会发展需求为导向，以“充分发挥城建系统的综合技术优势，促进科学技术成果转化生产力，促进技术进步，为会员、政府和社会服务”为宗旨，切实依法治会，民主办会，坚持民主、自律、自我发展之路，开拓创新，积极作为，充分发挥了政府与企业的桥梁和纽带作用，服务首都发展。

（王艳翠）

工作信息

【加强党建及自身建设】 加强党建、发挥党组织引领作用。组织开展学习改革开放40周年讲话及精神，参观中国人民抗日战争纪念馆，参观“伟大的变革——改革开放40周年展览”，参观2019年世园会等爱国主义教育活动，加强爱国、爱党、党性教育，增强党员意识，发挥党支部的战斗堡垒作用和党员的先锋模范作用，不断提高员工的政治素质和思想水平。年内，增设“修缮医院”与“北京城建科技促进会施工安全风险评估中心”分支机构，完善组织架构，提高我会的发展能力，为扩大专业技术服务创造了更好的条件。抓好协会自身建设，健全和完善各项规章制度，使协会工作更加规范、高效；要坚持创新发展，不断激发协会活力，以新思路、新举措谋求协会发展。

（王艳翠）

【工程建设标准化管理】 年内，协助市住房城乡建设委完成29项地方标准征求意见、14项标准预审、18项标准送审的工作；向市市场监督管理局报批20项地方标准，对20项工程建设地方标准进行复审。

（王艳翠）

【工程建设标准编制】 年内，完成了国家标准《城市轨道交通隧道工程施工与质量验收》的审查和国家标准《城市公共基础设施 智能井盖》与《城市公共基础设施 智能路灯》的编制工作；完成《住宅排气道》通用图集编制工作；完成了北京市地方标准《智慧工地技术规程》的编制工作并开展相关专业细度模型标准编制工作。

（王艳翠）

【团体标准】 年内，完成了4部团体标准的编制与出版发行工作，包括：《住宅排气道系统应用技术标准》（T/UCST003—2018）、《建筑钢结构工程安全技术标准》（T/UCST004—2019）、《透水路面工程施工质量验收标准》（T/UCST005—2019）、《建筑工程施工现场供用电安全技术标志》（T/UCST006—2019）。同时，开展了《房屋建筑与市政基础设施工程施工安全风险评估技术标准》《城市建设工程地下水回灌技术标准》《建筑施工现场应急救援预案编制规程》《建筑工程集成项目交付模式实施规程》等团体标准的编制工作；并开展了团体标准《建筑隔墙和楼面隔声工程技术规程》和《钢筋套筒灌浆充盈率检测技术标准》的立项筹备工作。

（王艳翠）

【公益技术讲座】 年内，承办了市住房城乡建设委“城建科技公益技术讲座”，主题涵盖行业新政解读、建筑业互联网、工程项目智慧建造、地下水控制技术、装配式建筑、建筑节能与绿色建材、城市综合地下管廊建设、防水技术与渗漏治理和大型公益讲座进高校等多项内容，全年共有建设、设计、施工、监理、质监等 270 余家单位，4800 余人从讲座中直接受益。同时，组织参观“亦庄 X90R1、S1 地块项目”工程，此次参观交流作为第八期公益讲座“装配式建筑、医院管理”的延伸，将公益讲座带到了工程实践中去，探索创新服务模式。

（王艳翠）

【专题技术培训】 年内，举办建筑工程“防风险、除隐患、遏事故”暨“建筑施工事故案例分析”交流会，共有 90 多家单位 230 余名建筑设计、施工及相关从业人员参会，帮助相关人员正确理解和贯彻落实“防风险、除隐患、遏事故”“双预防机制”等党中央、国务院有关安全生产重大决策部署，强化学员的安全责任，提升工程事故的预防和管控能力。同时，关注新行业标准的宣传贯彻，促进标准推广应用。10 月 23 日，举办全国首场《岩棉薄抹灰外墙外保温工程技术标准》JGJ/T480—2019 宣贯会，共有 100 余家单位 300 余人次参加此次宣贯会，该标准的宣传贯彻与外墙外保温脱落现象相结合，得到了广泛的关注，宣贯会旨在指导和规范相关技术人员系统理解和掌握标准内容，提高了标准实施水平。

（王艳翠）

【建筑施工安全生产标准化企业考评】 年内，共受理 900 家企业的标准化考评工作，其中有 42 家申优企业，经专家实施现场评定，其中 34 家企业为建筑施工企业安全生产标准化优良企业。全年抽查 27 家企业，12 家合格，15 家不合格；组织专家实施了 69 家企业的建筑施工企业安全生产标准化现场检查。考评提交的整改报告已归档保存。

（王艳翠）

【危大工程安全管理】 作为市住房城乡建设委危大工程安全管理技术服务单位，2019 年度，协助制定并贯彻落实《北京市实施〈危险性较大的分部分项工程安全管理规定〉细则》《北京市危大工程专家管理办法》；对危大专家进行业绩考评，建立专家诚信档案 2053 份；存档危大工程专项方案及论证结果 1265 份；协助完成危大工程专家库及轨道交通建设工程专家库的合并及更新工作，更新后的危大工程专家库共有专家 1215 人；协助完成 3 项危大平台功能的研究工作，对平台上 200 余处不实信息进行了纠正或清理；143 位专家通过危大平台对 2524 项危大工程进行了跟踪，共发现并消除安全隐患 9 处；完成 60 项深大基坑的汛期安全隐患排查工作，发现并消除安全隐患 5 处；完成 40 项危大工程专项方案论证结果抽查，发现 18 项方案未严格按照论证细则进行评审，对参与评审的 79 位专家进行了扣分处理；组织 22 位专家对 30 项危大工程专项方案的执行情况进行了现场检查，共发现并消除安全隐患 4 处。

（王艳翠）

【施工降水评审管理】 受市住房城乡建设委和市水务局委托，开展施工降水评审专家抽取及评审结果存档管理工作，2019年度共有36项工程申请降水专项方案评审，其中有3项因不符合施工降水评审管理规定未予通过。

（王艳翠）

【BIM技术推广】 年内，协助市住房城乡建设委编制了《北京市推进建筑信息模型应用工作指导意见（征求意见稿）》，并协助市住房城乡建设委组织专家开展了2019年北京市BIM应用示范工程征集、评审及北京市“智慧工地”建设现场观摩交流、送建筑技术到企业等系列活动。同年，开展了北京市地方标准《智慧工地技术规程》及房屋建筑工程相关专业施工模型细度标准的编制工作，进一步完善了北京市BIM标准体系。此外，为帮助工程项目管理人员提升BIM等信息化技术融合应用水平，联盟充分整合利用北京市BIM相关资源，在年内成功举办了两期主题为“BIM＋物联网等信息技术与项目管理融合应用”的项目经理BIM应用高级研修班，来自北京市施工企业共计86名项目经理及相关人员参加了研修活动。

（王艳翠）

北京市工程建设质量管理协会

概　况

年内，提高结构长城杯申报标准，要求按照施工许可证的范围全部申报，住宅工程必须按栋号全部申报；现场检查做到“两个全覆盖”，即所有申报栋号全覆盖检查，所有工程资料全覆盖检查。召开“咨询服务工作会”，着力推动以咨询服务为主、以出具《工程建设质量管理现场咨询评估服务报告》（以下简称《服务报告》）为形式的评优检查模式创新。各专家组落实“两项指标”，长城杯工程金银奖比例及淘汰率趋向合理。专家队伍的新老交替成为常态。根据企业的需求和重点工程的需求，积极开展创优标准公益培训，为提高企业质量管理水平和创优工程质量水平提供技术支持。截至年底，协会共有会员单位217家。

（张　崇　江海洪）

工作信息

【结构“长城杯”申报和评审情况】 年内，申报结构“长城杯”工程509项、同比减少13.44%，建筑面积3948.67万平方米、同比减少9.54%，其中住宅工程226项、2043.35万平方米，公建工程283项、1905.32万平方米。因主体结构未完，需跨年度的有162项。协会组织专家组采用《服务报告》的形式，共完成检查、评价工程 358 项，2541.05 万平方米（含涉密工程 11 项）。经评审委员会审议及网上公示，公布表彰结构“长城杯”工程 283 项（含涉密工程 11 项）、同比减少 95 项，总建筑面积 2176.5 万平方米、同比减少 20.9%，其中金奖 144 项、银奖 139 项。

（张　崇　江海洪）

【竣工“长城杯”申报和评审情况】 年内，申报竣工“长城杯”工程 146 项（住宅 67 项、公建 79 项，含跨年度接转工程）、同比增加 30.36%，建筑面积 1008.42 万平方米、同比增加 22.74%。经过检查评价，在 146 项申报工程中，有 89 项达到竣工长城杯标准，其中环京及京外工程 26 项、涉密工程 8 项、跨年度接转的工程 24 项。有 54 项工程存在不同程度的问题，直接淘汰 5 项、缓评 39 项，淘汰和缓评项数占当年申报数量的 30%。企业因各种原因主动退出参评的 10 项。经评审会审议及网上公示，共表彰竣工长城杯工程 78 项（含涉密工程 9 项），与上年度持平；建筑面积 458.44 万平方米，同比增加 2.2%。其中金奖 36 项（住宅 5 项、公建 31 项），银奖 42 项（住宅 30 项、公建 12 项），创国家级奖项的目标工程 22 项。

（张　崇　江海洪）

【保障性住房工程申报和获奖情况】 年内，申报结构“长城杯”的保障性住房工程 142 项，同比增加 14 项、9.86%；建筑面积 1527.71 万平方米，同比增加 24.90%（注：含副中心周转房）。减去跨年度的 42 项工程，共完成检查评价 100 项、935.79 万平方米，其中，符合结构长城杯《评审标准》的有 80 项、838.11 万平方米（金奖 26 项、银奖 54 项）。申报竣工长城杯的保障性住房共 27 项（其中公租房 10 项、定向安置房 9 项、自住型商品房 8 项），同比增加 3 项；建筑面积 225.82 万平方米，同比增加 2.93%。经过检查评价，19 项保障性住房获评竣工长城杯（金奖 3 项、银奖 16 项），8 项因当年未完成竣工验收，转入下一年度评审。

（张　崇　江海洪）

【京外和境外工程申报和获奖情况】 年内，17 项京外工程申报结构“长城杯”，其中环京周边县市的工程 8 项，同比减少 40 项。经检查评价，17 项工程全部获评结构“长城杯”。1 项境外工程申报结构“长城杯”，面积 61250 平方米，为我国政府援建项目，获评结构“长城杯”金奖。无京外工程申报竣工“长城杯”。

（张　崇　江海洪）

【积极推进咨询服务模式创新】 年内，召开咨询服务工作专题会，全体参加长城杯工程现场检查的咨询服务专家约 120 人。会议交流实行《服务报告》以来的经验及效果，针对主要问题提出改进措施和要求，强调做好咨询服务工作的重要性。会议对全体专家统一思想，统一检查评价标准，坚定创新服务模式，起到了引导和推动作用，对全面提升长城杯工程品质，起到了促进作用。会后，各专家组对填写《服务报告》的形式普遍认可，前期存在的评价简单、书写潦草等问题得到纠正；金银奖比例及淘汰率趋向合理。

（张　崇　江海洪）

【组织建筑业先进技术观摩交流活动】 年内，协会联合北京市住宅产业化集团、北京城乡建设集团，在焦化厂公租房项目部举办了“北京市装配式及超低能耗建筑施工技术交流会”。全市各施工企业的约600名技术、质量管理人员分三批（约200人/天）参加了活动。活动由室内授课、样板展示和现场观摩三部分组成。参加活动的人员在会议室听取来自装配式和超低能耗建筑设计及施工领域相关专家的授课，在现场观看展板和视频，了解新技术体系的特点，参观即将交用的公租房样板间，就自己感兴趣的技术点和项目部人员交流。此次活动传递了建筑业的先进理念，推广了新技术、新材料、新工艺、新设备，对施工企业承建装配式及超低能耗工程，具有帮助和指导作用。观摩活动后，协会期刊做了专题报道，并编发了授课专家的课件。

（张　崇　江海洪）

【组织质量创优公益讲座和其他专业培训】 年内，组织创优标准培训和相关专业培训18期次，总计培训1739人。其中，创优标准培训16期次、培训1267人，除一期为集中培训外，其余均为到企业内部或大兴国际机场、城市副中心、冬奥会工程、亚投行、21工程（中共党史馆）等重点工程中开展创优公益讲座及相关咨询服务。担任培训任务的专家针对各个企业的不同情况，既讲普遍性规范标准，也针对其薄弱环节有所侧重，并对《服务报告》的填写内容进行讲解，进行现场答疑，受到企业好评。另组织了2期“混凝土结构施工质量控制”培训，培训472人。协会培训中心再次获得由区教委颁发的“西城区民办教育先进集体”称号。

（张　崇　江海洪）

北京市建设监理协会

概　况

年内，依据市住房城乡建设委的指示精神，认真学习领会习近平总书记系列重要讲话和“不忘初心、牢记使命”的要求，紧密结合国务院深化改革的战略部署，深化建筑工程领域咨询服务供给侧结构性改革，推动市监理行业的转型升级取得良好业绩。截至年底，有会员单位230家。其中常务理事单位28家，理事单位52家，监事单位5家。

（石　晴）

工作信息

【机构设置情况】 年内，协会由李伟任会长，内设信息部、培训部、行业发展部和办公室等部门。为便于协会与会员单位的沟通，将230家会员单位编成15个协作组，每个协作组设1名组长单位。协会主要工作通过协作组上传下达，保证各项工作的顺利开展。

（石　晴）

【召开年度监理工作会】 3月，召开“北京市2019年建设工程监理工作会”。会长李伟就“2018年全市监理行业工作总结和2019年工作安排”做专题汇报。各区建设部门相关领导、各监理单位代表等共计320余人参会。

（石　晴）

【举办公益讲座】 6月，举办《全过程工程咨询和监理行业发展》公益讲座。围绕国务院、住房城乡建设部、发展改革委发布的5个文件，解读“全过程工程咨询”有关文件规定和概念，分析监理行业发展趋势、面临的发展机遇以及应对措施和建议。128家会员单位的主要负责人共计270余人参加。

（石　晴）

【支援和田建设】 6月和9月，受北京市扶贫协作和支援合作工作领导小组新疆和田指挥部委托，协会继续开展对援疆建设项目进行综合专业评估。评估分上半年、下半年两次进行，每次赴疆工作10天。截至年底，协会共选派19名优秀行业专家参与了此项工作。

（石　晴）

【举办“庆祖国七十华诞”歌咏比赛】 6月，举办“庆祖国七十华诞”歌咏比赛。6月15日，北京日日豪工程建设监理有限责任公司等40家会员单位共计1200人参加了歌咏比赛预赛，15家代表队胜出。6月21日，市监理协会隆重举办歌唱祖国歌咏比赛决赛。北京银建建设工程管理公司等15家代表队分别获得一、二、三等奖、最佳合唱奖、最佳形象奖、最佳创意奖。

（石　晴）

【组织“2019年预拌混凝土驻厂监理观摩活动”】 8月，组织“预拌混凝土驻厂监理”观摩交流活动。北京致远工程建设监理有限责任公司驻厂监理机构负责人对质量管理体系、原材料管理、设备管理、试验室管理、生产管理、出厂质量管理等内容进行了系统介绍。并带领观摩人员进入工作间、实验室等进行参观交流。共计32家单位35人参加。

（石　晴）

【协助做好相关文件的修订工作】 年内，协会积极参与“37号部令第三十六条和三十七条”、《北京市住宅工程质量风险管理机构（TIS）管理办法》《全过程工程咨询合同示范文本》《北京市综合管廊建设管理规定》《北京市住房和城乡建设委员会关于加强综合管廊工程质量和安全管理的通知》《北京市房屋建筑和市政基础设施工程危险性较大的分部分项工程安全管理实施细则》《装配整体式混凝土结构工程施工安全管理指导意见》《北京市房屋建筑和市政基础设施工程质量风险分级管控办法》等文件的修订、研讨和意见征求等工作，为建筑行业改革建言献策。

（石　晴）

【开展课题研究工作】 年内，共完成6项课题。其中中国监理协会课题《深化改革完善工程监理制度》，市住房城乡建设委课题《综合管廊工程质量控制与监管研究》，协会课题《安全生产监理工作标准化》《建设工程监理工作评价标准》《全过程工程咨询研究》《TIS（保险风险评估）机构工作标准研究》等，30家监理单位110名行业专家参与了课题研究工作。6项课题经过深入调研，反复征求意见，收集问卷500余份，召开课题组会议100余次，形成调研报告、研究报告、课题成果、课题建议稿等。

（石　晴）

【开展全员学习活动】 年内，市监理协会继续开展《建筑工程质量验收统一标准》等16个国家验收标准，以及“建筑工程系列验收标准”全员学习活动。16个国家验收标准分为3个分册，分别是建筑结构工程、装饰节能及防水、设备安装。协会重点组织学习工程质量验收标准第一分册，并根据网上公示的题库自行组织答卷。截至年底，协会分4批组织“建筑工程系列验收标准”闭卷考试，试卷分高管组、专业监理工程师组和青年组，有2891人参加了考试。

（石　晴）

【举办教育培训】 年内，协会面向北京监理行业举办了“北京市专业监理工程师6期”“安全监理员12期”“见证检测9期”“资料员2期”“监理员3期”培训；举办了“注册监理工程师继续教育”“中国建设监理协会个人会员”等网上教育和驻点办学，共计培训7605人次。

（石　晴）

【会刊、网站工作】 年内，协会网站转发文件、规范标准、行业动态、培训信息、协会工作等295篇，平均月点击量十万余次；协会编辑出版会刊《北京建设监理》12期，转载国家标准及文件通知80篇。截至年底，协会印发“简报”“党建信息”16期，图文并茂报道协会开展的重要工作，传达主要会议精神。

（石　晴）

【党建工作情况】 年内，市监理协会党支部十分重视加强基层党组织队伍建设和思想政治工作，定期召开党员民主生活会，学习习近平系列重要讲话等，对党员、入党积极分子进行党课教育、“不忘初心牢记使命”主题教育、革命传统教育，积极开展读书、爱心捐款、植树、参观等活动，庆七一“共产党员献爱心”捐献活动共计捐款1400元。坚持党的领导，充分发挥党支部的战斗堡垒作用和党员的先锋模范作用。

（石　晴）

北京市政工程行业协会

概　况

年内，协会认真履行为会员单位服务的宗旨，开展工程评优、职称评审、教育培训和诚信企业建设等工作，较好地完成了全年任务。截至年底，协会会员增至262家。

（张　智）

工作信息

【召开联络员工作会议】 8月28至30日，协会召开2019年联络员工作会议。近百家会员单位的领导和联络员参加了会议。会议总结汇报协会工作，并介绍了邯郸市政建设发展情况和邯郸历史文化名城保护情况。会上研究布置了2019年度北京市市政行业诚信企业、北京市市政工程优秀项目经理、北京市市政行业优秀企业家评选工作等。表彰了2018年度优秀联络员、并发放了奖金。

（张　智）

【组织工程评优】 年内，开展北京市市政基础设施“长城杯”工程评选工作。参评项目198项，初评检查市政公用和公路工程项目87次、轨道交通工程项目187次。经初评组推荐，“长城杯”工程评审委员会以无记名投票方式评选出2019年度北京市市政基础设施“长城杯”工程169项，其中结构银质奖工程15项、金质奖71项，竣工银质奖工程19项、金质奖64项。北京市有7家企业在外埠承建的PPP项目被评为北京市市政基础设施“长城杯”优质工程。

（张　智）

【道桥施工中级专业技术资格评审】 有446人申报道桥施工中级技术资格，经网上初审、现场核实申报材料，有352人符合评审条件。协会根据申报人数请示市人力社保局专业技术人员管理处，抽取专家18名作为评委，组成6个答辩组。9月中旬对评委进行培训，10月组织了答辩，其中280人通过考核，未通过72人，通过率为79.6%。经市人力社保局专业技术人员管理处检查验收，并通过公示，北京市中级专业技术资格评审委员会向通过评审的人员颁发了北京市专业技术资格证书。

（张　智）

【市政工程建设QC小组成果评选】 4月份，召开市政工程建设QC小组成果发布交流会，244项QC小组成果进行发布并获奖。根据《北京市政行业质量管理小组活动成果发布和评选办法》要求，经专家评审，北京市市政四有限责任公司群龙臻珥QC小组的《新型桩头破除工艺研发》等80项成果获北京市政工程建设QC小组交流成果一等奖；中交一公局海威工程建设有限公司梦之翼QC小组的《研究一种可拆卸的附着在钢箱梁腹板上的高空作业操作平台》等100项成果获北京市政工程建设质量管理QC小组成果二等奖；北京路鹏达市政建设有限责任公司彗星QC小组的《减少道路横向裂缝》等64项成果获北京市政工程建设质量管理QC小组成果三等奖。60个QC小组活动成果推荐到中国市政协会进行成果发布，获得一等奖14名、二等奖8名、三等奖3名。7个QC小组活动成果推荐到中国建筑业协会参加发布并全部获奖。

（张　智）

【开展行业培训】 年内，本着为企业服务，提升培训质量的原则，组织各类培训班12期，分别是安全生产三类管理人员取证培训1期、安全生产三类管理人员继续教育培训班8期、注册安全工程师培训1期、QC质量小组基础知识培训班1期、一级建造师考前培训班1期。全年累计培训约1730人次。

（张　智）

【科技创新活动】 年内，共28个项目申报“北京市政工程行业爱迪生科技创新奖”，协会根据评审细则对28个项目的技术先进性、成果认知度、社会效益综合评价、经济效益综合评价等方面进行了公平、公正的评选，最终《承压水软土地层SMW桩深基坑变形控制关键技术》《暗挖车站导洞内地下连续墙施工工法》两项被评为一等奖；《海绵城市超大断面暗挖雨水调蓄系统综合技术研究与应用》《三维激光扫描技术在地铁隧道断面测量中的关键技术研究与应用》《受限空间多层互通立交异形结构修建综合技术研究》3项被评为二等奖；《环保型SD-SGG注浆材料研发及应用》《多功能模块化自行式盾构移动基座的研发与应用》《地铁冷冻机房空调机房管路及机组装配式技术研究》3项被评为三等奖；另有20项被评为优秀奖。

（张　智）

【修订《市政基础设施工程资料管理规程》】 年内，按照市住房城乡建设委和市质监局的要求，组织专业技术人员完成了北京市地方标准《市政基础设施工程资料管理规程》的修订工作。

（张　智）

【组织专题讲座】 年内，为了使会员单位进一步了解建筑行业的发展趋势，把握发展方向，提高管理水平，组织1期面向会员单位领导人员的专题讲座，题为“市政行业高质量发展的若干思考”。讲座有近百人参加。

（张　智）

【加强协会自身建设】 年内，协会和协会注册的培训中心按要求完成了年检、审计工作。继续加强网站建设，加强宣传报道，将重要事项在网上公示，及时充实更新网站资料。参加京津冀三地市政协会联席会议，探讨如何落实在京津冀协同发展过程中相互帮助、资源共享以及解决企业进入异地施工遇到的困难。协会党支部抓好支部建设，全年共召开9次支委会。组织党员学习《新时代党员干部应知应会100条》《中国共产党党员教育管理条例》、税务知识等。召开专题组织生活会一次，根据党员评议的情况，支部委员之间、支部书记与党员之间交换了意见。参加北京市行业协会商会综合党委第三联合党委组织第二批“不忘初心，牢记使命”专题教育活动。开展革命传统教育活动，组织党员参观门头沟平西情报联络站、香山革命纪念馆、河北涉县129师纪念馆、雄安新区等。组织党员参加2次献爱心捐款活动。

（张　智）

北京房地产业协会

概　况

2019年，协会在“服务会员、服务行业、服务政府、服务社会”的办会宗旨的指导下，不断加强自身建设，积极开展会员活动，充分发挥政府与企业间桥梁纽带作用，力求推动行业持续健康发展。

（刘　婵）

工作信息

【党建工作】 年内，经中共北京市生产制造业行业协会第三联合委员会的批准，北京房地产业协会流动党支部成立。党支部成立以来，带领党员参加“不忘初心、牢记使命”主题教育活动，并组织协会全体职工开展系列活动：参加《李大钊思想 共产党人的初心》专题讲座；向河北张家口和内蒙古乌兰察布贫困学生捐款献爱心；观看爱国主义教育影片《我和我的祖国》；参观香山革命纪念馆及双清别墅；参观“2019年北京公益慈善汇展”、中华人民共和国成立70周年大型成就展。

（刘　婵）

【专项自查自纠工作】 年内，协会根据管理部门的要求，在清理规范涉企收费、规范离退休人员兼职等方面，开展多次自查工作并接受管理部门的专项检查，均未发现存在问题。

（刘　婵）

【改进服务开设工作微信群】 年内，为进一步提升服务水平，协会建立“北京房协工作联络群”。通过该微信群，一方面推送协会各类信息，如每月市场数据、协会工作动态、市场热点事件话题等；另一方面借助此平台听取会员对协会工作的意见建议。

（刘　婵）

【接待管理部门到协会进行工作调研】 9月，市住房城乡建设委房地产开发管理处到协会开展工作调研，了解协会各方面工作情况，听取协会对全市房地产市场热点问题的看法和工作建议，并就管理部门面临的政策与市场问题进行交流探讨。

（刘　婵）

【陪同国家统计局到会员企业调研】 10月，协会副会长兼秘书长陈志陪同国家统计局国民经济综合司、固定资产投资统计司等部门，到链家集团贝壳研究院就房地产市场形势进行调研，听取企业对全市房地产市场形势的分析介绍及对市场存在问题的解决建议，听取协会对全市市场走势的研判意见。

（刘　婵）

【深入市场一线进行调研】 年内，协会走访位于青龙湖、魏善庄、台湖等地区的9个房地产开发项目，调研竞限房市场情况以及“7090政策”执行情况，收集市场一手数据。

（刘　婵）

【建立全市房地产市场及行业信心指数系统】 年内，协会与链家集团贝壳研究院合作，开展建立全市房地产市场及行业信心指数系统的工作。该系统的建立运行，将有助于准确地研判市场预期，从而助力企业客观分析认识市场发展趋势。

（刘　婵）

【政策宣贯培训】 年内，协会组织会员深入学习《北京市住宅工程质量潜在缺陷保险暂行管理办法》《关于进一步加快热泵系统应用推动清洁供暖的实施意见》等政策，梳理下一步工作推进思路。同时，通过组织会员到项目现场实地学习、请专业机构人士详细讲解分析政策相关文件的方式，引导企业全面掌握管理政策。

（刘　婵）

【专业技术学习活动】 年内，协会联合中关村绿建创新技术联盟、恒北科技发展公司、美的空调暖通专业技术人员，共同组织会员企业到位于盘古大观的中央空调节能改造项目现场，举办中央空调节能技术研讨会。结合对改造项目的实地考察，详细讲解“基于变流量冷却塔的中央空调节能技术”“打造绿色高效冷冻机房的目标思路”等内容，助力企业学习掌握有关的技术要领，鼓励企业走降低能耗物耗、实现资源节约利用的绿色发展道路。

（刘　婵）

【对外交流活动】 年内，协会应法国驻中国大使馆的邀请，组织会员企业参加“法国在设计未来可持续发展城市方面的专长”研讨会活动。有7家来自法国的建筑设计事务所分享了其各自的经营设计理念、介绍在中国实施项目的情况，并与中方企业交流法国在建筑规划设计领域的专长。

（刘　婵）

【主办新建商品房高质量建设主题活动】 2019年“3·15消费者权益日”之际，协会主办以“坚守品质、诚信筑本”为主题的北京新建商品房高质量建设主活动，旨在督促行业自律合规、推动企业加强诚信建设；引导企业认识到在行业转型的关键时刻，房屋质量建设关系到企业的生存之本；呼吁企业主动引入第三方质检机构，协助政府做好市场监管覆盖。活动现场，参与活动的品牌房企共同签署了“北京商品房高质量建设倡议书”。

（刘　婵）

【与同业协会开展合作】 2019年，协会与中国房地产业协会紧密合作，组织会员参加由其主办的“中国房地产内装产业融创峰会”“中国房地产金融论坛”“中国房地产技术创新应用大会”“新加坡绿色建筑展考察”“装配式建筑发展论坛”“中日装配式建筑技术交流会”等活动。为会员企业搭建更广阔的交流与学习的平台，为企业拓展市场探寻发展空间。

（刘　婵）

【利用自媒体提供服务】 年内，协会通过“京房字”公众号，向社会公众发布市场数据、传递解读政策、分析市场形势，聚焦关注市场大事件，举办关于住房改造的系列公益讲座，与建材家居厂家联合推出系列优惠团购活动，提供公益性的验房服务，开设“周末租房大集”公益服务项目，吸引了许多粉丝。公众号后台每天收到大量的问题咨询，为此，京房字专家组专门成立了置业交流群，帮助粉丝解决买房全流程问题，从宏观政策、规划研究、片区分析、房源测评、买房风险、法律等多方面对粉丝选房买房进行指导，截至年底已经有3万余粉丝进群，且数量仍在不断增加。

（刘　婵）

【征收拆迁专业委员会工作】 年内，完善征拆信息管理网站数据库建设，为开展行业自律管理奠定基础。开设“北京征拆”公众微信号，发布法规政策、征拆信息、征拆案例等内容。受市住房城乡建设委征收拆迁管理处委托，修改完善《北京市国有土地上房屋征收补偿协议》模板文件。赴广州市、深圳市开展关于旧城改造、城市更新工作的调研，并实地考察深圳市城中村改造项目。

（刘　婵）

北京物业管理行业协会

概　况

年内，发挥政企之间桥梁纽带作用，履行促进行业人才建设，推动行业高质量发展等方面的职责，积极引领行业发展，全面服务会员单位。截至年底，协会共有会员单位807家，包括物业服务企业729家、物业行业相关企业78家。

（郑　宁）

工作信息

【配合政府工作】 年内，协会积极参与

《北京市物业管理条例》的立法工作，参加市人大、市住房城乡建设委、市司法局等部门组织召开的立法意见征集会共7次，收集、整理并向相关政府部门反馈书面意见34条；就《北京市文明行为促进条例》(征求意见稿)、《北京市生活垃圾管理条例修正案（草案送审稿)》开展研讨，向立法机关提出立法建议；继续参加中国物业管理协会立项的国家标准《物业管理术语》《物业服务安全与应急处置》的编写。

（郑　宁）

【做好政府委托工作】 年内，受国家机关事务管理局委托，圆满完成“不忘初心使命 提升服务品质——国管局住宅物业服务技能竞赛”组织任务，14家局属住宅物业服务单位的79名选手参加竞赛。先后与东城、丰台和石景山区相关部门进行沟通形成培训、咨询等专业工作支持方案，并成功在东城区开展300余人专项培训；完成上年底前已入住的80个公租房项目从运营管理、使用监督、社会化服务、物业管理等方面的现场检查；完成市委调研室来协会进行的行业工作调研、拉萨市住建局来京参观学习座谈会、朝阳区房管局工作调研等对外宣传交流工作任务。

（郑　宁）

【开展会员服务培训】 年内，协会继续开展“北京物业大讲堂”公益培训活动。把握物业服务本质与劳动力素质的关系，从重点岗位核心素质出发，开展项目经理、综合维修工、人力资源岗位公益培训。截至年底，共举办公益培训5期，培训1300余人。为发挥物业管理在社会建设和社区治理方面更大的作用，培训街道相关部门业务主管人员近400人；组织“二次供水、智能配电室、建筑防水、噪声控制、强弱电改造、财务管控、智慧停车”等内容的“物业相关新技术应用”系列交流活动8期，300余人参加。截至年底，协会7个专业委员会发挥专业作用，共举办座谈沙龙、实地调研、技术交流等各类活动20余次，带动了小企业发展。

（郑　宁）

【发挥党建引领作用】 年内，协会将党建工作作为日常工作、中心工作常抓不懈，切实发挥党建引领作用。成功举办庆祝建国70周年“金融街物业杯”北京物协第一届好声音歌唱大赛活动；组织部分会员单位定向给张家口市贫困学生捐赠物资活动，共筹集物资两千余件；举办“让爱永远在路上——健康社区行公益活动”，积极组织党员、志愿者参与，弘扬和践行社会主义核心价值观。先后为50家物业企业服务的社区近千名行动不便的残、障群众和社区老党员免费入户体检。截至年底，协会共调解物业纠纷90件，涉及标的金额31万余元，经过开展工作，调解成功29件，调解率为32.22%。

（郑　宁）

北京房地产中介行业协会

概　况

年内，协会在市住房城乡建设委、市民政局等部门的指导监督下，在各区房屋行政管理部门的帮助下，在广大会员单位的大力支持下，深入学习贯彻党的十九大报告和习近平总书记系列重要讲话，认真落实国家和北京市的房地产方针政策，紧紧围绕北京市住房城乡建设领域的核心任务，在落实房地产市场调控政策、维护房地产市场秩序、培育发展住房租赁市场、引导房地产经纪和租赁行业发展等方面开展工作，较好完成了理事会各项任务。

（李俊良）

工作信息

【会员发展情况】 年内，会员数量超过350家；通过严把备案关等措施，筛选掉150余家没有备案的会员单位；会员构成由原来的主营二手房经纪业务的单位会员，逐步扩展到住房租赁经营、商业办公地产经纪、养老地产服务、网络信息服务等多行业多领域多业态的企业会员；会员单位除涵盖了各细分行业及领域的头部企业、品牌企业外，中小微企业数量也快速增长，占比不断提高。

（李俊良）

【会员服务能力建设】 会员服务项目持续增多，服务内容不断丰富。日常能提供的会员服务项目，包括免费获得会员单位牌、免费制作信息卡，免费、优惠或者优先参加教育培训，优先参加协会组织的交流活动，免费获得行业管理咨询服务等，免费获得《房屋租赁和房地产经纪文件汇编》《北京市房地产经纪相关法规》《北京市新建商品房销售相关法规》《工作简报》以及《不动产登记系统钥匙盘使用及登记申请操作手册》等图书及资料。另外，在协会的办事窗口，专门设置了会员单位免费使用的电脑和打印机，会员单位到协会办理信息卡制作、职业资格证书登记、职业资格证书领取、钥匙盘领取等业务，均可以优先且免费使用。

（李俊良）

【建立健全组织架构】 年内，新设立了房屋租赁专业委员会、商业办公地产分会、养老地产服务专业委员会等分支机构；在朝阳区、东城区、通州区、海淀区等房屋行政主管部门派驻了专职工作人员，协助行业主管部门处理纠纷投诉。同年，在秘书处下设综合部（办公室）、会员部、考试部、培训部、研究部等部门。

（李俊良）

【信息化平台建设】 协会顺应互联网+行业自律的模式，开发行业平台，创新管理服务手段。先后开发上线了“北京市住房租赁服务平台”“北京市房地产经纪从业人员管理服务平台”“北京市住房租赁经营从业人员管理服务平台”，实现了行业自律管理服务的互联网化。特别是北京市住房租赁服务平台，作为全市唯一行业级的住房租赁服务平台，为广大租赁当事人、住房租赁企业、房地产经纪机构等提供租赁信息发布、网上签约、登记备案申请、资金监管、市场主体信用信息查询、信用评价等服务。各区房屋行政主管部门服务窗口以及链家、我爱我家和麦田、金城阜业等设立的224个租赁备案便民服务点，也依托北京市住房租赁服务平台为住房租赁当事人提供住房租赁登记备案服务工作。其中，2019年经纪机构和租赁企业备案11133条，自行成交备案6119条。

（李俊良）

【职业资格工作】 2019年，协会受国家考试机构委托，为北京市全国房地产经纪专业人员职业资格考试服务。其间，协会提供了考试宣传、考前培训、考场搜集、巡考检查、成绩查询、证书发放等服务，共组织考试2次，累计考试报名人数20911人，考试通过数9197人，目前房地产经纪专业人员职业资格登记的人数超过1.1万人，北京市协理登记人数占到全国的30%。另外，协会还负责经纪从业人员信息卡、住房租赁经营从业人员信息卡、商品房销售员胸牌的办理工作，其中2019年制作房地产经纪从业人员信息卡超过3万张。

（李俊良）

【继续教育培训】 培训课程内容不断丰富，由原来单一的交易管理政策讲解，逐渐扩张至涵盖职业道德操守、业务风险、绩效管理、门店经验、合同文本解读、贷款方案设计、海外地产业务操作、发达国家经验借鉴，以及商业办公地产和养老地产等专业课程。《如何成为百万经纪人》《如何打造千万业绩门店》《房地产交易相关法律知识》《入行必知的房地产基础知识》《新建商品房销售案例分析》《新房业务实质、合同谈判、审查要素》《存量房交易的法律纠纷处理和案例分析》《老龄化社会背景下的养老问题研究》等课程获得广泛好评。五年培训人数逾万人，有效提升了房地产经纪人员和销售员的整体素质。另外，协会还向云南、辽宁、新疆、河北、山东、湖北及重庆、天津等省、市、自治区输出培训师资，提升当地考试服务能力。

（李俊良）

【完善行业规范标准体系】 不断完善房地产经纪和租赁行业的行为规范和道德标准，制定了《北京市房屋状况说明书》《北京市房地产经纪服务告知确认书》《北京市房地产经纪服务合同》《北京市房地产经纪机构经营场所公示规范》《房屋买卖解约协议示范文本》，发布了《关于规范房地产经纪服务合同人员签名的风险提示》《关于“保过”考前培训的风险提示》《关于防范“房主违约涨价”的风险提示》《房主违约买方如何维权的提示》，配合主管部门制定发布了《存量房买卖合同示范文本》和《住房租赁合同示范文本》。同年，联合会员单位发布《履行出租房自保责任倡议书》，引导全行业诚信经营、规范服务。

（李俊良）

【行业交流活动】 3月，举办了2019北京房地产经纪和租赁经营行业年会暨北京房地产中介行业协会四届五次会员大会，430多名会员代表参加了大会。同年，配合房地产市场调控和专项整治，组织了规范经营、推进考试工作等不同主题的座谈。

（李俊良）

【课题研究工作】 2015—2019年第四届理事会期间，协会先后开展了大量专业课题研究。受市住房城乡建设委委托，完成了《住房租赁机构服务标准研究》课题研究；受中国房地产估价师与房地产经纪人学会委托，开展了《住房租赁企业评价指标体系研究》《房地产经纪和租赁行业专家智库研究》课题研究；受企业委托，开展了《员工宿舍标准编制、发布以及企业外部发展环境优化专题研究》《房地产经纪线上服务规范研究》；参与国家标准《租赁住房性能评价标准》、住房城乡建设部《买卖合同和住房租赁合同网签规程》《房地产经纪从业人员实名从业和信用评价研究》等课题研究；作为参编方，参与编制团体标准《机构出租住房性能评价标准》。

（李俊良）

【建言献策工作】 协会按照"房住不炒""租购并举""疏解整治促提升"等要求，宣传贯彻房地产市场调控、优化营商环境、行业专项整治等政策，向有关政府部门报送了《全国房地产联卖方案》《打击黑中介工作方案》《朝阳区租赁中介行业自治工作方案》等建议和方案。并通过人大代表和政协委员反映行业诉求，维护行业的整体利益。积极参与经纪和租赁行业立法，市场监管政策文件、买卖和租赁合同示范文本的讨论，提出修改意见；参与住建、发改、市监等部门关于行业收费和反垄断调查。

（李俊良）

【市场监测工作】 年内，以会员单位为依托，以问题为导向，加强市场分析、趋势研判，定期或不定期向市住房城乡建设委等部门报送市场监测报告。为市住房城乡建设委提供《北京市住房租赁企业和经纪机构成交情况报告》（周报、月报、季报、年报）、《房地产经纪和住房租赁行业大事记》（月报和年报），不定期提供《商办地产市场和经纪行业简报》（季报）；为东城区住房和城市建设委提供《东城区住房交易市场监测报告》（月度、季度、年度）；为朝阳区房屋管理局提供《朝阳区住房交易市场监测报告》（周报、月报、季报、年报）。

（李俊良）

【信息统计工作】 针对租赁行业出现的问题，开展了住房租赁行业系列活动，包括行业摸底、专题调研、媒体发声、企业约谈、风险监测及防范预案、爆仓案例善后以及研究方案拟定。协会专职人员轮流值班全天24小时接听积分落户解答电话共15902个，后期协助市住房城乡建设委申请复议资料30笔。协助市住房城乡建设委，开通租赁备案热线，解答租房积分落户、租房上学、租房提取公积金的专业问题。

（李俊良）

【处理纠纷投诉】 在朝阳区、东城区、通州区、海淀区等房屋行政主管部门派驻了专职工作人员，协助行业主管部门处理纠纷投诉。其中，配合朝阳区房管局的工作，协助投诉处理，2019年处理各类经纪机构投诉共10448件，其中接听电话咨询8216件，现场接待166件，信访投诉164件，房地产交易管理平台投诉1902件；协助办理机构备案，受理朝阳区房地产经纪机构（分支机构）备案2409件；配合扫黑除恶工作，收集、整理、汇总“涉黑涉恶”线索35条。

（李俊良）

北京房地产估价师和土地估价师与不动产登记代理人协会

概　况

年内，召开会长办公会4次，常务理事会2次，理事会1次，会员代表大会1次。截至年底，协会共有会员单位134家。在北京市具有房地产评估资质的机构131家，具有土地评估资质的机构98家，具有土地登记代理资质的91家。全市共有注册房地产估价师2268人，注册土地估价师1328人，注册土地登记代理人207人。

（董海舰）

工作信息

【完成五项课题研究】 年内，协会受市住房城乡建设委委托，完成《北京市公共租赁住房整体价格评估技术指引研究》和《北京市房屋征收拆迁信息系统建设方案研究》两项课题研究工作。受北京市土地利用中心委托，完成《北京市与地上住宅连通一体使用的地下空间修正系数分析研究》《北京市创新型产业用地地价研究》和《北京市绿隔、养老及惠民物流产业用地地价研究》三项课题研究工作。以上课题都顺利通过专家验收。

（董海舰）

【完善各类型技术指导文件】 年内，协会先后完成《核心区历史文化街区平房直管公房申请式退租补偿价值评估技术指引》《北京市公共租赁住房租金评估技术指引》《北京市“平房四合院”协议出让地价评估技术有关问题的说明》《北京市“地下空间”使用权协议出让地价评估技术更新的说明》《北京市东、西城城镇平房住宅协议出让地价网格划分研究报告》和《政府出让国有土地使用权时北京现行基准地价适用性论证》等技术指导文件。

（董海舰）

【开展行业继续教育培训】 年内，举办土地增值税评估业务专项培训、共有产权住房项目估价实务、不动产证券化市场与评估机构业务发展、住房制度改革的回顾与思考、估价行业面临的新形势新发展、北京市共有产权住房政策与评估、北京市房地产土地行业自律办法等方面的继续教育培训，参加人数达 2000 余人次。

（董海舰）

【组织交流学习】 年内，上海房地产估价师协会、上海土地估价师协会、广东省不动产登记与估价专业人员协会和广州市房地产评估专业人员协会就机构业务拓展的模式和经验、集体土地征地相关政策和如何评估、国有建设用地使用权评估等方面到北京交流学习。协会组织人员到广东、上海、浙江、深圳、河北等估价行业协会就土地增值税扣除项目评估、绿隔、养老及惠民物流产业用地地价评估、房屋征收拆迁信息系统建设等方面进行交流学习。参加 2019 年京津沪渝四直辖市房地产、土地估价行业协会交流会。

（董海舰）

【组织北京市城市地价动态监测】 年内，协会组织 61 家估价机构、200 余名土地估价师对北京市地价进行监测，并按季度上报中国土地勘测规划院备案。召开地价动态监测专家讨论会、技术负责人讨论会 10 余次。

（董海舰）

【组织北京市房屋征收成本监测与分析工作】 年内，协会组织 45 家估价机构对北京市房屋征收成本进行监测与分析工作，按季度上报市住房城乡建设委备案。召开房屋征收成本监测与分析专家会 3 次，组织机构培训 2 次。

（董海舰）

【房地产估价机构资质审查工作】 年内，配合市住房城乡建设委开展房地产估价报告抽查工作。抽查 120 家机构的 136 份报告。相关报告评审结果反馈至各机构并报送市住房城乡建设委房屋市场管理处。协会对房地产估价机构报告存在不合格情况的机构技术负责人进行了现场评审答疑会，对存在问题逐一讲解。

（董海舰）

【处理投诉信访案件】 年内，共处理投诉及信访事件 17 件，其中协助行业主管部门的自律事项 15 件（涉及机构 11 家、涉及机构人员 4 人）；参加机构实地检查 23 次。处理投诉、信访及机构检查的工作，出席委员 45 人次。

（董海舰）

【开展保障房专家评审工作】 年内，配合市住房保障办公室完成共有产权房估价报告，专家评审 124 人次，参加专家会 32 人次。为北京市共有产权房工作开展提供了技术支持，确保价格的公平、公正。

（董海舰）

【房屋征收评估专家鉴定】 年内，圆满完成房屋征收评估专家鉴定工作。专家委员会共受理拆迁评估分户鉴定申请49户。标准房地产价格鉴定及论证7件，共计56件。2018年1月后标准房地产价格鉴定区域统计：接收了石景山3件、房山区2件、通州区1件、朝阳区1件。

（董海舰）

【加强行业建设】 年内，修改完成《北京市房地产估价报告评审标准》并在年内房地产估价报告评审中使用。修改完成《北京市房地产估价和土地估价行业自律管理办法》《北京市土地评估机构资信评定办法》并在会员代表大会通过。

（董海舰）

【加强专家队伍建设】 年内，协会专家库选定第二批专家人员名单。协会专家库共有专家105名，其中内部专家81名，外部专家24名。根据最高人民法院办公厅、中国土地估价师与土地登记代理人协会、中国房地产估价师与房地产经纪人学会等国家级评估协会联合印发的《人民法院委托评估专业技术评审工作规范》，协会分别推荐50名房地产评估专家和10名土地评估专家入选最高院专业技术评审人员名单库。

（董海舰）

【党建工作】 年内，协会党总支带领全行业的党支部团结奋进，加强党对行业的领导，增强行业凝聚力，开展“不忘初心，牢记使命”宣传教育活动。协会党总支联合秘书处举办“春日踏春西山国家森林公园 喜迎建国70周年华诞”徒步登山活动，组织参观毛主席纪念堂。同年，与市住房城乡建设委组织联合党建活动，共同参观北京新机场建设、香山双清别墅。党总支参加中共北京市商业服务业行业协会第四联合委员会书记会3次，参观活动2次。组织召开支委会7次，支部书记会3次。截至年底，协会党总支共有党员80名，预备党员1名。

（董海舰）

企业发展简介

北京市轨道交通建设管理有限公司

北京市轨道交通建设管理有限公司（以下简称“北京轨道公司”）是经市委、市政府批准，于 2003 年 11 月由北京市国资委出资设立的国有独资公司，按照市委、市政府确定的公司职能定位，具体负责“城市轨道交通新建线路的初步设计；施工设计、施工队伍、车辆设备的招标、评标和决标；组织轨道交通新建线路的土建结构、建筑装修、设备安装工程及相应市政配套工程的实施；组织轨道交通新建线路的系统调试、开通、验收直至交付试运营”全过程的建设管理。

北京轨道公司秉承“发展轨道交通，建设精品工程”的理念，坚持以人为本，注重科技创新，精心筹划，科学组织，完成了北京轨道交通 4 号线、5 号线、6 号线、7 号线、8 号线、9 号线、10 号线、14 号线、亦庄线、昌平线、燕房线、西郊线、大兴机场线等线路的建设管理任务，使北京市轨道交通运营总里程从 2003 年的 114 千米快速发展到 2019 年的 700 千米。干部职工队伍从 2003 年的 265 人发展到 2019 年的 2586 人。工程多次获“中国建设工程鲁班奖”“中国土木工程詹天佑奖”等荣誉。截至 2019 年，公司承担着 3 号线、12 号线、17 号线、19 号线等京内京外 15 条线段共 268.9 千米的建设管理任务。

16 年来，北京轨道公司在大规模的轨道交通新线建设中，积累了丰富的轨道交通建设专业管理经验，逐步形成了“以网络化为核心的总体主导能力、以自主化为核心的系统总集成能力、以安全为核心的建设管理能力”。北京轨道公司高度重视技术和管理创新，是国家级高新技术企业，拥有享受国务院政府特殊津贴专家 6 名，北京市有突出贡献的科学、技术、管理专家 2 名，高级职称人员 320 人，形成了专业齐全、满足需要的轨道交通建设管理与运营服务管理人才队伍。北京轨道公司积极响应京津冀协同发展战略，作为发起人成立了“京津冀城市轨道交通联合技术中心”，为建设轨道上的京津冀提供技术支撑。北京轨道公司的安全管理模式、动车调试模式、集中式网络指挥中心模式、体系化的项目管理模式等一系列管理模式，均在行业中产生较大影响，引领行业管理转型，得到国家有关部门认同并在全行业推广。北京轨道公司积极开展关键技术自主创新与示范应用，打破了国外技术垄断，形成了自主的轨道交通装备产业，为我国城市轨道交通大规模快速发展奠定了技术装备基础。尤其是轨道交通全自动运行系统被国家发展改革委认定为战略性新兴产业示范成果，在行业内影响深远，引领了产业发展。

2019 年，北京轨道公司获第九届“北京影响力”最具影响力十大企业称号。全年完成工程建设投资 285.59 亿元，实现营业总收入 9.20 亿元，利润总额 2565 万元。建设管理专业化持续推进，运营管理精细化稳步推进，咨询服务市场化高速推进，基本形成了三大业务同步推进的全产业链格局。

公司地址：丰台区公益西桥西 650 米轨道大厦

法定代表人：吴宏建

企业性质：国有独资企业

联系电话：010-89027503

北京市保障性住房建设投资中心

北京市保障性住房建设投资中心（以下简称“保障房中心”）成立于 2011 年，具有房地产开发企业二级资质，国内首家通过 ISO9001、QHSE 体系认证的保障性住房运营机构。保障房中心实行企业化运作、市场化经营、专业化运营、集团化管控，累计接受财政注资 447.18 亿元，资产总额 1164 亿元，已经发展成为全国一线城市中规模最大的保障性住房平台企业。旗下共有全资子公司 4 家，参股公司 5 家，与西城、东城、顺义、通州等 10 区成立合资平台公司。业务范围涵盖保障性住房投融资、收购、租赁；保障性住房土地储备和建设；房地产开发；房地产中介服务；物业管理等多个领域。

集团范围内在岗员工 757 人，中级及以上职称共 250 人。2019 年，保障房中心累计完成保障性住房融资 1133 亿元，投资 1558 亿元，筹集保障性住房 12.9 万套，为“十二五”时期全市筹集 100 万套保障性住房目标的圆满完成发挥了主力军作用。持有公共租赁住房约 11.7 万套，已投入运营公共租赁住房约 8.3 万套，努力在首都基本住房保障体系中发挥主体作用。

保障房中心作为市级保障性住房投融资平台，支持全市筹集保障性住房。累计为其他保障性住房建设主体提供融资支持747亿元，涉及12个区、60个项目。发挥棚户区改造统贷平台作用，探索出“预授信＋核准”专项贷款模式，对接国开行贷款493亿元，支持6个区的25个重点棚户区改造项目。委托贷款254亿元，涉及10个区、35个项目，委贷资金与建设进度同步发放，解决了部分区保障性住房建设资金瓶颈。另外，股权投资已到位63.6多亿元，完善保障性住房产业链，并支持各区住房保障工作。

保障房中心利用中央和市政府有关支持政策，深化与市属国企等单位的土地收储合作，提高存量土地利用效率，集中建设公共租赁住房。自建项目20个、5万套，是全市公共租赁住房建设的主力军。同时，收购公共租赁住房项目87个、6.7万套，以较低成本迅速增加供应。保障房中心成立当年即组织研发标准户型，建立了全市公共租赁住房建设管理标准化体系，自建项目全面采用标准户型和楼栋；优化规划设计方案，做到户型合理、基本功能完备。自建公共租赁住房项目100％采用装配式技术，实行安全、质量、工期、功能、成本“五统一”管理，收购项目介入前期设计方案，100％采用装配式装修，按统一标准验收，率先实现全装修成品交房。

保障房中心是全市最大的公共租赁住房持有运营主体，占全市公开配租公共租赁住房的60％以上。2016年10月，全市集中配租3.2万套公共租赁住房，其中保障房中心项目2.6万套，稳定了租赁市场和社会预期。借助人脸识别技术，提高管理精度和服务能力，采集租户及同住人人脸信息10万余条，已运营项目基本做到全覆盖。推动建立全市统一的公共租赁住房运营管理标准，成功输出标准化运营模式。租户满意度超90％，租金收缴率稳定在97％以上。

保障房中心积极参与天坛周边腾退安置房建设、城市副中心职工周转住房建设等全市重点工程，主动对接雄安新区新型住房体系建设。围绕疏解非首都功能和职住平衡，构建市级统筹格局，建立起较为完整的集保障性住房投融资、设计、研发、生产、装配、交易、租后服务等为一体的产业链。企业发展规模进入新量级，经营水平迈上新台阶。

企业地址：石景山区玉泉路59号院2号楼

法定代表人：金　焱

企业性质：国有企业

联系电话：010-57981860

北京市房山城建集团有限公司

北京市房山城建集团有限公司自1994年6月15日成立以来，始终坚持“创造价值，追求企业效益与社会效益完美统一”的企业宗旨、“人才、品牌、多元化经营、走出去、科技创新”经营战略和“优质建筑的精品、创新求实的精神、热情服务的承诺、良好诚实的信誉”的质量方针，牢固树立“面向市场、摆正位置、理顺关系、发展自己”的指导思想，经过资质升级、ISO9000族国际质量认证、企业股份制改造、企业文化建设、建章建制等一系列“软硬件”建设，不断发展壮大。

公司自成立至今，企业注册资本金由5100万元到3.3亿元；总资产由“零”到15亿元；净资产由“零”到10亿元；授信额度由“零”到4.9亿元；总产值由组建初期的3000万元，到最高15亿元；开复工面积由组建初期的15万平方米，到最高100多万平方米；上缴税金由组建初期的90万元/年，到最高5000多万元/年。截至2019年6月，公司累计完成总产值近228亿元；实现开复工面积2212万平方米；上缴税金6.96亿元；创建包括鲁班奖和长城杯在内的优质工程154项；安全文明工地159个。

公司有房屋建筑工程施工总承包一级、建筑装修装饰工程专业承包一级、钢结构工程专业承包一级、市政公用工程施工总承包二级、特种专业工程专业承包（不分等级）、古建筑工程专业承包三级、环保工程专业承包三级、建筑幕墙工程专业承包二级、防水防腐保温工程专业承包二级、消防设施工程专业承包二级10大资质，成为集房地产开发、建筑施工、设备安装、装饰装潢、物业管理、市政、道路桥梁施工、钢结构施工、新型建材、机械设备租赁、汽车销售服务于一体的大型综合性企业集团。

近年，公司被评为“北京市利税总额50强企业”“全国建筑企业经营业绩200强企业”，连续24年被市工商局评为“重合同、守信用”单位和“守信企业”，获得全国“企业文化建设优秀单位”、全国“守合同、重信用”企业、全国“诚信建设示范单位”“优秀施工企业”“中国优秀企业”、北京市“安康杯”优胜单位、“经济技术创新先进企业”“劳动关系和谐企业”“质量信得过单位”“质量卓越单位”“质量AAA级单位”“信用等级AAA级企业”“北京市建设行业AAA级信用企业”“纳税信用A级企业”“用户满意企业”“服务质量信得过单位”“首都文明单位”、哈尔滨第24届世界大学生冬季运动会“优秀合作单位”等荣誉称号。2006年在北京市建筑业企业生产总值100强中位列第26位，2006年中国房屋和土木工程建筑业纳税百强企业中排名第57位。4次获得全国工程建设优秀质量管理小组并取得“市级工法”1项。

公司将努力构建集团“四化”目标，实现有形资产最大化、无形资产最高化、经营管理体系化、经营运作资本化这一远景规划。全力打造“五个中心”体系，使公司真正成为决策中心、人才中心、信息中心、资本中心、管理中心。

企业地址：房山区良乡长虹东路36号院1号楼9层901室

法定代表人：陈　刚

企业性质：其他有限责任公司

联系电话：010-69310253

北京市顺建工程有限公司

北京市顺建工程有限公司，前身为北京市顺义建筑工程公司，成立于1980年3月。2016年，按照区委、区政府“板块战略”要求，区属三家建筑公司（北京市顺义建筑工程公司、北京鲁班建筑工程公司、北京顺义建筑企业集团公司）合并重组为建筑板块，2017年4月，改制为国有独资公司，更名为北京市顺建工程有限公司（以下简称“北京顺建”），注册资金3亿元，拥有房屋建筑工程施工总承包、装修装饰工程专业承包双一级资质，房地产开发、钢结构及市政二级资质。

经过四十载的风雨历程，北京顺建发展为集建筑施工、建筑装修装饰、市政工程、房地产开发、钢结构工程、预拌商品混凝土生产于一体，跨行业、跨地区、专业化、多元化经营的大型建筑企业。集团下辖鲁班公司、建企公司、金瑞房地产、高辉装饰等7家子公司，拥有房屋建筑工程施工总承包一级资质，建筑装修装饰工程专业承包一级资质，房地产开发、钢结构及市政二级资质，通过了质量、环境、职业健康三大管理体系认证。

以人为本、诚信经营、追求卓越、服务社会是北京顺建在管理上的一贯追求，所属企业先后获得首都精神文明单位、重合同讲信用企业、全国优秀施工企业、中国优秀企业、全国质量服务诚信示范单位、中国建筑行业诚信示范单位等诸多荣誉。先进的经营理念，科学的管理模式，加之严格的制度落实，使所属企业在综合经营和施工管理上创造了诸多佳绩，为社会奉献了一大批精品工程：顺义区行政中心、体育中心、文化中心、顺义区中医院、区精神病院、牛栏山一中校区改扩建、山东济宁北湖湾、江苏苏州太湖新城、西安橡树湾工程、内蒙古满洲里住宅工程，体现出建筑板块精良的施工质量、严谨的科学管理和强大的综合实力，赢得了业内的良好口碑和社会的广泛赞誉。

2019年，公司开复工面积178.6万平方米。全年完成总产值15.39亿元，完成销售收入16.15亿元，实现利润总额3088万元，上缴税金5545万元，获得了“北京建设行业诚信企业、北京市重质量守信用企业”市级荣誉。全年未发生重大安全生产事故，获得“北京市安全生产先进单位”称号，马坡综合执法业务用房、金宝花园等4项工程荣获“北京市绿色安全工地”称号。

公司地址：北京市顺义区府前东街2号

法定代表人：张殿友

企业类型：有限责任公司（国有独资）

联系电话：010-69443697

附 录

附 表

附表1 2019年北京市重点工程开工项目一览表（96项）

工程类别	序号	项目名称	建设单位	建设地点	建设规模及内容	计划总投资/万元	开工时间
一、基础设施项目（18项）	1	北京城市副中心站综合交通枢纽	北京市基础设施投资有限公司	通州区潞城镇	建筑规模约238万平方米，建设内容为综合交通枢纽，兼有商务服务、综合服务等功能	4210000	2019年11月
	2	京雄高速（北京段）	北京市首都公路发展集团有限公司	房山区 西五环至市界	高速公路，全长约32千米	1720000	2019年12月
	3	国道109新线高速公路（六环—市界）	北京市首都公路发展集团有限公司	门头沟区 西六环至市界	高速公路，全长约65千米	2360000	2019年12月
	4	轨道交通新机场线北延	北京市基础设施投资有限公司	丰台区 草桥站至丽泽商务区站	轨道交通，全长3.5千米。其中对丽泽商务区站（含航站楼）及周边用地同步实施一体化结构预留	404000	2019年12月
	5	轨道交通11号线西段（冬奥支线）	北京市基础设施投资有限公司	石景山区 金顶街站至首钢站	轨道交通，全长3.6千米	440300	2019年10月
	6	13号线扩能提升工程	北京市基础设施投资有限公司	跨区 东城区、西城区、海淀区、昌平区、朝阳区	新建28千米，改造13号线全线	3660000	2019年11月
	7	北清路快速化提级	北京市首都公路发展集团有限公司	跨区 昌平区 京新高速至京承高速	城市快速路，全长约18.5千米	1304200	2019年7月

续表

工程类别	序号	项目名称	建设单位	建设地点	建设规模及内容	计划总投资/万元	开工时间
一、基础设施项目（18项）	8	安立路快速化提级	北京市首都公路发展集团有限公司	跨区 朝阳区、昌平区 科荟路至北六环路	城市快速路，全长约18千米	1234000	2019年12月
	9	九棵树西路道路工程	北京市首都公路发展集团有限公司	通州区果园环岛至万盛南街	城市主干路，全长4千米	60000	2019年12月
	10	东夏园交通枢纽	北京市首都公路发展集团有限公司	通州区宋梁路（现改名通济路）与运河东大街交叉口东北角	综合交通枢纽，建设规模约6万平方米	91547	2019年3月
	11	清河站交通枢纽（一期）	北京市首都公路发展集团有限公司	海淀区上地	综合交通枢纽，建设规模约1.4万平方米	15000	2019年3月
	12	王佐公交保养场及场站	北京公共交通控股（集团）有限公司	丰台区王佐镇	公交保养场站，建设规模约4.7万平方米	38000	2019年3月
	13	延庆综合交通服务中心（公交停保中心）	北京公共交通控股（集团）有限公司	延庆区延庆镇	公交停保中心，建设规模约13万平方米	100000	2019年6月
	14	临空经济区六礼路（大广高速—京台高速）管廊工程	北京新航城控股有限公司	大兴区大广高速至京台高速	建设地下主管廊14千米，支管廊4.8千米	429431	2019年3月
	15	海淀北部新区能源互联网示范项目	北京能源投资（集团）有限公司	海淀区北部新区永丰片区和翠湖片区内	建设内容包括分布式光伏50MW、3000冷吨集中电供冷、电储能18MW/36MWh、充电桩设施、信息控制系统及区域热（冷）网等	80000	2019年4月
	16	潭柘寺110kV输变电工程	国网北京市电力公司	门头沟区潭柘寺镇	建设110kV变电站1座，新增2台5万千伏安变压器，新增110kV线路约7千米	8127	2019年12月
	17	新航城再生水厂（一期）	北京新航城水务有限公司	大兴区礼贤镇	东区新增再生水处理能力3万吨/日，西区新增再生水处理能力5万吨/日	35135.55	2019年3月
	18	首钢鲁家山环境公园化改造	北京首钢生物质能源科技有限公司	门头沟区鲁家山	对循环经济产业园周边环境进行改造提升	14000	2019年11月

续表

工程类别	序号	项目名称	建设单位	建设地点	建设规模及内容	计划总投资/万元	开工时间
二、民生改善项目（43项）	19	2019年保障性住房项目（打捆项目）	各相关建设单位	跨区　全市各相关区	建设筹集公共租赁住房及棚户区改造定向安置房5万套	7450000	2019年1月
	20	2019年集体土地租赁住房项目（打捆项目）	各相关建设单位	跨区　全市各相关区	已供地的31个集体土地租赁住房项目实现全面开工建设	150000	2019年1月
	21	中国人民大学通州新校区一期建设项目	中国人民大学	通州区潞城镇	建设规模约100万平方米，建设内容包括教学楼、办公楼、图书馆、风雨操场、医务室、宿舍楼、地下综合管廊等	544000	2019年3月
	22	东城区青少年科技馆改扩建工程	东城区教育委员会	东城区安定门外大街	对原青少年科技馆进行原址翻扩建，建设规模约1.2万平方米	13667.76	2019年12月
	23	中古友谊小学分校翻建工程	西城区教育委员会	西城区月坛北街	对原中古友谊小学分校进行翻建，建设规模约9000平方米	6143.05	2019年3月
	24	北京教育学院丰台分院实验学校建设工程	丰台区教育委员会	丰台区丰台科技园	建设规模约5万平方米，主要建设内容为教学及辅助用房、办公用房、生活服务用房、教师培训用房等	29775	2019年6月
	25	北京师范大学第四附属中学改扩建工程	丰台区教育委员会	丰台区右安门外	对原北师大第四附属中学进行改扩建，建设规模约4万平方米	29993	2019年6月
	26	一零一中学怀柔校区扩建	怀柔区教育委员会	怀柔区乐园大街	建设规模约9万平方米，建设36个教学班的高中部	67365	2019年6月
	27	首都医科大学附属北京安贞医院通州院区	首都医科大学附属北京安贞医院	通州区宋庄镇	新建一家集医、教、研、防、国际交流于一体的大型综合医院，建设规模约38.5万平方米，设置床位1500床	461949	2019年11月
	28	首都医科大学附属北京口腔医院迁建工程	首都医科大学附属北京口腔医院	丰台区花乡	建设规模约12.9万平方米，编制床位130张，牙椅430张	161949	2019年9月

续表

工程类别	序号	项目名称	建设单位	建设地点	建设规模及内容	计划总投资/万元	开工时间
二、民生改善项目（43项）	29	北京回龙观医院科研教学康复楼建设项目	北京回龙观医院	昌平区回龙观镇	新建科研教学康复楼，建设规模约3.5万平方米	31000	2019年5月
	30	北京积水潭医院回龙观院区二期扩建工程项目	北京积水潭医院	昌平区回龙观镇	对回龙观院区二期进行扩建，地上建筑规模约6万平方米	50000	2019年7月
	31	首都医科大学附属北京朝阳医院东院建设工程	首都医科大学附属北京朝阳医院	朝阳区常营乡	新建综合性医院1座，建设规模约20万平方米，设置床位1000张	207515	2019年3月
	32	首都医科大学附属北京友谊医院通州院区二期建设工程	首都医科大学附属北京友谊医院	通州区永顺镇	建设规模约9万平方米，建设内容为医技综合楼	96000	2019年12月
	33	安贞东方医院项目	东方安贞（北京）医院管理有限公司	朝阳区东坝乡	新建医院1座，建设规模约21万平方米	250000	2019年5月
	34	丰台医院提质改建项目	北京丰台医院	丰台区丰台街道	对原丰台医院进行提质改建，建设规模约11万平方米	92000	2019年3月
	35	平谷区妇幼保健院迁建工程	平谷区卫生和计划生育委员会	平谷区04街区	新建妇幼保健院1座，建设规模约7.4万平方米	86782	2019年8月
	36	怀柔医院二期扩建工程	怀柔区卫生和计划生育委员会	怀柔区永泰街	对原怀柔医院二期进行扩建，新增建设规模约10万平方米	113090	2019年5月
	37	昌平区敬老院建设工程	昌平区民政局	昌平区马池口镇	建设规模约2.7万平方米，设置养老床位560张	15556	2019年9月
	38	城市副中心博物馆（首都博物馆东馆）	北京城市副中心投资建设集团有限公司	通州区城市绿心西北角起步区	地上建筑面积约12万平方米，建设内容包括非物质文化遗产馆、运河文化馆、古籍文献馆、特色艺术文献馆、名人名家藏书馆等	120000	2019年10月
	39	城市副中心图书馆	北京城市副中心投资建设集团有限公司	通州区城市绿心西北角起步区	地上建筑面积约9万平方米，建设内容包括藏品库区、展陈区、开放服务休闲区、业务科研区等	120000	2019年10月

续表

工程类别	序号	项目名称	建设单位	建设地点	建设规模及内容	计划总投资/万元	开工时间
二、民生改善项目（43项）	40	城市副中心剧院	北京城市副中心投资建设集团有限公司	通州区城市绿心西北角起步区	地上建筑面积约12万平方米，建设内容包括音乐厅、歌剧院、戏剧院、多功能厅及配套设施	180000	2019年10月
	41	北昆国际文化中心	北方昆曲剧院	西城区陶然亭路	建设规模约5.9万平方米，建设内容为剧场、展厅、研究室、艺术家工作室以及配套地下车库等	57126	2019年12月
	42	路县故城遗址保护展示工程	北京市文物研究所	通州区潞城镇	建设遗址保护工程（遗址博物馆、考古工作站）约6万平方米、考古遗址公园113公顷（1公顷=10000平方米）	100000	2019年11月
	43	北京国际戏剧中心扩建工程项目	北京人民艺术剧院	东城区王府井大街	建设规模约2.3万平方米，建设内容包括中型剧场和小型剧场等	102750	2019年3月
	44	天通苑综合文化中心	昌平区文化委员会	昌平区太平庄中一街南侧	建设规模约3.3万平方米，建设内容包括文化馆、图书馆、博物馆、剧院、书店等	38000	2019年10月
	45	房山区琉璃河考古遗址公园	房山新城投资有限责任公司	房山区琉璃河镇	实施董家林、黄土坡两村搬迁腾退、安置房建设及考古遗址公园建设	159700	2019年11月
	46	冬奥广场（五一剧场、制粉车间改造）项目	北京首奥置业有限公司	石景山区首钢主厂区	建设规模约16.8万平方米，建设内容包括体育产业相关的运动休闲、体育健身、国际交流设施及配套的商业、办公设施等	395831	2019年8月
	47	2019年新一轮百万亩造林绿化（造林）	相关区园林绿化局	跨区 全市山区、平原地区	完成全市新增造林23万亩（1亩=666.67平方米）	1050000	2019年2月
	48	京津风沙源治理二期工程2019年项目（林业）	房山、门头沟、昌平、延庆、怀柔、密云、平谷区园林绿化局	跨区 房山区、门头沟区、昌平区、延庆区、怀柔区、密云区、平谷区、市属林场（保护区）	造林1.7万亩、封山育林23.1万亩	10810	2019年4月

续表

工程类别	序号	项目名称	建设单位	建设地点	建设规模及内容	计划总投资/万元	开工时间
二、民生改善项目(43项)	49	首农集团旧宫西毓顺公园工程	北京首农食品集团有限公司	大兴区旧宫镇	实施绿化面积约938亩	14289	2019年5月
	50	石景山景观公园	首钢集团有限公司	石景山区首钢主厂区	占地面积18.91公顷，建设内容包括山体绿化和景观提升，车行及人行步道铺装，配套设施等	22330	2019年3月
	51	温榆河公园朝阳示范区	温榆河公园建设管理有限公司	朝阳区孙河乡	实施绿化面积约197公顷	117828.06	2019年3月
	52	南苑森林湿地公园示范区	丰台区园林绿化局	丰台区南苑乡	实施示范区范围内1500亩绿化景观建设工作	40020	2019年12月
	53	丰台区北天堂公园建设工程	丰台区园林绿化局	丰台区宛平镇	建设总面积54.55公顷的郊野公园	13051.47	2019年2月
	54	通州区潮白河森林生态景观带建设工程（三期）	通州区园林绿化局	通州区宋庄镇、西集镇	实施绿化面积约6594亩	65937	2019年5月
	55	新安公园	石景山区园林绿化局	石景山区北辛安路	实施绿化面积共计18公顷，其中新建14公顷，改造4公顷	8995	2019年5月
	56	衙门口城市森林公园	石景山区园林绿化局	石景山区莲石路	实施绿化面积98.6公顷	49300	2019年9月
	57	密云区冶仙塔城市森林公园	密云区园林绿化局	密云区城区东北部	实施绿化面积53公顷	15399	2019年9月
	58	延庆冬奥森林公园建设工程	延庆区张山营镇人民政府	延庆区张山营镇	实施绿化面积22公顷	7440.34	2019年4月
	59	商业便民服务设施建设（打捆项目）	各相关建设单位	跨区　全市各相关区	规划建设提升基本便民服务网点900个以上	1000	2019年3月

续表

工程类别	序号	项目名称	建设单位	建设地点	建设规模及内容	计划总投资/万元	开工时间
二、民生改善项目（43 项）	60	磁器口大街周边慢行空间改造提升项目	东城区体育馆路街道办事处	东城区磁器口	打造地铁周边口袋公园，探索对磁器口大街步行道进行一体化设计，实现与崇文门外大街路西步行空间的有机串联	1600	2019 年 12 月
	61	杨梅竹斜街智慧人本空间改造项目	北京大栅栏投资有限责任公司	西城区杨梅竹斜街斜街与煤市街交汇处至一尺大街与琉璃厂东街交汇处	全长 480 米，新增建设规模约 300 平方米，建设内容主要包括智慧工程、景观工程、四合院改造工程和路灯工程四部分	2416.06	2019 年 5 月
三、“高精尖”经济结构构建（35 项）	62	空间环境地基综合监测网（子午工程二期）	中国科学院国家空间科学中心	怀柔区-杨雁路京密北二街南侧	建设规模约 1.2 万平方米，建设内容包括空间环境监测系统定标分系统、数据通信系统、科学应用系统等	130200	2019 年 7 月
	63	国际子午圈大科学计划总部	中国科学院国家空间科学中心	怀柔区-杨雁路京密北二街南侧	建设规模约 8000 平方米，建设内容包括国际子午圈总部机构、数据中心、运控中心等所需科研试验用房及配套用房等	6620	2019 年 12 月
	64	高能同步辐射光源	中国科学院高能物理研究所	怀柔区怀柔科学城北部核心区	建设规模约 12.5 万平方米，建设内容包括加速器、光束线站及配套设施等	476130	2019 年 6 月
	65	多模态跨尺度生物医学成像设施	北京大学	怀柔区怀柔科学城	建设规模约 7 万平方米，建设内容包括 4 座实验主装置楼及辅助设施	175000	2019 年 6 月
	66	北京激光加速创新中心	北京怀柔科学城建设发展有限公司	怀柔区怀柔科学城 HR00-0011-6034 地块	建设规模约 3 万平方米，建设高能激光质子加速器和高亮度连续能谱 γ 光源应用平台	42380	2019 年 12 月

续表

工程类别	序号	项目名称	建设单位	建设地点	建设规模及内容	计划总投资/万元	开工时间
三、“高精尖”经济结构构建（35项）	67	空地一体环境感知与智能响应研究平台	北京怀柔科学城建设发展有限公司	怀柔区怀柔科学城MY03-0102-6012地块	建设规模约3.3万平方米，建设空地一体环境感知、环境大数据中心、环境模拟与智能响应三个系统	48700	2019年12月
	68	北京分子科学交叉研究平台	北京怀柔科学城建设发展有限公司	怀柔区怀柔科学城HR00-0011-6019地块	建设规模约1.8万平方米，建设内容包括波谱和光谱研究子平台、表界面结构表征与成像子平台、基于同步辐射的高分子/软物质研究子平台及分子材料与器件示范性制备子平台等四个综合性能尖端的研究系统群	29760	2019年12月
	69	介科学与过程仿真交叉研究平台	北京怀柔科学城建设发展有限公司	怀柔区怀柔科学城HR00-0011-6018地块	建设规模约2.5万平方米，建设内容包括介尺度高性能计算研发系统、反应过程介尺度实验系统、设备介尺度实验系统、远程实验系统和协同研究系统等	24380	2019年12月
	70	轻元素量子材料交叉研究平台	北京怀柔科学城建设发展有限公司	怀柔区怀柔科学城HR00-0011-6033地块	建设规模约1.2万平方米，建设内容包括轻元素量子材料设计模拟仿真、轻元素量子材料精确制备、轻元素量子材料物性精准表征与调控、轻元素量子器件加工与测试及轻元素量子材料应用与技术开发交叉5个模块化子平台	29950	2019年12月
	71	北京奔驰汽车有限公司纯电动乘用车技术改造项目	北京奔驰汽车有限公司	经济技术开发区北京奔驰现有厂区	对现有车间内的原生长线增设改造，购置冲压、焊装、涂装总装生产设备等共7651台（套），完成电力、热力等公用动力设施和基础配套设施建设	227100	2019年3月

续表

工程类别	序号	项目名称	建设单位	建设地点	建设规模及内容	计划总投资/万元	开工时间
三、“高精尖”经济结构构建（35项）	72	中国城市轨道交通运行控制系统研究与产业化中心	北京交控硅谷科技有限公司	丰台区四合庄	建设规模约3.4万平方米，建设包括工程实验室、交控研究院、“互联网十”轨道交通创客空间、轨道交通产业基金、产业联盟、全球轨道交通创业大赛组委会、公共服务平台等	79023	2019年3月
	73	燕山石化4万支/年纳滤反渗透项目	中国石油化工股份有限公司北京燕山分公司	房山区燕山岗南路	新建一条4万支/年纳滤反渗透膜生产线	20007	2019年8月
	74	甘李药业A2厂房内部改造项目（胰岛素及其类似物、GLP-1类似物及雷珠单抗）	甘李药业股份有限公司	通州区漷县镇	改造建筑面积约1.5万平方米的生产车间，用于胰岛素及其类似物、GLP-1类似物及雷珠单抗的生产	55000	2019年12月
	75	北京光辉华兴地块工业厂房及配套设施项目	北京光辉华兴投资管理有限公司	通州区中关村科技园区通州园光机电一体化产业基地	建设规模约6万平方米的工业厂房及配套设施	13000	2019年11月
	76	新建智能新能源汽车研发中心（车和家总部）	宝德阳科技（北京）有限公司	顺义区高丽营镇	建设规模约6.6万平方米的智能新能源汽车研发中心	49000	2019年3月
	77	北京奔驰汽车制造升级改造建设项目	北京奔驰汽车有限公司	顺义区昌金路	对北汽股份北京分公司现有生产线进行升级改造及车间扩建，新增建设规模约17万平方米	1193900	2019年6月
	78	嘉寓门窗节能科技产业园（幕墙及光伏清洗机器人）生产基地	北京嘉寓门窗幕墙股份有限公司	顺义区牛栏山镇	建设幕墙及光伏清洗机器人生产车间和辅助用房	55568	2019年10月

续表

工程类别	序号	项目名称	建设单位	建设地点	建设规模及内容	计划总投资/万元	开工时间
三、“高精尖”经济结构构建（35项）	79	华润生命科学园	华润生命科学产业发展有限公司	大兴区生物医药基地	建设内容包括医药产品、医疗器械等的生产厂房、研发用房、临床试验中心、生产辅助用房、集中成品物流中心及公用设施、行政及生活服务配套等	765500	2019年3月
	80	再生医学新材料产业化项目（再生医学高新生物技术产业示范园区二期）	北京幸福益生再生医学科技有限公司	平谷区中关村科技园平谷园	建设内容为高新生物实验室、再生医学研发中心、高新生物化妆品研发中心、再生医学新材料生产中心、高新生物乳霜剂生产中心、生物医药研发中心及高新生物制药厂等	10000	2019年11月
	81	阿里巴巴北京总部园区	北京传福云溪科技有限公司	朝阳区中关村朝阳园	建设规模约25万平方米，建设内容为科创中心及文化中心	639000	2019年12月
	82	实创医谷产业园	北京实创科技园开发建设股份有限公司	海淀区中关村翠湖科技园	建设规模约18.6万平方米，建设内容为产业集聚区、创新孵化区、公共服务区、展示交易区、商务配套区、地下车库及设备用房等	358462	2019年3月
	83	保险产业园北I区1605-636地块B23研发设计用地项目	北京保兴置业发展有限公司	石景山区实兴北街	建设规模约15万平方米，建设北京保险产业园办公楼	260000	2019年3月
	84	小米智慧园区	北京紫麟置业有限公司	昌平区未来科学城	建设规模约22.3万平方米，建设内容包括办公楼及配套等	337115	2019年7月
	85	国家会议中心二期项目	北京北辰实业集团有限责任公司	朝阳区奥林匹克中心区	建设规模约48.7万平方米，建设内容为会展中心、酒店及写字楼等	2381227	2019年3月
	86	戴姆勒中国研发中心及停车楼项目	北京奔驰汽车有限公司	经济技术开发区博兴路8号	新建戴姆勒中国研发中心及停车楼	42160	2019年3月

续表

工程类别	序号	项目名称	建设单位	建设地点	建设规模及内容	计划总投资/万元	开工时间
三、“高精尖”经济结构构建（35项）	87	通州口岸（YZ00-0606-0014地块）F3其他类多功能用地项目	北京北建通成国际物流有限公司	通州区马驹桥物流基地内	建设规模约9万平方米，建设内容为酒店、办公及商业等	128958	2019年3月
	88	首钢工业遗址公园（金安桥站交通一体化及工业遗存修缮）项目	北京首金置业有限公司	石景山区首钢主厂区	建设规模约8万平方米，建设内容为数字智能创新园、工业设计等文化创意以及服务冬奥等相关的办公及商业配套	150497	2019年7月
	89	东城区地铁6号线东四站织补项目	北京隆福天地房地产开发经营有限公司	东城区东四站	建设商业、商务设施等，建设规模约2.35万平方米	336658	2019年12月
	90	国家科技传播中心	中国科协科学技术传播中心	朝阳区奥林匹克公园中心区	建设规模约6.3万平方米，建设世界级科技成就和国内外最新科技成果展示中心、科技成果发布交易中心、国际高端学术交流中心、国际科技组织总部基地	93997	2019年10月
	91	环球大酒店	北京国际度假区有限公司	通州区文化旅游区	环球影城主题公园配套项目，建设内容为环球大酒店（含门前广场），占地16.27公顷，地上建设规模约7.9万平方米	218291	2019年3月
	92	诺金度假酒店	北京国际度假区有限公司	通州区文化旅游区	环球影城主题公园配套项目，建设内容为诺金度假酒店，占地9.01公顷，地上建设规模约4.6万平方米	228393	2019年3月
	93	北京环球影城主题公园配套建设（一期）项目——城市大道	北京国际度假区有限公司	通州区文化旅游区	建设规模约5.3万平方米，建设内容为城市大道及配套设施	236536	2019年3月

续表

工程类别	序号	项目名称	建设单位	建设地点	建设规模及内容	计划总投资/万元	开工时间
三、“高精尖”经济结构构建（35项）	94	雁柏山庄项目	北京北控国际会都房地产开发有限责任公司	怀柔区雁栖湖北路	建设规模约2.7万平方米，建设内容为服务国际会议的双边首脑会议中心	58300	2019年6月
	95	延庆辉煌云栖谷项目	北京辉煌凯盛房地产开发有限公司	延庆区张山营镇	新建酒店及配套设施等，建设规模约19万平方米	260000	2019年12月
	96	文成国际综合商务中心	北京京西天合房地产开发有限公司	延庆区延庆镇	建设规模约6.4万平方米，建设内容包括酒店、商业、地下车库及库房等	75260	2019年3月

附表2　2019年北京市重点工程竣工项目一览表（72项）

工程类别	序号	项目名称	建设单位	建设地点	建设规模及内容	计划总投资/万元	开工时间	竣工时间
一、基础设施项目（27项）	1	北京大兴国际机场	北京新机场建设指挥部	大兴区榆垡镇、礼贤镇	建设内容包括“三纵一横”共4条跑道及配套滑行道系统，140万平方米的航站楼和综合服务楼，空防安保训练中心、综合管理用房、旅客过夜用房等辅助生产生活设施，以及场内综合交通、供电、供水、制冷、供热、供气、信息通信、消防救援、雨污水、绿化等配套设施和场外生活保障基地	7998000	2014年12月	2019年6月
	2	京雄城际铁路（北京段）	京沈铁路客运专线京冀有限公司	大兴区黄村镇、庞各庄镇、魏善庄镇、礼贤镇、榆垡镇	全长78.24千米，其中北京段37千米	1400000	2018年2月	2019年12月

续表

工程类别	序号	项目名称	建设单位	建设地点	建设规模及内容	计划总投资/万元	开工时间	竣工时间
一、基础设施项目（27项）	3	京张铁路（北京段）	京张城际铁路有限公司	跨区海淀区、昌平区、延庆区	全长174千米，其中北京段70.5千米	3818891	2016年3月	2019年12月
	4	北京大兴国际机场高速公路（南五环-北京新机场）工程	北京市基础设施投资有限公司	大兴区南五环至北京新机场	高速公路，全长约27千米	1710138	2016年12月	2019年6月
	5	新机场北线高速公路（北京段）PPP项目	北京华北投新机场北线高速公路有限公司	大兴区京冀涿州界至京冀廊坊界	高速公路，全长约24.59千米	1100070	2017年12月	2019年6月
	6	延崇高速公路（北京段）	北京市首都公路发展集团有限公司	延庆区大浮坨村至市界	高速公路，全长约33.2千米	1539493	2016年12月	2019年12月
	7	环球主题公园增设六环路立交工程	北京市首都公路发展集团有限公司	通州区台湖镇	在六环路新建立交1座	27000	2017年12月	2019年12月
	8	轨道交通7号线东延	北京市基础设施投资有限公司	跨区 朝阳区、通州区。焦化厂站至环球影城站	轨道交通，全长16.6千米。其中对张家湾车辆段同步实施综合服务设备结构转换夹层、盖上盖下相关交通连接设施及咽喉区盖板等综合利用结构预留，对施园站及周边用地同步实施一体化结构预留	1537037	2015年12月	2019年12月
	9	轨道交通新机场线一期	北京市基础设施投资有限公司	跨区 大兴区、丰台区。草桥站至新机场站	轨道交通，全长41.4千米。其中对磁各庄车辆段同步实施综合服务设备结构转换夹层、盖上盖下相关交通连接设施及咽喉区盖板等综合利用结构预留，对磁各庄站及周边用地同步实施一体化结构预留	2649516	2017年4月	2019年9月

续表

工程类别	序号	项目名称	建设单位	建设地点	建设规模及内容	计划总投资/万元	开工时间	竣工时间
一、基础设施项目（27项）	10	轨道交通八通线南延	北京市基础设施投资有限公司	通州区土桥站至环球影城站	轨道交通，全长4.5千米	420413	2016年12月	2019年12月
	11	亦庄新城现代有轨电车T1线	北京亦庄公交有轨电车有限责任公司	经济技术开发区核心区、路南区等	有轨电车，全长13.1千米	286710	2018年4月	2019年12月
	12	回龙观至上地自行车专用路	北京市交通委员会	跨区 昌平区、海淀区。文华路至上地西路	自行车专用路，全长6.5千米	37000	2018年9月	2019年6月
	13	长安街西延道路工程	北京市首都公路发展集团有限公司	跨区 石景山区、门头沟区。古城大街至三石路	城市主干路，全长6.46千米	221445	2013年11月	2019年9月
	14	北京新机场军航西侧路道路及市政工程	北京新航城控股有限公司	大兴区大礼路至环场公路	城市次干路，全长约11千米，同步实施12条连接路，全长约5.5千米	76000	2018年12月	2019年6月
	15	北京世界园艺博览会世园村基础设施与市政设施项目	北京世园投资发展有限责任公司	延庆区延庆新城西南部	包含世园村规划一至六路、知荣街等7条市政道路，总长3.8千米	26928	2017年12月	2019年3月
	16	北苑北综合交通枢纽工程	北京市首都公路发展集团有限公司	昌平区地铁5号线天通苑北站西侧	综合交通枢纽，建设规模约9万平方米	94673	2016年11月	2019年10月
	17	北京大兴国际机场高速公路地下综合管廊（南四环—新机场）一期工程	北京市基础设施投资有限公司	大兴区南五环至新机场	建设全长约28千米的随路地下综合管廊	850000	2017年9月	2019年12月

续表

工程类别	序号	项目名称	建设单位	建设地点	建设规模及内容	计划总投资/万元	开工时间	竣工时间
一、基础设施项目（27项）	18	冬奥会延庆赛区外围配套综合管廊工程	北京市基础设施投资有限公司	延庆区张山营镇	建设全长约 8 千米的地下综合管廊	180806	2017 年 9 月	2019 年 12 月
	19	天津南蔡—房山 500 kV 伏送出工程（北京段）	国网北京市电力公司	跨区 房山区、大兴区	新建 500 kV 架空线 54 千米	197744	2017 年 12 月	2019 年 12 月
	20	张北可再生能源柔性直流电网示范工程	国网北京市电力公司	延庆区八达岭镇	新建 500 kV 直流换流站	309926	2017 年 12 月	2019 年 12 月
	21	京台高速公路天然气工程	北京市燃气集团有限责任公司	大兴区京台高速沿线	从南六环至礼贤镇新建 DN1000 高压 A 管线 20 千米；从新建城南高压 A 站至安定镇新建 DN500 次高压 A 管线 10 千米	39000	2017 年 7 月	2019 年 12 月
	22	通州河东 5 号调峰热源工程项目	北京能源投资（集团）有限公司	通州区永顺镇	新建燃气调峰热源厂 1 座，总供热面积约 550 万平方米，新建 DN800 热力管线 1.2 千米	31472	2018 年 11 月	2019 年 12 月
	23	新航城再生水厂（一期）	北京新航城水务有限公司	大兴区礼贤镇	东区新增再生水处理能力 3 万吨/日，西区新增再生水处理能力 5 万吨/日	35136	2018 年 12	2019 年 12
	24	永定河南大荒水生态修复工程	永定河休闲森林公园管理处	石景山区古城街道	建设 31.03 公顷功能性湿地，配套建设林水相依的园林景观	41844	2018 年 4 月	2019 年 12 月
	25	冬奥会延庆赛区应急水源保障工程	延庆区水务局	延庆区张山营镇、香营乡	新建泵站、输水管线约 34 千米，维修改造约 14.2 千米的白河堡水库北干渠	62480	2017 年 12 月	2019 年 9 月
	26	冬奥会延庆赛区造雪引水及集中供水工程	延庆区水务局	延庆区张山营镇	新建两级泵站及输水管线，同步新建佛峪口供水厂 1 座	47634	2018 年 4 月	2019 年 9 月
	27	朝阳区建筑废弃物资源化利用中心项目	北京首建环保有限责任公司	朝阳区金盏乡	新增垃圾处理能力 123 万吨/年	37660	2018 年 3 月	2019 年 8 月

续表

工程类别	序号	项目名称	建设单位	建设地点	建设规模及内容	计划总投资/万元	开工时间	竣工时间
二、民生改善项目(15项)	28	2019年保障性住房项目（打捆项目）	各相关建设单位	跨区 全市各相关区	建设筹集公共租赁住房及棚户区改造定向安置房5万套	7450000	2019年1月	2019年12月
	29	2019年集体土地租赁住房项目（打捆项目）	各相关建设单位	跨区 全市各相关区	已供地的31个集体土地租赁住房项目实现全面开工建设	150000	2019年1月	2019年12月
	30	石景山区实验中学新建综合楼工程	石景山区教育委员会	石景山区八角路	新建综合楼1座，建设规模约1万平方米	6445	2018年9月	2019年12月
	31	昌平区回龙观西城区旧城保护定向安置房配套医院工程	西城区卫生和计划生育委员会	昌平区回龙观镇	新建综合性医院1座，建设规模约14.3万平方米，设置床位800张	108300	2015年12月	2019年8月
	32	顺义区中医医院迁建项目	顺义区卫生和计划生育委员会	顺义区顺义新城第13街区	新建中医院1座，建设规模约13.8万平方米，设置床位800张	97379	2016年12月	2019年12月
	33	融坤养老中心	北京方泽融坤投资发展有限公司	东城区地坛公园13号	建设规模约7.6万平方米，建设内容为养老设施及病房等	46809	2015年10月	2019年12月
	34	西城区综合养老服务中心	北京华融基础设施投资有限责任公司	西城区广安门外红莲北里	新建综合养老服务中心1座，建设规模约1.8万平方米	18236	2017年3月	2019年8月
	35	大栅栏历史文化展览馆保护利用项目	西城区文物保护研究所	西城区樱桃斜街	对大栅栏护国观音寺进行保护修缮	37641	2018年3月	2019年9月
	36	石景山景观公园	首钢集团有限公司	石景山区首钢主厂区	占地面积18.91公顷，建设内容包括山体绿化和景观提升，车行及人行步道铺装，配套设施等	22330	2018年12月	2019年9月

续表

工程类别	序号	项目名称	建设单位	建设地点	建设规模及内容	计划总投资/万元	开工时间	竣工时间
二、民生改善项目（15项）	37	亮马河四环以上段景观廊道建设工程	朝阳区水务建设管理办公室	朝阳区麦子店街道	实施河道水利水生态及两岸绿化工程、夜景照明工程、拆改移工程等，疏挖整治河道5.575千米	96490	2019年4月	2019年12月
	38	门头沟永定河滨水森林公园	门头沟区园林绿化局	门头沟区永定镇	实施绿化面积61.4公顷	11473	2018年12月	2019年12月
	39	顺义区舞彩浅山郊野公园一期建设工程	顺义区推进浅山区建设办公室	顺义区龙湾屯镇、木林镇	实施绿化面积约1289公顷	65664	2017年11月	2019年12月
	40	东小口城市休闲公园项目	昌平区园林绿化局	昌平区东小口镇	实施绿化面积约99.6公顷	23992	2018年6月	2019年6月
	41	商业便民服务设施建设（打捆项目）	各相关建设单位	跨区 全市各相关区	规划建设提升基本便民服务网点900个以上	1000	2019年1月	2019年8月
	42	法源寺文保区保护提升项目	北京宣房大德置业投资有限公司	西城区牛街	建设规模约16公顷，对项目范围内的部分住宅及非住宅进行腾退，对院落进行修缮整治，完善市政基础设施等	507861	2018年12月	2019年12月
三、“高精尖”产业项目（30项）	43	空间科学卫星系列及有效载荷研制测试保障平台	中国科学院国家空间科学中心	怀柔区怀柔科学城	建设规模约2万平方米，建设内容包括科学有效载荷集成与测试平台、科学卫星有效载荷定标试验平台、空间辐射效应分析试验平台、科学卫星可靠性及环境试验平台、科学卫星大数据应用承载平台及空间环境研究预报平台等6大平台及配套等	42599	2017年8月	2019年6月

续表

工程类别	序号	项目名称	建设单位	建设地点	建设规模及内容	计划总投资/万元	开工时间	竣工时间
三、“高精尖”产业项目（30项）	44	北京奔驰汽车有限公司纯电动乘用车技术改造项目	北京奔驰汽车有限公司	经济技术开发区北京奔驰现有厂区	对现有车间内对原生长线增设改造，购置冲压、焊装、涂装总装生产设备等共7651台（套），完成电力、热力等公用动力设施和基础配套设施建设	227100	2019年3月	2019年7月
	45	燕山石化4万支/年纳滤反渗透项目	中国石油化工股份有限公司北京燕山分公司	房山区燕山岗南路	新建一条4万支/年纳滤反渗透膜生产线	20007	2019年6月	2019年12月
	46	8英寸集成电路研发产业化及封测平台建设项目	北京燕东微电子科技有限公司	经济技术开发区路东区	建设规模约11万平方米，建设8英寸集成电路研发产业化及封测平台	480000	2017年9月	2019年8月
	47	12英寸集成电路生产线（一期）工程	中芯北方集成电路制造（北京）有限公司	经济技术开发区文昌大道	建设规模约28.6万平方米，建设内容为两条45/40纳米到32/28纳米集成电路生产线，月总产能7万片12英寸晶圆；新建厂房、研发楼等	4860000	2017年9月	2019年8月（提前完工）
	48	经纬纺织新能源汽车电池电机电控产品产业化项目	经纬纺织机械股份有限公司	经济技术开发区永昌中路	新建新能源商用汽车电池电机电控产品研发中试楼	13000	2012年9月	2019年12月
	49	中关村集成电路设计园	中关村集成电路设计园发展有限责任公司	海淀区中关村永丰产业基地	建设规模约22万平方米，建设内容包括办公、商业及配套等	393885	2016年10月	2019年3月
	50	航空发动机用单晶叶片产业化项目	北京钢研高钠科技股份有限公司	海淀区丰贤中路	改造蜡模、熔炼、热处理、检测车间，建设规模约2000平方米	12072	2017年10月	2019年7月

续表

工程类别	序号	项目名称	建设单位	建设地点	建设规模及内容	计划总投资/万元	开工时间	竣工时间
三、“高精尖”产业项目（30项）	51	燕山石化连续重整联合装置油品升级改造项目	中国石化股份有限公司北京燕山分公司	房山区中国石化燕山分公司场内	对项目现有100万吨/年连续重整装置、70000N·m^3/h氢气提纯装置及配套设施进行改造	82524	2018年6月	2019年12月
	52	天仁道和高速列车基础制动材料研究院及智能制造示范项目	北京天仁道和新材料有限公司	房山区高端制造业（房山）基地	建设规模约4万平方米，建设内容包括制动材料研究院及技术研发中心、试验检测中心、员工中心（食堂及宿舍）、生产厂房、工艺装备、厂区配套设施等	70000	2017年9月	2019年7月
	53	悦康药业生物医药产业集群项目	北京悦康凯信制药有限公司	大兴区生物医药基地	建设规模约19万平方米，建设生物医药产业研发用房	126000	2017年4月	2019年6月
	54	生物全降解血管支架3D打印重大技术突破及产业化项目	北京阿迈特医疗器械有限公司	大兴区中关村医疗器械园	建设三类植入医疗器械生产和研发试验室，建成后可实现年产10万套可降解冠脉支架、5万套可降解外周血管支架	20000	2017年6月	2019年6月
	55	亚洲基础设施投资银行总部永久办公场所	北京城市副中心投资建设集团有限公司	朝阳区奥林匹克公园B27-2地块	建设规模约39万平方米，建设内容为办公及配套用房等	971752	2016年11月	2019年10月
	56	通州口岸（YZ00-0606-0019地块）项目	北京北建通成国际物流有限公司	通州区马驹桥物流基地内	建设规模约20万平方米，建设内容为海关仓库、配套管理用房、装卸平台及门卫房等	128062	2017年2月	2019年12月
	57	小米互联网电子产业园	北京小米电子产品有限公司	经济技术开发区路东区	建设规模约18.9万平方米，建设内容为研发楼、研发试制检测平台、高维实验楼、云计算中心等	135000	2017年2月	2019年12月

续表

工程类别	序号	项目名称	建设单位	建设地点	建设规模及内容	计划总投资/万元	开工时间	竣工时间
三、“高精尖”产业项目（30项）	58	小米移动互联网产业园	小米科技有限责任公司	海淀区安宁庄路	建设规模约34.8万平方米，建设内容为科研楼	466600	2015年9月	2019年7月
	59	合众思壮北斗高精度定位与位置服务产业基地	北京合众思壮科技股份有限公司	海淀区永丰基地	建设规模约3.5万平方米，建设内容为科研楼等	24000	2017年4月	2019年12月
	60	神州数码环保园项目	北京神州数码置业发展有限公司	海淀区中关村环保科技园	建设规模约5.3万平方米，建设内容为办公楼及配套	96821	2018年1月	2019年12月
	61	中科院科研信息化基础设施及国家互联网安全运行环境保障平台	中国科学院计算机网络信息中心	海淀区中关村	建设规模约6.7万平方米，建设内容为科研办公等	50098	2016年9月	2019年12月
	62	太极研发楼	北京太极傲天技术有限公司	海淀区中关村软件园二期N4地块	建设规模约4万平方米，建设内容为办公楼及配套等	70000	2016年1月	2019年6月
	63	丽泽SOHO	北京丰石房地产开发有限公司	丰台区丽泽金融商务区	建设规模约17万平方米，建设内容为商业、办公综合体等	335548	2015年10月	2019年6月
	64	北京银行顺义科技研发中心项目	北京银行股份有限公司	顺义区顺义新城	建设规模约37.4万平方米，建设内容为办公楼等	408832	2014年11月	2019年7月
	65	生命科学园医药科技中心	北京中关村生命科学园发展有限责任公司	昌平区生命科学园	建设规模约20万平方米，建设内容为企业总部、中小企业研发楼、孵化器、定制企业研发楼、配套服务楼等	225170	2016年12月	2019年6月

续表

工程类别	序号	项目名称	建设单位	建设地点	建设规模及内容	计划总投资/万元	开工时间	竣工时间
三、“高精尖”产业项目（30项）	66	北京世界园艺博览会园区公共绿化景观一期工程项目	北京世界园艺博览会事务协调局	延庆区延庆镇	实施绿化工程及配套约153公顷	178500	2016年12月	2019年3月
	67	北京世界园艺博览会园区公共绿化景观二期工程项目	北京世界园艺博览会事务协调局	延庆区世园会围栏区内	实施绿化工程及配套约114公顷	23842	2017年11月	2019年3月
	68	北京世界园艺博览会中国馆项目	北京世界园艺博览会事务协调局	延庆区世园会园区中部	建设规模约2.3万平方米，建设内容包括建筑工程、机电工程、室外工程等	33040	2017年11月	2019年3月
	69	北京世界园艺博览会国际馆项目	北京世界园艺博览会事务协调局	延庆区世园会园区东部	建设规模约2.2万平方米，建设内容包括建筑工程、机电工程、室外工程等	38588	2017年11月	2019年3月
	70	北京世界园艺博览会生活体验馆项目	北京世界园艺博览会事务协调局	延庆区世园会园区东北部	建设规模约2.1万平方米，建设内容包括建筑工程、机电工程、室外工程等	26055	2017年11月	2019年3月
	71	世园村酒店、园艺小镇等配套服务设施	北京世园投资发展有限责任公司	延庆区延庆镇、康庄镇	建设内容包括世园村酒店、园艺小镇及配套服务设施等	863416	2017年9月	2019年3月
	72	北京世界园艺博览会“智慧世园”项目	北京世界园艺博览会事务协调局	延庆区世园会园区	建设信息化基础设施、游客大数据分析与应用支撑平台、安全体系、园区管理、园区服务、交互体验等	11259	2018年8月	2019年6月

附表3　2018—2019年度中国建设工程鲁班奖（国家优质工程）

北京地区获奖工程（12项）

序号	工程名称	承建单位	参建单位
1	商业、酒店、办公及配套（王府井国际品牌中心建设项目）	北京城建集团有限责任公司	北京城建十六建筑工程有限责任公司 安乐设备安装工程（上海）有限公司 嘉特纳幕墙（上海）有限公司 北京侨信装饰工程有限公司 浙江银建装饰工程有限公司 北京市亚太安设备安装有限责任公司
2	中关村资本大厦	北京城建集团有限责任公司	北京城建深港建筑装饰工程有限公司 北京城建北方集团有限公司 北京城建建设工程有限公司 北京城五工程建设有限公司 北京城建安装集团有限公司
3	昆泰嘉瑞中心	中国建筑一局（集团）有限公司	中建一局集团第三建筑有限公司 江苏沪宁钢机股份有限公司 北京江河幕墙系统工程有限公司 深圳市晶宫设计装饰工程有限公司 上海市建筑装饰工程集团有限公司 北京丽贝亚建筑装饰工程有限公司 四川兴泰来装饰工程有限责任公司 中建一局钢结构工程有限公司
4	1号楼（研发创新中心）等6项（中国移动国际信息港研发创新中心工程、网管支撑中心工程、业务支撑中心工程等）	中国建筑第八工程局有限公司	北京南隆建筑装饰工程有限公司 北京长信泰康通信技术有限公司
5	人民日报社报刊综合业务楼	中国新兴建设开发有限责任公司	—

续表

序号	工程名称		承建单位	参建单位
6	中国通号轨道交通研发中心		中铁建设集团有限公司	中铁建设集团设备安装有限公司 江苏省建工集团有限公司 通号工程局集团有限公司 北京中铁装饰工程有限公司
7	中国卫星通信大厦		中国建筑一局（集团）有限公司	北京南隆建筑装饰工程有限公司 中建一局集团第二建筑有限公司 湖南星宇装饰有限责任公司 深圳市奇信建设集团股份有限公司 北京国安电气有限责任公司
8	军博展览大楼加固改造工程（扩建建筑）		中国建筑第八工程局有限公司	中建安装工程有限公司 中建八局第三建设有限公司 中建八局装饰工程有限公司 江苏天目建设集团有限公司 浙江亚厦装饰股份有限公司
9	中国石油科技信息楼（中国石油集团技术中心暨石化工程技术研发中心项目）		江苏南通三建集团股份有限公司	江苏南通三建装饰装潢有限公司 海门市设备安装工程有限公司 北京港源幕墙有限公司 中青建安建设集团有限公司
10	北京城市副中心行政办公区一期主体工程	北京城市副中心行政办公区 A1 工程	北京城建集团有限责任公司	北京港源建筑装饰工程有限公司 北京城建安装集团有限公司 北京江河幕墙系统工程有限公司 北京城建二建设工程有限公司 北京城建五建设集团有限公司 北京泰豪智能工程有限公司 北京南隆建筑装饰工程有限公司 北京城建亚泰建设集团有限公司 北京城建十六建筑工程有限责任公司

续表

序号	工程名称		承建单位	参建单位
10	北京城市副中心行政办公区一期主体工程	北京城市副中心行政办公区 A2 工程	北京建工集团有限责任公司	北京市设备安装工程集团有限公司 北京市建筑工程装饰集团有限公司 北京江河幕墙系统工程有限公司 同方股份有限公司 北京市第五建筑工程集团有限公司 浙江亚厦装饰股份有限公司 中迅达装饰工程集团有限公司 苏州金螳螂建筑装饰股份有限公司
		北京城市副中心行政办公区 A3、A4 工程	北京住总集团有限责任公司	北京和平幕墙工程有限公司 北京东方泰洋装饰工程有限公司 北京时代凌宇科技股份有限公司 中国电子系统技术有限公司
		北京城市副中心行政办公区 B1、B2、B3、B4 工程	北京六建集团有限责任公司 中国建筑一局（集团）有限公司 北京城建集团有限责任公司	中建一局集团第二建筑有限公司 北京城建七建设工程有限公司 北京和平幕墙工程有限公司 北京城建精工钢结构工程有限公司 中建一局集团装饰工程有限公司 中国建筑装饰集团有限公司 武汉凌云建筑装饰工程有限公司 北京华美装饰工程有限责任公司 北京华开建筑装饰工程有限公司
11	626-1 号商业办公楼等 3 项及地下车库		中国建筑一局（集团）有限公司	中建一局集团第三建筑有限公司 中国建筑第八工程局有限公司 中建一局集团装饰工程有限公司 深圳市三鑫科技发展有限公司 北京国泰瑞安消防工程有限公司 建峰建设集团股份有限公司 北京华开建筑装饰工程有限公司
12	1 号办公、商业楼（长城金融工程项目）		中铁建设集团有限公司	中铁建设集团设备安装有限公司 捷通智慧科技股份有限公司 中铁建设集团北京工程有限公司

注：表中“—”表示无相关资料

附表4 2019中国土木工程詹天佑奖优秀住宅小区

一、金奖商品房（3项）

序号	工程名称	获奖单位
1	融创·北京壹号院［1号住宅楼等10项（朝阳区农展馆北路8号0304-622地块住宅混合公建项目）］	北京融创恒裕地产有限公司 中外建工程设计与顾问有限公司 中国建筑第二工程局有限公司 北京东方泰洋装饰工程有限公司 北京港华国际建筑装饰工程有限公司
2	北京城建·国誉府［房山区房山新城良乡组团10-01-08等地块（理工大学2号地）二类居住用地项目A区］	北京城建兴泰房地产开发有限公司 北京城建六建设集团有限公司 北京城建十六建筑工程有限责任公司 华通设计顾问工程有限公司 中外园林建设有限公司
3	天润·香墅湾1号［1号住宅楼等16项（平谷区平谷镇平谷一号地居住项目）］	北京城建亚泰建设集团有限公司 北京天润建设有限公司 江苏南通三建集团股份有限公司 北京天润置地房地产开发（集团）有限公司 北京维拓时代建筑设计股份有限公司 中外建工程设计与顾问有限公司

二、金奖保障房（2项）

序号	工程名称	获奖单位
1	朝阳区东坝驹东经济适用房C地块项目	北京市朝阳田华建筑集团公司 华瀚投资集团有限公司 北京冠亚伟业民用建筑设计有限公司 中国电子工程设计院 北京旭日明建设工程监理有限公司

续表

序号	工程名称	获奖单位
2	1号公租住宅楼10项（高米店公共租赁住房）项目	江苏省苏中建设集团股份有限公司 和泓置地集团股份有限公司 中鼎纪元（北京）建筑设计有限公司 北京市保障性住房建设投资中心 北京同发建设工程监理有限责任公司

附表5　2018—2019年度第二批国家优质工程奖

（北京地区获奖10项，不含保密工程）

序号	工程名称	三申报单位	建设单位	勘察及设计单位	工程监理单位	施工总承包单位	参建单位
1	嘉德艺术中心（综合楼）（嘉德艺术中心项目）	中建三局集团有限公司	北京皇都房地产开发有限公司	北京市地质工程勘察院 北京市建筑设计研究院有限公司	北京双圆工程咨询监理有限公司	中建三局集团有限公司	中建三局安装工程有限公司 中建钢构有限公司 深圳市三鑫科技发展有限公司 浙江亚厦装饰股份有限公司 北京中建华腾装饰工程有限公司
2	新能源试验中心	中国建筑第二工程局有限公司	中国石油化工股份有限公司石油化工科学研究院	中兵勘察设计研究院有限公司 中石化南京工程有限公司	北京中景恒基工程管理有限公司	中国建筑第二工程局有限公司	上海沪试实验室器材股份有限公司
3	三利大厦改扩建工程	中国建筑一局（集团）有限公司	北京昆庭资产管理有限公司	中航勘察设计研究院有限公司 中国建筑技术集团有限公司	北京新恒元工程监理咨询有限公司	中国建筑一局（集团）有限公司	—

续表

序号	工程名称	主申报单位	建设单位	勘察及设计单位	工程监理单位	施工总承包单位	参建单位
4	图书馆等2项（北京化工大学昌平新校区图书馆）	中建三局集团有限公司	北京化工大学	北京市建平工程勘察有限责任公司 华通设计顾问工程有限公司	中咨工程建设监理公司	中建三局集团有限公司	北京住总建设安装工程有限责任公司 深圳海外装饰工程有限公司 建峰建设集团股份有限公司 北京南隆建筑装饰工程有限公司
5	1号科研楼（宇航标准集成电路综合科研楼）	中航天建设工程有限公司	中国航天科技集团有限公司第九研究院第七七二研究所	北京航天地基工程有限责任公司 航天建筑设计研究院有限公司	北京京航联工程建设监理有限责任公司	中航天建设工程有限公司	秦皇岛秦渤幕墙装饰工程有限公司
6	电力科研楼等3项（中国电力科学研究院科技研发中心建设工程）	中国建筑股份有限公司	中国电力科学研究院有限公司	派力工程有限公司 中铁华铁工程设计集团有限公司	北京希达工程管理咨询有限公司	中国建筑股份有限公司	中建新疆建工（集团）有限公司 中建中新建设工程有限公司 中建五局装饰幕墙有限公司 长沙广大建筑装饰有限公司 北京安迪盛安全系统自动化有限公司 北京泰豪智能工程有限公司
7	丰台区西铁国际商业科研综合楼项目	中建二局第三建筑工程有限公司	北京西铁营投资管理公司	北京中机勘岩土工程技术有限公司 中国中轻国际工程有限公司	广东达安项目管理股份有限公司	中建二局第三建筑工程有限公司	中建二局装饰工程有限公司 北京丰安消防工程公司 武汉三重建设工程有限公司 北京泰豪智能工程有限公司
8	和田市北京海淀小学及和田市北京海淀幼儿园工程	北京建工四建工程建设有限公司	北京市工业设计研究院有限公司	新疆西北岩土工程咨询有限公司 北京市建筑设计研究院有限公司	北京致远工程建设监理有限责任公司	北京建工四建工程建设有限公司	—
9	孔府西苑二期工程	北京建工集团有限责任公司	山东曲阜鲁能投资开发有限公司	山东省鲁南地质工程勘察院 中国建筑设计研究院有限公司	山东省建设监理咨询有限公司	北京建工集团有限责任公司	北京市第三建筑工程有限公司

续表

序号	工程名称	主申报单位	建设单位	勘察及设计单位	工程监理单位	施工总承包单位	参建单位
10	东风路南段（永定路—宁通高速）快速化改造工程	北京市政建设集团有限责任公司	泰州市城市基础设施建设发展有限公司	苏交科集团股份有限公司	江苏苏科建设项目管理有限公司 江苏华宁工程咨询有限公司 江苏中源工程管理股份有限公司 泰州市第二监理工程有限公司	北京市政建设集团有限责任公司 南通路桥工程有限公司 南通市港闸市政工程有限公司 江苏金领建设发展有限公司	—

注：表中“—”表示无相关资料

附表6　2019—2020年度第一批北京市建筑（结构）长城杯工程名单（不含涉密工程）

一、金质奖工程共135项（住宅工程37项、公建工程98项）

1. 建筑（结构）长城杯金质奖住宅工程（37项）

序号	工程名称	建筑面积/平方米	承建单位	建设单位	监理单位
1	朝阳区百子湾保障房项目公租房地块第二标段 3—8号公租房、地下车库、配套建筑	188500	北京建工集团有限责任公司	北京市保障性住房建设投资中心	北京英诺威建设工程管理有限公司
2	海淀区上庄N35-N46地块定向安置房项目 1—20号楼、地下车库	339346	北京市第三建筑工程有限公司	北京西郊悦居房地产开发有限责任公司	北京光华建设监理有限公司
3	北京市通州区潞城镇棚户区改造土地开发项目A区杨坨三号地安置房（中、南区）一标段 南区4—6号及16号楼，配套2、4号楼，南区村民活动中心，中区15号楼，南区及中区地下车库	182865	北京建工集团有限责任公司	北京新奥集团有限公司	建研凯勃建设工程咨询有限公司
4	北京丽泽金融商务区北区菜户营（C地块）“三定三限三结合”定向安置房工程 1—4号住宅楼、14号居住公共服务设施楼及26号地下车库	105811	北京建工集团有限责任公司	北京丽泽金都置业有限公司	北京方正建设工程管理有限公司

续表

序号	工程名称	建筑面积/平方米	承建单位	建设单位	监理单位
5	北京市通州区潞城镇棚户区改造土地开发项目BCD区后北营东侧二期地块及西北角地块安置房项目施工总承包（一标段） 1—4号住宅楼，1号地下车库	159318	北京建工集团有限责任公司	北京城市副中心投资建设集团有限公司	北京市路运建设工程监理服务中心
6	朝阳区来广营乡动感花园棚户区改造安置房项目3号及4号安置房、6号及8号居住公共服务设施楼、地下车库北段	73907	北京城建六建设集团有限公司	北京城建投资发展股份有限公司	北京华城建设监理有限责任公司
7	涿鹿荣仕名门住宅小区二期工程 11—17号住宅楼及2号车库	68636	北京城建亚泰建设集团公司	河北君和房地产开发有限公司	河北冀科工程项目管理有限公司
8	小红门乡肖村商品房 1、2号住宅楼、1号车库	59682	北京城建北方建设有限责任公司	北京首开住总安泰置业有限公司	北京金海城工程建设监理公司
9	小红门乡肖村商品房 3号及4号住宅楼	38289	北京城建北方建设有限责任公司	北京首开住总安泰置业有限公司	北京金海城工程建设监理公司
10	顺义仁和镇05-02-15-1地块4、5号住宅楼（限价商品房）	32520	北京城建六建设集团有限公司	北京首开中晟置业有限责任公司	北京市顺金盛建设工程监理有限责任公司
11	朝阳区来广营乡动感花园棚户区改造安置房项目1、2号安置房、地下车库南段	66853	北京城建建设工程有限公司	北京城建投资发展股份有限公司	北京华城建设监理有限责任公司
12	首创·密云禧悦府商品房项目 5号住宅楼及地下车库	37920	北京城建六建设集团有限公司	北京宝驰通置业有限公司	北京日日豪工程建设监理有限责任公司
13	北京市通州区潞城镇棚户区改造土地开发项目BCD区后北营东侧二期地块及西北角地块安置房项目施工总承包（三标段） 1、2号及5号住宅楼，8号托老所，9号配套设施，地下车库，1、2号配电室	133439	北京城建道桥建设集团有限公司	北京城市副中心投资建设集团有限公司通州分公司	北京赛瑞斯国际工程咨询有限公司

续表

序号	工程名称	建筑面积/平方米	承建单位	建设单位	监理单位
14	北京市通州区路城镇棚户区改造土地开发项目BCD区后北营东侧二期地块及西北角地块安置房项目（二标段） 5—9号住宅楼，10号配套设施，11号配电室，1号地下车库	167979	北京城建集团有限责任公司	北京城市副中心投资建设集团有限公司	北京方圆工程监理有限公司
15	朝阳区百子湾保障房项目安置房地块第一标段 1、2、8、9、10、13号住宅楼，18、19号配套楼，20号幼儿园，21号小学校，1、3号地下车库，1、4号配电室	184332	北京城建集团有限责任公司	北京市保障性住房建设投资中心	北京蔷薇工程监理有限责任公司
16	房山区城关中心区棚户区改造FS00-YF06-0004地块7号楼工程	10484	北京城建八建设发展有限责任公司	北京燕房新城投资有限公司	北京中科国金工程管理咨询有限公司
17	朝阳区定福家园住宅楼工程1—5号楼	66364	北京城建北方集团有限公司	北京城建房地产开发有限公司	北京华城建设监理有限责任公司
18	平谷山东庄镇西沥津村PG08-0401-0004等地块 4、8、9、12号住宅楼，D1号-1地下车库	62535	北京城建北方集团有限公司	北京兆福房地产开发有限公司	北京建兴宏图工程监理有限公司
19	朝阳区百子湾保障房项目公租房地块第一标段 1、2、9、10-1、10-2、10-3号公租房	222800	北京住总第三开发建设有限公司	北京市保障性住房建设投资中心	北京英诺威建设工程管理有限公司
20	北京城市副中心职工周转房（北区）项目二标段 12-1—12-5号住宅楼，12-G1号及12-G2/G3号商业，D12地下车库，6地块胡各庄小学改扩建工程	117152	北京住总集团有限责任公司	北京市保障性住房建设投资中心	北京市潞运建设工程监理服务中心
21	密云区十里堡镇王各庄棚户区改造项目 棚改安置房1、2、7—9、14、15号住宅楼、地下车库工程	93256	北京住总第六开发建设有限公司	北京住总绿都投资开发有限公司	北京光华建设监理有限公司

续表

序号	工程名称	建筑面积/平方米	承建单位	建设单位	监理单位
22	密云区十里堡镇王各庄棚户区改造项目 棚改安置房3—6号、10—13号住宅楼、地下车库工程	100508	北京住总第三开发建设有限公司	北京住总绿都投资开发有限公司	北京光华建设监理有限公司
23	房山区城关中心区棚户区改造二期FS00-YF06-0004地块8号及11号住宅楼、2号地下车库	46463	北京住总第一开发建设有限公司	北京燕房新城投资有限公司	北京中科国金工程管理咨询有限公司
24	朝阳区垡头地区焦化厂公租房项目第二标段 6、7、10、11、15、17、18、19、21、22号公租房，G3—G5商业楼，G6商住楼，G7、G8及G10配套楼，G9开闭所，西区及东区地下车库	245284	北京城乡建设集团有限责任公司	北京市保障性住房建设投资中心	北京逸群工程咨询有限公司
25	北京城市副中心职工周转房（北区）项目一标段 3-1—3-5号楼、4-1—4-7号楼、5-1—5-6号楼、D3—D5地下车库	222923	北京城乡建设集团有限责任公司	北京市保障性住房建设投资中心	北京光华建设监理有限公司
26	顺义区仁和镇05-02-15-1地块 9—11号住宅楼（限价商品房）、18号地下车库（东区）	66338	北京城乡建设集团有限责任公司	北京首开中晟置业有限责任公司	北京市顺金盛建设工程监理有限责任公司
27	平谷区马坊镇中心区南区定向安置房（一期）项目 B3—B5号住宅楼、B8号住宅楼、B9号住宅楼及配套、B区地下车库	96010	中国建筑一局（集团）有限公司	北京倚基土地开发有限公司	北京华捷工程建设管理有限公司
28	北京经济技术开发区河西区X91R1地块 1、3、V1—V7号住宅楼，C1配套商业、垃圾处理站，3、5号地下车库	76728	中建二局第三建筑工程有限公司	北京方兴拓赢房地产开发有限公司	北京帕克国际工程咨询股份有限公司 北京中城建建设监理有限公司
29	北京经济技术开发区河西区X91R1地块 2、4—14号住宅楼，1—8号人防出口，1、2、4号地下车库，1号人员疏散口，9号管理用房	199033	中建二局第三建筑工程有限公司	北京方兴拓赢房地产开发有限公司	北京帕克国际工程咨询股份有限公司 北京中城建建设监理有限公司

续表

序号	工程名称	建筑面积/平方米	承建单位	建设单位	监理单位
30	北京亦庄·永清美景之州8号地块二期项目10号、12号、15号、19号住宅楼及地下车库	58202	中国建筑第二工程局有限公司	永清美景房地产开发有限公司	河北方舟工程项目管理有限公司
31	北京城市副中心行政办公区工勤人员宿舍项目	70000	中国建筑第八工程局有限公司	北京市保障性住房建设投资中心	泛华建设集团有限公司
32	朝阳区将台乡驼房营村1016-34、36、40、41地块 1—3号住宅楼	19956	中建三局集团有限公司	北京亮马置业有限公司	中航工程监理（北京）有限公司
33	北京新机场生活保障基地首期人才公租房项目Ⅱ标段 0041-1—0041-8号住宅楼、0041-CK1号地下车库	79433	中国建筑第二工程局有限公司	北京兴航空港置业有限公司	北京英诺威建设工程管理有限公司
34	中国铁道科学研究院朝阳区酒仙桥北路1号院职工住宅 3—6号住宅楼、7号楼及地下车库	143649	中铁电气化局集团北京建筑工程有限公司	中国铁道科学研究院集团有限公司	铁科院（北京）工程咨询有限公司
35	朝阳区金盏乡长店组团农民定向安置房二期项目3002-001地块西区Ⅱ标段 4、8、16—18号楼，16号楼配楼，2号车库	100022	河北建设集团股份有限公司	北京金色朝阳房地产开发有限公司	北京高屋工程咨询监理有限公司
36	马坊镇中心区南区定向安置房（一期）项目 A6号及B7号住宅楼	42412	北京金通远建筑工程公司	北京倚基土地开发有限公司	北京首建工程咨询监理有限公司
37	顺义区后沙峪镇后沙峪村SY-0019-076、079地块一期工程 1—3号住宅楼（限价商品房）及1号地下车库A区	88994	北京市顺建工程有限公司	北京金隅大成开发有限公司	北京铁城建设监理有限责任公司

2. 建筑（结构）长城杯金质奖公建工程（98 项）

序号	工程名称	建筑面积/平方米	承建单位	建设单位	监理单位
1	教学科研楼等 4 项（东南区综合楼、教学科研楼、集体宿舍楼、留学生宿舍楼）	102590	北京建工集团有限责任公司	中国人民大学	北京中建工程顾问有限公司
2	北京鲜活农产品流通中心	616451	北京建工集团有限责任公司 涿州蓝天网架有限公司	北京农产品中央物流园有限公司	北京中城建建设监理有限公司
3	北京新机场空防安保培训中心工程	29985	北京建工集团有限责任公司	北京新机场建设指挥部	北京华城建设监理有限责任公司
4	2019 年中国北京世界园艺博览会国际馆项目	22000	北京市第五建筑工程集团有限公司	北京世界园艺博览会事务协调局	北京市中联环建设工程管理有限公司
5	北京新机场南航基地第一标段机务维修设施项目	200698	北京建工集团有限责任公司	中国南方航空股份有限公司	北京双圆工程咨询监理有限公司
6	北京城市副中心行政办公区机关配送中心	33264	北京建工集团有限责任公司	北京城市副中心行政办公区工程建设办公室	泛华建设集团有限公司
7	援科特迪瓦阿比让体育场项目（非洲）	61250	北京建工集团有限责任公司	中华人民共和国商务部	北京市建筑设计研究院有限公司——沈阳市工程监理咨询有限公司联合体
8	分子科学创新研究平台及分子科学前沿交叉研究平台、化学所中关村 5 号园区公共食堂改建项目	38101	北京建工集团有限责任公司	中国科学院化学研究所	北京东方华太建设监理有限公司
9	高端智能制造研发及产业化项目 1 号—10 号工业厂房、11 号地下车库	58887	北京建工集团有限责任公司	北京中关村前沿技术产业发展有限公司	中咨工程建设监理有限公司
10	北京新机场东航基地项目机务维修及特种车辆维修区一期工程	84654	北京建工集团有限责任公司	中国东方航空股份有限公司	西安西北民航项目管理有限公司

续表

序号	工程名称	建筑面积/平方米	承建单位	建设单位	监理单位
11	北京奔驰汽车有限公司动力电池装配联合厂房	56347	北京建工集团有限责任公司	北京奔驰汽车有限公司	北京京龙工程项目管理有限公司
12	北京红星股份有限公司怀柔厂区升级改造项目联合厂房、立体库	27944	北京建工四建工程建设有限公司	北京红星股份有限公司	北京银建建设工程管理有限公司
13	首都师范大学通州校区附属中学建设项目 教学楼、艺术中心、学生宿舍、门卫及地下通道	64707	北京市第三建筑工程有限公司	首都师范大学	北京双圆工程咨询监理有限公司
14	延崇高速公路（北京段）附属设施建筑工程一标段	11378	北京建工路桥集团有限公司	北京市首都公路发展集团有限公司	北京正远监理咨询有限公司
15	北京经济开发区路东区C13F2地块A栋生产楼（含A栋裙房）等10项	78178	北京建工集团有限责任公司	北京中华商务文化发展有限公司	北京双圆工程咨询监理有限公司
16	北京新机场货运区工程一标段国际货运站1、2、3	58249	北京建工集团有限责任公司	北京新机场建设指挥部	北京帕克国际工程咨询股份有限公司
17	北京学校小学部	50086	北京建工集团有限责任公司 北京市机械施工有限公司	北京学校	北京双圆工程咨询监理有限公司
18	墨玉县第六中学建设项目	54030	北京建工四建工程建设有限公司	北京市工业设计研究院有限公司	北京致远工程建设监理有限责任公司
19	出土文献研究和保护中心大楼	20500	北京城建六建设集团有限公司	清华大学	北京双圆工程咨询监理有限公司
20	北京电影学院怀柔新校区一期工程一标段A区及B区教学区	83163	北京城建六建设集团有限公司	北京电影学院	泛华建设集团有限公司
21	温投众创大厦	63626	北京城建七建设工程有限公司	汝州市温泉水生态投资建设有限公司	河南泰安工程管理有限公司

续表

序号	工程名称	建筑面积/平方米	承建单位	建设单位	监理单位
22	昌平区北七家镇（未来科技城南区）CP07-0600-0008 地块项目 7 号楼、7 号公交管理用房、7 号地上出口 1 号及 2 号	61526	北京城建建设工程有限公司	北京未来科技城昌信置业有限公司	北京康迪建设监理咨询有限公司
23	2019 年中国北京世界园艺博览会中国馆项目	23000	北京城建集团有限责任公司	北京世界园艺博览会事务协调局	北京方恒基业工程咨询有限公司
24	世园村 A 地块项目 酒店 1—4 号楼、住宅 A1—A3 号楼、温泉区域	121390	北京城建集团有限责任公司	北京世园投资发展有限责任公司	北京华城建设监理有限责任公司
25	2019 年中国北京世界园艺博览会生活体验馆项目	21000	北京城建集团有限责任公司	北京世界园艺博览会事务协调局	北京华建项目管理有限公司
26	空间科学有效载荷总装测试试验楼（科研六号楼）	20345	北京城建建设工程有限公司	中国科学院国家空间科学中心	北京双圆工程咨询监理有限公司
27	A 座等 7 项（首特绿能港科技中心 15 号地项目）	137286	北京城建一建设发展有限公司	北京首特钢园区开发经营有限公司	北京中外建工程管理有限公司
28	北京世界园艺博览会园区公共绿化景观一期永宁阁、文人园等仿古建筑工程	10747	北京城建五建设集团有限公司 北京市园林古建工程有限公司	北京世界园艺博览会事务协调局	中咨工程建设监理有限公司
29	北京新机场配套供油工程综合生产调度中心工程	29980	北京城建七建设工程有限公司	中航油（北京）机场航空油料有限责任公司	北京帕克国际工程咨询股份有限公司
30	滦平县医院新院区建设工程 PPP 项目一期及二期病房楼、门诊医技楼、体检康复楼、科研教学楼、行政后勤楼、传染病房楼	128784	北京城建亚泰建设集团有限公司	承德京平工程管理服务有限公司	承德市元鼎程工程监理有限公司

续表

序号	工程名称	建筑面积/平方米	承建单位	建设单位	监理单位
31	北京新机场信息中心及指挥中心工程	31999	北京城建集团有限责任公司	北京新机场建设指挥部	北京华城建设监理有限责任公司
32	朝阳区北土城中路北侧 OS-06A 地块 B4 综合性商业楼	74259	北京城建亚泰建设集团有限公司	北京城奥置业有限公司	北京方正建设工程管理有限公司
33	北京市冰上项目训练基地 2 标段 教学管理楼、运动员公寓及室外工程	18911	北京城建九建设工程有限公司	北京市体育局	北京新森智业工程咨询有限公司
34	北京新机场口岸非现场设施项目 海关国检综合办公楼及国检口岸疾控中心	104343	北京城建集团有限责任公司	北京市人民政府口岸办公室	北京赛瑞斯国际工程咨询有限公司
35	科研楼 京粮集团粮油食品产业研发基地（京粮科研大厦）项目	36443	北京城建建设工程有限公司	北京市粮食科学研究院	北京双圆工程咨询监理有限公司
36	国家速滑馆	97000	北京城建集团有限责任公司 江苏沪宁钢机股份有限公司	北京国家速滑馆经营有限责任公司	北京帕克国际工程咨询股份有限公司
37	北京新机场工作区工程房建项目施工二标段 武警用房、公安用房、急救中心	45715	北京城建集团有限责任公司	北京新机场建设指挥部	北京华城建设监理有限责任公司
38	北京新机场货运区工程二标段	50049	北京城建集团有限责任公司	北京新机场建设指挥部	北京帕克国际工程咨询股份有限公司
39	北京世园会办公 B1-B2、艺术中心 C1、大师工坊 C2-C6、文创中心 D1、访客中心 D2、原乡居民体验馆 D3-D4	11817	北京城建八建设发展有限责任公司	北京世园投资发展有限责任公司	中咨工程建设监理有限公司
40	京藏交流中心 酒店及附属工程、1—11 号住宅楼、干部公寓、干部公寓及住宅楼的地下室	215557	北京住总集团有限责任公司	拉萨京藏交流中心有限责任公司	北京京龙工程项目管理公司

续表

序号	工程名称	建筑面积/平方米	承建单位	建设单位	监理单位
41	中央财经大学沙河校区二期C8地块教学楼及教学服务楼项目	37600	北京住总集团有限责任公司	中央财经大学	北京中景恒基工程管理有限公司
42	国家速滑馆附属设施（西侧地下停车库）工程	29020	北京住总集团有限责任公司	北京市国有资产经营有限责任公司	北京帕克国际工程咨询股份有限公司
43	北京新机场西塔台工程	3795	北京住总集团有限责任公司	中国民用航空华北地区空中交通管理局	北京希达建设监理有限责任公司
44	北京市冰上项目训练基地1标段（综合馆）	67942	北京住总集团有限责任公司	北京市体育局	北京中联环建设工程管理有限公司
45	海淀区清河路C2商业金融用地项目和盈商务楼	97739	北京城乡建设集团有限责任公司	北京和盈置业有限公司	北京中协成工程管理有限公司
46	雅达高淳健康休闲旅游产业园一期二标段 A-03、A-04、A-07、A-08、A-11、A-12、A-15、A-16、A-19、A-20、A-23、A-24号及地下车库，一期三标段B-20—B-37号及地下车库，四期一标段G1—G4号及地下室	105736	北京城乡建设集团有限责任公司	江苏雅达置业有限公司	浙江江南工程管理股份有限公司 南京公正工程监理有限公司
47	北京大学新建附属中学北校区综合教学楼	31314	中建一局集团建设发展有限公司	北京大学基建工程部	北京方达工程管理有限公司
48	丰台区丽泽路北京平安金融中心E-05地块项目	142758	中建一局集团建设发展有限公司	北京金坤丽泽置业有限公司	上海建科工程咨询有限公司
49	朝阳区来广营乡土储备B1—B3组团居住及商业金融项目 B1-1号医疗综合楼、煎药房及后勤楼	51099	中国建筑一局（集团）有限公司	北京方兴融创房地产开发有限公司	北京中城建建设监理有限公司
50	文化艺术创作楼等2项 中国国家画院扩建工程	33703	中国建筑一局（集团）有限公司	中国国家画院	北京华城建设监理有限责任公司

续表

序号	工程名称	建筑面积/平方米	承建单位	建设单位	监理单位
51	北京新机场南航基地第三标段航空食品设施、生产运行保障设施车辆维修及勤务区项目	95340	中国建筑一局（集团）有限公司	中国南方航空股份有限公司北京新机场建设指挥部	北京兴电国际工程管理有限公司
52	丽泽商务区E-08、E-09地块商业金融项目	317373	中国新兴建设开发总公司 中建钢构有限公司	北京通用时代房地产开发有限公司	北京赛瑞斯国际工程咨询有限公司
53	北京航空航天大学北区1号及2号学生集体宿舍、食堂、物业管理用房、学生集体宿舍垃圾站	115991	中国新兴建设开发总公司	北京航空航天大学	北京星舟工程管理有限公司
54	北京新机场南航基地第二标段生产运行保障设施单身倒班宿舍项目Ⅰ期 2、3、5、7、8号楼	143753	中国新兴建设开发有限责任公司	中国南方航空股份有限公司	北京帕克国际工程咨询股份有限公司
55	门头沟区门头沟新城MC16-073等地块 087-1、2、3号办公及商业楼，087-04号地下车库	78593	中国建筑第二工程局有限公司	北京住总众邦地产有限公司	北京五环国际工程管理有限公司
56	西城区华嘉胡同0110-633地块4号商务办公楼	80446	中建二局第三建筑工程有限公司	北京金嘉房地产开发有限公司	北京帕克国际工程咨询股份有限公司
57	昌平区未来科技城北区A-21地块 1号酒店及商务办公楼、2—6号商务办公楼、地下车库	174274	中国建筑第八工程局有限公司	北京未来科技城发展集团有限公司	北京共筑天成工程建设监理有限公司
58	302医院后勤保障中心工程	22054	中建三局集团有限公司	中国人民解放军第三〇二医院	北京伟泽工程项目管理有限公司
59	A2-1数据中心等4项 中国移动国际信息港云计算及IDC数据中心工程	112860	中国建筑股份有限公司	中国移动通信有限公司	中咨工程建设监理公司

续表

序号	工程名称	建筑面积/平方米	承建单位	建设单位	监理单位
60	北京顺义晨光工业开发公司（二期） 1、2、3、5号厂房，4号宿舍楼及地下车库	54146	中建城市建设发展有限公司	北京顺义晨光工业开发公司	北京鑫驰源建设工程监理有限公司
61	丰台区丽泽路E-01地块 1号办公楼等3项	152800	中国建筑第八工程局有限公司 中建八局钢结构工程公司	北京金坤丽泽置业有限公司	上海建科工程咨询有限公司
62	冬季运动管理中心综合训练馆	33220	中建二局第三建筑工程有限公司 中建二局安装工程有限公司	国家体育总局冬季运动管理中心	北京远达国际工程管理咨询有限公司
63	中建材新型建材、新型房屋、新能源材料（三新）产业研发中心项目（二期） 8号实验中心及倒班宿舍、10号循环利用实验中心	44363	中建三局集团有限公司	中建材创新科技研究院有限公司	北京中建协工程咨询有限公司
64	临氢试验中心、马达评定试验中心等2项 中国石油化工股份有限公司石油化工科学研究院昌平基地设施完善改造工程项目	24377	中国建筑第二工程局有限公司	中国石油化工股份有限公司石油化工科学研究院	北京中景恒基工程管理有限公司
65	丰台区花乡四合庄（中关村科技园丰台园东区三期）1516-28-A地块 4—7号办公商业楼	69226	中建二局第三建筑工程有限公司	北京金丰置业有限公司	北京中城建建设监理有限公司
66	北京新机场东航基地项目核心工作区一期工程 1—3号出勤楼、4号后勤楼、1号运行楼、2号培训会议楼、3号及4号综合业务楼、地下车库、S7路地下室	162705	中国建筑第八工程局有限公司	中国东方航空股份有限公司	北京中建工程顾问有限公司

续表

序号	工程名称	建筑面积/平方米	承建单位	建设单位	监理单位
67	京东方先进技术实验室二期工程北京总部项目	87858	中建一大成建筑有限责任公司	北京京东方光电科技有限公司	北京希达工程管理咨询有限公司
68	北京信息科技大学新校区建设工程学生宿舍B组团项目 S3、S4宿舍楼	29418	中国建筑第二工程局有限公司	北京信息科技大学	北京中外建工程管理有限公司
69	北京新机场南航基地第五标段生产运行保障设施运行及保障用房项目Ⅰ期综合业务用房（3号楼）和机组过夜用房（4号楼）工程	161921	中国建筑第二工程局有限公司	中国南方航空股份有限公司	北京五环国际工程管理有限公司
70	航空安全实验基地项目综合实验楼及综合试验厂房	38020	中国建筑第二工程局有限公司	中国民航科学技术研究院	北京鸿厦基建工程监理有限公司
71	北京工业大学逸夫图书馆改扩建工程	40463	中铁建工集团有限公司	北京工业大学	北京远达国际工程管理咨询有限公司
72	科研及附属用房等2项 中国科学院信息化大厦（科研信息化基础设施及国家互联网安全运行环境保障平台）	67330	中航建设集团有限公司	中国科学院计算机网络信息中心	北京中科国金工程管理咨询有限公司
73	北京市海淀区铁科院办公区科研业务用房 1、2号科研业务月房	71482	中铁电气化局集团有限公司	中国铁道科学研究院	北京铁城建设监理有限责任公司
74	北京终端管制中心工程	66080	中铁建设集团有限公司	中国民用航空华北地区空中交通管理局	北京鸿厦基建工程监理有限公司
75	提升高端液压支架绿色制造技术项目焊接中心	17245	中煤建设集团工程有限公司	中煤北京煤矿机械有限责任公司	北京康迪建设监理咨询有限公司
76	东城区黄图岗危改二期西部会馆项目	79014	中铁建设集团有限公司	北京京洋房地产开发有限公司	北京帕克国际工程咨询股份有限公司

续表

序号	工程名称	建筑面积/平方米	承建单位	建设单位	监理单位
77	清华大学尖端（国防）科学技术平台项目 A-1—A-3号楼（尖端科技厂房）、A-4—A-6号科研实验楼、人防主出入口及人防出入口	50000	中铁建设集团有限公司 北京京盛泰华金属结构有限公司	清华大学	北京中外建工程管理有限公司
78	新建京张铁路清河站站房、雨棚及相关工程	138299	中铁建工集团有限公司	中国铁路北京局集团有限公司站房工程项目管理部	北京铁建工程监理有限公司
79	北京新机场南航基地第四标段生产运行保障设施运行及保障用房项目Ⅰ期 运控中心（1号楼）和机组出勤楼（2号楼）工程	202622	中铁建设集团有限公司	中国南方航空股份有限公司	北京五环国际工程管理有限公司
80	北京新机场东航基地项目航空食品及地面服务区一期工程 1号配餐楼、2号维修楼、5号综合厂房、6号特车库-业务楼、7号特车库-洗涤车间、8—12号门房、13号污水处理站	62782	中铁建设集团有限公司	中国东方航空股份有限公司	北京希达建设监理有限责任公司
81	北京外国语大学教学服务楼群项目 1—7号楼、地下部分	58216	中铁建设集团有限公司	北京外国语大学	北京双圆工程咨询监理有限公司
82	中学等3项 大兴区庞各庄2号地棚户区改造安置房项目	40178	中航建设集团有限公司	北京市大兴区住房保障事务中心	北京正远监理咨询有限公司
83	吉安西站站房及相关工程	54007	中铁建设集团有限公司	昌九城际铁路股份有限公司	北京铁城建设监理有限责任公司
84	新建郑州至万州铁路南阳南站、邓州东站及方城站	68666	中铁建设集团有限公司	郑万铁路客运专线河南有限责任公司	北铁城建设监理有限责任公司 北京中铁诚业工程建设监理有限公司 中铁武汉大桥工程咨询监理有限公司

续表

序号	工程名称	建筑面积/平方米	承建单位	建设单位	监理单位
85	中国医学科学院肿瘤医院住院综合楼 医技用房、手术用房、病房等	68760	中铁建设集团有限公司	中国医学科学院肿瘤医院	北京双圆工程咨询监理有限公司
86	酒店（龙山东路东侧多功能建设项目）	74631	中国新兴建筑工程有限责任公司	北京安宝房地产开发有限公司	北京方正建设工程管理有限公司
87	中关村科技园区电子城西区E5研发中心三期项目 3A、3B、3C、3D研发楼，3E、3F、3G地下室出入口，地下车库	141869	中国新兴建筑工程有限责任公司	北京中关村电子城建设有限公司	北京方正建设工程管理有限公司
88	北京汇文中学1号教学楼翻改扩建工程	19028	南通启益建设集团有限公司	北京市东城区教育委员会	北京佳德建设监理有限责任公司
89	中石化科学技术研究中心（北区） 4号及5号科研楼、能源中心、后勤管理楼	96955	山西建筑工程集团有限公司	中国石化工程建设有限公司中石化科学技术研究中心	北京银建建设工程管理有限公司
90	中国科学院力学研究所1号及2号实验楼	16631	河北建设集团股份有限公司	中国科学院力学研究所	北京中科国金工程管理咨询有限公司
91	顺义新城第17街区SY-1713-L01 A61机构养老设施用地 01-01—01-07号养老用房及01-1号地下车库	48842	河北建设集团股份有限公司	北京天智盈置业有限公司	北京市顺金盛建设工程监理有限责任公司
92	北京市门头沟区焦家坡垃圾综合处理厂工程	15018	江苏省建筑工程集团有限公司	北京市门头沟区市政市容管理委员会	北京致远工程建设监理有限责任公司
93	北京金隅国际物流园三期工程项目 13—15号物流中心、食堂及总变电站	48771	北京市建筑装饰设计工程有限公司	北京市加气混凝土有限责任公司	北京建拓工程管理有限公司
94	8英寸集成电路研发产业化及封测平台建设项目 1号及2号生产厂房、生产测试楼、员工宿舍、动力中心、化学品库、危险品库	116873	北京博大经开建设有限公司	北京燕东微电子科技有限公司	北京希达建设监理有限责任公司

续表

序号	工程名称	建筑面积/平方米	承建单位	建设单位	监理单位
95	中国出版创意产业基地A区项目	149987	北京市朝阳田华建筑集团公司	北京鲲鹏大雅实业投资有限公司	北京新森智业工程咨询有限公司
96	A座办公商业楼等5项 世纪东方嘉园E、F、G地块项目	101768	北京市朝阳田华建筑集团公司	华瀚投资集团有限公司	北京建拓工程管理有限公司
97	顺义区中医医院迁建工程项目医疗综合楼	137500	北京市顺建工程有限公司	北京市顺义区卫生和计划生育委员会	北京市顺金盛建设工程监理有限责任公司
98	2号生产实验车间 第三代半导体材料及应用联合创新基地一期工程	32597	中北华宇建筑工程公司	北京国联万众半导体科技有限公司	京兴国际工程管理有限公司

二、银质奖工程共139项（住宅工程75项、公建工程64项）

1. 建筑（结构）长城杯银质奖住宅工程（75项）

序号	工程名称	建筑面积/平方米	承建单位	建设单位	监理单位
1	西北旺六里屯农民定向安置房4-2-016地块（二标段）5—8号住宅楼及地下车库	71873	北京市第三建筑工程有限公司	永创兴业（北京）置业有限公司	北京中集协工程管理有限公司
2	朝阳区百子湾保障房项目安置房地块第二标段3、5、6、7、11及12号住宅楼，15—17号配套商业楼，2号地下车库	185154	北京建工集团有限责任公司	北京市保障性住房建设投资中心	北京蔷薇工程监理有限责任公司
3	北京丽泽金融商务区北区菜户营（F地块）“三定三限三结合”定向安置房工程 10—13号住宅楼、17及18号公建楼、29号地下车库	102791	北京市第三建筑工程有限公司	北京丽泽金都置业有限公司	北京方正建设工程管理有限公司

续表

序号	工程名称	建筑面积/平方米	承建单位	建设单位	监理单位
4	2016年世界月季洲际大会配套安置房项目 6007-2、4—9、11—15、17、18、20—22号住宅楼，地下车库	289760	北京市第五建筑工程集团有限公司	北京兴福临空产业发展有限公司	北京北咨工程管理有限公司
5	朝阳区豆各庄3、4号地通惠灌渠东侧地块东城区旧城保护定向安置房项目 5-7、5-8号住宅楼	50660	北京市第五建筑工程集团有限公司	北京佳源投资经营有限责任公司	北京中景恒基工程管理有限公司
6	北京北汽越野车棚改定向安置房项目一期（D地块）工程　1—7号住宅楼、地下车库	133663	北京国际建设集团有限公司	北京北汽恒盛达顺置业有限公司	北京京龙工程项目管理有限公司
7	通州区于家务乡A-06地块 06-1—06-5号住宅楼（经济适用房）、A-06号地下车库	48568	北京建工博海建设有限公司	北京紫峰房地产开发有限公司	北京双圆工程咨询监理有限公司
8	泗阳亚泰．北京花园建设项目 1—4号住宅楼	66705	北京城建亚泰建设集团有限公司	宿迁市亚泰房地产开发有限公司	江苏兴盛工程咨询监理有限公司
9	大兴区瀛海西区C07-2地块经济适用房项目 1、2、3号楼	39435	北京城建一建设发展有限公司	北京市大兴城镇建设综合开发集团有限公司	北京中外建工程管理有限公司
10	北京市顺义区牛栏山镇0518地块工程 12、13、15—17号住宅楼及地下车库C段	42030	北京城建远东建设投资集团有限公司	北京顺鑫佳宇房地产开发有限公司	北京市顺金盛建设工程监理有限责任公司
11	朝阳区垡头地区公租房项目（第三标段） 8、9、12—14、16及20号楼，G11号展览馆，G12号养老院，G13号幼儿园，G3—G6号楼W-V轴南段，DE及DW地下室	195302	北京城建建设工程有限公司	北京市保障性住房建设投资中心	北京逸群工程咨询有限公司
12	海淀北部1片区西郊农场东部局部地块（北区）棚户区改造定向安置房项目Ⅳ标段 9、12、13、14及15号住宅楼	77480	北京城建八建设发展有限责任公司	北京三元嘉业房地产开发有限公司	北京磐石建设监理有限责任公司

续表

序号	工程名称	建筑面积/平方米	承建单位	建设单位	监理单位
13	北京丽泽金融商务区北区菜户营（D地块）“三定三限三结合”定向安置房工程 5号及6号住宅楼、15号公共服务设施楼、21号配电室、27号地下车库	33619	北京城建远东建设投资集团有限公司	北京丽泽金都置业有限公司	北京银建建设工程管理有限公司
14	顺义区后沙峪村商品住宅楼工程 11—35号楼及2号地下车库	35813	北京城建北方建设有限责任公司	北京金隅大成开发有限公司	北京铁城建设监理有限责任公司
15	2016年世界月季洲际大会配套安置房项目 1—3、5、8、9、11—15、17、18、20、22—25号住宅楼，4、16及19号配套服务设施，6号燃气锅炉房，7、10及21号配电室，高基分界室，中水处理站，地下车库	349134	北京城建集团有限责任公司	北京兴福临空产业发展有限公司	北京正方建设监理有限责任公司
16	房山区河北镇回迁安置房工程 1—7号住宅楼、17及18号配套楼、24及25号变电室、26号地下车库	92703	北京城建北方集团有限公司	北京启迪茂华科技产业发展有限公司	北京英诺威建设工程管理有限公司
17	房山区河北镇回迁安置房工程 8—16号住宅楼、19号开闭站、20及21号配套楼、22号变电室、27号地下车库、28号锅炉房、29号污水处理	104881	北京城建北方集团有限公司	北京启迪茂华科技产业发展有限公司	北京英诺威建设工程管理有限公司
18	平谷区山东庄镇西沥津村PG08-0401-0004等地块—5、6、7、10、11、13号楼及地下车库	60788	北京城建一建设发展有限公司	北京兆福房地产开发有限公司	北京建兴宏图工程监理有限公司
19	朝阳区孙河乡住宅混合公建 1、2号楼	15637	北京城建北方集团有限公司	北京昭泰房地产开发有限公司	北京中城建建设监理有限公司

续表

序号	工程名称	建筑面积/平方米	承建单位	建设单位	监理单位
20	亚林西居住区8号地住房工程 1—3号住宅楼、S-1号公共服务设施、地下车库	80414	北京城建北方集团有限公司	北京市丰台区房屋经营管理中心	北京化科工程管理有限公司
21	平谷区山东庄镇西沥津村PG08-0401-0004等地块 1、2及3号自住型商品住宅楼，D1号-3地下车库	57927	北京城建十六建筑工程有限责任公司	北京兆福房地产开发有限公司	北京建兴宏图工程监理有限公司
22	蓬莱温泉科艺苑A37—A44号、B17—B32号、C9—C24号住宅楼及车库	80433	北京城建北方集团有限公司	北京大成昌润置业有限公司	北京中集协工程管理有限公司
23	海淀北部地区1片区西郊农场东部局部地块（北区）棚户区改造定向安置房项目三标段 8、10及11号住宅楼，南区地下车库	68598	北京住总第四开发建设有限公司	北京三元嘉业房地产开发有限公司	北京磐石建设监理有限责任公司
24	门头沟区采空棚户区改造城子D地块定向安置房项目（1标段）7-1—7-4号住宅楼	56302	北京住总集团有限责任公司	北京市门头沟区采空棚户区改造建设中心	北京建院金厦工程管理有限公司
25	北京新机场生活保障基地首期人才公租房项目Ⅰ标段 037地块1—5号住宅楼及车库、038地块幼儿园、039地块1—7号住宅楼及车库	138002	北京住总集团有限责任公司	北京兴航空港置业有限公司	北京英诺威建设工程管理有限公司
26	朝阳区豆各庄3、4号地通惠灌渠东侧地块东城区旧城保护定向安置房项目 4-4号住宅楼、4-10号住宅楼及地下车库A区	70084	北京城乡建设集团有限责任公司	北京佳源投资经营有限责任公司	北京方正建设工程管理有限责任公司
27	丰台区花乡纪家庙回迁安置房项目 1—5号住宅楼、6号居住公共服务设施楼、9号地下车库	93830	北京城乡中昊建设有限责任公司	北京市乾景百合房地产开发有限公司	北京市曙晨工程建设监理有限责任公司

续表

序号	工程名称	建筑面积/平方米	承建单位	建设单位	监理单位
28	04-0016 地块 3 号楼第 11 项 房山区阎村镇 04 街区 04-005 等地块综合性商业金融服务业，二类居住及体育用地（配建“限价商品住房”）项目	47680	北京城乡建设集团有限责任公司	北京恒乐置业有限公司	北京东方华太建设监理有限公司
29	海淀区学院路 31 号院职工住宅 1 号及 2 号住宅楼、1 号及 2 号人防室外出口	72751	中国建筑一局（集团）有限公司	中国国土资源航空物探遥感中心	北京筑都方圆建筑设计有限公司
30	房山区城关中心区棚户区改造土地开发项目二期 FS00-YF06-0004 地块　5 号及 9 号住宅楼	21689	中国建筑一局（集团）有限公司	北京燕房新城投资有限公司	北京中科国金工程管理咨询有限公司
31	门头沟区永定镇 MC00-0017-6020 地块 8、9、10、11 号住宅楼	25952	中建一局集团建设发展有限公司	北京绿城中交房地产开发有限公司	北京五环国际工程管理有限公司
32	海淀区西北旺新村 C2 地块棚户区改造安置房项目一标段 6—9 号楼、地下车库	61976	中国建筑一局（集团）有限公司	北京威凯建设发展有限责任公司	北京国金管理咨询有限公司
33	平谷区马坊镇中心区南区定向安置房（一期）项目 A2—A4 号住宅楼、A5 号住宅楼及配套、A 区地下汽车库	87620	中国建筑一局（集团）有限公司	北京倚基土地开发有限公司	北京首建工程咨询监理有限公司
34	北京市通州区潞城镇棚户区改造土地开发项目 BCD 区后北营东侧二期地块及西北角地块安置房项目施工总承包（四标段） 3、4、6 及 7 号住宅楼	91450	中国建筑一局（集团）有限公司	北京城市副中心投资建设集团有限公司	北京伟泽工程项目管理有限公司
35	朝阳东坝南区 S-4、S-1、S-5 号住宅楼及地下车库项目	52276	中建一局集团第二建筑有限公司	北京兴园置业发展有限公司	北京中景恒基工程管理有限公司

续表

序号	工程名称	建筑面积/平方米	承建单位	建设单位	监理单位
36	南菜园1-5巷棚户区改造项目安置房地块（北区） 1—4号住宅楼，9、10及13号配套公建，地下车库	81984	中国建筑一局（集团）有限公司	北京兴延置业有限公司	北京建工京精大房工程建设监理公司
37	西黄村棚户区改造土地开发安置房项目 6、7、10号楼	60278	中国建筑第二工程局有限公司	北京鎏金置业有限责任公司	北京双圆工程咨询监理有限公司
38	北京大学肖家河教工住宅项目E'E"地块二程E4、E5、E7、E8、E10、E11、E13、E14号楼、E'C地块地下车库	92873	中国建筑第八工程局有限公司	北京大学	建研凯博建设工程咨询有限公司
39	海淀区西北旺新村C2地块棚户区改造安置房项目二标段 1—5号楼、地下车库	112054	中国建筑第二工程局有限公司	北京威凯建设发展有限责任公司	北京华厦工程项目管理有限责任公司
40	门头沟区永定镇MC00-0015-0068等地块 16号住宅楼	28840	中建三局集团有限公司	北京屹泰房地产开发有限公司	北京津京建设工程监理有限公司
41	房山区长阳镇02街区02-2-06地块项目 2号住宅楼	15168	中国建筑第八工程局有限公司	北京稻香四季房地产开发有限公司	建研凯勃建设工程咨询有限公司
42	石景山区北辛安棚户区改造B区土地开发项目 1608-677地块1—6号住宅楼、S1—S7号公建及车库，678地块1—6号住宅楼、S1—S6号公建及车库，679地块1—6号住宅楼、S1—S6号公建及车库	369355	中建国际建设有限公司	北京安泰兴业置业有限公司	北京五环国际工程管理有限公司
43	北京丽泽金融商务区北区菜户营（E地块）“三定三限三结合”定向安置房工程 7—9号住宅楼、16号居住公共服务设施楼、22及23号配电室、23号地下车库	87113	中建二局第三建筑工程有限公司	北京丽泽金都置业有限公司	北京中环工程建设监理有限责任公司

续表

序号	工程名称	建筑面积/平方米	承建单位	建设单位	监理单位
44	河北廊坊市固安县渠沟乡孔庄村世贸·悦澜城B区6号楼、7号楼、4—6号开敞式地下车库	39212	中建三局第三建设工程有限责任公司	固安茂悦房地产开发有限公司	廊坊市华盛土木工程监理有限公司
45	昌平区小汤山镇（未来科技城北区）CP05-0801-0011、0013、0015、0017地块 A-01—A-03号住宅楼，A-05号地下车库，A-04号商业及办公楼	75492	中国建筑第五工程局有限公司	北京未来科技城润昌置业有限公司	北京诺士诚国际工程项目管理有限公司
46	通州区马驹桥柴务村村民安置楼项目 9、10号住宅楼	32789	中国一冶集团有限公司	北京市通州区马驹桥镇柴务村村民委员会	北京市路运建设工程监理服务中心
47	朝阳区豆各庄3、4号地通惠灌渠西侧地块东城区旧城保护定向安置房项目2-6号住宅楼	45186	中航天建设工程有限公司	北京佳源投资经营有限责任公司	北京磐石建设监理有限责任公司
48	新建怀来国际葡萄酒文化旅游城（一期）B1地块项目B1、B3、B11及B16号住宅楼	55746	中铁建设集团有限公司	怀来恒天房地产开发有限公司	河北新隆基项目管理有限公司
49	房山区良乡镇中心区改造定向安置房项目（01-02-02）B地块 1—4、6、7、9—11、13号住宅楼及5、8、12、14号配套用房、门房及地下车库	118449	中城投集团第五工程局有限公司	北京中海新城置业有限公司	北京赛瑞斯国际工程咨询有限公司
50	大兴区旧宫镇YZ00-0801-0039地块2号住宅楼	14810	中铁建工集团有限公司	北京中铁华兴房地产开发有限公司	北京赛瑞斯国际工程咨询有限公司
51	大兴区瀛海西区C07-2地块 4、5、6、7号经济适用住宅楼	65398	中国新兴建筑工程有限责任公司	北京市大兴城镇建设综合开发集团有限公司	北京中外建工程管理有限公司
52	朝阳区垡头地区焦化厂公租房项目第一标段 1—5号公租房、G1及G2商业楼、西区地下车库（W1-W3区）	130222	中国新兴建筑工程有限责任公司	北京市保障性住房建设投资中心	北京逸群工程咨询有限公司

续表

序号	工程名称	建筑面积/平方米	承建单位	建设单位	监理单位
53	长辛店老镇西区经济适用住房（长馨园）C-6地块Ⅰ标段 3号及6号住宅楼	33602	中国新兴建筑工程有限责任公司	北京市丰台区城市建设综合开发公司	北京市曙晨工程建设监理有限责任公司
54	朝阳区豆各庄3、4号地通惠灌渠东侧地块东城区旧城保护定向安置房项目4-5号住宅楼	32192	河北建设集团股份有限公司	北京佳源投资经营有限责任公司	北京集东建设工程监理有限责任公司
55	门头沟区永定镇MC00-0020-0009、0012地块6号住宅楼及商业楼	17223	江苏省华建建设股份有限公司	北京捷海房地产开发有限公司	北京精正兴工程建设监理有限公司
56	通州区台湖镇4-1-008、4-1-009地块 1号办公楼、2—7号住宅楼、车库	70140	中天建设集团有限公司	北京万科置业有限公司	北京赛瑞斯国际工程咨询有限公司
57	海淀北部地区1片区西郊农场东部局部地块（北区）棚户区改造定向安置房项目Ⅱ标段 4—6号住宅楼	62669	中承华宇建设集团有限公司	北京三元嘉业房地产开发有限公司	北京磐石建设监理有限责任公司
58	航天城营区公寓住房建设一期工程 201-12、202-12—202-14号楼，200车库	61808	江苏江都建设集团有限公司	中国人民解放军总装备部司令部航天城工程指挥部	北京博建工程监理有限公司
59	密云新城0102街区6021地块回迁安置房4号住宅楼	15526	河北建设集团股份有限公司	北京宝驰通置业有限公司	北京日日豪工程建设监理有限责任公司
60	朝阳区孙河乡北甸西村2902-27地块 C3号住宅楼	14514	江苏南通二建集团有限公司	北京昭泰房地产开发有限公司	北京中城建建设监理有限公司
61	朝阳区豆各庄3、4号地通惠灌渠东侧地块东城区旧城保护定向安置房项目 4-09号住宅楼	34680	河北建设集团股份有限公司	北京佳源投资经营有限责任公司	建研凯勃建设工程咨询有限公司
62	丰台区长辛店老镇西经济适用房（长馨园） 9号经济适用房	20925	华北建设集团有限公司	北京市丰台区城市建设综合开发公司	北京市曙晨工程建设监理有限责任公司
63	豆各庄乡绿丰三期农民安置房项目 3—6号楼	48616	泛华建设集团有限公司	北京绿丰兴业房地产开发有限公司	北京中外建工程管理有限公司

续表

序号	工程名称	建筑面积/平方米	承建单位	建设单位	监理单位
64	海淀北部地区1片区西郊农场东部局部地块（北区）棚户区改造定向安置房项目1标段 1、2、3及7号住宅楼	97450	北京三元长城建筑有限责任公司	北京三元嘉业房地产开发有限公司	北京磐石建设监理有限责任公司
65	首钢二通厂南区棚改定向安置房项目1615-681、1615-632地块工程 3-1—3-4号住宅、3-5号配套公建、3-6号幼儿园、3-7号再生资源回收站、3-8号地下车库、4-1号小学	83091	北京建谊建筑工程有限公司	北京首钢二通建设投资有限公司	北京诚信工程监理有限公司
66	北京经济技术开发区X84R3地块自住型商品房项目 1—7号住宅楼、8号配套楼、地下车库及设备用房	164006	北京博大经开建设有限公司	北京博大新元房地产开发有限公司	北京中城建建设监理有限公司
67	朝阳区金盏乡长店组团农民定向安置房三期项目3002-007地块Ⅰ标段 4、8、9、12、16、17号住宅楼	63809	北京市朝阳田华建筑集团公司	北京金色朝阳房地产开发有限公司	北京高屋工程咨询监理有限公司
68	朝阳区豆各庄3、4号地通惠灌渠西侧地块东城区旧城保护定向安置房项目2-07号住宅楼	31891	北京东兴建设有限责任公司	北京佳源投资经营有限责任公司	北京磐石建设监理有限责任公司
69	朝阳区东坝驹东经济适用房A地块 A-1—A-7号楼，A-1-S、A-4-S、A-5-S及A-7-S商业，地下车库	156307	北京市朝阳田华建筑集团公司	华瀚投资集团有限公司	北京旭日明工程管理有限公司
70	朝阳区东坝驹东经济适用房B地块 B-1—B-9号楼、车库及商业	159008	北京市朝阳田华建筑集团公司	华瀚投资集团有限公司	北京旭日明工程管理有限公司
71	昌平新城回迁小区定向安置房项目何营路回迁小区 19、22、23、24号住宅楼	50375	北京市朝阳田华建筑集团公司	北京蓝华宇房地产开发有限公司	北京航青工程建设监理有限责任公司

续表

序号	工程名称	建筑面积/平方米	承建单位	建设单位	监理单位
72	两园之间村庄棚改安置房一期项目三标段03地块 5号及8号住宅楼、Ⅱ段及Ⅲ段地下车库	46815	北京昊海建设有限公司	北京万方安和投资有限责任公司	北京华建项目管理有限公司
73	昌平新城回迁小区定向安置房项目何营路回迁小区 17、18、20、21号住宅楼	65804	北京昌水建筑公司	北京蓝华宇房地产开发有限公司	北京航青工程建设监理有限责任公司
74	房山区拱辰街道渔儿沟村回迁安置房项目1—16号楼	65128	北京市房山城建集团有限公司	北京拱辰兴业房地产开发有限公司	建研凯勃建设工程咨询有限公司
75	2016年世界月季洲际大会配套安置房项目6001地块1、3—6、8、10—13号住宅楼，2号及7号配电室，地下车库，配套公建，高基配电室分界室及中水处理站	187176	北京万兴建筑集团有限公司	北京兴福临空产业发展有限公司	北京精正兴工程建设监理有限公司

2. 建筑（结构）长城杯银质奖公建工程（64项）

序号	工程名称	建筑面积/平方米	承建单位	建设单位	监理单位
1	北京肿瘤医院新建病房楼建设项目	19997	北京市第二建筑工程有限责任公司	北京肿瘤医院	北京鸿厦基建工程监理有限公司
2	通州口岸（YZ00-0606-0019地块）项目6号仓库、配套管理用房3	31021	北京建工集团有限责任公司	北京北建通成国际物流有限公司	建研凯勃建设工程咨询有限公司
3	中央财经大学新建沙河校区二期C8-10、C8-11及C8-13学院楼	21568	北京城建集团有限责任公司	中央财经大学	北京中集协工程管理有限公司
4	国瑞度假酒店·酒店（8号楼）	38512	北京城建北方建设有限责任公司	廊坊国盛房地产开发有限公司	廊坊市博科工程项目管理有限公司
5	新华家园养老住区（延庆）项目C组团C1及C2号楼	24028	北京城建集团有限责任公司	新华家园健康科技（北京）有限公司	北京双圆工程咨询监理有限公司

续表

序号	工程名称	建筑面积/平方米	承建单位	建设单位	监理单位
6	北京中医药大学良乡校区管理学院楼和人文学院楼（B4、B5）	16762	北京城建五建设集团有限公司	北京中医药大学	北京中建工程顾问有限公司
7	顺义区仁和镇梅沟营村（北侧）地块 1号商业楼，2号及5号办公楼，地下车库	115280	北京城建亚泰建设集团有限公司	北京仁和燕都房地产开发有限公司	北京市顺金盛建设工程监理有限责任公司
8	延庆区延庆新城 YQ00-0300-0004 等（世园会一期）建设项目 园区综合管理中心、综合数字中心	43655	北京城建集团有限责任公司 北京城建十六建筑工程有限责任公司（钢结构）	北京世园投资发展有限责任公司	北京华城建设监理有限责任公司
9	联参石家庄干休所翻建改造主体及附属配套工程	16819	北京城建亚泰建设集团有限公司	中央军委联合参谋部石家庄离职干部休养所	石家庄汇通工程建设监理有限公司
10	昌平区北七家镇07-1号文体楼、07-2号教学楼、07-3号行政楼、07-CK地下车库、1号人防主要出入口	18415	北京城建北方集团有限公司	北京文华盛达房地产开发有限公司	北京鸿厦基建工程监理有限公司
11	北京二中亦庄学校扩建工程一标段 1号教学楼及地下车库	25190	北京住总第四开发建设有限公司	北京经济开发区基建办公室	北京磐石建设监理有限责任公司
12	北京工商大学良乡校区二期新建工程16-02-01地块1及2号本科生宿舍，3号研究生宿舍，4号博士生、留学生宿舍	42288	北京住总集团有限责任公司	北京工商大学	中航工程监理（北京）有限公司
13	北京理工大学良乡校区二期、三期（学生生活区组团） 5号A、5号B、7号A—D大学生公寓，4号学生食堂，地下车库，首层地面疏散出入口及风井	97798	北京城乡建设集团有限责任公司	北京理工大学	北京希地环球建设工程顾问有限公司

续表

序号	工程名称	建筑面积/平方米	承建单位	建设单位	监理单位
14	通州区永顺镇（商务园 B1-3 地块）商业金融项目 A-1、A-2、B-1、B-2 办公楼，地下室及人防出入口	58989	北京城乡建设集团有限责任公司	金融街（北京）商务园置业有限公司	北京双圆工程咨询监理有限公司
15	丰台区长辛店生态城一期（北区）B 地块 52-1—52-3 号商业楼及地下车库	34500	北京房地集团有限公司	北京金隅房地置业有限公司	北京建拓工程管理有限公司
16	中粮科技园标准厂房及配套附属设施建设项目 1 号综合厂房、地下车库（一期 A 组团）	20370	中建一局集团建设发展有限公司	中粮（北京）农业生态谷发展有限公司	建研凯勃建设工程咨询有限公司
17	中粮科技园标准厂房及配套附属设施建设项目（一期 B 组团） 2—11、13、14 号厂房，51 号变配电站、地下车库	36820	中建一局集团建设发展有限公司	中粮（北京）农业生态谷发展有限公司	建研凯勃建设工程咨询有限公司
18	西局村旧村改造项目 XJ-09 商业金融用地项目	166584	中建一局集团第三建筑有限公司	北京葛洲坝龙湖置业有限公司	北京国金管理咨询有限公司
19	五棵松体育文化产业综合楼 3 号楼	16543	中建一局集团建设发展有限公司	北京五棵松文化体育中心有限公司	北京帕克国际工程咨询股份有限公司
20	中央民族大学新校区教学科研楼建设项目	23800	中国新兴建设开发有限责任公司	中央民族大学	京兴国际工程管理有限公司
21	生产研发厂房等 2 项 智能交通车载设备总部基地暨研发项目	33532	中国新兴建设开发有限责任公司	北京聚利科技股份有限公司	北京中联环建设工程管理有限公司
22	丰台区樊家村危改项目 3 号地 1—3 号零售商业楼、1、2 号地下车库	63841	中建二局第三建筑工程有限公司	北京锦昊方圆置业有限公司	北京中城建建设监理有限公司
23	北京五中通州校区新建工程 10、11、13 号楼及地下车库	29424	中建二局第三建筑工程有限公司	北京市通州区教育委员会	北京兴电国际工程管理有限公司

续表

序号	工程名称	建筑面积/平方米	承建单位	建设单位	监理单位
24	通州区运河核心区IX-06地块 A楼、C楼办公商业用房，地下车库	112237	中国建筑第五工程局有限公司	北京复地通盈置业有限公司	京兴国际工程管理有限公司
25	通州区运河核心区IX-06地块 B楼办公商业用房	30369	中国建筑第五工程局有限公司	北京复地通盈置业有限公司	京兴国际工程管理有限公司
26	通州区运河核心区IX-06地块 D楼办公商业用房	36397	中国建筑第五工程局有限公司	北京复地通盈置业有限公司	京兴国际工程管理有限公司
27	京东研发制造中心	131030	中建三局集团有限公司	北京京东世纪贸易有限公司	北京远达国际工程管理咨询有限公司
28	03-03-03-地块商业二期 房山长阳镇居住、商业（长阳西站1、2号地）项目	87771	中建二局第一建筑工程有限公司	北京首创奥特莱斯房山置业有限公司	北京百信今典工程监理有限公司
29	运维楼等3项 北京邮件综合处理中心三期运行维护楼和扩建动力楼工程	63160	中国建筑第八工程局有限公司	中国邮政集团公司北京市分公司	北京双圆工程咨询监理有限公司
30	北京市怀柔区雁栖经济开发区综合极端条件实验装置项目	48000	中国建筑第八工程局有限公司	中国科学院物理研究所	北京中科国金工程管理咨询有限公司
31	北京新机场东航基地项目生活服务区一期工程1—4号楼	73009	中国建筑第二工程局有限公司	中国东方航空股份有限公司	北京中建协工程咨询有限公司
32	北京体育大学新建武术及体育艺术综合馆	23126	中建三局集团有限公司	北京体育大学	北京兴电国际工程管理有限公司
33	森特士兴集团股份有限公司研发生产楼	48274	中建八局天津建设工程有限公司 中建钢构有限公司	森特士兴集团股份有限公司	建研凯勃建设工程咨询有限公司

续表

序号	工程名称	建筑面积/平方米	承建单位	建设单位	监理单位
34	通州运河核心区Ⅷ-10地块项目商业、办公及配套设施	178863	中铁建设集团有限公司	鹏瑞利美融加四（北京）置业有限公司	中科金石（北京）工程咨询有限公司
35	北京民海生物科技有限公司研发生产楼	27342	中城投集团第五工程局有限公司	北京民海生物科技有限公司	北京诺士诚国际工程项目管理有限公司
36	中国铁建电气化局京燕饭店业务综合楼	58156	中铁建设集团有限公司	北京京燕饭店有限公司	北京中建工程顾问有限公司
37	北京新机场配套供油工程机场油库业务楼	8887	中铁十二局集团有限公司	中航油（北京）机场航空油料有限责任公司	北京帕克国际工程咨询股份有限公司
38	北京大学肖家河教工住宅项目 S2P1号楼（还建商业）	30211	中铁建设集团有限公司	北京大学	建研凯勃建设工程咨询有限公司
39	北京大学医学部综合游泳馆项目	19388	中铁建工集团有限公司	北京大学医学部	北京远达国际工程管理咨询有限公司
40	北京大学餐饮综合楼	34602	中铁建设集团有限公司	北京大学基建工程部	北京方达工程管理有限公司
41	8英寸生产厂房等11项 8英寸MEMS国际代工线建设项目	37415	中国电子系统工程第四建设有限公司	纳微矽磊国际科技（北京）有限公司	建研凯勃建设工程咨询有限公司
42	华为北京环保园L05地块工业用房（科技厂房）、地下车库人防室外出入口、门卫值班室、直燃机房及烟囱	99864	中铁建设集团有限公司	华为投资控股有限公司	中咨工程建设监理有限公司
43	北京航天城学校新建工程项目 Ⅰ段小学部教学楼、Ⅱ段综合教学楼、Ⅲ段中学部教学楼、Ⅳ段生活服务楼、门房及其他	80893	中国新兴建筑工程有限责任公司	北京市海淀区教育委员会	北京希地环球建设工程顾问有限公司

续表

序号	工程名称	建筑面积/平方米	承建单位	建设单位	监理单位
44	C06 地块 1 号办公用房，2、3、5 号商业及办公用房，4、6 号商业用房，车库；A-10 地块 1 号商业及办公用房	44475	北京金港建设股份有限公司	北京首都开发股份有限公司	北京北辰工程建设监理有限公司
45	国家计量科技文献馆和中国计量科学研究院标准物质实验室项目	9090	河北建设集团股份有限公司	中国计量科学研究院	北京建院金厦工程管理有限公司
46	北京友联环球经贸有限公司研发厂房及配套设施项目 1—6 号楼、地下车库	49915	江苏南通二建集团有限公司	北京友联环球经贸有限公司	北京仁泽建设监理有限公司
47	燕郊盛达奥雷厂区项目生产测试中心、职工宿舍及人防地下室	45983	江苏省苏中建设集团股份有限公司	盛达奥雷科技有限公司	三河市金鼎工程监理有限公司
48	门头沟区永定镇 MC00-0020-0009、0012 地块 12 号商务办公楼及商业楼	9430	江苏省华建建设股份有限公司	北京捷海房地产开发有限公司	北京精正兴工程建设监理有限公司
49	大兴区北臧村生物医药基地 DXC0-0502-0013 地块 1—8 号商业楼、地下车库	199858	上海域邦建设集团有限公司	北京绿地京瑞房地产开发有限公司	北京中景恒基工程管理有限公司
50	尚品馨界 12 号公寓楼、13 号办公楼、18 号商业楼	79948	河北建设集团股份有限公司	廊坊市耀盛房地产开发有限公司	河北竣源工程勘察设计有限公司
51	嘉都·茂晟街项目一标段 98 号楼	18346	中承华宇建设集团有限公司	三河市佰嘉房地产开发有限公司	三河市荣昌建设监理有限公司
52	丰台区老年综合服务中心建设工程	14986	江苏省建筑工程集团有限公司	北京市丰台区民政局	北京兴电国际工程管理有限公司
53	北京合金盛世文化发展有限公司 后勤楼及 8 号车间	15419	山西建筑工程集团有限公司	北京合金盛世文化发展有限公司	北京华远建设监理有限责任公司
54	昌平区东小口镇陈营村 CY-10-02 号地块项目酒店	14659	正太集团有限公司	招商局嘉铭（北京）房地产开发有限公司	北京国金管理咨询有限公司

续表

序号	工程名称	建筑面积/平方米	承建单位	建设单位	监理单位
55	北京新机场工作区工程房建项目施工三标段 安防中心一期工程	29045	河北建设集团股份有限公司	北京新机场建设指挥部	北京华城建设监理有限责任公司
56	北京稻香村（霸州）食品有限公司年产5万吨食品生产基地	244622	北京东兴建设有限责任公司	北京稻香村（霸州）食品有限公司	北京磐石建设监理有限责任公司
57	延庆区体育中心 体育馆、游泳馆及锅炉房	26442	北京市建雄建筑集团有限公司	北京市延庆区体育局	北京中联环建设工程管理有限公司
58	预处理车间等18项 生活垃圾处理中心焚烧二期工程	14430	中北华宇建筑工程公司	北京鑫浩投资中心	北京五环国际工程管理有限公司
59	合众思壮北斗高精度定位与位置服务产业基地科研楼	34817	北京房建建筑股份有限公司	北京合众思壮科技股份有限公司	北京建扶工程建设监理有限责任公司
60	北京影视城一期 艺术家工作中心	27219	北京万兴建筑集团有限公司	北京森润房地产开发有限公司	北京方圆工程监理有限公司
61	顺义区污泥处理厂综合楼等14项	9347	中北华宇建筑工程公司	北京市顺义区水务局	北京燕波工程管理有限公司
62	乌兰察布市东来顺肉类加工有限公司新建厂区项目	16000	北京城建亚泰金典建设工程有限公司	乌兰察布市东来顺肉类加工有限公司	内蒙古清圆建设监理有限责任公司
63	房山新城燕房片区8号街区YF-093、YF-010地块科研用房项目 A-3、A-4、B-3号生产车间，A-9、A-10、B-6号配套用房	19244	北京永兴丰源建筑工程有限公司	北京万通新材工贸有限公司	北京科信工程管理有限公司
*64	石景山区银河商务区K地块C2商业金融项目	179485	中城建设有限责任公司	北京泰禾嘉盈房地产开发有限公司	中航工程监理（北京）有限公司

注：*为以前年度公示未表彰工程

附表 7　2019—2020 年度第一批北京市建筑（竣工）长城杯工程名单（不含涉密工程）

一、北京市建筑（竣工）长城杯金质奖工程共 27 项（住宅工程 5 项、公建工程 22 项）

1. 建筑（竣工）长城杯金质奖住宅工程（5 项）

序号	工程名称	建筑面积/平方米	承建单位	建设单位	监理单位	主要设备安装分包单位	主要装饰分包单位
1	2 号住宅楼（朝阳区东坝南区 1105-655、657 号地二类居住、小学用地（配建限价商品住房）项目）	12202.89	北京城建亚泰建设集团有限公司	北京首城置业有限公司	北京中外建工程管理有限公司	—	江苏南通三建装饰装潢有限公司（14—26 层装饰） 北京鸿屹丰彩装饰工程有限公司（1—13 层装饰） 北京京荷磐石建设工程有限公司（公共区域装修） 宏发建设有限公司（外立面装修）
2	1 号公租房等 7 项（亚林西保障房项目） 1 号公租房及车库	77250	北京城建建设工程有限公司	北京城建房地产开发有限公司	北京方圆工程监理有限公司	—	北京挚诚华腾装饰工程有限公司（1 号楼精装） 北京华尊装饰工程有限责任公司（2—4 号楼公共区域精装） 北京南隆建筑装饰工程有限公司（外墙石材） 秦皇岛市开元幕墙装饰工程有限公司（外窗）
3	1 号限价房等 6 项（DX08-0002-0304 等地块） 3 号、4 号限价房项目	61516.03	北京城建六建设集团有限公司	北京城建兴业置地有限公司	北京东方华太建筑监理有限公司	—	—

续表

序号	工程名称	建筑面积/平方米	承建单位	建设单位	监理单位	主要设备安装分包单位	主要装饰分包单位
4	大兴区瀛海镇1号限价房等6项（DX08-0002-0304等地块）1号、2号限价房	46948.87	北京城建七建设工程有限公司	北京城建兴业置地有限公司	北京东方华太建筑监理有限公司	北京城建北方集团有限公司（2号限价房室内装修工程）	—
5	亚林西公共租赁住房项目	74609.73	中国建筑第八工程局有限公司	北京市保障性住房建设投资中心	中咨工程建设监理有限公司	—	中国建筑装饰集团有限公司（外墙装饰及外窗等）沈阳沈飞旭达建筑安装工程有限公司（装饰装修）

注：表中“—”表示无相关资料

2. 建筑（竣工）长城杯金质奖公建工程（22项）

序号	工程名称	建筑面积/平方米	承建单位	建设单位	监理单位	主要设备安装分包单位	主要装饰分包单位
1	高能多学科研究试验平台	28247.6	北京建工集团有限责任公司	中国科学院高能物理研究所	北京中科国金工程管理咨询有限公司	—	—
2	和田市第十小学（环湖新区）建设项目	29368	北京建工四建工程建设有限公司	北京市工业设计研究院有限公司	北京致远工程建设监理责任有限公司	—	—
3	和田市环湖新区双语示范幼儿园建设项目	16980	北京建工四建工程建设有限公司	北京市工业设计研究院有限公司	北京致远工程建设监理责任有限公司	—	—

续表

序号	工程名称	建筑面积/平方米	承建单位	建设单位	监理单位	主要设备安装分包单位	主要装饰分包单位
*4	养老服务设施1号生活楼等5项(1—4号、7号)	36867	北京城建北方建设有限责任公司	北京康瀛房地产开发有限公司	北京天瑞峰工程管理有限公司	北京城建北方设备安装有限责任公司（机电安装）	—
5	滦平县第一中学新校区一期建设工程二标段	83836.5	北京城建亚泰建设集团有限公司	滦平县教育体育局	滦平县胜利工程建设监理有限责任公司	—	—
6	滦平县第一中学新校区一期建设项目 教学区工程	29700	北京城建亚泰建设集团有限公司	滦平县教育体育局	滦平县胜利工程建设监理有限责任公司	—	—
7	体育馆 北京建筑工程学院大兴新校区	19152.38	北京住总集团有限责任公司	北京建筑大学	北京建工京精大房工程建设监理公司	北京恒润盛达机电设备安装工程有限公司（机电工程）	山东天幕集团总公司（幕墙工程） 北京璜冠圣达装饰工程有限责任公司（内装修工程）
8	首都医科大学附属北京天坛医院迁建工程二标段	84363	北京住总集团有限责任公司	首都医科大学附属北京天坛医院；北京市工程咨询公司	北京双圆工程咨询监理有限公司	—	—
9	G1特教康复楼等7项、4号儿童宿舍楼 北京市第二儿童福利院改扩建工程	48970	北京住总第六开发建设有限公司	北京市民政局	北京方圆工程监理有限公司	北京住六欣跃机电安装工程有限公司（机电安装）	—

续表

序号	工程名称	建筑面积/平方米	承建单位	建设单位	监理单位	主要设备安装分包单位	主要装饰分包单位
10	三利大厦改扩建工程	81698	中国建筑一局（集团）有限公司	北京昆庭资产管理有限公司	北京新恒元工程监理咨询有限公司	航天海鹰安全技术工程有限公司（楼宇智能控制、能源管理、安防、综合布线、网络、电话）	—
11	626-1号商业办公楼等3项及地下车库	135382	中国建筑一局（集团）有限公司	北京航投置业有限公司	北京星舟工程管理有限公司	北京国泰瑞安消防工程有限公司（消防工程） 北京益泰电子集团有限责任公司（弱电工程）	深圳市三鑫科技发展有限公司（幕墙工程） 北京华开建筑装饰工程有限公司（精装修）
12	新能源试验中心、冷模试验中心 中国石油化工股份有限公司石油化工科学研究院昌平基地设施完善改造工程项目	30179.00	中国建筑第二工程局有限公司	中国石油化工股份有限公司石油化工科学研究院	北京中景恒基工程管理有限公司	—	河北新华幕墙有限公司（门窗、幕墙工程）
13	石嘴山万达广场工程采购 施工总承包	98000	中国建筑第二工程局有限公司	石嘴山万达广场投资有限公司	北京赛瑞斯国际工程咨询有限公司	中建二局第一建筑工程有限公司设备安装分公司（机电安装）	重庆西南铝装饰工程有限公司（外立面装修） 北京英豪建筑装饰设计工程有限公司（主力店装修）
14	丰台区西铁国际商业科研综合楼项目	124400	中建二局第三建筑工程有限公司	北京西铁营投资管理公司	广东达安项目管理股份有限公司	北京丰安消防工程公司（消防工程）	中建二局装饰工程有限公司（室内公共区域精装修工程） 深圳市嘉信装饰设计工程有限公司（室内公共区域精装修工程） 秦皇岛渤海铝幕墙装饰工程有限公司（外幕墙工程）

续表

序号	工程名称	建筑面积/平方米	承建单位	建设单位	监理单位	主要设备安装分包单位	主要装饰分包单位
15	嘉德艺术中心（综合楼）（嘉德艺术中心项目）	55987.77	中建三局集团有限公司	北京皇都房地产开发有限公司	北京双圜工程咨询监理有限公司	—	浙江亚厦装饰股份有限公司（装饰装修工程）
16	1号办公、商业楼（长城金融工程项目）	74664	中铁建设集团有限公司	长城国富置业（北京）有限公司	北京银建建设工程管理有限公司	中铁建设集团设备安装有限公司（通风空调系统安装） 中建电子工程有限公司（弱电系统安装） 北京奥信建筑工程设备安装有限公司（消防工程）	江苏省装饰工程集团有限公司（精装修含水电） 深圳市奇信建设集团股份有限公司（精装修含水电） 深圳市建装业集团股份有限公司（幕墙工程）
17	北区食堂等5项（北京航空航天大学北区学生集体宿舍项目；北京航空航天大学北区食堂项目；北京航空航天大学北区物业管理用房项目等）	117816.97	中国新兴建设开发有限责任公司	北京航空航天大学	北京星舟工程管理有限公司	—	—
18	颖泰嘉和科研办公楼	36018.27	南通四建集团有限公司	北京颖泰嘉和生物科技股份有限公司	北京国金管理咨询有限公司	—	南通承悦装饰集团有限公司（金属幕墙、装饰工程）

续表

序号	工程名称	建筑面积/平方米	承建单位	建设单位	监理单位	主要设备安装分包单位	主要装饰分包单位
*19	首都机场急救中心扩建工程	26923	北京城建一建设发展有限公司	首都机场集团公司	北京方正建设工程管理有限公司	—	—
*20	第一教学楼（北京化工大学昌平新校区第一教学楼项目）和1号实验楼等9项（北京化工大学昌平新校区第一实验楼项目）	94000	北京住总集团有限责任公司	北京化工大学	北京银建建设工程管理有限公司	中建八局第二建设有限公司（实验楼多联机空调） 准信智慧消防股份有限公司（消防）	北京南隆幕墙建筑装饰工程有限公司（外立面幕墙） 德才装饰股份有限公司（教学楼室内精装修）
*21	北京化工大学昌平新校区图书馆等2项	49445	中建三局集团有限公司	北京化工大学	中咨工程建设监理公司	北京住总建设安装工程有限公司（集中空调） 准信智慧消防股份有限公司（消防）	深圳海外装饰工程有限公司（精装修） 北京南隆幕墙建筑装饰工程有限公司（幕墙） 建峰建设集团股份有限公司（精装修） 北京中电兴发科技有限公司（平安校园）
*22	控制系统研发楼	20297.83	中航天建设工程有限公司	北京航天自动控制研究所	北京京航联工程建设监理有限责任公司	—	—

注：表中“—”表示无相关资料。*为以前年度公示未表彰工程

二、北京市建筑（竣工）长城杯银质奖工程共42项（住宅工程30项、公建工程12项）

1. 建筑（竣工）长城杯银质奖住宅工程（30项）

序号	工程名称	建筑面积/平方米	承建单位	建设单位	监理单位	主要设备安装分包单位	主要装饰分包单位
1	1号公租房等7项 亚林西保障房项目2—4号楼	47060	北京城建建设工程有限公司	北京城建房地产开发有限公司	北京方圆工程监理有限公司	—	北京挚诚华腾装饰工程有限公司（1号楼精装） 北京华尊装饰工程有限责任公司（2号、3号、4号楼公共区域精装） 北京南隆建筑装饰工程有限公司（外墙石材） 秦皇岛市开元幕墙装饰工程有限公司（外窗）
2	怀柔新城03街区下元、钓鱼台及东关棚户区项HR00-0003-6019 西地块1—5号楼、地下车库	98150.82	北京城建远东建设投资集团有限公司	北京城建兴华地产有限公司	北京中建协工程咨询有限公司	—	—
3	朝阳区平房乡牛角地定向安置房 6号住宅楼	25159.47	北京城建一建设发展有限公司	北京城建房地产开发有限公司	北京华城建设监理有限责任公司	北京市巨龙工程有限公司（消防工程） 北京实创电梯工程有限公司（电梯安装） 北京盛嘉鑫泰建筑设备安装工程有限公司（机电安装）	—

续表

序号	工程名称	建筑面积/平方米	承建单位	建设单位	监理单位	主要设备安装分包单位	主要装饰分包单位
4	门头沟区永定镇 MC00-0015-0059 地块 R2 二类居住用地、S4 社会停车场库用地、A33 基础教育用地（配建公共租赁房）项目 9、10、13 号住宅楼	44275.2	北京城建二建设工程有限公司	北京城建兴云房地产有限公司	北京方程建设监理有限公司	—	—
5	清河小营 C7 地块 1—3、5、6 号楼及 3 号地下车库、26 号配套商业服务楼	36520.61	北京城建七建设工程有限公司	北京城建兴华地产有限公司	北京华城建设监理有限责任公司	—	中鼎建（北京）建筑工程有限公司（石材幕墙、金属铝板幕墙、竹丝板板幕墙） 温州市亚飞铝窗有限公司北京创鑫幕墙装饰分公司（门窗安装施工）
6	清河小营 C7 地块 11、12、18、19 号楼及 4 号地下车库	22273.87	北京城建七建设工程有限公司	北京城建兴华地产有限公司	北京华城建设监理有限责任公司	—	中鼎建（北京）建筑工程有限公司（石材幕墙、金属铝板幕墙、竹丝板板幕墙） 温州市亚飞铝窗有限公司北京创鑫幕墙装饰分公司（门窗安装施工）

续表

序号	工程名称	建筑面积/平方米	承建单位	建设单位	监理单位	主要设备安装分包单位	主要装饰分包单位
7	清河小营C7地块 15、20、23、25号楼及5号地下车库	33784.24	北京城建七建设工程有限公司	北京城建兴华地产有限公司	北京华城建设监理有限责任公司	—	中鼎建（北京）建筑工程有限公司（石材幕墙、金属铝板幕墙、竹丝板板幕墙） 温州市亚飞铝窗有限公司北京创鑫幕墙装饰分公司（门窗安装施工）
8	锦江·帝博湾7号楼工程	19762.77	北京城建七建设工程有限公司	丹东锦江房屋实业有限公司	辽宁恒远工程管理有限公司	—	—
9	锦江·帝博湾8号楼工程	18983.08	北京城建七建设工程有限公司	丹东锦江房屋实业有限公司	辽宁恒远工程管理有限公司	—	—
10	“九洲城”小区二期D区3号楼	33062.56	北京城建七建设工程有限公司	甘肃创成实业集团有限公司	甘肃工程建设监理公司	—	—
11	北京城建·龙樾熙城二期住宅二标段（3—5号楼）工程	38543.93	北京城建七建设工程有限公司	北京城建成都置业有限公司	四川省中冶建设工程监理有限公司	—	—
12	重庆国奥村三期6号楼	23378.25	北京城建七建设工程有限公司	重庆国奥实业发展有限公司	北京地厚工程管理有限公司	—	—
13	重庆国奥村三期4号楼	22535.85	北京城建七建设工程有限公司	重庆国奥实业发展有限公司	北京地厚工程管理有限公司	—	—
14	北京城建·华岩住宅小区二期K35-2/02地块（一标段） 1、5、10号楼工程	21851.02	北京城建七建设工程有限公司	北京城建重庆地产有限公司	重庆康盛监理咨询有限公司	—	—

续表

序号	工程名称	建筑面积/平方米	承建单位	建设单位	监理单位	主要设备安装分包单位	主要装饰分包单位
15	首开花溪龙苑西区西2号住宅	22490.07	北京城建七建设工程有限公司	太原首开龙泰置业有限责任公司	北京帕克国际工程咨询股份有限公司	—	—
16	首开花溪龙苑西区西3号住宅	22490.07	北京城建七建设工程有限公司	太原首开龙泰置业有限责任公司	北京帕克国际工程咨询股份有限公司	—	—
17	首开花溪龙苑西区西8号住宅	20100.96	北京城建七建设工程有限公司	太原首开龙泰置业有限责任公司	北京帕克国际工程咨询股份有限公司	—	—
18	首开花溪龙苑西区西9号住宅	11856.75	北京城建七建设工程有限公司	太原首开龙泰置业有限责任公司	北京帕克国际工程咨询股份有限公司	—	—
19	门头沟区永定镇MC00-0015-0059等地块R2二类居住用地、S4社会停车场库用地、A33基础教育用地（配建公共租赁住房）项目 2号住宅楼工程	10119.21	北京城建八建设发展有限责任公司	北京城建兴云房地产有限公司	北京双圆工程咨询监理有限公司	北京城建天宁消防有限责任公司（消防报警、消防管道及设备安装工程）	—
20	1号商品住宅楼等6项朝阳区西大望路24号保障性住房用地（配建商品房及公建） 1号、2号商品住宅楼	25413.95	北京住总第四开发建设有限公司	北京祥业房地产有限公司	北京光华建设监理有限公司	—	—

续表

序号	工程名称	建筑面积/平方米	承建单位	建设单位	监理单位	主要设备安装分包单位	主要装饰分包单位
21	西城区华嘉胡同 0110-633 地块 1 号、2 号住宅及配套，3 号配套商业，地库工程	72554	中建二局第三建筑工程有限公司	北京金嘉房地产开发有限公司	北京帕克国际工程咨询股份有限公司	—	—
22	瑞河兰乔花园 30 号商住楼	22023.1	中建二局第三建筑工程有限公司	廊坊市康城房地产开发有限公司	北京兴电国际工程管理有限公司	—	—
23	八一电影制片厂第四期经济适用住房工程	110237	中铁建设集团有限公司	中国人民解放军八一电影制片厂	北京建扶工程建设监理有限公司	福元鼎安装工程有限公司（室内外消火栓给水系统；灭火器系统；消防泵房设备、管道安装；火灾自动报警系统；消防设备电源监控系统及整体消防验收） 北京益泰电子集团有限责任公司（视频监控、可视对讲、综合布线等系统）	—
24	鼎居首府	90223.70	北京万兴建筑集团有限公司	保定市鼎居房地产开发有限公司	河北佳航工程项目管理有限公司	—	—
25	北京市丰台区亚林西居住区一期（0501-613、614、660 地块） 1—11 号楼及地下车库	129142.67	中天建设集团有限公司	北京亚林西房地产开发有限公司	北京赛瑞斯国际工程咨询有限公司	—	—

续表

序号	工程名称	建筑面积/平方米	承建单位	建设单位	监理单位	主要设备安装分包单位	主要装饰分包单位
26	大兴区生物医药基地0505-070、076、066、077地块（配建公共租赁住房）项目1号自住型商品房住宅楼、G1号电力设施	33661.02	江苏南通三建集团股份有限公司	北京金科展昊置业有限公司	中科金石（北京）工程咨询有限公司	—	—
27	太原市首开花溪龙苑西区西4住宅楼	26426.23	北京国泰建设集团有限公司	太原首开龙泰置业有限责任公司	北京帕克国际工程咨询股份有限公司	—	—
28	太原市首开花溪龙苑西区西5号住宅、配套商业	13542.21	北京国泰建设集团有限公司	太原首开龙泰置业有限责任公司	北京帕克国际工程咨询股份有限公司	—	—
29	太原市首开花溪龙苑西区西6住宅	19462.73	北京国泰建设集团有限公司	太原首开龙泰置业有限责任公司	北京帕克国际工程咨询股份有限公司	—	—
30	太原市首开花溪龙苑西区西7住宅	20100.96	北京国泰建设集团有限公司	太原首开龙泰置业有限责任公司	北京帕克国际工程咨询股份有限公司	—	—

注：表中“—”表示无相关资料。* 为以前年度公示未表彰工程

2. 建筑（竣工）长城杯银质奖公建工程（12项）

序号	工程名称	建筑面积/平方米	承建单位	建设单位	监理单位	主要设备安装分包单位	主要装饰分包单位
1	合成剧场等8项 国家大剧院舞美基地	59781	北京城建集团有限责任公司	国家大剧院	北京双圆工程咨询监理有限公司	—	北京城建六建设集团有限公司（室内精装修、机电安装工程）

续表

序号	工程名称	建筑面积/平方米	承建单位	建设单位	监理单位	主要设备安装分包单位	主要装饰分包单位
2	养老服务设施1号生活楼等7项 5号楼、6号楼	12780	北京城建北方建设有限责任公司	北京康瀛房地产开发有限公司	北京天瑞峰工程管理有限公司	北京城建北方设备安装有限责任公司（机电安装）	—
3	幼儿园用房等3项工程	11510	北京城建北方建设有限责任公司	北京龙湖置业有限公司	北京市顺金盛建设工程监理有限责任公司	北京城建北方设备安装有限责任公司（水电管线及设备安装）	北京城建北方众邦装饰工程有限公司（室内装修）
4	乌兰察布市东来顺肉类加工有限公司9万只羊屠宰加工项目	16051	北京城建亚泰金典建设工程有限公司	乌兰察布市东来顺肉类加工有限公司	内蒙古清圆监理建设工程有限责任公司	—	—
5	5号办公楼等28项、地下车库（一期）、10kV分界室（大兴区瀛海镇区DX08-0002-0304地块） 5号办公楼	15265.49	北京城建一建设发展有限公司	北京城建兴业置地有限公司	北京东方华太建设监理有限公司	—	—
6	业务用房 中国民用航空局清算中心业务用房	23040	北京住总集团有限责任公司	中国民用航空局清算中心	北京菲尔建设监理有限公司	—	—
7	门诊及病房楼（北京市仁和医院门、急诊楼改扩建工程二期项目）	21175.3	中建一局集团建设发展有限公司	北京市仁和医院	北京方圆工程监理有限公司	—	—

续表

序号	工程名称	建筑面积/平方米	承建单位	建设单位	监理单位	主要设备安装分包单位	主要装饰分包单位
8	1号楼等4项（昌平区北七家镇未来科技城南区CP07-0600-0008、0011、0016、0017、0018、0020、0021地块项目）	33683	中建二局第三建筑工程有限公司	北京未来科技城昌信置业有限公司	北京帕克国际工程咨询股份有限公司	—	—
9	3号楼等2项、5号楼等2项（昌平区北七家镇未来科技城南区CP07-0600-0008、0011、0016、0017、0018、0020、0021地块项目）6号楼	35031	中建二局第三建筑工程有限公司	北京未来科技城昌信置业有限公司	北京帕克国际工程咨询股份有限公司	—	—
10	办公用房 中国航信高科技产业园区	102960	中国建筑第八工程局有限公司	中国民航信息网络股份有限公司	建研凯勃建设工程咨询有限公司	—	深圳市三鑫幕墙工程有限公司（幕墙工程） 北京力天大成装饰工程有限公司（精装修工程） 中国建筑装饰集团有限公司（精装修工程）
*11	北京工业职业技术学院 图书科技信息楼工程	19500	中建一局集团第二建筑有限公司	北京工业职业技术学院	北京康迪建设监理咨询有限公司	—	北辰正方建设集团有限公司（室内精装修）
*12	1号生产车间等7项 北京邮政处理中心项目	41488	北京住总集团有限责任公司	北京市邮政速递物流有限公司	北京建院金厦管理有限公司	—	—

注：表中“—”表示无相关资料。*为以前年度公示未表彰工程

附表 8　2019 年度北京市市政基础设施获奖工程和获奖企业名单

一、结构工程（银质奖）

1. 2019 年度市政基础设施公用、公路工程结构长城杯工程银质奖（8 项）

序号	工程名称	开竣工日期	建设单位	施工单位	监理单位	工程造价/万元
1	北京新机场高速公路（南五环—北京新机场）工程第 2 标段	2016.12.25—2018.4.25	北京京投交通发展有限公司	中铁一局集团有限公司	中咨公路工程监理咨询有限公司 北京逸群工程咨询有限公司	22400
2	北京新机场高速公路（南五环—北京新机场）工程第 4 标段	2016.12.25—2018.4.25	北京京投交通发展有限公司	中铁十二局集团有限公司	中咨公路工程监理咨询有限公司 北京逸群工程咨询有限公司	35641
3	北京新机场高速公路（南五环—北京新机场）工程第 5 标段	2016.12.25—2018.4.25	北京京投交通发展有限公司	中铁建大桥工程局集团第四工程有限公司	中咨公路工程监理咨询有限公司 北京逸群工程咨询有限公司	17129
4	北京新机场工作区工程（市政交通） 道桥及管网工程 GZQ-DQJGW-SG-002 标段	2016.10.13—2019.3.6	北京新机场建设指挥部	中国建筑第二工程局有限公司	北京希达工程管理咨询有限公司	14472
5	北京新机场工作区工程（市政交通） 道桥及管网工程 GZQ-DQJGW-SG-007 标段	2016.10.13—2019.3.18	北京新机场建设指挥部	北京住总集团有限责任公司	北京华城建设监理有限责任公司	6550
6	南宁市沙江河流域综合整治 PPP 项目　污水净化厂	2017.9.1—2018.12.30	南宁北排水环境科技有限公司	北京城建道桥建设集团有限公司	广西中信恒泰工程顾问有限公司	31961

续表

序号	工程名称	开竣工日期	建设单位	施工单位	监理单位	工程造价/万元
7	吴淞江流域综合整治一期工程EPC工程总承包 吴淞江污水处理厂扩建工程	2018.7.25—2020.5.4	昆山市水务集团有限公司	北京建工土木工程有限公司	江苏荣威项目管理咨询有限责任公司	12000
8	228国道连江下岐至东边段公路工程项目琯头岭互通桥	2016.2.28—2018.2.27	福建省连江县路港工程开发公司	北京市政建设集团有限责任公司 北京市市政三建设工程有限责任公司	福建省交通建设工程监理咨询有限公司	4355

2. 北京市2019年度市政基础设施轨道交通结构长城杯工程银质奖（7项）

序号	工程名称	开竣工日期	建设单位	施工单位	监理单位	工程造价/万元
1	北京市轨道交通新机场线一期工程土建施工07合同段2号区间风井	2016.11.26—2018.11.14	北京市轨道交通建设管理有限公司	中铁十四局集团有限公司	中咨工程建设监理有限公司	6105
2	北京市轨道交通新机场线一期工程土建施工08合同段	2017.5.19—2019.5.30	北京市轨道交通建设管理有限公司	中铁十二局集团有限公司	中咨工程建设监理有限公司	5720
3	北京市轨道交通新机场线一期工程土建施工07合同段盾构始开井	2016.11.26—2019.5.15	北京市轨道交通建设管理有限公司	中铁十四局集团有限公司	中咨工程建设监理有限公司	5529
4	北京地铁7号线东延工程土建施工03合同段小马庄站	2017.4.7—2019.8.20	北京市轨道交通建设管理有限公司	北京城建轨道交通建设工程有限公司	铁科院（北京）工程咨询有限公司	6848

续表

序号	工程名称	开竣工日期	建设单位	施工单位	监理单位	工程造价/万元
5	北京地铁7号线东延工程土建施工05合同段（张家湾车辆段）停车列检库	2017.7.18—2019.8.16	北京市轨道交通建设管理有限公司	中铁电气化局集团有限公司	北京赛瑞斯国际工程咨询有限公司	29286
6	北京市轨道交通平西府车辆大修厂工程厂修库	2018.6.10—2019.7.21	北京城市快轨建设管理有限公司	中铁电气化局集团有限公司	北京华城建设监理有限责任公司	4863
7	北京轨道交通八通线二期（南延）工程土建施工02合同段（八通线南延部分）施园站	2017.12.30—2019.9.3	北京市轨道交通建设管理有限公司	北京住总集团有限责任公司	中咨工程建设监理有限公司	37675

二、结构工程（金质奖）

1. 北京市2019年度市政基础设施公用、公路工程结构长城杯工程金质奖（50项）

序号	工程名称	开竣工日期	建设单位	施工单位	监理单位	工程造价/万元
1	延崇高速公路（北京段）工程第1标段	2017.4.1—2018.10.31	北京市首都公路发展集团有限公司	北京市政建设集团有限责任公司	北京逸群工程咨询有限公司	47200
2	延崇高速公路（北京段）工程第2标段	2016.12.31—2018.10.31	北京市首都公路发展集团有限公司	中交路桥建设有限公司	北京逸群工程咨询有限公司	65000
3	延崇高速公路（北京段）工程第3标段	2017.8.28—2018.10.30	北京市首都公路发展集团有限公司	北京城建集团有限责任公司	北京逸群工程咨询有限公司	31800
4	延崇高速公路（北京段）工程第4标段 郎庄服务区立交桥	2017.11.29—2018.10.31	北京市首都公路发展集团有限公司	北京市市政一建设工程有限责任公司	北京逸群工程咨询有限公司	30355
5	延崇高速公路（北京段）工程第5标段	2017.11.29—2018.10.31	北京市首都公路发展集团有限公司	中铁六局集团有限公司	北京逸群工程咨询有限公司	45993

续表

序号	工程名称	开竣工日期	建设单位	施工单位	监理单位	工程造价/万元
6	北京新机场高速公路（南五环—北京新机场）工程第1标段	2016.12.25—2018.4.25	北京京投交通发展有限公司	北京城建道桥建设集团有限公司	中咨公路工程监理咨询有限公司 北京逸群工程咨询有限公司	23300
7	北京新机场高速公路（南五环—北京新机场）工程第3标段	2016.12.25—2018.4.25	北京京投交通发展有限公司	北京市政路桥股份有限公司	中咨公路工程监理咨询有限公司 北京逸群工程咨询有限公司	58881
8	北京新机场高速公路（南五环—北京新机场）工程第6标段	2016.12.25—2018.4.25	北京京投交通发展有限公司	中交一公局第三工程有限公司	中咨公路工程监理咨询有限公司 北京逸群工程咨询有限公司	34231
9	北京新机场高速公路（南五环—北京新机场）工程第7标段	2016.12.25—2018.4.25	北京京投交通发展有限公司	中冶交通建设集团有限公司	中咨公路工程监理咨询有限公司 北京逸群工程咨询有限公司	18400
10	北京新机场高速公路（南五环—北京新机场）工程第8标段	2016.12.25—2018.4.25	北京京投交通发展有限公司	天津城建集团有限公司	中咨公路工程监理咨询有限公司 北京逸群工程咨询有限公司	40122
11	北京新机场高速公路（南五环—北京新机场）工程第9标段	2016.12.25—2018.4.25	北京京投交通发展有限公司	中交第三公路工程局有限公司	中咨公路工程监理咨询有限公司 北京逸群工程咨询有限公司	16300

续表

序号	工程名称	开竣工日期	建设单位	施工单位	监理单位	工程造价/万元
12	北京新机场工作区工程（市政交通）——道桥及管网工程 GZQ-DQJGW-SG-001 标段	2016.10.13—2019.3.18	北京新机场建设指挥部	中铁建设集团有限公司	北京希达工程管理咨询有限公司	11524
13	北京新机场工作区工程（市政交通）——道桥及管网工程 GZQ-DQJGW-SG-003 标段	2016.10.13—2019.3.18	北京新机场建设指挥部	北京建工集团有限责任公司	北京希达工程管理咨询有限公司	11340
14	北京新机场工作区工程（市政交通）——道桥及管网工程 GZQ-DQJGW-SG-005 标段	2016.10.13—2019.3.18	北京新机场建设指挥部	中国建筑第八工程局有限公司	北京华城建设监理有限责任公司	34348
15	北京新机场工作区工程（市政交通）——道桥及管网工程 GZQ-DQJGW-SG-006 标段	2016.10.13—2019.3.18	北京新机场建设指挥部	北京城建集团有限责任公司	北京华城建设监理有限责任公司	64600
16	北京新机场工作区工程（市政交通）——道桥及管网工程 GZQ-DQJGW-SG-008 标段	2016.10.13—2019.3.18	北京新机场建设指挥部	河北建设集团股份有限公司	北京华城建设监理有限责任公司	5100
17	北京新机场临空经济区市政交通配套工程永兴河北路（大广高速—磁大路）道路及综合管廊工程（一标段）	2017.9.30—2019.10.15	北京新航城开发建设有限公司	中铁二十四局集团有限公司	北京双圆工程咨询监理有限公司	28686

续表

序号	工程名称	开竣工日期	建设单位	施工单位	监理单位	工程造价/万元
18	北京新机场临空经济区市政交通配套工程永兴河北路（大广高速—磁大路）道路及综合管廊二程（2标段）	2018.4.1—2019.10.15	北京新航城开发建设有限公司	北京城建集团有限责任公司 北京城建道桥建设集团有限公司	北京北咨工程管理有限公司	27520
19	北京新机场临空经济区市政交通配套工程永兴河北路（大广高速—磁大路）道路及综合管廊工程（3标段）	2017.9.30—2019.10.15	北京新航城开发建设有限公司	北京博大经开建设有限公司	北京华城建设监理有限责任公司	27152
20	北京新机场临空经济区市政交通配套工程永兴河北路（大广高速—磁大路）道路及综合管廊工程（5标段）	2017.9.30—2018.10.15	北京新航城开发建设有限公司	中国建筑一局（集团）有限公司	北京伟泽工程项目管理有限公司	10622
21	北京新机场临空经济区市政交通配套工程永兴河北路（大广高速—磁大路）道路及综合管廊工程（6标段）	2018.7.28—2019.10.15	北京新航城开发建设有限公司	北京万兴建筑集团有限公司	北京伟泽工程项目管理有限公司	26400
22	北京新机场临空经济区市政交通配套工程永兴河北路（大广高速—磁大路）道路及综合管廊工程（7标段）	2017.9.30—2019.10.15	北京新航城开发建设有限公司	中铁四局集团有限公司	北京北咨工程管理有限公司	15742

续表

序号	工程名称	开竣工日期	建设单位	施工单位	监理单位	工程造价/万元
23	首都地区环线高速公路（通州—大兴段）工程（K0＋660.416—K11＋200）采于高架桥（K5＋724.342—K7＋822）	2016.12.23—2017.12.31	北京首都环线高速公路有限公司	中交路桥建设有限公司 中交路桥北方工程有限公司	北京京博通工程咨询有限公司	28000
24	首都地区环线高速公路（通州—大兴段）工程（K0＋660.416—K11＋200）采于高架桥（K7＋822—K11＋200）	2016.12.23—2018.6.30	北京首都环线高速公路有限公司	中交路桥建设有限公司 中交路桥华北工程有限公司	北京京博通工程咨询有限公司	44732
25	首都地区环线高速公路（通州—大兴段）工程（K11＋200—K38＋859.023）采于高架桥（K11＋200—K12＋500）及大德路互通立交桥	2017.5.15—2018.6.30	北京首都环线高速公路有限公司	中交第一公路工程局有限公司 中交一公局桥隧工程有限公司	北京京博通工程咨询有限公司	10898
26	首都地区环线高速公路（通州—大兴段）工程（K11＋200—K38＋859.023）永乐店高架桥	2016.12.23—2018.6.30	北京首都环线高速公路有限公司	中交第一公路工程局有限公司 中交一公局第五工程有限公司	北京正宏监理咨询有限公司	15204
27	首都地区环线高速公路（通州—大兴段）工程（K11＋200—K38＋859.023）北运河高架桥	2016.12.23—2018.6.30	北京首都环线高速公路有限公司	中交第一公路工程局有限公司 中交一公局第五工程有限公司	北京正宏监理咨询有限公司	37803

续表

序号	工程名称	开竣工日期	建设单位	施工单位	监理单位	工程造价/万元
28	首都地区环线高速公路（通州—大兴段）工程（K11+200—K38+859.023）京哈互通式立交桥	2016.12.23—2018.6.30	北京首都环线高速公路有限公司	中交第一公路工程局有限公司 中交一公局海威工程建设有限公司	北京正宏监理咨询有限公司	25951
29	首都地区环线高速公路（通州—大兴段）工程（K11+200—K38+859.023）潮白河高架桥	2016.12.23—2018.6.30	北京首都环线高速公路有限公司	中交第一公路工程局有限公司 中交一公局海威工程建设有限公司	北京正宏监理咨询有限公司	41971
30	长安街西延（古城大街—三石路）道路工7号标段	2016.6.16—2017.11.20	北京市公联公路联络线有限责任公司	中交第一公路工程局有限公司	铁科院（北京）工程咨询有限公司	9535
31	长安街西延（古城大街—三石路）道路工3号标段	2015.8.1—2019.8.16	北京市公联公路联络线有限责任公司	北京城建集团有限责任公司 北京城建道桥建设集团有限公司	铁科院（北京）工程咨询有限公司	68940
32	北京市南水北调配套工程黄村水厂工程	2016.11.1—2018.10.31	北京兴淼水务有限公司	北京市政建设集团有限责任公司	北京鸿祥工程建设监理有限责任公司	16912
33	房山区乡镇污水处理厂建设运营项目长阳镇污水处理厂（一期）工程	2017.12.20—2019.1.5	北京北排京房环保科技有限公司	北京建工土木工程有限公司	北京磐石建设监理有限责任公司	3800
34	中心城区第3批下凹式立交桥区雨水泵站升级改造工程第2包第4标段	2014.12.10—2019.5.15	北京市排水集团有限责任公司	北京城建集团有限责任公司	北京北咨工程管理有限公司	4467
35	京港澳高速岳各庄桥区积水治理工程	2017.9.15—2018.5.13	北京市排水集团有限责任公司	北京城建集团有限责任公司	北京北咨工程管理有限公司	4778

续表

序号	工程名称	开竣工日期	建设单位	施工单位	监理单位	工程造价/万元
36	运河东大街（东六环路—宋梁路）道路工程1号标段综合管廊	2017.2.18—2017.10.1	北京市公联公路联络线有限责任公司	北京市政建设集团有限责任公司 北京市市政一建设工程有限责任公司	北京正远监理咨询有限公司	30788
37	北京丽泽金融商务区（南区）地下交通环廊工程二标段	2015.7.25—2019.9.11	北京丽泽金都置业有限公司	北京市政建设集团有限责任公司	北京双圆工程咨询监理有限公司	13638
38	北京丽泽金融商务区（南区）地下交通环廊工程3标段	2015.5.1—2019.6.10		北京城建二建设工程有限公司	北京建创建筑工程咨询有限责任公司	16358
39	北京城市副中心行政办公区综合管廊工程施工总承包（2标段）	2018.5.1—2019.12.31	北京城市副中心投资建设集团有限公司	北京建工集团有限责任公司	北京方正建设工程管理有限公司	17000
40	延庆赛区　A部分场馆配套基础设施施工总包2标段	2018.4.16—2019.7.6	北京北控京奥建设有限公司	北京城建集团有限责任公司 北京城建道桥建设集团有限公司 北京城建华晟交通建设有限公司	北京华城建设监理有限责任公司	18510
41	通州运河核心区市政配套工程南环环隧工程（第1标段）	2015.4.20—2016.3.26	北京北投通城建设开发有限公司	北京建工集团有限责任公司	北京百事百达工程管理有限公司	6123
42	北京通州文化旅游区颐瑞东路（万盛南街—萧太后河南街）地下综合管廊工程	2016.11.25—2017.11.20	北京建工国通建设工程有限责任公司	北京建工土木工程有限公司	建研凯勃建设工程咨询有限公司	8255

续表

序号	工程名称	开竣工日期	建设单位	施工单位	监理单位	工程造价/万元
43	北京通州文化旅游区曹园南大街（九棵树中路—颐瑞东路）地下综合管廊工程	2016.11.25—2017.11.20	北京建工国通建设工程有限责任公司	北京建工土木工程有限公司	北京双圆工程咨询监理有限公司	26321
44	南宁市竹排江上游植物园段（那考河）流域治理PPP项目　水质净化厂	2015.12.21—2016.1.4	南宁北排水环境发展有限公司	北京城建道桥建设集团有限公司	南宁市城市建设监理有限责任公司	13609
45	临澧县荷花水厂建设（一期）工程	2018.10.30—2019.12.31	临澧首创生态环境有限公司	北京市市政四建设工程有限责任公司	湖南长顺项目管理有限公司	16739
46	吴淞江流域综合整治一期工程　EPC工程总承包蓬朗污水处理厂扩建工程	2018.7.25—2020.5.4	昆山市水务集团有限公司	北京建工土木工程有限公司	昆山市中建项目管理有限公司	20000
47	吴淞江流域综合整治一期工程　EPC工程总承包 陆家污水处理厂扩建工程	2018.7.25—2020.5.4	昆山市水务集团有限公司	北京建工土木工程有限公司	昆山加林工程项目管理有限公司	12000
48	蓬安县省道S101线过境县城中心改线工程（绕城北路）PPP项目 盐井坝大桥	2017.5—2019.12	蓬安京蓬基础设施建设有限公司	北京市政建设集团有限责任公司 北京市市政一建设工程有限责任公司	四川省城市建设工程监理有限公司	4385
49	建湖县高铁综合客运枢纽工程PPP项目	2018.11.8—2019.7.9	建湖县交通运输局	北京市政建设集团有限责任公司 北京市市政三建设工程有限责任公司	江苏建业建设集团有限公司	9482
50	福安西互通连接线公路工程PPP项目 穆阳溪大桥	2018.3.28—2020.4.28	福安市京安基础设施投资有限公司	北京市政建设集团有限责任公司 北京市市政三建设工程有限责任公司	南京安通工程咨询监理有限公司	3973

2. 北京市2019年度市政基础设施轨道交通结构长城杯工程金质奖（20项）

序号	工程名称	开竣工日期	建设单位	施工单位	监理单位	工程造价/万元
1	北京市轨道交通新机场线一期工程土建施工01合同段	2017.6.12—2019.4.29	北京市轨道交通建设管理有限公司	北京城建集团有限责任公司 北京城建二建设工程有限公司	北京逸群工程咨询有限公司	74782
2	北京市轨道交通新机场线一期工程土建施工02合同段	2017.6.16—2019.5.9	北京市轨道交通建设管理有限公司	北京城建集团有限责任公司 北京城建道桥建设集团有限公司	北京逸群工程咨询有限公司	48630
3	北京市轨道交通新机场线一期工程土建施工03合同段	2017.5.26—2019.5.28	北京市轨道交通建设管理有限公司	北京市政路桥股份有限公司	北京逸群工程咨询有限公司	163118
4	北京市轨道交通新机场线一期工程土建施工04合同段	2017.1.23—2019.5.20	北京市轨道交通建设管理有限公司	北京市政路桥股份有限公司	北京双圆工程咨询监理有限公司	86241
5	北京市轨道交通新机场线一期工程土建施工06合同段	2016.11.26—2019.9.14	北京市轨道交通建设管理有限公司	北京城建集团有限责任公司	北京双圆工程咨询监理有限公司	15000
6	北京轨道交通新机场线一期工程磁各庄车辆段咽喉区	2016.11.26—2019.4.19	北京市轨道交通建设管理有限公司	北京城建集团有限责任公司	北京双圆工程咨询监理有限公司	19417
7	北京轨道交通新机场线一期工程磁各庄车辆段运用库	2016.11.26—2019.4.19	北京市轨道交通建设管理有限公司	北京城建集团有限责任公司	北京双圆工程咨询监理有限公司	22643
8	北京轨道交通新机场线一期工程磁各庄车辆段联合检修库	2016.11.26—2019.4.19	北京市轨道交通建设管理有限公司	北京城建集团有限责任公司	北京双圆工程咨询监理有限公司	22663

续表

序号	工程名称	开竣工日期	建设单位	施工单位	监理单位	工程造价/万元
9	北京地铁7号线东延工程土建施工01合同段黄厂村站	2016.12.25—2018.12.4	北京市轨道交通建设管理有限公司	北京城乡建设集团有限责任公司	铁科院（北京）工程咨询有限公司	8931
10	北京地铁7号线东延工程土建施工03合同段高楼金站	2016.12.23—2019.8.20	北京市轨道交通建设管理有限公司	北京城建轨道交通建设工程有限公司	铁科院（北京）工程咨询有限公司	19072
11	北京地铁7号线东延工程土建施工05合同段（张家湾车辆段）咽喉区	2017.7.18—2019.9.28	北京市轨道交通建设管理有限公司	中铁电气化局集团有限公司	北京赛瑞斯国际工程咨询有限公司	41243
12	北京地铁7号线东延工程土建施工05合同段（张家湾车辆段）联合检修库	2017.7.18—2019.8.16	北京市轨道交通建设管理有限公司	中铁电气化局集团有限公司	北京赛瑞斯国际工程咨询有限公司	33972
13	北京地铁7线东延工程土建施工06合同段环球影城站	2016.12.28—2019.9.01	北京市轨道交通建设管理有限公司	中铁二局集团有限公司	北京四方工程建设监理有限责任公司	22252
14	北京市轨道交通平西府车辆大修厂工程综合楼	2018.6.10—2019.7.21	北京城市快轨建设管理有限公司	中铁电气化局集团有限公司	北京华城建设监理有限责任公司	3077
15	北京市轨道交通平西府车辆大修厂工程调试库	2018.6.10—2019.7.21	北京城市快轨建设管理有限公司	中铁电气化局集团有限公司	北京华城建设监理有限责任公司	4996
16	北京地铁16号线工程土建施工10合同段万泉河桥站	2014.9.4—2019.8.7	北京城市快轨建设管理有限公司	中铁四局集团有限公司	中咨工程建设监理有限公司	17739

续表

序号	工程名称	开竣工日期	建设单位	施工单位	监理单位	工程造价/万元
17	北京地铁16号线工程土建施工24合同段富丰桥站	2013.6.1—2019.11.12	北京城市快轨建设管理有限公司	北京建工集团有限责任公司 北京建工土木工程有限公司	北京华城建设监理有限责任公司	22775
18	北京地铁12号线工程土建施工14合同段三元桥站	2017.1.5—2019.11.26	北京市轨道交通建设管理有限公司	北京住总集团有限责任公司	北京中铁诚业工程建设监理有限公司	18592
19	北京地铁19号线一期工程土建施工07合同段草桥站	2017.8.3—2019.9.5	北京市轨道交通建设管理有限公司	中铁二十三局集团有限公司	四川铁科建设监理有限公司	36165
20	北京轨道交通房山线北延工程土建施工03合同段丰益桥南站	2016.12.9—2019.1.16	北京市轨道交通建设管理有限公司	北京市政路桥股份有限公司	北京中铁诚业工程建设监理有限公司	18121

3. 北京市2019年度市政基础设施水利工程结构长城杯金质奖（1项）

工程名称	开竣工日期	建设单位	施工单位	监理单位	工程造价/万元
城市副中心行政办公区水系景观工程施工第2标段泵站工程	2016.12—	北京市水务工程建设与管理事务中心	北京通成达水务建设有限公司	安徽省阜阳市聚星水利工程建设监理中心	11800

三、竣工工程（银质奖）

1. 北京市2018年度市政基础设施公用、公路竣工长城杯工程银质奖（11项）

序号	工程名称	开竣工日期	建设单位	施工单位	监理单位	工程造价/万元
1	马家堡西路南延（春和路—西红门路）道路工程2号标段	2014.3.18—2017.9.27	北京市公联公路联络线有限责任公司	北京市市政六建设工程有限公司	北京磐石建设监理有限责任公司	6092

续表

序号	工程名称	开竣工日期	建设单位	施工单位	监理单位	工程造价/万元
2	北京经济技术开发区太和东桥改造工程4标段	2017.6.1—2018.12.31	北京经济技术开发区基建办公室	北京建工路桥集团有限公司	北京磐石建设监理有限责任公司	7343
3	普安屯外电源电力隧道建设工程（第三标段）	2017.5.2—2017.11.25	国网北京市电力公司	北京政平建设投资集团有限公司	北京兴电国际工程管理有限公司	3081
4	岳各庄220kV输变电（电力沟）工程（第六标段）	2016.2.23—2018.12.30	国网北京市电力公司	首投创通建设集团有限公司	北京吉北电力工程咨询有限公司	3068
5	东郊农场保障房项目香江北路10kV电力工程	2017.6.15—2017.11.12	北京瑞平房地产开发有限公司	首投创通建设集团有限公司	北京磐石建设监理有限责任公司	5743
6	昌平—八家220kV送电工程（第一标段）	2016.1.20—2017.12.17	国网北京市电力公司	北京建工路桥集团有限公司	北京吉北电力工程咨询有限公司	4573
7	2018年官园桥、月坛南北桥大修工程施工	2018.9.22—2018.11.30	北京市城市道路养护管理中心 北京康顺通工程项目管理有限公司	北京市市政四建设工程有限责任公司	北京正远监理咨询有限公司	3090
8	庆云县城乡基础设施建设PPP项目道路工程、排水工程（西环路）	2018.3.29—2018.12.30	山东庆云京建基础设施投资有限公司	北京城建道桥建设集团有限公司	北京逸群工程咨询有限公司	7000
9	战备路雨污分流及道路改造项目	2018.3.20—2018.12.15	山东庆云京建基础设施投资有限公司	北京城建道桥建设集团有限公司	北京逸群工程咨询有限公司	3500
10	河北兴隆经济开发区起步区基础设施建设和旧城区路网改造工程	2015.10.25—2017.5.1	河北兴隆经济开发区管理委员会 兴隆县住房和城乡规划建设局	北京易成市政工程有限责任公司	承德宏泰工程项目管理有限公司	8003
11	旧忠路（京福路—南五环旧忠桥）市政工程4标	2014.4.10—2017.11.15	北京经济技术开发区基建办公室	北京市市政二建设工程有限责任公司	北京四方工程建设监理有限责任公司	4175

2. 北京市2018年度市政基础设施轨道交通工程竣工长城杯银质奖（8项）

序号	工程名称	开竣工日期	建设单位	施工单位	监理单位	工程造价/万元
1	北京地铁6号线西延工程土建施工05合同段	2017.4.01—2018.12.10	北京市轨道交通建设管理有限公司	中铁二十二局集团有限公司	中咨工程建设监理有限公司	9780
2	北京地铁6号线西延工程机电专业设备安装工程I标段	2013.12.16—2018.12.18	—	中铁五局集团有限公司	铁科院（北京）工程咨询有限公司	15258.8
3	北京轨道交通燕房线工程土建施工05合同段	2014.4.27—2016.7.26	北京市轨道交通建设管理有限公司	中国铁建大桥工程局集团有限公司	北京华城建设监理有限责任公司	38197
4	北京地铁8号线三期工程土建施工07合同段	2014.3.25—2018.11.10	北京市轨道交通建设管理有限公司	北京市轨道交通建设管理有限公司 中铁四局集团有限公司	北京致远工程建设监理有限责任公司	34821
5	北京地铁8号线三期工程土建施工08合同段	2013.12.20—2018.11.15	—	中铁十九局集团有限公司	北京致远工程建设监理有限责任公司	31521
6	北京地铁8号线三期工程土建施工11合同段	2014.10.26—2018.6.10	—	北京城乡建设集团有限责任公司	北京方达工程管理有限公司	26432
7	北京地铁8号线三期工程土建施工16合同段	2013.10.9—2018.7.12	—	中铁电气化局集团有限公司	北京方达工程管理有限公司	42570
8	北京地铁8号线三期工程土建施工17合同段	2018.3.29—2018.11.12	—	中铁二局集团有限公司	北京逸群工程咨询有限公司	54953

注：表中“—”表示无相关资料

四、竣工工程（金质奖）

1. 北京市2018年度市政基础设施公用、公路竣工长城杯工程金质奖（39项）

序号	工程名称	开竣工日期	建设单位	施工单位	监理单位	工程造价/万元
1	北京兴延高速公路工程（ZK1+241—ZK32+320）	2015.12.1—2018.12.31	北京兴延高速公路有限公司	中铁十二局集团有限公司 中铁十二局集团第三工程有限公司 中铁建大桥工程局第三工程有限公司 中铁二十局集团第二工程有限公司 中铁十六局集团第一工程有限公司 中铁二十二局集团有限公司 中铁十八局集团第五工程有限公司	北京京博通工程项目管理有限公司 北京逸群工程咨询有限公司	434035
2	北京兴延高速公路工程（ZK32＋320—ZK43＋420）	2015.12.1—2018.12.31	北京兴延高速公路有限公司	中铁十四局集团有限公司 中铁十四局集团第二工程有限公司 中铁十九局集团第三工程有限公司	北京逸群工程咨询有限公司	363878
3	北京丽泽金融商务区智慧清洁能源系统供热管网工程5标段	2017.5.1—2018.4.30	北京华源热力管网有限公司	北京城建远东建设投资集团有限公司	北京国电德胜工程项目管理有限公司	2627
4	北京丽泽金融商务区智慧清洁能源系统供热管网工程6标段	2016.9.22—2018.9.5	北京华源热力管网有限公司	北京城建亚泰建设集团有限公司	北京国电德胜工程项目管理有限公司	4799

续表

序号	工程名称	开竣工日期	建设单位	施工单位	监理单位	工程造价/万元
5	北京丽泽金融商务区智慧清洁能源系统供热管网工程7标段	2017.5.1—2018.4.30	北京华源热力管网有限公司	北京城建远东建设投资集团有限公司	北京国电德胜工程项目管理有限公司	1625
6	北京市小红门再生水厂（第1标段）	2013.3.29—2017.12.31	北京城市排水集团有限责任公司	北京城建集团有限责任公司	北京致远工程建设监理有限责任公司	16417
7	小红门再生水厂（第2标段）	2013.7.1—2017.12.31	北京城市排水集团有限责任公司	北京城建集团有限责任公司	北京北咨工程管理有限公司	14550
8	槐房再生水厂	2014.4.1—2017.12.31	北京城市排水集团有限责任公司	北京城建集团有限责任公司	北京北咨工程管理有限公司	16694
9	北辛安路（阜石路—长安街西延）道路工程1号标段	2013.8.16—2018.12.15	北京市公联公路联络线有限责任公司	北京市政建设集团有限责任公司 北京市市政四建设工程有限责任公司	北京致远工程建设监理有限责任公司	8902
10	顺义新城减河北路东延（右堤路—通怀路）道路工程——桥梁工程	2016.3.23—2018.9.29	顺义区市政重点工程办公室	北京城建道桥建设集团有限公司	北京燕波工程管理有限公司	29960
11	密云区沙太路提级改造工程	2018.3.16—2018.11.15	北京市交通委员会密云公路分局	北京鑫旺路桥建设有限公司	北京正远监理咨询有限公司	3629
12	密云区马北路（101国道—松曹路）道路工程	2016.12.1—2017.11.30	北京市交通委员会密云公路分局	北京鑫实路桥建设有限公司	北京正远监理咨询有限公司	6676
13	柳村路北段（丽泽路—东管头路）道路工程	2014.12.9—2018.11.30	北京市公联公路联络线有限责任公司	北京市常青市政工程有限公司	北京市曙晨工程建设监理有限责任公司	6800
14	阿苏卫垃圾运输专用道路六环路接入工程	2017.7.20—2017.12.20	北京首都公路发展集团有限公司	北京市市政二建设工程有限责任公司	北京正宏监理咨询有限公司	10019

续表

序号	工程名称	开竣工日期	建设单位	施工单位	监理单位	工程造价/万元
15	北京经济技术开发区康定街、荣昌东街东延、大羊坊桥及京沪高速拓宽改造工程1标段	2017.9.1—2018.12.26	北京经济技术开发区基建办公室	北京建工路桥集团有限公司	北京中城建建设监理有限公司	9524
16	大兴新城核心区义锦路（新源大街—汇源路）道路、给水、排水、再生水、桥梁工程；横一路（锦华路—纵六路）道路、给水、排水、电力、桥梁工程；横二路（新源大街—兴华大街）道路、给水、排水、再生水、电力、桥梁工程；纵六路（义锦路—横二路）道路、给水、排水、再生水、电力、燃气管线工程	2015.10.15—2018.9.25	北京兴创投资有限公司	北京易成市政工程有限责任公司	北京致远工程建设监理有限责任公司	5203
17	永丰产业基地（新）园区G地块7条支路道路工程	2017.9.1—2018.3.3	北京实创高科技发展有限责任公司	中国新兴建设开发总公司	北京帕克国际工程咨询股份有限公司	11233
18	大兴新城东环路（清源路—黄亦路）道路、给水、排水、再生水工程（1标段）	2016.10.31—2018.10.28	北京兴城顺通投资有限公司	北京市政建设集团有限责任公司	北京中建工程顾问有限公司	6717
19	大兴新城东环路（清源路—黄亦路）道路、给水、排水、再生水工程2标段	2017.3.15—2018.12.19	北京兴城顺通投资有限公司	北京市市政二建设建设工程有限责任公司	北京中建工程顾问有限公司	6098

续表

序号	工程名称	开竣工日期	建设单位	施工单位	监理单位	工程造价/万元
20	康延杏西支、岭杏西支110kV线路和杏张35kV线路迁改工程（延庆市国会架空线路入地工程）（第2标段）	2013.6.15—2018.12.30	国网北京市电力公司	首投创通建设集团有限公司	北京兴电国际工程管理有限公司	4806
21	玉渊潭220kV送电工程（电力隧道）（第3标段）	2018.8.9—2018.12.27	国网北京市电力公司	北京易成市政工程有限责任公司	北京吉北电力工程咨询有限公司	3274
22	运河220kV变电站外电源沟道工程（第1标段）	2016.10.31—2017.6.14	北京北投通城建设开发有限公司	北京市市政二建设工程有限责任公司	北京四方工程建设监理有限责任公司	4058
23	丰台东路至樊羊路热力管线工程	2016.11.22—2018.12.10	北京市热力集团有限责任公司	北京市政建设集团有限责任公司	北京鸿祥工程建设监理有限责任公司	19236
24	南长街至北长街热力管线工程	2017.5.2—2018.12.14	北京市热力集团有限责任公司	北京城建道桥建设集团有限公司	北京百事百达工程管理有限公司	3396
25	百康路（康张路—延崇高速公路）道路工程	2017.12.5—2018.12.4	北京市交通委员会延庆公路分局	北京城建道桥建设集团有限公司	北京港通路桥工程监理有限责任公司	5478
26	延庆新城阜康路道路工程施工1号合同（K0+000—K2+757.811）	2017.8.10—2018.12.30	北京市首发高速公路建设管理有限责任公司	北京城建七建设工程有限公司	北京中城建建设监理有限公司	13161
27	北京西站北广场下沉广场	2015.6.10—2018.12.25	北京西站地区管理委员会	北京市市政六建设工程有限公司	北京双圆工程咨询监理有限公司	7001
28	延庆联络线（妫川路）综合整治专项工程	2018.9.18—2018.11.15	北京市公路发展集团有限公司	北京城建远东建设投资集团有限公司	北京正远监理咨询有限公司	4125

续表

序号	工程名称	开竣工日期	建设单位	施工单位	监理单位	工程造价/万元
29	平谷区平关路（K0＋000—K11＋960）大修工程	2018.4.1—2018.8.31	北京市交通委员会平谷公路分局	北京鑫旺路桥建设有限公司	北京正宏监理咨询有限公司	3163
30	2018 年景山东街等 8 项大修工程 2 标 广顺北大街大修工程	2018.3.20—2018.6.18	北京市城市道路养护管理中心 北京康顺通工程项目管理有限公司	北京鑫旺路桥建设有限公司	北京磐石建设监理有限责任公司	3495
31	2018 年三环主路（分钟寺桥东—丽泽桥北）大修工程施工 2 标三环主路（赵公口桥东—玉泉营桥东）大修工程	2018.5.25—2018.9.21	北京市城市道路养护管理中心	北京城建道桥建设集团有限公司	北京四方工程建设监理有限责任公司	5915
32	2018 年广安门内大街等 7 项道路桥梁大修工程施工 1 标　广安门内大街（菜市口大街—广安门桥）大修工程	2018.4.25—2018.7.24	北京市城市道路养护管理中心	北京公联洁达公路养护工程有限公司	北京逸群工程咨询有限公司	4858
33	2019 年静安西街等道路大修工程施工 4 标成寿寺路（南四环东路—亦庄西环北路）大修工程	2019.4.30—2019.7.28	北京市城市道路养护管理中心	北京市市政一建设工程有限责任公司	北京磐石建设监理有限责任公司	3283
34	2019 年静安西街等道路大修工程施工 2 标 永丰路（北清路—马连洼北路）大修工程	2019.4.20—2019.7.28	北京市城市道路养护管理中心 北京康顺通工程项目管理有限公司	北京光亚市政工程有限公司	北京正远监理咨询有限公司	3379

续表

序号	工程名称	开竣工日期	建设单位	施工单位	监理单位	工程造价/万元
11	北京地铁8号线三期工程土建施工04合同段	2014.10.13—2018.12.17	北京市轨道交通建设管理有限公司	北京市轨道交通建设管理有限公司 中铁一局集团有限公司	北京建工京精大房工程建设监理公司	56072
12	北京地铁8号线三期工程土建施工05合同段	2014.4.2—2018.12.28		中铁五局集团有限公司	北京正远监理咨询有限公司	44166
13	北京地铁8号线三期工程土建施工06合同段	2018.4.14—2018.11.25		中交隧道工程局有限公司	北京正远监理咨询有限公司	55221
14	北京地铁8号线三期工程土建施工09合同段	2013.8.5—2018.11.24	北京市轨道交通建设管理有限公司	中铁十一局集团有限公司	北京致远工程建设监理有限责任公司	9467
15	北京地铁8号线三期工程土建施工10合同段	2014.2.25—2018.12.6		中建交通建设集团有限公司	北京方达工程管理有限公司	17501
16	北京地铁8号线三期工程土建施工12合同段	2014.6.15—2018.12.5		中铁隆工程集团有限公司	铁科院（北京）工程咨询有限公司	2474
17	北京地铁8号线三期工程土建施工14合同段	2013.7.1—2018.8.20		中铁十八局集团有限公司	北京双圆工程咨询监理有限公司	29939
18	北京地铁8号线三期工程土建施工15合同段	2013.12.20—2018.8.23		北京市政建设集团有限责任公司	北京双圆工程咨询监理有限公司	43785
19	北京地铁8号线三期工程机电专业设备安装工程II标段	2017.11.15—2018.11.20		中铁电气化局集团第一工程有限公司	北京兴电国际工程管理有限公司	14883

续表

序号	工程名称	开竣工日期	建设单位	施工单位	监理单位	工程造价/万元
20	北京地铁8号线三期工程机电专业设备安装工程Ⅲ标段、北京地铁8号线三期南延工程机电专业设备安装工程	2017.6.3—2018.11.12	北京市轨道交通建设管理有限公司	北京市市政四建设工程有限责任公司	北京兴电国际工程管理有限公司	16089
21	北京地铁8号线三期及南延工程通信、乘客信息、办公自动化系统设备安装工程	2016.10.8—2018.11.22		中国铁路通信信号上海工程局集团有限公司	中铁华铁工程设计集团有限公司	11720
22	北京地铁8号线三期及南延工程信号系统设备安装工程	2016.9.28—2018.12.28		中铁电气化局集团第一工程有限公司	铁科院（北京）工程咨询有限公司	8813
23	北京地铁8号线三期工程轨道专业Ⅱ标段、北京地铁8号线三期南延工程轨道专业安装工程	2017.5.23—2018.11.7		中铁三局集团有限公司	北京中铁诚业工程建设监理有限公司	38072
24	北京市中低速磁浮交通示范线（S1线）西段工程施工总承包05标段	2014.9.18—2017.8.28	北京控股磁悬浮技术发展有限公司	北京控股磁悬浮技术发展有限公司 中铁二局集团有限公司	北京赛瑞斯国际工程咨询有限公司	66022

3. 北京市2018年度市政基础设施水利工程竣工长城杯金质奖（1项）

工程名称	开竣工日期	建设单位	施工单位	监理单位	工程造价/万元
朝阳区垡头地区焦化厂公租房项目城市蓄水池工程	2017.7.22—2018.6.27	北京市保障性住房建设投资中心	北京市朝阳水利工程有限公司	北京市中冠水利监理有限公司	8627.47

续表

序号	工程名称	建设单位	总包单位	施工单位	设计单位	监理单位
10	北京丽泽商务区 E-08、E-09 地块商业金融项目	—	中国新兴建设开发有限责任公司	中建钢构有限公司	—	—
11	保健楼等 5 项（北京大学第一医院保健中心项目）	北京大学第一医院	中国建筑第八工程局有限公司	天津东南钢结构有限公司	—	北京双圆工程咨询监理有限公司
12	2019 年中国北京世界园艺博览会国际馆项目	—	北京市第五建筑工程集团有限公司	北京振兴同创钢结构工程有限公司	北京市建筑设计研究院有限公司	北京中联环建设工程管理有限公司
13	丰台区丽泽路 E-01、E-05、E-06 地块 C2 商业金融用地项目（E-05 地块 2＃办公楼等 2 项）	—	中建一局集团建设发展有限公司	安徽鸿路钢结构（集团）股份有限公司 上海建科工程咨询有限公司	北京市建筑设计研究院有限公司	—
14	E-01 地块 1＃办公楼等 3 项（丰台区丽泽路 E-01、E-05、E-06 地块 C2 商业金融用地项目）	—	中国建筑第八工程局有限公司	中建八局第一建设有限公司 中国建筑第八工程局有限公司钢结构工程公司	—	—
15	北京新机场东航基地项目机务维修及特种车辆维修区一期工程	中国东方航空股份有限公司	北京建工集团有限责任公司	北京市机械施工有限公司 北京市第三建筑工程有限公司	中国航天建设集团有限公司	西安西北民航项目管理有限公司
16	北京市 CBD 核心区 Z14 地块商业金融项目	正大侨商房地产开发有限公司	中建三局集团有限公司	中建钢构有限公司 中建钢构有限公司	中国建筑科学研究院有限公司	北京希地环球建设工程顾问有限公司

续表

序号	工程名称	建设单位	总包单位	施工单位	设计单位	监理单位
17	嘉德艺术中心项目钢结构工程	北京皇都房地产开发有限公司	中建三局集团有限公司	中建钢构有限公司	北京市建筑设计研究院有限公司	北京双圆工程咨询监理有限公司
18	北京鲜活农产品流通中心钢结构工程	—	北京建工集团有限责任公司	涿州蓝天网架有限公司 北京国际建设集团有限公司	北京市建筑设计研究院有限公司	北京中城建建设监理有限公司
19	北京新机场货运区工程一标段钢结构工程	—	北京建工集团有限责任公司	浙江东南网架股份有限公司	中国中元国际工程有限公司	北京帕克国际工程咨询股份有限公司
20	兴延高速公路上跨京包铁路立交桥转体及营城子互通立交主线桥、A2匝道桥、B2匝道桥、B3匝道桥钢混叠合梁	—	中铁十九局集团第三工程有限公司	北京市市政一建设工程有限责任公司 江阴大桥（北京）工程有限公司	—	北京逸群工程咨询有限公司 北京福浩工程咨询有限公司
21	国家速滑馆项目钢结构工程	北京国家速滑馆经营有限责任公司	北京城建集团有限责任公司	江苏沪宁钢机股份有限公司 巨力索具股份有限公司 北京市建筑工程研究院有限责任公司	中国中元国际工程有限公司	北京帕克国际工程咨询股份有限公司

注：表中“—”表示无相关资料

附表 11　2019—2020 年度（第一批）北京市建筑装饰优质工程入选名单

序号	工程名称	申报单位
1	201 号国际合作中心北京民用飞机技术研究中心建设项目大堂、会议室、餐厅、客房、报告厅室内装饰工程	北京市建筑工程装饰集团有限公司
2	北京高校大学生创业园（就业创业大厦）室内装饰工程	北京弘洁建设集团有限公司
3	昌平沙河高教园北京师范大学新校区 4 号学生宿舍、教学综合楼、图书馆、1 号教学服务楼 A、B 段室内装饰工程	北京港源建筑装饰工程有限公司

续表

序号	工程名称		申报单位
4	朝阳区崔各庄大望京2号地　626地 块 2号楼　B1-B2、F5、F7-12室内装饰工程		建元建设发展有限公司
5	朝阳区崔各庄乡大望京村2号地　626地块1号楼室内装饰工程	B1餐厅、F5-13、F17-26公共区域	北京华开建筑装饰工程有限公司
		F27-28、F40-42	建峰建设集团股份有限公司
6	朝阳区东方路1号院1号楼F15-25室内装饰工程		北京乐孚装饰工程有限公司
7	朝阳区望京街8号院1号楼F2层局部、F10-18室内装饰工程		北京格林贝斯装饰工程有限公司
8	朝阳区望京街8号院3号楼F3-4、F12-20室内装饰工程		北京格林贝斯装饰工程有限公司
9	城建道桥大厦1号楼B座、1号楼A座公区、2号楼公区室内装饰工程		北京城建深港建筑装饰工程有限公司
10	城建道桥大厦幕墙工程		北京城建深港建筑装饰工程有限公司
11	大成饭店改建工程幕墙工程		北京江河幕墙系统工程有限公司
12	大兴区黄村镇泰禾中央广场项目1号楼幕墙工程		北京嘉寓门窗幕墙股份有限公司
13	大兴区生物医药基地商业金融用地与文化娱乐用地24号商业及文化设施楼幕墙工程		北京江河幕墙系统工程有限公司
14	大兴首开万科中心新城核心项目南区012地块第一标段幕墙工程		北京磊鑫建筑工程有限公司
15	方正医药研究院建设项目1号实验楼等7项幕墙工程		建元建设发展有限公司
16	房山奥特莱斯商业二期项目B1、F1-4公共区域室内装饰工程		中信装饰装修工程有限公司
17	丰台桥南王庄子居住项目1号、2号、3号楼户内及电梯厅装饰工程		北京市金龙腾装饰股份有限公司
18	丰台桥南王庄子居住项目4号、6号、7号楼户内及电梯厅装饰工程		浙江亚厦装饰股份有限公司
19	丰台区花乡四合庄中关村科技园丰台园东区三期综合性商业金融服务业用地二标段3号、4号楼幕墙工程		深圳市科源建设集团股份有限公司
20	丰台区丽泽金融商务区F-05地块幕墙工程		北京江河幕墙系统工程有限公司
21	丰台区南苑乡南苑村1404-621地块R2二类居住用地（配套限价商品房）项目10号、12号楼室内装饰工程		北京乐孚装饰工程有限公司
22	丰台区亚林西居住区S-1号还建办公及商业幕墙工程		北京港源幕墙有限公司
23	丰台区长城金融1号楼F2、F4数据机房室内装饰工程		捷通智慧科技股份有限公司

续表

序号	工程名称		申报单位
24	古城创业大厦D座大堂、A座F1-10、C座F1-3公共区域室内装饰工程		中迅达装饰工程集团有限公司
25	广陵区体操馆主场馆、瑜伽室、前厅室内装饰工程		中国装饰股份有限公司
26	怀柔红螺寺伽蓝殿等修缮古建装饰工程		北京怀建集团有限公司
27	嘉德艺术中心瑛瑄酒店F4-8室内装饰工程		浙江亚厦装饰股份有限公司
28	嘉德艺术中心项目第三标段室内装饰工程		浙江亚厦装饰股份有限公司
29	金科中心商业二标段幕墙工程		北京嘉寓门窗幕墙股份有限公司
30	金融街—万科丰科中心1、2号楼F9-18室内装饰工程		厦门金腾装饰集团有限公司
31	酒仙桥语言文化中心幕墙工程		北京西飞世纪门窗幕墙工程有限责任公司
32	孔雀城九期—华夏ACE嘉善国际幼儿园F1-3室内装饰工程		北京港源建筑装饰工程有限公司
33	三利大厦改扩建工程一标段室内装饰工程		北京中建华腾装饰工程有限公司
34	上海师范大学附属嘉善实验学校项目（小学部）综合教学楼F1-2、书院、餐厅及宿舍F1、F2、F5室内装饰工程		北京港源建筑装饰工程有限公司
35	上海烟草集团北京卷烟厂后勤保障设施布局调整项目室内装饰工程		北京东豪建设集团有限公司
36	首钢老工业区改造西十冬奥广场项目（N1-2转运站及员工餐厅）幕墙工程		中国建筑装饰集团有限公司
37	首钢老工业区改造西十冬奥广场项目室内装饰工程	N1-2转运站（综合办公区）	北京市建筑装饰设计工程有限公司
	首钢老工业区改造西十冬奥广场项目室内装饰工程	倒班公寓	北京市建筑装饰设计工程有限公司
	首钢老工业区改造西十冬奥广场项目室内装饰工程	会议中心、主控室、员工餐厅	北京首钢建设集团有限公司
	首钢老工业区改造西十冬奥广场项目室内装饰工程	一三高炉联合泵站（综合办公区）	北京市建筑装饰设计工程有限公司
38	顺义区后沙峪镇公共设施项目10号楼F1-3公共区域、11号楼F1-5公共区域室内装饰工程		北京业之峰诺创建筑装饰工程有限公司
39	太阳宫社区卫生服务中心（新址）F1-12室内装饰工程		北京城建亚泰建设集团有限公司
40	泰康之家燕园项目2期4、9号楼室内装饰工程		北京港源建筑装饰工程有限公司
41	望京东园四区3号楼F1-3室内装饰工程		北京住总装饰有限责任公司
42	扬州国际会展中心二期新城西区会展配套酒店F1大堂、F2-3、F7-17室内装饰工程		中国装饰股份有限公司

续表

序号	工程名称	申报单位
43	雨花台烈士纪念馆展陈室内装饰工程	北京天图设计工程有限公司
44	远洋国际中心A座公区改造部分室内装饰工程	远洋装饰工程股份有限公司
45	斋堂镇灵水村九处文物院落抢险修缮古建装饰工程	北京房修一建筑工程有限公司
46	中关村国防科技园B座B1、F1、F2-F6办公区、F9-F14办公区及F座F1-3室内装饰工程	北京丽贝亚建筑装饰工程有限公司
47	中国建筑设计研究院创新科研示范中心室内装饰工程	北京华美装饰工程有限责任公司
48	中国中医科学院广安门医院扩建门诊楼项目F10-19室内装饰工程	北京侨信装饰工程有限公司
49	中航国际北京航空城项目L1号总部办公楼F10-15、C1号楼F3职工食堂室内装饰工程	北京忠信博艺建筑装饰有限公司
50	中荷人寿办公楼F2、F8-12公共区域、F1、F3-5、F13-16室内装饰工程	苏州金螳螂建筑装饰股份有限公司

附表12 2019—2020年度（第一批）北京市建筑装饰工程优秀设计奖入选公示名单

（按工程名称排序）

序号	工程名称	申报单位名称
1	北京伟特工业用房及附属设施用房（一期）项目	北京城建深港建筑装饰工程有限公司
2	丰台科技园28号地A地块项目北区公区精装修分包工程Ⅱ标段	上海金茂建筑装饰有限公司
3	桂林金融大厦数据中心基础设施建设工程	捷通智慧科技股份有限公司
4	国资委西便门办公区外宾接待室维修改造项目	中建装饰设计研究院有限公司
5	海峡旅游服务中心（客运码头三期）室内设计	中国建筑装饰集团有限公司
6	检测及配套中心（数字电视产业园配套LED封装厂项目）	中建一局集团装饰工程有限公司
7	金融街海世界二期8、9号楼精装修设计	北京清尚建筑设计研究院有限公司
8	九江市森林博物馆布展工程设计和施工一体化	北京清尚建筑装饰工程有限公司
9	廊坊市瑞丰公园景观设计	泛华建设集团有限公司
10	青岛市民健身中心建设工程（体育馆、体育场）	中国建筑装饰集团有限公司

续表

序号	工程名称	申报单位名称
11	搜狗杭州办公区室内装饰改造工程	中装华泰（北京）装饰工程有限公司
12	湘西自治州博物馆、非物质文化遗产展示馆展览陈列布展设计与施工一体化及室内二次装饰工程	北京清尚建筑装饰工程有限公司
13	雨花台烈士纪念馆展陈改造工程设计施工总承包	北京天图设计工程有限公司
14	专利技术研发中心研发用房建设项目	北京港源建筑装饰设计研究院有限公司

附表13　2019—2020年度（第一批）北京市建筑装饰工程优秀设计奖（创意类）入选公示名单

（按作品名称排序）

序号	作品名称	申报单位名称
1	“山水”办公	北京丽贝亚建筑装饰工程有限公司
2	鞍山矿山冶金设备制造厂景观改造设计	中建八局第一建设有限公司
3	北京正觉胡同四合院会所室内装饰设计	北京港源建筑装饰设计研究研究有限公司
4	博元·幸福城项目养老服务中心	北京港源建筑装饰设计研究研究有限公司
5	成都丰德成达中心办公项目	北京港源建筑装饰设计研究研究有限公司
6	滁州市南京太仆寺马政博物馆	北京天图设计工程有限公司
7	丰宁永太兴行宫酒店精装修设计	翰盟建筑设计顾问（北京）有限公司
8	贵阳花果园D区双子塔	北京港源建筑装饰设计研究研究有限公司
9	海南生态智慧新城中学教学楼	北京筑邦建筑装饰工程有限公司
10	洪银大厦综合楼室内精装修设计项目	北京城建长城建筑装饰工程有限公司
11	湖南长沙环球世纪售楼处设计项目	北京港源建筑装饰设计研究研究有限公司
12	济南战役纪念馆	北京天图设计工程有限公司
13	锦江宾馆屋顶空间改造	中建装饰设计研究院有限公司

续表

序号	作品名称	申报单位名称
14	兰考红天地历史文化街区街景设计	泛华建设集团有限公司
15	漯河市博物馆	北京天图设计工程有限公司
16	绵阳港华燃气办公楼设计方案	中国建筑装饰集团有限公司
17	内蒙古自然博物馆	北京天图设计工程有限公司
18	启迪香山4号楼7层公寓设计	北京丽贝亚建筑装饰工程有限公司
19	清华大学深圳国际校区（一期）工程	北京筑邦建筑装饰工程有限公司
20	全国政协常委会议厅改造工程室内设计	北京筑邦建筑装饰工程有限公司
21	唐山C01地块样板间设计项目	北京市建筑装饰设计院有限公司
22	天津中海地产整装家居户型设计	中建装饰设计研究院有限公司
23	伟大的变革——庆祝改革开放40周年大型展览	北京天图设计工程有限公司
24	温县陈家沟景区太极客厅室内设计	泛华建设集团有限公司
25	忻州政务服务中心项目	北京城建深港建筑装饰工程有限公司
26	星典影院四季店（北京）室内装饰设计	翰盟建筑设计顾问（北京）有限公司
27	星典影院天津店室内装饰设计	翰盟建筑设计顾问（北京）有限公司
28	邢台爱晚红枫康复医院	北京筑邦建筑装饰工程有限公司
29	延安万和商住广场项目销售中心室内精装修设计	翰盟建筑设计顾问（北京）有限公司
30	原阳颐养乐福·福园	北京港源建筑装饰设计研究研究有限公司
31	远洋国际中心A座31-33层WELL铂金级认证项目室内精装修设计	北京筑邦建筑装饰工程有限公司
32	长沙区域事业部株洲云龙区域株洲云龙产业新城服务中心公区精装设计	北京清尚建筑设计研究院有限公司
33	重庆市地铁五号线延长线地铁站设计方案	中国建筑装饰集团有限公司

附表14　2019年市住房城乡建设委规范性文件目录及主要内容

序号	文件名称	文号	发布日期	主要内容
1	北京市住房和城乡建设委员会《关于落实房屋建筑和市政基础设施工程建设单位工程款结算和支付相关要求的通知》	京建法〔2019〕1号	2019年1月17日	为有效规范建设单位工程款结算和支付行为，从源头保障农民工工资支付，市住房城乡建设委制定了《关于落实房屋建筑和市政基础设施工程建设单位工程款结算和支付相关要求的通知》，主要包括严禁拖欠工程款、全面落实施工过程结算、建立建设单位信用承诺制、畅通举报投诉渠道等
2	《北京市住房和城乡建设委员会关于调整房产测绘成果审核有关事项的通知》	京建法〔2019〕2号	2019年1月21日	深入推进我市“放管服”改革，进一步优化我市营商环境，市住房城乡建设委从“减事项、减环节、减时限、减要件、优流程”着手，对房产测绘成果审核工作进行了程序优化和效能提升。调整后，房产测绘成果审核事项由原来的5项减少为3项，所需提交要件平均减少3项左右，取消了部分房屋现场查看环节，房产预测绘成果审核时限由原来的9个工作日压缩为6个工作日，房产实测绘成果审核时限由原来的12个工作日压缩为7个工作日，大大提升了审核便利程度和效率
3	北京市住房和城乡建设委员会关于印发《北京市房屋建筑和市政基础设施工程施工安全风险分级管控和隐患排查治理暂行办法》的通知	京建法〔2019〕3号	2019年2月1日	按照“出标准、建平台、定办法”三步走的双重预防体系建设部署，市住房城乡建设委出台《北京市房屋建筑和市政基础设施工程施工安全风险分级管控和隐患排查治理暂行办法》，主要内容包括：一是明确施工安全风险和事故隐患的定义，对安全风险管控和事故隐患排查治理实施信息化管理；二是厘清各参建单位责任；三是建立挂牌督办工作制度，明确挂牌督办形式，规定挂牌督办流程；四是明确风险分级管控和隐患排查治理工作中的违法违规行为，对行政处理和行政处罚做出具体规定
4	北京市住房和城乡建设委员会关于执行2018年《北京市建设工程工期定额》和2018年《北京市房屋修缮工程工期定额》的通知	京建法〔2019〕4号	2019年2月3日	为适应我市建筑业转型升级和市场发展的需要，更好地发挥工期定额的标尺作用及其对工程质量安全的基础保障作用，提高工程投资效益，市住房城乡建设委组织编制颁布了2018年《北京市建设工程工期定额》（以下简称《工期定额》）和2018年《北京市房屋修缮工程工期定额》并相应制定了《关于执行2018年〈北京市建设工程工期定额〉和2018年〈北京市房屋修缮工程工期定额〉的通知》。《工期定额》是发包人在招标阶段合理确定招标工期的依据，是测算确定安全文明施工费、脚手架、大中型机械使用费等与时间相关费用的基础。《工期定额》对发、承包双方协商确定合同工期具有重要的指导和规范作用

续表

序号	文件名称	文号	发布日期	主要内容
5	北京市住房和城乡建设委员会 北京市城市管理委员会 北京市水务局 北京市统计局关于印发《北京市贯彻〈民用建筑能源资源消耗统计报表制度〉实施办法》的通知	京建法〔2019〕5号	2019年2月25日	进一步加强和规范我市民用建筑能源资源消耗统计工作，市住房城乡建设委会同相关部门研究制定了《北京市贯彻〈民用建筑能源资源消耗统计报表制度〉实施办法》，增加了城镇新建绿色建筑信息、用水资源消耗的统计内容，明确规定了我市民用建筑能源资源消耗统计工作的适用对象、职责分工、工作程序及其他相关要求；规定了各民用建筑的所有权人、使用权人、运行管理单位和供水、供电、供气、供热等能源资源供应单位，应依法配合调查统计工作，并按照规定提供统计调查所需要的资料
6	北京市住房和城乡建设委员会 北京市发展和改革委员会 北京市规划和自然资源委员会 北京市经济和信息化局 北京市生态环境局《关于进一步加强全市建设工程预拌砂浆应用工作的通知》	京建法〔2019〕6号	2019年3月6日	市住房城乡建设委对2004年以来发布的相关文件进行梳理，重新印发了《关于进一步加强全市建设工程预拌砂浆应用工作的通知》，在保留本市行政区域内办理施工许可的房屋建筑和市政基础设施工程禁止现场搅拌砂浆的基础上，新增了施工现场不得采购使用袋装水泥（特种水泥除外）的要求（该条要求早已列入《北京市推广、限制、禁止使用建筑材料目录（2014版）》的禁止类材料）。在预拌砂浆使用环节明确了建设单位、施工单位及监理单位的管理职责，进一步强化职责意识，细化责任主体
7	《北京市住房和城乡建设委员会关于加强建筑起重机械安全风险管控工作的通知》	京建法〔2019〕7号	2019年4月2日	为有效管控本市房屋建筑和市政基础设施工程施工现场建筑起重机械安全风险，全力压减起重伤害生产安全事故，市住房城乡建设委印发《北京市住房和城乡建设委员会关于加强建筑起重机械安全风险管控工作的通知》，明确施工总承包单位对建筑起重机械承担安全管理主体责任，要求其应当设置设备管理机构和配备相关管理人员，加强对特种作业操作人员资格的审核，履行对设备的安全检查责任。设备产权单位要加强企业安全生产管理体系建设，对设备进行月度检查和定期维修保养，加强对司机的管理
8	北京市住房和城乡建设委员会关于印发《北京市住房城乡建设系统行政处罚裁量基准》的通知	京建法〔2019〕8号	2019年4月2日	依据《中华人民共和国行政处罚法》《中共中央关于全面推进依法治国若干重大问题的决定》《北京市关于规范行政处罚自由裁量权的若干规定》等文件精神，结合行政执法工作实际和"放管服"改革等重点工作，市住房城乡建设委发布了《北京市住房城乡建设系统行政处罚裁量基准》，对各项行政处罚的裁量分档进行了细化规范。原2015版材料基准不再执行

续表

序号	文件名称	文号	发布日期	主要内容
9	北京市住房和城乡建设委员会关于印发《北京市建设工程安全文明施工费管理办法（试行）》的通知	京建法〔2019〕9号	2019年4月10日	为配合我市建筑施工安全生产标准化考评管理制度的实施，保障安全生产、文明施工的各项措施落实到位，完善安全文明施工费的计价及其管理，市住房城乡建设委制定了《北京市建设工程安全文明施工费管理办法（试行）》，主要解决原费用标准的地域性差别化划分因素与安全生产、绿色施工标准化考评分级管理目标不协调，费用水平不符合当前大气污染防治和环境保护的新要求，费用管理原则不适应造价管理市场化改革的需要等问题
10	《北京市住房和城乡建设委员会关于加强建筑施工安全生产标准化考评工作的通知》	京建法〔2019〕10号	2019年4月10日	为进一步提高我市建筑施工领域安全生产标准化建设水平，促进施工安全管理工作标准化、法制化、社会化、信息化，近日，市住房城乡建设委印发《北京市住房和城乡建设委员会关于加强建筑施工安全生产标准化考评工作的通知》，明确自2019年6月1日（含）后发出招标文件（依法进行招标的工程）或签订施工合同（依法直接发包的工程）的工程项目，应按照《北京市建设工程施工现场安全生产标准化管理图集》（2019版）的考评标准要求，开展施工现场标准化管理工作
11	北京市住房和城乡建设委员会关于印发《北京市房屋建筑和市政基础设施工程危险性较大的分部分项工程安全管理实施细则》的通知	京建法〔2019〕11号	2019年4月10日	为强化本市房屋建筑和市政基础工程中危大工程的安全管理，督促工程参建单位履行危大工程安全管理责任，市住房城乡建设委会同市规划自然资源委联合印发了《北京市房屋建筑和市政基础设施工程危险性较大的分部分项工程安全管理实施细则》，要求施工单位在工程项目开始施工前，应当依据《北京市房屋建筑和市政基础设施工程施工安全风险分级管控指南》，结合本工程项目《危险性较大的分部分项工程清单》，在《企业施工安全风险源判别清单库》中选取本工程项目涉及的危大工程风险源，进行风险评价，确定风险等级
12	北京市住房和城乡建设委员会关于印发《北京市房屋建筑和市政基础设施工程监理人员配备管理规定》的通知	京建法〔2019〕12号	2019年4月16日	为进一步深化“放管服”改革，优化营商环境，加强我市工程质量安全管理，充分发挥工程监理质量安全监督职责作用，市住房城乡建设委研究制定了《北京市房屋建筑和市政基础设施工程监理人员配备管理规定》，进一步规范工程监理行为，督促监理单位更好地履行监理职责，充分发挥工程监理职责作用，进一步夯实工程质量管理基础，有效解决当前监理管理方面存在的主要矛盾和突出问题，全面提升首都工程质量安全监管水平

续表

序号	文件名称	文号	发布日期	主要内容
13	北京市住房和城乡建设委员会 北京市城市管理综合行政执法局《关于修订〈北京市建筑业企业违法违规行为记分标准〉施工现场扬尘治理有关内容的通知》	京建法〔2019〕13号	2019年6月6日	市住房城乡建设委和市城管执法局联合印发了《关于修订〈北京市建筑业企业违法违规行为记分标准〉施工现场扬尘治理有关内容的通知》，对施工企业存在施工扬尘违法违规行为情节严重的处理做了详细说明。在同一自然年内同一项目因施工扬尘违法行为被处罚2次仍有扬尘行为的同一施工单位，移送城管执法部门依法对其采取责令停工整改7天等措施；对被处罚3次仍有扬尘行为的同一施工单位，由市住房城乡建设委暂停其在北京建筑市场投标资格6个月
14	北京市住房和城乡建设委员会关于印发《北京市房屋建筑和市政基础设施工程有限空间作业安全管理规定》的通知	京建法〔2019〕14号	2019年6月26日	市住房城乡建设委印发了《北京市房屋建筑和市政基础设施工程有限空间作业安全管理规定》，从风险管理、技术管理、安全管理、培训教育、应急救援等方面提出了符合本市房屋建筑和市政基础设施工程实际情况的管理要求，明确了市住房城乡建设委负责全市房屋建筑和市政基础设施工程有限空间安全管理的指导监督。各区住房城乡建设行政主管部门负责本行政区域内房屋建筑和市政基础设施工程有限空间作业的监督管理
15	北京市住房和城乡建设委员会关于印发《中央单位在北京地区建设项目登记备案管理办法》的通知	京建法〔2019〕15号	2019年8月2日	按照党中央、国务院关于深化"放管服"改革、优化营商环境的决策部署和市委市政府工作要求，市住房城乡建设委修订发布了《中央单位在北京地区建设项目登记备案管理办法》。审批手续方面，将四项政府内部审批事项精简为建设项目登记备案通知书一项，非密项目实现"全程网办"，将当年有效调整为2年有效期，同时取消项目年度结转工作。项目监管和服务保障方面，增加事中事后监管和协调服务内容，增加了建设单位责任、监管职责、信用管理、协调服务等内容
16	《北京市住房和城乡建设委员会关于修订〈北京市房屋建筑和市政基础设施工程施工安全监督实施办法〉的通知》	京建法〔2019〕16号	2019年11月13日	市住房城乡建设委发布并施行了《北京市住房和城乡建设委员会关于修订〈北京市房屋建筑和市政基础设施工程施工安全监督实施办法〉的通知》，规范了有关部门和施工许可名称，简化了工程开工手续办理，提高政府主动服务质量，完善了监督机构施工安全监管计划内容

续表

序号	文件名称	文号	发布日期	主要内容
17	北京市住房和城乡建设委员会 北京市市场监督管理局 北京市互联网信息办公室 北京市公安局 北京市通信管理局《关于规范互联网发布本市住房租赁信息的通知》	京建法〔2019〕17号	2019年10月8日	为规范住房租赁市场秩序，维护租赁当事人合法权益，市住房城乡建设委会同市市场监督管理局、市互联网信息办公室、市通信管理局、市公安局正式出台《关于规范互联网发布本市住房租赁信息的通知》，明确发布住房租赁信息的房地产经纪机构、住房租赁企业及从业人员需符合相关条件，要求互联网平台依法审核、管理住房租赁信息，加大对违规发布房源信息处罚力度，建立互联网租赁信息综合治理工作机制，加强部门联动监管
18	北京市住房和城乡建设委员会关于印发《北京市建筑施工企业安全生产条件监督检查规定（试行）》的通知	京建法〔2019〕18号	2019年12月26日	市住房城乡建设委发布了《北京市建筑施工企业安全生产条件监督检查规定（试行）》，在全市建筑施工领域实施安全生产条件监督检查制度，每年对全市部分建筑施工企业的安全生产条件进行监督检查，将发生生产安全事故等存在12类情形的施工企业作为监督检查的重点

附表15　2019年北京市住房和城乡建设委员会决定废止的文件目录

序号	文件号	颁布日期	文件名称
1	京建交〔2005〕1117号	2005年12月8日	北京市建设委员会《关于规范用于房屋所有权初始登记的房产测绘成果管理的通知》
2	京建权〔2006〕972号	2006年10月2日	北京市建设委员会《关于规范房产测绘成果有关内容填写及变更的通知》
3	京建法〔2016〕3号	2016年2月18日	北京市住房和城乡建设委员会《关于调整房产测绘成果审核事项有关问题的通知》
4	京建发〔2010〕255号	2010年5月10日	北京市住房和城乡建设委员会《关于贯彻执行2009年〈北京市建设工程工期定额〉和2009年〈北京市房屋修缮工程工期定额〉有关问题的通知》
5	京建材〔2008〕240号	2008年3月13日	关于印发《北京市贯彻〈民用建筑能耗统计报表制度〉实施办法》的通知
6	京建法〔2014〕15号	2014年11月2日	北京市住房和城乡建设委员会《关于在全市建设工程中使用散装预拌砂浆工作的通知》
7	京建材〔2009〕831号	2009年11月18日	北京市住房和城乡建设委员会《关于转发〈商务部、住房和城乡建设部关于进一步做好城市禁止现场搅拌砂浆工作的通知〉的通知》
8	京建材〔2007〕897号	2007年8月21日	北京市建设委员会 北京市规划委员会《关于本市建设工程中进一步禁止现场搅拌砂浆的通知》

续表

序号	文件号	颁布日期	文件名称
9	京建材〔2006〕223号	2006年4月17日	北京市建设委员会 北京市发展和改革委员会 北京市规划委员会 北京市环境保护局《关于在本市建设工程中使用预拌砂浆的通知》
10	京建材〔2004〕13号	2004年1月7日	北京市建设委员会《关于在本市建设工程中推广使用预拌砂浆的通知》
11	京建法〔2012〕20号	2012年7月20日	北京市住房和城乡建设委员会《关于将施工现场扬尘治理有关内容纳入〈北京市建筑业企业违法违规行为记分标准〉有关问题的通知》
12	京建法〔2004〕523号	2004年9月8日	北京市建设委员会关于印发《中央和军队在北京地区建设项目计划管理办法》的通知
13	京建法〔2016〕13号	2016年8月1日	北京市住房和城乡建设委员会关于印发《北京市房屋建筑和市政基础设施工程生产安全事故隐患排查治理管理办法》的通知
14	京建施〔2009〕841号	2009年12月18日	北京市住房和城乡建设委员会关于印发《北京市实施〈危险性较大的分部分项工程安全管理办法〉规定》的通知
15	京建法〔2012〕1号	2012年7月31日	北京市住房和城乡建设委员会关于印发《北京市危险性较大的分部分项工程安全动态管理办法》的通知
16	京建施〔2009〕521号	2009年7月13日	北京市住房和城乡建设委员会关于印发《北京市建设工程有限空间作业安全生产管理规定》的通知
17	京建法〔2004〕523号	2004年9月8日	北京市建设委员会关于印发《中央和军队在北京地区建设项目计划管理办法》的通知
18	京建法〔2015〕9号	2015年7月20日	北京市住房和城乡建设委员会关于印发《北京市房屋建筑和市政基础设施工程施工安全监督实施办法》的通知

附表16　2019年北京市住房城乡建设委新闻通稿发布篇目

序号	标题	发布时间
1	深入推进行政审批改革施工许可证办理“最多跑一次”	2019年1月3日
2	建筑砂石搭乘专列抵京绿色供应助力保卫蓝天 北京建筑砂石骨料绿色供应链建设稳步推进	2019年1月10日

续表

序号	标题	发布时间
3	治理房源信息发布乱象严厉打击侵害群众利益行为	2019年1月11日
4	规范招投标市场秩序 加强评标专家动态监管	2019年1月17日
5	市住建委出台《北京市建设工程招标代理机构管理办法（试行）》	2019年1月17日
6	本市又一个小区通过手机投票成功选举业委会 “北京业主”APP覆盖范围持续扩大	2019年1月21日
7	建立建设单位信用承诺制从源头保障农民工工资支付	2019年1月22日
8	《关于做好核心区历史文化街区平房直管公房申请式退租、恢复性修建和经营管理有关工作的通知》政策解读	2019年1月22日
9	北京市进一步规范商务楼宇宽带接入	2019年1月23日
10	精简测绘审核工作　提高便民服务效率 市住建委简化房产测绘成果审核工作事项	2019年1月24日
11	绿地诺亚方舟悦公馆违规销售场所被关停	2019年1月25日
12	北京市出台风险管控与隐患排查治理办法 全面构建建筑工程安全生产双重预防长效机制	2019年2月1日
13	持续治理网上房源信息发布进一步规范房地产市场秩序	2019年2月1日
14	规范工期管理　提高工程投资效益 北京发布建设工程及房屋修缮工程工期定额及其管理规定	2019年2月13日
15	春节期间规范网上房源信息发布“不打烊” 12家房地产经纪机构被查处	2019年2月15日
16	2018年本市6个保障房项目荣获詹天佑奖	2019年2月18日
17	坚持以人为本，通过公租房调换调整机制满足保障家庭多样化需求	2019年2月22日
18	精准加力，三个“一百”重点工程全面建设	2019年2月27日
19	北京市进一步加强民用建筑能源资源消耗统计工作	2019年2月27日

续表

序号	标题	发布时间
20	优化营商环境新举措 取消企业间存量非住宅交易网签　两个环节2日办结	2019年3月1日
21	今年以来北京市又有5个集体土地租赁房项目开工啦	2019年3月1日
22	持续加大物业服务企业信用信息管理 北京市公布首批180件企业失信行为	2019年3月4日
23	落实“放管服”改革精神，《关于进一步加强全市建设工程预拌砂浆应用工作的通知》发布	2019年3月13日
24	市区联动深度打击16家房地产经纪机构被查处	2019年3月18日
25	建筑砂石搭乘专列进京 绿色供应助力保卫蓝天 北京市住建委与承德市政府签署绿色砂石骨料基地建设合作备忘录	2019年3月18日
26	市住房城乡建设委举办2019年轨道交通工程岗位技能竞赛	2019年3月25日
27	加强行业监管，不断提升北京市物业服务管理水平	2019年3月28日
28	市区联合治理房源信息发布17家房地产经纪机构被查处	2019年4月1日
29	市住建委对媒体报道写字楼项目限制宽带接入进行现场核查	2019年4月1日
30	北京市印发2019年度政策性住房首批开工、竣工计划	2019年4月3日
31	市住房城乡建设委加强建筑起重机械安全风险管控，全力压减起重伤害事故	2019年4月3日
32	市住房城乡建设委发布新版《北京市住房城乡建设系统行政处罚裁量基准》	2019年4月3日
33	市住房城乡建设委制定《北京市住房城乡建设系统打赢蓝天保卫战2019年行动计划实施方案》	2019年4月4日
34	本市出台危险性较大的分部分项工程安全管理实施细则	2019年4月10日
35	严厉打击房源信息发布乱象11家房地产经纪机构被查处	2019年4月15日
36	本市正式推行建筑施工企业安全生产许可证电子化证书	2019年4月16日
37	市住房城乡建设委出台关于加强建筑施工安全生产标准化考评工作的通知	2019年4月16日
38	北京发布《北京市建设工程安全文明施工费管理办法（试行）》	2019年4月16日
39	规范监理单位质量管理行为，提升建设工程质量安全监管水平	2019年4月24日

续表

序号	标题	发布时间
40	2018年再生产品产量突破3000万吨，北京为再生产品制定“使用说明书”	2019年4月25日
41	北京市持续优化营商环境全面推行住宅工程质量潜在缺陷保险 提升住房品质让群众真受益	2019年5月5日
42	市区联手打击虚假房源信息“不放假”　25家房地产经纪机构被查处	2019年5月9日
43	“提高灾害防治能力 构筑生命安全防线”市住建委、市城管委联合开展应急综合演练	2019年5月14日
44	市区联手规范房源信息发布17家房地产经纪机构被查处	2019年5月17日
45	《北京市公共租赁住房租赁合同》示范文本公开征求意见	2019年5月31日
46	防风险、除隐患、遏事故 2019年北京市住建系统“安全生产月”活动启动	2019年6月3日
47	北京召开全市装配式建筑工作会议	2019年6月4日
48	市住房城乡建设委、国家税务总局北京市税务局、市人力社保局联合发布关于购房资格个人所得税审核标准的补充公告	2019年6月5日
49	市住建委召开扫黑除恶督导意见立行立改工作会议，强调了这些事	2019年6月10日
50	加强源头治理持续规范房源信息发布行为 进一步挤压“黑中介”生存空间	2019年6月13日
51	京张高铁北京段完成铺轨	2019年6月13日
52	住建部举办2019年全国住建系统安全生产宣传咨询日活动	2019年6月13日
53	加大联合惩戒执法力度，提高扬尘违法违规行为的扣分权重、分值	2019年6月17日
54	北京发布新版建材禁止使用目录	2019年6月25日
55	五部门联合规范互联网发布住房租赁信息就《关于规范互联网发布本市住房租赁信息的通知（征求意见稿）》向社会公开征求意见	2019年6月26日
56	全国首部施工类区域协同标准发布力争2021年编制完成19部协同标准	2019年6月27日
57	本市出台房屋建筑和市政基础设施工程有限空间作业安全管理规定	2019年6月27日
58	北京市发布住房租赁合同示范文本	2019年7月8日

续表

序号	标题	发布时间
59	市区联手治理“毕业季”房源信息发布乱象 17 家房地产经纪机构被查处	2019 年 7 月 16 日
60	提升冬奥工程施工环境，坚决打赢蓝天保卫战 《北京市冬奥场馆及配套房屋建筑及市政基础设施工程环境整治提升工作方案》正式发布	2019 年 7 月 16 日
61	10 家施工企业因扬尘治理不达标被暂停在京投标资格 30—90 天	2019 年 7 月 17 日
62	给工地装上“智慧大脑”，北京切实加强智慧工地建设	2019 年 7 月 22 日
63	北京市召开住宅工程潜在缺陷保险制度实施动员部署会	2019 年 7 月 26 日
64	市住建委精心组织、扎实推进物业管理重要民生实事工作落实	2019 年 7 月 26 日
65	落实接诉即办 解决群众关切 市住房城乡建设委集中公布 6 月份“12345 热线”物业管理类诉求量排前 30 名住宅小区	2019 年 7 月 31 日
66	坚守初心 提高三感 市住建委指导小区成功使用“北京业主”APP 表决更换物业公司	2019 年 8 月 1 日
67	维护群众利益 践行初心使命 市区联手整治房地产市场乱象　10 家房地产经纪机构被查处	2019 年 8 月 1 日
68	市住房城乡建设委深入回天地区开展违法群租房普法宣传活动	2019 年 8 月 1 日
69	《北京住房和城乡建设发展白皮书（2019）》今日发布	2019 年 8 月 2 日
70	强化“四个中心”建设 提高“四个服务”水平 《中央单位在北京地区建设项目登记备案管理办法》发布	2019 年 8 月 6 日
71	真抓实干 重拳出击 严惩渣土车运输不规范行为 两家施工单位被停标 30 天	2019 年 8 月 6 日
72	北京市发布关于调整建设工程规费费率的通知	2019 年 8 月 9 日
73	北京市发布执行 2016 年概算定额编制工程设计概算的第一次调整系数	2019 年 8 月 9 日
74	执法为民 市区联手查处 11 家房地产经纪机构	2019 年 8 月 12 日

续表

序号	标题	发布时间
75	朝阳区探索“五步工作法” 牛王庙小区成功实现老旧小区物业管理转型升级	2019 年 8 月 12 日
76	坚守初心，助力打赢蓝天保卫战 首趟公转铁水泥专列进京　均采用罐式集装箱运载	2019 年 8 月 12 日
77	践行初心使命，北京市因地制宜推进农村危房改造和抗震节能农宅建设工作	2019 年 8 月 12 日
78	建筑垃圾竟然有这么多“特异功能”，而且各个高大上！	2019 年 8 月 16 日
79	明确部门职责清单　提升物业服务水平 丰台区出台物业小区行政管理职责清单	2019 年 8 月 21 日
80	防控风险 消除隐患 北京市住房城乡建设委建立普通地下室重点监控名录	2019 年 8 月 27 日
81	购房资格审核、异议复核全城通办	2019 年 8 月 30 日
82	精准打击侵害群众利益违法违规行为　16 家房地产经纪机构被查处	2019 年 9 月 4 日
83	市住房城乡建设委集中公布 7 月份“12345 热线”物业管理类诉求量排前 50 名住宅小区	2019 年 9 月 6 日
84	全力推进住有所居 改善首都人民居住条件	2019 年 9 月 29 日
85	四集系列专题片《安居中国》10 月 8 日起播出	2019 年 10 月 8 日
86	体育馆路街道法华南里小区认真整改群众诉求集中的物业管理问题	2019 年 10 月 9 日
87	砥砺前行治乱象　勠力同心解民忧	2019 年 10 月 9 日
88	北京市五部门联合发布　关于规范互联网发布住房租赁信息的通知	2019 年 10 月 10 日
89	5 家施工企业因扬尘治理不达标被暂停投标资格 30—90 天	2019 年 10 月 12 日
90	重拳整治侵害群众利益违法违规行为 23 家房地产经纪机构被查处	2019 年 10 月 14 日
91	近距离接触装配式建筑，感受新型建造方式之“美”	2019 年 10 月 28 日
92	严惩违法违规行为 12 家房地产经纪机构被查处	2019 年 11 月 4 日
93	《北京老城保护房屋修缮技术导则（2019 版）（征求意见稿）》即日起面向社会公开征求意见	2019 年 11 月 4 日

续表

序号	标题	发布时间
94	2019年北京“公转铁”运输砂石突破100万吨	2019年11月13日
95	标准互认共享、异地转化实施　京津冀标准合作再创新模式	2019年11月14日
96	北京将公租房违规行为纳入人民银行征信系统	2019年11月19日
97	北京市住房城乡建设委、市场监管局联合发布公共租赁住房租赁合同示范文本	2019年11月22日
98	北京市住房和城乡建设委员会修订《北京市房屋建筑和市政基础设施工程施工安全监督实施办法》	2019年11月22日
99	建设行业从业人员考试报名等事项实行全过程网上办理	2019年11月26日
100	深化放管服改革 减轻企业个人负担 二级建造师执业资格注册全面实行电子化审批	2019年11月26日
101	源头治理不放松　11家房地产经纪机构被查处	2019年11月28日
102	“大众评审团”为共有产权房设计出谋划策	2019年11月29日
103	以“党建+”引领助推本市老楼加装电梯任务提前超额完成	2019年12月5日
104	互联网不是法外之地 10家经纪机构发布不实房源被查处	2019年12月9日
105	2019年全市政策性住房建设任务全面完成	2019年12月12日
106	京沈高铁控制性工程梨花顶隧道顺利贯通	2019年12月13日
107	建筑垃圾分类，了解一下？	2019年12月13日
108	本市物业管理重要民生实事项目圆满完成	2019年12月13日
109	市住房城乡建设委集中曝光35家物业企业	2019年12月18日
110	以“用户体验”为工作标准 大力简化保障房资格申请手续	2019年12月31日
111	本市出台《建筑施工企业安全生产条件监督检查规定》	2019年12月31日